Speckmann/Wittkowski

Handbuch
Anatomie

Speckmann/Wittkowski

Handbuch Anatomie

Bau und Funktion des menschlichen Körpers

Unter Mitarbeit von Axel Enke

Prof. Dr. med. E.-J. Speckmann, Prof. Dr. med. W. Wittkowski:
Handbuch Anatomie. Bau und Funktion des menschlichen Körpers
Unter Mitarbeit von A. Enke
© Genehmigte Lizenzausgabe: Elsevier GmbH, München.

© für diese Ausgabe: 2009 by Tandem Verlag GmbH

7Hill, 2011
7Hill ist ein Imprint der Tandem Verlag GmbH
Alle Rechte vorbehalten

Konzept: Annette Heuwinkel
Lektorinnen: Eva Meier, Susanne Ortmann
Herstellerin: Christine Jehl
Zeichnungen/Fotos: Mary Anna Barratt-Dimes, Gerhard Bäuerle,
Michael Budowick, Jochen Buschmann, Karl Dengler, Jonathan Dimes,
Dr. Annette Neumann, Henriette Rintelen (Abbildungsnachweis im Buchanhang)
Satz: Typodata GmbH, München
Einbandgestaltung: Peter Pinzer
Einbandabbildungen aus dem Innenteil des Werkes
Gesamtherstellung: Tandem Verlag GmbH

ISBN 978-3-8331-8011-8

10 9 8 7 6 5 4 3 2

Für

**Hildegard Speckmann
mit Bettina und Thomas**

**Cornelia Wittkowski
mit Thomas, Helmut,
Ulrike und Maik**

Vorwort zur 19. Auflage

Das Lehrbuch „Praxishandbuch Anatomie" ist so gut aufgenommen worden, daß schon kurze Zeit nach dem Erscheinen der 18. Auflage eine Neuauflage notwendig wird. Die Akzeptanz und die vielen zustimmenden Rezensionen in der Fachpresse haben den Bedarf für ein solches Lehrbuch voll bestätigt.

Autoren und Verlag waren bemüht, in der neuen Auflage die Qualität des Buches weiter zu verbessern. Dazu wurden Text und Abbildungen des gesamten Buches kritisch überarbeitet. Die Inhalte wurden auf Lernzielkataloge aus verschiedenen Bundesländern abgestimmt. Auf folgende Veränderungen und Ergänzungen in der Neuauflage sei besonders hingewiesen:

- Das Kapitel 2 wurde gänzlich neu erstellt. Es gibt nun als kurzgefaßter anatomischer Atlas einen Überblick über die topographische Anatomie des menschlichen Körpers. Die notwendigen Abbildungen hat Frau Dr. A. Neumann (Institut für Anatomie, Universität Münster) angefertigt. Außerdem werden die gängigen bildgebenden Verfahren der Klinik im Hinblick auf ihre technischen Grundlagen und Einsatzmöglichkeiten vorgestellt.
- Eine große Zahl von Abbildungen wurde neu in das Buch aufgenommen, darunter Abbildungen zur mikroskopischen Anatomie der Organe und zu klinisch relevanten Themen.
- Jedes Kapitel wird mit einer Kurzinformation zu der behandelten Thematik und einem charakterisierenden Übersichtsbild eingeleitet. Darüber hinaus ist jedem Kapitel ein Fallbeispiel aus der Klinik vorangestellt. Diagnose und Erläuterungen zum Fallbeispiel finden sich dann am Ende des jeweiligen Kapitels.
- Neben zahlreichen Hinweisen zur Pflege enthält die Neuauflage eine Reihe von besonders gekennzeichneten Abschnitten zur Pathophysiologie und Klinik sowie zur Gesundheitsvorsorge.
- Ein Glossar im Anhang erläutert nochmals wichtige Grundvorgänge und Fachbegriffe.

Für Vorschläge zu Verbesserungen haben die Autoren zahlreichen Lehrerinnen und Lehrern, Schülerinnen und Schülern in Pflegeberufen, Pflegekräften, Studierenden sowie Kolleginnen und Kollegen zu danken. Es sind zu viele, um sie alle namentlich nennen zu können. Hier sei jedoch das besondere Engagement von Herrn Dr. K. Schreiber/Wedel und Herrn Priv.-Doz. Dr. Th. Link/Münster hervorgehoben sowie das aller derjenigen, die in der nachstehenden Liste „Klinische Beratung" genannt werden.

Unseren Mitarbeiterinnen Frau J. Möllers, Frau F. Rasch und Frau I. Winkelhues gilt unser Dank für die Hilfe bei der Erstellung des Manuskripts und der Abbildungen. Nicht zuletzt sind wir Frau A. Heuwinkel, Frau E. Meier und Frau S. Ortmann vom Verlag Urban und Schwarzenberg für fruchtbare Diskussionen und wertvolle Anregungen bei der Planung und Erstellung der 19. Auflage dieses Buches zu Dank verpflichtet.

E.-J. Speckmann,
W. Wittkowski

„Schön ist, was wir sehen –
schöner, was wir erkennen –
weitaus am schönsten aber, was wir nicht fassen können."

Niels Stensen (1638–1686)

VORWORT

Der vorliegende Band stellt eine Fortführung des von Professor Dr. med. Dr.-Ing. E.h. E. Schütz (1902–1987) und Professor Dr. med. K. E. Rothschuh (1908–1984) verfaßten und über viele Jahrzehnte mit großem Erfolg erschienenen Buches gleichen Titels dar. Unter Beibehaltung der grundsätzlichen Ziele sind Aufbau und Gliederung von Grund auf verändert sowie Text und Abbildungen neu gestaltet worden.

Bau und Funktionen des menschlichen Körpers sind unlösbar miteinander verknüpft. Daher haben die Autoren, die seit vielen Jahren in Forschung und Lehre zusammenarbeiten, Anatomie und Physiologie eng miteinander verzahnt. Das hat den Vorteil, daß der Bau unmittelbar einen funktionellen Sinn erhält und umgekehrt die Funktion eine bauliche Grundlage. Dieses Vorhaben und das Bemühen um eine durchsichtige Systematik erleichtern nach aller Erfahrung das Lernen und Behalten.

Das Ziel dieses Buches besteht darin, eine ganzheitliche Betrachtung des menschlichen Körpers zu vermitteln. Um die Orientierung zu erleichtern, wurde der Organismus in Teilsysteme untergliedert und das Nervensystem als persönlichkeitsbildender Teil in die Mitte gerückt. Der Besprechung der Teilsysteme ist ein „Übersichtskapitel" vorangestellt. Zur Beschreibung des Körperbaus wurde ein großer Teil der Abbildungen neu entworfen sowie in der Regel mit deutschen Namen und mit lateinisch-griechischen Fachbezeichnungen (meistens im Singular) beschriftet; zur Erläuterung der Körperfunktionen wurden stark vereinfachte, jedoch an der Struktur orientierte Schemata entwickelt, die die im Text beschriebenen Prozesse in graphischer Form veranschaulichen sollen. Die Abbildungen stellen also nicht nur Illustrationen zum Text dar, sondern sind ein integrierter Bestandteil der Gesamtdarstellung.

Anatomie und Physiologie werden im vorliegenden Buch in erster Linie als medizinische Disziplinen verstanden. Daraus ergibt sich zwangsläufig eine Ausrichtung der Darstellung auf das Verständnis von Krankheit und die Betreuung von Patienten im weitesten Sinne des Wortes. Die Praxisorientierung ist soweit wie möglich durch Hinweise auf konkrete Krankheitsbilder und Behandlungsweisen unterstützt worden. Damit ist das Buch besonders für Pflegekräfte und Krankengymnasten/innen geeignet. Die Mitarbeit von Herrn A. Enke war dabei eine große Hilfe. Ferner eignet es sich für Diätassistenten/innen und Medizinisch-Technische Assistenten/innen, denen anatomisch-physiologische Kenntnisse das Verständnis ihrer Arbeit erleichtern. „Hörern aller Fakultäten", neben Medizinern insbesondere Biologen, Pharmazeuten und Biochemikern, bietet es notwendige Basisinformation über Bau und Funktionen des menschlichen Körpers. In der Psychologie spielt das Verständnis der Beziehung zwischen Körper und Seele eine immer größere Rolle, die in der modernen biologischen Psychologie und Psychobiologie ihren Niederschlag findet. Die hierfür notwendigen medizinischen Kenntnisse vermittelt dieses Werk.

Unseren Mitarbeiterinnen Frau F. Rasch und Frau J. Möllers gilt unser Dank für die Hilfe

Vorwort

bei der Erstellung des Manuskripts. Nicht zuletzt sind wir Frau Dr. D. Schneiderbanger und Frau A. Heuwinkel vom Verlag Urban & Schwarzenberg für fruchtbare Diskussionen und wertvolle Anregungen bei der Planung und Abfassung des Buches sowie Frau H. Rintelen für die Herstellung des überwiegenden Teils der Abbildungen zu Dank verpflichtet.

Münster, im Mai 1994   E.-J. Speckmann
W. Wittkowski

Klinische Beratung

Prof. Dr. med. H. van Aken, Direktor der Klinik und Poliklinik für Anästhesiologie und operative Intensivmedizin, Universität Münster

Prof. Dr. med. G. Assmann, Direktor des Instituts für Klinische Chemie und Laboratoriumsdiagnostik, Universität Münster

Dr. D. Berges, Akad. Direktor a.D., Institut für Physiologie/Neurophysiologie, Universität Münster

Frau Dr. med. A. Böckers, Clemenshospital Münster

Dr. med. H. E. Boenigk, Ltd. Arzt der Klinik Kidron, Epilepsie-Zentrum, Bethel-Bielefeld

Prof. Dr. med. H. Busse, Direktor der Klinik und Poliklinik für Augenheilkunde, Universität Münster

Prof. Dr. med. D. Eichner, em. Direktor des Instituts für Anatomie, Universität Münster

Prof. Dr. med. F. Gullotta, Direktor des Instituts für Neuropathologie, Universität Münster

Prof. Dr. med. E. Harms, Direktor der Klinik und Poliklinik für Kinderheilkunde, Allgemeine Kinderheilkunde, Universität Münster

Prof. Dr. med. L. Hertle, Direktor der Klinik und Poliklinik für Urologie, Universität Münster

Prof. Dr. med. W. Holzgreve, Chefarzt Univ.-Frauenklinik – Kantonsspital, Basel

Prof. Dr. med. H. Jürgens, Direktor der Klinik und Poliklinik für Kinderheilkunde, Pädiatrische Hämatologie/Onkologie, Universität Münster

Prof. Dr. med. H. Kresse, Direktor des Instituts für Physiologische Chemie und Pathobiochemie, Universität Münster

Priv.-Doz. Dr. med. Th. Link, Institut für Klinische Radiologie, Universität Münster

Priv.-Doz. Dr. Th. Möllhoff, Klinik und Poliklinik für Anästhesiologie und operative Intensivmedizin, Universität Münster

Priv.-Doz. Dr. med. D. Moskopp, Klinik und Poliklinik für Neurochirurgie, Universität Münster

Prof. Dr. med. E. Nieschlag, Direktor des Instituts für Reproduktionsmedizin, Universität Münster

Prof. Dr. med. D. G. Palm, Klinik und Poliklinik für Kinderheilkunde, Neuropädiatrischer Bereich, Universität Münster

Prof. Dr. med. F. Pera, Direktor des Instituts für Anatomie, Universität Münster

Prof. Dr. med. P. E. Peters, Direktor des Instituts für Klinische Radiologie – Röntgendiagnostik, Universität Münster

Prof. Dr. med. K.-H. Rahn, Direktor der Medizinischen Poliklinik, Innere Medizin D, Universität Münster

Prof. Dr. med. E. B. Ringelstein, Direktor der Klinik und Poliklinik für Neurologie, Universität Münster

Prof. Dr. med. W. Schmitz, Direktor des Instituts für Pharmakologie und Toxikologie, Universität Münster

Prof. Dr. med. Dr. rer. nat. O. Schober, Direktor der Klinik und Poliklinik für Nuklearmedizin, Universität Münster

Dr. med. Schreiber, Kreiskrankenhaus Wedel

Priv.-Doz. Dr. med. J. Sciuk, Klinik und Poliklinik für Nuklearmedizin, Universität Münster

Prof. Dr. med. J. Sennekamp, Bonn

Prof. Dr. med. C. Spieker, Ärztlicher Direktor der Raphaelsklinik, Innere Medizin, Münster

Priv.-Doz. Dr. med. C. Sunderkötter, Klinik und Poliklinik für Hautkrankheiten, Universität Münster

Prof. Dr. med. H. Wassmann, Direktor der Klinik und Poliklinik für Neurochirurgie, Universität Münster

Prof. Dr. med. W. Winkelmann, Direktor der Klinik und Poliklinik für Allgemeine Orthopädie, Universität Münster

Prof. Dr. med. U. Witting, Direktorin des Instituts für Arbeitsmedizin, Universität Münster

Prof. Dr. med. P. Wolf, Ärztlicher Direktor der Klinik Mara, Epilepsie-Zentrum, Bethel-Bielefeld

Inhaltsverzeichnis

1	**Einleitung: Gesamtsystem des Organismus und funktionelle Ausrichtung**	1
2	**Bau des menschlichen Körpers im Überblick**	5
2.1	Lagebeziehungen der Organsysteme des Körpers	6
2.2	Bildgebende Verfahren	28
3	**Zellen und Gewebe**	37
3.1	Zelle mit Zellorganellen	39
3.1.1	Zellmembran	39
3.1.2	Endoplasmatisches Retikulum	41
3.1.3	Golgi-Apparat	41
3.1.4	Lysosomen	41
3.1.5	Zellskelett	42
3.1.6	Mitochondrien	42
3.1.7	Zellkern	43
3.1.8	Allgemeine Zellfunktionen	45
3.2	Zellteilung (Mitose)	46
3.3	Zelltod	47
3.4	Gewebe	48
3.4.1	Epithelgewebe	48
3.4.2	Binde- und Stützgewebe	50
3.4.3	Muskelgewebe	52
3.4.4	Nervengewebe	52
3.4.5	Mögliche Veränderungen an Geweben	52
4	**Nervensystem – Allgemeine Grundlagen**	55
4.1	Bauelemente des Nervensystems	57
4.1.1	Nervenzellkörper	57
4.1.2	Nervenfaser und Nervenfaserbündel	57
4.1.3	Synapsen	60
4.1.4	Glia	61
4.2	Grundfunktionen der Nervenzellen	61
4.2.1	Ruhemembranpotential	61
4.2.2	Aktionspotential	62
4.2.3	Erregungsleitung	63
4.2.4	Stofftransport in Nervenfasern (intraaxonaler Transport)	65
4.2.5	Erregungsübertragung	65
4.3	Gliederung und Oberflächenstrukturen von Gehirn und Rückenmark	66
4.4	Hirnnerven und Rückenmarksnerven	69
4.4.1	Hirnnerven	69
4.4.2	Rückenmarksnerven	71
4.5	Innerer Aufbau von Gehirn und Rückenmark	72
4.5.1	Graue und weiße Substanz	72
4.5.2	Großhirn	74
4.5.3	Zwischenhirn	75
4.5.4	Mittelhirn	75
4.5.5	Brücke	75
4.5.6	Kleinhirn	75
4.5.7	Verlängertes Mark	76
4.5.8	Rückenmark	76
4.5.9	Bahnen des Rückenmarks	76
4.6	Architektur der Hirnrinde	77
4.7	Hirn- und Rückenmarkshäute	77
4.8	Blutversorgung von Gehirn und Rückenmark	80
4.8.1	Blutgefäße des Gehirns	80
4.8.2	Blutgefäße des Rückenmarks	82
4.8.3	Blutgefäße der Dura mater	83
4.9	Gehirn-Rückenmarksflüssigkeit (Liquor cerebrospinalis)	83
4.10	Hirnfunktionen im Spiegel des Elektroenzephalogramms (EEG)	84
4.10.1	Entstehungsmechanismen des EEG	84
4.10.2	Ableitung des EEG	86
4.10.3	Frequenzbänder des EEG und ihre Beziehung zum Reifungsgrad und zur Aktivität des Gehirns	86
4.10.4	Evozierte Potentiale	86
4.11	Schlaf-Wach-Rhythmus	88
4.11.1	Schlaf-Wach-Rhythmus (zirkadiane Periodik)	88
4.11.2	Schlaf	89
5	**Sensorisches System**	93
5.1	Bauelemente und Grundfunktionen des sensorischen Systems	95

5.1.1	Aufbau des sensorischen Systems	95	5.6.1	Der Reiz für das vestibuläre System: Beschleunigung 130
5.1.2	Verschlüsselung des Reizes am Rezeptor	95	5.6.2	Bau des vestibulären Systems ... 130
5.1.3	Umsetzung und Weiterleitung der verschlüsselten Information an der Rezeptor-Faser-Einheit	95	5.6.3	Umformung der Beschleunigung in neuronale Erregungen 130
			5.6.4	Weiterleitung der Beschleunigungs-informationen zum Gehirn 133
5.1.4	„Übergangsfunktionen" an der Rezeptor-Faser-Einheit	97	5.7	Gustatorisches System: Schmecken 134
5.2	System der somato-viszeralen Sensibilität: Empfindung von Druck, Berührung, Temperatur und Schmerz ...	98	5.7.1	Der Reiz für das gustatorische System: Geschmacksstoffe 134
			5.7.2	Bau des gustatorischen Systems . 134
5.2.1	Haut und Hautanhangsgebilde ...	98	5.7.3	Umformung der Geschmacks-empfindung in neuronale Erregungen 136
5.2.2	Hautgefäße und Hautdurch-blutung	102		
5.2.3	Rezeptoren zur Empfindung von mechanischen Reizen (Mechano-rezeptoren)	102	5.7.4	Weiterleitung der gustatorischen Informationen zum Gehirn 136
			5.8	Olfaktorisches System: Riechen 137
5.2.4	Rezeptoren zur Empfindung von Temperatur (Thermorezeptoren)	104	5.8.1	Der Reiz für das olfaktorische System: Duftstoffe 137
5.2.5	Rezeptoren zur Empfindung von Schmerz (Nozizeptoren)	104	5.8.2	Bau des olfaktorischen Systems .. 137
5.2.6	Erregungsleitung zum Gehirn ...	105	5.8.3	Umformung der Geruchs-empfindungen in neuronale Erregungen 137
5.3	Visuelles System: Sehen	108		
5.3.1	Der Reiz für das visuelle System: Licht	108	5.8.4	Weiterleitung der olfaktorischen Informationen zum Gehirn 137
5.3.2	Bau des Auges	108	5.9	Efferente Kontrolle, Erregungsbegrenzung und Kontrastbildung 139
5.3.3	Bildentstehung auf der Netzhaut	112		
5.3.4	Abtasten des auf der Retina entworfenen Bildes	114		
5.3.5	Weiterleitung der visuellen Information zur Hirnrinde	117	5.9.1	Efferente Kontrolle 139
			5.9.2	Erregungsbegrenzung 140
5.3.6	Augenbewegungen	118	5.9.3	Kontrastbildung 141
5.3.7	Regelung der Pupillenweite	118	5.10	Sensorische Assoziations-systeme: Bewußte Wahrnehmung 141
5.4	Auditorisches System: Hören .	121		
5.4.1	Der Reiz für das auditorische System: Schallwellen	121		
			5.11	Lernen und Gedächtnis 143
5.4.2	Bau des Hörorgans	121	5.11.1	Speicherung der Reize im Gedächtnis 143
5.4.3	Umformung der Schallwellen in neuronale Erregungen	125		
			5.11.2	Ort des Gedächtnisses 144
5.4.4	Weiterleitung der auditorischen Information zum Gehirn	126	5.11.3	Gedächtnisbildung/Lernen 144
5.5	Phonetisches System: Sprechen	128	**6**	**Motorisches System** 147
			6.1	Allgemeine Motorik: Bauelemente und Grund-funktionen 149
5.5.1	Bau des Kehlkopfes	128		
5.5.2	Klangbildung (Phonation)	128		
5.5.3	Formung der Sprachlaute (Artikulation)	129	6.1.1	Allgemeine Motorik: Knochen ... 149
			6.1.2	Allgemeine Motorik: Gelenke ... 153
5.5.4	Neuronale Steuerung der Sprech-muskulatur	129	6.1.3	Allgemeine Motorik: Skelettmuskel 155
			6.1.4	Motorisches Nervensystem 160
5.6	Vestibuläres System: Empfindung von Beschleunigungen	130	6.2	Spezielle Motorik: Bewegungsapparat 163
			6.2.1	Spezielle Motorik: Kopf 163

6.2.2	Spezielle Motorik: Hals	169	9	**Kreislauf**	297
6.2.3	Spezielle Motorik: Rumpf	170	9.1	Struktur und Funktionsprinzip	299
6.2.4	Spezielle Motorik: Obere Gliedmaßen	183	9.2	Herz	300
6.2.5	Spezielle Motorik: Untere Gliedmaßen	198	9.2.1	Herzbeutel	300
			9.2.2	Außenansicht des Herzens	300
6.3	Spezielle Motorik: Haltemotorik und Zielmotorik	219	9.2.3	Binnenräume des Herzens	302
6.3.1	Spezielle Motorik: Stütz- und Haltemotorik	219	9.2.4	Herzklappen	305
			9.2.5	Herzwand	306
6.3.2	Spezielle Motorik: Zielmotorik	224	9.3	Funktionen des Herzens	309
			9.3.1	Bioelektrische Aktivität und Erregungsbildung des Herzmuskels	309
7	**Verdauungssystem und Resorption**	235	9.3.2	Einflüsse des vegetativen Nervensystems auf die Herzfunktion	310
7.1	Energiebedarf	237			
7.2	Ernährung	238			
7.2.1	Nährstoffe	238	9.3.3	Ausbreitung der Erregung im Herzmuskel	311
7.2.2	Vitamine	240			
7.2.3	Wasser, Salze und Spurenelemente	242	9.3.4	Elektrokardiogramm (EKG)	311
			9.3.5	Kopplung von elektrischen und mechanischen Vorgängen	313
7.3	Verdauungstrakt	243			
7.3.1	Mundhöhle	243	9.3.6	Ventilfunktion der Herzklappen	313
7.3.2	Rachen	250	9.3.7	Herztöne und Herzgeräusche	315
7.3.3	Speiseröhre	251	9.3.8	Herzminutenvolumen	315
7.3.4	Magen	252	9.4	Gefäße	315
7.3.5	Dünndarm	255	9.4.1	Arterien (Verteilergefäße)	316
7.3.6	Bauchspeicheldrüse	256	9.4.2	Kapillaren (Austauschgefäße)	318
7.3.7	Leber	256	9.4.3	Venen (Sammelgefäße)	318
7.3.8	Dickdarm	260	9.4.4	Pfortaderkreislauf	320
7.4	Verdauung und Resorption	262	9.4.5	Wandbau der Blutgefäße	321
7.4.1	Schlucken	262	9.4.6	Lymphgefäße	322
7.4.2	Motorik und Sekretion von Magen und Darm	263	9.5	Organdurchblutung	324
			9.5.1	Windkesselfunktion der großen Arterien	324
7.4.3	Kohlenhydrataufnahme	265			
7.4.4	Fettaufnahme	266	9.5.2	Arterienpuls	325
7.4.5	Eiweißaufnahme	266	9.5.3	Entstehung des arteriellen Blutdrucks	325
7.4.6	Funktionen des Dickdarms	267			
			9.5.4	Regelung des arteriellen Blutdrucks	325
8	**Atmung**	273			
8.1	Obere Luftwege	275	9.5.5	Blutdruckmessung	328
8.1.1	Nase	275	9.5.6	Anpassung der Organdurchblutung an das Aktivitätsniveau	330
8.1.2	Rachen	277			
8.2	Untere Luftwege	278			
8.2.1	Kehlkopf	278			
8.2.2	Luftröhre	280	10	**Nierensystem und Wasserhaushalt**	333
8.2.3	Bronchien	281			
8.3	Gasaustauschfläche: Lungen	284	10.1	Harnbildende Organe	335
8.4	Atemmechanik: Einatmung und Ausatmung	285	10.1.1	Die Nieren: Lage und Gliederung	335
			10.1.2	Die Nieren: Feinbau	335
8.5	Sauerstoffaufnahme	290	10.2	Harnableitende Organe	339
8.6	Kohlendioxidabgabe	291	10.2.1	Harnleiter	340
8.7	Aufgabe der Atmung im Säure-Basen-Haushalt	294	10.2.2	Harnblase	340
			10.2.3	Harnröhre	340

Inhaltsverzeichnis

10.3	Wasseraustausch zwischen Blut und Gewebe	342
10.4	Funktion der Nierenkörperchen	344
10.5	Funktion der Nierentubuli	346
10.5.1	Transport von Elektrolyten	346
10.5.2	Transport von Glucose	348
10.5.3	Transport von Wasser	348
10.6	Aufgabe der Niere im Säure-Basenhaushalt	349
10.7	Füllung und Entleerung der Harnblase	350

11 Blut und Abwehrsystem ... 353

11.1	Blutplasma	355
11.2	Rote Blutkörperchen (Erythrozyten)	358
11.2.1	Form und Bildung	358
11.2.2	Funktionen	359
11.2.3	Blutgruppen	360
11.3	Weiße Blutkörperchen (Leukozyten)	362
11.3.1	Form und Bildung	362
11.3.2	Differenzierung von Leukozyten im Blut	363
11.4	Immunabwehr	365
11.4.1	Unspezifische Abwehr	366
11.4.2	Spezifische Abwehr	368
11.5	Lymphatische Organe und Lymphgefäße	370
11.5.1	Thymus (Bries)	372
11.5.2	Tonsillen und lymphatisches Gewebe in der Darmwand	372
11.5.3	Lymphknoten und Lymphgefäße	375
11.5.4	Milz (Lien, Splen)	377
11.6	Blutplättchen (Thrombozyten)	378
11.7	Blutgerinnung	380
11.7.1	Blutstillung	380
11.7.2	Blutgerinnung und Blutgerinnungsstörungen	380
11.7.3	Gerinnungshemmung und Fibrinolyse	382

12 Koordination spezialisierter Organfunktionen: Vegetatives Nervensystem ... 385

12.1	Ausbreitung und Zielorgane des peripheren vegetativen Nervensystems	387
12.1.1	Sympathikus	387
12.1.2	Parasympathikus	390
12.1.3	Darmnervensystem	392
12.2	Erregungsverarbeitung im peripheren vegetativen Nervensystem	394
12.2.1	Sympathikus	394
12.2.2	Parasympathikus	397
12.2.3	Gegensätzliche Wirkungen von Sympathikus und Parasympathikus	399
12.2.4	Periphere Reflexe	400
12.3	Organisation des zentralen vegetativen Nervensystems	400

13 Koordination spezialisierter Organfunktionen: Endokrines System ... 405

13.1	Wirkung von Hormonen und Aufbau des endokrinen Systems	407
13.2	Übergeordnete endokrine Systeme	410
13.2.1	Hypothalamus und Hypophyse	410
13.2.2	Epiphyse	411
13.3	Endokrine Teilsysteme	411
13.3.1	Somatotropin (somatotropes Hormon [STH], Wachstumshormon, growth hormone [GH])	411
13.3.2	Schilddrüsenhormone	412
13.3.3	Parathormon, Calcitonin, Vitamin D	417
13.3.4	Nebennierenrindenhormone	418
13.3.5	Inselzellhormone des Pancreas (Insulin, Glukagon)	421

14 Temperaturregelung ... 427

14.1	Temperaturfelder des Körpers und Körpertemperatur	429
14.2	Wärmebildung und Wärmetransport	430
14.3	Einstellung der Körpertemperatur	431
14.4	Fieber, Hyperthermie und Hypothermie	432
14.5	Akklimatisation	433

15 Fortpflanzung ... 435

15.1	Männliche Geschlechtsorgane	437
15.1.1	Entwicklung der Geschlechtsorgane	437
15.1.2	Geschlechtsdrüsen (Keimdrüsen)	437
15.1.3	Geschlechtswege und akzessorische Geschlechtsdrüsen	439

15.1.4	Äußere Geschlechtsorgane 441	15.5	Entwicklung des Embryos sowie Ausbildung von Embryonalhüllen und Placenta 456
15.2	Weibliche Geschlechtsorgane 442	15.5.1	Entwicklung des Embryos 456
15.2.1	Entwicklung der Geschlechtsorgane 442	15.5.2	Embryonalhüllen und Placenta ... 457
15.2.2	Geschlechtsdrüsen (Keimdrüsen) . 442	15.6	Entwicklung des Feten 460
15.2.3	Geschlechtswege 443	15.7	Schwangerschaft und Geburt 465
15.2.4	Äußere Geschlechtsorgane 444	15.7.1	Schwangerschaft 465
15.2.5	Brustdrüse 446	15.7.2	Geburt 467
15.3	Ablauf und Regelung der Bildung männlicher und weiblicher Keimzellen 446	15.8	Entwicklung des Neugeborenen 470
15.3.1	Keimzellbildung bei Mann und Frau (Gametogenese) 446	15.9	Vererbung 471
		15.9.1	Grundbegriffe der Vererbung 471
15.3.2	Endokrine Regelung von männlichen und weiblichen Geschlechtsfunktionen 449	15.9.2	Erbkrankheiten 471
15.4	Befruchtung und Keimentwicklung bis zur Implantation 452	**Anhang**	 475
		Glossar	 476
15.4.1	Befruchtung 452		
15.4.2	Frühembryonale Entwicklung ... 452	Abbildungsnachweis	 480
15.4.3	Implantation in die Uterusschleimhaut 456	Sachverzeichnis	 487

Einleitung: Gesamtsystem des Organismus und funktionelle Ausrichtung

1

Jedes Lebewesen braucht für seine Existenz eine geeignete **Umwelt**. Der Organismus steht in enger Wechselwirkung mit dieser Umwelt. Darauf ist die gesamte funktionelle Organisation des Menschen ausgerichtet.

Die **Wechselwirkung** mit der Umwelt umfaßt zum einen die bewußte Wahrnehmung der Außenwelt durch den Organismus. Diese Funktion übernimmt das Sinnessystem, das als **sensorisches System** bezeichnet wird (Abb. 1-1). Zum anderen reagiert der Organismus auf die Umwelt oder wirkt auf diese durch ein Bewegungssystem ein, das **motorisches System** genannt wird (Abb. 1-1). Beide Systeme besitzen als wesentlichen Baustein Nervengewebe und sind deshalb insgesamt dem **Nervensystem** zuzurechnen. So ermöglicht das Nervensystem mit dem Gehirn als zentralem Bestandteil dem menschlichen Organismus, mit seiner Umwelt in wechselseitige Beziehung zu treten. Gleichzeitig bildet es die materielle Grundlage für das Bewußtsein, für geistige und seelische Vorgänge. Insgesamt ist damit das Nervensystem als **Persönlichkeitsteil** des Organismus beschreibbar.

Sensorisches und motorisches System, die eine direkte Verbindung mit der Umwelt herstellen, können ihre Funktion nur aufrechterhalten, wenn genügend Substrate (z.B. Nährstoffe) für ihren **Stoffwechsel** zur Verfügung stehen und die anfallenden End- und Zwischenprodukte des Stoffwechsels abgeführt werden. Verschiedene Organe, die sich als **Versorgungsteil** des Organismus zusammenfassen lassen, leisten diese Zubringerdienste (Abb. 1-1):

- Die Aufnahme der Stoffwechselsubstrate aus der Nahrung und aus der Atemluft übernimmt der Magen-Darmkanal mit seinen Anhangorganen bzw. die Lunge.
- Für den Stofftransport im Organismus sorgen die Organe des Blutkreislaufs.
- Das Ausscheiden der Stoffwechselendprodukte erfolgt über Darm, Niere und Lunge.

Zahlreiche spezialisierte Organe übernehmen also die Einzelfunktionen im Versorgungsteil des Organismus. Für die einwandfreie Funktion des Organismus ist es notwendig, daß die Organe zu einer Gesamtleistung koordiniert werden. Diese Aufgabe übernehmen das **vegetative Nervensystem** und das **endokrine System** (Abb. 1-1). Beide Koordinationssysteme sind aufeinander abgestimmt.

1 Einleitung: Gesamtsystem des Organismus und funktionelle Ausrichtung

Abb. 1-1 Funktionen von Persönlichkeits- und Versorgungsteil des Organismus. Der Persönlichkeitsteil (rosa) steht über das sensorische (grüne Pfeile) und das motorische System (dicke rote Pfeile) in Wechselwirkung mit der Umwelt. Der Versorgungsteil (gelb) stellt mit seinen verschiedenen Organen die energetische Versorgung des Persönlichkeitsteils sicher. Die verschiedenen Organfunktionen werden vom Persönlichkeitsteil über das vegetative Nervensystem und das endokrine System (dünne rote Pfeile) koordiniert.

Die **Fortpflanzung** erfordert zusätzliche geschlechtsspezifische Funktionssysteme. Abb. 1-2 zeigt, daß im männlichen wie im weiblichen Organismus Keimzellen gebildet werden (Eierstock und Hoden).

Wenn die männliche Keimzelle in den weiblichen Organismus gelangt, kann es zu einer Verschmelzung der männlichen und weiblichen Keimzelle kommen. Durch diesen Vorgang der Befruchtung entsteht ein

1 Einleitung: Gesamtsystem des Organismus und funktionelle Ausrichtung

Abb. 1-2 Fortpflanzung. Nach Verschmelzung von Ei- und Samenzelle entsteht ein neuer Mensch. Zunächst ist der Versorgungsteil der Mutter seine Umwelt. Nach der Geburt hat er dieselbe Umwelt wie Mutter und Vater.

neues Lebewesen. Der weibliche Organismus bildet die direkte Umwelt für das Kind und übernimmt seine Versorgung bis zur Geburt (Abb. 1-2). Nach der Geburt ändern sich die Umweltbedingungen für das Kind. Sie entsprechen dann den Verhältnissen beim erwachsenen Organismus, wie sie oben skizziert sind.

2

Bau des menschlichen Körpers im Überblick

2 Bau des menschlichen Körpers im Überblick

2.1 Lagebeziehungen der Organsysteme des Körpers

Der Umgang mit Patienten erfordert in allen Bereichen der Medizin ein hohes Maß an Vertrautheit mit dem Bau des menschlichen Körpers. Dabei sind sowohl die Form und Größe (Morphologie) der einzelnen Organe und Organsysteme als auch ihre räumliche Beziehung zum Gesamtkörper (Topographie) von Bedeutung. Darüber hinaus ist es für die alltägliche Praxis wichtig, sich bildlich vorzustellen, wie sich die Organe zur Körperoberfläche verhalten (Projektion auf die Körperoberfläche). Einführend wird daher in einer Serie von Abbildungen ein Überblick über die Topographie und die Projektion aller wichtigen Organe gegeben.

Die gebräuchlichen Begriffe zur Lagebeschreibung der einzelnen Organe sind aus Abb. 2-1 zu ersehen. Des weiteren wird die Lage der inneren Organe von Brust- und Bauchraum in verschiedenen Ansichten des Rumpfes gezeigt (Abb. 2-2 bis 2-5). Einen Überblick über das motorische System mit Skelett und Muskelgruppen einschließlich der versorgenden Nerven und Gefäße geben die Abb. 2-6 und 2-7.

Inzwischen sind verschiedene bildgebende Verfahren entwickelt worden, die in der klinischen Diagnostik vielfältig eingesetzt werden. Bei Anwendung dieser Verfahren wird die Anatomie des Körpers in Schnittbildern (Tomographie) gezeigt. Zur Einführung werden in Abb. 2-8 bis 2-19 einige typische Schnittbilder (Computertomogramme und Magnetresonanztomogramme) der radiologischen Diagnostik abgebildet und jeweils mit Hilfe einer Zeichnung erläutert.

2 Bau des menschlichen Körpers im Überblick

2.1 Lagebeziehungen der Organsysteme des Körpers

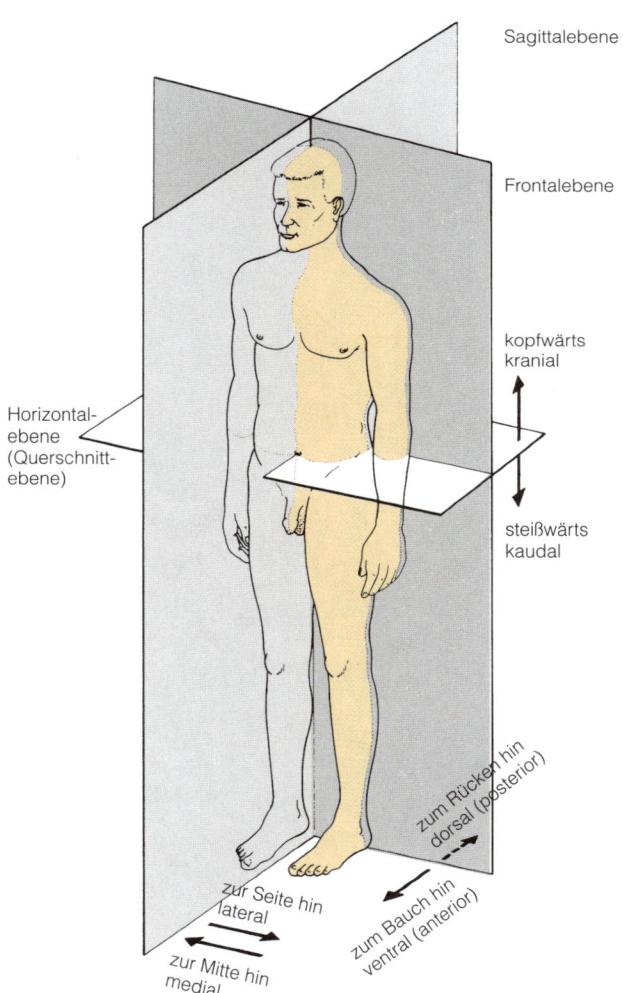

Abb. 2-1 Die wichtigsten Ebenen des menschlichen Körpers sowie Richtungsbezeichnungen zur Beschreibung der Lage der Körperteile.

2 Bau des menschlichen Körpers im Überblick

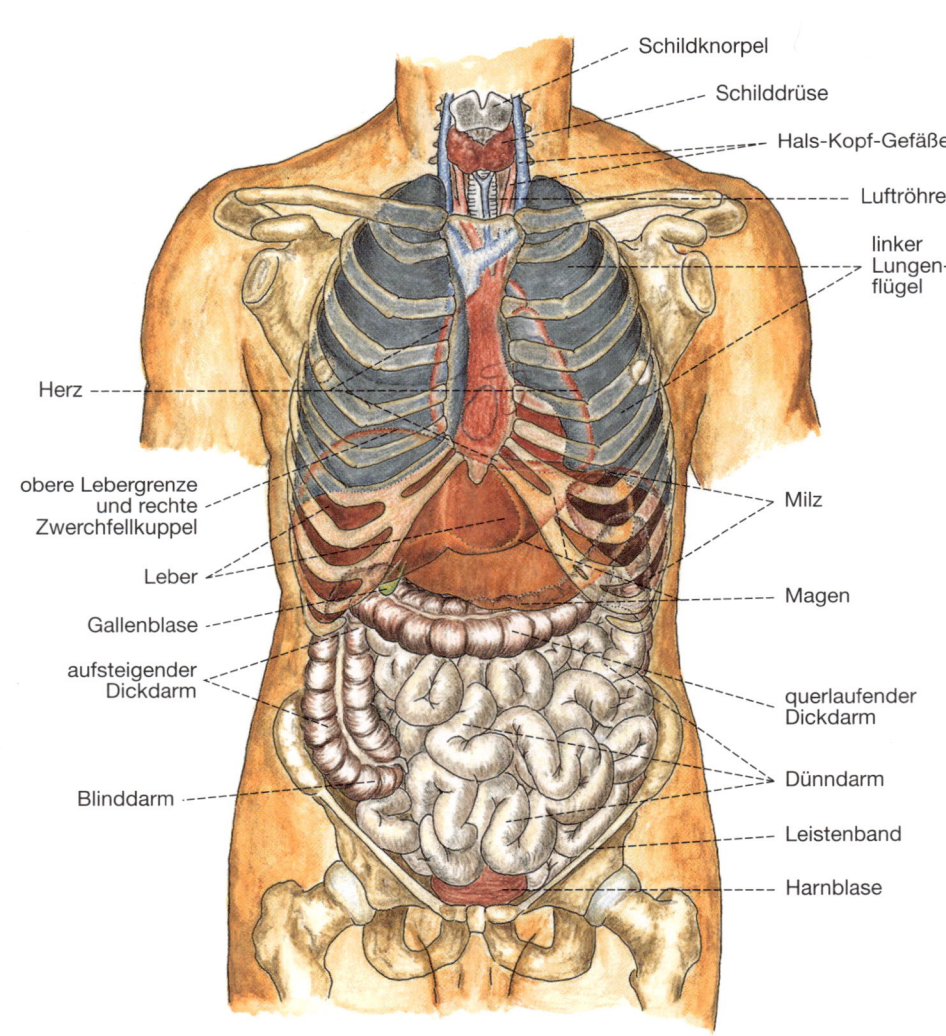

Abb. 2-2 Brust- und Bauchorgane in der Ansicht von vorne.

2 Bau des menschlichen Körpers im Überblick

Lagebeziehungen der Organsysteme des Körpers 2.1

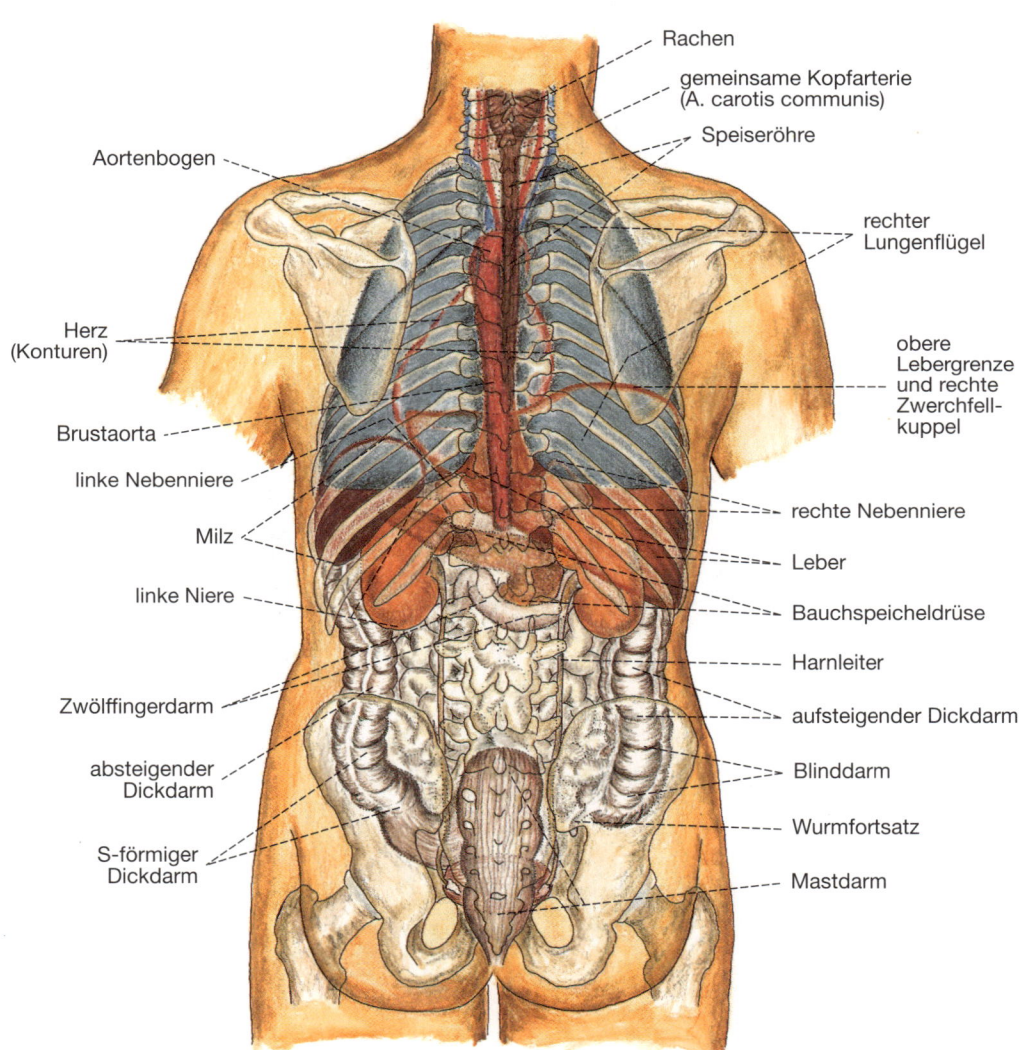

Abb. 2-3 Brust- und Bauchorgane in der Ansicht von hinten.

2 Bau des menschlichen Körpers im Überblick

Abb. 2-4 Brust- und Bauchorgane in der rechten Seitenansicht.

2 Bau des menschlichen Körpers im Überblick

2.1 Lagebeziehungen der Organsysteme des Körpers

Abb. 2-5 Brust- und Bauchorgane in der linken Seitenansicht.

2 Bau des menschlichen Körpers im Überblick

2 Bau des menschlichen Körpers im Überblick
2.1 Lagebeziehungen der Organsysteme des Körpers

Abb. 2-6 Skelett und Muskulatur in der Ansicht von vorne mit Darstellung der wichtigsten oberflächlichen (rechte Körperseite) und tiefen (linke Körperseite) Nerven und Blutgefäße.

2 Bau des menschlichen Körpers im Überblick

2 Bau des menschlichen Körpers im Überblick

Lagebeziehungen der Organsysteme des Körpers 2.1

Abb. 2-7 Skelett und Muskulatur in der Ansicht von hinten mit Darstellung der wichtigsten oberflächlichen (rechte Körperseite) und tiefen (linke Körperseite) Nerven und Gefäße.

2 Bau des menschlichen Körpers im Überblick

Abb. 2-8 Sagittalschnitt durch die Mitte des Kopfes. **A:** Schnittführung. **B:** Magnetresonanztomogramm (MRT). **C:** Anatomische Zeichnung zur Erläuterung des MRT.

2 Bau des menschlichen Körpers im Überblick

Lagebeziehungen der Organsysteme des Körpers 2.1

Abb. 2-9 Frontalschnitt durch die Stirnlappen beider Großhirnhemisphären mit Gesichtsschädel (Augen-, Mund- und Nasenhöhle). **A:** Schnittführung **B:** Magnetresonanztomogramm (MRT). **C:** Anatomische Zeichnung zur Erläuterung des MRT.

2 Bau des menschlichen Körpers im Überblick

Abb. 2-10 Frontalschnitt durch Gehirn (Großhirnhemisphären und Hirnstamm) und Halsteil des Rückenmarks. **A:** Schnittführung. **B:** Magnetresonanztomogramm (MRT). **C:** Anatomische Zeichnung zur Erläuterung des MRT.

2 Bau des menschlichen Körpers im Überblick

Lagebeziehungen der Organsysteme des Körpers 2.1

A

B

C

- venöser Blutleiter der harten Hirnhaut
- Stirnlappen des Großhirns
- Seitenventrikel
- Basalganglien
- 3. Ventrikel
- innere Kapsel
- Seitenventrikel mit Adergeflecht
- Zwischenhirn
- Hinterhauptslappen des Großhirns
- venöser Blutleiter der harten Hirnhaut

Abb. 2-11 Horizontalschnitt durch beide Großhirnhemisphären mit Zwischenhirn. Ansicht von kaudal. **A:** Schnittführung. **B:** Magnetresonanztomogramm (MRT). **C:** Anatomische Zeichnung zur Erläuterung des MRT.

Abb. 2-12 Horizontalschnitt durch Großhirnhemisphären, Hirnstamm und Kleinhirn in Höhe von Augen- und Nasenhöhle. Ansicht von kaudal. **A:** Schnittführung. **B:** Magnetresonanztomogramm (MRT). **C:** Anatomische Zeichnung zur Erläuterung des MRT.

2 Bau des menschlichen Körpers im Überblick

Lagebeziehungen der Organsysteme des Körpers 2.1

Abb. 2-13 Horizontalschnitt durch den Hals in Höhe des Kehlkopfes. Ansicht von kaudal. **A:** Schnittführung (vgl. Abb. 2-2). **B:** Computertomogramm (CT). **C:** Anatomische Zeichnung zur Erläuterung des CT.

2 Bau des menschlichen Körpers im Überblick

Abb. 2-14 Horizontalschnitt durch Herzbasis mit großen Gefäßen und Lungenflügel im Hilumbereich. Ansicht von kaudal. **A:** Schnittführung. **B:** Computertomogramm (CT). **C:** Anatomische Zeichnung zur Erläuterung des CT.

2 Bau des menschlichen Körpers im Überblick

2.1 Lagebeziehungen der Organsysteme des Körpers

Abb. 2-15 Horizontalschnitt durch Herz (mit Kammern und Vorhöfen) und Lungenflügel. Ansicht von kaudal. **A:** Schnittführung. **B:** Computertomogramm (CT). **C:** Anatomische Zeichnung zur Erläuterung des CT.

2 Bau des menschlichen Körpers im Überblick

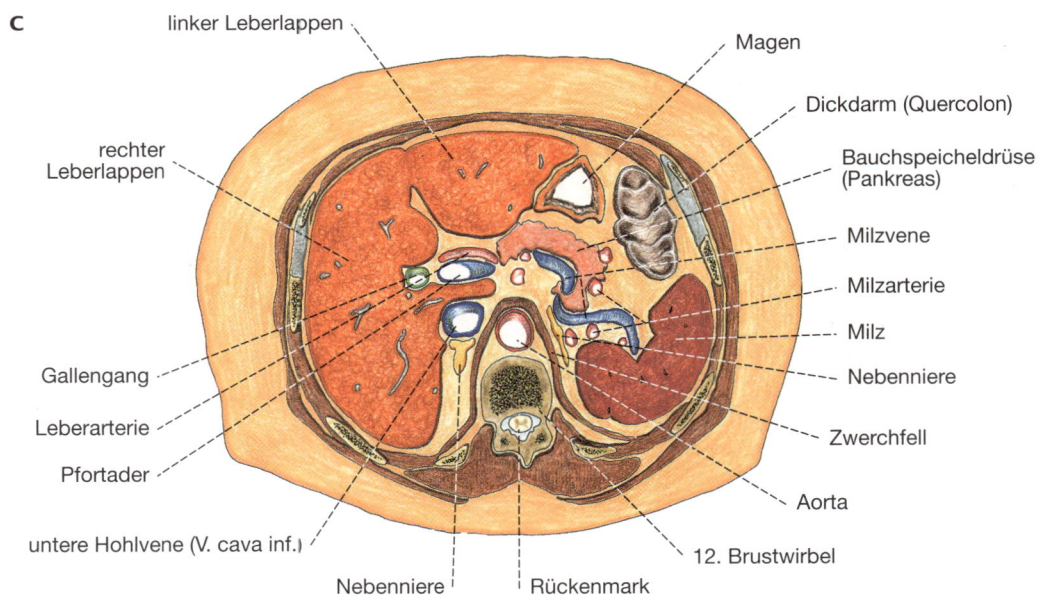

Abb. 2-16 Horizontalschnitt durch Oberbauchorgane in Höhe des 12. Brustwirbels. Ansicht von kaudal.
A: Schnittführung. **B:** Computertomogramm (CT). **C:** Anatomische Zeichnung zur Erläuterung des CT.

2 Bau des menschlichen Körpers im Überblick

Lagebeziehungen der Organsysteme des Körpers 2.1

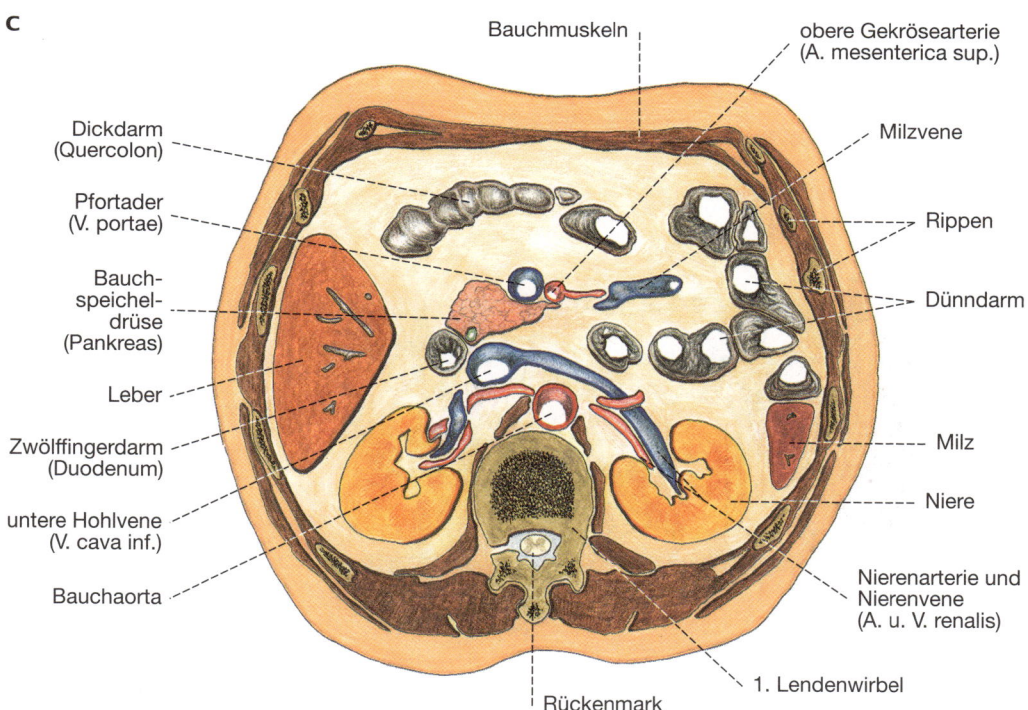

Abb. 2-17 Horizontalschnitt durch Bauchorgane in Höhe des 1. Lendenwirbels. Ansicht von kaudal. **A:** Schnittführung. **B:** Computertomogramm (CT). **C:** Anatomische Zeichnung zur Erläuterung des CT.

Abb. 2-18 Horizontalschnitt durch Beckenorgane der Frau. Ansicht von kaudal. **A:** Schnittführung. **B:** Computertomogramm (CT). **C:** Anatomische Zeichnung zur Erläuterung des CT.

2 Bau des menschlichen Körpers im Überblick

Lagebeziehungen der Organsysteme des Körpers 2.1

Abb. 2-19 Horizontalschnitt durch Beckenorgane des Mannes. Ansicht von kaudal. **A:** Schnittführung. **B:** Computertomogramm (CT). **C:** Anatomische Zeichnung zur Erläuterung des CT.

2.2 Bildgebende Verfahren

In der Diagnostik von Erkrankungen steht dem Arzt nach der Untersuchung des Patienten eine Reihe bildgebender Verfahren zur Verfügung. Diese in den letzten Jahren eindrucksvoll verfeinerte **bildgebende Diagnostik** (diagnostische Radiologie) umfaßt:
- klassische Diagnostik mit Hilfe von **Röntgenstrahlen**
  - konventionelle Röntgenaufnahmen (Nativaufnahmen)
  - Kontrastmitteluntersuchungen (z.B. Angiographie)
  - **Computertomographie (CT)**
- Untersuchungen mit **Ultraschallwellen** (Sonographie)
- auf **Magnetresonanz** beruhende Schnittbildverfahren (Kernspintomographie, Magnetresonanztomographie, MRT)
- Untersuchungen mit **radioaktiven Substanzen** (nuklearmedizinische Verfahren)
  - Szintigraphie
  - Positronenemissionstomographie (PET)

Die genannten bildgebenden Verfahren sollen im folgenden kurz vorgestellt werden:
- **Röntgendiagnostik**
  - Nativdiagnostik
  Von einer Röntgenröhre erzeugte Strahlung wird durch den Körper des Patienten geschickt (Abb. 2-20). Die durch die Organe nicht absorbierten Röntgenstrahlen belichten einen für Strahlen empfindlichen Röntgenfilm. Das so entstandene native Röntgenbild gibt Informationen über Strahlenundurchlässigkeit (Strahlendichte) oder Strahlendurchlässigkeit verschiedener Organe oder Gewebe. Es werden mehrere Dichtegruppen unterschieden: **Luft** absorbiert keine Strahlen und trägt damit sehr stark zur Bildschwärzung bei. **Fett** absorbiert wenig Strahlung, während Flüssigkeit (z.B. Blut) und noch ausgeprägter Knochen strahlendicht und damit gegenüber luft- oder fetthaltigen Strukturen sehr gut abgrenzbar sind. Die Thoraxübersichts-aufnahme (Abb. 2-20) zeigt einen guten Kontrast zwischen den lufthaltigen Lungenflügeln, den flüssigkeitshaltigen Organen (Herz, Leber und Blutgefäßen) und den Knochen.
  - Kontrastmitteluntersuchung
  Zahlreiche Organe z.B. im Bauchraum sind (wegen ähnlicher Strahlendichte) kaum voneinander zu unterscheiden. Der Kontrast läßt sich durch Gabe von strahlendichten (röntgenpositiven) Kontrastmitteln in eindrucksvoller Weise verbessern. So eignen sich jodhaltige Kontrastmittel zur Darstellung von sonst nicht sichtbaren Blutgefäßen (Angiographie). Sie werden intravenös oder intraarteriell injiziert und führen so zu einer Darstellung von Gefäßen beliebiger Organe, z.B. des Herzens (Koronarangiographie). Bariumhaltige Kontrastmittel werden insbesondere in der Magen-Darmdiagnostik eingesetzt. So gewinnt man z.B. genaue Informationen über das Schleimhautrelief des Darms.
  Unter strahlendurchlässigen (röntgennegativen) Kontrastmitteln versteht man Gase, z.B. Luft oder Kohlendioxid (CO_2). Sie eignen sich ebenso zur Kontrastverstärkung gegenüber dem Körpergewebe. Mit einer kombinierten Anwendung von röntgenpositivem (Barium) und röntgennegativem Kontrastmittel (Gas) wird z.B. eine noch bessere Darstellung der Darmschleimhaut erreicht (Doppelkontrastdarstellung; Abb. 2-21).
  - Computertomographie (CT)
  Bei der Computertomographie wird der Körper „in Scheiben zerlegt" dargestellt. Wie bei den zuvor beschriebenen Verfahren durchdringen Röntgenstrahlen den Körper und werden von den Organen unterschiedlich absorbiert. Zur „Scheibenbildung" rotieren Röntgenröhre und ein gegenüberliegender Strahlendetektor um die Körperlängsachse (Abb. 2-22). Gleichzeitig wird der Körper jeweils um 1 bis 10 mm in Längsrichtung verschoben. Sämtliche Daten werden von einem Computer erfaßt und nach Bearbeitung als Schnittbilder auf einem Monitor dargestellt. Bei der sog. Spiral-CT wird ein kompletter Körperabschnitt (bis zu 60 cm lang) innerhalb von bis zu 60 s kontinuierlich untersucht. Aus dem gewonnenen Datensatz werden die einzelnen Schnittbilder berechnet. Mit Hilfe der CT entstehen exakte und überlagerungsfreie Schnitte durch alle ge-

wünschten Organe. So sind pathologische Veränderungen vieler Gewebe gut feststellbar.

- **Sonographie**
Die Sonographie steht heute meist am Anfang der bildgebenden Diagnostik (Abb. 2-23). Dies gilt insbesondere bei Erkrankungen der Bauchorgane. Die Sonographie basiert auf hochfrequenten Schallwellen (Ultraschall), die mit dem menschlichen Ohr nicht wahrgenommen werden. Im Körper treffen sie auf Strukturen bzw. Organe unterschiedlicher Schalldichte und werden von ihnen reflektiert. Knochen oder luftgefüllte Organe führen zu einer Totalreflexion der Schallwellen. Die Echosignale werden aufgefangen. Sender und Empfänger der Schallwellen befinden sich gemeinsam im sog. Schallkopf. Nach elektronischer Bearbeitung entsteht an einem Monitor ein Schnittbild, welches der Ebene der Ultraschallwellen entspricht. Die Sonographie eignet sich vor allem für die Untersuchung von Leber, Nieren, Gallenwegen oder von Blutgefäßen (Abb. 2-23). Sie wird auch vielfach in der Gynäkologie und Geburtshilfe eingesetzt. Mit neueren Geräten ist darüber hinaus die Untersuchung von Organbewegungen, wie z.B. des Herzmuskels oder der Herzklappen möglich.

- **Magnetresonanztomographie (MRT)**
Das Phänomen der Magnetresonanz basiert auf der Tatsache, daß Wasserstoffkerne mit ihrer Ladung kleine Magnete sind. Für die Anordnung dieser Magnete im Körper gilt das Zufallsprinzip. Deshalb ist der Körper nicht magnetisch. Wirkt nun ein starkes Magnetfeld auf den Körper ein, so richten sich die Kerne in diesem Feld aus. Sie drehen sich dabei wie ein Kreisel um die eigene Achse (Kernspin). Bei der MRT wird der Patient in ein starkes Magnetfeld eingebracht. Dann werden elektromagnetische Wellen bestimmter Frequenzen eingestrahlt. Diese führen zu Resonanzschwingungen in den Wasserstoffkernen der Gewebe. Dadurch entstehen Radiosignale, die empfangen und verstärkt werden können. Das Resonanzverhalten der schwingenden Kerne hängt von den chemischen Bausteinen ihrer Umgebung ab. So kann man von den abgestrahlten Radiosignalen auf die Zusammensetzung und Form des Gewebes schließen. Ebenso wie bei der Computertomographie wird die zu untersuchende Person auf einer Liege in eine Röhre geschoben, bei der es sich hier um einen starken Magneten handelt. Auch bei diesem Verfahren erhält man Schnittbilder des Körpers, jedoch in jeder gewünschten Ebene (sagittal, horizontal oder frontal). Je nach Abfolge der magnetischen Pulssequenzen werden aus den Geweben unterschiedliche Signale ausgesandt. So geben Flüssigkeiten bei sog. T1-Wichtung nur Signale geringer Intensität, während sie bei sog. T2-Wichtung sehr hohe Intensität zeigen. Fettgewebe liefert generell Signale hoher Intensität, Muskulatur solche mittlerer Intensität (Abb. 2-24). Kortikaler Knochen hat bedingt durch sehr geringen Wassergehalt in T1- und T2-Wichtung fast kein Signal, während Knochenspongiosa bedingt durch Knochenmark eine höhere oder mittlere Signalintensität zeigt (vgl. Kap. 6).

- **Nuklearmedizinische Verfahren**
  - Szintigraphie
  In der Nuklearmedizin werden schwach radioaktive Isotope zur Diagnose und auch zur Therapie von Krankheiten eingesetzt. Die Szintigraphie zeigt die Aufnahme und Verteilung von bestimmten radioaktiven Substanzen (Radionukliden) in einem Organsystem (Abb. 2-25). Die von den Radionukliden (z.B. Jod-123 oder Technetium-99 m) ausgehenden Gammastrahlen werden von einer Gammakamera aufgenommen und zu einem Bild verarbeitet. Von besonderer klinischen Bedeutung sind z.B. Knochenszintigramme, mit denen sich Knochenmetastasen nachweisen lassen, oder Schilddrüsenszintigramme, die Hinweise auf Über- oder Unterfunktionen des Organs geben.
  - Positronenemissionstomographie (PET)
  Mit aufwendigeren nuklearmedizinischen Verfahren, wie der Positronenemissionstomographie (PET), lassen sich nach dem Muster der Computertomographie auch Schnittbildserien anfertigen (Abb. 2-26). Dabei werden die bei Positronenzerfall entstehenden Photonen zur Bildgebung benutzt. Als

„Strahler" mit Positronenabgabe findet z.B. Fluor-18 Verwendung. Die räumliche Auflösung nuklearmedizinisch gewonnener Bilder ist zwar geringer als die der radiologischen Verfahren. Ihr Vorteil liegt jedoch in den sehr genauen Daten z.B. zum Energieverbrauch oder zur Durchblutung in verschiedenen Abschnitten eines Organs.

Da Röntgenstrahlen und Gamma- sowie Positronenstrahlen gesundheitsschädigend wirken, sind zahlreiche geräte-technische und organisatorische Maßnahmen erforderlich, um Patienten und Personal zu schützen. Durch die Röntgenverordnung und die Strahlenschutzverordnung sind alle diesbezüglichen Schutzmaßnahmen und Verhaltensweisen genau geregelt. Diese Maßnahmen betreffen den überwiegenden Teil der hier beschriebenen Verfahren. Lediglich von Sonographie und Magnetresonanztomographie sind bisher keine unmittelbar schädigenden Einflüsse bekannt.

2 Bau des menschlichen Körpers im Überblick

Bildgebende Verfahren 2.2

Abb. 2-20 Konventionelle Röntgenaufnahme des Brustkorbs in anterior-posteriorem (a.p.) Strahlengang mit schematischer Darstellung der Technik zur Bildentstehung.

Abb. 2-21 Röntgenbild des Dickdarms nach Füllung mit Kontrastmittel und Luft **(Doppelkontrastmethode)** bei anterior-posteriorem (a.p.) Strahlengang mit schematischer Darstellung der Technik zur Bildentstehung.

Abb. 2-22 Computertomographischer Horizontalschnitt der Bauchorgane in Höhe des ersten Lendenwirbels mit schematischer Darstellung der Technik zur Bildentstehung.

2 Bau des menschlichen Körpers im Überblick

Bildgebende Verfahren 2.2

Abb. 2-23 Sonographische Darstellung der großen Oberbauchblutgefäße in horizontaler Ebene mit schematischer Darstellung der Technik zur Bildentstehung.

Abb. 2-24 Magnetresonanztomographischer Frontalschnitt des Herzens mit großen Blutgefäßen mit schematischer Darstellung der Technik zur Bildentstehung.

Abb. 2-25 Szintigraphische Darstellung der Schilddrüse (Normalbefund) nach intravenöser Injektion von Jod-123 mit schematischer Darstellung der Technik zur Bildentstehung.

Abb. 2-26 Positronenemissionstomogramm des Gehirns nach Injektion von Fluor-D-Glukose mit schematischer Darstellung der Technik zur Bildentstehung. Roter, runder Bezirk: Tumor aus Gliazellen in der rechten Großhirnhemisphäre.

3

Zellen und Gewebe

Die Zelle ist der kleinste lebensfähige Baustein des Körpers. Sie besteht aus Kern und Zytoplasma. Die Zellfunktionen verteilen sich auf verschiedene Strukturen (Zellorganellen). Zellen vermehren sich durch Zellteilung. Dabei können sie sich zu Zellverbänden (Geweben) zusammenfügen. Die Gewebe des Körpers sind unterschiedlich ausgebildet und haben charakteristische Funktionen.

Abb. 3-0 Epithelialer Zellverband

Fallbeispiel

Eine 22jährige Musikstudentin hat seit fünf Wochen ein bisher nicht gekanntes Leistungstief. Zuletzt traten heftige Menstruationsblutungen auf. Sie sucht ihren Gynäkologen auf, der einen unauffälligen Lokalbefund erhebt. Bei einer nachfolgenden internistischen Untersuchung fällt die blasse Hautfarbe der Patientin auf, es finden sich eine vergrößerte Milz und an beiden Unterschenkeln feine stecknadelkopfgroße Hautblutungen. Im Blutbild wird ein starkes Absinken des roten Blutfarbstoffs und der Zahl der Blutplättchen festgestellt. Außerdem ist die Zahl unreifer weißer Blutkörperchen, sog. Blasten, erheblich vermehrt.

3 Zellen und Gewebe

Zellen sind Bausteine des Körpers, die nur mit Hilfe des Mikroskops zu sehen sind (Abb. 3-1). Die Zellenlehre (Zytologie) behandelt Bau und Funktion von Zellen, die Gewebelehre (Histologie) beschreibt die Grundformen verschiedener Zellverbände.

Unter bestimmten Bedingungen sind **Zellen** auch einzeln lebens- und teilungsfähig. Für ihre elementaren Lebensvorgänge wie Stoff- und Energiewechsel, Atmung oder Zellteilung braucht jede Zelle eine Grundausstattung an Zellorganellen. Darüber hinaus sind bei dem hochorganisierten Körper des Menschen die meisten Zellen in ihrer Form und Ausstattung so differenziert, daß sie zu Leistungen wie Zusammenziehung, Erregungsleitung, die Aufnahme von Sinnesreizen oder die Abgabe von Zellprodukten befähigt sind. Zellen gleicher Spezialleistung liegen oft in Zellverbänden (Organen) zusammen. Sie sind u.a. auf den Transport von Sauerstoff und Nährstoffen über die Blutbahn, also auf die Tätigkeit anderer Zellverbände angewiesen. Von ihrer eigenen Leistung hängen wieder andere Gewebe des Körpers ab. Jede Zelle ist Glied einer großen Einheit, in deren Organisation sie eine bestimmte Funktion einnimmt.

An der **Zelle** (Abb. 3-2) unterscheidet man den Zelleib (Zytoplasma) und den Zellkern (Nucleus). Der **Zellkern** enthält mit den Chromosomen die Träger genetischer Informationen. Das **Zytoplasma** setzt sich aus einer kolloidalen Lösung von Eiweiß, Wasser und Salzen zusammen, in die verschiedene hochspezialisierte Strukturen, die Zellorganellen, eingefügt sind. Außerdem kann das Zytoplasma gewebsspezifische Strukturen (Metaplasma, z.B. Muskelfibrillen) oder Stoffwechselprodukte (Paraplasma, z.B. Hormone) enthalten. Kern und Zytoplasma arbeiten eng zusammen. So stehen die im Zytoplasma erbrachten Leistungen unter Kontrolle des Zellkerns, aber auch der Zellkern wird in seiner Funktion vom Zytoplasma beeinflußt. Der Zellkern ist von der Kernmembran, das Zytoplasma von der Zellmembran umschlossen.

3.1 Zelle mit Zellorganellen

> Die Zelle mit Membran, Kern, Zytoplasma und Zellorganellen zeigt ein breites Spektrum von Funktionen. Zu diesen gehören Synthese von Molekülen, Stoffwechsel und Bereitstellung von Energie und Transportvorgänge.

3.1.1 Zellmembran

Um ihre spezifischen Aufgaben erfüllen zu können, braucht die Zelle ihren „eigenen Lebensraum", ihr Milieu. Dies wird durch die **Zellmembran** (Zytolemm, Plasmalemm, Abb. 3-2) ermöglicht, die die Zelle zur Umgebung abgrenzt. Sie sorgt dafür, daß innerhalb der Zelle (intrazellulär

Abb. 3-1 Biologische Strukturen unterschiedlicher Größenordnung und Methoden ihrer Darstellung. Å = Angström

3 Zellen und Gewebe

Abb. 3-2 Schematische Darstellung einer Zelle mit den wichtigsten Organellen.

Raum) eine andere Konzentration von Stoffen aufrechterhalten wird als außerhalb der Zelle (extrazellulärer Raum). Außerdem ist sie für den Stoffaustausch zwischen Zelle und Umgebung zuständig.

Die Zellmembran besteht aus einer Doppellamelle aus Phospholipiden, zwischen die Eiweißmoleküle (Proteinmoleküle) eingelagert sind. Sie ist selektiv durchgängig (**semipermeabel**), so daß etliche gelöste Substanzen wie die Atemgase, Sauerstoff und Kohlendioxid, frei zwischen extra- und intrazellulärem Raum diffundieren können, indem sie nur dem Konzentrationsgefälle folgen. Andere Substanzen werden durch unterschiedliche Transportformen in die Zelle hinein- oder aus ihr herausgeschleust.

Die elektrische Ladung der Zellmembran (**Membranpotential**) ist die Grundlage für Aktivierungsvorgänge z.B. an Nervenzelle oder Muskelfaser. Oberflächlich gelegene Proteine der Zellmembran verfügen über jeweils charakteristische Erkennungsmerkmale, so daß die Zellen als „körpereigen" oder „körperfremd" erkannt werden können. Membranproteine ermöglichen Kontakte mit benachbarten Zellen. In der Zellmembran sind auch zahlreiche Bindungsstellen für Moleküle (Rezeptoren) und Enzyme lokalisiert. So gewinnt die Zellmembran besondere Bedeutung für den Informationsaustausch mit der Zellumgebung.

3.1.2 Endoplasmatisches Retikulum

Das endoplasmatische Retikulum ist ein vielfach verzweigtes Netz von schlauchartigen oder spaltförmigen Hohlräumen, die von Membranen begrenzt werden (Abb. 3-2). Diese Membransysteme stehen sowohl mit dem Zellkern als auch mit der Zellmembran in Verbindung. Im endoplasmatischen Retikulum werden zahlreiche **Stoffe synthetisiert**. Für die Bildung von Proteinen (z.B. Enzymen) müssen Ribosomen vorhanden sein, die sich den Membranen des endoplasmatischen Retikulums anlagern. Nach der vom Zellkern vorgegebenen Information können hier sowohl Proteine für den zelleigenen Bedarf (z.B. Strukturproteine) oder Proteine für den „Export" (z.B. Hormone) gebildet werden (Abb. 3-3).

3.1.3 Golgi-Apparat

Mit dem endoplasmatischen Retikulum ist der Golgi-Apparat eng verbunden (Abb. 3-2). Er besteht ebenfalls aus einem membranbegrenzten Hohlraumsystem mit zahlreichen Schläuchen und Bläschen. Hier werden die im endoplasmatischen Retikulum synthetisierten **Substanzen angereichert** und zu Sekretkörnchen **verpackt**. Wenn sie für den „Export" bestimmt sind, werden sie an der Zelloberfläche meist durch sog. Exozytose freigesetzt (Abb. 3-3).

3.1.4 Lysosomen

Lysosomen sind Organellen der **intrazellulären Verdauung** (Abb. 3-2 bis 3-4). Sie enthalten Enzyme für den Abbau von Eiweißen, Kohlenhydraten und Fetten. Die lysosomalen Enzyme werden im endoplasmatischen Retikulum gebildet, im Golgi-Apparat angereichert und von einer Membran umgeben. Die lysosomale Membran wählt

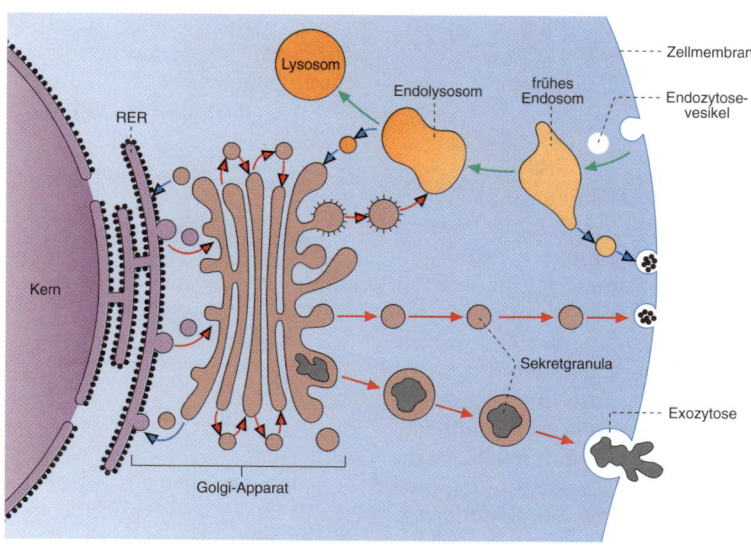

Abb. 3-3 Synthese und Abgabe von Zellprodukten sowie Aufnahme von zellfremden Stoffen. Die Wege der Bildung und Verpackung von Sekret in der Zelle und dessen Freisetzung aus der Zelle (Exozytose) sind durch rote Pfeile gekennzeichnet. Die Aufnahme von Molekülen in die Zelle (Endozytose) und der Transport zu Lysosomen ist durch grüne, der Rücktransport zwischen verschiedenen Zellorganellen durch blaue Pfeile markiert (Sobotta, Histologie, 5. Auflage, Abb. 36, S. 22, U&S.)

3 Zellen und Gewebe

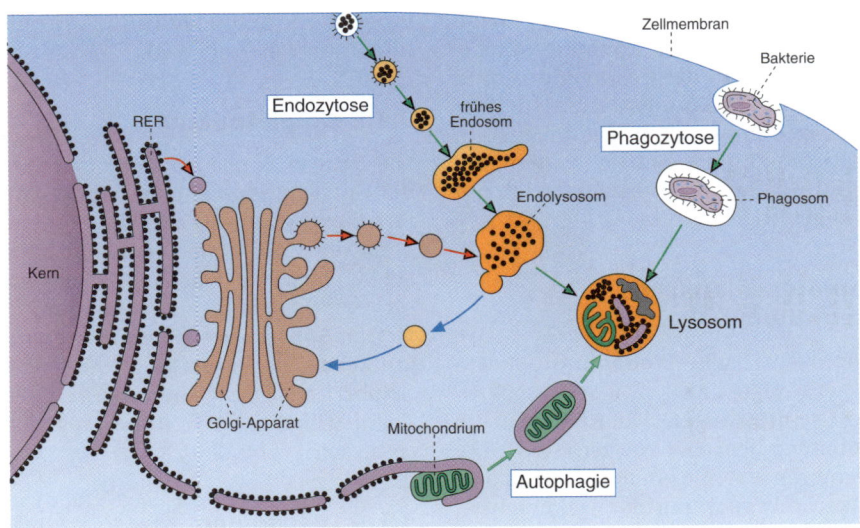

Abb. 3-4 „Verdauungsvorgänge" in der Zelle: Der Vorgang der Autophagie beinhaltet den Abbau zelleigenen Materials (z.B. Organellen). Bei der Phagozytose werden größere zellfremde Partikel (z.B. Bakterien) in die Zelle aufgenommen und abgebaut, kleinere zellfremde Partikel (z.B. Moleküle) werden durch Endozytose aufgenommen. „Verdauungsorgan" für alle Materialien ist das Lysosom. (Sobotta, Histologie, 5. Auflage, Abb. 42, S. 26, U&S)

die Substanzen aus, die der Zellverdauung zugeführt werden sollen. Die Lysosomen nehmen das abzubauende zelleigene oder zellfremde Material auf. Wird zelleigenes Material abgebaut, spricht man von Autophagie, wird zellfremdes Material abgebaut, von Phagozytose.

3.1.5 Zellskelett

Zentralkörperchen (Centriolen) sind zylindrische, aus 9 mal 3 Röhrchen zusammengesetzte Strukturen, die bei der Zellteilung (s. Kap. 3.2) eine Rolle spielen (Abb. 3-2). Sie sind für die Organisation von röhrenförmigen (Mikrotubuli) und fadenartigen (Mikrofilamente und Intermediärfilamente) Strukturen von Bedeutung, die insgesamt als Zytoskelett bezeichnet werden. Tubuli und Filamente erfüllen vorwiegend **mechanische Funktionen**, z.B. bei Zellbewegungen oder bei der Aufrechterhaltung der Grundstruktur der Zelle.

3.1.6 Mitochondrien

Mitochondrien sind von einer doppelten Membran umgebene Gebilde (Abb. 3-2 und 3-5). Die innere der beiden Membranen bildet Einstülpungen (Crista). Mitochondrien werden als **Kraftwerke** der Zelle bezeichnet. Sie enthalten die für die sauerstoffabhängigen Stoffwechselvorgänge (**biologische Oxidation**) notwendigen Enzyme (sog. Atmungskette). Dadurch können sie z.B. Traubenzucker oxidieren und daraus Energie ge-

Abb. 3-5 Beitrag der Mitochondrien zum Energiestoffwechsel.
ATP = Adenosintriphosphat
ADP = Adenosindiphosphat
P = anorganisches Phosphat
O_2 = Sauerstoff
CO_2 = Kohlendioxid

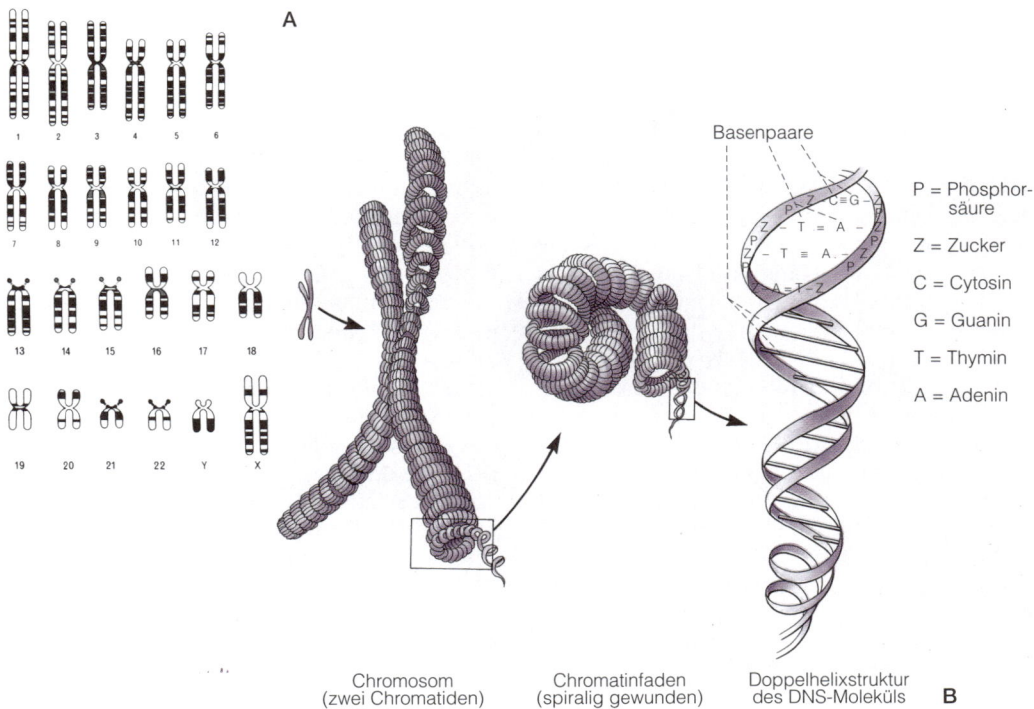

Abb. 3-6 Chromosomensatz des Menschen (A) sowie Aufbau eines Chromosoms (B).
A: Chromosomensatz: Anordnung und Numerierung der Autosomen (Nicht-Geschlechtschromosomen) nach abnehmender Größe. In den Körperzellen sind die Chromosomen 1–22 doppelt vorhanden. X, Y: Geschlechtschromosomen.
B: Aufbau eines Chromosoms aus gewundenen Strängen der Desoxyribonucleinsäure (DNS).

winnen. Diese Energie wird in Form von Adenosintriphosphat (ATP) gespeichert und steht für zahlreiche energiefordernde Prozesse der Zelle zur Verfügung, so für Stofftransport oder Muskelkontraktion. Unter Abgabe von Energie wird ATP zu ADP (Adenosindiphosphat) abgebaut und kann in den Mitochondrien wieder in energiereiches ATP umgewandelt werden (Abb. 3-5).

3.1.7 Zellkern

Der häufig runde oder oval geformte Zellkern ist von zwei Membranen umgeben (Abb. 3-2). Die äußere der beiden Membranen ist direkt mit dem endoplasmatischen Retikulum verbunden. Gemeinsam bilden beide Membranen zahlreiche Kernporen, die den Informationsaustausch zwischen Kern und Zytoplasma ermöglichen. Die Kernsubstanz besitzt eine feinkörnige bis schollige Struktur. Sie läßt sich mit Kernfarbstoffen gut färben und wird deshalb als **Chromatin** bezeichnet (Chroma = Farbe). Chemisch besteht Chromatin aus Nucleoproteiden, in denen Nucleinsäuren enthalten sind. Sie kommen in den Kernkörperchen (Nucleolus) als Ribonucleinsäuren (**RNS**; ribonucleic acid, **RNA**) und im übrigen Kernbereich als Desoxyribonucleinsäure (**DNS**; deoxyribonucleic acid, **DNA**) vor. Bei der Zellteilung bilden sich aus der wenig strukturierten Chromatinsubstanz die **Chromosomen**.

Der Chromosomensatz des Menschen besteht aus 46 Chromosomen: **44 Autosomen** (Nicht-Geschlechtschromosomen) und **2** geschlechtsbestimmenden **Heterochromosomen**. Beim weiblichen Geschlecht sind zwei X-Chromosomen vorhanden (Abb. 3-6A). Vom **X-Chromosom** hervorgerufene Chromatinverdichtungen an der Kernmembran sind mikroskopisch gut erkennbar (Sex-Chromatin) und werden zur Geschlechtsdiagnose herangezogen. Beim männlichen Geschlecht kommt neben einem X- ein **Y-Chromosom** vor.

Aufbau der Chromosomen (Abb. 3-6): Das DNS-Molekül hat das Aussehen einer spiralig gewundenen Leiter (Doppelhelix). Die Holme der Leiter (Längsstränge) bestehen aus Zucker (Desoxyribose) und Phosphorsäure. Die Sprossen verbinden jeweils die Zucker der Längsstränge und bestehen aus zwei stickstoffhaltigen Basen, entweder Adenin (A) und Thymin (T) oder Cytosin (C) und Guanin (G). Die Basen sind jeweils durch Wasserstoff miteinander gekoppelt. Vier Kombinationen sind für die Sprossenbildung möglich: AT, TA, CG und GC. Diese Kombinationen sind die Buchstaben der genetischen Information. Ihre Reihenfolge ist beliebig variierbar. Mehrere aufeinanderfolgende Basen bilden ein **Gen**.

Um das Ganze etwas anschaulicher zu machen, werden Basen, Gene und Chromosomen häufig mit der Sprache oder Teilen eines Buches verglichen:
– Base = Buchstabe
– Gen = Satz
– Chromosom = Kapitel
– Chromosomensatz = Buch

DNS-Moleküle können sich selbst verdoppeln **(Replikation),** indem sie sich in einzelne Längsstränge mit zugehörigen Sprossenhälften spalten. An diesen isolierten Längsstrang wird ein zweiter gebaut und angekoppelt. Durch die feststehenden Kombinationsmöglichkeiten der Basen ist die Ergänzung der halben zur ganzen Sprosse jeweils vorherbestimmt. Das neugebildete DNS-Molekül ist identisch mit dem ursprünglichen.

Die in der DNS gespeicherten Informationen drücken sich in den jeweiligen Zellaktivitäten aus, z.B. in der Produktion von Proteinen aus Aminosäuren. Um genaue Produktionsanweisungen zu übermitteln, bedarf es eines spezifischen **Informationsträgers**. Diese Botenaufgabe übernehmen **RNS-Moleküle**. Sie werden im Kern an DNS-Strängen gebildet, indem die in der Reihenfolge der Basen gespeicherten Informationen von der Boten-RNS (messenger-RNA, mRNA) abgeformt werden (Abb. 3-7). Dieser Vorgang der Informationsübertragung wird als **Transkription** bezeichnet. Die mRNA-Stränge werden dann durch Kernporen in das Zytoplasma eingeschleust und lagern sich an Ribosomen an. Hier wird der von der mRNA übermittelte genetische Code „übersetzt" (Abb. 3-7). In diesem Vorgang der **Translation** spielen die Ribosomen eine wichtige Rolle, indem sie den Kontakt zwischen mRNA und Transfer-RNS-Molekülen (tRNA) herstellen. Letztere sind jeweils mit einer Aminosäure beladen. Eine spezifische Bindung zwischen mRNA und einer tRNA kommt nur dann zustande, wenn die Muster jeweils dreier aufeinanderfolgender Basen (Triplett) zueinander passen wie der Schlüssel zum Schloß. Dann löst sich die Aminosäure von der tRNA und wird an die Aminosäurekette des entstehenden Proteins angekoppelt. Diese Reaktionen wiederholen sich dann in schneller Folge, bis die mRNA übersetzt und das Protein fertig synthetisiert ist. Man bezeichnet die Ribosomen daher auch als die „Nähmaschine" der Eiweißmoleküle.

Ein großes Ziel wissenschaftlicher Anstrengungen ist es, Strategien einer **Gentherapie** zu entwickeln. Diese geht von der Tatsache aus, daß zahlreiche Erkrankungen auf angeborenen oder erworbenen Gendefekten beruhen. Zellen mit solchen defekten (mutierten) Genen sind dann z.B. nicht in der Lage, ein bestimmtes Enzym zu produzieren und für den Stoffwechsel zur Verfügung zu stellen. Ein Beispiel für einen solchen angeborenen Enzymdefekt ist die Phenylketonurie, die unbehandelt zu einer Entwicklungsverzögerung und Hirnschädigung führt. Analog zur Funktionsumstellung von Bakterien für eine Insulinproduktion ist bei der Gentherapie das Einschleusen normaler Gene in die Kerne erkrankter Zellen notwendig, damit diese das gewünschte Molekül (z.B. Enzym) produzieren oder einen anderen Mangel kompensieren. In der Krebstherapie möchte man entartete Zellen durch Änderung des genetischen Materials dazu bringen, für das Immunsystem angreifbarer zu werden oder sich selbst zu töten (s. 3.3 Apoptose). Zu den noch schwer zu lösenden Problemen zählt u.a. die Art der Genübertragung in den gewünschten Typ von Zellen. Zwei Wege bieten sich an: Entweder bringt man die therapeutischen Gene direkt in das Zielgewebe im Körper oder entnimmt dem Körper bestimmte Zellen, führt an ihnen die Genübertragung

3 Zellen und Gewebe

Zelle mit Zellorganellen 3.1

Abb. 3-7 Bildung eines Proteins.
Transkription: Spaltung des DNS-Moleküls (Doppelhelix) in die beiden Längsstränge, Abformung der Boten-RNS (mRNA) von einem Längsstrang und Ausschleusung der mRNA aus dem Kern in das Zytoplasma.
Translation: Reaktion zwischen mRNA und Transfer-RNS (tRNA) an den Ribosomen. Dabei wird jeweils eine Aminosäure von der tRNA abgegeben und an das entstehende Protein angefügt.
(mod. nach Schwegler, Der Mensch – Anatomie und Physiologie, Thieme, 1996, Abb. 1.10, S. 13)

durch und verpflanzt die „reparierten" Zellen dann wieder in den Organismus. Für das Einschleusen von Genen in den Körper lassen sich auch Viren benutzen, die zu ungefährlichen Genträgern (Vektoren) umgewandelt worden sind. Sie dringen in Zellen ein und geben ihre therapeutischen Gene ab, ohne sich selbst zu vermehren. Derzeit befinden sich diese gentherapeutischen Ansätze noch in der Phase von Experimenten und klinischen Studien.

3.1.8 Allgemeine Zellfunktionen

- **Molekülsynthese:** Zusammensetzung von Molekülen am endoplasmatischen Retikulum nach Produktionsanweisungen (RNS) aus dem Zellkern.
- **Stoffwechsel** und **Energiebereitstellung:** Energiegewinnung durch Umwandlung von Nährstoffen (Oxidation), Energiespeicherung durch Bildung bestimmter Moleküle (ATP) und Energiefreisetzung für Zelleistungen duch Spaltung der energiereichen Moleküle (ATP → ADP + P + Energie).
- **Aktiver Transport an Membranen:** Stofftransport, meistens gegen ein Konzentrationsgefälle, unter Energieverbrauch.
- **Diffusion:** Stoffbewegung vom Ort der höheren zum Ort der niedrigeren Stoffkonzentration.

- **Exozytose:** Ausschleusung gespeicherter Stoffe in Bläschenform unter Eröffnung der Zellmembran.
- **Endozytose:** Aufnahme von Stoffen durch örtliche Einstülpung der Zellmembran um den Stoff und Transport des Bläschens in das Zellinnere.
- **Phagozytose:** Aufnahme größerer Partikel (z. B. Zelltrümmer) nach dem Prinzip der Endozytose.
- **Osmose:** Wasserbewegung vom Ort einer niedrigeren zum Ort einer höheren Teilchendichte.
- **Membranpotentialentstehung:** Bildung einer elektrischen Potentialdifferenz durch Diffusion geladener Teilchen.
- **Bewegungsvorgänge von Zellen:** Veränderung der Zellgestalt durch Verschiebungen von Elementen des Zytoskeletts (Mikrofilamente).

Die Zelle stellt sich nicht nur als Baustein, sondern auch als Organismus kleinsten Maßstabs dar, in dem sich alle Funktionen und „Organe" finden, die im Körper vorkommen. Als „Mikroorganismus" ist die Zelle damit ein Abbild und Muster des Gesamtorganismus. Das Spektrum der Zellfunktionen läßt eine Dreigliederung erkennen mit einem Informationssystem, einem Stoffwechselsystem und einem Transport- und Verteilungssystem:

- **Informationssystem:** Wie das Nervensystem des Organismus nimmt die Zelle Informationen von außen auf, verarbeitet sie und beantwortet sie z. B. durch Synthese eines Proteins.
Wichtige Strukturen bei letzterem Vorgang sind vor allem die Zellmembran mit ihren Rezeptoren, die Chromosomen als Träger der genetischen Information und Ausgangsort der Zellantwort sowie das endoplasmatische Retikulum als Syntheseort.
- **Stoffwechselsystem:** Eine Hauptrolle im Stoffwechselsystem der Zelle spielt das endoplasmatische Retikulum. Es ist einerseits mit dem Zellkern, andererseits mit dem Golgi-Apparat verbunden. Hier erfolgt die Verarbeitung aufgenommener Moleküle, und es werden spezifische Zellprodukte synthetisiert. Für den Stoffabbau sind die Lysosomen verantwortlich. Sie stellen den „Verdauungsapparat" der Zelle dar, während die Mitochondrien die „Kraftwerke" repräsentieren.
- **Transport- und Verteilungssystem:** Zentrale Schaltstelle für den Transport und die Verteilung von Substanzen zwischen Informations- und Stoffwechselsystem ist der Golgi-Apparat. Mit Golgi-Apparat und zusätzlich mit Transportvesikeln und Mikrotubuli verfügt die Zelle über ein sehr variables Zirkulationssystem für den Stofftransport. Mikrofilamente (Aktin- und Myosinfilamente) sind Grundlage für Zellbewegungen (Wanderung, Verformung) oder werden benötigt, um typische Zellformen aufrechtzuerhalten.

3.2 Zellteilung (Mitose)

> **Z** Bei einer Zellteilung entstehen in einer festgelegten Abfolge Tochterzellen. **Z**

Der Organismus entwickelt sich durch fortlaufende Teilung seiner Zellen. Ohne Zellteilung gibt es kein Wachstum, keine Entwicklung und keinen Ersatz von Gewebe **(Regeneration),** das durch Verschleiß, Verletzung oder Erkrankung verlorengegangen ist. Die Haut z. B. bildet in der Tiefe ständig neue Zellen durch Teilung, während an der Oberfläche die älteren Zellen abgestoßen werden.

Bei der Zellteilung spaltet sich die Mutterzelle in zwei Tochterzellen. Dieser Vorgang heißt **Mitose** (Abb. 3-8). Bei der Zellteilung ergibt sich folgendes grundsätzliches Problem: Wenn eine Mutterzelle sich in zwei Tochterzellen teilt, muß gewährleistet sein, daß jede Tochterzelle an Zusammensetzung und Zahl identische DNS-Moleküle (Chromosomen) wie die Mutterzelle hat. Dazu ist es notwendig, daß vor der Zellteilung eine Verdopplung der DNS-Moleküle in der Mutterzelle stattfindet. Dies geschieht am Ende der Interphase. Im Anschluß an die Verdopplung, in der Prophase, „rollen" sich die einzelnen DNS-Moleküle auf (Kondensierung). Dadurch werden sie lichtmikroskopisch als unabhängige Chromosomen, eigentlich „Doppel"-Chromosomen, sichtbar. Im nächsten Schritt ordnen sie sich in der Zellmitte zu der Äquatorialplatte an (Metaphase). Währenddessen bilden die Zentralkörperchen (Centriolen) eine spindelartige

3 ZELLEN UND GEWEBE

Zelltod 3.3

Abb. 3-8 Zellteilung (Mitose) mit ihren verschiedenen Phasen.
Interphase I: Zeit für spezifische „Zellarbeit"
Interphase II: Verdopplung der DNS-Moleküle („Doppel"-Chromosomen)
Prophase: Kondensierung der „Doppel"-Chromosomen
Metaphase: Anordnung der „Doppel"-Chromosomen zur Äquatorialplatte
Anaphase: Verlagerung der „Einfach"-Chromosomen zu den Zellpolen
Telophase: Einschnürung der Mutterzelle in der Äquatorialebene und Entstehung von zwei Tochterzellen
(mod. nach Sobotta, Histologie, 5. Auflage, U&S, Abb. 74, S. 46)

Figur (Spindelapparat), indem sie zu den Polen der Mutterzelle wandern. Im weiteren spalten sich die „Doppel"-Chromosomen in „Einfach"-Chromosomen (Chromatiden). Letztere werden durch die Filamente des Spindelapparats zu den Zellpolen hingezogen (Anaphase). Zum Abschluß der Mitose schnürt sich das Zytoplasma in der Äquatorialebene ein (Telophase). Die Abschnürung endet mit der Entstehung von zwei Tochterzellen, die einen identischen Satz an DNS-Molekülen haben wie die Mutterzelle.

Eine andere Art der Zellteilung mit auf die Hälfte reduziertem Chromosomenbestand findet bei der Bildung der Keimzellen statt. Von dieser sog. Reduktionsteilung oder **Meiose** wird im Kapitel „Fortpflanzung" (s. Kap. 15) die Rede sein.

3.3 Zelltod

Zellen sterben nicht nur als Folge einer Schädigung, sondern auch als Folge eines physiologischen Programms ab.

Organverletzungen, z. B. Schnittwunden, oder eine verminderte Organdurchblutung, z. B. Herzinfarkt, führen zu einem Untergang von Zellen und Geweben, zu einer sog. **Nekrose.** Dabei kommt es zu einer typischen Schwellung der Zellen und ihrer Organellen, Zerreißung der Plasmamembran sowie Schrumpfung (Pyknose) und späterem

Zerfall bzw. Auflösung des Zellkerns. Typisch für diesen Prozeß ist die durch den Zerfall hervorgerufene Entzündungsreaktion.

Unabhängig von pathologischen Einflüssen kommt es während des gesamten Lebens zu einem Absterben zahlreicher Zellen. Dabei handelt es sich um einen physiologischerweise eintretenden, programmierten Zelltod, der als **Apoptose** bezeichnet wird. Damit Entwicklung und Funktionen des Organismus normal ablaufen können, müssen Zellen in gesetzmäßiger Weise „Selbstmord" begehen. So sterben während der vorgeburtlichen Entwicklung des Gehirns zahllose Nervenzellen ab und ermöglichen dadurch die Differenzierung von Form und Funktion des Nervensystems. Programmiert und zeitlich vorhersehbar ist auch der „Selbstmord" von Epithelzellen des Darms oder der Haut. Dies ist eine wichtige Grundlage für die Zellerneuerung (Regeneration). Ausgelöst wird das „Selbstmordprogramm" durch Signale der Zellumgebung (Hormone, Entzug von Wachstumsfaktoren u.a.). Daraufhin kommt es bei erhaltener Zytoplasmastruktur zu einer Fragmentierung und Zerstörung der DNS des Zellkerns. Später zerfallen Kern und Zytoplasma in membranumschlossene Teile, die dann von benachbarten Zellen aufgenommen (phagozytiert) werden. Eine Entzündungsreaktion bleibt bei der Apoptose aus. Von besonderem wissenschaftlichem Interesse sind Fehlsteuerungen des programmierten Zelltodes. Eine Beschleunigung, Verzögerung oder Verhinderung dieses Prozesses wird bei unterschiedlichen Erkrankungen, wie z.B. Krebs oder AIDS, angenommen.

3.4 Gewebe

> **Z** Gewebe sind Zellverbände aus gleichartig differenzierten Zellen. Als Epithelgewebe, Binde- und Stützgewebe, Muskelgewebe und Nervengewebe erfüllen sie innerhalb des Organismus jeweils spezifische Funktionen. **Z**

Zellen sind im menschlichen Organismus in der Regel zu **Zellverbänden** zusammengefügt. Verbände überwiegend gleichartig differenzierter Zellen mit bestimmter Funktion bezeichnen wir als Gewebe.
Hauptformen:
- **Epithelgewebe** bilden innere und äußere Oberflächen mit Schutz- und Stoffwechselfunktionen.
- **Binde- und Stützgewebe** füllen den Innenraum des Körpers aus und haben Stoffwechsel- und Stützfunktionen.
- **Muskelgewebe** dient durch Zusammenziehung (Kontraktion) der Körperhaltung und Körperbewegung sowie Transportvorgängen.
- **Nervengewebe** empfängt, bildet und leitet Signale.

3.4.1 Epithelgewebe

Epithelgewebe sind Verbände eng aneinanderliegender Zellen (Abb. 3-9, Tab. 3-1). Sie bilden **innere und äußere Oberflächen** des Körpers. Je nach Lokalisation zeigen sie eine unterschiedliche Differenzierung und Funktion. So steht bei der äußeren Oberfläche des Körpers, der Haut, die **Schutzfunktion** im Vordergrund (Schutzepithel). Diese Epithelien bestehen aus mehreren bis vielen Lagen übereinandergeschichteter und miteinander verankerter Epithelzellen. Mehrschichtiges verhorntes Plattenepithel bildet die oberflächliche Schicht der Haut. Mehrschichtiges unverhorntes Plattenepithel, ebenfalls ein Schutzepithel (Abb. 3-9), findet sich an inneren Oberflächen, z.B. in der Mundhöhle.

Einschichtig sind dagegen Epithelien, die einen Stofftransport von außen nach innen oder umgekehrt zulassen. Den Transport von außen in das Gewebe bezeichnet man als **Resorption** (Resorptionsepithel), die Abgabe von Stoffen an Oberflächen als Sekretion (Sekretions- oder Drüsenepithel). Sekrete von Drüsenepithelien können an innere (Drüsen des Magen-Darmtraktes) und äußere Oberflächen (Drüsen der Haut) abgegeben werden (Abb. 3-10).
- Letztere werden **exokrine Drüsen** genannt, weil sie ihr Sekret nach außen, d.h. auf äußere oder innere Oberflächen abgeben. Sie sind nach Menge und Ausscheidungsart des Sekrets zu unterscheiden:
  - **merokrine Drüsen**: Abgabe von Sekrettröpfchen durch Exozytose (z.B. Tränendrüsen).

3 Zellen und Gewebe

Gewebe 3.4

Abb. 3-9 Schematische Darstellung von Gewebetypen des menschlichen Körpers.

Tab. 3-1 Gliederung der Epithelgewebe nach ihrer Funktion

	Form	Lokalisation	Funktion
Schutzepithelien	verhorntes mehrschichtiges Plattenepithel	Haut	äußere Abdeckung und Schutz des Körpers
	unverhorntes mehrschichtiges Plattenepithel	Schleimhaut (z.B. Mundhöhle)	teilweise innere Abdeckung und Schutz des Körpers
	Übergangsepithel	Harnwege (z.B. Harnblase)	Schutz gegen Harn
Resorptionsepithelien	einschichtiges Epithel	Schleimhaut (z.B. Darm)	Stoffaufnahme (Resorption)
Sekretionsepithelien	einschichtiges Epithel	Schleimhaut (z.B. Darm)	Stoffabgabe (Sekretion)
transportierende Epithelien	einschichtiges Epithel (mit Flimmerhärchen)	Schleimhaut (z.B. Atemwege)	Sekretstrombewegung (Reinigung)

Abb. 3-10 Gegenüberstellung von exokrinen und endokrinen Drüsenepithelien. Pfeile: Sekretabgabe an äußere und innere Oberflächen (exokrin) und an Blutgefäße (endokrin).

– **apokrine Drüsen**: Abgabe von Sekrettröpfchen unter Abstoßung des sie umgebenden Zytoplasmaabschnitts (z.B. Milchdrüse).
– **holokrine Drüsen**: Zellen, die sich bei der Sekretbildung völlig auflösen (z.B. Talgdrüsen der Haut).
• Eine andere Gruppe von Drüsen, sog. **endokrine Drüsen**, schüttet ihr Sekret in Blutgefäße aus. Ihre Sekrete sind Hormone (Abb. 3-10).

> Ü Gehen Sie gedanklich einmal durch Ihren Körper und erstellen Sie dann eine Liste von inneren und äußeren Oberflächen. Ü

Eine dritte Gruppe von Epithelien hat **Transportaufgaben** innerhalb eines Röhrensystems. Sie transportieren z.B. Staubpartikel im Bereich der Atemwege. Ein solches transportierendes Epithel ist dicht mit Flimmerhärchen (Kinozilien; Abb. 3-9) besetzt. Wellenartige Bewegungen der Flimmerhärchen transportieren oberflächlich gelegenen Schleim und darin enthaltene Partikel in einer Richtung.

Epithelien werden nach Gestalt und Schichtenbildung klassifiziert (Abb. 3-9, Tab. 3-1). Nach der Zellhöhe unterscheidet man:
– Plattenepithel
– isoprismatisches (kubisches) Epithel
– hochprismatisches (Zylinder-)Epithel

Alle Epithelzellverbände sitzen auf einem Grundhäutchen (**Basalmembran**) und erneuern sich durch kontinuierliche Zellteilung der an der Basalmembran gelegenen Epithelzellen (Regeneration). Untereinander sind die Epithelzellen durch verschiedene Zellmembrankontakte (Haftstrukturen) verbunden.

3.4.2 Binde- und Stützgewebe

Binde- und Stützgewebe füllen den Innenraum des Körpers aus und haben **Stoffwechsel- und Stützfunktionen** (Abb. 3-9). Es gibt:
– Bindegewebe
– Fettgewebe
– Knorpel
– Knochen

Alle diese Gewebe stammen aus dem embryonalen Bindegewebe (Mesenchym). Sie bestehen aus meist lockeren, differenzierten Zellverbänden. Besondere funktionelle Bedeutung hat die von diesen Zellen gebildete Grundsubstanz. Diese Interzellularsubstanz ist ungeformt, flüssig wie beim Blut oder gallertartig wie beim Kern der Bandscheiben und enthält als geformte Bestandteile unterschiedliche Mengen verschiedener Bindegewebsfasern.

- **Retikuläres Bindegewebe** bildet einen netzartigen Zellverband, der durch ein Geflecht sog. Retikulinfasern versteift ist. Es ähnelt dem embryonalen Bindegewebe und kommt vor allem in lymphatischen Organen und im Knochenmark vor. Die Maschenräume des retikulären Bindegewebes sind ausgefüllt mit freien (nicht ortsgebundenen) Zellen wie Lymphozyten, Plasmazellen, Makrophagen oder Vorläufern von Blutzellen.
- **Sehnengewebe, lockeres** und **straffes Bindegewebe** sind kollagenfaserige Bindegewebe, die sich vor allem durch Anordnung und Menge der in der Grundsubstanz liegenden Fasern, insbesondere der Kollagenfasern, unterscheiden (Abb. 3-9). Die Zellen dieser Gewebe bilden vorwiegend Fasern und heißen Fibroblasten (Fibrozyten). Lockeres Bindegewebe ist durch viel Grundsubstanz mit wenigen Fasern gekennzeichnet. Es dient als Verschiebeschicht und Wasserspeicher und bildet das Zwischengewebe in inneren Organen, Haut und Schleimhäuten. Es ist auch wichtig für Abwehr- und Regenerationsvorgänge. Im straffen Bindegewebe sowie im Sehnengewebe dominieren geflechtartige und parallel angeordnete kollagene Faserbündel. Bindegewebszellen kommen nur wenig vor.
- **Fettgewebe** entwickelt sich aus retikulärem Bindegewebe durch Einlagerung von Fetttropfen in Retikulumzellen (Abb. 3-9). Es hat mechanische Aufgaben, dient als Wärmeschutz und als „Energiespeicher". Bei der Bildung von Fettzellen treten zunächst kleine Fetttröpfchen auf, die dann zusammenfließen und schließlich als großer Tropfen die Zelle ausfüllen. Kern und Zytoplasmastrukturen werden dabei an den Zellrand verlagert (Siegelringform). Man unterscheidet braunes und weißes Fettgewebe.
  - Braunes Fettgewebe ist besonders reich an Mitochondrien und kommt beim Erwachsenen kaum vor. In den ersten Lebensmonaten ist es jedoch in verschiedenen Körperregionen ausgeprägt und dient der Wärmebildung.
  - Weißes Fettgewebe ist als Baufett und als Speicherfett im Körper vorhanden. Es bildet an mechanisch beanspruchten Stellen Polster, die druckelastisch sind (z.B. an Handteller oder Fußsohle, auch am Gesäß oder im Wangenbereich). Erst bei andauerndem Hunger wird solches Baufett für den Energiestoffwechsel benötigt. Deshalb haben ausgezehrte Menschen eingefallene Wangen (Fehlen des Bichat-Wangenfettpfropfes). Speicherfett ist im Körper weit verbreitet, wird hauptsächlich im Unterhautgewebe und im großen Netz der Bauchhöhle eingelagert und dient als Nährstoffspeicher.

  Die Bildung von Fettgewebe und seine Verteilung werden hormonell, vor allem durch Geschlechtshormone, gesteuert. Entsprechend zeigen sich geschlechtsspezifische Unterschiede, wie die Ausprägung der „charakteristischen" weiblichen Körperformen.
- **Knorpelgewebe** hat Stützfunktion und ist maßgeblich an der Bildung des Skeletts (passiver Bewegungsapparat) beteiligt. Knorpel zeichnet sich durch seine Druckelastizität bei geringer Zugfestigkeit aus (Gelenkknorpel, Zwischenwirbelscheibe). Die Knorpelzellen (Chondrozyten) sind rundlich und liegen in Gruppen zusammen. Die dazwischen befindliche ausgedehnte Grundsubstanz enthält in charakteristischer Architektur Kollagenfaserbündel. Knorpel zählt zu den wenigen Geweben des Körpers, die keine Blutgefäße enthalten und deshalb durch Diffusion über größere Strecken ernährt werden müssen. Die **drei Knorpelarten**
  - hyaliner Knorpel,
  - elastischer Knorpel und
  - Faserknorpel

  unterscheiden sich in Art, Menge und Verteilung der interzellulären Fasern. Dies beeinflußt ihre mechanischen Eigenschaften.

- **Knochengewebe** bildet den Hauptteil des Skeletts und verleiht dem Körper seine Stabilität und Form (Abb. 3-9). Es besteht aus Knochenzellen (Osteozyten), die ebenso wie die Knorpelzellen eine besondere Form von Bindegewebszellen sind, und Knochengrundsubstanz. Diese enthält wiederum Bündel kollagener Fasern und zusätzlich – als Besonderheit dieses Stützgewebes – reichlich Mineralsalze (v.a. Calciumphosphat und Calciumcarbonat in Form von Hydroxylapatitkristallen; nähere Einzelheiten zum Knochenbau und zur Knochenbildung s. Kap. 6 „Motorisches System"). Die Hartsubstanzen des Zahnes (Zement, Dentin und Schmelz) sind in der Interzellularsubstanz ähnlich wie das Knochengewebe zusammengesetzt.

3.4.3 Muskelgewebe

Das Muskelgewebe kann sich als einziges Gewebe des Körpers verkürzen (kontrahieren) und dient der **Körperbewegung** und dem **Transport** (Abb. 3-9). Es besteht aus Fasern, in deren Zytoplasma (Sarkoplasma) fadenartige, verkürzungsfähige Elemente eingelagert sind. Formen:
- **Quergestreifte Muskelfasern** (Skelettmuskelfasern) enthalten viele randständig gelegene Kerne. In ihrem Sarkoplasma liegen dicht gebündelt und geordnet Myofibrillen, die aus hellen und dunklen Abschnitten bestehen und dadurch der Skelettmuskelfaser ihre auffällige Querstreifung verleihen (s. Abb. 6-7). Nur die quergestreifte Muskulatur kann unmittelbar willkürlich beeinflußt werden.
- **Herzmuskelfasern** enthalten je einen im Zentrum gelegenen Kern. Ebenso wie Skelettmuskelfasern werden sie in Längsrichtung von Myofibrillen durchzogen, die eine Querstreifung aufweisen. Die Herzmuskelfasern bilden einen netzartigen Verband (s. Abb. 9-12). Die Kontakte zwischen den Fasern werden als „Glanzstreifen" bezeichnet.
- **Glatte Muskelzellen** haben meist Spindelform und einen zentral liegenden Kern. Gelegentlich sind sie verzweigt. Sie lassen keine Querstreifung erkennen (daher „glatt"). Man findet sie in den Wandungen der Eingeweide, besonders im Darm, an der Blase, in der Gebärmutter und in den Blutgefäßen.

3.4.4 Nervengewebe

Das Nervengewebe besteht aus den Nerven- oder Ganglienzellen mit ihren Fortsätzen und aus den Gliazellen (Abb. 3-9; Einzelheiten s. Kap. 4 „Nervensystem – Allgemeine Grundlagen").

3.4.5 Mögliche Veränderungen an Geweben

Differenzierung: Nach einem erblichen Muster erfolgende Umwandlung entwicklungsfähiger Gewebe in spezialisierte Gewebe (z.B. embryonale Umwandlung von Epithelgewebe in Nervengewebe).

> **K**
> **Atrophie:** Abnahme von Zellgröße und/oder Zellzahl (z.B. „Muskelschwund" bei mangelnder Beanspruchung, wie bei Ruhigstellung durch Gipsverband; Inaktivitätsatrophie).
> **Hypertrophie, Hyperplasie:** Zunahme von Zellgröße (Hypertrophie) und Zellzahl (Hyperplasie; z.B. bei vermehrter Muskeltätigkeit und bei gesteigerter Aktivität von endokrinen Drüsen).
> **Metaplasie:** Umwandlung differenzierter Gewebe in differenzierte andersartige Gewebe oder in weniger differenzierte Gewebe (z.B. Entstehung von mehrschichtigem Plattenepithel in den Atemwegen infolge chronischen Zigarettenrauchens).
> **Degeneration:** Abweichungen von der normalen zur minderwertigen Struktur und Funktion (z.B. als Folge von Stoffwechselstörungen).
> **Regeneration:** Wiederbildung bzw. Ergänzung verlorengegangener Zellen und Gewebe, z.B. Ersatz von Hautepithelien, die im Rahmen der normalen Zellalterung abgeschilfert (physiologische Regeneration) oder bei Verletzungen untergegangen sind (reparative Regeneration).
> **Nekrose:** Untergang von Geweben (z.B. nach Durchblutungsstörungen beim Herzinfarkt).
> **K**

Lernkontrolle

1. Zeichnen Sie eine Skizze der Zelle, in der ihre wichtigsten Elemente enthalten sind.
2. Welche Aufgaben haben folgende Zellorganellen:
   Mitochondrium, endoplasmatisches Retikulum, Golgi-Apparat?
3. Erläutern Sie die Vorgänge bei der Zellteilung (Mitose).
4. Nennen Sie die vier Gewebearten und ihre jeweiligen Funktionen.
5. Welche Unterformen des Binde- und Stützgewebes kennen Sie?

Auflösung des Fallbeispiels

▲ Akute (myeloische) Leukämie

Krankheitsbild: Akute Leukämien sind Erkrankungen des blutbildenden Knochenmarks. Charakteristisch ist die bösartige Vermehrung unreifer Vorstufen (Blasten) von weißen Blutkörperchen bei Einschränkung z.B. der Bildung roter Blutkörperchen. Unbehandelt führt die Erkrankung in kurzer Zeit zum Tode.

Ursachen: Es sind verschiedene Faktoren bekannt, die zur Entstehung der Krankheit beitragen können. Dazu zählen ionisierende Strahlung, wie sie z.B. bei Reaktorunfällen entsteht, Chemikalien (z.B. Benzol), Viren oder erbliche Faktoren. Eine ursächliche Beziehung wurde bisher nicht gefunden.

Vorkommen und Häufigkeit: Mit 4 Neuerkrankungen auf 100 000 Einwohner pro Jahr ist die akute Leukämie eine relativ häufige bösartige Erkrankung. Bei Kindern und alten Menschen kommt es meist zum Auftreten einer akuten lymphatischen Leukämie (Vermehrung der Vorstufen von Lymphozyten), bei den übrigen Altersgruppen, wie auch im geschilderten Fallbeispiel, überwiegt die akute myeloische Leukämie (Vermehrung der Vorstufen der Granulozyten; vgl. Kap. 11.3).

Diagnostik: Die Diagnose ergibt sich in der Regel aus der mikroskopischen Beurteilung des Blutbildes und des Knochenmarkpunktats, das z.B. aus dem Brustbein gewonnen werden kann. Unreife Vorstufen (Blasten) von Lymphozyten (lymphatische Leukämie) oder von Granulozyten (myeloische Leukämie) beherrschen dann das Bild.

Therapie: Ziel der Therapie ist eine Vernichtung der Leukämiezellen. Dies gelingt am besten mit einer zytotoxischen Chemotherapie. Dabei werden Substanzen eingesetzt, die als **Mitosegifte** eine Zellvermehrung unterbinden. Diese Mitosehemmung trifft jedoch nicht nur die Leukämiezellen des Knochenmarks, sondern auch alle anderen im Organismus ablaufenden Zellteilungen. Zahlreiche wichtige Organfunktionen sind deshalb während dieser Therapie sehr stark eingeschränkt. Die Folge sind Nebenwirkungen, z.B. reversibler Haarausfall und Abwehrschwäche.

Im vorliegenden Fall wurde eine Chemotherapie über 2 Jahre durchgeführt. Zweieinhalb Jahre nach Abschluß der Therapie lebt die Patientin beschwerdefrei und bereitet sich auf den Studienabschluß vor.

Nervensystem – Allgemeine Grundlagen

4

Das Nervensystem besteht aus Nervenzellen. Zum größten Teil befinden sie sich in Gehirn und Rückenmark und sind über ihre Fortsätze mit Sinnesrezeptoren, Skelettmuskeln und Eingeweideorganen verbunden. Diese Verbindungen dienen dem Informationsaustausch, der mit Hilfe von elektrischen Signalen und Überträgerstoffen erfolgt.

Abb. 4-0 Großhirn, Kleinhirn, Hirnstamm und Halsteil des Rückenmarks – seitliche Ansicht.

Fallbeispiel

Eine 52jährige Patientin berichtet ihrer Hausärztin beiläufig von Mißempfindungen in der rechten Hand, die erstmals vor etwa einem Jahr aufgetreten sind. In der letzten Zeit sei sie sogar häufiger frühmorgens aufgewacht und habe dabei jedesmal ein starkes Kribbeln in der Hand gespürt, so als sei die Hand eingeschlafen. Nachdem sie die Hand einige Male geschüttelt und massiert habe, sei alles wieder in Ordnung gewesen. Aufgrund dieser Hinweise inspiziert die Hausärztin bei ihrer Patientin die Innenfläche beider Hände im Seitenvergleich. Ihr fällt auf, daß der Daumenballen der rechten Hand schwächer ausgeprägt ist, was jedoch ein völlig harmloser Zufallsbefund sein könnte. Außerdem gibt die Patientin bei der Untersuchung an, daß sie leichte Berührungen der Hand an verschiedenen Stellen sehr ungleich empfinde: Am deutlichsten spüre sie die Berührung auf der Kleinfingerseite, am schlechtesten in der Handinnenfläche unterhalb des Zeige- und Mittelfingers und an der Beugeseite der Finger I–III.

Die Ärztin empfiehlt der Patientin, dringend einen Neurologen aufzusuchen.

Diagnose und Therapie s. S. 91.

4 Nervensystem – Allgemeine Grundlagen

4.1 Bauelemente des Nervensystems

> Nervenzellen bestehen aus einem Nervenzellkörper und davon ausgehenden Fortsätzen. Mit Hilfe dieser Fortsätze werden über Synapsen Kontakte zu anderen Nervenzellen hergestellt. Die Zellfortsätze lassen sich in Dendriten und Neuriten einteilen.

Die Bausteine des Nervensystems sind Nervenzellen (**Neurone**, Ganglienzellen; Abb. 4-1). Das menschliche Gehirn besteht aus etwa 14 Milliarden Neuronen und einer noch größeren Zahl von Gliazellen. Setzt man für jedes Neuron einen Buchstaben, so könnten damit 4,5 Millionen Seiten eines Buches dieses Formats gefüllt werden. Charakteristisch für Nervenzellen sind die vom **Zelleib** (Perikaryon, Nervenzellkörper, Soma) ausgehenden zahlreichen **Fortsätze**. Jeweils einer dieser Fortsätze ist für die Übertragung von Informationen auf andere Zellen geeignet. Dieser Fortsatz heißt **Axon** oder **Neurit** oder im allgemeinen, jedoch nicht ganz korrekten Sprachgebrauch Nervenfaser.

Die anderen Fortsätze, die sog. **Dendriten** – häufig mit baumähnlichen Verzweigungen – nehmen Informationen anderer Zellen auf und leiten sie dem Zelleib zu.

Die Übertragungsstellen für Informationen von einer Nervenzelle zur anderen oder von Nervenzellen zu anderen Zielzellen im Körper (z.B. Muskelfasern) heißen **Synapsen**. Solche Kontakte finden sich sowohl am Nervenzellkörper (axo-somatische Synapsen) als auch an den Dendriten (axo-dendritische Synapsen) sowie an Anfang und Ende von Axonen (axo-axonale Synapsen). Ein typisches Neuron der Großhirnrinde besitzt z.B. auf Zellkörper und Dendriten Tausende von Synapsen (Abb. 4-2).

Es gibt jedoch zahlreiche Abweichungen von der geschilderten Grundform (Abb. 4-1 A). So haben Nervenzellen von Spinalganglien (Nervenzellgruppen, die beiderseits des Rückenmarks liegen, vgl. Abb. 4-21) einen zweigeteilten Fortsatz (Abb. 4-1 B). Der eine Zweig kommt von einem Rezeptor (z.B. der Haut), der andere zieht in das Rückenmark. Bei den über den Körper verstreuten Nervenzellen des vegetativen Nervensystems verzweigen sich die Axone häufig in synapsenbildende Endknöpfchen (Abb. 4-1 C). Sinneszellen hingegen, z.B. der Riechschleimhaut, tragen an der Schleimhautoberfläche Büschel von Sinneshärchen (Abb. 4-1 D).

4.1.1 Nervenzellkörper

Der Zellkörper enthält die gleichen Organellen wie andere Zellen des Organismus (Abb. 4-2, s. Abb. 3-2). Allerdings sind einige Strukturen besonders ausgeprägt. So finden sich im Zellkörper großer Nervenzellen mit langen Fortsätzen häufig schollenartige Verdichtungen des rauhen endoplasmatischen Retikulums (sog. Nissl-Schollen) und große Nucleoli im Kern. Dies weist auf eine hohe Stoffwechsel- und Produktionsaktivität hin.

Nervenzellkörper mit den gleichen Funktionen lagern sich häufig zusammen. Solche Anhäufungen von Nervenzellkörpern werden im Zentralnervensystem als Kerne (**Nuclei**) und im peripheren Nervensystem als **Ganglien** bezeichnet.

4.1.2 Nervenfaser und Nervenfaserbündel

Nervenfasern **leiten elektrische Signale** des Nervenzellkörpers zu den Zellen, mit denen Synapsen ausgebildet sind. Sie **transportieren** auch **Substanzen** (z.B. Stoffe, die für die synaptische Übertragung von Bedeutung sind) vom Zellkörper zu den synaptischen Endknöpfchen (axonaler Transport). Der Transport von Substanzen läuft auch rückwärts von den Endigungen zum Zellkörper ab. Ermöglicht wird er vor allem durch ein System feinster Röhrchen, den Mikrotubuli. So gelangt eine Vielzahl von Substanzen aus dem endoplasmatischen Retikulum des Zellkörpers bis zu den synaptischen Endigungen.

Nervenfasern sind häufig von Hüllzellen umwickelt. Diese bilden die sog. Markscheide (**Myelinscheide**), die aus zirkulär gewickelten Membranen besteht (Abb. 4-1, 4-2, 4-3). Die Membranwicklungen der Markscheiden um die Nervenfasern werden von Gliazellen gebildet, den Oligodendrogliazellen im Zentralnervensystem und den

4 Nervensystem – Allgemeine Grundlagen

Abb. 4-1 Unterschiedliche Formen von Nervenzellen.
A: Nervenzelle der Großhirnrinde.
B: Nervenzelle des Spinalganglions mit Rezeptor in der Haut.
C: Nervenzelle des vegetativen Nervensystems.
D: Sinneszelle der Riechschleimhaut.

4 NERVENSYSTEM – ALLGEMEINE GRUNDLAGEN

Bauelemente des Nervensystems 4.1

Abb. 4-2 Schnitt durch den Zelleib einer Nervenzelle mit Fortsätzen und benachbarten Gewebselementen.
A: Darstellung der Feinstruktur der funktionellen Einheit von Blutkapillare, Gliazelle (Astrozyt) und Nervenzelle.
B: Erregende Synapse (rundliche Transmittervesikel, breiterer Synapsenspalt, asymmetrische Membranverdichtung).
C: Hemmende Synapse (ovale bis längliche Transmittervesikel, engerer Synapsenspalt, symmetrische Membranverdichtung).

4 Nervensystem – Allgemeine Grundlagen

Schwann-Zellen im peripheren Nervensystem (Abb. 4-3). Im Bereich dieser Markscheiden sind die Axone gegen ihre Umgebung isoliert. In Abständen von 2–3 mm ist die Hülle unterbrochen, wodurch die sog. Ranvier-Schnürringe entstehen. An diesen Stellen steht das Axon in direkter Verbindung mit dem extrazellulären Raum.

Es gibt zwei Arten von Nervenfasern:
– Nervenfasern, die von einer Markscheide umgeben sind, heißen **markhaltige Nervenfasern**.
– Nervenfasern, die keine derartige Hülle besitzen, werden **marklose Nervenfasern** genannt.

In der Regel fügen sich zahlreiche Axone zusammen und bilden innerhalb des Zentralnervensystems Faserbündel (Tractus) und im Bereich des peripheren Nervensystems Nervenstränge (**periphere Nerven**). Die markhaltigen und marklosen Axone in peripheren Nerven werden durch lockeres Bindegewebe (Endoneurium) umhüllt und durch straffes Bindegewebe (Perineurium) zu größeren Bündeln zusammengefaßt. Längs verlaufende Gewebszüge (Epineurium) schützen die Nerven vor Überdehnung. Derartige Bindegewebsstrukturen fehlen im Zentralnervensystem.

4.1.3 Synapsen

Synapsen stellen die Verbindungen zwischen Nervenzellen her (vgl. Abb. 4-2). Das Axon, das mit einer Nervenzelle Kontakt aufnimmt, weist im synapsennahen Teil keine Markscheiden auf. Es ist an seinem Ende zu einem **synaptischen Endknopf** aufgetrieben. In dieser Endformation sind Bläschen zu erkennen, die einen für die Signalübertragung wesentlichen Stoff (Überträgerstoff, **Transmitter**) enthalten (chemische Synapsen). Zwischen dem synaptischen Endknopf und der Membran des nachgeschalteten Neurons befindet sich ein Spalt. Nach der unterschiedlichen Struktur der Membrankontakte und der Form der Bläschen lassen sich **erregende** und **hemmende Synapsen** voneinander unterscheiden (vgl. Abb. 4-2). Einen ähnlichen Aufbau wie die neuro-neuronalen Synapsen weisen die Kontaktstellen zwischen den Axonen und den Fasern der Skelettmuskulatur auf. Wegen ihrer größeren Ausdehnung werden sie allgemein als neuromuskuläre Endplatten bezeichnet (s. Abb. 6-7). Vielfältig und ohne eine typische Struktur sind die Kontaktstellen zwischen Axonen und den übrigen Zellen des Organismus. Synapsen können im Laufe des Lebens immer wieder neu gebildet werden (s. Kap. 5.11). Ebenso wie Zellen anderer Gewebe können auch Nervenzellen durch Membrankontakte mit tunnelförmigen Eiweißkörpern miteinander verbunden sein. Über diese sog. „gap junctions" breiten sich elektrische Signale direkt aus (elektrische Synapsen).

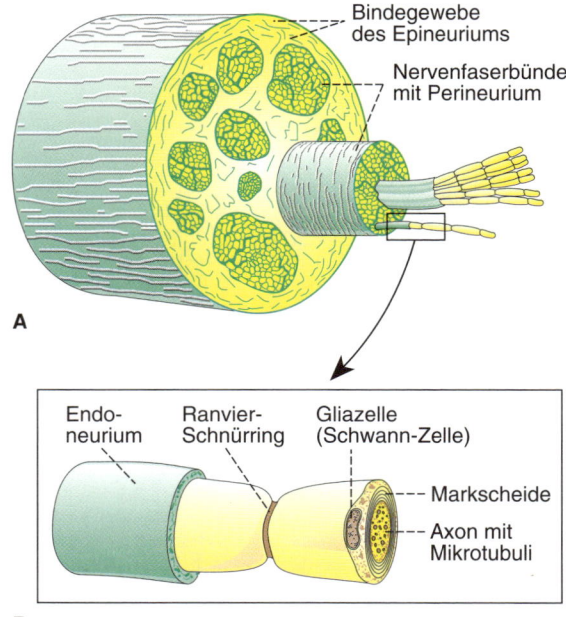

Abb. 4-3 Peripherer Nerv.
A: Bau und Hüllstrukturen eines peripheren Nerven.
B: Markscheide einer Nervenfaser eines peripheren Nerven.

4.1.4 Glia

Den Gliazellen des Nervengewebes kommt keine unmittelbare Bedeutung für die Informationsverarbeitung im Nervensystem zu. Sie unterstützen jedoch die Funktion der Nervenzellen. So halten sie die Zusammensetzung des Extrazellulärraums und damit die Arbeitsbedingungen für die Nervenzellen konstant. Die Gliazellen bilden nicht nur die Markscheiden (Oligodendroglia-, Schwann-Zellen), sondern sie umhüllen auch die Blutgefäße im Nervensystem (Astrozyten) und stellen damit eine Verbindung zwischen Blut und Nervenzellen her (vgl. Abb. 4-2). Auf diese Weise kontrollieren Gliazellen die Versorgung der Nervenzellen mit Nährstoffen (**Blut-Hirnschranke**). Als Folge dieser Schrankenfunktion können viele Substanzen, so auch Medikamente, nicht in das Hirngewebe eintreten.

4.2 Grundfunktionen der Nervenzellen

> **Z** Nervenzellen verarbeiten Informationen. Die dabei benutzte „Sprache" besteht in erster Linie aus elektrischen Potentialänderungen und damit gekoppelter Freisetzung von Überträgerstoffen. **Z**

Die zentrale Aufgabe des Nervensystems besteht darin, Informationen aufzunehmen, weiterzuleiten, zu verarbeiten und (wieder) abzugeben. Dies geschieht im wesentlichen durch elektrische Signale.
Es gibt folgende Grundmechanismen:
– Entwicklung von Bioelektrizität an den Membranen einzelner Neurone (**Ruhemembranpotential**).
– Änderungen der bioelektrischen Aktivität zur Verschlüsselung von Informationen (**Aktionspotentiale**).
– Weiterleitung der Aktivitätsänderungen (**Erregungsleitung**).
– Übertragung der Bioelektrizität auf andere Neurone (**Erregungsübertragung**).

4.2.1 Ruhemembranpotential

Die Nervenzellmembran ist Sitz einer elektrischen Potentialdifferenz. Dieses Membranpotential (Membranspannung) ist mit Hilfe kleiner Elektroden (Mikroelektroden), die in den Intrazellulärraum (Zytoplasma) eingestochen werden, gegen eine großflächige Elektrode im Extrazellulärraum meßbar (Abb. 4-4).

Im Ruhezustand der Nervenzellen, d.h. ohne Einflüsse anderer Nervenzellen oder Änderungen in der Zusammensetzung des Extrazellulärraums, ist das Membranpotential konstant. Dieses sog. Ruhemembranpotential hat seinen negativen Pol im Intrazellulärraum und seinen positiven Pol im Extrazellulärraum. Es beträgt meistens −70 mV (Millivolt = 1/1000 Volt).

Das Ruhemembranpotential entsteht durch einen Strom von **positiv geladenen Kaliumionen** aus dem Intrazellulärraum durch Tunneleiweißkörper der Nervenzellmembran („Ionenkanäle"; Abb. 4-5) in den Extrazellulärraum. Dieser Auswärtsstrom

Abb. 4-4 Registrierung des Membranpotentials einer Nervenzelle mit der Mikroelektrodentechnik. Eine Mikroelektrode und eine großflächige Bezugselektrode sind mit einem Gerät zur Messung der elektrischen Spannung verbunden. Zunächst befinden sich beide Elektroden im Extrazellulärraum. Es wird keine Potentialdifferenz registriert. Nach Einstich der Mikroelektrode in das Neuron wird eine Potentialdifferenz erfaßt, die quer zur Membran besteht und als Membranpotential (MP) bezeichnet wird. Die MP-Registrierung ist den schematischen Darstellungen im oberen Bildteil zugeordnet.

4 NERVENSYSTEM – ALLGEMEINE GRUNDLAGEN

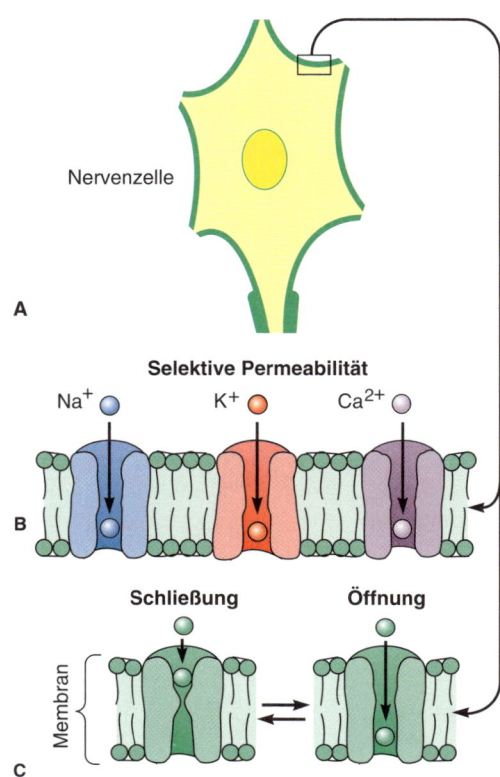

Abb. 4-5 Struktur und Funktionen von Ionenkanälen in Nervenzellmembranen. Röhrenartig gebaute sog. Tunneleiweißmoleküle durchsetzen die Doppellipidschicht der Membran.
A: Nervenzelle. Der gekennzeichnete Membransektor ist in B und C vergrößert dargestellt.
B: Selektive Durchlässigkeit (Permeabilität) der Kanäle für verschiedene Ionensorten (Na$^+$, K$^+$, Ca^{2+}). Die Ionenselektivität der Kanäle ergibt sich zum Teil aus der Größe der Ionen im Verhältnis zum Kanaldurchmesser.
C: Öffnung und Schließung der Ionenkanäle. Durch Strukturänderungen des Tunneleiweißmoleküls wird der Durchtritt von Ionen ermöglicht oder verhindert. Die Öffnungs- und Schließungszustände können jeweils ineinander übergehen.

elektrisches Potential aufgebaut (Polarisation) mit negativem Pol im Intra- und positivem Pol im Extrazellulärraum. Arten der Polarisation:
– Eine Verminderung des Membranpotentials heißt **Depolarisation**.
– Die Erhöhung bezeichnet man als **Hyperpolarisation**.
– Ein Wiederanstieg des Membranpotentials nach einer vorausgehenden Verminderung wird **Repolarisation** genannt.

> **K** **Künstlicher Herzstillstand:** Ein chirurgischer Eingriff am Herzen (z. B. Bypass, Herzklappenersatz) erfordert eine reversible Stilllegung des Organs, um am blutleeren und ruhiggestellten Herzen sicher operieren zu können. Dies erfolgt nach Abklemmen der Aorta durch Perfusion der Koronararterien und des Myokards mit Lösungen hoher K$^+$-Konzentration (sog. kardioplege Lösungen). Wird zusätzlich zur Erhöhung der K$^+$-Konzentration die Na$^+$-Konzentration gesenkt und damit eine ähnliche Ionenverteilung wie im Intrazellulärraum hergestellt, so spricht man in der Klinik von einer „intrazellulären" Lösung. Auch Blut kann als Vehikel für die Kardioplegie benutzt werden, indem man Kaliumionen zusetzt. Durch die hohe extrazelluläre K$^+$-Konzentration kommt es zur Depolarisation der Herzmuskelfasern, die schließlich zur Unerregbarkeit des Herzens führt (s.a. Abb. 4–6).

4.2.2 Aktionspotential

Wird das Ruhemembranpotential um einen bestimmten Betrag vermindert, so „ist die Schwelle zu einem neuen Vorgang überschritten". Diesen Betrag des Membranpotentials bezeichnet man daher als **Membranschwelle**. Zunächst werden Membrankanäle für Natriumionen in der Nervenzellmembran kurzzeitig geöffnet (Abb. 4-5, 4-6). Dadurch fließen Natriumionen, die eine positive Ladung tragen und im Extrazellulärraum in einer höheren Konzentration vorliegen als im Intrazellulärraum, in das Nervenzellinnere. Der Einwärtsstrom von positiven Ladungen bewirkt eine Depolarisation und sogar eine Umpolarisation („**Overshoot**") der Membran (Abb. 4-6). Mit geringer zeitlicher Verzögerung wird der Ausstrom von Ka-

von Kaliumionen kommt dadurch zustande, daß die Konzentration von Kaliumionen im Intrazellulärraum sehr viel größer ist als im Extrazellulärraum. Ein großer Teil der zu den positiven Kaliumionen gehörenden negativen Ionen kann die Nervenzellmembran nicht überqueren und bleibt im Nervenzellinneren. Durch diese Ladungsverschiebungen wird an der neuronalen Membran ein

4 NERVENSYSTEM – ALLGEMEINE GRUNDLAGEN

Grundfunktionen der Nervenzellen 4.2

Abb. 4-6 Entstehung des Aktionspotentials.
A: Künstliche Depolarisation einer Nervenzelle mit Hilfe einer externen Potentialquelle (P; 1), Natriumionen-(Na$^+$-)Einstrom (2) und Kaliumionen-(K$^+$-)Ausstrom (3).
ME1 = Mikroelektrode zur Ableitung des Membranpotentials (MP).
ME2 = Mikroelektrode zur künstlichen Depolarisation.
B: Künstliche Depolarisation (1) und Aktionspotential (2, 3), das durch die in A dargestellten Ionenströme entsteht.
MS = Membranschwelle.
RMP = Ruhemembranpotential.
Die Ziffern in B beziehen sich auf die schematischen Funktionsdarstellungen im Teil A.

liumionen erhöht und dadurch eine Repolarisation eingeleitet. Diese Abfolge von Depolarisation und Repolarisation nach Überschreiten der Membranschwelle dauert etwa 1 ms (Millisekunde = 1/1000 Sekunde). Sie wird als **Aktionspotential** (Erregung) bezeichnet. Aktionspotentiale sind im Nervensystem die Signale, in denen die Infor-

mationen verschlüsselt sind. Während des Aktionspotentials und im unmittelbaren Anschluß an ein Aktionspotential ist die Nervenzelle unerregbar (**refraktär**).

Der Abstand zwischen Ruhemembranpotential und Membranschwelle (Abb. 4-6) wird geringer, wenn die Konzentration an Calciumionen im Extrazellulärraum absinkt. In diesem Fall ent-

stehen gehäuft und planlos Aktionspotentiale.

> **K** **Neuronale Übererregbarkeit (Tetanie):** Bei einer akuten Senkung der Calciumionenkonzentration im Blut steht eine Übererregbarkeit des Nervensystems im Vordergrund der klinischen Erscheinungen (Tetanie). Die Übererregbarkeit ist darauf zurückzuführen, daß die Membranschwelle zu negativeren Werten verschoben ist, damit vom Ruhemembranpotential eher erreicht wird, und so jede auch noch so geringe Depolarisation ein Aktionspotential auslöst (Abb. 4-6). Die Tetanie ist durch unkontrollierte Kontraktionen der Skelettmuskulatur gekennzeichnet (z. B. Pfötchenstellung der Hände und Streckkrämpfe der Beine, sog. Karpopedalspasmen). Auch bei der glatten Muskulatur (z. B. der Bronchien) sind Spasmen zu beobachten. Daneben findet sich eine Übererregbarkeit des sensorischen Systems, die sich z. B. in Kribbelparästhesien der Hände und Perioralregion äußert. **K**

4.2.3 Erregungsleitung

Läuft an einer Stelle einer Nervenfaser ein Aktionspotential ab, so wird dadurch die benachbarte Stelle, die noch nicht erregt ist, depolarisiert (Abb. 4-7). Beim Überschreiten der Membranschwelle entsteht auch an dem zunächst nicht erregten Membranabschnitt ein Aktionspotential. Die Nervenfaser hat die Erregung fortgeleitet. Auf diese Weise werden an Nervenfa-

4 Nervensystem – Allgemeine Grundlagen

Abb. 4-7 Elementarprozesse der Erregungsleitung in einer Nervenfaser. Die Pfeile zeigen die Ionenströme (A, C, E) durch die Nervenzellmembran und die Ionenströme entlang der Nervenzellmembran an (B, D).
MP = Membranpotential.
MS = Membranschwelle.
A bis **C**: kontinuierliche Erregungsleitung.
D und **E**: saltatorische Erregungsleitung.

sern, die nicht von einer Markscheide umgeben sind, alle Membranabschnitte nacheinander von der Erregung erfaßt (**kontinuierliche Erregungsleitung**). Befindet sich zwischen der erregten und der „ruhenden" Stelle einer Nervenfaser eine Myelinscheide, so „springt" die neuronale Erregung von Schnürring zu Schnürring (**saltatorische Er-**

regungsleitung). Dadurch erhöht sich die Geschwindigkeit der Erregungsleitung beträchtlich. Mit Hilfe der Erregungsleitung werden im Nervensystem Informationen transportiert.

> **K** Bei der Multiplen Sklerose kommt es an verschiedenen Stellen des Zentralnervensystems zu einem regellosen Zerfall der Markscheiden. Diese „Entmarkungskrankheit" geht mit einer Verminderung der „Nervenleitgeschwindigkeit" und schließlich mit einer Unterbrechung der Erregungsleitung einher. Je nach Ort der Erkrankung treten unterschiedliche neurologische Störungen (Empfindungsstörungen, Lähmungen etc.) auf. **K**

4.2.4 Stofftransport in Nervenfasern (intraaxonaler Transport)

Die Axone von Nervenzellen dienen mit ihrer erregbaren Membran nicht nur der Fortleitung von bioelektrischen Signalen und damit dem Transport von Informationen, sondern auch dem intrazellulären Transport von Stoffen. Es lassen sich ein schneller Transport (bis zu 40 cm pro Tag) von einem langsamen (bis zu 0,5 cm pro Tag) sowie ein vom Zellkörper zur Axonendigung gerichteter anterograder Transport von einem in umgekehrter Richtung verlaufenden retrograden unterscheiden. Auf diese Weise werden die Eiweißkörper und Transmittersubstanzen vom Zellkörper zu den Nervenendigungen transportiert.

> **U** Auch Viren können offensichtlich intraaxonal transportiert werden. Gelangt z.B. das Herpes-simplex-Virus in die Haut, so wird es von Nervenfasern aufgenommen und in ihnen zum Zentralnervensystem transportiert. Es wird vermutet, daß das Poliovirus, das die Poliomyelitis („Kinderlähmung") auslöst, ebenfalls über Nervenfasern in das Zentralnervensystem gelangt, dort den Untergang von Neuronen bewirkt und so schließlich zu ausgeprägten Lähmungen führt. In ähnlicher Weise soll das Toxin des Tetanusbazillus über Nervenfasern in das Vorderhorn des Rückenmarks gelangen, wo es Hemmungsprozesse an den α-Motoneuronen unterdrückt (s. Kap. 6). Dadurch kommt es zu einer exzessiv gesteigerten krampfartigen Muskelspannung. **U**

4.2.5 Erregungsübertragung

Wird eine Erregung über eine Nervenfaser bis zum synaptischen Endknopf geleitet, so beginnt dort die Erregungsübertragung (Abb. 4-8). Zunächst strömen in der Regel **Calciumionen** – wiederum einem Konzentrationsgefälle folgend – in den Endknopf ein. Dies setzt die in den Vesikeln (Bläschen) gespeicherten Transmitter in den synaptischen Spalt frei. Die Transmittermoleküle verbinden sich mit Rezeptoren in den nachgeschalteten Zellen (Neurone, Muskelfasern, Drüsenzellen). Durch die **Transmitter-Rezep-**

Abb. 4-8 Elementarprozesse der Erregungsübertragung an einer Synapse.
A: Nervenzelle mit Synapsen. Der gekennzeichnete Abschnitt ist in B vergrößert dargestellt.
B: Synthese (1), Speicherung (2), Freisetzung (3), Rezeptorbindung (4), Inaktivierung (5) und Rücktransport (6) eines Transmitters an der Kontaktstelle zwischen präsynaptischer Faser und postsynaptischer Nervenzelle.

tor-Verbindung werden benachbarte Membrankanäle geöffnet. Strömen durch diese Kanäle positiv geladene Ionen in den Intrazellulärraum der nachgeschalteten Zelle, so entsteht dort eine Depolarisation (exzitatorisches postsynaptisches Potential, EPSP). Fließen durch die geöffneten Membrankanäle negativ geladene Ionen in den Intrazellulärraum der nachgeschalteten Zelle oder positive Ionen aus dem Intra- in den Extrazellulärraum, so entsteht eine Hyperpolarisation (inhibitorisches postsynaptisches Potential, IPSP). Beim Zerfall der Transmitter-Rezeptor-Verbindung infolge einer enzymatischen Spaltung und/oder eines Rücktransports des Transmitters in den synaptischen Endknopf werden die zugeordneten Ionenkanäle wieder geschlossen und die postsynaptischen Potentiale beendet.

Exzitatorische (erregende) **postsynaptische Potentiale** können, insbesondere wenn sich mehrere summieren (Bahnung), die Membranschwelle erreichen und in der betreffenden Zelle wiederum ein Aktionspotential auslösen. Damit wird die Erregung von einer Zelle auf die nächste übertragen. **Inhibitorische** (hemmende) **postsynaptische Potentiale** dagegen vermindern die Wahrscheinlichkeit, daß in der der Synapse nachgeschalteten Zelle die Membranschwelle erreicht und damit ein Aktionspotential ausgelöst wird. Durch das Zusammenspiel von exzitatorischen und inhibitorischen postsynaptischen Potentialen ist eine vielfältige Informationsverarbeitung im Nervensystem gegeben.

4.3 Gliederung und Oberflächenstrukturen von Gehirn und Rückenmark

> **Z** Der überwiegende Teil der Nervenzellen befindet sich im Zentralnervensystem. Dieses besteht aus dem Gehirn in der Schädelhöhle und dem Rückenmark im Wirbelkanal. Unterschiedliche Oberflächenstrukturen charakterisieren die Hauptabschnitte des Zentralnervensystems. **Z**

Das Gehirn befindet sich in der knöchernen Kapsel des Schädels (Abb. 4-9, 4-10). Sein Gewicht schwankt zwischen 1100 und 1500 g (das mittlere Hirngewicht bei der Frau beträgt ca. 1245 g, beim Mann ca. 1375 g). Zwischen Hirngewicht und den Leistungen des Gehirns bestehen beim Menschen keine klaren Beziehungen. Mit seiner Unterfläche (Hirnbasis) grenzt das Gehirn an den knöchernen Boden des Schädels, die Schädelbasis. Die obere gewölbte Fläche der Halbkugeln oder Hemisphären liegt dem Dach des Schädels (Kalotte) an. Das Gehirn setzt sich fort in das Rückenmark, das ebenfalls aus Nervengewebe besteht und, im Wirbelkanal geschützt, vom Kopf in den Rumpf hinabzieht.

Nach makroskopischen und entwicklungsgeschichtlichen Gesichtspunkten ist das Gehirn in die folgenden Hauptabschnitte (Tab. 4-1; vgl. Abb. 4-10) zu gliedern:

1. **Großhirn** (Endhirn, Cerebrum) mit den beiden Hemisphären („Halbkugeln") des Großhirns und den beiden Seitenventrikeln im Innern
2. **Zwischenhirn** mit Thalamus, Hypothalamus, Hypophyse und dem dritten Hirnventrikel
3. **Mittelhirn** mit Großhirnschenkeln und Aquädukt (Aquaeductus)
4. Hinterhirn mit **Kleinhirn** (Cerebellum), **Brücke** (Pons) und dem vierten Hirnventrikel
5. Nachhirn mit dem **verlängerten Mark** (Medulla oblongata)

An das verlängerte Mark schließt sich das **Rückenmark** an. Der Hirnstamm umfaßt Mittelhirn, Brücke und verlängertes Mark (Tab. 4-1).

Von außen betrachtet scheint die Hauptmasse des Gehirns aus den beiden **Großhirnhemisphären** (Großhirnhalbkugeln) zu bestehen, die die übrigen Teile so überwölben,

Tab. 4-1 Gliederung des Zentralnervensystems

4 NERVENSYSTEM – ALLGEMEINE GRUNDLAGEN

4.3 Gliederung und Oberflächenstrukturen von Gehirn und Rückenmark

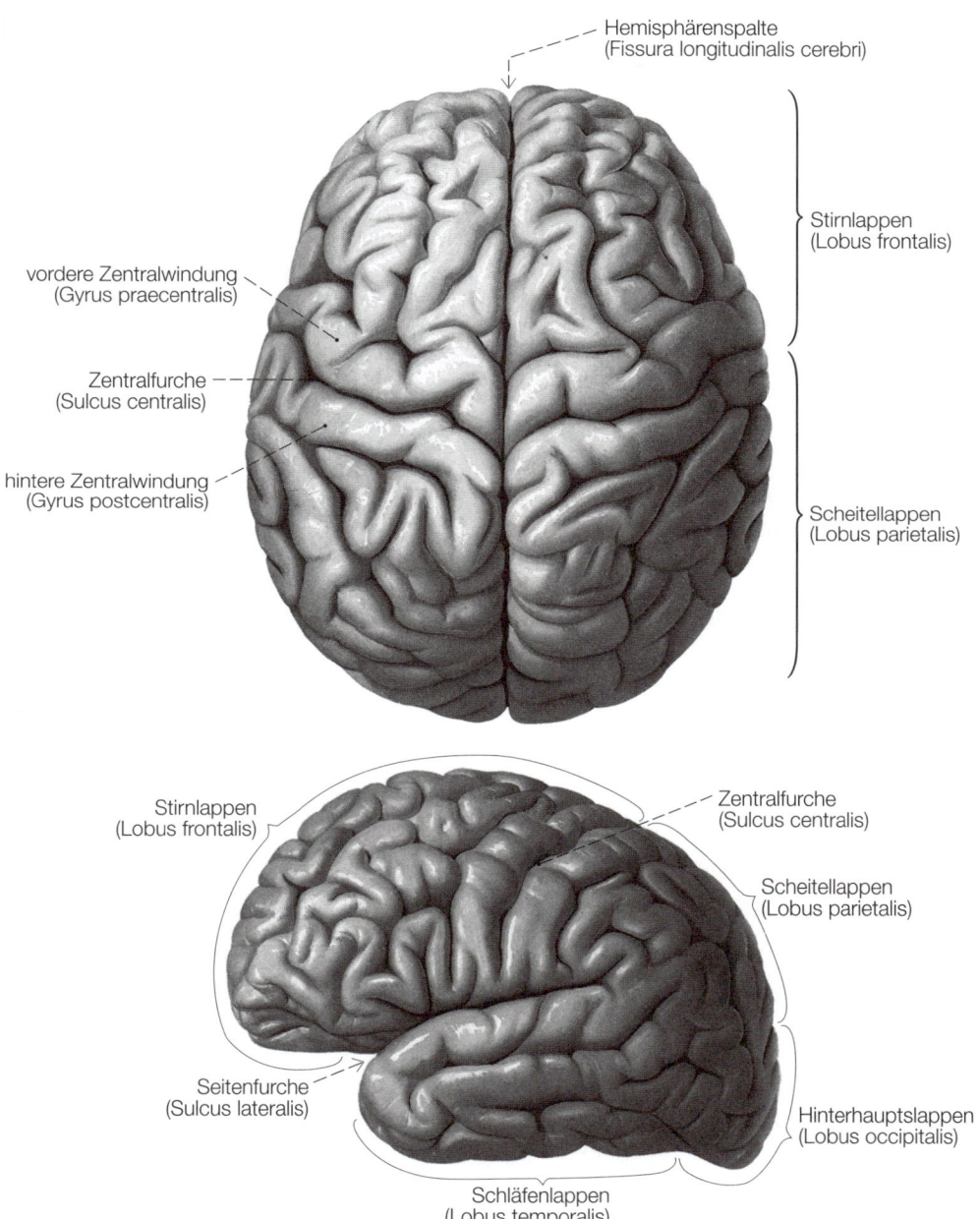

Abb. 4-9 Großhirn.
A: Großhirnhemisphären in der Ansicht von oben.
B: Seitenansicht der linken Hemisphäre.

daß diese von oben und von der Seite kaum sichtbar sind (Abb. 4-9). Beide Halbkugeln sind durch die Hemisphärenspalte (Fissura longitudinalis cerebri) getrennt, die bis zu den querlaufenden Fasermassen des Balkens herunterreicht. Die Oberfläche des Großhirns zeigt erhabene Windungen (Gyrus), dazwischen Furchen (Sulcus).

67

Die einzelnen Teile des Großhirns heißen nach ihrer Lage:
- Stirnlappen (Lobus frontalis)
- Scheitellappen (Lobus parietalis)
- Schläfenlappen (Lobus temporalis)
- Hinterhauptslappen (Lobus occipitalis; Abb. 4-9).

Die Lappengrenzen werden teilweise durch konstant ausgebildete Furchen markiert. So ist der Schläfenlappen durch die tiefe Seitenfurche (Sulcus lateralis oder Sylvius-Spalte) gegenüber Stirn- und Scheitellappen abgegrenzt. Zwischen Stirn- und Scheitellappen verläuft die Zentralfurche (Sulcus centralis). Davor liegt – zum Stirnlappen gehörig – die vordere Zentralwindung (Gyrus praecentralis), dahinter – zum Scheitellappen gehörig – die hintere Zentralwindung (Gyrus postcentralis). Der stark entwickelte Hinterhauptslappen grenzt sich mit dem Sulcus parieto-occipitalis vom Scheitellappen ab. Drängt man beide Hinterhauptslappen auseinander, so kommt die Region der Kalkarinafurche zum Vorschein (Abb. 4-10). Der Schläfenlappen läßt von außen eine obere, mittlere und untere Schläfenwindung erkennen. Einen ähnlichen Verlauf dreier übereinander gelegener Windungen zeigt der Stirnlappen. In der Tiefe der Seitenfurche liegt die sog. Insel (Lobus insularis). Auf der medialen Fläche des Schläfenlappens befinden sich der Gyrus parahippocampalis und der Gyrus occipitotemporalis lateralis. Auf der Unterfläche des Stirnlappens liegen beiderseits mit den Riechkolben (Bulbus olfactorius) Teile des Riechhirns (Abb. 4-11).

Betrachtet man die Unterseite des Gehirns (**Hirnbasis**) oder ein sagittal durchgeschnittenes Gehirn, so werden auch die übrigen Hirnabschnitte sichtbar. Zwischen Stirnlappen und Schläfenlappen zeigt sich in der Mitte der basale Teil des Zwischenhirns (Hypothalamus) mit trichterartiger Vorwölbung (Infundibulum), die in die Hirnanhangdrüse (Hypophyse) übergeht (Abb. 4-10, 4-11). Daran schließen sich paarige Warzenkörper (Corpus mamillare) des Zwischenhirns an. Die basale Oberfäche des Mittelhirns liegt in einer Vertiefung (Fossa interpeduncularis) zwischen den beiden Großhirnschenkeln. Auf der Dorsalseite bildet die Vierhügelplatte die Oberfläche des Mittelhirns (Abb. 4-10). Mit der Brücke (Pons) zeigt der Hirnstamm eine kräftige Auftreibung, die äußerlich sichtbar über die Großhirnschenkel mit den Großhirnhemisphären und über die Kleinhirnschenkel mit den Kleinhirnhemisphären verbunden ist.

Abb. 4-10 Medianer Sagittalschnitt des Gehirns.

Abb. 4-11 Hirnbasis mit Hirnnerven.

Den sich verjüngenden Übergang zwischen Brücke und Rückenmark bildet das **verlängerte Mark** (Medulla oblongata). Es besitzt auf seiner ventralen Seite einen Mittelspalt. Beiderseits davon liegen zwei wulstige Vorsprünge, die Pyramiden, die sich nach abwärts verjüngen und in das Rückenmark übergehen (Abb. 4-11). Weiter seitlich liegen ebenfalls vorgewölbt die Oliven. Das **Rückenmark** hat eine zylindrische Form mit Anschwellungen im Bereich der Halswirbelsäule und der unteren Brustwirbelsäule.

Das Kleinhirn (Cerebellum) füllt den Raum zwischen Hinterhauptslappen des Großhirns und dem Hirnstamm (Mittelhirn, Brücke, verlängertes Mark) aus. Es besteht aus zwei Hemisphären und dem dazwischen gelegenen mittleren Anteil, dem Wurm (Vermis). Auch das Kleinhirn zeigt eine Oberflächenvergrößerung durch Ausbildung von Windungen und Furchen. Allerdings sind diese Windungen sehr viel schmaler als die des Großhirns.

4.4 Hirnnerven und Rückenmarksnerven

> Zahlreiche Fortsätze von Nervenzellen verlassen das Zentralnervensystem oder laufen hinein. Sie legen sich zu Bündeln zusammen, die als Nerven bezeichnet werden. Nach ihrem Ursprungs- bzw. Zielgebiet werden sie als Hirnnerven bzw. Rückenmarksnerven bezeichnet.

4.4.1 Hirnnerven

Im Bereich von Zwischenhirn, Mittelhirn, Brücke und verlängertem Mark treten zwölf Nervenpaare, die Hirnnerven, aus bzw. ein (Abb. 4-11, 4-12). Die Nerven sind mit der rechten wie mit der linken Hirnhälfte verbunden und bilden somit **Paare**. Sie werden mit römischen Ziffern gekennzeichnet und haben teils motorische, teils sensorische Funktionen. Sensorische Funktionen besit-

4 Nervensystem – Allgemeine Grundlagen

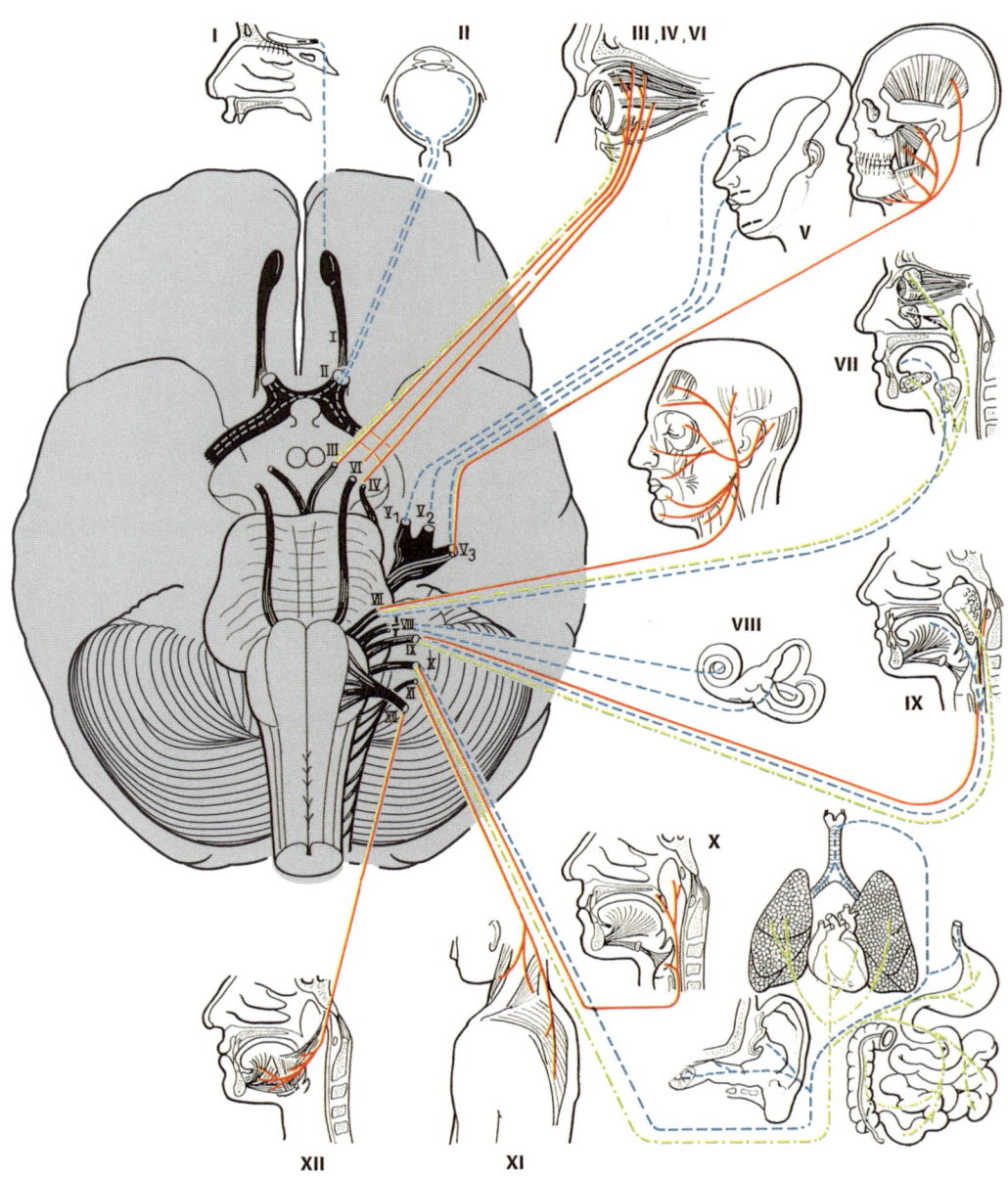

Abb. 4-12 Schematisierte Darstellung der Hirnbasis mit Hirnnerven (I–XII) sowie der Innervationsgebiete der einzelnen Hirnnerven. Farben zeigen unterschiedliche Nervenfaserfunktionen an. rot = motorisch; blau = sensorisch; grün = vegetativ, parasympathisch.

zen z.B. der Riechnerv (I), der Sehnerv (II), der Hörnerv (VIII) und der Geschmacksnerv (IX). Motorische Funktionen haben vor allem die Nerven III, IV, VI, die zu den Augenmuskeln gehen, ferner die Anteile des Gesichtsnerven (VII), die zu den Muskeln des Gesichts ziehen.

Austrittsstellen und Eintrittsstellen an der Hirnbasis sowie Funktion der zwölf Hirnnervenpaare (Abb. 4-12):

- **I. Hirnnerv** (**Riechnerv**, N. olfactorius): Bestandteil der Riechbahn: Riechepithel der Nase, Riechfäden, Riechkolben, Tractus olfactorius, Großhirn
- **II. Hirnnerv** (**Sehnerv**, N. opticus): Bestandteil der Sehbahn: Netzhaut des Auges, Sehnervenkreuzung, Zwischenhirn, Großhirn
- **III. Hirnnerv:** (**Augenbewegungsnerv**, N. oculomotorius):
  Austrittsstelle: Mittelhirn
  Motorische Versorgung: äußere Augenmuskeln (teilweise; vgl. IV und VI)
  Parasympathische Versorgung: innere Augenmuskeln (teilweise)
- **IV. Hirnnerv** (**Augenrollnerv**, N. trochlearis):
  Austrittsstelle: Mittelhirn (dorsal!)
  Motorische Versorgung: oberer schräger Augenmuskel
- **V. Hirnnerv** (**Drillingsnerv**, N. trigeminus):
  Austrittsstelle bzw. Eintrittsstelle: Brücke (seitlich)
  Motorische Versorgung: Kaumuskeln
  Sensorische Versorgung: Gesichts- und (teilweise) Kopfhaut; Nasen-, Mund- und Augenhöhle
- **VI. Hirnnerv** (**Augenabziehnerv**, N. abducens):
  Austrittsstelle: zwischen Brücke und verlängertem Mark
  Motorische Versorgung: seitlicher gerader Augenmuskel
- **VII. Hirnnerv** (**Gesichtsnerv**, N. facialis):
  Austrittsstelle bzw. Eintrittsstelle: Kleinhirnbrückenwinkel
  Motorische Versorgung: mimische Muskulatur
  Parasympathische Versorgung: Tränendrüsen, Nasen- und Munddrüsen (Speicheldrüsen außer Ohrspeicheldrüse)
  Sensorische Versorgung: Zunge
- **VIII. Hirnnerv** (**Vorhof-Schnecken-Nerv**, N. vestibulocochlearis):
  Eintrittsstelle: Kleinhirnbrückenwinkel
  Sensorische Versorgung: Vestibularapparat, Hörorgan im Innenohr
- **IX. Hirnnerv** (**Zungen-Rachen-Nerv**, N. glossopharyngeus):
  Austrittsstelle bzw. Eintrittsstelle: verlängertes Mark (seitlich)
  Motorische Versorgung: Rachenmuskeln
  Parasympathische Versorgung: Ohrspeicheldrüse
  Sensorische Versorgung: Rachen, Zunge, Karotissinus
- **X. Hirnnerv** (**herumschweifender Nerv**, N. vagus):
  Austrittsstelle bzw. Eintrittsstelle: verlängertes Mark (seitlich)
  Motorische Versorgung: Rachen- und Kehlkopfmuskeln
  Parasympathische Versorgung: innere Organe im Hals- sowie Brust- und (größtenteils) Bauchraum
  Sensorische Versorgung: äußerer Gehörgang, Kehlkopf, innere Organe
- **XI. Hirnnerv** (**zusätzlicher Nerv**, N. accessorius):
  Austrittsstelle: Halsmark
  Motorische Versorgung: Kopfwender und Trapezmuskel
- **XII. Hirnnerv** (**Unterzungennerv**, N. hypoglossus):
  Austrittsstelle: verlängertes Mark (vorn)
  Motorische Versorgung: Zungenmuskeln

> **P** Das Krankheitsbild des Schlaganfalls geht häufig mit einer Beeinträchtigung einiger Hirnnerven einher. Es ist für das Pflegepersonal von Bedeutung, diese Beeinträchtigungen und ihre Auswirkungen zu kennen. Häufig zu beobachten sind Störungen des N. opticus (z. B. Halbseitenblindheit), N. facialis (z. B. herunterhängender Mundwinkel) sowie des N. glossopharyngeus (z. B. Schluckstörungen). **P**

4.4.2 Rückenmarksnerven

An die Hirnnerven schließen sich in Richtung des Rückenmarks Rückenmarksnerven (Spinalnerven, Nn. spinales) an. Sie treten jeweils beiderseits durch die Zwischenwirbellöcher aus dem Wirbelkanal aus und sind mit dem Hinterhorn der grauen Substanz des Rückenmarks durch eine **Hinterwurzel** und mit dem Vorderhorn der grauen Substanz durch eine **Vorderwurzel** verbunden (vgl. Abb. 4-21, s. Abb. 6-13). Diese Anordnung ist Ausdruck einer segmentalen Gliederung des Organismus. Jedes Paar von Rückenmarksnerven gehört zu einem Abschnitt des Rückenmarks (**Rückenmarkssegment**) und versorgt einen bestimmten Abschnitt z.B. der Haut („Hautsegment" = Dermatom) oder Muskulatur („Muskelsegment" = Myotom). Diese feste Zuordnung spielt für Erkrankungen (Diagnostik und Therapie) eine wichtige Rolle.

Die Zahl der Rückenmarkssegmente und damit die Zahl der Spinalnervenpaare entspricht der Zahl der Wirbel der Wirbelsäule. Lediglich im Halsbereich gibt es statt sieben acht Paare von Spinalnerven, da das erste Spinalnervenpaar den Wirbelkanal bereits oberhalb des ersten Halswirbels (Atlas) verläßt. Daher werden die Spinalnerven auch nach den Wirbelsäulenabschnitten benannt und innerhalb der Abschnitte numeriert:
- 8 Paare Hals-(Zervikal-)Nerven (C1 bis C8)
- 12 Paare Brust-(Thorakal-)Nerven (Th1 bis Th12)
- 5 Paare Lenden-(Lumbal-)Nerven (L1 bis L5)
- 5 Paare Kreuzbein-(Sakral-)Nerven (S1 bis S5)
- 1 bis 2 Paare Steißbein-(Kokzygeal-)Nerven (Co1 und Co2)

4.5 Innerer Aufbau von Gehirn und Rückenmark

> Nervenzellen sind innerhalb von Gehirn und Rückenmark ungleich verteilt. Ansammlungen von Nervenzellkörpern bilden graue, Ansammlungen von Nervenzellfortsätzen weiße Substanz. Nach ihrem Verteilungsmuster lassen sich verschiedene Teile des Zentralnervensystems unterscheiden.

4.5.1 Graue und weiße Substanz

Schnitte durch Gehirn und Rückenmark zeigen eine charakteristische Verteilung von grau und weiß erscheinendem Gewebe (Abb. 4-13, 4-14, 4-15). Diese Farben basieren auf der unterschiedlichen Struktur und Architektonik von Nervenzellen und ihren Fortsätzen. Die Axone von Nervenzellen sind häufig von einer weiß glänzenden Markscheide umgeben. So erscheinen Hirnteile, die Bündel (Tractus) markscheidenhaltiger Axone enthalten, weiß. Sie werden als weiße Substanz bezeichnet. Hirnteile, die

Abb. 4-13 Medianer Sagittalschnitt von Zwischenhirn, Hirnstamm und Kleinhirn.

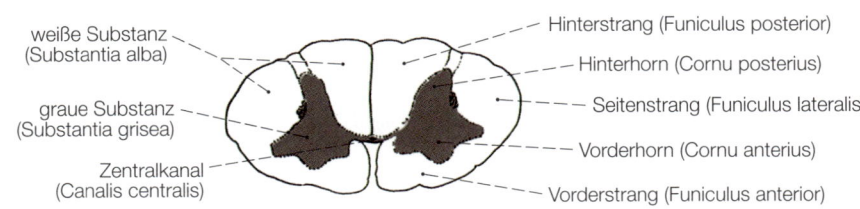

Abb. 4-14 Verteilung von grauer und weißer Substanz auf Schnitten von Großhirn, Kleinhirn und Rückenmark.
A: Frontalschnitt durch Großhirn und Zwischenhirn mit Anschnitten der Seitenventrikel und des 3. Ventrikels.
B: Horizontalschnitt des Kleinhirns.
C: Querschnitt des Rückenmarks.

Anhäufungen von Nervenzellkörpern und ein Netzwerk von Dendriten und markscheidenlosen Axonen enthalten, erscheinen dagegen grau; sie bilden die graue Substanz. Aus grauer Substanz bestehen im Großhirn und Kleinhirn typischerweise eine kontinuierliche Randschicht, die Hirnrinde (Cortex), und große, im Innern von Großhirn und Kleinhirn gelegene Areale, die Kerngebiete (Nucleus). Solche Kerngebiete finden sich auch in den verschiedenen Abschnitten des Hirnstamms. Die graue Substanz des

4 Nervensystem – Allgemeine Grundlagen

Abb. 4-15 Schrägschnitt von Großhirn und Hirnstamm zur Darstellung des Verlaufs der efferenten Bahnen, insbesondere der Pyramidenbahn.

Rückenmarks liegt innen und zeigt im Querschnitt eine schmetterlingsförmige Kontur, umgeben von weißer Substanz.

4.5.2 Großhirn

Die beiden Großhirnhemisphären besitzen mit der Hirnrinde (Cortex cerebri) eine gleichmäßig dicke Randschicht (ca. 5 mm) grauer Substanz, die allen Windungen und Furchen der Oberfläche folgt (Abb. 4-14). Im Innern jeder Hemisphäre erstreckt sich ein ausgedehnter, mit Hirn-Rückenmarksflüssigkeit (Liquor cerebrospinalis) gefüllter Hohlraum, der **Seitenventrikel** (Abb. 4-16). Zwischen diesem Hohlraum und der Hirnrinde dehnt sich eine große Masse weißer Substanz aus, in die mehrere Kerngebiete,

Abb. 4-16 Projektion der Hirnventrikel.
A: Projektion von Seitenventrikel und 3. Ventrikel auf die seitliche Hirnoberfläche.
B: Projektion der Seitenventrikel auf die (dorsale) Oberfläche der Großhirnhemisphären.

die Basalganglien, eingelagert sind. Die weiße Substanz setzt sich aus Faserbündeln (Bahnen) zusammen. Es handelt sich dabei um Assoziationsbahnen, um Kommissurenbahnen und um Projektionsbahnen.
- **Assoziationsbahnen** sind Verbindungszüge, die verschiedene Teile der gleichen Großhirnhemisphäre verknüpfen.
- **Kommissurenbahnen** verbinden einander entsprechende Teile beider Hemisphären. Sie sind in der Mitte zwischen den Hemisphären zu einer Nervenfaserplatte, dem Balken (Corpus callosum), zusammengedrängt (Abb. 4-13).
- Das Großhirn steht durch seine rindenwärts (afferent) und rückenmarkwärts (efferent) ziehenden Fernbahnen oder **Projektionsbahnen** mit dem ganzen Organismus in wechselseitiger Verbindung. Diese Projektionsbahnen durchlaufen ziemlich geschlossen die innere Kapsel (Capsula interna), die zwischen dem Linsenkern der Basalganglien und dem Thalamus des Zwischenhirns liegt.

Die großen subkortikal gelegenen Kerngebiete der Hemisphären heißen **Basalganglien** (Abb. 4-14 A, 4-15). Sie grenzen teilweise direkt an den Seitenventrikel. Man unterscheidet zwei Hauptkomponenten:
- den bogenförmig mit dem Seitenventrikel verlaufenden Schweifkern (Nucleus caudatus) und
- den keilförmigen Linsenkern (Nucleus lentiformis), der aus einem medialen bleichen Kern (Globus pallidus) und einem lateralen Schalenkern (Putamen) besteht.

Mit Kerngebieten des Zwischenhirns (z. B. Kernen des Thalamus) und des Mittelhirns (z. B. Substantia nigra) sind die Basalganglien vor allem bei der Bewegungskontrolle sehr wichtig.

Zwischen dem Linsenkern, dem Schweifkern sowie dem Thalamus des Zwischenhirns verlaufen die Nervenfaserbündel der inneren Kapsel (Capsula interna; Abb. 4-14 A, 4-15). Hierbei handelt es sich um **Projektionsbahnen des Großhirns** wie die Pyramidenbahn und extrapyramidale Bahnen.

4.5.3 Zwischenhirn

Das Zwischenhirn wird durch einen medianen, schlitzförmigen Hohlraum, den **dritten Ventrikel**, in zwei Hälften geteilt und gliedert sich in Thalamus und Hypothalamus (Abb. 4-13, 4-14). Der dritte Ventrikel enthält ebenso wie die Seitenventrikel Hirn-Rückenmarksflüssigkeit und ist mit diesen durch je eine kleine Öffnung verbunden. Thalamus und Hypothalamus bestehen überwiegend aus Ansammlungen größerer Kerngebiete mit unterschiedlicher Funktion und Verknüpfung. Fast alle zur Großhirnrinde verlaufenden (afferenten) Bahnen werden in Kerngebieten des Thalamus umgeschaltet. Die Kerngebiete des Hypothalamus dienen der Regulation endokriner und vegetativer Funktionen.

4.5.4 Mittelhirn

Der dritte Ventrikel setzt sich innerhalb des Mittelhirns in einen schmalen Gang, den **Aquädukt**, fort. Er wird dorsal von der Vierhügelplatte bedeckt, die wichtige Schaltstationen von Hör- und Sehbahn enthält (Abb. 4-13). Basal (ventral) vom Aquädukt liegt die Haube (Tegmentum) mit Kerngebieten wie dem roten (Nucleus ruber) und dem schwarzen Kern (Substantia nigra) sowie vor allem mit zum Thalamus aufsteigenden Bahnen. Außen sind die beiden Großhirnschenkel vorgelagert, die aus den Bahnen der inneren Kapsel hervorgehen und am Mittelhirn vorbei zu Brücke, verlängertem Mark und Rückenmark verlaufen (efferente Bahnen; Abb. 4-15).

4.5.5 Brücke

In Richtung Rückenmark erweitert sich der Aquädukt zum **vierten Ventrikel**. Seinen Boden bildet die Rautengrube, an die sich zur Hirnbasis als kräftige Auftreibung die Brücke mit einer Reihe wichtiger Kerngebiete anschließt (Abb. 4-11, 4-13). Die Brückenkerne haben Schaltaufgaben für die Verbindungen zwischen Großhirn und Kleinhirn. Die von der Brücke zum Kleinhirn ziehenden Fasermassen verlaufen in den mittleren Kleinhirnschenkeln.

4.5.6 Kleinhirn

Der **vierte Ventrikel** wird vom Kleinhirn mit seinen beiden Hemisphären und dem zwischen beiden gelegenen Wurm überdacht

(Abb. 4-13, 4-14 B). Die Rinde des Kleinhirns besteht wie die des Großhirns aus grauer Substanz, ist jedoch sehr viel dünner. Die Hauptmasse des Kleinhirns bildet weiße Substanz mit Kerngebieten. Durch vordere Kleinhirnschenkel ist das Kleinhirn mit dem Mittelhirn, durch mittlere mit der Brücke und durch hintere mit dem verlängerten Mark verbunden. In den Kleinhirnschenkeln verlaufen afferente und efferente Bahnen.

4.5.7 Verlängertes Mark

Neben zum Hirnstamm aufsteigenden und zum Rückenmark absteigenden Bahnen enthält das verlängerte Mark Kerngebiete für die Funktion der Hirnnerven (Abb. 4-11, 4-13). Besonders zahlreich sind diese am Boden der Rautengrube. Zum Rückenmark hin verengt sich der **vierte Ventrikel** zu einem engen Kanal, dem **Zentralkanal** des Rückenmarks (Abb. 4-13).

4.5.8 Rückenmark

Das Rückenmark enthält um den **Zentralkanal** gelegene graue Substanz (**Schmetterlingsfigur**), umgeben von einem Mantel weißer Substanz (Abb. 4-11, 4-14 C, vgl. Abb. 4-21 A). Die nach vorne und hinten vorspringenden Abschnitte der grauen Substanz bezeichnet man als Vorder- und Hinterhorn. Sie sind eng verbunden mit den Eintrittsstellen von Nervenfaserbündeln in das Rückenmark (hintere Wurzel mit der Anschwellung des Spinalganglions) und Austrittsstellen von Nervenfaserbündeln aus dem Rückenmark (vordere Wurzel). Die mantelförmig um die graue Substanz angeordnete weiße Substanz besteht im wesentlichen aus auf- und absteigenden Nervenfaserbündeln. Durch ihre Lage zu den Hörnern der grauen Substanz wird die weiße Substanz in Vorderstränge, Seitenstränge und Hinterstränge gegliedert. Auf- und absteigende Bahnen verlaufen hier streng geordnet.

4.5.9 Bahnen des Rückenmarks

- **Aufsteigende** (afferente) **Bahnen**:
  - **Fasciculus gracilis** (Goll-Strang):
    Ursprung/Verlauf: von Haut- und Muskelrezeptoren über Spinalganglienzelle, Rückenmark, Medulla oblongata, Anschlußbahnen zu Thalamus und Hirnrinde.
    Funktion: vermittelt Tiefen- und Oberflächensensibilität der unteren Körperhälfte (s. Abb. 5-6).
  - **Fasciculus cuneatus** (Burdach-Strang):
    Ursprung/Verlauf: mit obigem Tractus fast gleich verlaufend.
    Funktion: vermittelt Tiefen- und Oberflächensensibilität der oberen Körperhälfte (s. Abb. 5-6).
  - **Tractus spinothalamicus anterior und lateralis:**
    Ursprung/Verlauf: vom Rückenmark zum Thalamus. Fortsetzung über Anschlußbahnen zur Hirnrinde.
    Funktion: vermittelt vor allem Schmerz- und Temperaturempfindung (s. Abb. 5-7).
  - **Tractus spinocerebellaris anterior** (Gowers-Strang) und **posterior** (Flechsig-Strang):
    Ursprung/Verlauf: vom Rückenmark zum Kleinhirn.
    Funktion: Weitergabe von Informationen der Tiefen- und Oberflächensensibilität (Mechanorezeptoren) an das Kleinhirn.
- **Absteigende** (efferente) **Bahnen**:
  - **Tractus corticospinalis lateralis** (Pyramidenseitenstrangbahn):
    Ursprung/Verlauf: motorische Großhirnrinde, über Hirnstamm, Kreuzung im verlängerten Mark und abwärts im Seitenstrang des Rückenmarks zur Vorderhornganglienzelle.
    Funktion: bewußte Zielmotorik (s. Abb. 6-61).
  - **Tractus corticospinalis anterior** (Pyramidenvorderstrangbahn):
    Ursprung/Verlauf: fast wie obiger Tractus, aber im Vorderstrang zu den Vorderhornganglienzellen (Kreuzung zur Gegenseite auf Segmentebene).
    Funktion: bewußte Zielmotorik (s. Abb. 6-61).
  - **Extrapyramidale motorische Bahnen** (Tractus vestibulospinalis, Tr. tectospinalis, Tr. reticulospinalis, Tr. olivospinalis, Tr. rubrospinalis):
    Ursprung/Verlauf: Ursprünge im Hirnstamm bzw. verlängerten Mark, verlaufen größtenteils im Seitenstrang des Rückenmarks, enden an den motori-

schen Vorderhornganglienzellen des Rückenmarks.
Funktion: Stütz- und Haltemotorik sowie Zielmotorik.

4.6 Architektur der Hirnrinde

> Die graue Substanz der Großhirnrinde zeigt eine typische Anordnung von Nervenzellen. Sie äußert sich in der Ausbildung charakteristischer oberflächenparalleler Schichten.

Der komplexe Bau des Zentralnervensystems ist am Beispiel der Großhirnrinde besonders eindrucksvoll zu veranschaulichen (Abb. 4-17). Die Rindensubstanz besteht aus oberflächenparallelen, abgrenzbaren Schichten, die sich durch Art und Anordnung der Nervenzellen und Nervenzellfortsätze unterscheiden. Auch der Zellaufbau einzelner Areale der Hirnrinde ist unterschiedlich, was verschiedenen Funktionen der Rinde entspricht. So heben sich zahlreiche Rindenfelder voneinander ab.

Bei mikroskopischer Betrachtung der Hirnrinde sind sechs Schichten unterscheidbar, die eine unterschiedliche Zahl verschieden großer Nervenzellen aufweisen. Auch die Anordnung, Zahl und Gruppierung der Fortsätze folgt klaren Gesetzmäßigkeiten. Neben der horizontalen Schichtung der Rinde ist auch eine vertikale Organisation vorhanden. Anatomische und physiologische Studien zeigen eine Anordnung der Nervenzellen zu Zellsäulen, die einige hundert Neurone umfassen und als funktionelle Einheiten zu betrachten sind. Deutlich wird diese Architektonik im Bereich der Sehrinde.

4.7 Hirn- und Rückenmarkshäute

> Bindegewebige Häute umgeben Gehirn und Rückenmark. Entsprechend ihrer Beschaffenheit heißen sie harte Hirnhaut, Spinnwebenhaut und weiche Hirnhaut. Zwischen Spinnwebenhaut und weicher Hirnhaut befindet sich ein mit Flüssigkeit gefüllter Spaltraum.

Drei bindegewebige Häute überziehen Gehirn und Rückenmark und haben wichtige schützende und unterstützende Funktionen (Abb. 4-18, 4-19, 4-20, 4-21):
– die harte Hirnhaut (Dura mater),
– darunter die Spinnwebenhaut (Arachnoidea) sowie

Abb. 4-17 Schichtenbildung der Großhirnrinde (I bis VI).
A: Nervenzellkörper mit Fortsätzen (Silberimprägnation nach Golgi).
B: Nervenzellkörper (Nissl-Färbung).
C: Nervenfasern (Markscheidenfärbung).

I. Molekularschicht
II. Äußere Körnerschicht
III. Äußere Pyramidenschicht
IV. Innere Körnerschicht
V. Innere Pyramidenschicht
VI. Multiforme Schicht

4 Nervensystem – Allgemeine Grundlagen

Abb. 4-18 Harte Hirnhaut (Dura mater) und Hirnhautgefäße nach linksseitiger Entfernung der Schädelkalotte.

– die weiche Hirnhaut (Pia mater) unmittelbar auf dem Nervengewebe.

Im Schädel ist die Dura, die **harte Hirnhaut** von sehnenartiger Beschaffenheit, fest mit dem Schädelknochen verbunden, mit Ausnahme der Spalträume, die die venösen Blutleiter der Dura mater bilden (Abb. 4-18). Diese harte Haut hüllt das ganze Gehirn ein. Sie bildet außerdem ein sagittal gestelltes Blatt, die große Hirnsichel, die zwischen den beiden Hemisphären tief in die Mittelspalte hinabzieht und den Innenraum des Schädels gliedert (Abb. 4-20). Das Kleinhirn ist separat von einem Durazelt eingehüllt. Im Bereich des Rückenmarks liegt zwischen der Dura und dem Periost (Knochenhaut), das den Wirbelkanal auskleidet, ein ringförmiger Spalt, der Epiduralraum (Cavitas epiduralis; Abb. 4-21). In ihm liegen u.a. Venengeflechte.

Die **Spinnwebenhaut** (Arachnoidea) liegt, nur durch einen kapillären Spaltraum getrennt, an der Dura. Von ihr gehen zahllose feine Stränge aus, die locker gespannt zur Pia mater (weiche Hirnhaut) ziehen. Diese ist mit der Organoberfläche von Gehirn und Rückenmark fest verbunden. Dadurch bleibt zwischen Arachnoidea und Pia ein subarachnoidaler Spaltraum bestehen, der mit Liquor cerebrospinalis gefüllt ist.

Die **weiche Hirnhaut** bekleidet die Oberfläche des gesamten Zentralnervensystems. In ihr verlaufen auch die Blutgefäße. Im Bereich des Rückenmarks ist der subarachnoidale Spaltraum besonders weit. So bildet die Gehirn-Rückenmarksflüssigkeit im Subarachnoidalraum einen Flüssigkeitsmantel, der gegen Schlag- oder Stoßeinwirkung auf Schädel und Wirbelsäule einen hohen Schutz bietet.

4 Nervensystem – Allgemeine Grundlagen

Hirn- und Rückenmarkshäute 4.7

Abb. 4-19 Linke Großhirn- und Kleinhirnhemisphäre mit Hirngefäßen nach Entfernung von Dura mater und Arachnoidea.

Abb. 4-20 Einblick in die Schädelhöhle: Auskleidung der Schädelinnenseite und Gliederung der Schädelhöhle durch harte Hirnhaut (Dura mater).

4 Nervensystem – Allgemeine Grundlagen

Abb. 4-21 Wirbelsäulenquerschnitte.
A: Halswirbel mit Rückenmark und Rückenmarkshäuten.
B: Unterer Lendenwirbel mit Pferdeschweif (Cauda equina).

4.8 Blutversorgung von Gehirn und Rückenmark

Vom Hals laufen rechte und linke Halsarterie sowie rechte und linke Wirbelarterie in den Schädel und bilden an der Hirnbasis einen Arterienring. Von den Gefäßen der Hirnbasis zweigen Arterien zu den verschiedenen Hirnabschnitten ab. Das Rückenmark wird teilweise von den Wirbelarterien und teilweise aus kurzen Ästen der Zwischenrippen- und Lendenarterien versorgt.

Gehirn und Rückenmark sowie Hirn- und Rückenmarkshäute, speziell die Dura mater, werden getrennt mit Blut versorgt.

4.8.1 Blutgefäße des Gehirns

Etwa ein Fünftel des **arteriellen Blutes** des großen Kreislaufs wird über zwei Paare von Arterienstämmen dem Gehirn zugeführt. Dies sind die beiden inneren Kopfarterien (A. carotis interna) und die beiden Wirbelarterien (A. vertebralis). Die beiden **inneren**

4 NERVENSYSTEM – ALLGEMEINE GRUNDLAGEN

Blutversorgung von Gehirn und Rückenmark 4.8

Kopfarterien ziehen jeweils durch einen knöchernen Kanal (Canalis caroticus) in das Schädelinnere. Die beiden **Wirbelarterien** verlaufen gemeinsam mit dem Rückenmark durch das große Hinterhauptsloch (Foramen magnum) zur Hirnbasis und vereinigen sich zu der auf der Brücke verlaufenden (unpaaren) Basilararterie (A. basilaris). Basilararterie und innere Kopfarterien sind zu einem Arterienring (Circulus arteriosus) zusammengeschlossen, der um den Türkensattel herum liegt (Abb. 4-22). Von den Wirbelarterien und der Basilararterie gehen vor allem Zweige für den Hirnstamm und das Kleinhirn ab, während der Arterienring die Versorgung des Groß- und Zwischenhirns gewährleistet. Dazu bilden sich als Hauptäste der A. carotis interna auf jeder Seite die vordere und mittlere Großhirnarterie (A. cerebri anterior und media) und als Ast der A. basilaris die hintere Großhirnarterie (A. cerebri posterior) aus. Durch Querverbindungen über den Arterienring können Durchblutungsstörungen eines Astes oder einer Seite unter Umständen ausgeglichen werden.

Alle genannten Arterien verlaufen im **Subarachnoidalraum** und damit im Flüssigkeitsmantel des Gehirns. Auch die zahlreichen Verzweigungen liegen zunächst oberflächlich (Abb. 4-19). Erst feinere Äste treten radiär (senkrecht zur Oberfläche) in die Hirnsubstanz ein.

> **K** Erkrankungen der Hirngefäße sind häufig. Wird eine Hirnarterie durch ein Gerinnsel (Thrombose, Embolie) verschlossen, so geht das Hirngewebe im Versorgungsgebiet zugrunde, wenn der Blutmangel nicht durch Nachbargefäße oder über den Arterienring ausgeglichen werden kann. Arterien können aber auch bei Vorschädigung (Arteriosklerose, hoher Blutdruck) platzen. Die dann folgende Blutung von z. B. subarachnoidalen Gefäßen (subarachnoidale Blutung) führt über eine Kompression zum Funktionsausfall des Gehirns. Häufig sind von den erwähnten arteriellen Erkrankungen Gefäßzweige betroffen, die die Basalganglien des Großhirns und die innere Kapsel versorgen (Abb. 4-23 B). Etwa vier Fünftel aller Blutungen des Gehirns betreffen die innere Kapsel. Bei einem derartigen „Schlaganfall" (Apoplex) ist das motorische System erheblich beeinträchtigt, was sich in einer Halbseitenlähmung äußern kann.

Abb. 4-22 Hirnbasis mit Hirnnerven und Arterien, insbesondere dem Arterienring (Circulus arteriosus).

4 Nervensystem – Allgemeine Grundlagen

Abb. 4-23 Gefäße des Großhirns.
A: Verzweigungen der vorderen und hinteren Großhirnarterie.
B: zentrale Äste der mittleren Großhirnarterie zur Versorgung von innerer Kapsel, Basalganglien und Zwischenhirn.

Der **venöse Abfluß** des Gehirns erfolgt zunächst über oberflächlich im Subarachnoidalraum gelegene Venen. Diese münden in starrwandige Blutleiter, die von der Dura mater gebildet werden (Sinus durae matris; Abb. 4-19, 4-20). Das gemeinsame Abflußgefäß dieses Blutleitersystems der Dura mater ist die **innere Drosselvene** (V. jugularis interna). Sie beginnt im Foramen jugulare der Schädelbasis und verläuft am Hals abwärts.

4.8.2 Blutgefäße des Rückenmarks

Die **Arterien** des Rückenmarks (A. spinalis) verlaufen in Längsrichtung an der Vorder- und Rückseite des Rückenmarks und sind netzartig verbunden. Sie befinden sich wie die Hirnarterien im Subarachnoidalraum. Regelmäßig erhalten die Rückenmarksarterien Zuflüsse aus den Wirbelarterien (A. vertebralis) im Bereich des Übergangs zum verlängerten Mark. Unregelmäßig in Zahl und

Lokalisation sind dagegen Zuflüsse z.B. aus den Zwischenrippenarterien und den Lendenarterien, die über die Zwischenwirbellöcher den Wirbelkanal und damit das Rückenmark erreichen (Abb. 4-21).

Der Abfluß des venösen Blutes führt über **ausgedehnte Venengeflechte** innerhalb des Wirbelkanals (Epiduralraum) und außerhalb der Wirbelsäule.

4.8.3 Blutgefäße der Dura mater

Die Dura mater des Gehirns wird von **Hirnhautarterien** versorgt, die zwischen Knochen und harter Hirnhaut verlaufen (Abb. 4-18). Die größte ist die mittlere Hirnhautarterie (A. meningea media).

> **K** Bei Schädelverletzungen, z.B. Schädelbruch, ist es möglich, daß Hirnhautarterien zerreißen und Blutergüsse entstehen (epidurales Hämatom). Solche Blutungen können das Gehirn komprimieren und lebensbedrohliche Situationen hervorrufen. Da sie sich langsam entwickeln können, ist über einen längeren Zeitraum eine engmaschige Überwachung erforderlich. **K**

4.9 Gehirn-Rückenmarksflüssigkeit (Liquor cerebrospinalis)

> **Z** Im Gehirn befinden sich Hohlräume mit Adergeflechten. Diese bilden die Gehirn-Rückenmarksflüssigkeit, die die inneren Hohlräume ausfüllt und in den äußeren Flüssigkeitsmantel zwischen den Hirn- und Rückenmarkshäuten abfließt. **Z**

Das Gehirn enthält in seinem Innern wie bereits erwähnt **vier** flüssigkeitsgefüllte Hohlräume, die **Hirnventrikel** (Hirnkammern; Abb. 4-10, 4-13, 4-24). Die beiden Seitenventrikel der Großhirnhemisphären stehen in Verbindung mit dem in der Mitte gelegenen dritten Ventrikel des Zwischenhirns; von hier führt der Aquädukt zum vierten Ventrikel. Dieser steht über drei Öffnungen mit dem **subarachnoidalen Raum** zwischen Kleinhirn und verlängertem Mark in Verbindung, der hier zur Cisterna cerebellomedullaris erweitert ist (Abb. 4-24). Alle genannten Räume sind mit Gehirn-Rückenmarksflüssigkeit (Liquor cerebrospinalis) gefüllt, die von den Adergeflechten der Hirnventrikel (Plexus choroideus) abgesondert wird.

Der klare, farblose **Liquor** füllt auch den subarachnoidalen Spaltraum im Bereich des Schädels und des Rückenmarks, so daß ein Flüssigkeitsmantel das ganze Gehirn und Rückenmark umgibt. Der Liquordruck beträgt im Liegen 7–12 cm Wassersäule. Das gesamte Volumen von Ventrikelsystem und Subarachnoidalraum liegt bei etwa 125 ml. Ungefähr das Vierfache dieser Menge wird täglich in den Hirnventrikeln produziert. Die Liquorzirkulation entspricht der Reihenfolge der Ventrikel. Die Resorption erfolgt im Subarachnoidalraum. Liquor hat eine charakteristische chemische Zusammensetzung. Der Eiweiß- und Zellgehalt ist außerordentlich gering; ansonsten besteht Ähnlichkeit mit der Zusammensetzung des Blutplasmas. Bei Zirkulations- und Resorptionsstörungen kann sich eine Erweiterung der Liquorräume mit Schwund an Hirnsubstanz (Hydrocephalus, „Wasserkopf") entwickeln.

Der Subarachnoidalraum ist teilweise so weit, daß sich durch Punktion Liquor gewinnen läßt. Besonders gut geeignet für einen solchen (**diagnostischen**) **Eingriff** ist der untere Abschnitt der Lendenwirbelsäule (Lumbalpunktion), da das Rückenmark oberhalb endet und damit nicht verletzt werden kann (Abb. 4-21 B). Seltener ist die Punktion der Cisterna cerebellomedullaris (Subokzipitalpunktion). Auch eine Punktion der Hirnventrikel ist möglich.

> **K** Bei Erkrankungen können der Liquordruck und die Zusammensetzung des Liquors in typischer Weise verändert sein. Daher gibt eine Liquoruntersuchung wichtige diagnostische Hinweise. **K**

Die Lagebeziehung des Rückenmarks und seiner Wurzeln zur Lendenwirbelsäule bietet gute Voraussetzungen für die Anwendung von Betäubungsmitteln zur Anästhesie der unteren Körperhälfte (**Lumbalanästhesie**). Durch die Injektion eines Betäubungsmittels in den Subarachnoidalraum läßt sich die Schmerzleitung durch die Hinterwurzeln unterbrechen (**Spiralanästhesie**). Dabei verteilt sich das Anästhetikum mit dem Liquor um die Cauda equina.

> **P** Da sich der Subarachnoidalraum innerhalb des Wirbelkanals befindet, ist für die erfolgreiche Punktion die korrekte Lagerung des Patienten wichtig. Beim Sitzen oder in Seitenlage mit Rundrücken und angezogenen Beinen gehen die Dornfortsätze der Lendenwirbel maximal auseinander. **P**

Bei einer anderen Art der Lumbalanästhesie wird das Betäubungsmittel in den epiduralen Raum injiziert **(Epiduralanästhesie)**; so erreicht es die Nerven außerhalb des Durasacks. Derartige Anästhesieformen werden z. B. bei Operationen im Beckenbereich oder der unteren Extremität angewendet. Auch bei der Behandlung chronischer Schmerzen wählt man diese Möglichkeit des Vorgehens.

Abb. 4-24 Hirnventrikel und Subarachnoidalraum mit Zirkulation der Gehirn-Rückenmarksflüssigkeit (Pfeile) an einem Sagittalschnitt von Gehirn und Rückenmark.

4.10 Hirnfunktionen im Spiegel des Elektroenzephalogramms (EEG)

> **Z** Elektrische Potentialänderungen dienen der Informationsverarbeitung im Zentralnervensystem. Ein Teil dieser Signale läßt sich von der Oberfläche des Schädels als Elektroenzephalogramm abgreifen. Die Wellen des EEG spiegeln einen großen Teil der Hirnfunktion wider. **Z**

Die Informationsverarbeitung im Gehirn geschieht mit Hilfe von **elektrischen Signalen**. Diese Potentiale des Nervengewebes lassen sich nicht nur durch Mikroelektroden aus dem Intrazellulärraum von Neuronen, sondern auch aus dem Umfeld von Nervenzellen ableiten (Kap. 4.2). Die extrazellulär erfaßbaren Potentiale können so weit ausgedehnt sein, daß sie auch an der Oberfläche des Gehirns und selbst von der Schädeloberfläche als Elektroenzephalogramm registrierbar sind (vgl. Elektrokardiogramm; Kap. 9.4). So ist es möglich, durch das EEG Aufschluß über die **Hirnfunktion** zu erhalten.

4.10.1 Entstehungsmechanismen des EEG

In der Hirnrinde bilden zahlreiche afferente Fasern mit oberflächlich gelegenen Dendriten von Pyramidenneuronen erregende synaptische Kontakte (Abb. 4-25). Steigt ein Aktionspotential in der afferenten Faser auf, so entsteht in den Dendriten ein depolarisierendes synaptisches Potential (exzitatorisches postsynaptisches Potential, EPSP; Kap. 4.2.4). Diese postsynaptischen Potentiale summieren sich zu Depolarisationen

4 Nervensystem – Allgemeine Grundlagen

4.10 Hirnfunktionen im Spiegel des Elektroenzephalogramms (EEG)

Abb. 4-25 Entstehungsmechanismen des Elektroenzephalogramms (EEG) an der Hirnrinde. Auslösung einer wellenförmigen Potentialfolge. Registrierung des Membranpotentials der afferenten Faser (MP2) und des oberflächennahen Dendriten (MP1) mit intrazellulären Mikroelektroden (ME2, ME1). Gleichzeitige Ableitung des EEG und des DC-Potentials an der Cortexoberfläche mit der extrazellulären Elektrode (E).

hoher Amplitude und langer Dauer, wenn sich die Aktionspotentiale in den afferenten Fasern zu Gruppen oder Reihen zusammenfügen. Die dendritischen Depolarisationen bilden im Extrazellulärraum ausgedehnte Potentialfelder, die bis zur Kopfhaut reichen. Dort können sie mit Elektroden abgetastet, durch elektronische Geräte verstärkt und mit Hilfe eines Tintenschreibers als Kurve sichtbar gemacht werden. Dabei werden Geräte verwendet, die nur die Änderungen der Potentiale erfassen (konventionelles EEG). Es kommen darüber hinaus Verstärker zum Einsatz, die neben den Änderungen auch lang anhaltende Verschiebungen des Potentials wiedergeben (DC-Potential). Bei dem zuletzt genannten Verfahren spiegelt das Elektroenzephalogramm das dendritische Membranpotential genau wider.

4.10.2 Ableitung des EEG

Zur Ableitung des EEG werden zahlreiche **Elektroden** an der Kopfhaut angebracht (Abb. 4-26 A). Dabei richtet man sich nach einem international genormten System:
– Elektroden, die unmittelbar oberhalb der Hirnrinde und damit in der Nähe des Entstehungsortes der EEG-Wellen liegen, werden als **differente** Elektroden bezeichnet.
– Elektroden an anderen Punkten des Kopfes, z.B. am Ohr, die vom Entstehungsort des EEG weit entfernt liegen, nennt man **indifferente** Elektroden (Referenz-, Bezugselektroden). Werden zwei differente Elektroden mit dem Eingang des EEG-Verstärkers verbunden, spricht man von einer bipolaren Ableitung; werden eine differente und eine indifferente Elektrode verwendet, von einer unipolaren Ableitung (Abb. 4-26A).

4.10.3 Frequenzbänder des EEG und ihre Beziehung zum Reifungsgrad und zur Aktivität des Gehirns

Das EEG stellt eine wellenförmige Potentialkurve dar (Abb. 4-26 B, C).
Die Frequenz der EEG-Wellen wird in verschiedene Bänder eingeteilt, die mit griechischen Buchstaben gekennzeichnet sind:
– 8–13 Hz   Alpha(α)-Wellen
– 14–30 Hz   Beta(β)-Wellen
– 4–7 Hz   Theta(ϑ)-Wellen
– 0,5–3 Hz   Delta(δ)-Wellen

Die vorherrschende Frequenz der EEG-Wellen hängt vom **Reifungsgrad** des Gehirns ab. Im Säuglings- und Kleinkindesalter finden sich vor allem Theta- und Delta-Wellen, die mit zunehmendem Alter durch Alpha- und Beta-Wellen ersetzt werden. Die Frequenz der EEG-Wellen wird aber auch von der **Aktivität** des Gehirns bestimmt. Beim Erwachsenen treten im inaktiven Wachzustand bei geschlossenen Augen Alpha-Wellen auf, die beim Augenöffnen von Beta-Wellen abgelöst werden. Beim Übergang vom Wachzustand in den Schlaf erscheinen EEG-Wellen aus dem Theta- und Delta-Band (Kap. 4.11).

Bei zahlreichen Funktionsstörungen des Gehirns, z.B. bei einer Verminderung der Hirndurchblutung oder bei Tumoren, verändert sich das EEG in typischer Weise. Daher hat das EEG in der klinischen Diagnostik eine große Bedeutung erlangt. Unverzichtbar ist die EEG-Ableitung bei der Diagnose und Therapieeinstellung von Epilepsien. So findet man bei epileptischen Anfällen Spitzenpotentiale und Spitze-Welle-Komplexe im EEG (Abb. 4-26 C).

> **K** Mit **Epilepsien** bezeichnet man Krankheiten, bei denen es aufgrund einer Fehlleistung des Gehirns wiederholt zu plötzlich auftretenden, vorübergehenden Funktionsstörungen des Organismus kommt. Epileptische Anfälle erstrecken sich nicht zwangsläufig auf das motorische System und damit auf die Nerven- und Muskeltätigkeit zur Ausübung von Bewegungen und zur Stützung des Skelettsystems, so daß z.B. Muskelzuckungen und Stürze im Vordergrund stehen, sondern können auch auf den Bereich des sensorischen Systems und damit auf Empfindungen und Wahrnehmungen oder auf den vegetativen Ver- oder Entsorgungsteil des Organismus beschränkt sein. Aus den vielfältigen epileptischen Anfällen lassen sich zunächst jene zu einer Gruppe zusammenfassen, bei denen die klinischen und elektroenzephalographischen Veränderungen andeuten, daß zumindest am Anfang nur ein begrenzter Teil einer Hirnhemisphäre epileptische Aktivität zeigt (Partialanfälle, fokale oder lokale Anfälle). Sie werden einer zweiten Gruppe gegenübergestellt, bei der die ersten klinischen Zeichen bereits darauf hinweisen, daß sich die epileptische Aktivität auf beide Hirnhemisphären erstreckt (generalisierte Anfälle). **K**

4.10.4 Evozierte Potentiale

Die bisher beschriebenen EEG-Wellen laufen kontinuierlich ab und treten ohne erkennbare Sinnesreize auf. Wird ein Sinnesorgan **künstlich gereizt**, so strömen Aktionspotentiale zur Hirnrinde und lösen dort zusätzliche EEG-Wellen aus (Abb. 4-27). Diese EEG-Wellen, die einem Sinnesreiz zugeordnet sind, heißen evozierte Potentiale.

Je nach Ort der Sinnesreizung unterscheidet man evozierte Potentiale mit charakteristischen Formen:

Abb. 4-26 Elektroenzephalogramm (EEG) des Menschen.
A: Ableitungsschema mit den internationalen Bezeichnungen der Elektroden. Schematische Darstellung von unipolarer und bipolarer Ableitung.
B: Frequenzbänder des EEG.
C: EEG bei epileptischer Aktivität.
Oben: Scharfe Wellen.
Unten: Spitze-Welle-Komplexe (spikes and waves).
D: Erlöschende EEG-Tätigkeit beim Sterben.

- nach Reizung eines **peripheren Nerven** z.B. durch Stromimpulse (somatosensorisch evozierte Potentiale, SEP)
- nach Reizung des **auditorischen Systems** z.B. durch Tonimpulse (akustisch evozierte Potentiale, AEP)
- nach Reizung des **visuellen Systems** z.B. durch Lichtblitze (visuell evozierte Potentiale, VEP)

Veränderungen der Latenzen, Formen und Amplituden der evozierten Potentiale weisen auf Störungen in den Sinnessystemen hin. So kann mit Hilfe der akustisch evozierten Potentiale eine Hörstörung bereits im Säuglingsalter erkannt werden. Eine Latenzverlängerung der visuell evozierten Potentiale ist charakteristisch für die Multiple Sklerose.

> **K** **Elektrosmog:** Der Gebrauch von Elektrogeräten nimmt heutzutage ständig zu. Man denke z.B. nur an die Benutzung von Personal Computer mit Monitor und Drucker. Durch die Stromversorgung der Geräte entstehen elektrische und magnetische Felder, die man umgangssprachlich als „Elektrosmog" zusammenfaßt. Wie oben ausgeführt wurde, können energiereiche elektrische Felder bei niederfrequenter Anwendung Nervenzellen und Muskelfasern stimulieren und bei hochfrequenter Anwendung zur Wärmebildung führen (Diathermie). Ebenso lassen sich magnetische Felder zur Reizung von Nervenzellen heranziehen. Bei dieser magnetischen Reiztechnik induziert ein sich rasch änderndes Magnetfeld, das z.B. außerhalb des Kopfes erzeugt wird, im Hirngewebe einen Stromfluß, der seinerseits Aktionspotentiale auslöst. Im Fall des Elektrosmogs ist nun zu berücksichtigen, daß die magnetischen Felder sehr inhomogen sind und mit zunehmender Entfernung von der Quelle stark abfallen. So beträgt die Feldstärke 30 cm von einem Farbmonitor entfernt nur noch etwa den millionsten Teil derjenigen, die zur intrakraniellen Reizung notwendig ist. Bislang ist es unklar, ob der Elektrosmog einen Einfluß auf menschliches Gewebe hat. **K**

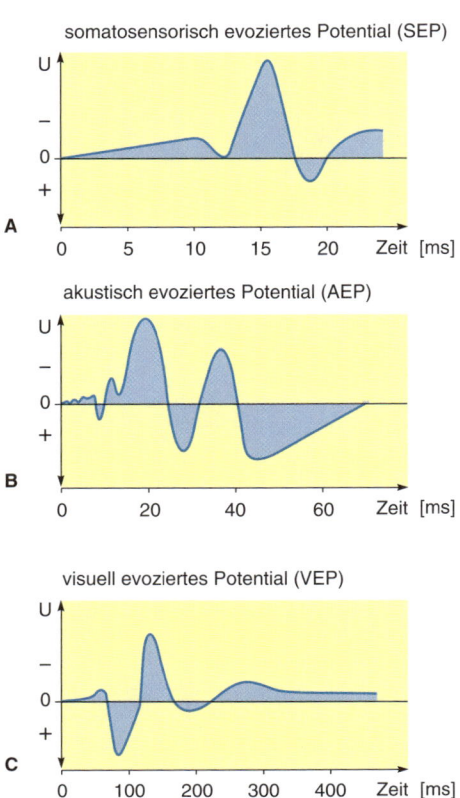

Abb. 4-27 Evozierte Potentiale nach Reizung eines peripheren Nerven (A; N. medianus), des auditorischen (B) und des visuellen Systems (C).

4.11 Schlaf-Wach-Rhythmus

> **Z** Nervenzellverbände weisen periodische Schwankungen ihrer Aktivität auf. Dies führt zu einem Tagesrhythmus der gesamten Körperfunktionen. Dabei lassen sich grob Schlaf- und Wachzustände abgrenzen. **Z**

Die Aktivität biologischer Systeme läßt periodische Schwankungen erkennen, wenn man sie über einen längeren Zeitraum betrachtet. Solche rhythmischen Aktivitätsänderungen sind am intakten Gesamtorganismus, an einzelnen Organen und sogar an isolierten Zellen nachweisbar.

4.11.1 Schlaf-Wach-Rhythmus (zirkadiane Periodik)

Die rhythmischen Aktivitätsänderungen äußern sich beim Menschen unter anderem in einer sich wiederholenden Abfolge von Schlaf- und Wachzuständen (Abb. 4-28). Diese Aktivitätsänderungen heißen zirkadiane Periodik. Diese Periodik ist mit Schwankungen im Ablauf von verschiedenen **Körperfunktionen** verbunden, die sich unter anderem wiederum in Schwankungen der Körpertemperatur und der Schwelle für die Zahnschmerzempfindung ausdrücken. Die Periodendauer des Schlaf-Wach-Rhythmus beträgt etwa einen Tag.

Der Schlaf-Wach-Rhythmus ist in der Regel mit der **Tag-Nacht-Folge** synchronisiert. Der Wechsel zwischen Hell und Dunkel wirkt als Zeitgeber. Schaltet man ihn oder andere Größen wie den Wechsel in der Umgebungstemperatur und im Geräuschpegel der Umwelt aus, so wird der Schlaf-Wach-Rhythmus nicht aufgehoben. Er beruht also

4 Nervensystem – Allgemeine Grundlagen

Schlaf-Wach-Rhythmus 4.11

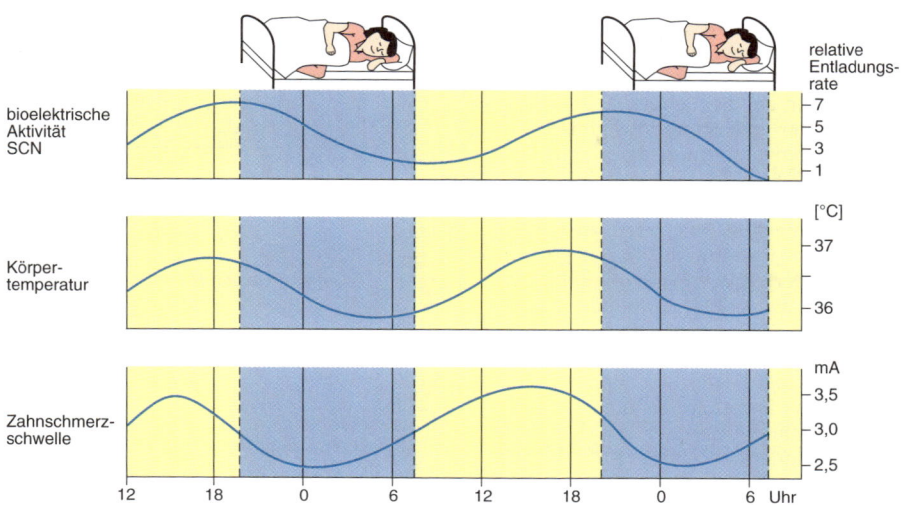

Abb. 4-28 Schlafzeiten (Bettsymbole) und tägliche Schwankungen der bioelektrischen Entladungsrate (relative Einheiten) des Nucleus suprachiasmaticus (SCN) im Zwischenhirn, der Körpertemperatur sowie der Zahnschmerzschwelle.

auf einem angeborenen Eigenrhythmus. Als Urheber für diesen endogenen Aktivitätsrhythmus kommen verschiedene Strukturen und Prozesse im Organismus in Betracht. Eine besondere Bedeutung haben offensichtlich die Aktivitäten des paarig angelegten Nucleus suprachiasmaticus im Zwischenhirn (Abb. 4-28).

Die stabilisierende Wirkung der Zeitgeber auf den Schlaf-Wach-Rhythmus kommt besonders dann zum Ausdruck, wenn die **Zeitgebersignale** zum endogenen Aktivitätsrhythmus plötzlich verschoben werden (z.B. bei Langstreckenflügen in Ost-West- oder in West-Ost-Richtung). Dabei können Störungen des Schlafes und der Aufmerksamkeit sowie Unwohlsein auftreten (sog. jet-lag). Eine ähnliche Problematik ergibt sich bei der Schichtarbeit, bei der häufig der Arbeitsbeginn sprunghaft verschoben wird.

4.11.2 Schlaf

Der Schlaf geht mit zahlreichen **Funktionsveränderungen** des Organismus einher:
- Verminderung der Reflexerregbarkeit und des Muskeltonus
- Verlangsamung der Atmung, Herabsetzung der Herzschlagfrequenz und Verminderung des arteriellen Blutdrucks
- Einschränkung der Drüsensekretion (z.B. Tränendrüsen, nicht jedoch Schweißdrüsen)
- Verminderung der Aktivität von Magen-Darmkanal

Mit Hilfe des **EEG** lassen sich Tiefe und Verlauf des Nachtschlafes bestimmen (Abb. 4-29). Beim Übergang vom Wachzustand in den Schlaf wird der Alpha-Grundrhythmus durch langsamere Potentialschwankungen mit steigender Amplitude ersetzt. Dabei treten besondere Wellenformationen wie die sog. Schlafspindeln auf (Abb. 4-29 A). Aufgrund der EEG-Veränderungen lassen sich vier Schlafstadien voneinander abgrenzen. Bestimmt man diese Stadien während des Nachtschlafes, so ergibt sich ein typischer Schlafverlauf (Schlafprofil; Abb. 4-29 B). Schlafphasen, in denen die mittlere EEG-Frequenz mit zunehmender Schlaftiefe absinkt, heißen auch „slow wave sleep" (orthodoxer Schlaf).

In den Nachtschlaf sind Perioden eingestreut, in denen das EEG rasche Potentialschwankungen geringer Amplitude – wie im Wachzustand (Abb. 4-26 B) – aufweist. Diese Schlafphasen werden daher als „fast wave sleep" oder als paradoxer Schlaf bezeichnet. Während dieser Perioden treten schnelle, richtungslose Augenbewegungen („rapid eye

4 Nervensystem – Allgemeine Grundlagen

Abb. 4-29 Elektroenzephalogramm (EEG) in verschiedenen Schlafstadien.
A: EEG-Registrierungen im Wachzustand und während der Schlafstadien 1–4.
S = Schlafspindeln
B: Schlafverlauf. Die Schlafstadien 1–4 werden mehrfach durchlaufen.
REM = paradoxe Schlafphasen mit „rapid eye movements"

movements", REM) auf, die zu der Bezeichnung **REM-Schlaf** geführt haben.

In Analogie dazu heißt der orthodoxe Schlaf auch **Non-REM-Schlaf.** Zusätzlich zu den raschen Augenbewegungen finden sich zahlreiche vegetative Funktionsänderungen, wie Zunahme der Herzschlagfrequenz, Anstieg des arteriellen Blutdrucks, Beschleunigung der Atmung und Erektionen des Penis. Die REM-Phasen sind häufig mit lebhaften Träumen gekoppelt.

P Untersuchungen in Schlaflabors ergaben, daß diese REM-Phasen sehr wichtig für den Erholungswert des Schlafes sind. Werden die REM-Phasen durch z.B. Medikamente und/oder häufig auftretende Störungen wie Lärm, Stimmen oder manuelle Verrichtungen gehemmt, kann dies zu Befindensstörungen von Patienten beitragen. **P**

Lernkontrolle

1. Zeichnen Sie eine typische Nervenzelle und beschriften Sie ihre verschiedenen Strukturen.
2. Welche Funktion haben die verschiedenen von Ihnen genannten anatomischen Teile des Neurons?
3. Erläutern Sie die Signale, mit denen das Nervensystem „Informationen" transportiert.
4. Nennen Sie die wichtigsten Arterien für die Versorgung von Gehirn und Rückenmark.
5. Welche diagnostischen Aussagemöglichkeiten bieten Elektroenzephalogramm und evozierte Potentiale?
6. Welche Schlafstadien lassen sich unterscheiden?
7. In welche Hauptabschnitte gliedert sich das Gehirn?
8. Nennen Sie die Hohlräume des Gehirns und ihre Lokalisation.

Auflösung des Fallbeispiels

▲ **Karpaltunnelsyndrom**

Krankheitsbild: Das Karpaltunnelsyndrom ist Ausdruck einer Druckschädigung des N. medianus (s. Abb. 6-39, 6-41). Dieser Nerv verläuft an der Beugeseite des Handgelenks gemeinsam mit den langen Beugesehnen durch einen engen Kanal, der von Handwurzelknochen und einem Halteband gebildet wird. Auf Gewebeschwellungen und Verengungen in diesem sog. Karpaltunnel reagiert der N. medianus mit Funktionsstörungen, welche die oben beschriebenen Symptome auslösen.

Ursachen: Bei ¾ aller Patienten läßt sich keine Ursache für die Nervenkompression feststellen. Gelegentlich entwickelt sich die Erkrankung im Anschluß an Brüche und Verrenkungen im Bereich des Handgelenks, im Zusammenhang mit Arthrosen und im Zuge rheumatoider Erkrankungen.

Vorkommen und Häufigkeit: Das Karpaltunnelsyndrom ist das wohl häufigste Kompressionssyndrom peripherer Nerven.

4 NERVENSYSTEM – ALLGEMEINE GRUNDLAGEN

Fallbeispiel Lösung

Frauen sind deutlich häufiger davon betroffen als Männer; ältere Patienten häufiger als jüngere.

Diagnostik: Die Diagnose ist im allgemeinen bereits durch die anamnestisch erhobenen Befunde und durch die Untersuchung der Hand in Betracht zu ziehen. Sie kann durch neurophysiologische Untersuchungen erhärtet werden. Aufgrund der kompressionsbedingten Schädigung der Markscheide ist nämlich die Nervenleitgeschwindigkeit des betroffenen Nerven verlangsamt.

Therapie: In frühen Stadien können Schonung der Handgelenke und nächtliche Ruhigstellung Linderung verschaffen und eventuell auch eine Rückbildung einleiten. Bei chronischen Beschwerden ist die operative Spaltung des Haltebandes (Retinaculum flexorum) angezeigt.

Sensorisches System

5

Das sensorische System nimmt Einflüsse (Reize) aus der Umwelt und aus dem eigenen Körper auf. Dies geschieht mit Hilfe von Rezeptoren, die durch spezifische Reize erregt werden. Die Rezeptorerregungen werden zum Gehirn geleitet, dort in Form bioelektrischer Aktivität abgebildet und zu Empfindungen und bewußten Wahrnehmungen verarbeitet. Die Sinnesempfindungen werden im Gedächtnis gespeichert.
Das sensorische System verfügt über folgende Teilsysteme:
– *System der somato-viszeralen Sensibilität:* Empfindung von Druck und Berührung, Temperatur und Schmerz
– *Visuelles System:* Sehen
– *Auditorisches System:* Hören
– *Vestibuläres System:* Empfindung von Beschleunigungen
– *Gustatorisches System:* Schmecken
– *Olfaktorisches System:* Riechen

Abb. 5-0 Vereinfachte Darstellung der sensorischen Systeme als Ausschnittvergrößerung aus dem Kopf-Halsbereich mit Leitung der Erregungen (Pfeile) zu den zugehörigen Arealen der Großhirnrinde.
A: System der somato-viszeralen Sensibilität am Beispiel der Haut: Schmerz-, Tast-, Temperaturempfindung
B: Auditorisches und vestibuläres System: Ohr und Hören sowie Beschleunigungsempfindung
C: Visuelles System: Auge und Sehen
D: Olfaktorisches System: Nase und Riechen
E: Gustatorisches System: Zunge und Schmecken

Fallbeispiel

Die Frau eines 42jährigen Patienten ruft in der allgemeinärztlichen Praxis an. Sie berichtet, ihr Mann habe so heftige Schmerzen in der Lendengegend, daß er überhaupt nicht mehr aufstehen könne. Sie bitte daher um einen Hausbesuch. Als der Hausarzt kommt, liegt der Patient in Rückenlage im Bett, das rechte Bein in Hüfte und Knie leicht angewinkelt und in der Kniekehle durch ein Kissen unterstützt. Die Schmerzen, die sich bei jedem Versuch einer Lageänderung ins Unerträgliche steigern, strahlen aus der Lendengegend nach beiden Seiten aus. Puls: 100/min. Blutdruck: 150/95 mmHg. Atemfrequenz: 18/min. Beidseits im Lumbalbereich Verspannung der Muskulatur. Sensibilitätsausfall rechts als sog. „Reithosenanästhesie". Der Hausarzt gibt als intramuskuläre Injektion ein Schmerzmittel und veranlaßt den Liegendtransport des Patienten ins Krankenhaus.
Diagnose und Therapie s.S. 145.

5.1 Bauelemente und Grundfunktionen des sensorischen Systems

> Die Rezeptoren im sensorischen System sind über Nervenfasern mit dem Rückenmark und dem Gehirn verbunden. Am Rezeptor wird der Reiz in elektrische Potentiale umgeformt (verschlüsselt). Die vom Rezeptor aufgenommenen Informationen gelangen über entsprechende Nervenfasern zum Zentralnervensystem.

Umwelteinflüsse nimmt der Organismus mit Hilfe des sensorischen Systems auf. Die **Umwelteinflüsse** liegen vor als:
- Energie, die z.B. als Druck die Haut verformt, als Schallwellen Antworten im Hörorgan auslöst oder als elektromagnetische Strahlung (Licht) auf das Auge wirkt.
- Spezielle Moleküle, die als Geschmacks- und Geruchsstoffe mit dem Geschmacks- und Riechorgan in Verbindung treten.

Die Informationen über die Umwelt sind also für den Organismus in verschiedenen Signalen enthalten; diese Signale bezeichnet man als **Reize**.

5.1.1 Aufbau des sensorischen Systems

Der Aufbau des sensorischen Systems beginnt – in Flußrichtung der Information – mit einer Struktur, die den Reiz aufnimmt und deshalb als **Rezeptor** bezeichnet wird. Dieser Rezeptor ist entweder Endglied einer Nervenfaser oder als selbständige Zelle mit einer Nervenfaser funktionell sehr eng verknüpft (Abb. 5-1). Die Nervenfaser besitzt in der Regel Markscheiden und läuft im Verband eines peripheren Nerven auf das zentrale Nervensystem zu. Der Zelleib der Nervenfaser befindet sich in einem sensiblen Ganglion, z.B. dem Spinalganglion, das außerhalb des Zentralnervensystems liegt. Nach dem Eintritt in das Zentralnervensystem bildet die Faser synaptische Kontakte aus. Dort wird die Information vom ersten (peripheren) Neuron an ein zweites Neuron weitergegeben. Nach weiteren synaptischen Übertragungen, die an verschiedenen Stellen des Zentralnervensystems stattfinden, gelangt die Information schließlich in die Großhirnrinde.

5.1.2 Verschlüsselung des Reizes am Rezeptor

Verändern sich die Einflüsse der Umwelt in ihrer Stärke (z.B. Änderung der Lichtverhältnisse: heller – dunkler), bedeutet dies auch eine Veränderung der Information für den Organismus (Abb. 5-1): Erhöht sich die Reizintensität sprunghaft und verbleibt auf diesem erhöhten Wert, nimmt das Membranpotential des Rezeptors ab. Diese **Depolarisation** des Rezeptors wird als **Rezeptorpotential** oder **Generatorpotential** bezeichnet. Dabei ist die Depolarisation (Verminderung des Membranpotentials) dem Reiz häufig sehr ähnlich. Bei einer Verstärkung des Reizes steigt die Höhe (Amplitude) des Rezeptorpotentials an. Die Änderung des Umwelteinflusses (des Reizes) ist also im Rezeptorpotential verschlüsselt (Kodierung).

5.1.3 Umsetzung und Weiterleitung der verschlüsselten Information an der Rezeptor-Faser-Einheit

Rezeptoren sind häufig nicht dazu in der Lage, Aktionspotentiale zu bilden (Abb. 5-1). Die Rezeptordepolarisation, die durch die Änderung der Reizintensität ausgelöst wird, breitet sich jedoch bis zur Membran des nächsten Ranvier-Schnürrings der angeschlossenen Faser aus. Dort werden – bei Überschreiten der Membranschwelle – **Aktionspotentiale** ausgelöst. Aktionspotentiale laufen nach dem Prinzip der saltatorischen (springenden) Erregungsleitung über die Faser bis zur Synapse, die sich am Neuron im Zentralnervensystem befindet.

Folgende Zusammenhänge ergeben sich zwischen dem Auftreffen des Reizes auf den Rezeptor und der Auslösung der Aktionspotentiale in der Nervenfaser:

1. Bei einer schrittweisen Erhöhung der Reizintensität nimmt das Generatorpotential des Rezeptors und damit die Depolarisation der ersten Schnürringe der Nervenfaser zu.

5 Sensorisches System

Abb. 5-1 Allgemeine Grundlagen der Reizverschlüsselung im sensorischen System. Neben der Messung der Reizintensität (1) wird an verschiedenen neuronalen Teilstrukturen das Membranpotential (MP) mit Mikroelektroden gleichzeitig registriert (2 bis 7). Der Anstieg der Reizintensität wird als Frequenzänderung der Aktionspotentiale (AP pro Sekunde) in der Rezeptorfaser (Pfeil a) und im Axon des nachgeschalteten Neurons verschlüsselt (Pfeil b).

2. Die erhöhte Depolarisation hat zur Folge, daß mehr Aktionspotentiale pro Sekunde ausgelöst werden. Das heißt: die Frequenz der Aktionspotentiale steigt mit Zunahme der Reizintensität weiter an.

Die Information aus der Außenwelt wird also in einem ersten Schritt in der **Höhe** (Amplitude) des Generatorpotentials und in einem zweiten Schritt in der **Frequenz** der Aktionspotentiale in der Faser verschlüsselt. In dieser „Verpackung" (Kodierung) wird die Information aus der Umwelt im Nervensystem weitertransportiert.

Die Aktionspotentiale, die über die Rezeptorfasern in das Zentralnervensystem laufen, gelangen dort an die erste synaptische Umschaltstelle, die häufig an den Dendriten des nachgeschalteten Neurons liegt. Hier lösen die Potentiale synaptische Depolarisationen (erregende postsynaptische Potentiale) aus. Ebenso wie Rezeptoren sind Dendriten in der Regel nicht dazu fähig, Aktionspotentiale zu bilden. Die synaptische Depolarisation in den Dendriten wird jedoch in den Nervenzellkörper fortgeleitet, wo Aktionspotentiale hervorgerufen und in dem angeschlossenen Axon weitergeleitet werden.

Damit liegt am nachgeschalteten Neuron dieselbe Situation vor, wie sie für den Rezeptor und die daran angeschlossene Faser beschrieben wurde:

Nimmt die Frequenz der Aktionspotentiale, die in die synaptische Region einlaufen, zu, so wächst die dendritische Depolarisation und die Frequenz der Entladungen von Soma und Axon an. Auf diese Weise wird die Verschlüsselung der Umweltinformationen in Frequenzänderungen der Aktionspotentiale auch nach der synaptischen Umschal-

5 Sensorisches System
Bauelemente und Grundfunktionen des sensorischen Systems 5.1

tung fortgesetzt. Diese Prozesse wiederholen sich an den nächsten synaptischen Umschaltstellen, bis der Reiz in Form von unterschiedlichen Frequenzen der Aktionspotentiale in der Großhirnrinde abgebildet ist.

5.1.4 „Übergangsfunktionen" an der Rezeptor-Faser-Einheit

Bei der bisherigen Beschreibung wird der Reiz aus der Umwelt durch das Generatorpotential des Rezeptors und durch die Entladungsfrequenz der angeschlossenen Faser zu jeder Zeit in gleichem Verhältnis (proportional) abgebildet. Eine Struktur mit dieser Verschlüsselungsfunktion nennt man „proportionalen Übergang" (**P-Übergang**, Abb. 5-2).

Neben dem proportionalen Übergang kommen im sensorischen System noch weitere Übergänge vor, unter denen der folgende besonders häufig vertreten ist: Wird die Reizintensität sprungförmig erhöht, so steigt in diesem Fall die Entladungsfrequenz der Faser zunächst steil und überschießend auf hohe Werte an. Im Anschluß daran fällt sie auf den Wert zurück, der sich bei einem P-Übergang ergibt (Adaptation). Auf diesem Niveau verharrt die Entladungsfrequenz, solange die Reizintensität konstant bleibt.

Wird die Reizintensität wieder sprungförmig vermindert, so kehrt die Entladungs-

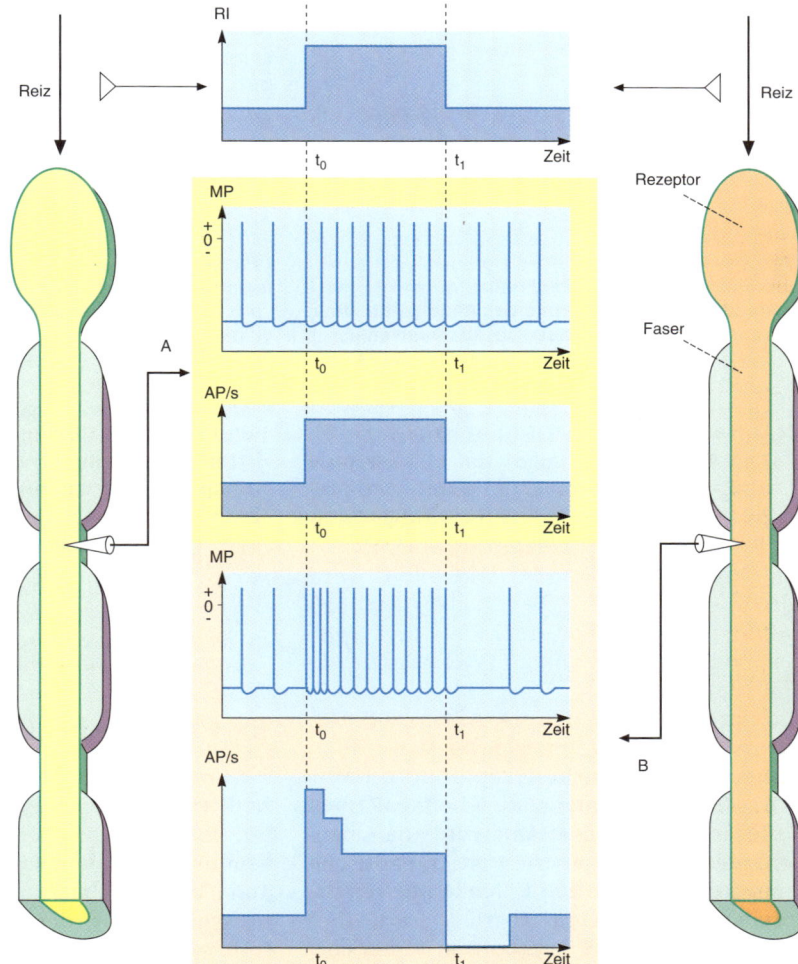

Abb. 5-2 Übergangsfunktionen an zwei Rezeptor-Faser-Einheiten. Neben der Messung der Reizintensität (RI) werden jeweils das Membranpotential einer Rezeptor-Faser-Einheit (MP) und die Frequenz der Aktionspotentiale (AP pro Sekunde) registriert.
A: Proportionaler Übergang bzw. P-Übergang.
B: Proportionaldifferentialquotientenempfindlicher Übergang bzw. PD-Übergang.

frequenz nicht wie beim P-Übergang auf den Ausgangswert zurück, sondern nimmt vorübergehend tiefere Werte an, d.h., in der Regel werden die Aktionspotentiale der Faser sogar vollkommen unterdrückt.

Durch diesen Verlauf der Entladungsfrequenz wird somit nicht nur eine proportionale Verschlüsselung der tatsächlichen Höhe der Reizintensität erreicht, sondern auch die Änderung der Reizintensität markiert. Eine solche Struktur reagiert also nicht nur proportional (P), sondern auch „differentialquotientenempfindlich" (D).

Man bezeichnet sie als einen **PD-Übergang** (Abb. 5-2). Die Bedeutung der PD-Übergänge liegt offenbar darin, daß der Organismus auf Änderungen des Informationsflusses aus der Außenwelt besonders „aufmerksam gemacht" wird und darauf „vorausschauend" reagieren kann.

5.2 System der somato-viszeralen Sensibilität: Empfindung von Druck, Berührung, Temperatur und Schmerz

> **Z** Die Rezeptoren der somato-viszeralen Sensibilität (Körper-Eingeweide-Sensibilität) befinden sich in der Haut (Oberflächensensibilität), in den Muskeln und Gelenken (Tiefensensibilität) sowie in den Eingeweiden. Sie werden durch Druck und Berührung (Mechanorezeptoren), durch Temperaturänderungen (Thermorezeptoren) und durch Gewebsschädigungen erregt (Schmerzrezeptoren). Die Rezeptorerregungen werden zur hinteren Zentralwindung der Hirnrinde geleitet. Dabei findet eine Verteilung nach Körperregionen statt (Somatotopie). **Z**

▲ Lage der Rezeptoren

Die Rezeptoren werden ihrer Lage entsprechend zwei Bereichen zugeordnet:
- **somatischer Bereich:** Rezeptoren in Haut, Muskulatur, Sehnen und Gelenken. Über die Rezeptoren der Haut wird die Oberflächensensibilität vermittelt, über die der Muskeln, Sehnen und Gelenke die Tiefensensibilität.
- **viszeraler Bereich:** Rezeptoren in den Eingeweiden.

▲ Rezeptortypen

Für die Reizaufnahme sind drei verschiedene Gruppen von Rezeptortypen verantwortlich:
- **Mechanorezeptoren** reagieren auf mechanische Reize wie Druck, Berührung, Veränderung der Gelenkstellung. Sie vermitteln die Mechanorezeption, die, auf die Oberflächensensibilität bezogen, dem Tastsinn entspricht.
- **Thermorezeptoren** registrieren die lokale Gewebstemperatur und führen damit zur Thermorezeption (Temperatursinn).
- **Nozirezeptoren** oder Nozizeptoren werden durch gewebsschädigende Reize (Noxen) erregt. Sie bilden die Grundlage der Nozizeption (Schmerzsinn).

Im folgenden werden zunächst die Strukturen besprochen, von denen die Oberflächensensibilität ausgeht. Die Bereiche, von denen die Tiefensensibilität ausgelöst wird, sind im Kap. 6 „Motorisches System" behandelt. Die Rezeptoren für die viszerale Sensibilität werden in den entsprechenden Kapiteln der inneren Organe erläutert.

> **Ü** Machen Sie hierzu folgende Übung: Schließen Sie die Augen und führen Sie den rechten Ringfinger zur Rückseite des linken Ohrläppchens. Normalerweise müßte Ihnen dies gut gelingen. Sie können sich, wenn Sie dies langsam tun, ganz auf die Bewegung konzentrieren und spüren durch die somatischen Rezeptoren den Bewegungsablauf Ihres Armes. Damit wird deutlich, daß für die erfolgreiche Durchführung einer Bewegung immer auch die Rückmeldung der Sinne notwendig ist.
>
> Bei Schlaganfallpatienten z.B. wird durch die Lähmung einer Körperhälfte genau diese Fähigkeit stark eingeschränkt. **Ü**

5.2.1 Haut und Hautanhangsgebilde

Als Grenzschicht zwischen Körper und Umwelt hat die Haut zahlreiche Aufgaben. Sie ist sowohl der Ort, von dem die Oberflächensensibilität ausgeht, als auch Schutz- und Austauschfläche. Aufgaben der Haut sind:
- **Sinnesfunktion:** Wahrnehmung mechanischer und thermischer Reize sowie von

5 Sensorisches System

System der somato-viszeralen Sensibilität: Empfindung von Druck, Berührung, Temperatur und Schmerz 5.2

Schmerzreizen über zahlreiche Rezeptoren.
- **Schutzfunktion:** passiver Schutz des Körpers vor schädlichen Einflüssen der Umwelt wie Druck, Stoß, Reibung, Wärme, Kälte oder Strahlen; gleichzeitig Schutz vor Wasserverlust (bei großflächigen Verbrennungen bedrohlicher Salz- und Wasserverlust); aktiver Schutz durch Beteiligung an Abwehrvorgängen des Immunsystems und durch Drüsensekrete.
- **Funktion im Wärmehaushalt:** Wärmeausgleich durch unterschiedliche Durchblutung (Verengung/Erweiterung) der Hautgefäße, damit auch Beteiligung an der Regulation der Körpertemperatur sowie an der Kreislaufregulation (Blutspeicher).
- **Ausscheidungsfunktion:** Abgabe verschiedener Drüsensekrete (Talg, Schweiß), dabei Absonderung von Wasser, Salz und „Schlackenstoffen"; somit Beteiligung am Wasser- und Salzhaushalt.
- **Austausch- und Atemfunktion** (Resorption): Gaswechsel (O_2, CO_2) durch die Haut in geringem, zu vernachlässigendem Ausmaß möglich; Aufnahme zahlreicher Stoffe durch die Haut, z.B. Medikamente in Form von Salben und Pflastern.
- **Ausdrucks- bzw. Kommunikationsfunktion:** Körperrelief durch Bau von Haut und Unterhaut geprägt; unter Einfluß des vegetativen Nervensystems zahlreiche Reaktionen, z.B. Erröten, Blaßwerden, Schwitzen.

▲ Schichten der Haut

Die Haut (Cutis) besteht aus zwei Schichten (Abb. 5-3):
- der Oberhaut (Epidermis)
- der Lederhaut (Corium, Dermis)

Die Unterhaut (Subcutis) verbindet die Haut mit der Körperfaszie, die die Muskulatur überzieht.

Schleimhäute bedecken die inneren Oberflächen des Körpers. Haut und Schleimhaut gehen an den Körperöffnungen – Lippen, Nasenlöcher, Mündung der Harnröhre, Scheideneingang und After – ineinander über. Der Aufbau der Schleimhäute wechselt in Abhängigkeit von Funktion und Lokalisation (s. Kap. 3 „Zellen und Gewebe" sowie Kapitel zu inneren Organen).

Die **Oberhaut** oder Epidermis ist ein mehrschichtiges, verhornendes Plattenepithel (Abb. 5-3). Oberflächlich liegt eine Hornschicht (Stratum corneum), die an mechanisch stark beanspruchten Stellen wie der Hohlhand und der Fußsohle sehr dick ist. Unter der Hornschicht findet man eine Keimschicht, in der durch ständige Mitosen neue Zellen entstehen (Regeneration). Diese wandern zur Oberfläche, verhornen schrittweise und werden schließlich als Hornschuppen abgestoßen. In den tiefen Zellagen der Epidermis liegen die pigmentbildenden Zellen (Melanozyten), die mit ihrem Pigment, dem braunschwarzen Melanin, die Hautfarbe bestimmen. Die Melaninbildung wird von verschiedenen Hormondrüsen, insbesondere der Hirnanhangdrüse (s. Kap. 13), beeinflußt. Das in dieser Drüse gebildete melanozytenstimulierende Hormon (MSH) verstärkt die Melaninproduktion der Haut (Abb. 5-3a). Rassenunterschiede in der Hautfärbung sind weniger auf Dichte und Verteilung der Melanozyten als vielmehr auf die unterschiedliche Melaninproduktion und Bildung der Pigmentkörnchen (Melanosomen) zurückzuführen. Durch Bestrahlung mit ultraviolettem Licht kann die Melaninbildung angeregt und die Melanozytenzahl vermehrt werden.

> **G** Intensivere Einwirkung von ultraviolettem Licht führt darüber hinaus zu entzündlichen Reaktionen der Haut, dem Sonnenbrand. Schließlich können auch Chromosomenschäden in den Basalzellen der Epidermis hervorgerufen werden. Mit dem Ausmaß solcher Strahlenschäden steigt das Risiko, an einem Hautkrebs (Spindelzellkarzinom, Basaliom) zu erkranken. Vor allem Kinder müssen vor ultravioletten Strahlen geschützt werden (Gefahr der Melanombildung). **G**

Mit den Langerhans-Zellen (Abb. 5-3a) enthält die Epidermis auch Zellen des Abwehrsystems. Als Monozyten (s. Kap. 11) haben sie große Bedeutung für die Immunreaktionen der Haut, insbesondere bei der Entwicklung von Kontaktekzemen.

5 Sensorisches System

5 Sensorisches System

System der somato-viszeralen Sensibilität: Empfindung von Druck, Berührung, Temperatur und Schmerz 5.2

Abb. 5-3A Schichten, Strukturelemente und Anhangsorgane der Haut. Rezeptoren der Haut:
M = Meißner-Tastkörperchen
K = Krause-Endkörperchen
N = freie Nervenendigungen
G = manschettenartiges Nervengeflecht um Haarwurzel
V = Vater-Pacini-Körperchen

Die Nervenfasern, die von den verschiedenen Rezeptoren ausgehen, wurden zur besseren Übersicht in einem Nerven zusammengefaßt.

Abb. 5-3B Schematische Darstellung der Schichten des mehrschichtigen verhornenden Plattenepithels der Haut mit anderen für die Epidermis typischen Zellen (vergrößerter Ausschnitt aus Abb. 5-3A). Die vom Bindegewebe der Lederhaut (Corium) durch eine Basalmembran abgegrenzte Keimschicht des Epithels besteht aus Basalschicht (1), Stachelzellschicht (2), Körnerschicht (3) und wird von der Hornschicht (4) überlagert. Der Verhornungsprozeß der Epithelzellen (Keratinozyten) zeigt sich in der zur Hornschicht hin zunehmenden Zahl von Keratohyalinkörnchen (grün). Weitere wichtige Zelltypen: Die Melanozyten (M) bilden braune Pigmentkörnchen (Melanosomen), die in die umliegenden Epithelzellen aufgenommen werden. Langerhans-Zellen (L) sind phagozytierende Zellen der Immunabwehr. Merkel-Zellen (Me) sind Rezeptoren, die auf Druck reagieren. Freie Nervenendigungen (N) in den unteren Epithelschichten haben Rezeptorfunktion für Schmerz- und Temperaturreize. (Aus Sobotta: „Histologie", 5. Aufl., Abb. 456)

Die Hautoberfläche hat ein regional unterschiedliches Aussehen. Zu unterscheiden sind:
- Felderhaut mit Unterteilung der Haut durch schmale Furchen in unregelmäßige (rhombische) Felder. In den Furchen stehen die Haare.
- Leistenhaut mit einem genetisch festgelegten Verlauf von Hautleisten im Bereich von Hohlhand und Fußsohle. Sie ist haarlos, besitzt keine Talgdrüsen, jedoch zahlreiche Schweißdrüsen.

Die Lederhaut oder das Corium hat ihren Namen daher, daß man ihr durch Gerben eine lederartige Beschaffenheit geben kann. Sie besteht im wesentlichen aus einem Geflecht zugfester kollagener Fasern, enthält aber auch elastische Fasern. Dadurch besitzt sie Festigkeit und ein gewisses Maß an elastischer Dehnbarkeit. Die oberste Schicht trägt Papillen, die von unten her in die Oberhaut hineingreifen. Auf diese Weise sind Oberhaut und Lederhaut eng miteinander verzahnt. Im Corium liegen die meisten Hautsinnesorgane, z.B. die Meißner-Tastkörperchen oder freie Nervenendigungen zur Schmerzempfindung (Abb. 5-3).

Die **Unterhaut** oder Subcutis besteht aus lockerem, fettgewebsreichem Bindegewebe. Das Unterhautfettgewebe ist individuell und regional sehr unterschiedlich ausgeprägt. Es dient als Fettspeicher. Zu den tiefer gelegenen Organen, vor allem Muskeln mit Faszie und Knochen mit Knochenhaut, stellt das Unterhautfettgewebe eine verschiebliche Verbindung her.

> **P** Den „elastischen" Zustand der Haut bezeichnet man auch als Hautturgor. Die Prüfung des Hautturgors läßt u.a. Rückschlüsse auf den Flüssigkeitsgehalt des Körpers zu. Heben Sie eine Hautfalte von Ihrem Unterarm ab und beobachten Sie, wie schnell sich diese nach dem Loslassen wieder zurückbildet. Bei exsikkierten („ausgetrockneten") Patienten bleibt die Hautfalte für längere Zeit „stehen". **P**

Haare, Nägel und Hautdrüsen zählen zu den **Hautanhangsorganen**. Sie werden von Epidermis und Bindegewebe gebildet.

▲ Haare und Nägel

Die **Haare** sind biegsame und zugfeste Hornfäden, die in einer Epidermistasche sitzen und sich mit ihr in die Unterhaut einsenken (Abb. 5-3). Der Haarschaft ist unten zur Haarzwiebel angeschwollen und sitzt auf einer ernährenden Haarpapille aus Bindegewebe. Dort befindet sich auch die Wachstumszone des Haares. Außerdem wird hier Pigment gebildet (Melanozyten) und in das Haar eingelagert. Bei fehlendem Pigmentgehalt werden die Haare grau. Die Wachstumsrate beträgt etwa 0,4 mm pro Tag. Die Haarwurzeln sind in der Regel von Haarbalgdrüsen oder Talgdrüsen begleitet, die ein öliges Sekret bilden, dadurch die Haut geschmeidig machen und sie gegen Bakterien schützen. Kleine glatte Muskeln (M. arrector pili) vermögen den Haarschaft aufzurichten (Gänsehaut, Abb. 5-3).

101

5 Sensorisches System

> **Ü** Nehmen Sie sich einen kleinen Eiswürfel und reiben Sie sich damit die Außenseite des Unterarms ein. Sie können dann beobachten, wie sich die kleinen Muskeln zusammenziehen und sich eine Gänsehaut bildet. **Ü**

Ebenso wie die Haare entstehen auch die **Fingernägel** und **Zehennägel** durch die besondere Art der Hornbildung aus Epidermis. Sie schützen Finger- und Zehenendglieder und sind als Widerlager wichtig für die Tastempfindung im Bereich der Finger- und Zehenendglieder.

▲ Drüsen der Haut

Die **Schweißdrüsen** bestehen aus einem Drüsenknäuel und liegen im Übergangsbereich zwischen Lederhaut und Unterhaut (Abb. 5-3). Ihr langer Ausführungsgang führt bis zur Hautoberfläche. Sie sondern ein saures Sekret ab (Schweiß), das das Bakterienwachstum auf der Haut hemmt (Säureschutzmantel). Hauptsächliche anorganische Bestandteile des Schweißes sind Salze. Aber auch „Schlackenstoffe" wie Ammoniak, Harnstoff und Harnsäure sowie Medikamente, z.B. Salicylsäure, können in geringen Mengen ausgeschieden werden. Schließlich spielen die Schweißdrüsen bei der Temperaturregelung eine wesentliche Rolle.

Duftdrüsen kommen als größere Drüsenpakete z.B. in der Haut der Achselhöhle oder im Schambereich vor. Auch die Milchdrüsen sind Hautdrüsen und werden zu den Duftdrüsen gerechnet, deren Sekret alkalisch ist. Aus diesem Grund fehlt in diesem Bereich auch der Säureschutz, und es treten häufiger Infektionen auf (Schweißdrüsenabszeß).

Talgdrüsen liegen den Haarwurzeln an und münden in die Haartrichter (Abb. 5-3). Sie bilden ein öliges Sekret.

> **K** Bei Störung des Talgabflusses entstehen „Mitesser" (Komedonen). Durch Entzündung gestauter Talgdrüsen kann es zu Pickeln und Akne kommen. **K**

5.2.2 Hautgefäße und Hautdurchblutung

Die Oberhaut enthält keine Gefäße. Die Lederhaut besitzt, zumal in der subpapillären Schicht, zahllose feine Kapillaren. Ihre Verletzung bei Abschürfungen führt zu feinen Sickerblutungen. Die Gefäße der Haut dienen wegen des geringen Stoffwechsels nur zum kleinsten Teil der Hauternährung. Wichtiger ist ihre Rolle für die Regelung des **Wärmehaushaltes**: Bei hoher Außentemperatur erweitern sich viele sonst geschlossene Kapillargefäße. Durch die vermehrte Durchblutung rötet und erwärmt sich die Haut. Sie gibt Wärme an die kühlere Umgebung ab. Bei niedriger Außentemperatur ist die Haut blaß, die Gefäße sind verengt, daher ist der Wärmeverlust gering. Die Farbe der Haut hängt also sehr von ihrer Durchblutung ab.

> **P** Die wichtigsten physikalischen Heilverfahren, z.B. warme, kalte und kohlensaure Bäder, Packungen, Wickel bzw. Auflagen, Lichtbäder, Massage oder Hautbürsten, erzeugen eine verbesserte Hautdurchblutung. **P**

Zusätzlich beeinflussen sie über afferente Nervenfasern, die im Rückenmark Verbindung zum vegetativen Nervensystem haben, auch die Tätigkeit innerer Gewebe (s. Kap. 12 „Vegetatives Nervensystem").

> **Ü** Wird die Durchblutung der Haut durch Druck von außen zu lange behindert, so entsteht ein Druckgeschwür (Dekubitus). Besonders an den Körperstellen, wo zwischen Knochen und Haut wenig „Polstergewebe" liegt, besteht die Gefahr der Bildung eines Druckgeschwürs. Nennen Sie die Körperstellen, die diese Bedingungen erfüllen. **Ü**

5.2.3 Rezeptoren zur Empfindung von mechanischen Reizen (Mechanorezeptoren)

Durch die Mechanorezeptoren der Haut wird ein großer Teil der Oberflächensensibilität vermittelt. Durch sie werden **Druck**-, **Berührungs**-, **Vibrations**- und **Kitzelempfindungen** ausgelöst. Die entsprechenden Re-

zeptoren befinden sich in den verschiedenen Schichten der Haut und sind über den gesamten Körper verteilt (Abb. 5-3). Sie sind sehr verschieden aufgebaut. Unterschieden werden:
- Merkel-Tastscheiben (Grenze Oberhaut–Lederhaut)
- Meißner-Tastkörperchen (Papillen der Lederhaut)
- Vater-Pacini-Körperchen (Unterhaut, Sehnen, Faszien)
- Nervengeflechte um Haarwurzeln
- freie Nervenendigungen (in Epithel, Bindegewebe, Haarwurzeln und Blutgefäßen).

Das räumliche Auflösungsvermögen der Mechanorezeption der Haut ist in den verschiedenen Körperregionen sehr unterschiedlich ausgeprägt. So können z.B. an der Zungenspitze und an der Kuppe der Zeigefinger zwei mechanische Reize auch dann noch als getrennt wahrgenommen werden, wenn sie in einem Abstand von nur 1 bis 2 mm gleichzeitig angeboten werden. Für ein solches **räumliches Unterscheidungsvermögen** ist am Unterarm dagegen bereits ein Abstand zwischen den Reizpunkten von 40 mm und am Rücken sogar von fast 70 mm notwendig. Werden die beiden Reize nicht gleichzeitig, sondern nacheinander gegeben, so verkürzen sich die für die räumliche Unterscheidung notwendigen Abstände zwischen den Reizpunkten zum Teil erheblich. Deshalb spricht man von einer „simultanen" und „sukzessiven" Raumschwelle. Diesen Zusammenhang macht man sich im täglichen Leben dadurch zunutze, daß man Gegenstände zum besseren Erkennen nicht nur berührt, sondern betastet.

> **Ü** Machen Sie zu zweit in diesem Zusammenhang folgenden Versuch: Nehmen Sie sich einen Zirkel, und stellen Sie die Enden zunächst auf eine Distanz von ca. 7 cm ein. Lassen Sie sich dann von einer anderen Person an verschiedenen Stellen des Körpers beide Enden gleichzeitig auf die Haut drücken. Reduzieren Sie dann nach und nach diesen Abstand, und testen Sie fortwährend an den gleichen Körperstellen. Sie können dann den im Text dargestellten Sachverhalt konkret nachvollziehen. **Ü**

Die **Mechanorezeptoren** der **Haut** sind überwiegend zu den PD-Rezeptoren (Kap. 5.1.4) zu rechnen (Abb. 5-2). Diese PD-Eigenschaften der Mechanorezeptoren der Haut erklären auch die tägliche Erfahrung, nach der beim Überziehen eines Kleidungsstückes die stetig wechselnde Berührung des Stoffes mit der Haut deutlich empfunden wird. Das anschließende Tragen des Kleidungsstückes löst dagegen kaum noch eine Empfindung aus.

Die **Mechanorezeptoren**, die sich in den **Muskeln**, **Sehnen** und **Gelenken** befinden, vermitteln die Tiefensensibilität. Sie liegen als Muskelspindeln, Sehnenorgane und Gelenkrezeptoren vor (s. Kap. 6 „Motorisches System"; Abb. 6-57, 6-58). Mit diesen Rezeptoren können die Stellung der Glieder zueinander, die Bewegung in den Gelenken und die Kraftentwicklung in der Muskulatur empfunden werden. Die Tiefensensibilität ist also für den Stellungssinn, den Bewegungssinn und den Kraftsinn verantwortlich.

Der Stellungs- und Bewegungssinn wird durch gemeinsame Aktivierung von Gelenkrezeptoren und Muskelspindeln vermittelt. Für den Kraftsinn liefern die Informationen aus den Sehnenorganen und Muskelspindeln die Grundlage. Diese Zusammenstellung zeigt, daß sich die für einen Sinn der Tiefensensibilität notwendige Information erst aus der gleichzeitigen Aktivierung verschiedener Rezeptortypen ergibt.

Die **Mechanorezeptoren** im **viszeralen Bereich** haben dieselben Grundeigenschaften wie diejenigen im somatischen Bereich. Ihre funktionelle Bedeutung soll anhand einiger Beispiele kurz erläutert werden:
- Die Mechanorezeptoren in der Lunge sind als Dehnungsrezeptoren an der Regelung der Atemmechanik beteiligt (s. Kap. 8 „Atmung").
- Die Mechanorezeptoren in der Wand der Harnblase sind in die Mechanismen zur Füllung und Leerung der Blase einbezogen (s. Kap. 10 „Nierensystem und Wasserhaushalt").
- Die Mechanorezeptoren an der Gabelungsstelle der Halsschlagader und am Aortenbogen haben als Druckaufnehmer (Pressorezeptoren, Barorezeptoren) eine große funktionelle Bedeutung bei der Einstel-

lung des arteriellen Blutdrucks (s. Kap. 9 „Kreislauf").

5.2.4 Rezeptoren zur Empfindung von Temperatur (Thermorezeptoren)

Die Thermorezeptoren befinden sich in der Haut und im Körperinneren. Wahrscheinlich stellen sie freie Nervenendigungen dar. Im Vergleich zur Mechanorezeption ist die Dichte der temperaturempfindlichen Punkte der Haut sehr viel geringer.

In ihrer Antwort auf eine Temperaturänderung zeigen die Thermorezeptoren ein deutliches PD-Verhalten (Abb. 5-2). Prüft man die Entladungsfrequenz thermoempfindlicher Rezeptor-Faser-Einheiten bei verschiedenen Gewebstemperaturen, lassen sich zwei Reaktionstypen unterscheiden (Abb. 5-4): Beim ersten Typ ist die höchste Entladungsfrequenz bei einer Temperatur von etwa 30 °C, beim zweiten dagegen bei einer Temperatur von etwa 43 °C zu finden. Abweichungen der Temperatur von diesen Werten führen zu einer Senkung der Entladungsfrequenz. Der erste Typ wird als **Kaltrezeptor**, der zweite als **Warmrezeptor** bezeichnet. Neben der Temperaturerfassung besteht eine wesentliche Aufgabe der Thermorezeptoren darin, zur Temperaturregelung des Körpers beizutragen (s. Kap. 14 „Temperaturregelung").

5.2.5 Rezeptoren zur Empfindung von Schmerz (Nozizeptoren)

Bei den Schmerzrezeptoren handelt es sich um freie Endigungen dünner Nervenfasern. Wie bei der Empfindung von mechanischen Einwirkungen und von Temperatur liegen für die Schmerzempfindung spezifische Rezeptoren vor (Nozizeptoren). Demnach entsteht eine Schmerzempfindung nicht durch die Erregung von Rezeptoren einer anderen Sinnesmodalität mit Reizen von besonders hoher Intensität.

Zur Veranschaulichung ein Beispiel: An der Haut der Ellenbogen lassen sich zwar Berührungsempfindungen, nicht aber Schmerzempfindungen auslösen. Für spezifische Schmerzrezeptoren spricht auch, daß auf der Haut wesentlich mehr Schmerzpunkte als Kalt-, Warm- und Druckpunkte vorhanden sind.

Als Reize zur **Schmerzauslösung** kommen grundsätzlich alle Einflüsse in Betracht, die zu einer Gewebsschädigung führen. Dazu gehören zunächst mechanische Reize. Sie können z.B. in Verletzungen der Körperoberfläche (Schnittwunden u.a.) oder in Dehnungen von Hohlorganen im Körperinneren (Darmblähungen u.a.) bestehen. Weiterhin ist es möglich, durch Anwendung von Temperaturreizen eine Schmerzempfindung auszulösen: Bei einer zunehmenden Erwärmung des Gewebes setzt die Schmerzempfindung dann ein, wenn die unmittelbare Umgebung der Schmerzrezeptoren 45 °C erreicht hat (Schädigung von Körpereiweiß). Schließlich sind Schmerzrezeptoren durch zahlreiche Stoffe erregbar, die entweder von außen zugeführt werden (z.B. Säuren) oder im Körperinneren (z.B. Histamin) entstehen. Ein einheitlicher Schmerzstoff, der unabhängig vom Typ des Schmerzreizes die Schmerzempfindung vermittelt, konnte bisher nicht gefunden werden.

Abb. 5-4 Entladungsraten (Zahl der Aktionspotentiale pro Sekunde) von Kalt- und Warmrezeptoren in Abhängigkeit von der Temperatur in Rezeptornähe.

5 Sensorisches System

System der somato-viszeralen Sensibilität: Empfindung von Druck, Berührung, Temperatur und Schmerz 5.2

Die Nozizeptoren zeigen in ihrer Reaktion auf einen Schmerzreiz ein deutliches **P-Verhalten** (Abb. 5-2). Eine „Gewöhnung" der Nozizeptoren an den Schmerzreiz fehlt also. Das stimmt mit der Erfahrung überein, daß Schmerzempfindungen, z.B. im Bereich der Zähne, sehr lange andauern können.

Wie bei der Mechanorezeption läßt sich bei der Nozizeption ein somatischer von einem viszeralen Bereich abgrenzen. Auch hier kann der somatische Bereich in einen oberflächlichen und in einen tiefer gelegenen Unterbereich gegliedert werden. Der oberflächliche somatische Bereich umfaßt die Haut. Durch sie wird der sog. **Oberflächenschmerz** vermittelt. Er verläuft in zwei Phasen: So entsteht z.B. nach einem Nadelstich zunächst ein heller, stechender Schmerz, der örtlich begrenzt und gut lokalisierbar ist. Nach einem kurzen Intervall folgt ein zweiter Schmerz von dumpfem, brennendem Charakter. Er ist ausstrahlend, nur schwer lokalisierbar und von längerer Dauer.

Der tiefere somatische Bereich schließt Muskeln, Gelenke und Knochen (vor allem Knochenhaut) ein. Hier entsteht der sog. **Tiefenschmerz**. Er ist primär dumpf, ausstrahlend und schwer lokalisierbar.

Im viszeralen Bereich, der die Eingeweide des Körpers umfaßt, ist die Schmerzempfindung ebenfalls dumpf und diffus.

5.2.6 Erregungsleitung zum Gehirn

Die von den Mechano-, Thermo- und Nozizeptoren aufgenommenen Informationen werden in Aktionspotentiale verschlüsselt (Abb. 5-1) und in Nervenfasern weitergeleitet. Diese Fasern befinden sich in peripheren Nerven, in Rückenmarksnerven und Hirnnerven. Ihre Nervenzellkörper sind in sensorischen Ganglien zusammengefaßt (s. Abb. 4-26).

Der afferente Erregungsstrom zum Rückenmark verläuft nach Hautbezirken geordnet. Die Erregungen aus einem Hautstreifen (Hautsegment oder Dermatom) gelangen jeweils in einen bestimmten Abschnitt des Rückenmarks (Rückenmarkssegment). Die **Dermatome** zeigen eine gesetzmäßige Anordnung (Abb. 5-5). Bei der Untersuchung der Sinnesempfindungen (Sinnesmoda-

Abb. 5-5 Gliederung der Körperoberfläche in Dermatome (Hautstreifen, die jeweils von einem bestimmten Rückenmarkssegment versorgt werden). Die exakte Zuordnung ist aus der Buchstaben-Zahlenkombination ersichtlich:
C1–C8 = zervikale Rückenmarkssegmente
(C1 besitzt kein Dermatom)
T1–T12 = thorakale Rückenmarkssegmente
L1–L5 = lumbale Rückenmarkssegmente
S1–S5 = sakrale Rückenmarkssegmente

5 Sensorisches System

litäten) der Haut ist die Zuordnung von Dermatomen zu Rückenmarkssegmenten von besonderer klinischer Bedeutung (etwa bei Empfindungsstörungen in bestimmten Hautarealen, z.B. bei Druck auf einzelne Rückenmarksnerven bei Bandscheibenvorfall).

Nach dem Eintritt in das Rückenmark nehmen die Erregungen zunächst zwei verschiedene Wege (Abb. 5-6, 5-7):

– Erregungen, die an den Mechanorezeptoren starten, steigen im Rückenmark direkt bis zum verlängerten Mark (Medulla oblongata; Abb. 5-6) auf. Die Fasern aus der unteren Körperhälfte enden dort an Nervenzellen des Nucleus gracilis und diejenigen aus der oberen Körperhälfte an Nervenzellen des Nucleus cuneatus. In diesen Kernen werden die Erregungen mit

Abb. 5-6 Leitungsbahnen für Impulse der Mechanorezeptoren (Tast-, Berührungs- und Vibrationsempfindungen) von der Haut bis zur Großhirnrinde. Die Projektionsgebiete der aufsteigenden Erregungen sind somatotop angeordnet (Homunculus, menschenähnliche Gestalt). Schnittführung siehe Seitenansicht des Gehirns, oben rechts.

5 SENSORISCHES SYSTEM

System der somato-viszeralen Sensibilität: Empfindung von Druck, Berührung, Temperatur und Schmerz 5.2

Hilfe von Synapsen umgeschaltet und über Faserbündel (Lemniscus medialis) einem großen Kerngebiet des Gehirns, dem Thalamus, zugeleitet.
– Erregungen, die von den Thermo- und Schmerzrezeptoren ausgehen, werden nach dem Eintritt in das Rückenmark auf Strangzellen übertragen (Abb. 5-7). Die Fasern dieser Neurone steigen ebenfalls bis zum Thalamus auf.

Erregungen, die in den Hirnnerven weitergeleitet werden (s. Abb. 4-11, 4-12, 5-6, 5-7), enden in Kerngebieten der Medulla oblongata. Von dort werden sie über Fasersysteme ebenfalls zum Thalamus geleitet.

Bei der **Erregungsleitung** zum Thalamus findet eine **Kreuzung** der Fasern auf die jeweils gegenüberliegende Körperseite statt. Erkrankungen einer Großhirnhemisphäre haben deshalb sensorische Ausfallserschei-

Abb. 5-7 Leitungsbahnen für Impulse der Schmerz- und Temperaturrezeptoren von der Haut bis zur Großhirnrinde. Die Projektionsgebiete der aufsteigenden Erregungen sind somatotop angeordnet (Homunculus, menschenähnliche Gestalt). Schnittführung siehe Seitenansicht des Gehirns, oben rechts.

nungen auf der anderen Körperhälfte zur Folge. Als Beispiel hierfür mag der Sensibilitätsausfall beim Schlaganfall stehen. Es gibt Patienten, die ihre Extremitäten nicht mehr „kennen", da sie völlig das Gefühl für sie verloren haben.

Die zweite Umschaltung des aufsteigenden Erregungsflusses findet im Thalamus statt. Hier können einzelne Teilkerne abgegrenzt werden, denen im sensorischen, motorischen und vegetativen Nervensystem eine Bedeutung zukommt. Einige der sensorischen Teilkerne werden nun durch die aufsteigenden Erregungen im System der somato-viszeralen Sensibilität aktiviert. Die Verschlüsselung äußerer Reize besteht auch hier in der Entladungsfrequenz thalamischer Neurone.

Die Axone der thalamischen Neurone steigen zur **Großhirnrinde** (Cortex; Abb. 5-6, 5-7) auf. Die Nervenzellen der Hirnrinde, die für die somato-viszerale Sensibilität zuständig sind, befinden sich in der hinteren Zentralwindung (Gyrus postcentralis). Die benachbarte vordere Zentralwindung (Gyrus praecentralis) spielt im Rahmen des motorischen Systems eine entscheidende Rolle.

Die Nervenzellen der hinteren Zentralwindung werden durch die Fasern des Thalamus aktiviert. Bei der räumlichen Anordnung der aktivierten Neurone im Cortex stellt man fest, daß hier nicht mehr – wie bei der Erregungsleitung im Rückenmark – eine Aufteilung nach Sinnesempfindungen, sondern nach Körperregionen vorliegt. Erregungen, die an Rezeptoren in benachbarten Körperabschnitten starten, enden im Cortex auch an benachbarten Neuronen. Dadurch werden alle aufsteigenden Erregungen mosaikförmig wie zu einer Abbildung des Körpers zusammengesetzt (Somatotopie). Stellt man diese Projektion der Erregungen in die Hirnrinde bildlich dar, so ergibt sich der Umriß einer menschenähnlichen Gestalt (Homunculus; Abb. 5-6, 5-7). Das von den tatsächlichen Körperproportionen abweichende Bild ergibt sich aus der vergleichsweise größeren Zahl von Rezeptoren in Gesicht und Hand. Die Erregungen, die nun in der Hirnrinde vorliegen, werden zu Empfindungen und schließlich zu Wahrnehmungen von mechanischen Einwirkungen, von Temperaturänderungen und von Schmerz verarbeitet.

5.3 Visuelles System: Sehen

> **Z** Die Rezeptoren des visuellen Systems befinden sich in der Netzhaut des Auges. Sie werden durch Lichtstrahlen erregt. Auf der Netzhaut wird durch Hornhaut und Linse ein Bild entworfen. Dieses wird durch die Rezeptoren abgetastet, in Nervenerregungen verschlüsselt und als Nervenerregungen in den Hinterhauptslappen der Großhirnrinde geleitet. **Z**

5.3.1 Der Reiz für das visuelle System: Licht

Der Reiz für die Rezeptoren des visuellen Systems sind **Lichtstrahlen**. Es handelt sich dabei um einen kleinen Teil aller elektromagnetischen Wellen, die von der Umwelt ausgehen. Dieser als „Licht" bezeichnete Ausschnitt der Wellen reicht vom langwelligen, rot erscheinenden bis zum kurzwelligen, blau erscheinenden Bereich des Lichtspektrums. Der Ausschnitt umfaßt damit die Wellenlängen von etwa 400 bis 800 Nanometer (nm) (0,0000004 bis 0,0000008 m). Oberhalb des langwelligen Bereiches schließen sich die infraroten („Wärmestrahlen"), unterhalb des kurzwelligen die ultravioletten Strahlen („Bräunungsstrahlen" für die Haut) an. Eine kürzere Wellenlänge als ultraviolette Strahlen haben Röntgenstrahlen und Gammastrahlen, eine größere Wellenlänge als infrarote Strahlen haben Radiowellen.

Die Aufnahme der Lichtstrahlen erfolgt durch das Auge. Es erfüllt dabei eine doppelte Funktion: Zum einen entwirft es mit den Lichtstrahlen ein Bild der Umwelt, zum anderen wird dieses Bild durch lichtempfindliche Rezeptoren (Photorezeptoren) abgetastet und zum Gehirn weitergeleitet.

5.3.2 Bau des Auges

Das Auge wird von vorne durch die beiden **Augenlider** geschützt (Abb. 5-8, 5-9). Diese bestehen aus einer versteiften bindegewebi-

5 Sensorisches System

Visuelles System: Sehen 5.3

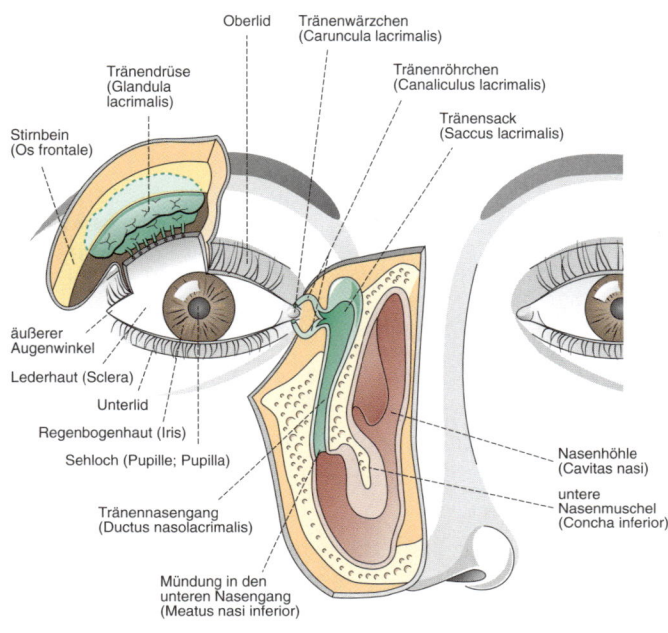

Abb. 5-8 Tränendrüse und Tränenwege.

gen Platte (Tarsus), auf die außen der Ringmuskel des Auges und die dünne Lidhaut aufgelagert sind. Ober- und Unterlid lassen bei geöffnetem Auge die Lidspalte frei und gehen am inneren und äußeren Lidwinkel ineinander über. Die Bindegewebsplatte der Lider enthält zahlreiche Talgdrüsen, die den Lidrand einfetten. Die Lider sind innen von einer dünnen Haut, der Bindehaut (Conjunctiva), überzogen. Diese schlägt oben-innen an der Lidgrenze um und zieht zum Augapfel herüber, mit dessen vorderer Fläche sie oben, unten und seitlich verwächst. So entsteht ein zur Lidspalte hin offener Bindehautsack, der von Schleimhaut ausgekleidet ist. Schutzfunktion, z.B. gegenüber Fremdkörpern, haben auch die am Lidrand entspringenden Wimpern (Zilien).

Für den Lidschluß ist der **Augenringmuskel** (M. orbicularis oculi) verantwortlich, der zu den mimischen Muskeln gehört. Der Lidheber (M. levator palpebrae superioris) öffnet die Lidspalte. Er zieht mit dem oberen geraden Augenmuskel durch die Augenhöhle und strahlt in die Lidplatte ein. Der Lidheber wird durch den N. oculomotorius innerviert. An der Lidhebung sind auch glatte Muskeln beteiligt, die vom Sympathikus innerviert werden. Bei Sympathikuslähmung sinkt deshalb das Oberlid herab, und die Lidspalte wird eng (Ptosis).

Entzündungen an Ober- und Unterlid betreffen häufig die apokrinen Schweißdrüsen der Wimpern. Eine schmerzhafte Eiterung dieser Drüsen wird als Gerstenkorn (Hordeolum) bezeichnet. Davon zu unterscheiden ist das Hagelkorn (Chalazion), eine weniger schmerzhafte Entzündung und Schwellung von Talgdrüsen der Lidplatte an der Lidinnenseite.

Im oberen Teil der Augenhöhle (Orbita) liegt eine kleine Drüse, die **Tränendrüse** (Abb. 5-8). Sie sondert die Tränenflüssigkeit ab, die durch feine Ausführungsgänge in den Bindehautsack gelangt, sich durch Lidschlag über die Hornhaut verteilt und nasenwärts zum inneren Lidwinkel abfließt. An den Tränenpunkten beginnen hier mit den beiden Tränenröhrchen die Abflußwege, die die Tränenflüssigkeit in den Tränensack und von dort durch den Tränennasengang (Ductus nasolacrimalis) in die Nase ableiten (Abb. 5-8). Das Ende des Ganges liegt unter der unteren Muschel in der Nase. Pro Tag wird durchschnittlich ein halber Liter Tränenflüssigkeit gebildet. Sie ist wichtig für die Reinigung des Bindehautsacks z.B. von kleinen Fremdkörpern sowie für die Befeuchtung der Hornhaut. Darüber hinaus trägt die Tränenflüssigkeit zur Ernährung der Hornhaut bei, die keine Blutgefäße hat. Die Sekretion der Tränenflüssigkeit wird vom Parasympathikus gefördert, vom Sympathikus überwiegend gehemmt. Beim Weinen ist der Tränenfluß von den Abflußwegen nicht zu bewältigen. Die Tränen rollen über den Lidrand.

5 Sensorisches System

> **P** Durch Austrocknung kann die Hornhaut trübe werden. Dies kann z.B. bei bewußtlosen Patienten eintreten, wenn der Lidschluß ausbleibt. Für solche Patienten gibt es spezielle Verbände und Salben, die das Austrocknen des Auges verhindern. **P**

Der **Augapfel** (Bulbus) hat in etwa Kugelform mit einem Durchmesser von ca. 24 mm. Am vorderen Augenpol wölbt sich die Hornhautschale etwas stärker vor. Ein Schnitt durch den Augapfel läßt erkennen, daß – von vorne nach hinten – eine Reihe von lichtdurchlässigen Teilen hintereinanderliegt (Abb. 5-9).

Die Wand des Augapfels umschließt Glaskörper und Augenkammern. Sie weist drei Schichten auf (Abb. 5-10):
– Die **äußere Schicht** umfaßt die durchsichtige Hornhaut (Cornea) und die weiße Lederhaut (Sclera), eine Fortsetzung der Hornhaut. Die Lederhaut besteht aus sehnenartig straffen Bindegewebsfasern, die eine dicht geflochtene Haut bilden. Da-

Abb. 5-9 Augapfel und Augenmuskeln.
A: Sagittalschnitt durch die Augenhöhle.
B: Stellung von Auge und Sehnerv beim geradeaus (links) und zur Seite gerichteten Blick (rechts).

5 Sensorisches System

Visuelles System: Sehen 5.3

Abb. 5-10 Der Augapfel (Bulbus) mit Sehnerv im Schnittbild.
A: Augapfel insgesamt mit Wandschichten und Innenstrukturen.
B: Ausschnitt mit Darstellung von Hornhaut, Iris und Linse.

durch kann die Sclera dem Augeninnendruck standhalten. Sie schützt außerdem den Augapfel vor mechanischer Beschädigung von außen. Der Innendruck des Auges liegt bei 15 bis 18 mm Quecksilbersäule. Bei chronisch erhöhtem Innendruck kommt es zum Krankheitsbild des **grünen Stars (Glaukom)**.

- Die **mittlere Schicht** umfaßt die Regenbogenhaut oder Iris, den Ziliarkörper und die gefäßführende Aderhaut (Choroidea). Die Regenbogenhaut (Iris) ist eine runde Gewebsplatte, die in der Mitte eine kreisförmige Öffnung, das Sehloch (Pupille), besitzt und mit ihrer Ebene senkrecht zur Längsachse des Auges steht.
- Die **innere Schicht** ist die Netzhaut (Retina) mit ihren lichtempfindlichen Rezeptoren und nachgeschalteten Nervenzellen, deren Fasern sich im Sehnerv fortsetzen. Ihr äußeres, der Aderhaut anliegendes Blatt, ist die schwarz erscheinende Pigmenthaut, deren Zellen mit dunklem Farbstoff (Pigment) angefüllt sind. Sie schützt das Augeninnere vor störenden Reflexerscheinungen.

Die **Augenfarbe** Grün bis Braun wird durch die unterschiedliche Konzentration von Pigmenten im Bindegewebe der Iris bedingt. Fehlt dieses Pigment, so wird die Augenfarbe durch das bläulich pigmentierte hintere Irisepithel oder durch graugetönte Bindegewebsfasern bestimmt.

5.3.3 Bildentstehung auf der Netzhaut

Die Lichtstrahlen durchdringen zunächst die Hornhaut und treten dann in die vordere Augenkammer ein (Abb. 5-10). Sie ist mit einer klaren Flüssigkeit, dem Kammerwasser, gefüllt. Das Licht passiert nun die von der Regenbogenhaut gebildete Pupille. Sie kann – entsprechend den Lichtverhältnissen – enger und weiter gestellt werden und erscheint bei Betrachtung von außen schwarz.

Nach Durchtritt durch die Pupillenöffnung fällt das Licht auf die Linse, ein durchsichtiges, bikonvexes (konvex = nach außen gewölbt), verformbares Gebilde, das dem Polster des Glaskörpers anliegt und ringsherum durch einen Aufhängeapparat (Ziliarkörper) befestigt ist. Der Glaskörper füllt den gesamten Raum des Augapfels zwischen Linse, Ziliarkörper und der Netzhaut (Retina) aus. Er ist ebenfalls durchsichtig. Durch die zähflüssige Substanz des Glaskörpers trifft das Licht schließlich auf die Netzhautauskleidung des Auges, in der die lichtempfindlichen Rezeptoren liegen.

Der Bildentwurf auf der Retina erfolgt durch die Brechungseigenschaften von Hornhaut, Kammerwasser, Linse und Glaskörper (Abb. 5-11). Diese Strukturen werden daher als **dioptrischer Apparat** zusammengefaßt. Das durch ihn erzeugte Bild auf der Retina ist verkleinert und steht auf dem Kopf. Die Funktion des dioptrischen Apparats entspricht derjenigen des Linsensystems bei einem Fotoapparat. Wie bei einer Sammellinse kann man die Gesamtbrechkraft des Auges aus der Brennweite berechnen. Sie beträgt für das normale, ferneingestellte (akkommodationslose) Auge 58 Dioptrien (Brechkrafteinheit; dpt = 1 : Brennweite in m). Krümmungsradien, Brechkraft und Abstand der einzelnen Medien sind einander dann so zugeordnet, daß parallele Strahlen auf der Netzhaut des Auges vereinigt werden.

Die **Linse** ist an dem Verlauf der Lichtstrahlen durch das Auge maßgeblich beteiligt (Abb. 5-10). Ihre Krümmung und damit ihre Brechkraft sind veränderlich. Dadurch wird eine Nah- oder Ferneinstellung (**Akkommodation**) des Auges möglich. Diese Funktion wird durch den Aufhängeapparat der Linse, bestehend aus dem Ziliarkörper und den Aufhängefasern, ausgeübt. Der Ziliarkörper ist ein kreisförmig um die Linse gelagertes Muskelband, das an seinem inneren, freien Rand feine Vorsprünge bildet. Von hier aus ziehen feinste Fasern (Zonulafasern) zur Linsenkapsel und bilden damit einen Aufhängeapparat. Die Linse wird auf diese Weise vom Zug des Ziliarkörpers in ihrer Lage fixiert und kann in ihren Krümmungsverhältnissen verändert werden. Dem dienen die ringförmig und radiär verlaufenden Muskelzüge des Ziliarkörpers (M. ciliaris). Es handelt sich um glatte Muskelfasern, die parasympathisch durch einen Teil des N. oculomotorius versorgt werden. Kontraktion des M. ciliaris führt zu einer Entspannung des Aufhängeapparats. Dadurch kann die Linse ihre stärker gewölbte Eigenform annehmen. Ihre Brechkraft nimmt zu. Das Auge vermag dann nahe liegende Dinge scharf zu sehen (Abb. 5-11).

Für das **normalsichtige** (emmetrope) Auge liegt der Fernpunkt, d.h. der Punkt, den wir bei Ferneinstellung des Auges scharf sehen können, in der Unendlichkeit (Abb. 5-12). Der Nahpunkt, d.h. der Punkt, der bei maximaler Naheinstellung noch scharf gesehen werden kann, liegt bei einem zwanzigjährigen Menschen etwa 10 cm vor dem Auge. Die Brechkraft, die das Auge zu seinen normalen 58 dpt durch Naheinstellung dazugewinnen kann, ergibt sich aus der Entfernung des Nahpunktes. Je näher der Nahpunkt am Auge liegt, desto größer ist die maximal mögliche Akkommodationskraft (Akkommodationskraft in dpt = 1 : Nahpunktabstand in m). Bekanntlich nimmt die Akkommodationsfähigkeit im Laufe des Alters infolge Elastizitätsverlustes der Linse mehr und mehr ab (Alterssichtigkeit, Presbyopie). Damit rückt der Nahpunkt vom Auge ab (das führt zu den „zu kurzen Armen beim Zei-

5 Sensorisches System

Visuelles System: Sehen 5.3

Abb. 5-11 Bildentstehung auf der Netzhaut.
A: Grundlagen der Bildentstehung auf der Netzhaut. Jeder Gegenstandspunkt entspricht einem Bildpunkt auf der Netzhaut. So entsteht ein verkleinertes und umgekehrtes Bild des Gegenstandes.
B: Einstellung des Auges beim Blick in die Ferne und auf einen nahe gelegenen Punkt (P). Räumliche Darstellung der vorderen Augenkammer mit Linse (links) und Strahlengang (rechts). In der oberen Hälfte ist der Zustand bei Fernakkommodation abgebildet. Der Ziliarmuskel ist entspannt, und die elastische Linse wird über die Zonulafasern durch Zug der elastischen Strukturen in der Aderhaut abgeflacht. Von P ausgehende Strahlen werden nicht stark genug gebrochen und treffen sich erst hinter der Netzhaut. In der unteren Hälfte ist die Nahakkommodation dargestellt. Der Ziliarmuskel kontrahiert sich, die Zonulafasern erschlaffen. Aufgrund der Eigenelastizität nimmt die Linse eine eher kugelförmige Gestalt an. Dadurch verkürzt sich ihre Brennweite, und Gegenstände in der Nähe können scharf abgebildet werden.

tunglesen"). Mit zunehmendem Alter muß die nachlassende Akkommodationsfähigkeit durch eine vor das Auge gesetzte Sammellinse, die Lesebrille, ersetzt werden. Bei völliger Akkommodationslosigkeit ist eine Lesebrille von 3 dpt zweckmäßig, wenn eine bequeme Leseentfernung von 33 cm erreicht werden soll.

5 SENSORISCHES SYSTEM

> **K** Als Störungen im dioptrischen Apparat des Auges sind Kurz- und Weitsichtigkeit sehr verbreitet (Refraktionsanomalien; Abb. 5-12):
> - Bei der **Kurzsichtigkeit** (Myopie) ist die Brechkraft des Auges zu groß bzw. das Auge selbst zu lang. Das bedeutet, daß parallele, aus der Unendlichkeit kommende Strahlen schon vor der Netzhaut vereinigt werden. Daher werden Brillen mit Zerstreuungsgläsern vor das Auge gesetzt, die parallele Strahlen so auseinanderspreizen, daß sie nach Brechung im Auge wieder auf der Netzhaut vereinigt werden und damit dort ein scharfes Bild ergeben.
> - Der umgekehrte Fall liegt bei der **Weitsichtigkeit** (Hyperopie) vor: die Brechkraft des Auges ist zu gering bzw. der Augapfel zu kurz. Parallel auftreffende Strahlen werden erst hinter der Netzhaut vereinigt. Durch das Tragen von Brillen mit Sammelgläsern wird die zu geringe Brechkraft des Auges ausgeglichen und damit wieder ein scharfes Sehen ermöglicht.
>
> Eine weitere Störung im dioptrischen Apparat ist der Astigmatismus. Dabei weist die Hornhaut horizontal und vertikal verschiedene Krümmungen auf. Diese Störung kann durch Gläser ausgeglichen werden, die nur in einer der beiden Ebenen sammeln oder zerstreuen (Zylindergläser).
> Beim Astigmatismus irregularis ist die Hornhaut unregelmäßig geformt, das auf der Netzhaut auftreffende Bild infolgedessen verzerrt. Ein solcher Astigmatismus kann mit einer Kontaktlinse korrigiert werden. **K**

5.3.4 Abtasten des auf der Retina entworfenen Bildes

Die **Netzhaut** ist der lichtempfindliche Teil des Auges. Das auf der Netzhaut entworfene Bild trifft auf ein Mosaik lichtempfindlicher Sehrezeptoren (**Photorezeptoren**; Zapfen und Stäbchen), die durch das Licht erregt werden und das Bild abtasten. Ihr Erregungszustand und ihre Erregungsmuster werden – modifiziert durch die große Zahl der Nervenzellen in der Retina – über die Fasern des Sehnerven (N. opticus) dem Gehirn mitgeteilt.

Abb. 5-12 Störungen im dioptrischen Apparat des Auges: Kurzsichtigkeit und Weitsichtigkeit.
Bei der Emmetropie (Normalsichtigkeit) sind Brennweite und Achsenlänge des Auges genau aufeinander abgestimmt. Strahlenkreuzung auf der Netzhaut, daher scharfes Bild auf der Netzhaut.
Bei der Myopie (Kurzsichtigkeit) ist das Auge zu lang. Bei weiter entfernten Blickzielen Strahlenkreuzung vor der Netzhaut, daher unscharfes Bild auf der Netzhaut. Zur optischen Korrektur muß eine Zerstreuungslinse vor das Auge gesetzt werden.
Bei der Hyperopie (Weitsichtigkeit) ist das Auge zu kurz. Bei weiter entfernten Blickzielen Strahlenkreuzung hinter der Netzhaut, daher unscharfes Bild auf der Netzhaut. Zur optischen Korrektur muß eine Sammellinse vor das Auge gesetzt werden.

Die menschliche Netzhaut besitzt etwa 120 Millionen Stäbchenrezeptoren und etwa 6 Millionen Zapfenrezeptoren, wobei die Zapfendichte im Bereich der Macula (Fovea centralis; Abb. 5-10 und 5-14) am höchsten ist. Durch die hohe Zapfendichte in der Fovea centralis ist hier die räumliche Auflösung am besten (Stelle des schärfsten Sehens).

Die Netzhaut besteht aus gut erkennbaren neuronalen Schaltelementen, die untereinander viele funktionell wichtige Verbindungen eingehen (Abb. 5-13, 5-14).

Der inneren Grenzschicht der Netzhaut benachbart (also dem Glaskörper zugewandt) liegen die Nervenfasern, die, als Sehnerv zusammengefaßt, das Auge gehirnwärts verlassen. Sie stellen die Neuriten der großen multipolaren Nervenzellen dar. Die Dendriten dieser Nervenzellen ziehen nach außen (also der Pigmentschicht zugewandt), wo sich die Sinneszellen befinden. Diese Sinneszellen tragen – nach außen gerichtet – schlanke Stäbchen oder dicke Zapfen, die dicht nebeneinander liegen. Weitere Nervenzellen, wie die amakrinen Zellen oder die Horizontalzellen, tragen zur Informationsverarbeitung bei.

Die arterielle Versorgung der inneren Schichten der Netzhaut erfolgt durch die Zentralarterie (A. centralis retinae). Sie erreicht die Retina über den Sehnerven und

Abb. 5-13 Aufbau der Netzhaut des Auges mit Verschaltung von Sinnes- und Nervenzellen.

Abb. 5-14 Bild des Augenhintergrundes (Netzhaut) bei Augenspiegelung mit gelbem Fleck (Macula, M) und blindem Fleck (Sehnervenpapille, P). Venen (V) etwas dicker und dunkler, Arterien (A) dünner und heller.

wird von der Zentralvene begleitet. Die äußeren Schichten der Netzhaut werden durch Diffusion von der Aderhaut her ernährt.

Im Bereich, in dem die Nervenfasern der Netzhaut als Sehnerv das Auge verlassen und die Zentralarterie die Retina erreicht (Sehnervenpapille; Abb. 5-10 und 5-14), befinden sich keine Photorezeptoren. Daher kann man mit dieser Stelle nicht sehen (blinder Fleck).

Bei der Augenspiegelung läßt sich das Innere des Auges, insbesondere die Netzhaut und ihre Blutgefäße, genau beobachten (Abb. 5-14). Nicht nur in der Augenheilkunde ist die Augenspiegelung ein wichtiges diagnostisches Mittel (z.B. Entzündung, Blutung, Netzhautablösung), sondern auch in der inneren Medizin (z.B. Gefäßveränderungen bei Hochdruck, Zuckerkrankheit) oder in der Nervenheilkunde (z.B. Stauungspapille bei Erkrankung des Gehirns mit erhöhtem Schädelinnendruck).

Das auf der Netzhaut durch den dioptrischen Apparat entworfene Bild wird durch die Photorezeptoren abgetastet: Das **Farbensehen** ist überwiegend an die Zapfen der Netzhaut gebunden, das **Schwarz-Weiß-Sehen** wird durch die Stäbchen der Netzhaut

übernommen. Die Zapfen können Licht verschiedener Wellenlängen unterscheiden. Langwelliges Licht (ca. 800 nm) löst die Empfindung Rot aus, kurzwelliges Licht (ca. 400 nm) die Empfindung Blau/Violett. Die Gesamtheit der Farbempfindungen kann durch Mischung der drei Farben Rot, Grün und Blau hervorgerufen werden.

> **K** Eine Unterwertigkeit des farbempfindlichen Apparates wird als Anomalie bezeichnet. Sie besteht meistens in einer Rot- oder Grünschwäche. Daneben kommen Ausfälle des farbempfindlichen Apparates vor, die als Anopie gekennzeichnet werden. Sie bestehen häufig in einer Rot- und Grünblindheit. **K**

In der Dämmerung sind nur noch die Stäbchen der Netzhaut aktiv. Mit Einsetzen der Dämmerung wird die Empfindlichkeit des Auges erheblich gesteigert (Dunkeladaptation; Abb. 5-15). Sie nimmt innerhalb einer Stunde bis auf das Hunderttausendfache des Ausgangswertes zu. Fällt diese Steigerung der Sehempfindlichkeit in der Dämmerung aus, so spricht man von Nachtblind-

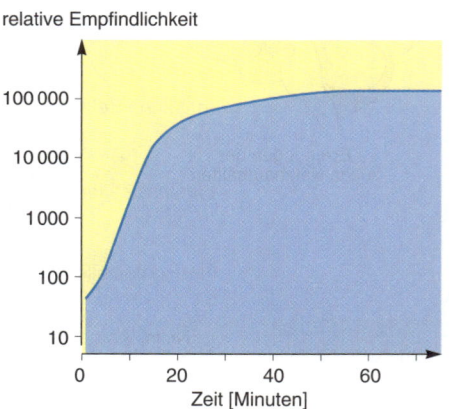

Abb. 5-15 Verlauf der Dunkeladaptation beim Nachtsehen.
Senkrechte Skala (Ordinate): relative Empfindlichkeit (Kehrwerte der Schwellenreize).
Waagerechte Skala (Abszisse): Dauer der Dämmerung (Abnahme der Lichtintensität soweit wie möglich). 15 Minuten nach Beginn der Dämmerbeleuchtung kann bereits eine mehr als 10 000fache Steigerung der Empfindlichkeit vorliegen.

5 SENSORISCHES SYSTEM

Visuelles System: Sehen 5.3

Abb. 5-16 A: Verlauf der Sehbahn vom Augapfel bis zur Großhirnrinde.
B: Gesichtsfeldausfälle in Zuordnung zum Ort der Schädigung.

heit. Sie ist häufig auf einen Mangel an Vitamin A zurückzuführen.

5.3.5 Weiterleitung der visuellen Information zur Hirnrinde

Die Erregungen, die in der Retina bei der Belichtung entstehen, werden erst bewußt, wenn sie das **Großhirn** erreichen (Abb. 5-16). Die weiterleitenden Sehnervenfasern werden dabei z.T. gekreuzt (Sehnervenkreuzung). Die Fasern der beiden linken Netzhauthälften gelangen zum linken äußeren Kniehöcker (Corpus geniculatum laterale), die der rechten Netzhauthälften zum rechten Kniehöcker. Hier ist die Sehbahn synaptisch verschaltet. Die Kniehöcker werden auch als „primäre" Sehzentren bezeichnet. Von dort zieht das nächste Neuron in der sog. Sehstrahlung zum Hinterhauptslappen des Gehirns, wobei die Erregungen der linken Netzhauthälften im linken und die der rechten Netzhauthälften im rechten Sehfeld der Hinterhauptslappen enden (**primäre Projektionsfelder**).

Die primären Projektionsfelder in der Hirnrinde sind mit weiteren Hirnrindenfeldern, die in unmittelbarer Nähe liegen, funktionell eng gekoppelt. Sie werden als **Assoziationsfelder** bezeichnet. Ihre Aufgabe besteht darin, den Inhalt und die Bedeutung der Sehempfindung zu erkennen. Fallen die Assoziationsfelder aus und bleibt gleichzeitig das primäre Projektionsgebiet erhalten, so können die sonst wohlbekannten Gegenstände zwar noch gesehen, aber nicht mehr erkannt werden (visuelle Agnosie, „Seelenblindheit"). Ein Apfel z.B. wird nur noch als eine unbestimmte rundliche Struktur gesehen, aber nicht mehr als Apfel erkannt.

> **K** Schädigungen, z.B. infolge von Blutungen (Schlaganfall) oder Tumoren, können zu verschiedenen Ausfällen des Gesichtsfeldes führen (Abb. 5-16B). Bei Schädigungen im Bereich von
> ① Sehnerv: einseitige Blindheit (linkes Auge)
> ② Sehnervenkreuzung: beidseitiger Ausfall der äußeren (temporalen) Gesichtsfeldhälften (Scheuklappenphänomen)
> ③ Sehstrang: Ausfall der rechten äußeren (temporalen) und der linken inneren (nasalen) Gesichtsfeldhälfte
> ④ Sehstrahlung: Ausfall der rechten äußeren und der linken inneren Gesichtsfeldhälfte. Da ein Teil der Fasern aus der Fovea centralis zur gegenüberliegenden Seite kreuzt, wird bei einseitiger Schädigung der Sehstrahlung das Zentrum des Gesichtsfeldes oft nicht beeinträchtigt. **K**

> **P** Schlaganfallpatienten leiden häufig unter einer Einschränkung des Gesichtsfeldes. Aus diesem Grund sollten die Betten der Patienten so gestellt werden, daß die Ansprache im Bereich des intakten Gesichtsfeldes erfolgt. **P**

5.3.6 Augenbewegungen

Die Befestigung des Augapfels in der Augenhöhle muß zugleich Spielraum für seine Bewegungen lassen. Der Augapfel ruht gewissermaßen als Gelenkkopf in einer Art Pfanne, die durch eine bindegewebige Augapfelscheide (Vagina bulbi) mit dem angrenzenden Fettkörper der Augenhöhle gebildet wird (Abb. 5-9). In dieser Lagerung ist der Augapfel **wie ein Kugelgelenk** um drei Achsen bewegbar. Zur Bewegung des Bulbus dienen vier gerade und zwei schräge Augenmuskeln. Die geraden Augenmuskeln entspringen rings um die Sehnervenaustrittsstelle aus der knöchernen Augenhöhle und ziehen nach oben, unten, medial und lateral. Sie setzen mit kurzen platten Sehnen an der Lederhaut (Sclera) des Augapfels vor dem Äquator an, während die schrägen Augenmuskeln hinter dem Äquator in die Lederhaut einstrahlen. Die Augenmuskeln bewirken die fein abgestufte Einstellung der Sehachsen der Augen beim Blicken.

Die Augenmuskeln sind:
– oberer gerader Augenmuskel (M. rectus superior),
– unterer gerader Augenmuskel (M. rectus inferior),
– innerer gerader Augenmuskel (M. rectus medialis),
– äußerer gerader Augenmuskel (M. rectus lateralis),
– oberer schräger Augenmuskel (M. obliquus superior)
– unterer schräger Augenmuskel (M. obliquus inferior).

Die Augenmuskeln werden vom III., IV. und VI. Hirnnerven versorgt.

Die Kerne der Augenmuskelnerven sind untereinander funktionell verknüpft. Dadurch wird es möglich, daß sich die Blicklinien beider Augen stets im angeblickten Punkt schneiden (binokulare Assoziation). Fehlt diese Abstimmung der Augenbewegungen, so kommt es zum Schielen (Strabismus). Bei zu geringer Zusammenführung der Blicklinien spricht man von Auswärtsschielen (Strabismus divergens), bei überschießender Zusammenführung von Einwärtsschielen (Strabismus convergens). Die Eindrücke des schielenden Auges werden nicht bewußt wahrgenommen.

5.3.7 Regelung der Pupillenweite

Die Pupille wird durch die inneren Ränder der Iris gebildet. In der Iris befinden sich ringförmig (zirkulär) und speichenförmig (radiär) angeordnete glatte Muskelfasern (Abb. 5-10). Durch Kontraktion der ringförmigen Fasern werden die Irisränder nach innen gezogen und damit die Pupille verengt (M. sphincter pupillae), durch Verkürzung der speichenförmigen Fasern werden die Irisränder nach außen gezogen und damit die Pupille erweitert (M. dilatator pupillae). Eine Verengung der Pupille nennt man **Miosis**, eine Erweiterung **Mydriasis**.

Mit der Möglichkeit, den Durchmesser zu verändern, erfüllt die Pupille dieselbe Funktion wie die Blende im Fotoapparat. So kann z.B. durch eine Pupillenverengung die in das Auge einfallende Lichtmenge vermindert und die flächenhafte Schärfe sowie die Tiefenschärfe der Abbildung auf der Netzhaut erhöht werden.

Der M. sphincter pupillae wird von Nervenzellen kontrolliert, die im Ursprungskern des N. oculomotorius liegen und zum parasympathischen Teil des vegetativen Nervensystems gehören (Edinger-Westphal-Kern; Abb. 5-17). Die von dort ausgehenden Informationen werden im Ganglion ciliare auf weitere Nervenzellen umgeschaltet und gelangen schließlich zum M. sphincter pupillae. Der M. dilatator pupillae ist von Nervenzellen kontrolliert, die an der Grenze zwischen Hals- und Brustsegmenten des Rückenmarks liegen und zum sympathischen Teil des vegetativen Nervensystems gehören (Centrum ciliospinale). Die von dort ausgehenden Informationen werden in den oberen Ganglien des sympathischen Grenzstranges auf weitere Nervenzellen umgeschaltet und gelangen zum M. dilatator pupillae (s. Abb. 12-1).

Bei der Einstellung der Pupillenweite überwiegt der **Parasympathikus.** Nimmt seine Aktivität zu, so wird die Pupille verengt, nimmt seine Aktivität ab, so wird sie erweitert. Die Erregungsübertragung des Parasympathikus auf die Sphinktermuskulatur kann durch **Atropin** blockiert und dadurch die Pupille weitgestellt werden. Dies findet Anwendung bei der Spiegelung des Augenhintergrundes (Netzhaut). Nur bei erheblichen Erregungssteigerungen des Nervensystems, z.B. in einer Schrecksituation, steht der Sympathikuseinfluß im Vordergrund und führt zu einer Pupillenerweiterung („Schreckpupille").

Die aktuelle Pupillenweite wird auf zwei Wegen eingestellt (Abb. 5-17a und b):

- Pupillenverengung bei **Lichteinfall:** Ist der Lichteinfall in das Auge, z.B. durch den Schein einer Taschenlampe des Arztes, gesteigert, so nehmen die Erregungen in den afferenten Fasern des visuellen Systems zu. Im Bereich der prätektalen Region zweigen diese Erregungen zum parasympathischen Teil des Okulomotoriuskerns ab, aktivieren diesen und führen dadurch schließlich zur Engstellung der Pupille. Da zusätzlich zur einseitigen Verschaltung auch eine Kreuzung der Fasern zur jeweils gegenüberliegenden Seite stattfindet, wird nicht nur die Pupille des beleuchteten Auges verengt (direkte Reaktion), sondern auch die Pupille des nicht beleuchteten Auges der Gegenseite (konsensuelle Reaktion).

- Pupillenverengung bei **Konvergenz:** Werden die Blicklinien der Augen nach innen geführt (Konvergenz), so nehmen die Erregungen aus dem Okulomotoriuskern zu, die zu den betreffenden Augenmuskeln verlaufen. Eine solche Konvergenzbewegung wird z.B. dann durchgeführt, wenn der Patient auf Aufforderung des Arztes einen nahe gelegenen Gegenstand fixiert. Die Okulomotoriusaktivität, die über die äußeren Augenmuskeln die Konvergenzbewegung bewirkt, wird auch dem parasympathischen Teil des Okulomotoriuskerns mitgeteilt und dadurch schließlich eine Pupillenverengung herbeigeführt.

Bei der Einstellung der Pupillenweite sind insgesamt zahlreiche sensorische, motorische und vegetative Hirnanteile beteiligt. Daher werden bei ärztlichen Untersuchungen häufig die Pupillenreaktionen auf Beleuchtung und bei Konvergenz untersucht. Fällt die erstere aus, so spricht man von einer reflektorischen Pupillenstarre. Sie tritt z.B. auf, wenn die Sehbahn zwischen Netzhaut und äußerem Kniehöcker unterbrochen ist (s. Schädigungsorte 1–3 in Abb. 5-16A und B). In diesen Fällen ist die Pupillenreaktion auf Beleuchtung jedoch erhalten, wenn Netzhautbereiche beleuchtet wurden, die eine intakte Verbindung zum Okulomotoriuskern haben. Sind die Pupillenreaktionen auf Beleuchtung und bei Konvergenz nicht vorhanden, so spricht man von einer absoluten Pupillenstarre. Als mögliche Ursache kommt eine Schädigung des N. oculomotorius bei Hirndrucksteigerung in Frage.

> **Ü** Nehmen Sie eine Taschenlampe und leuchten Sie sich vor einem Spiegel in die Augen. Beobachten Sie die Reaktion der Pupillen auf beiden Seiten. Bemerken Sie auch, daß das rechte Auge mitreagiert, wenn Sie das linke anleuchten?

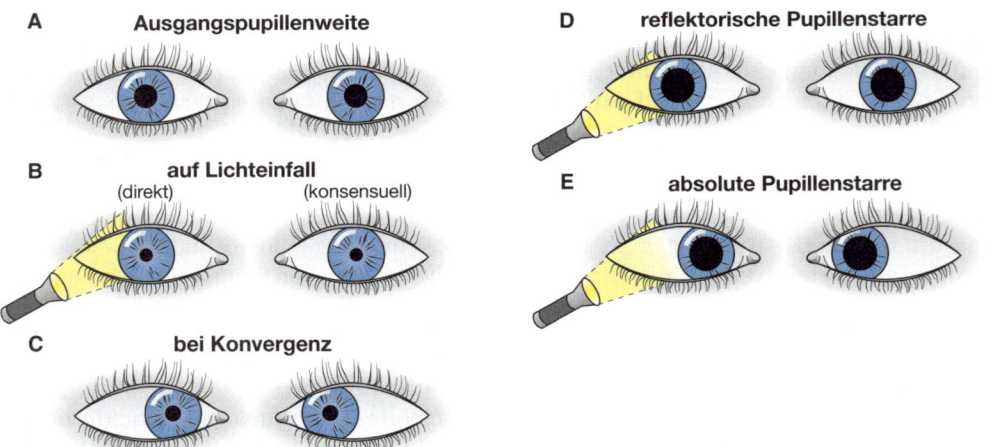

Abb. 5-17a Verlauf der Bahnen zur Einstellung der Pupillenweite bei Lichteinfall und bei Konvergenz.
Lichtreaktion: Netzhaut, Sehnerv, Sehnervenkreuzung, Okulomotoriuskern (Nervenzellen für Pupillenverengung), Ganglion ciliare, M. sphincter pupillae.
Konvergenzreaktion: Okulomotoriuskern (Nervenzellen für Augenbewegungen), Okulomotoriuskern (Nervenzellen für Pupillenverengung), Ganglion ciliare, M. sphincter pupillae.
b: Pupillenreaktionen und ihre Störungen. A: Ausgangspupillenweite bei mittlerer Beleuchtung und ohne Konvergenz. B: Pupillenverengung auf Lichteinfall am beleuchteten Auge (direkt) und am nichtbeleuchteten Auge der Gegenseite (konsensuell). C: Pupillenverengung bei Konvergenz. D und E: Reflektorische und absolute Pupillenstarre.

5.4 Auditorisches System: Hören

Z Die Rezeptoren des auditorischen Systems befinden sich in der Schnecke des Innenohres. Sie werden durch Schalldruckänderungen erregt, die über das äußere und mittlere Ohr zum Innenohr gelangen. Die Rezeptorerregungen werden über eine Kette von Nervenzellen dem Schläfenlappen der Hirnrinde zugeleitet. **Z**

5.4.1 Der Reiz für das auditorische System: Schallwellen

Das auditorische System nimmt mechanische Schwingungen (Druckschwankungen) auf, die von der Umwelt ausgehen und sich in der Regel über die Luft bis zum Ohr ausbreiten (Abb. 5-18). Die Schwingungen werden allgemein als **Schall** oder, auf die Luft bezogen, als Luftschall bezeichnet. Als Schwingungserreger (Schallquelle) wirken u.a. die Bewegungen einer Lautsprechermembran, einer Stimmgabel oder der Stimmbänder des Kehlkopfes.

Der Schall ist in seiner Intensität (Stärke) durch die Amplitude der Schwingungen (Schalldruck) und in seiner Höhe bzw. Tiefe durch die Frequenz der Schwingungen (Anzahl der Schwingungen pro Sekunde) festgelegt. Besitzt der Schall nur eine Frequenz, so nennt man ihn Ton. Mit Hilfe des auditorischen Systems sind Schwingungen mit Frequenzen von etwa 20 bis etwa 16 000 Schwingungen pro Sekunde (20 Hz bis 16 kHz) wahrnehmbar. Schall mit Frequenzen unterhalb von 20 Hz nennt man Infraschall, Schall mit Frequenzen über 16 kHz Ultraschall.

Die Empfindlichkeit des Gehörs für höhere Frequenzen wird mit zunehmendem Alter geringer (Altersschwerhörigkeit). So können ältere Menschen z.B. das Sirren einer Mücke nicht mehr wahrnehmen. Bei 70jährigen ist die obere Hörgrenze oft auf 4–5 kHz gesunken.

P Deshalb sollten Pflegende bei älteren schwerhörigen Patienten mit deutlicher, tiefer (nicht mit lauter) Stimme sprechen, um gut verstanden zu werden. **P**

5.4.2 Bau des Hörorgans

Das „Ohr" ist ein anatomisch und funktionell differenziertes Gebilde. Es liegt im Schläfenbein. Es besteht aus zwei verschiedenen, aber in enger Nachbarschaft liegenden Sinnesorganen, nämlich aus dem Organ zur Wahrnehmung von **Schallwellen** (Hörorgan) und dem Organ zur Wahrnehmung von **Beschleunigungen** (Vestibularapparat; Kap. 5.6). Gemeinsam ist beiden, daß sie gegenüber mechanischen Einwirkungen empfindlich sind.

Einteilung des „Doppelorgans" (Abb. 5-19):
– Äußeres Ohr mit Ohrmuschel, äußerem Gehörgang und Trommelfell,
– Mittelohr mit Paukenhöhle und Nebenräumen, mit Gehörknöchelchenkette und Ohrtrompete (Eustachische Röhre, Tuba auditiva),
– Innenohr (Labyrinth) mit dem Hörorgan, nämlich der Schnecke (Cochlea), und dem Vestibularapparat (Kap. 5.6).

Das **äußere Ohr** (Abb. 5-19): Vom Hörorgan ist außen lediglich die Ohrmuschel und der Eingang in den äußeren Gehörgang zu sehen. Die Ohrmuschel besteht zum wesentlichen Teil aus einem elastischen Knorpel, der ihre Form bestimmt, und dem fettreichen Ohrläppchen. Der schlauchartige Gehörgang beginnt mit einem knorpeligen

Abb. 5-18 Entstehung von Schallwellen am Beispiel einer schwingenden Stimmgabel. Schallschwingungen sind eine Abfolge von Luftverdichtungs- und Luftverdünnungszonen.

5 Sensorisches System

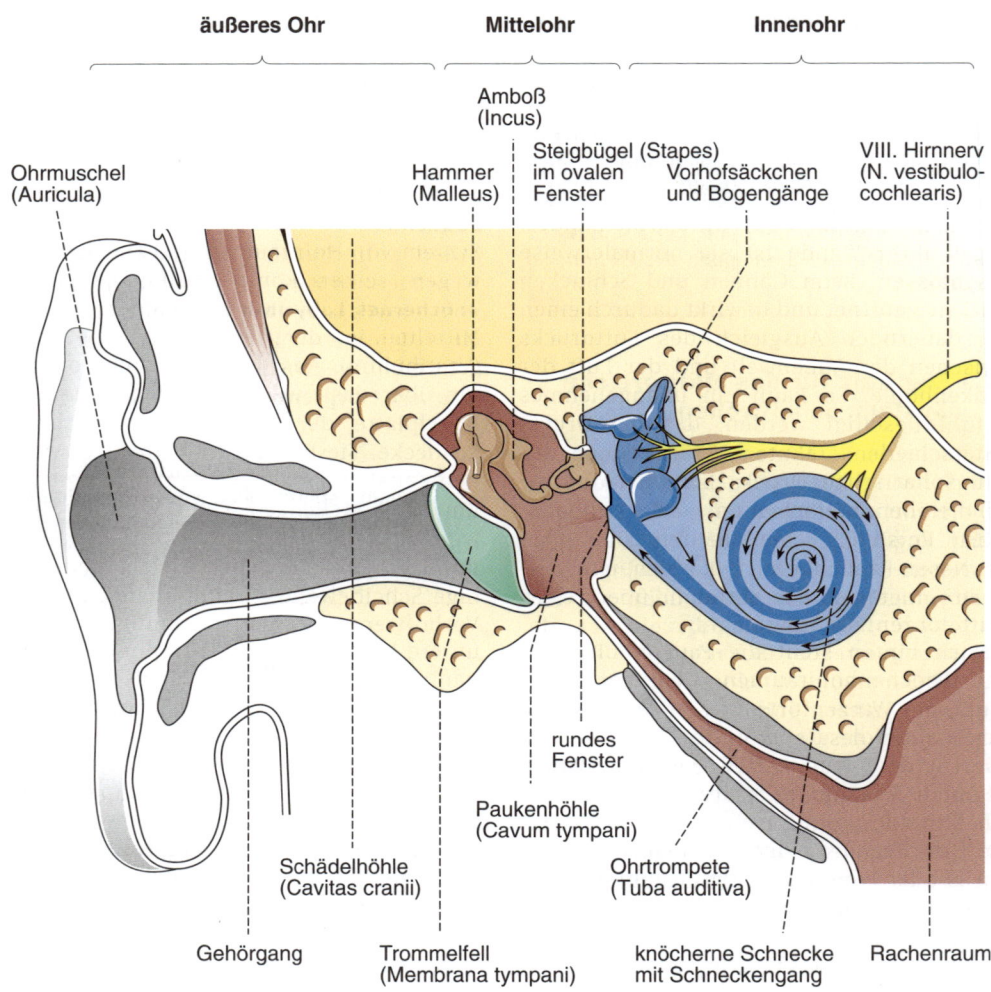

Abb. 5-19 Bau des Hörorgans (mit Vestibularapparat). Hellblau = Perilymphe; dunkelblau = Endolymphe.

Teil und setzt sich in einem knöchernen fort. Er verläuft von hinten schräg nach vorne zur Mitte zu und bildet zwei leichte Biegungen. Diese können ausgeglichen werden, wenn die Ohrmuschel nach hintenoben gezogen wird. Dies ist Voraussetzung für die Ohrspiegelung oder eine Spülung des Gehörgangs. Der **Gehörgang** ist mit einer drüsenreichen Haut ausgekleidet. Diese Drüsen sondern das Ohrenschmalz ab. Es kann verhärten und einen Ohrpfropf bilden, der vorübergehend zu Schwerhörigkeit führen kann. Der Ohrpfropf muß dann herausgespült werden. Der Gehörgang ist 2,5 bis 3,5 cm lang. Er wird innen durch eine dünne bindegewebige Platte, das **Trommelfell**, begrenzt. Das Trommelfell gerät durch die Schalldruckschwankungen im äußeren Gehörgang in Schwingungen. Mit dem Trommelfell verbunden ist im oberen Anteil der lange Fortsatz (Handgriff) des Hammers (Abb. 5-19), dessen Ende mit einer trichterförmigen Einziehung des Trommelfells verwachsen ist. An der Innenseite des Trommelfells liegt das Mittelohr.

Das **Mittelohr** (Abb. 5-19): Der Hauptteil des Mittelohres ist ein hoher spaltförmiger Raum, die **Paukenhöhle** (Cavum tympani).

5 SENSORISCHES SYSTEM

Auditorisches System: Hören **5.4**

Das Trommelfell bildet die seitliche Wand. Nach vorne, ausgehend von der Paukenhöhle, zieht ein etwa 3,6 cm langer Gang zum Nasenraum, die **Ohrtrompete** (Eustachische Röhre, Tuba auditiva). Sie erweitert sich nach unten trichterartig und mündet am Übergang vom Nasenraum in den oberen Rachenraum (Abb. 5-19). Durch Aneinanderliegen ihrer Wände ist sie normalerweise geschlossen. Beim Gähnen und Schlucken wird sie geöffnet und bewirkt dadurch einen kurzdauernden Ausgleich des Luftdrucks zwischen der Außenwelt und der Luft der Paukenhöhle. So kann ein unangenehmes Gefühl beseitigt werden, das bei Druckunterschieden (akute Veränderung des atmosphärischen Drucks bei Überwindung von Höhenunterschieden, z.B. Seilbahnfahrt) entsteht. Schleimhautentzündungen im Nasen-Rachenbereich können über die Ohrtrompete auf das Mittelohr übergreifen (Mittelohrentzündung).

Nach hinten steht die Paukenhöhle mit den Knochenhohlräumen (Cellulae mastoideae) des Warzenfortsatzes in Verbindung. Der Warzenfortsatz ist hinter dem Ohr tastbar. Die dem Trommelfell gegenüberliegende mediale Wand der Paukenhöhle grenzt das Mittelohr vom Innenohr oder Labyrinth ab. Hier liegen das ovale Fenster (Fenestra ovalis oder Fenestra vestibuli) und das runde Fenster (Fenestra rotunda oder Fenestra cochleae). Das runde Fenster ist durch eine Membran verschlossen. Im ovalen Fenster ist die Fußplatte des Steigbügels durch ein Ringband beweglich aufgehängt.

> **Ü** Erfahren Sie selbst die Funktion der Ohrtrompete: Schließen Sie Mund und Nase. Pressen Sie daraufhin von innen Luft gegen Mund und Nase. Sie spüren dann, wie Luft durch die Ohrtrompete und das Mittelohr von innen auf das Trommelfell drückt. **Ü**

Die Übertragung der Schallschwingungen vom Trommelfell zum Innenohr wird durch die drei **Gehörknöchelchen** Hammer, Amboß und Steigbügel ermöglicht. Sie bilden eine gelenkig verbundene Gliederkette von Knöchelchen, die Gehörknöchelchenkette. Der Hammer, der mit dem Trommelfell verwachsen ist, steht mit dem Amboß in Verbindung. Dieser hat einen langen Fortsatz, der sich dem Steigbügel anlagert. Über die Fußplatte des Steigbügels im ovalen Fenster werden die Schwingungen des Trommelfells auf die Schneckenflüssigkeit des Innenohres übertragen (Abb. 5-19).

Das **Innenohr** (Abb. 5-19, 5-20): Medial der Paukenhöhle liegt im Schläfenbein ein System von Hohlräumen des Knochens, das wegen seiner komplizierten Gestalt als **knöchernes Labyrinth** bezeichnet wird. Sein Mittelteil ist der zentral gelegene Vorhof (Vestibulum). Aus ihm geht nach vorne-unten über das ovale Fenster und die Steigbügelplatte der Zugang zur knöchernen Schnecke. Sie besteht aus einem gewundenen Kanal von etwa 2½ Windungen, die sich um eine Knochenachse, den Modiolus, hochwinden (Abb. 5-19). Der Schneckenkanal ist durch eine teils knöcherne, teils bindegewebige Scheidewand in eine obere Hälfte, die Vorhoftreppe (Scala vestibuli), und eine untere Hälfte, die Paukentreppe (Scala tympani), gegliedert. Beide sind durch eine winzige Öffnung an der Schneckenspitze (Helicotrema) miteinander verbunden. Die Scala vestibuli steht mit dem Vorhof in freier Verbindung, die Scala tympani endet blind am runden Fenster. Dieses System knöcherner Hohlräume des Innenohres ist mit einer lymphartigen Flüssigkeit ausgefüllt, die als **Perilymphe** (Außenlymphe) bezeichnet wird.

In dem flüssigkeitsgefüllten knöchernen Labyrinth befindet sich ein Gebilde gleicher Form, das als **häutiges Labyrinth** bezeichnet wird (Abb. 5-20).
Es besteht aus:
– den beiden Vorhofsäckchen (Sacculus und Utriculus; Kap. 5.6),
– den drei häutigen Bogengängen (Kap. 5.6),
– dem Schneckengang (Ductus cochlearis).

Sie sind miteinander verbunden und ebenfalls mit einer lymphartigen Flüssigkeit, der **Endolymphe**, gefüllt. Dieses häutige Labyrinth schwimmt in der Perilymphe des knöchernen Labyrinths, an dessen Wandung es locker verankert ist.

Der Schneckengang (Ductus cochlearis) wird zur Vorhoftreppe hin von der Reissner-Membran begrenzt, zur Paukentreppe hin von der Basilarmembran. Auf der Basilarmembran befindet sich das **Corti-Organ** mit

5 Sensorisches System

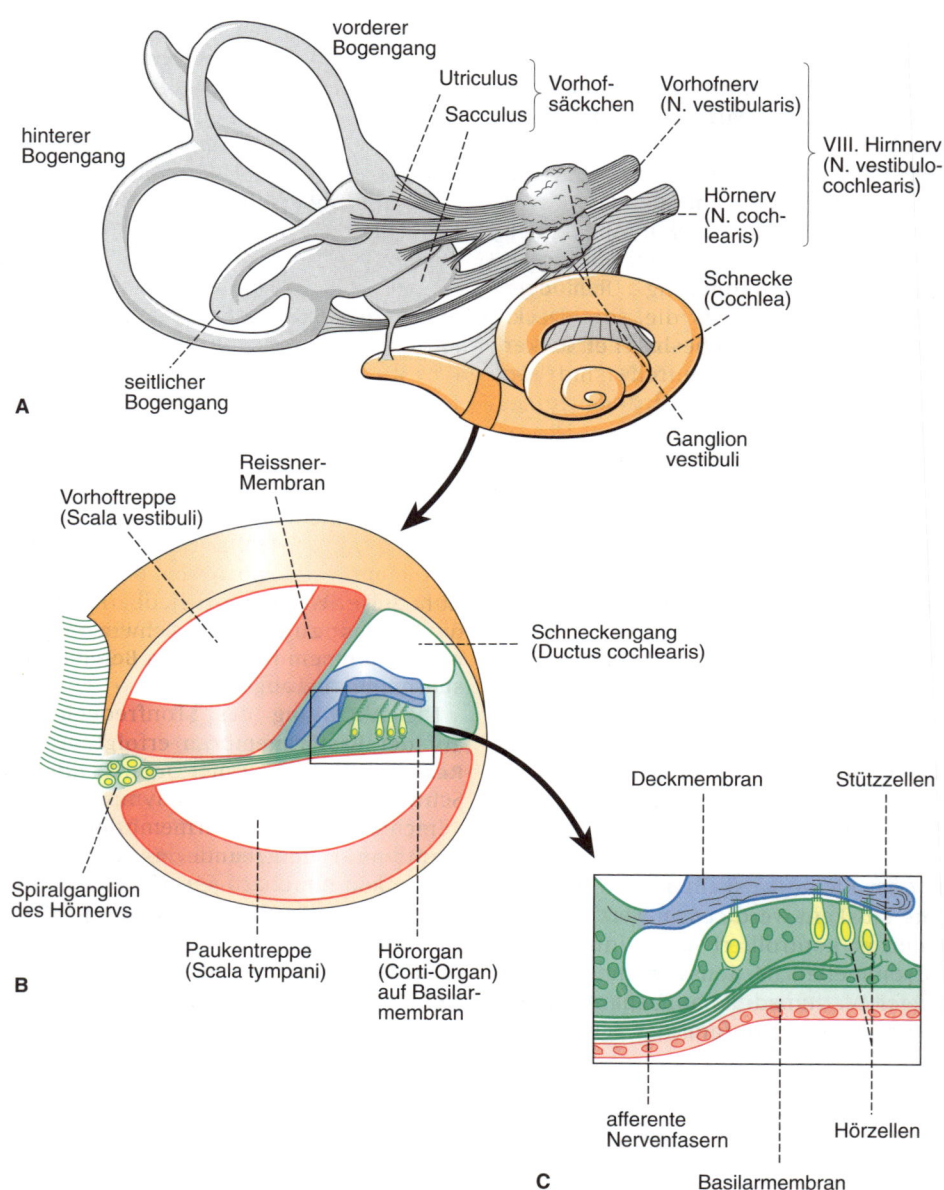

Abb. 5-20 Häutiges Labyrinth und Hörorgan.
A: Häutiges Labyrinth mit der häutigen Schnecke, die das Hörorgan enthält, und den zum Vestibularapparat gehörenden Vorhofsäckchen (Sacculus und Utriculus) sowie den Bogengängen.
B: Ausschnitt der häutigen Schnecke: Der Endolymphraum (Schneckengang) wird durch zwei Membranen vom Perilymphraum (Vorhoftreppe und Paukentreppe) abgegrenzt.
C: Wand des Schneckengangs mit den Sinneszellen des Hörorgans.

den Sinneszellen des Hörorgans. Es ist eine wallartige Erhebung. Sie folgt dem spiraligen Verlauf der Membran durch alle Windungen. Im Corti-Organ findet man die Sinneszellen für die Schallaufnahme. Sie bestehen aus den äußeren und inneren Haarzellen. Insgesamt enthält das Corti-Organ etwa 16 000 Sinneszellen (Abb. 5-20). Sie stehen mit Nervenfasern des Hörnerven (N. cochlearis) in Verbindung. Über dem Corti-Organ befindet sich die sog. Deckmembran, mit der die Sinneshärchen locker verbunden sind. Alle diese Teile sind von Endolymphflüssigkeit umspült.

5.4.3 Umformung der Schallwellen in neuronale Erregungen

Das Ohr erfüllt – ähnlich wie das Auge – eine doppelte Funktion: Zum einen entwirft es ein Bild des Schalls aus der Umwelt im Innenohr, zum anderen tastet es dieses Bild mit Hilfe von Rezeptoren ab.

Treffen Luftdruckschwankungen, die einen Ton darstellen, auf das **Trommelfell**, so wird es in tonfrequente Schwingungen versetzt. Die Schwingungen des Trommelfells werden über die Kette der **Gehörknöchelchen** zunächst bis zur Fußplatte des Steigbügels weitergeleitet. Diese Schalleitung kann durch zwei kleine Muskeln beeinflußt werden. Die Muskeln werden von Nervenzellen des Gehirns kontrolliert und sind in der Lage, Trommelfell (M. tensor tympani) und Steigbügel (M. stapedius) anzuspannen. Dadurch kann eine Dämpfung der Schallübertragung erfolgen.

Am Steigbügel trifft die Schwingungsenergie auf die **Perilymphe** der Vorhoftreppe (Abb. 5-19, 5-20). Eine Einwärtsbewegung des Steigbügels führt zu einer Auslenkung des steigbügelnahen Anteils des Endolymphschlauches in Richtung Paukentreppe. Diese Auslenkung läuft weiterhin als Wanderwelle über den Endolymphschlauch. Wenn ein Ton auf das Ohr einwirkt, bewegt sich damit die Basilarmembran auf und ab. Dabei kann man feststellen, daß sich bei Tönen mit hohen Frequenzen in der Nähe des Steigbügels und bei Tönen mit niedrigen Frequenzen in der Nähe der Schneckenspitze ein **Schwingungsmaximum** (höchstes Schwingungsausmaß) ausbildet (Abb. 5-21).

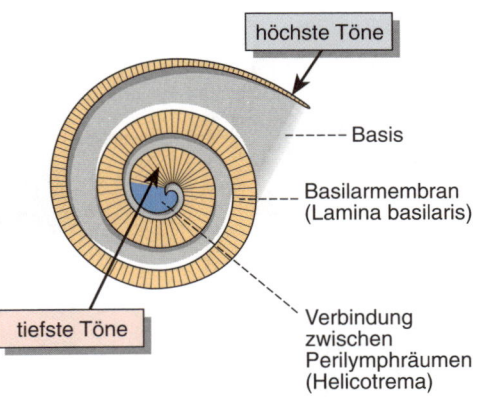

Abb. 5-21 Schema der spiralig angeordneten Basilarmembran mit ihren an der Schneckenbasis kurzen, an der Spitze (Helicotrema) langen, radiär gestellten Fasern.

Auf diese Weise wird jede Tonfrequenz durch das zugehörige Schwingungsmaximum auf einem bestimmten Bereich der Basilarmembran „abgebildet".

Die Abtastung des „Tonfrequenzbildes" auf der Basilarmembran erfolgt durch die **Rezeptoren** des Corti-Organs. Bei den Schwingungen des Endolymphschlauches verschieben sich Basilarmembran und Deckmembran gegeneinander (Abb. 5-22). Dadurch kommt es zu einer Verbiegung der haarförmigen Fortsätze der Rezeptorzellen. Dieser mechanische Vorgang löst in den Fasern des Hörnerven Aktionspotentiale aus. Der Hörnerv leitet sie über seine Fasern dem Gehirn zu.

> **G** Schalleinwirkungen hoher Intensität und langer Dauer können zu einer dauerhaften Schädigung der Sinneszellen führen. Dadurch kommt es zu einem Verlust an Hörfähigkeit.
> Ist die schädigende Beschallung auf bestimmte Frequenzen begrenzt, so gehen nur die Sinneszellen in dem Abschnitt der Basilarmembran zugrunde, in dem diese Frequenz ihre hauptsächliche „Abbildung" erfährt. Eine frequenzspezifische Schwerhörigkeit ist die Folge. Schäden des Sinnesepithels sind nicht heilbar, da die Haarzellen nicht in der Lage sind, sich zu regenerieren. Um so wichtiger ist Vorsorge durch Vermeidung schädigender Beschallung bzw. durch Schutzmaßnahmen.

Abb. 5-22 Verschiebungen der Basilarmembran und Deckmembran bei Ausbreitung einer Druckwelle in der Schnecke des Innenohres.
A: Ausgangssituation.
B: Wellenbauch in der Vorhoftreppe (Scala vestibuli). Durch die Scherbewegung von Basilar- und Deckmembran verschieben sich die haarförmigen Fortsätze der Sinneszellen im Bild nach links.
C: Schwingungsbauch in der Paukentreppe (Scala tympani). Durch die Scherbewegung von Basilar- und Deckmembran verschieben sich die haarförmigen Fortsätze der Sinneszellen im Bild nach rechts.

5.4.4 Weiterleitung der auditorischen Information zum Gehirn

Der VIII. Hirnnerv (N. vestibulocochlearis) leitet die Hörinformationen aus dem Innenohr zunächst in verschiedene Kerngebiete des Hirnstammes (Abb. 5-20, 5-23). Von dort führt die Hörschleife (Lemniscus lateralis) zu den unteren Hügeln der Vierhügelplatte und dem inneren Kniehöcker (Corpus geniculatum mediale). Von letzterem verläuft die Hörstrahlung (Radiatio acustica) zum **Hörfeld der Hirnrinde** in der oberen Schläfenwindung.

5 SENSORISCHES SYSTEM

Auditorisches System: Hören 5.4

Abb. 5-23 Verlauf der Hörbahn von der Schnecke des Innenohres bis zur Großhirnrinde. Schnittführung siehe Seitenansicht des Gehirns, oben links.

Bei der Abbildung der Hörinformationen in der Hirnrinde sind die Signale sowohl nach einzelnen Frequenzen („Tonhöhen"; tonotope Abbildung) als auch nach komplexen Schallmustern geordnet. Der grundsätzlich hörbare Frequenzbereich in Zuordnung zur Schallintensität ist in Abb. 5-24 wiedergegeben.

Die primären Projektionsfelder in der Hirnrinde sind mit weiteren Hirnrindenfeldern, die in unmittelbarer Nähe liegen, funktionell eng gekoppelt. Sie werden als **Assoziationsfelder** bezeichnet (**Wernicke-Areal**). Ihre Aufgabe besteht darin, den Inhalt und die Bedeutung der Hörempfindungen zu erkennen.

K Fallen die Assoziationsfelder aus und bleibt gleichzeitig das primäre Projektionsgebiet erhalten, so können die sonst wohlbekannten Geräusche zwar noch gehört, aber nicht mehr verstanden werden (auditorische Agnosie; „Seelentaubheit"). Damit ist in der Regel eine erhebliche Störung des Sprachverständnisses verbunden. Die Muttersprache wird in diesen Fällen z.B. wie eine unbekannte Fremdsprache empfunden. Der Ausfall der Assoziationsfelder geht mit einem Verlust des Sprechvermögens (sensorische Aphasie; Kap. 5.5) und meistens auch mit einer Unfähigkeit zum Lesen (Alexie) einher. **K**

Andererseits können auch bei Bewußtlosigkeit in einigen Fällen noch Signale über das auditorische System empfangen und verarbeitet werden.

5 Sensorisches System

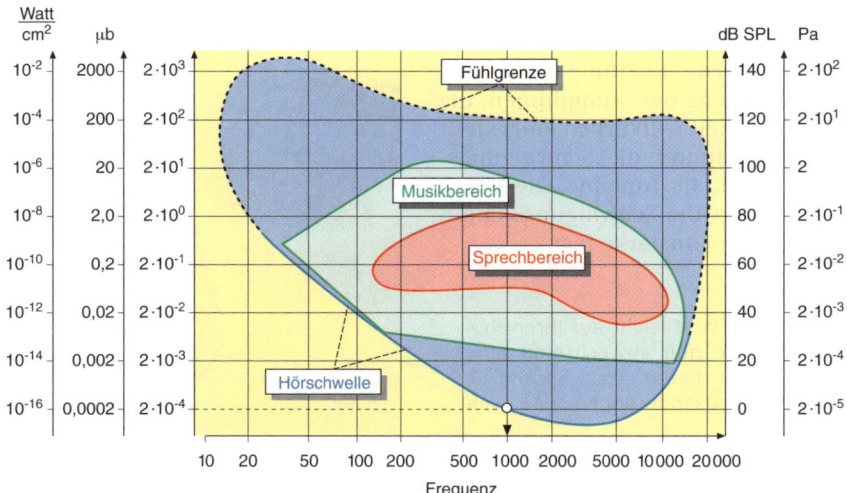

Abb. 5-24 Hörfläche: Beziehungen zwischen Tonintensität und Tonfrequenz im hörbaren Bereich.
Waagerechte Skala (Abszisse): Tonfrequenz.
Senkrechte Skala (Ordinate): Schalldruck in Mikrobar (µb) und Pascal (Pa); Schallintensität in Watt pro cm^2; Schalldruckpegel (sound pressure level, SPL) in Dezibel (dB). Die Hörfläche wird am unteren Rand durch den Schwellenschalldruck (Hörschwelle) und am oberen Rand durch die Fühlgrenze (sog. Schmerzschwelle) begrenzt. Die Hauptempfindungsbereiche für die Sprach- und Musikwahrnehmung sind eingetragen.

5.5 Phonetisches System: Sprechen

Z Die Sprache ist das bedeutendste Kommunikationsmittel in der menschlichen Gesellschaft. Am Sprechen sind die Atemmuskeln, der Kehlkopf mit den Stimmbändern und deren Stellmuskeln sowie die Mund- und Nasenhöhle mit Zunge, Lippen und Wangenmuskulatur beteiligt. Obwohl das Sprechen ein motorischer Vorgang ist, wird es an dieser Stelle beschrieben, da die Feinabstimmung der Sprechmuskulatur ohne die Empfindungen und Wahrnehmungen aus dem auditorischen System nicht möglich ist. So fällt bei Taubheit die Lautsprache trotz intaktem Sprechapparat aus (Taubstummheit). **Z**

5.5.1 Bau des Kehlkopfes

Das Skelett des Kehlkopfes (Larynx; Einzelheiten zum anatomischen Aufbau s. Kap. 8 „Atmung" sowie Abb. 8-3) besteht aus:
– Zungenbein (Os hyoideum),
– Schildknorpel (Cartilago thyroidea),
– Ringknorpel (Cartilago cricoidea)
– und den beiden Stellknorpeln (Cartilago arytenoidea), die drehbar auf dem Ringknorpel befestigt sind.

Die beiden elastischen Stimmbänder (Ligamentum vocale) spannen sich jeweils zwischen dem Stimmbandfortsatz des Stellknorpels und dem Schildknorpel. Ihnen liegen die Stimmbandmuskeln (M. vocalis) unmittelbar an. Sie geben den Stimmbändern die jeweils erforderliche Spannung. Der Spaltraum zwischen den Stimmbändern wird als Stimmritze bezeichnet. Die Stimmritze kann sehr eng sein, wie etwa beim Sprechen, oder erweitert werden, wie bei der Atmung (Abb. 5-25 und s. Abb. 8-3). Die dazu erforderlichen Veränderungen in der Stellung der Stimmbänder kommen durch Drehbewegungen der Stellknorpel zustande. Diese werden durch die inneren Kehlkopfmuskeln bewirkt, die überwiegend vom Ringknorpel zu den Stellknorpeln ziehen.

5.5.2 Klangbildung (Phonation)

Die bei der Ausatmung aus der Lunge strömende **Luft** versetzt die **Stimmbänder** in

Schwingungen, die in ihrer Frequenz Tönen entsprechen. Die Stimmlippen schwingen dabei senkrecht zur Richtung des Luftstroms. Die Spannung der Stimmlippen, die durch Muskeltätigkeit willkürlich eingestellt werden kann, bestimmt die Schwingungsfrequenz und damit die Tonhöhe. Die Stärke des Luftstroms legt die Schwingungsamplitude und damit die Tonstärke fest.

> **Ü** Legen Sie eine Hand leicht auf Ihren Kehlkopf. Summen Sie nun abwechselnd einen hellen und einen tiefen Ton. Spüren Sie dabei die Stellungsänderungen des Kehlkopfes. **Ü**

5.5.3 Formung der Sprachlaute (Artikulation)

Die vom Luftstrom aus der Lunge und vom Kehlkopf erzeugten Klangschwingungen treffen auf den Rachenraum, die Mundhöhle und die Nasenhöhle (s. Kap. 8 „Atmung"). Dieser sog. Ansatzraum ist in seiner Form durch die beweglichen Teile wie Unterkiefer, Zunge, Lippen und Gaumen veränderlich. In ihm werden durch Mitschwingungen der Luft (Resonanz) bestimmte Frequenzbereiche des Stimmklangs verstärkt. Veränderungen des Ansatzraumes führen zu Veränderungen der Resonanz und damit zur Entstehung von Selbstlauten (Vokale). Die jeweils durch Resonanz verstärkte Frequenz wird Formant genannt. Die Mitlaute (Konsonanten) entstehen durch den Luftstrom an den Lippen, den Zähnen oder am Gaumen. Bei einigen ist der Nasenraum einbezogen.

5.5.4 Neuronale Steuerung der Sprechmuskulatur

Die gesamte Sprechmuskulatur wird durch motorische Programme aus der **Hirnrinde** gesteuert. Daran sind sowohl die primären motorischen Areale, die überwiegend in der vorderen Zentralwindung lokalisiert sind, als auch motorische Assoziationsareale beteiligt, die vor der vorderen Zentralwindung liegen. Fällt das **motorische Sprechzentrum** (nach Broca benanntes Assoziationsareal) aus, so sind die am Sprechvorgang beteiligten Muskeln nicht gelähmt. Die Lippen, die

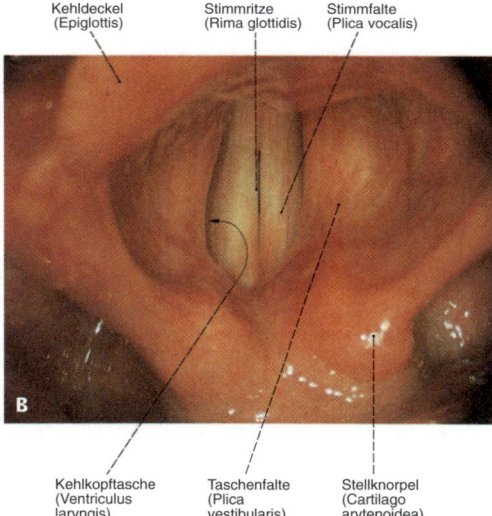

Abb. 5-25 Stimmbänder und Stimmritze bei Kehlkopfspiegelung.
A: offene Stimmritze bei Atmung.
B: geschlossene Stimmritze beim Sprechen.

Zungenmuskulatur und die Unterkiefermuskulatur sind noch in der Lage, Bewegungen und bestimmte Bewegungsfolgen, z.B. Pfeifen, auszuführen. Es ist jedoch unmöglich, die Einzelbewegungen zum Sprechen „zusammenzusetzen".

5 Sensorisches System

> **K** Diese Funktionsstörung wird als motorisches Sprechunvermögen (motorische Aphasie) bezeichnet. Eine Aphasie tritt ebenfalls auf, wenn es zu einer Störung im sensorischen Assoziationsareal des auditorischen Systems kommt (sensorische Aphasie). Diese Aphasieformen kommen z. B. bei Patienten mit Schlaganfall oder mit Gehirnblutungen vor. **K**

5.6 Vestibuläres System: Empfindung von Beschleunigungen

> **Z** Die Rezeptoren des vestibulären Systems (Makulaorgane, Bogengangsorgane) befinden sich im Vorhof (Vestibulum) und den Bogengängen des Innenohres. Sie werden durch geradlinige Beschleunigungen (Makulaorgane) und Drehbeschleunigungen (Bogengangsorgane) erregt. Die Rezeptorerregungen werden zum Kopffeld der hinteren Zentralwindung der Hirnrinde geleitet. **Z**

5.6.1 Der Reiz für das vestibuläre System: Beschleunigung

Das vestibuläre System registriert mechanische Beschleunigungen des Kopfes. Durch die Rezeptoren dieses Systems werden zwei Typen von Beschleunigungen erfaßt:
– Die **geradlinige Beschleunigung** (Linear- oder Translationsbeschleunigung): Dazu sind die Beschleunigungen zu rechnen, die beim Anfahren (positive Beschleunigung) und Bremsen (negative Beschleunigung) eines Fahrzeuges auftreten. Hinzu kommt die Erdbeschleunigung, die als Schwerkraft auf alle Körper dauernd einwirkt.
– Die **Drehbeschleunigung** (Winkelbeschleunigung, Rotationsbeschleunigung): Diese Beschleunigung tritt bei Drehungen des Kopfes, Nickbewegungen oder seitlicher Kopfneigung („Kopfwiegen") auf.

5.6.2 Bau des vestibulären Systems

- Vestibulärer Apparat für die Aufnahme von **Linearbeschleunigungen** (Abb. 5-26): Im Vorhof des knöchernen Labyrinths des Schläfenbeins (vgl. Abb. 5-19) liegen zwei untereinander verbundene sackartige Gebilde, der Sacculus und der Utriculus. In beiden findet man je eine Sinnesfläche, die als Macula sacculi (etwa sagittal ausgerichtet) und Macula utriculi (etwa horizontal ausgerichtet) bezeichnet werden. Die erhabenen Makulaorgane enthalten von Sinneszellen ausgehende Sinneshaare (Zilien), die von einer gallertartigen Masse (Otolithenmembran) umgeben sind. In diese sind oberflächlich Kalkkörnchen (Otolithen) eingelagert.
- Vestibulärer Apparat für die Aufnahme von **Drehbeschleunigungen** (Abb. 5-26): Vom Utriculus aus ziehen drei häutige, etwa 0,5 mm weite Bogengänge durch drei halbkreisförmig gebogene, knöcherne Kanäle (Canalis semicircularis osseus). Diese knöchernen Kanäle liegen in drei etwa senkrecht zueinander orientierten Ebenen. Es gibt den vorderen vertikalen, den hinteren vertikalen und den seitlichen horizontalen Bogengang. Sie sind nahe dem Utriculus an einem Ende erweitert (Ampulle). In diese Erweiterung schiebt sich vom Rande her eine leistenartige Erhebung (Crista ampullaris) vor, die die Sinneszellen trägt. Ihre Sinneshaare sind in eine Gallertkuppel, die „Cupula", eingelassen, die weit in den Innenraum des betreffenden Bogenganges hineinreicht bzw. die gegenüberliegende Seite berührt.

5.6.3 Umformung der Beschleunigung in neuronale Erregungen

- Registrierung der **Linearbeschleunigung:** Da die Otolithen eine größere spezifische Dichte als ihre Umgebung haben, erfährt die Otolithenmembran eine Abscherbewegung, wenn ihr eine Beschleunigung in seitlicher Richtung erteilt wird. Dadurch werden die Zilien der Rezeptorzellen verbogen und die Entladungsfrequenz in den angeschlossenen Nervenfasern geändert. Bei aufrechter Kopfhaltung befinden sich die Makulaorgane in waagerechter und senkrechter Position. Durch die Einwirkung der Schwerkraft wird bei jeder Kopfstellung im Raum die Otolithenmembran beider Makulaorgane in charakteristischer

5 SENSORISCHES SYSTEM

Vestibuläres System: Empfindung von Beschleunigungen 5.6

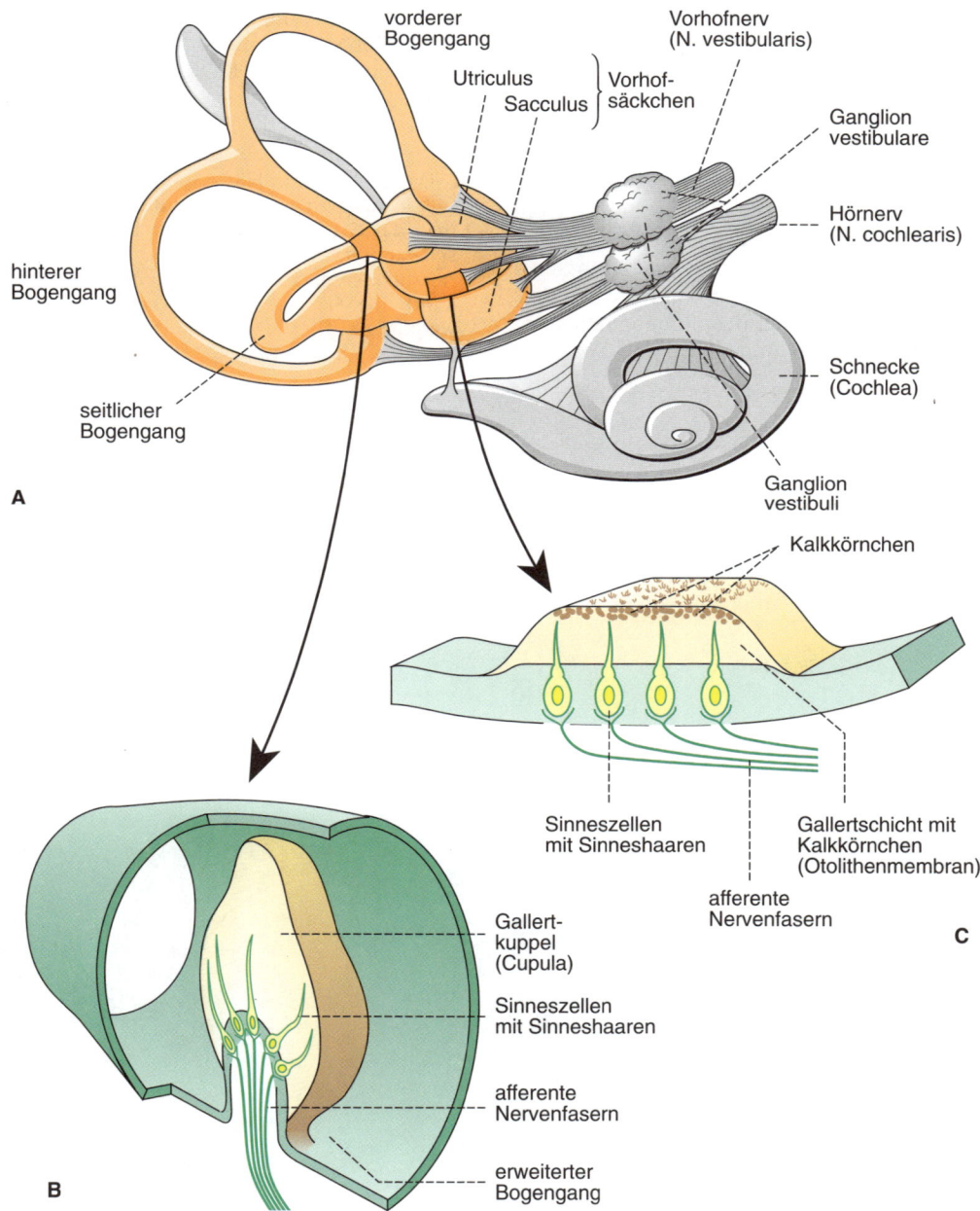

Abb. 5-26 Häutiges Labyrinth und Vestibularapparat.
A: Häutiges Labyrinth mit den zum Vestibularapparat gehörenden Vorhofsäckchen (Utriculus und Sacculus) sowie den drei Bogengängen und mit der häutigen Schnecke (Hörorgan).
B: Bogengangsorgan.
C: Makulaorgan.

Weise verformt. Dadurch entsteht in den zugehörigen Nervenfasern ein Entladungsmuster, in dem die Information über die Stellung des Kopfes im Schwerefeld der Erde enthalten ist.

- Registrierung der **Drehbeschleunigung:** Auch bei den Bogengangsorganen wird die Aktivitätsänderung der Rezeptoren durch eine Verbiegung der Zilien ausgelöst, die in diesem Fall durch eine Abweichung der Cupula bewirkt werden kann. Wird der Kopf in der Ebene des Bogenganges in Drehung versetzt und ihm damit eine Rotationsbeschleunigung erteilt, so bleibt die Endolymphe aufgrund ihrer Trägheit zunächst hinter der Kanaldrehung zurück (Abb. 5-27).

> **Ü** Dieser Vorgang läßt sich an einem gefüllten Wasserglas veranschaulichen: Bewegt man das Glas ruckartig in eine Richtung, so schwappt das Wasser auf der der Bewegungsrichtung entgegengesetzten Seite über den Rand. Die Flüssigkeit bleibt hinter der Bewegung des Glases zurück. **Ü**

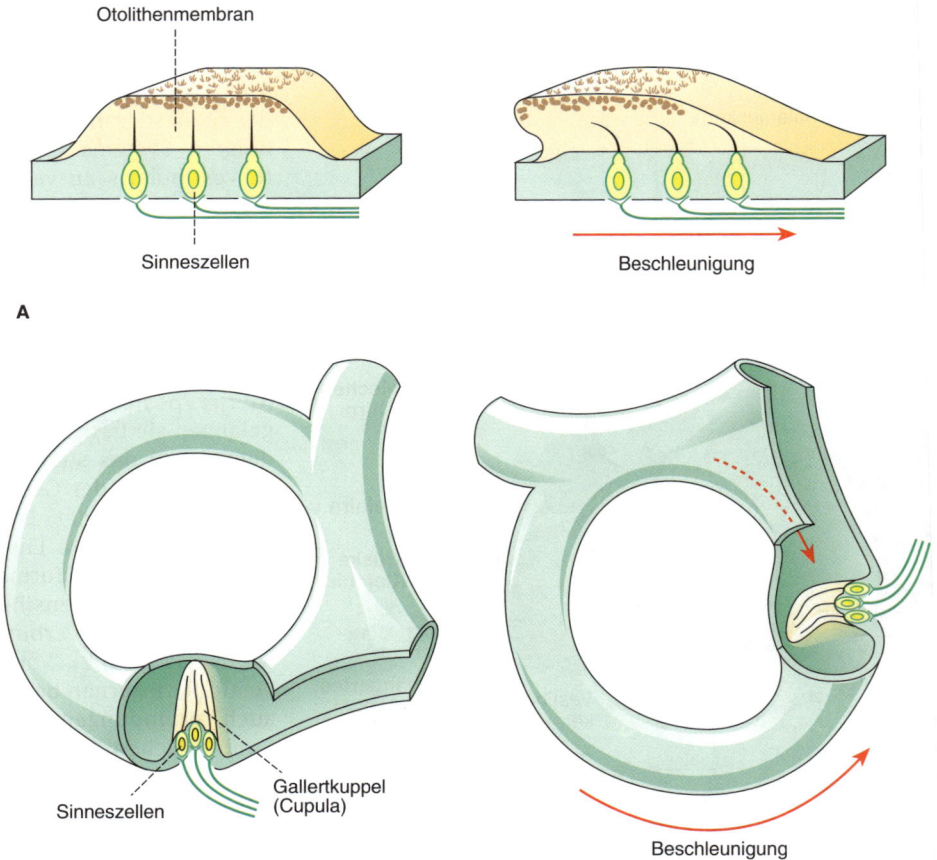

Abb. 5-27 Rezeptoren zum Registrieren von Beschleunigungen.
A: Makulaorgan zur Erfassung von Linearbeschleunigungen. Bei einer Beschleunigung in Pfeilrichtung bleibt die Gallertschicht mit Kalkkörnchen (Otolithenmembran) zurück und verbiegt dadurch die Zilien im Bild nach links.
B: Bogengangsorgan zur Erfassung von Rotationsbeschleunigungen. Bei einer Beschleunigung in Pfeilrichtung bleibt die Endolymphe zurück und verbiegt dadurch die Gallertkuppel (Cupula) und die in ihr befindlichen Zilien der Rezeptoren im Bild nach unten.

5 Sensorisches System
Vestibuläres System: Empfindung von Beschleunigungen 5.6

In ähnlicher Weise bewegen sich Endolymphe und Kanal bei der Drehbeschleunigung gegeneinander. Da die Cupula nur an einem Ende an der Wand des Bogenganges fixiert ist, drückt die zurückbleibende Flüssigkeit gegen die Gallertkuppel und verbiegt sie entgegen der Kopfbewegung. Mit der Cupulabewegung ist eine Verbiegung der Zilien verknüpft, wodurch die Entladungsfrequenz der Rezeptorfasereinheit verändert wird. Durch die Anordnung der einzelnen Bogengänge in drei Ebenen können Rotationsbeschleunigungen des Kopfes um alle Drehachsen des Raumes erfaßt und in charakteristischen Entladungsmustern der angeschlossenen Nervenfasern verschlüsselt werden.

5.6.4 Weiterleitung der Beschleunigungsinformationen zum Gehirn

Die Sinneszellen des Vestibularapparates sind mit Nervenfasern des N. vestibularis (VIII. Hirnnerv) verbunden (vgl. Abb. 5-20, 5-28). So gelangen Impulse der Sinnesorgane des vestibulären Systems über den N. vestibularis zu verschiedenen Kerngebieten (Vestibulariskerne) der Medulla oblongata. Von dort ziehen aufsteigende Bahnen über den Thalamus als Schaltstation zur hinteren Zentralwindung der **Großhirnrinde** (Gyrus postcentralis). Hier gelangen sie in das Areal, in dem durch das somato-viszerale System der Gesichtsbereich abgebildet ist. Es entstehen bewußte Empfindungen, die mit Informationen der Tiefensibilität aus dem Körper verbunden werden (Kap. 5.2). Von den Vestibulariskernen bestehen auch Verbindungen zum:
– motorischen System: Bei diesen Verbindungen ist besonders der Informationsfluß zum Kleinhirn (Vestibulocerebellum; s. Kap. 6 „Motorisches System") und zu den motorischen Nervenzellen im Rückenmark über den Tractus vestibulospinalis hervorzuheben. Dieser Anschluß zum motorischen System ist für die Auf-

Abb. 5-28 Leitungsbahnen für Impulse aus dem Vestibularapparat (Makulaorgane, Bogengangsorgane) zu den Vestibulariskernen und von dort zur Großhirnrinde, zum Kleinhirn und zum Rückenmark. Schnittführung siehe Seitenansicht des Gehirns, oben rechts.

5 Sensorisches System

rechterhaltung des Körpergleichgewichts von entscheidender Bedeutung. Daher wird das vestibuläre System auch **Gleichgewichtssystem** genannt.
– vegetativen Nervensystem: Diese Verbindungen sind für das Zustandekommen von Bewegungs- oder „Reise"-Krankheiten (Kinetosen) verantwortlich. Solche Störungen treten auf, wenn „ungewöhnliche" und starke Reize auf die vestibulären Rezeptoren treffen. Sie äußern sich in Übelkeit, Schwindel und Erbrechen.

5.7 Gustatorisches System: Schmecken

> **Z** Die Rezeptoren des gustatorischen Systems befinden sich in der Mundhöhle und dort besonders auf der Zunge. Sie werden durch Stoffe in festen und flüssigen Nahrungs- und Genußmitteln (Geschmacksstoffe) erregt. Die Rezeptorerregungen werden zum Kopffeld der hinteren Zentralwindung geleitet. **Z**

5.7.1 Der Reiz für das gustatorische System: Geschmacksstoffe

Die Reize für die Rezeptoren sind Stoffe in festen und flüssigen Nahrungs- und Genußmitteln (**Geschmacksstoffe**). Beim Schmecken lassen sich die vier Grundqualitäten „sauer", „bitter", „salzig" und „süß" unterscheiden.

Die **Grundempfindung** „sauer" kann durch Essigsäure, „salzig" durch Kochsalz, „bitter" durch Chinin und „süß" durch Glukose (Traubenzucker) hervorgerufen werden. Für die Grundempfindung „sauer" ist die Anwesenheit von Säuren notwendig, jede der drei übrigen Grundempfindungen kann durch Stoffe mit unterschiedlicher chemischer Zusammensetzung vermittelt werden. Im Bereich der Zungenspitze wird vorwiegend „süß", am seitlichen Rand „salzig", weiter hinten „sauer" und im Bereich der Wallpapillen „bitter" empfunden (Abb. 5-29).

5.7.2 Bau des gustatorischen Systems

Die Rezeptoren der Geschmacksempfindung sind in den sog. **Geschmacksknospen** enthalten (Abb. 5-30). Sie liegen im Schleimhautepithel der Zunge. Hier findet man sie vereinzelt oder in Gruppen auf den Papillen, besonders häufig auf den Wallpapillen (Papillae vallatae), die auf dem Zungenrücken eine V-förmige Linie bilden (Abb. 5-29), den Blattpapillen (Papillae foliatae) und den pilzförmigen Papillen (Papillae fungiformes). Geschmacksknospen kommen auch im Bereich des Rachens, des Kehlkopfeingangs und des weichen Gaumens vor.

Die einzelne Geschmacksknospe hat die Form einer Tulpenknospe mit einer grübchenförmigen Öffnung zur Epitheloberfläche, dem **Geschmacksporus**. Die Sin-

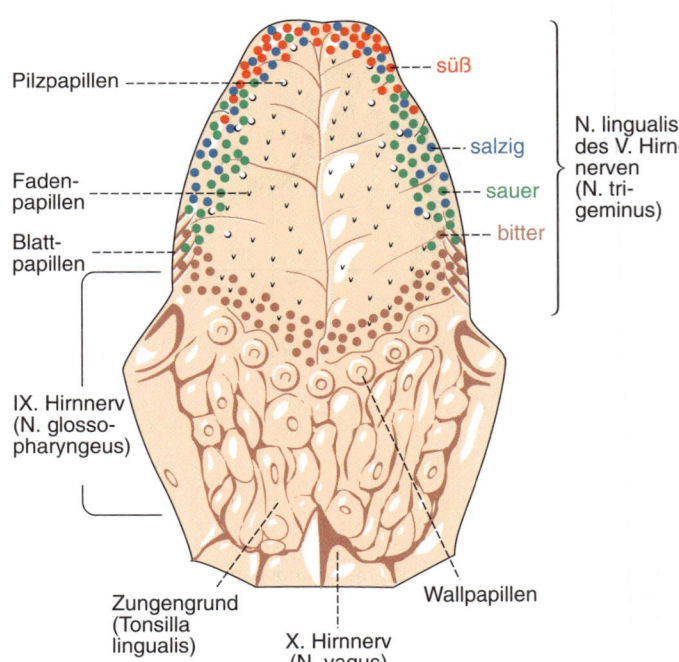

Abb. 5-29 Bereiche des Zungenrückens mit besonderer Empfindlichkeit gegenüber verschiedenen Geschmacksqualitäten.

5 Sensorisches System

Gustatorisches System: Schmecken 5.7

Abb. 5-30 Papillen und Geschmacksknospen der Zunge.
A: Ausschnitt aus dem Zungenrücken bei Lupenvergrößerung.
B: Geschmacksknospen im Epithel der Wallpapillen.
C: Bau von Geschmacksknospen.

neszellen tragen kleine Stiftchen (Geschmacksstiftchen), die in den Geschmacksporus hineinragen. Sie kommen in Kontakt mit den Geschmacksstoffen, die durch das Sekret spezieller Spüldrüsen immer wieder von den Geschmacksknospen weggespült werden. An ihrer Zellbasis haben die Sinneszellen Kontakt mit afferenten Nervenfasern (Geschmacksfasern). Typisch für die Sinneszellen der Geschmacksknospen ist ihre häufige Erneuerung (Regeneration) durch Mitose basal gelegener Zellen. Die **Lebensdauer** der Rezeptorzellen beträgt nur etwa zehn Tage. Daher müssen sich dauernd neue Kontakte zu den abführenden Nervenfasern bilden.

5.7.3 Umformung der Geschmacksempfindung in neuronale Erregungen

Die Geschmacksstoffe lagern sich an umschriebene Stellen der Rezeptormembran (Akzeptoren) an. Dadurch entstehen in den Rezeptoren Erregungen, die über die angeschlossenen Nervenfasern weitergeleitet werden. Die endgültige Nervenfasererregung wird sowohl von der Art als auch von der Konzentration eines Geschmacksstoffes bestimmt. Die Information für eine komplexe Geschmacksempfindung (z.B. ein „Festeres") wird erst durch das Aktivitätsmuster zahlreicher Fasern geliefert.

5.7.4 Weiterleitung der gustatorischen Informationen zum Gehirn

Die afferenten Geschmacksfasern verteilen sich auf drei Hirnnerven (Abb. 5-31):
– VII. Hirnnerv (N. facialis) für die vorderen zwei Drittel der Zunge
– IX. Hirnnerv (N. glossopharyngeus) für hinteres Zungendrittel und Gaumen mit Rachen
– X. Hirnnerv (N. vagus) für den Bereich des Kehlkopfeingangs.

Alle afferenten Nerven gelangen zu einem langgestreckten Kerngebiet (Nucleus solitarius) im verlän-

Abb. 5-31 Leitungsbahnen für Impulse der Geschmacksknospen bis zur Großhirnrinde.

gerten Mark. Die Erregungen verlaufen von dort zum Thalamus und weiter in das Zungenfeld der hinteren Zentralwindung der Großhirnrinde. Hier werden bewußte Geschmacksempfindungen erarbeitet. Von der „Geschmacksbahn" zur Hirnrinde zweigen an verschiedenen Schaltstationen Erregungen zu anderen Teilen des Nervensystems und besonders zum vegetativen Nervensystem ab (s. Kap. 12 „Vegetatives Nervensystem"). Durch diese Verbindungen werden wichtige Funktionen wie Speichel- und Magensaftsekretion geregelt.

5.8 Olfaktorisches System: Riechen

> Die Rezeptoren des olfaktorischen Systems befinden sich im oberen Abschnitt der Nasenhöhle. Sie werden durch in der Luft schwebende Partikel (Duftstoffe) erregt. Die Rezeptorerregungen gelangen nicht zu fest umrissenen Hirnrindenfeldern, sondern zu verschiedenen Hirnstrukturen.

5.8.1 Der Reiz für das olfaktorische System: Duftstoffe

Im olfaktorischen System werden die Rezeptoren durch in der Luft schwebende Partikel (**Duftstoffe**) erregt. Im Gegensatz zum gustatorischen ist es im olfaktorischen System nicht möglich, Grundempfindungen klar voneinander abzutrennen. Man hat jedoch Duftklassen oder sog. **Primärgerüche** aufgestellt. So unterscheidet man die Geruchsqualitäten „blumig", „faulig", „schweißig", „stechend" und andere. Dabei können chemisch verwandte Stoffe verschiedene Grundempfindungen und chemisch verschiedene Stoffe verwandte Grundempfindungen auslösen. Die meisten Geruchsempfindungen des täglichen Lebens werden durch eine Mischung von verschiedenen Primärgerüchen hervorgerufen.

5.8.2 Bau des olfaktorischen Systems

Die Rezeptoren des olfaktorischen Systems befinden sich in der **Riechschleimhaut** (Abb. 5-32). Die Riechschleimhaut (Regio olfactoria) ist ein abgrenzbarer Teil der Nasenschleimhaut mit einer Ausdehnung von etwa 5 cm^2. Sie liegt seitlich auf der oberen Nasenmuschel, medial im oberen Abschnitt der Nasenscheidewand und unterhalb der Siebplatte der Schädelbasis. Das Riechepithel besteht aus Sinneszellen und Stützzellen (Abb. 5-33). Die Riechhaare der Sinneszellen ragen über die Epitheloberfläche in die Nasenhöhle hinein. Die Riechschleimhaut ist nicht dem normalen Atemstrom ausgesetzt, sondern wird nur durch Luftwirbel erreicht. Beim „Schnüffeln" wird durch stärkere Verwirbelung ein intensiverer Kontakt mit der Atemluft ermöglicht. Die an der Epithelbasis abgehenden Nervenfasern sind Fortsätze der Sinneszellen. Sie bilden die Riechfäden (Fila olfactoria).

5.8.3 Umformung der Geruchsempfindungen in neuronale Erregungen

Die Duftstoffe lagern sich an umschriebenen Stellen der Rezeptormembran an. Dadurch entstehen in den Rezeptoren Erregungen, die die Impulsfrequenz der angeschlossenen Nervenfasern bestimmen. Die endgültige Nervenfasererregung wird sowohl von der Art als auch von der Konzentration eines Duftstoffes bestimmt. Bei längerer Anwendung eines Duftstoffes in gleichbleibender Konzentration tritt eine deutliche Adaptation (**Gewöhnung**) auf, die bis zum völligen Erlöschen der Rezeptorantwort reicht (Kap. 5.1.4). Eine Geruchsempfindung klingt also rasch ab; man „gewöhnt" sich an einen Geruch.

5.8.4 Weiterleitung der olfaktorischen Informationen zum Gehirn

Die Riechfäden verbinden die Riechzellen mit den Riechkolben (Bulbus olfactorius), die beiderseits der Mittellinie zwischen Stirnlappen des Großhirns und der Schädelbasis gelegen sind (Abb. 5-33). Der Bulbus setzt sich als Tractus olfactorius fort. Dieser teilt sich in zwei Stränge, die in verschiedenen Hirnstrukturen des **Stirn**- und **Schläfenlappens** enden. Hier entstehen bewußte

5 Sensorisches System

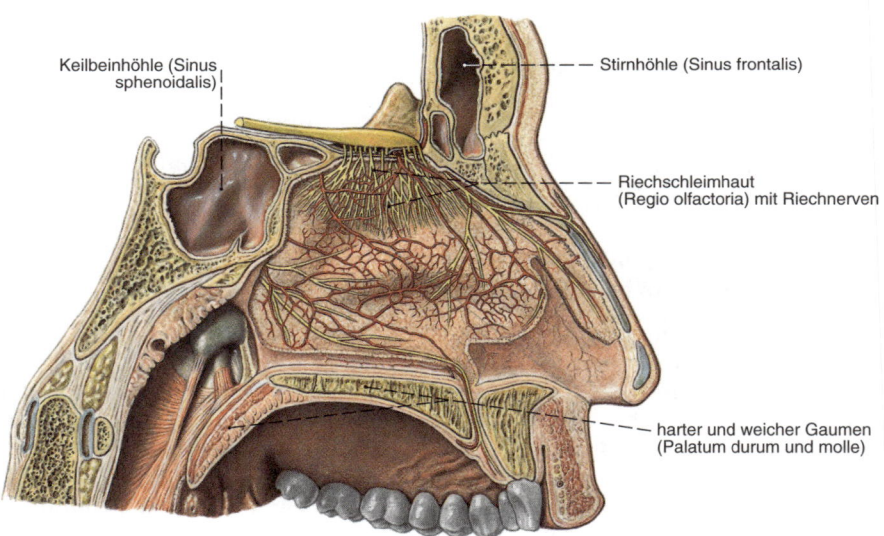

Abb. 5-32 Riechschleimhaut der Nase mit Riechnerven.
A: Laterale Nasenschleimhaut der linken Nasenhöhle, Schleimhaut im Bereich der oberen und mittleren Nasenmuschel teilweise entfernt.
B: Mediale Nasenwand (Nasenscheidewand), Schleimhaut größtenteils entfernt.

Geruchsempfindungen und -wahrnehmungen. Von den olfaktorischen Projektionskernen zweigen Erregungen ab, die wie beim gustatorischen System Sekretionsreflexe im Magen-Darm-Kanal (s. Kap. 7 „Verdauungssystem und Resorption") vermitteln. Schließlich bestehen vom olfaktorischen System Verbindungen zu Hirnstrukturen, die für die Gefühlsbetonung (Affektbetonung) der Geruchsempfindungen verantwortlich sind („man kann jemanden nicht riechen").

5 Sensorisches System

Efferente Kontrolle, Erregungsbegrenzung und Kontrastbildung 5.9

Abb. 5-33 Riechbahn.
A: Leitungsbahnen für Impulse der Riechzellen bis zur Großhirnrinde.
B: Riechzellen im Epithel der Riechschleimhaut.

5.9 Efferente Kontrolle, Erregungsbegrenzung und Kontrastbildung

> Die aufgenommene Information aus der Umwelt durchläuft die Kette Reiz-Rezeptor-Nervenfaser-Rückenmark und/oder Gehirn. Dieser afferente Signalfluß wird durch Impulse kontrolliert, die aus dem Gehirn in Richtung Rezeptor fließen (efferenter Signalfluß). So wird die Funktion des sensorischen Systems an den augenblicklichen „Bedarf" des Körpers angepaßt und eine Auswahl getroffen.

5.9.1 Efferente Kontrolle

Die vielfältigen Informationen aus der Umwelt und aus dem eigenen Organismus werden durch verschiedene Rezeptoren aufgenommen, über einige Umschaltstationen weitergeleitet und schließlich in der Hirnrinde abgebildet (Abb. 5-34, 5-36). Da die Hirnrinde der Zielbereich der Erregungsleitung in den sensorischen Teilsystemen ist, spricht man von einer **afferenten Erregungsleitung** oder von afferenten Teilsystemen. Neben dem Hauptsignalfluß vom Rezeptor zur Hirnrinde gibt es im sensorischen

System auch noch einen Erregungsfluß in umgekehrter (efferenter) Richtung. Über diesen wird die **efferente Kontrolle** ausgeübt.

Die efferente Kontrolle kann auf allen Stufen eines afferenten Systems angreifen (Abb. 5-34):
- am Reiz: z.B. im Auge Beeinflussung des Lichteinfalls durch Weitenänderung der Pupille und Einstellung der Abbildungsschärfe auf der Netzhaut durch Formänderungen der Linse (Kap. 5.3); z.B. im Ohr Dämpfung der Schallübertragung durch Anspannung von Trommelfell und Steigbügelmembran (Kap. 5.4)
- am Rezeptor: z.B. in den Muskelspindeln Dehnung bzw. Entdehnung des Rezeptorareals durch Zusammenziehung bzw. Erschlaffung der kontraktilen Endstücke (s. Kap. 6 „Motorisches System")
- am 2. und 3. Neuron der afferenten Bahnen im Rückenmark und Gehirn: z.B. Förderung oder Hemmung der Informationsweitergabe an den Synapsen (s. Kap. 4 „Nervensystem – Allgemeine Grundlagen").

Durch die efferente Kontrolle ist der Organismus in der Lage, das sensorische System auf die jeweiligen Umweltbedingungen einzustellen. Er kann sich auf „wichtige" Informationen konzentrieren und „nebensächliche" unterdrücken.

5.9.2 Erregungsbegrenzung

Jedes sensorische Teilsystem steht mit zahlreichen Hirnstrukturen in Verbindung. Eine Erregung, die an einem Rezeptor startet, breitet sich jedoch nicht in jedem Fall über alle angeschlossenen Hirnstrukturen aus. Eine solche unbegrenzte Erregungsausbreitung kann z.B. bei einem epileptischen Anfall auftreten und dadurch zum Zusammenbruch der gesamten Hirnfunktion führen. In der Regel bleibt die Erregungsausbreitung auf einen „Sinneskanal" beschränkt. Für diese Erregungsbegrenzung ist zum einen die **efferente Kontrolle** im Rückenmark und Gehirn verantwortlich. Zum anderen ist die Erregungsbegrenzung darauf zurückzuführen, daß in den sensorischen Teilsystemen die Erregungen zahlreicher parallel verlaufender Nervenzellketten auf nur eine zusammengeführt werden (**Konvergenzprinzip**).

Abb. 5-34 Efferente Kontrolle des Hauptsignalflusses vom Rezeptor zur Großhirnrinde. Der Hauptsignalfluß kann auf allen Stufen durch (efferente) Impulse, die aus dem zentralen Nervensystem kommen, kontrolliert werden.

5.9.3 Kontrastbildung

Innerhalb eines Sinneskanals sind in Richtung des Hauptsignalflusses auch aktive Hemmungsprozesse wirksam. Sie bewirken, daß die Neuronenketten, die den Haupterregungsfluß leiten, mit Nervenzellen verbunden sind, die den Erregungsfluß in den benachbarten Nervenzellketten hemmen (Abb. 5-35). Auf diese Weise wird der afferente Erregungsfluß von einem Hemmungssaum umgeben. Diese sog. laterale Hemmung hebt Aktivitätsunterschiede in den Neuronenketten hervor und bewirkt eine Kontrastbildung und sogar eine Kontrastüberhöhung. Die Abbildungsschärfe eines an den Rezeptoren ausgelösten Erregungsmusters nimmt so auf den verschiedenen Stufen der sensorischen Teilsysteme zu.

5.10 Sensorische Assoziationssysteme: Bewußte Wahrnehmung

> **Z** Bei der Verarbeitung der Sinnesempfindungen im Gehirn werden die neu aufgenommenen Informationen mit bereits gespeicherten in Verbindung gebracht und verglichen („assoziiert"). Dadurch erhalten die Sinneseindrücke ihre Bedeutungen. **Z**

Abb. 5-35 Kontrastbildung durch laterale Hemmung.
Die Frequenz der Aktionspotentiale in den Neuronenketten (1 bis 5) ist durch die Anzahl der Querstriche auf den Fasern angezeigt.
A: Neuronenkette ohne inhibitorische Neurone.
B: Neuronenkette mit inhibitorischen Neuronen.
grün = exzitatorische Neurone
rot = inhibitorische Neurone
Durch die Wirkung der inhibitorischen Neurone ist bei den Zielneuronen die Aktivierungszone von einem Hemmsaum umgeben.

Abb. 5-36 Zusammenfassung aller primären Projektionsfelder in der Großhirnrinde.

Die Erregungen, die an den verschiedenen Rezeptoren ausgelöst werden, gelangen in umschriebene Felder der Hirnrinde (Abb. 5-36). Diese Hirnrindenfelder werden als primäre Projektionsareale bezeichnet. In ihnen erfolgt eine Abbildung der Umwelt und des Organismus in Form von Nervenzellaktivität.

Neben den primären Projektionsarealen der Hirnrinde sind weitere **Cortexareale**, die wechselseitige Verbindung mit den Kernen des Thalamus haben, an der Informationsverarbeitung beteiligt (Abb. 5-37). Ihre Aufgabe besteht darin, die Bedeutung von Sinnesempfindungen zu erkennen. Weil dazu gespeicherte Informationen (Kap. 5.11) mit neu aufgenommenen Informationen in Verbindung gebracht und verglichen („assoziiert") werden, bezeichnet man diese Rindengebiete als Assoziationsareale oder **Assoziationsfelder**.

Ein Ausfall der Assoziationsfelder der Hirnrinde hat zur Folge, daß der „Inhalt" von Sinnesempfindungen nicht wahrgenommen werden kann. Dieses Erkennungsunvermögen bezeichnet man als Agnosie. Sind die visuellen Assoziationsfelder gestört, so können vertraute Gegenstände zwar noch gesehen, aber nicht erkannt werden (Kap. 5.3); sind die auditorischen Assoziationsfelder gestört, so können gewohnte Geräusche zwar noch gehört, aber nicht in ihrer Bedeutung erfaßt werden (Kap. 5.4).

An bewußten Wahrnehmungen mit Gestalterkennen ist neben den Projektions- und Assoziationsarealen auch noch ein afferentes System beteiligt, das an vielen Stellen des Rückenmarks und Gehirns seinen Ursprung hat. Es wird im wesentlichen durch die sog. **Retikulärformation** gebildet. Diesem System fließen aus allen sensorischen Teilsystemen Erregungen zu. Es besitzt eine dif-

Abb. 5-37 Sensorische Assoziationssysteme. Primäre Projektionsfelder und die zugehörigen Assoziationsfelder des auditorischen und des visuellen Systems sowie des Systems der somato-viszeralen Sensibilität.

fuse Ausstrahlung in die Hirnrinde (unspezifisches System). Seine Hauptbedeutung besteht darin, das Aktivitätsniveau der verschiedenen Rindenareale einzustellen. Damit kann die „Aufmerksamkeit" auf einzelne „Sinneskanäle" gelenkt werden, während andere im „Untergrund" steckenbleiben. So ist es möglich, daß Zahnschmerzen beim Lesen eines spannenden Buches vorübergehend nicht bewußt werden.

5.11 Lernen und Gedächtnis

> **Z** Die Speicherung der Sinnesinformationen erfolgt in der Hirnrinde. Dabei werden verschiedene Gedächtnisformen durchlaufen, das sensorische Gedächtnis (Momentangedächtnis), das Kurzzeitgedächtnis (Frischgedächtnis) und das Langzeitgedächtnis (Dauergedächtnis). **Z**

5.11.1 Speicherung der Reize im Gedächtnis

Im sensorischen System wird ein Reiz, der aus der Umwelt oder aus dem Körper selbst kommt, durch Erregungen der Nervenzellen in der Hirnrinde abgebildet. Dieser Vorgang vollzieht sich in Bruchteilen einer Sekunde. Da man sich an einen Reiz noch zu einem späteren Zeitpunkt erinnern kann, muß der Erregungsvorgang im Nervenzellverband eine „Spur" (**Engramm**) hinterlassen. Diese Spur bildet die Grundlage des Gedächtnisses.

Die Sinnesinformationen werden in mehreren Schritten gespeichert. Die dabei stufenweise durchlaufenen Gedächtnisformen (Abb. 5-38) unterscheiden sich in ihrem Fassungsvermögen und in der Dauer der Informationsspeicherung:

– **sensorisches Gedächtnis** (Momentangedächtnis): In dieser Stufe werden die aktuellen Sinneseindrücke für ½ bis 1 Sekunde aufbewahrt. Anschließend verblassen sie wieder (Vergessen). Dabei können sie mit Bezeichnungen belegt werden („Beschreibung"; Verbalisierung).
– **Kurzzeitgedächtnis** (primäres Gedächtnis, Frischgedächtnis): Diese Gedächtnisstufe erhält ihre Informationen aus dem sensorischen Gedächtnis. Die Speicherdauer beträgt Minuten bis Stunden. Der Speicherinhalt wird vergessen, wenn neue Informationen die alten verdrängen.
– **Langzeitgedächtnis** (Dauergedächtnis): Durch Wiederholen von Informationen (Üben) wird der Inhalt des Kurzzeitge-

Abb. 5-38 Verschiedene Gedächtnisformen zur Informationsspeicherung im Zentralnervensystem

5 Sensorisches System

dächtnisses in das Langzeitgedächtnis übertragen. Dieses Gedächtnis kann große Datenmengen, wie den Wortschatz von Sprachen, über Jahre und gegebenenfalls für das ganze Leben speichern.

5.11.2 Ort des Gedächtnisses

Welche Stellen des Gehirns für die verschiedenen Gedächtnisformen verantwortlich sind, ist noch nicht völlig geklärt. Es wird angenommen, daß alle Gedächtnisformen in der **Hirnrinde** anzutreffen sind. Sensorische Speicher finden sich danach vor allem im Bereich der primären sensorischen Projektionsfelder. Für das Kurzzeitgedächtnis und das Langzeitgedächtnis sind wahrscheinlich die benachbarten Assoziationsfelder von Bedeutung. Bei der Übertragung von Inhalten aus dem Kurzzeitgedächtnis in das Langzeitgedächtnis scheinen darüber hinaus der **Hippocampus** und andere Strukturen des sog. **limbischen Systems** beteiligt zu sein (s. Abb. 4-14).

5.11.3 Gedächtnisbildung/Lernen

Die Vorgänge, die der Gedächtnisbildung zugrunde liegen, sind ebenfalls noch nicht endgültig geklärt. Für das sensorische Gedächtnis und für Teile des Kurzzeitgedächtnisses wird angenommen, daß die Informationen in Form von **kreisenden Erregungen** gespeichert werden. Innerhalb eines bestimmten Zeitraumes, der vermutlich in der Größenordnung von Minuten liegt, scheint die Aufbewahrung der Information in Form von Erregungen in eine dauerhafte Speicherung überzugehen, die mit einem Umbau von Nervenzellstrukturen auf molekularer Ebene verknüpft ist.

K Bei einem Ausfall der Hirnfunktion, z.B. bei einer Gehirnerschütterung (Commotio cerebri), können Gedächtnislücken auftreten. Sie beschränken sich nicht auf die Dauer der Bewußtlosigkeit, sondern betreffen auch zeitlich davor liegende Ereignisse. Diese sog. **retrograde Amnesie** kann eine Zeitspanne von mehreren Minuten bis zu Stunden umfassen. **K**

Die klinische Beobachtung steht in Einklang mit der Vermutung, daß das sensorische Gedächtnis und das Kurzzeitgedächtnis in Form von kreisenden neuronalen Erregungen vorliegen, die bei der Gehirnerschütterung unterbrochen werden.

K Im Rahmen von Krankheiten kann auch die Übertragung der Gedächtnisinhalte vom sensorischen Gedächtnis und Kurzzeitgedächtnis in das Langzeitgedächtnis gestört sein. Damit ist die langfristige Gedächtnisbildung erheblich beeinflußt (**anterograde Amnesie**). **K**

Die Möglichkeit zur Gedächtnisbildung ist die Voraussetzung für jeden **Lernprozeß**. Die ersten Einblicke in die Mechanismen des Lernens haben die Untersuchungen der sog. bedingten Reflexe gegeben. Im Beispiel der Abb. 5-39 wird einem Tier Futter angeboten. Darauf sondert das Tier im Rah-

Abb. 5-39 Entwicklung eines bedingten Reflexes. Zeilen 1 bis 4: Zeitlicher Verlauf einer Konditionierung.

men eines unbedingten Reflexes Speichel ab (Zeile 1). In derselben Situation löst dagegen ein Tonimpuls keine Speichelsekretion aus (Zeile 2). Im weiteren wird nun die Verabreichung von Futter mit dem Tonimpuls gekoppelt (Zeile 3). Zu Beginn des Versuches ist dabei nur die Fütterung des Tieres als Reiz wirksam. Nach wiederholter Anwendung derselben Reizkombination genügt schließlich der Tonimpuls allein, um eine Speichelsekretion hervorzurufen. Neben dem angeborenen, unbedingten Sekretionsreflex, der auf die Darbietung von Futter zurückzuführen ist, hat sich damit ein neuer, durch den Tonimpuls bedingter Reflex entwickelt (Zeile 4). Ein solcher Vorgang wird auch als **Konditionierung** bezeichnet. Konditionierungsvorgänge haben bei zahlreichen vegetativen Reaktionen im alltäglichen Leben eine große Bedeutung (Speichel- und Magensaftsekretion bei Ertönen eines Gongs, der gewöhnlicherweise zum Essen ruft).

Lernkontrolle

1. Nennen und erläutern Sie 6 Funktionen des sensorischen Systems.
2. Beschreiben Sie den Schichtaufbau der Haut.
3. Welche Funktionen haben folgende Strukturen: Augenlider, Tränendrüse, Pupille?
4. Welche Faktoren beeinflussen die Sehwahrnehmung?
5. Beschreiben Sie den Weg einer Schallwelle vom äußeren Ohr bis zum Innenohr.
6. Durch eine Hirnblutung können Störungen beim Sprechen und im Sprachverständnis entstehen. Welche Verbindung besteht zwischen diesen Symptomen und dem Hörvorgang?
7. Welcher Nerv verbindet die Rezeptoren des vestibulären Systems mit dem Gehirn?
8. Zeichnen Sie eine Zunge und markieren Sie an den entsprechenden Stellen die typischen Geschmacksempfindungen.
9. Erklären Sie das Phänomen, daß ein Patient etwas sehen kann, die Bedeutung des Gesehenen aber nicht erkennt.
10. Welche Bedeutung haben die „Assoziationsfelder" im Gehirn?

Auflösung des Fallbeispiels

▲ Lumbales Nervenwurzelreizsyndrom („Bandscheibensyndrom")

Krankheitsbild: Dem Bandscheibensyndrom liegen häufig Veränderungen der Zwischenwirbelscheiben zugrunde. Degenerative Veränderungen im Bandapparat der Wirbelsäule sowie in den Zwischenwirbelscheiben können zu einem Vorfall von Bandscheibenmaterial führen (Näheres zu Bandscheiben s. Kap. 6). Ein solches Ereignis kann medial oder lateral die Spinalwurzeln komprimieren und u.a. zu einer Störung des sensorischen Systems führen.

Vorkommen und Häufigkeit: Degenerative Veränderungen im Bereich der Wirbelsäule äußern sich in zahlreichen Symptomen. Führende Symptome sind Lumbago (Hexenschuß) und Ischias (Hüftschmerz).

Diagnostik: Die Patienten klagen über akuten Beschwerdebeginn, oft im Zusammenhang mit ungewohnter körperlicher Belastung. Aus der Belastung resultiert ein lokal begrenzter Schmerz mit Bewegungsblockade in dem betroffenen Wirbelsäulenabschnitt. Die Bewegungsblockade ist häufig mit einer Schonhaltung verbunden. Durch Bewegungen oder Druckerhöhung beim Husten, Niesen, Pressen kann der Schmerz provoziert werden. Bei der neurologischen Untersuchung können Dehnungsschmerz der entsprechenden Nervenwurzel, Reflexabschwächung bis Reflexverlust sowie Lähmungen beobachtet werden.

Therapie: In mehr als 80% ist mit konservativen Maßnahmen ein befriedigendes Ergebnis zu erzielen. Die Maßnahmen umfassen Bettruhe, je nach Patientenempfinden als Stufenbettlagerung (beim Patienten in Rückenlage werden durch Unterlegen von Schaumstoffquadern die Beine im Hüftgelenk um 90° flektiert, im Kniegelenk ebenfalls), Wärme (Rotlicht, Fango-Packungen) und Analgetika.

Motorisches System

6

Der Organismus steht mit der Umwelt in einer Wechselwirkung. Während das sensorische System Umwelteinflüsse aufnimmt, kann der Organismus mit dem motorischen System Einfluß auf die Umwelt nehmen. Für die Wirkung des motorischen Systems steht dem Körper mit den Muskelfasern ein spezieller Zelltyp zur Verfügung. Er zeichnet sich dadurch aus, daß er seine Länge ändern und Kraft entfalten kann.

Die Muskulatur ist im Zusammenspiel mit dem Skelett dazu in der Lage, dem Körper eine Haltung zu verleihen (Stütz- und Haltemotorik) und zielgerichtete Bewegungen auszuführen (Zielmotorik). Diese Aktivitäten stehen unter der Kontrolle des Nervensystems.

Abb. 6-0 Skelett und Muskulatur in der Ansicht von vorne mit Darstellung der wichtigsten oberflächlichen (rechte Körperseite) und tiefen (linke Körperseite) Nerven und Blutgefäße.

Fallbeispiel

Eine 26jährige leitende Stationsschwester freut sich auf den Urlaub. Schon seit einigen Monaten fühlt sie sich völlig überarbeitet. Selbst beim Treppensteigen, das ihr früher gar nichts ausgemacht hatte, merkte sie, daß zwar Herz und Lunge mitmachten, aber ihre Beine immer schwerer wurden. Oft fühlte sie sich am Ende einer Schicht so erschöpft, daß sie weder lesen noch fernsehen mochte, alle Bilder verschwammen vor ihren Augen. Der Augenarzt, den sie deswegen aufgesucht hatte, hatte nichts Auffälliges feststellen können.

Die im Urlaub erhoffte Erholung stellte sich nicht ein. Schon nach einem Weg von 200 m bis zum Strand mußte sie sich längere Zeit ausruhen. An Schwimmen, Spazierengehen, Tanzen war nicht zu denken. Außerdem mochte sie nichts essen; beim Schlucken fester Speisen hatte sie das Gefühl, einen Kloß im Hals zu haben. Sie wunderte sich nicht, während der drei Wochen 5 kg abgenommen zu haben. Einige Wochen später kommen die Eltern zu Besuch. Ihnen fällt der teilnahmslos, mürrisch-abweisend wirkende Gesichtsausdruck der Tochter auf, die sonst immer engagiert und lebhaft war. Nach längeren Diskussionen entschließt sie sich, einen Internisten aufzusuchen. Da sich kein Hinweis auf eine internistische Erkrankung ergibt, wird sie zur Abklärung der geklagten Schwäche des Skelett- und Bewegungsapparates an einen Orthopäden überwiesen, der nach gründlicher Untersuchung empfiehlt, einen Neurologen zu Rate zu zeihen. Die Verdachtsdiagnose, die der Neurologe aufgrund der Anamnese stellt, läßt sich mit dem Ergebnis der Ableitung von Muskelpotentialen (elektromyographische Untersuchung) gut vereinbaren und danach durch eine Untersuchung des Blutes bestätigen.
Diagnose und Therapie s.S. 233.

6 Motorisches System

Allgemeine Motorik: Bauelemente und Grundfunktionen 6.1

6.1 Allgemeine Motorik: Bauelemente und Grundfunktionen

> Das motorische System setzt sich aus Knochen, Gelenken und Muskulatur zusammen. In den Gelenken können die Knochen durch Verkürzungen der Muskeln gegeneinander bewegt werden. Die Muskeltätigkeit steht unter der Kontrolle des Nervensystems.

6.1.1 Allgemeine Motorik: Knochen

▲ **Knochenaufbau**

Die Knochen des Körpers zeigen eine recht unterschiedliche, für jede Region charakteristische Form und Größe. Der Aufbau von Knochen wird am Beispiel eines **Röhrenknochens**, wie er vor allem in den Extremitäten vorkommt, erläutert (Abb. 6-1):

Ein Röhrenknochen besteht aus dem Schaft (**Diaphyse**) und zwei verdickten Endstücken (Epiphysen). Das rumpfnahe Endstück heißt **proximale**, das rumpfferne **distale Epiphyse**. Die Diaphyse ist hohl. Sie besteht aus einem zylindrischen Mantel mit kompakter Knochensubstanz (Compacta, Corticalis) und einer von diesem Knochenmantel umschlossenen Markhöhle, die mit Knochenmark ausgefüllt ist. Zu den Epiphysen hin sowie innerhalb der Epiphysen ist das Innere des Röhrenknochens von einem Geflecht feinster Knochenbälkchen (**Spongiosa**) erfüllt, in deren Spalten sich ebenfalls Knochenmark befindet. Die Anordnung oder Architektur der Knochenbälkchen verläuft entsprechend den Belastungsverhältnissen, entspricht also der Zug- und Druckbeanspruchung. Typisches Beispiel für diese Spongiosaarchitektur bieten Kopf (proximale Epiphyse) und Hals des Oberschenkelknochens, auf dem die ganze Last des Rumpfes ruht (Abb. 6-2). Bei veränderter Druck- oder Zugbelastung werden die Knochenbälkchen bedarfsgerecht umgebaut. Die Epiphysen tragen einen knorpeligen Überzug, den **Gelenkknorpel**. Außerhalb der Gelenkflächen ist der ganze Knochen von der Knochenhaut (**Periost**) überzogen (Abb. 6-1, 6-2). Das Periost ist mit der Knochensubstanz durch Fasern verbunden. Mit seinen Blutgefäßen ernährt es die Knochen. Das Periost hat durch seine Möglichkeit, Knochen zu bilden, einen wesentlichen Anteil am Wachstum und auch am Heilen von knöchernen Verletzungen. Die kurzen und die platten Knochen haben

Abb. 6-1 Bau eines Röhrenknochens (linker Oberarmknochen, Humerus).
A: Ansicht von vorn ohne Knochenhaut.
B: Längsschnitt mit Knochenhaut, Gelenkknorpel und Knochenmark.

149

keine Markhöhle wie die Röhrenknochen. Unter einer kompakten Außenschicht (Rinde, Corticalis) liegt ein dichtes Maschennetz von Knochenbälkchen (z.B. Brustbein). Das **rote Knochenmark**, das sich beim Kleinkind in allen Knochen befindet, kommt beim Erwachsenen nur in platten und kurzen Knochen sowie in den Epiphysen der Röhrenknochen vor. Es ist fähig, Blutkörperchen zu bilden. **Gelbes Knochenmark** (Fettmark) füllt die Diaphysen von Röhrenknochen aus (s. Abb. 11-3).

Der Knochen ist nach dem Zahnbein das härteste und festeste Gewebe, ist aber dennoch elastisch. Er ist wasserarm, enthält eingelagert in die Grundsubstanz Calcium, Magnesium (als Phosphate) und andere anorganische Salze, die gewissermaßen das Gerüst des Knochens darstellen. Die organischen Elemente sind durch die Knochenzellen und

Abb. 6-2 Innere Struktur von Knochen.
A: Anordnung der Knochenbälkchen in der Spongiosa von Kopf- und Halsbereich des Oberschenkelknochens.
B: Linien der Biege- und Druckbelastung im Kopf- und Halsbereich des Oberschenkelknochens entsprechen dem Verlauf der Spongiosabälkchen in A.
C: Compacta und Spongiosa bei Lupenvergrößerung. Compacta aus zylindrischen Bauelementen, die in Längsrichtung des Knochens verlaufen und zentrale Versorgungskanälchen mit Blutgefäßen besitzen. Spongiosa mit grobmaschigem Geflecht aus Knochenbälkchen.

die von ihnen gebildete Grundsubstanz vertreten (s. Kap. 3 „Zellen und Gewebe").

Die knochenbildenden Zellen nennt man **Osteoblasten**, von Knochensubstanz umgebene Zellen **Osteozyten** und knochenabbauende Zellen **Osteoklasten**. Knochenabbauende und knochenaufbauende Zellen sorgen dafür, daß Knochen permanent umgebaut wird; normalerweise halten sich diese Vorgänge beim Erwachsenen die Waage. Bei einigen Erkrankungen, bei Minderbeanspruchung, bei Frauen nach der Hormonumstellung (Menopause) oder im höheren Alter können Abbauvorgänge überwiegen, wodurch sich die Knochenbruchgefahr erhöht (Osteoporose).

▲ Entwicklung und Wachstum des Knochens

Im Laufe der Embryonalentwicklung werden fast alle Knochen zunächst knorpelig vorgebildet (**Knorpelstadium**; Abb. 6-3). Danach wandelt sich dieses knorpelige Skelett (mit Ausnahme der gelenkbildenden Oberflächen, die zum **Gelenkknorpel** werden) in ein knöchernes Skelett um. Diese Verknöcherung ist bei der Geburt bereits im Gange und endet erst mit dem Abschluß des Körperwachstums.

Bei der **Verknöcherung** (Abb. 6-3) bildet sich zunächst um den Schaftbereich des knorpeligen Skelettstücks eine röhrenförmige Knochenmanschette wachsender Dicke (perichondrale Verknöcherung). Weiter erfolgt auch innerhalb der knorpeligen Anlage eine Verknöcherung (enchondrale Verknöcherung) unter Ersatz von bestehendem Knorpelgewebe. Die Diaphysen verknöchern zuerst, danach die Epiphysen, in denen sich zentrale Knochenkerne bilden. Das Längenwachstum des Knochens vollzieht sich im Grenzbereich zwischen Diaphyse und Epiphyse (Abb. 6-3). Hier finden sich beim heranwachsenden Knochen schmale Scheiben aus Knorpelgewebe, die Wachstumsfugen oder Epiphysenfugen. In diesen entsteht auf der Epiphysenseite während der Wachstumsperiode durch lebhafte Zellteilung stets neues Knorpelgewebe. Auf der Diaphysenseite wird der frisch gebildete Knorpel fortlaufend abgebaut und durch Knochengewebe ersetzt. Die Knorpelzellen der Epiphysenfuge bleiben bis zum Abschluß des Wachstums teilungsfähig. Indem die Knorpelplatte mit ihren neugebildeten Zellagen gewissermaßen die Epiphysen immer weiter hinausschiebt, verlängert sie damit den Knochen. Das **Dickenwachstum** erfolgt durch das Periost. Es bildet durch Anlagerung von außen immer neue Knochenschichten. Zugleich löst sich von innen der schon gebildete Knochen von der Markhöhle her auf, so daß mit dem Dickenwachstum des Knochens auch der Markhöhlenraum vergrößert wird.

Die verschiedenen Stadien der Knochenentwicklung laufen nicht gleichzeitig im gesamten Skelett ab. Vielmehr gibt es für einzelne Knochen bzw. Regionen ein jeweils charakteristisches zeitliches Muster, z.B. bei der Bildung von Knochenkernen in den Epiphysen der langen Röhrenknochen und in den kurzen Knochen oder bei der Verknöcherung der Wachstumsfugen. Auf diese Weise läßt sich z.B. auf einem Röntgenbild der Hand das Skelettalter eines Kindes oder eine Wachstumsverzögerung bestimmen (vgl. Abb. 6-33, 6-34).

Der harmonische Ablauf von Knochenentwicklung und Wachstum wird von einer Reihe von **Hormonen** gesteuert. Insbesondere sind das Somatotropin des Hypophysenvorderlappens, die Geschlechtshormone oder die Schilddrüsenhormone zu nennen. Wird zu wenig oder zu viel von diesen Wirkstoffen gebildet, so kann dies das Wachstum erheblich stören. Die Frau erreicht ihre Endgröße etwa mit 18 bis 20, der Mann mit 20 bis 22 Jahren.

> **K** Die langen Röhrenknochen der Gliedmaßen sind besonders bruchgefährdet. Bei einem Knochenbruch (**Fraktur**) kann es sich um einen Querbruch, Längsbruch, Einbruch oder Splitterbruch handeln. Die Bruchenden müssen vom Arzt in die richtige Lage zueinander zurückgebracht (reponiert) und ruhiggestellt (fixiert) werden, z.B. mit Gips. Unter diesen Bedingungen bildet sich neues Knochengewebe (**Kallusbildung**) und verbindet die Bruchenden miteinander. Der Heilungsprozeß läßt sich durch eine Verschraubung der Knochenfragmente (Osteosynthese) beschleunigen. Bei Verletzung der Epiphysenfuge ist das Längenwachstum des Knochens gefährdet.

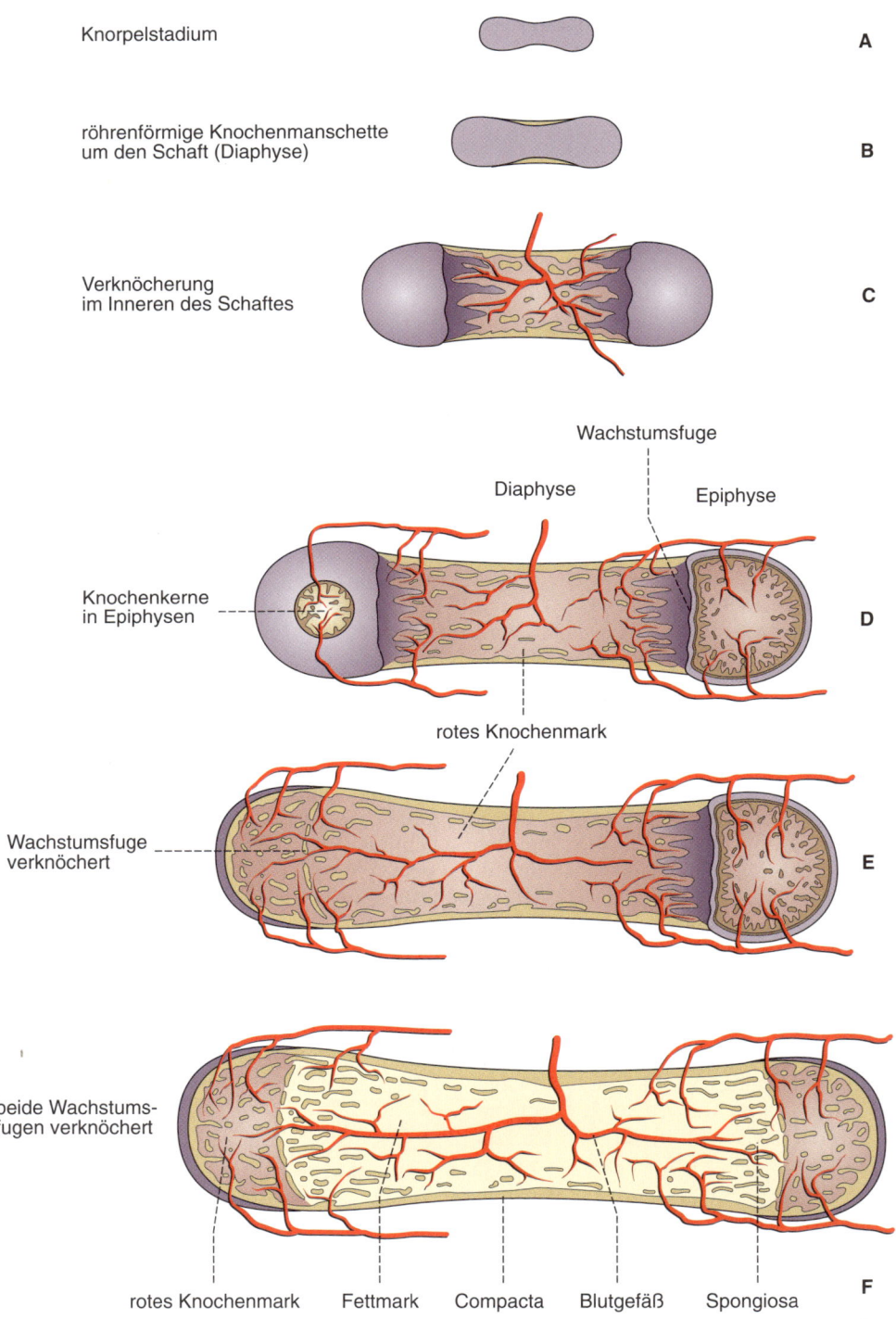

Abb. 6-3 Stadien der Entwicklung und des Wachstums von Röhrenknochen.
A bis C: Knorpelstadium und Verknöcherung im Schaftbereich.
D bis F: Verknöcherung der Epiphysen sowie Entstehung und Verknöcherung der Wachstumsfugen.

6.1.2 Allgemeine Motorik: Gelenke

Die einzelnen Knochen des Skeletts stehen untereinander in einer mehr oder weniger beweglichen Verbindung. Wir unterscheiden Haften oder Fugen von echten Gelenken.

Haften sind Verbindungen mit geringer oder fehlender Bewegungsfreiheit. Haften zwischen zwei Knochen können bestehen aus:
- **Bindegewebe** (Bandhaft); Beispiel: Nähte (Suturen) zwischen den Schädelknochen oder die Einzapfung der Zahnwurzel im Zahnfach.
- **Knorpelgewebe** (Knorpelhaft); Beispiel: die Schambeinfuge zwischen beiden Schambeinen oder die Zwischenwirbelscheiben zwischen den Wirbelkörpern.
- **Knochengewebe** (Knochenhaft); Beispiel: die Verknöcherung von Knorpelhaften im Laufe der Entwicklung wie Epiphysenfugen oder das Kreuzbein, das aus fünf Einzelwirbeln entsteht.

Echte Gelenke sind bewegliche Verbindungen, bei denen die benachbarten Knochen durch einen Spalt voneinander getrennt bleiben und sich nur berühren (Abb. 6-4). Dies gewährleistet eine hohe Beweglichkeit, deren Ausmaß durch den Bau der Gelenkkapsel und die Form der gelenkbildenden Oberflächen festgelegt wird. Charakteristische Bauelemente echter Gelenke sind: Gelenkknorpel, Gelenkkapsel und Gelenkbänder.
- **Gelenkknorpel** überzieht die Knochenenden. Der Knorpelüberzug vermindert durch seine spiegelglatte Oberfläche die auftretende Reibung der Gelenkenden. Dazu verteilt er durch seine Verformbarkeit und Elastizität die auftretenden Druckkräfte und fängt stoßartige Belastungen auf.
- Die **Gelenkkapsel** verbindet die gelenkbildenden Knochen und schließt die Gelenkhöhle nach außen ab. Die innere Schicht der Gelenkkapsel, die Synovialmembran, sondert eine eiweißhaltige, durchsichtige Flüssigkeit (Gelenkschmiere, Synovia) zum besseren Gleiten der Gelenkflächen ab. Die Gelenkschmiere ist auch für die Ernährung des Gelenkknorpels wichtig. Die äußere Schicht der Gelenkkapsel besteht aus straffem Bindegewebe.

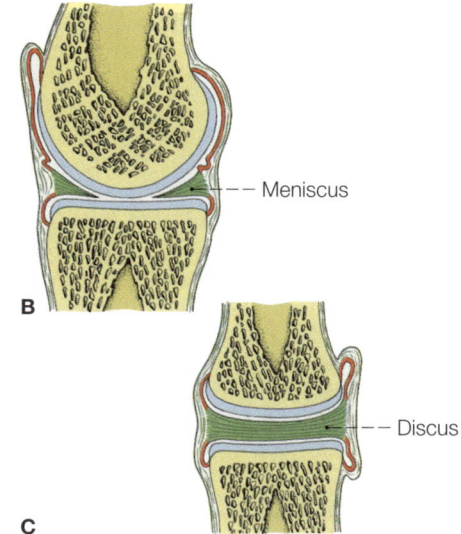

Abb. 6-4 Allgemeiner Aufbau von echten Gelenken.
A: Gelenk mit charakteristischen Bauelementen.
B: Unvollständige Unterteilung eines Gelenks durch knorpeligen Meniscus.
C: Vollständige Unterteilung eines Gelenks durch knorpeligen Discus.

- **Gelenkbänder** aus sehnenartigem Bindegewebe (Ligamenta) verstärken die Gelenkkapsel und sind ihr außen aufgelagert. Ausmaß und Art der Bewegungen in einem Gelenk hängen von der Straffheit oder Schlaffheit der Gelenkkapsel sowie der Bänder ab. Häufig schränken Bänder den Umfang der Gelenkbewegung ein.

> **P** Durch längere Ruhestellung von Gelenken, wie z. B. bei längerer Bettlägerigkeit, kann es zur Schrumpfung von Gelenkkapseln und Gelenkbändern sowie zu einer dauerhaften Verkürzung der Muskeln kommen. Diesen **Kontrakturen** kann durch pflegerische Maßnahmen, wie Lagerung, Bewegungs- und Dehnungsübungen, entgegengewirkt werden. **P**

In einigen Gelenken wird der Gelenkspalt durch Faserknorpel vollständig (**Discus**) oder unvollständig (**Meniscus**) unterteilt (Abb. 6-4). Disci kommen am Kiefergelenk oder am Brustbein-Schlüsselbein-Gelenk, Menisci am Kniegelenk vor.

In der Nähe von Gelenken findet man vielfach **Schleimbeutel**. Das sind mit Gelenkschmiere (Synovia) gefüllte Gewebsspalträume, die – kleinen Wasserkissen vergleichbar – Druckwirkungen auffangen und mildern. Man findet sie dort, wo Muskeln und Sehnen über Knochen reiben oder auch zwischen Haut und Knochen (an Kniescheibe oder Ellenbogen). Die sog. **Sehnenscheiden** haben eine ähnliche Funktion. Sie sind bindegewebige, flüssigkeitsgefüllte Schläuche, durch die die Sehnen, besonders an Abbiegungsstellen und Gelenken, hindurchgleiten (vgl. Abb. 6-41). Sie mindern die Reibung der Gewebe gegeneinander (z.B. Sehnenscheiden der Hand). Übergroße Beanspruchung kann zur Sehnenscheidenentzündung führen.

Die Bewegungen in einem Gelenk lassen sich schematisieren durch die Vorstellung, daß sich die Gelenkbewegung um eine oder mehrere (als ruhend gedachte) Achsen vollzieht. Dabei werden folgende Hauptbewegungen unterschieden, wobei die Bewegungsebene jeweils senkrecht zum Verlauf der Achse steht (Abb. 6-5):

Beugung	= Flexion	z.B. Beugung oder Streckung im Ellenbogengelenk oder Hüftgelenk
Streckung	= Extension	
Abspreizung	= Abduktion	z.B. Abspreizen oder Anziehen in den Grundgelenken der Finger oder des Beins im Hüftgelenk
Anziehung	= Adduktion	
Drehung	= Rotation	z.B. Außen- oder Innenrotation des Arms im Schultergelenk

Bei echten Gelenken ist ein Knochenende häufig als Gelenkkopf vorgewölbt und das andere als Gelenkpfanne entsprechend vertieft.

Die wichtigsten Formen echter Gelenke sind (Abb. 6-5):
- **Scharniergelenke** (z.B. Ellenbogengelenk, Kniegelenk). Bewegung um eine Querachse (quer zum Knochenverlauf, einachsig; Abb. 6-5 A).
- **Dreh- oder Radgelenke** (z.B. Speiche-Ellen-Gelenk). Bewegung um Längsachse (im Knochenverlauf, einachsig; Abb. 6-5 B).
- **Eigelenke** (z.B. proximales Handgelenk, Atlas-Schädel-Gelenk). Bewegung um zwei Achsen (zweiachsig; Abb. 6-5 C).
- **Kugelgelenke** (z.B. Schultergelenk, Hüftgelenk). Bewegung um drei senkrecht aufeinanderstehende Achsen (dreiachsig; Abb. 6-5 D).

Straffe Gelenke sind echte Gelenke. Bei ihnen ist der Bandapparat so kräftig ausgebildet, daß nur geringgradige, federnde Bewegungen möglich sind. Straffe Gelenke finden sich zwischen Hand- und Fußwurzelknochen oder zwischen Kreuzbein und den beiden Darmbeinen.

Die Bestimmung des Bewegungsumfangs von Gelenken ist eine wichtige ärztliche Untersuchung zur Beurteilung der Gelenkfunktion. Ausgangsposition für die Bewegungsmessung ist die **Neutralnullstellung.** Dabei steht der Patient aufrecht mit geschlossenen Füßen und an die Oberschenkel angelegten Handflächen (Daumen vorne).

> **K** Bei ungewöhnlicher mechanischer Beanspruchung sind Gelenke trotz kräftiger Gelenkkapseln und der Verstärkung durch Bänder gefährdet. Tritt z.B. beim „Umknicken" im Sprunggelenk eine Überdehnung der Gelenkkapsel auf, so spricht man von **„Verstauchung"** oder **„Distorsion"**. Sie geht meist mit Zerrung und Blutung im Gelenk einher. Damit sind nicht selten Kapsel- oder Bänderrisse mit Erguß im Gelenk verbunden. Bei einer flachen Gelenkpfanne, wie beim Schultergelenk, kann der Gelenkkopf aus der Pfanne herausgedrückt werden. Man spricht dann von **„Verrenkung"** oder **„Luxation"**. Eine entzündliche Gelenkerkrankung wird **Arthritis**, eine degenerative **Arthrose** genannt. Bei

6 Motorisches System

Allgemeine Motorik: Bauelemente und Grundfunktionen 6.1

Abb. 6-5 Gelenkformen in vereinfachter Darstellung mit Bewegungsachsen und Bewegungsrichtungen (Pfeile) in den jeweiligen Bewegungsebenen.
A: Scharniergelenk.
B: Dreh- oder Radgelenk.
C: Eigelenk.
D: Kugelgelenk.

G Will man dem Verschleißprozeß einer Arthrose vorbeugen, dann sollte man stoffwechselbedingte Risiken vermeiden und das individuell rechte Maß mechanischer Gelenkbelastung zwischen einem „Zuviel" und einem „Zuwenig" an Bewegung herausfinden. Wie eine Extrembelastung kann nämlich auch Bewegungsarmut zu einer erheblichen Einschränkung der Stoffwechselvorgänge im Gelenkknorpel führen und diesen dadurch schädigen. **G**

6.1.3 Allgemeine Motorik: Skelettmuskel

Ein Muskel besteht aus zahlreichen **Muskelfasern**, die bis zu 10 cm lang und bis zu 0,1 mm dick sein können. Jede Muskelfaser ist von einer feinen Hülle aus lockerem Bindegewebe mit Blutkapillaren umgeben. Bindegewebe gliedert auch das Innere des Muskels, indem es Muskelfasern zu Gruppen und Bündeln zusammenfaßt. Nur die Muskelfasern sind verkürzungsfähig. Daher hängt die Muskelkraft von der Zahl der sich kontrahierenden Fasern ab. Sie wächst deshalb mit der Dicke oder dem Querschnitt des Muskels an. In den Bindegewebssepten des Muskels verlaufen und verästeln sich die Blutgefäße und Nerven, die den Muskel versorgen (Abb. 6-6). Den ganzen Muskel überzieht eine gemeinsame Hülle aus straffem Bindegewebe, die **Faszie**. Faszien bilden die Grenzschicht zu benachbarten Geweben (Muskulatur,

beiden Erkrankungen kann es zu einer Schädigung des Gelenkknorpels bis zum völligen Knorpelschwund mit erheblicher Verformung des darunter gelegenen knöchernen Gelenkkörpers kommen.
Am **Verschleißprozeß einer Arthrose** können neben mechanischen Ursachen, wie Fehlstellung oder Verformung von Knochen, auch andere Faktoren, wie Stoffwechselstörungen (Diabetes, Gicht) oder Konsumgifte (Nikotin), eine Rolle spielen, indem sie die Belastbarkeit der Gelenke verringern.
K

Unterhautbindegewebe). Innerhalb der Faszienhülle kann der Muskel bei der Kontraktion hin und her gleiten.

In seiner einfachsten Form zeigt der Muskel eine **spindelähnliche Gestalt** mit einem Muskelbauch, der sich zu beiden Seiten hin verjüngt und jeweils in Endsehnen übergeht (Abb. 6-6). **Sehnen** bestehen aus parallelfaserigem, Faszien aus netzartig angeordnetem Bindegewebe. Sehnen können unterschiedliche Formen haben. Oft sind sie rundlich (Abb. 6-6), sie können aber auch eine sehnige Platte (Aponeurose) bilden.

▲ Ursprung und Ansatz

Der Muskel ist dank der Verkürzungsfähigkeit seiner Fasern in der Lage, Skeletteile, zwischen denen er ausgespannt ist, einander anzunähern. Die Anheftung geschieht durch Verankerung der Sehnenfasern in den äußeren Schichten der Knochensubstanz. Die proximale Anheftungsstelle bezeichnet man meist als Ursprung, die distale als Ansatz. In der Regel wird der Knochen, an dem der Muskel ansetzt, an den Skeletteil herangezogen, aus dem der Muskel entspringt. Die bewegten Teile können aber auch wechseln. So kann man z.B. den Rumpf gegen die festgestellten Beine beugen oder in Rückenlage die Beine gegen den Rumpf heben. Dabei vertauschen dann Ursprung und Ansatz funktionell ihren Ort.

▲ Bau der Muskelfaser

Skelettmuskelfasern besitzen eine lichtmikroskopisch erkennbare Querstreifung (Abb. 6-7). Die regelmäßige Anordnung heller und dunkler Streifen beruht auf der wechselnden Folge dickerer (Myosinfilamente) und dünnerer (Actinfilamente), fadenartiger Strukturen in den sog. **Myofibrillen** (Abb. 6-7). Diese Myofibrillen sind parallel gelagert und füllen die Muskelfasern bis auf einen schmalen Randbezirk völlig aus. Alle Myofibrillen sind von einem engmaschigen Netz von Kanälchen des endoplasmatischen Retikulums umgeben, das sich in Längsrichtung erstreckt und daher als **longitudinales System** bezeichnet wird (Abb. 6-7). Diese Kanälchen dienen als Calciumionenspeicher. Sie befinden sich in enger Nachbarschaft zu schlauchartigen Einstülpungen der Zellmembran, die quer zum Faserverlauf angeordnet sind (**transversales System**).

Muskelfasern und Nervenzellen weisen unterschiedliche Strukturen auf. Dennoch sind auch Ähnlichkeiten festzustellen. Muskelfasern besitzen wie Nervenzellen eine Zellmembran, in der spezialisierte Kanalsysteme für verschiedene Ionen enthalten sind. Ebenso ähneln sich Nerven- und Muskelzellen hinsichtlich der intra- und extrazellulären Verteilung von Kalium- und Natriumionen.

Abb. 6-6 Schema des Aufbaus eines spindelähnlichen Muskels mit bindegewebigen Hüllen und Endsehnen.

Bildbeschriftungen: Sehne; Ansatz der Muskelfaserbündel an der Sehne; Blutgefäß und Nerv; Bindegewebshüllen der Muskelfaserbündel; Muskelfaserbündel; Muskelhülle (Faszie).

▲ Motorische Einheit

Nervenzellen (Neurone), die mit Muskelzellen Kontakt aufnehmen, werden als **Moto-**

6 Motorisches System

6.1 Allgemeine Motorik: Bauelemente und Grundfunktionen

Abb. 6-7 Bauelemente der Skelettmuskulatur in verschiedenen Vergrößerungsstufen.
A: Ganzer Muskel (Querschnitt).
B: Bündel von Muskelfasern mit Nervenfaser und neuromuskulären Endplatten.
C: Abschnitte zweier Myofibrillen mit Myosin- und Actinfilamenten sowie Kanälchen des endoplasmatischen Reticulums.
D: Neuromuskuläre Endplatte.

neurone bezeichnet. Ihre Fortsätze besitzen eine synapsenähnliche Endformation (Abb. 6-7 D). Sie stellt den Kontakt zwischen dem Motoneuron und der Muskelfaser her. Diese Struktur wird als **neuromuskuläre Endplatte** bezeichnet. In der Regel verzweigt sich der Fortsatz eines Motoneurons, so daß durch eine Nervenzelle zahlreiche Muskelfasern versorgt werden. Sie bilden zusammen mit dem zugehörigen Neuron die sog. motorische Einheit. Die Ausdehnung dieser **motorischen Einheiten** schwankt bei den verschiedenen Muskeln in einem weiten Bereich. Sie umfaßt bei den Arm- und Beinmuskeln zwischen 500 und 2000 Muskelfasern, bei den Augenmuskeln nur etwa 10 bis 20 Fasern. Die Zahl der zu einer motorischen Einheit gehörenden Muskelfasern ist um so kleiner, je präziser die Bewegungen des betreffenden Muskels sind.

Entsteht in einem Motoneuron ein **Aktionspotential** (Ziffer 1 in Abb. 6-8), so wird es über das zugehörige Axon bis zur neuromuskulären Endplatte fortgeleitet. Die hier einsetzenden Vorgänge sind denen vergleichbar, die bei der Entstehung von exzitatorischen postsynaptischen Potentialen ablaufen. Das in die Endformation gelangende

Aktionspotential führt zur Freisetzung eines Transmitters (Überträgersubstanz) aus den Vesikeln der Endplatte. Bei diesem Transmitter handelt es sich um **Acetylcholin**. Acetylcholin bewirkt in der Muskelfaser eine Depolarisation, die ihrem Ursprungsort entsprechend **Endplattenpotential** (EPP) genannt wird (Abb. 6-8, 6-9). Endplattenpotentiale überschreiten immer die Membranschwelle und lösen damit in jedem Fall ein Aktionspotential aus.

Die Erregungsübertragung an der Muskelendplatte kann durch verschiedene Substanzen unterbunden werden. Zu diesen Stoffen gehört u.a. **Curare** (Pfeilgift der Indianer). Die Anwendung von Curare führt zu

Abb. 6-8 Funktion der motorischen Einheit (Grundeinheit des motorischen Systems).
oberer Bildteil: Registrierung des Membranpotentials von Motoneuron **(A)** und Muskelfaser **(B)** sowie der Muskellänge **(C)**. AP = Aktionspotential. EPP = Endplattenpotential.
unterer Bildteil: Erregungs- und Kontraktionszyklus der Muskelfaser. Zuordnung zur Registrierung der Muskellänge im oberen Bildteil durch Zahlen.

einer Amplitudenverkleinerung der Endplattenpotentiale und schließlich zum Ausfall der Aktionspotentiale in der Muskelfaser (Abb. 6-9). Damit ist der Muskel gelähmt. Stoffe vom Curaretyp werden bei operativen Eingriffen zum Herabsetzen der Muskelspannung häufig angewendet.

Die Depolarisation der Muskelfasermembran, die im Verlaufe des Aktionspotentials auftritt, führt zur Ausschüttung von **Calciumionen** aus den Kanälchen des longitudinalen Systems des endoplasmatischen Reticulums (Ziffer 2 in Abb. 6-8). Diese Calciumionen gelangen zu den kontraktilen Elementen und führen dort zu einer Aktivierung von Actin- und Myosinfilamenten, die dadurch ineinandergleiten. Damit kommt es zur **Verkürzung** der Muskelzelle (Ziffer 3 in Abb. 6-8). Die beschriebene Kopplung zwischen Erregungsvorgang und Kontraktion einer Muskelfaser wird als **elektromechanische Kopplung** bezeichnet.

Wird die Membran der Muskelfaser nicht durch ein weiteres Aktionspotential depolarisiert, so versiegt die Ausschüttung von Calciumionen aus dem longitudinalen System. Darüber hinaus werden die freien Calciumionen durch eine **Ca-Pumpe** in das longitudinale System zurücktransportiert (Kreissymbol unter Ziffer 4 in Abb. 6-8). Durch die beendete Ausschüttung sowie durch den Rücktransport nimmt die Konzentration der freien Calciumionen im Bereich der kontraktilen Elemente wieder ab. Die damit verbundene Inaktivierung von Actin und Myosin leitet das **Erschlaffen** der Muskelzelle ein. Dadurch kehrt die Muskellänge auf ihren Ausgangswert zurück. Damit ist die Abfolge von Erregung, Kontraktion und Erschlaffung bei einer einzelnen Muskelzuckung beendet.

Vergleicht man die Änderungen des Membranpotentials der Muskelfaser mit denen der Muskellänge, so stellt man fest, daß der Kontraktionsvorgang mit dem Aktionspotential beginnt und dieses für eine lange Zeit überdauert. Dadurch ist es möglich, daß sich durch nachfolgende Erregungen der Muskelfaser mehrere „Kontraktionswellen" zu einer durchgehenden Verkürzung größerer Amplitude summieren (Abb. 6-10).

Eine Muskelaktivierung kann unter verschiedenen mechanischen Gegebenheiten

Abb. 6-9 Erregungsübertragung an der neuromuskulären Endplatte einer Skelettmuskelfaser und ihre Hemmung durch Curare.
A: Schematische Darstellung von Reizung und intrazellulärer Ableitung.
B: Intrazelluläre Ableitung des Membranpotentials einer Muskelfaser nach Reizung (R) des zuführenden motorischen Nerven entsprechend der in A dargestellten Anordnung. Das Endplattenpotential (EPP) löst bei Überschreiten der Membranschwelle (MS) ein Aktionspotential (AP) aus (1). Curare unterdrückt das EPP und führt damit zum Ausfall des AP und der Muskelkontraktion (2, 3).

stattfinden. Ist der Muskel nur an einem Ende befestigt, während sich das andere Ende frei bewegen kann, so führt eine Aktivierung zu einer reinen Verkürzung, wobei die Spannung konstant bleibt **(isotonische Kontraktion).** Sind jedoch beide Muskelenden fixiert, so bewirkt eine Muskelaktivierung eine Erhöhung der Spannung bei gleichbleibender Länge **(isometrische Kontraktion).** Die meisten Muskelaktionen sind Mischformen aus isotonischer und isometrischer Kontraktion.

Die Aktionspotentiale der einzelnen Fasern eines Gesamtmuskels lassen sich auch mit größeren Elektroden von außen regi-

Abb. 6-10 Membranpotential von Motoneuron und Muskelfaser sowie Muskellänge bei Einzelzuckung und tetanischer Kontraktion. AP = Aktionspotential. EPP = Endplattenpotential. Bei der tetanischen Kontraktion summieren sich die Einzelzuckungen zu einer stärkeren und länger dauernden Verkürzung.

strieren. Solche Aufzeichnungen werden als **Elektromyogramm** (EMG) bezeichnet. Ein typisches Beispiel für den Ruhe- und Kontraktionszustand eines Muskels ist in Abb. 6-11 wiedergegeben. Das EMG spielt bei der Diagnose von Muskelerkrankungen eine wesentliche Rolle.

K Verminderte Beanspruchung der Muskulatur (z.B. bei längerem Krankenlager) führt über die Verkleinerung der einzelnen Muskelfasern zu einer Abnahme der Gesamtmuskelmasse (**Muskelatrophie**). Vermehrte Beanspruchung hat den umgekehrten Effekt (**Muskelhypertrophie**). **K**

Abb. 6-11 Elektromyogramm des Menschen (elektrische Spannung). Oberflächenableitung des M. biceps des Oberarms.
A = Ruhetonus.
B = Beginn einer Innervation.
C = Maximale Kontraktion.

P Um einer Muskelatrophie bei bettlägerigen Kranken vorzubeugen, müssen physiotherapeutische Übungen durchgeführt werden. **P**

Längenänderungen des Muskels sind eine Voraussetzung für die Stütz- und Haltemotorik sowie für die Zielmotorik (Kap. 6.3). Darüber hinaus ist Muskelaktivität für den Transport des Blutes (Kap. 9.4) und die Wärmebildung (Kap. 14.2) von Bedeutung.

6.1.4 Motorisches Nervensystem

Die motorischen Nervenbahnen lassen sich in zwei Abschnitte gliedern:
- **Zentrale Nervenbahnen**, die vom Gehirn zum Rückenmark ziehen. Hierzu zählt vor allem die Pyramidenbahn, die von einer umschriebenen Windung der Hirnrinde, der vorderen Zentralwindung (Gyrus praecentralis), durch den Hirnstamm zur Vordersäule des Rückenmarks der Gegenseite zieht (Abb. 6-12).
- **Periphere Nervenbahnen**, die mit Nervenzellen an der Vordersäule beginnen, das Rückenmark verlassen und mit peripheren Nerven zur quergestreiften Skelettmuskulatur ziehen (Abb. 6-13).

6 Motorisches System

Allgemeine Motorik: Bauelemente und Grundfunktionen 6.1

Abb. 6-12 Darstellung des Faserfächers der Pyramidenbahn der linken Großhirnhälfte mit zugehöriger Rindenregion und dem Verlauf der Pyramidenbahn durch den Hirnstamm abwärts.
A: Präparat mit Entfernung aller Großhirnabschnitte der linken Hälfte, die nicht zum Pyramidenbahnsystem gehören.
B: Schematische Darstellung der Pyramidenbahn.

Die ventralen Äste der Rückenmarksnerven verlaufen teilweise einzeln zu ihrem Innervationsgebiet. Dies gilt vor allem für den Brustbereich mit seinen Zwischenrippennerven. Im Halsbereich sowie im Lenden- und Kreuzbeinbereich bilden die ventralen Äste dagegen Nervengeflechte, aus denen vor allem die langen Nerven für die Versorgung der Gliedmaßen hervorgehen. Die einzelnen Nervengeflechte sind:
– **Halsgeflecht** (Plexus cervicalis) für den Hals
– **Armgeflecht** (Plexus brachialis) für den Arm
– **Lendengeflecht** (Plexus lumbalis) sowie **Kreuzbeingeflecht** (Plexus sacralis) für Bauchwand (teilweise) und Bein.

6 Motorisches System

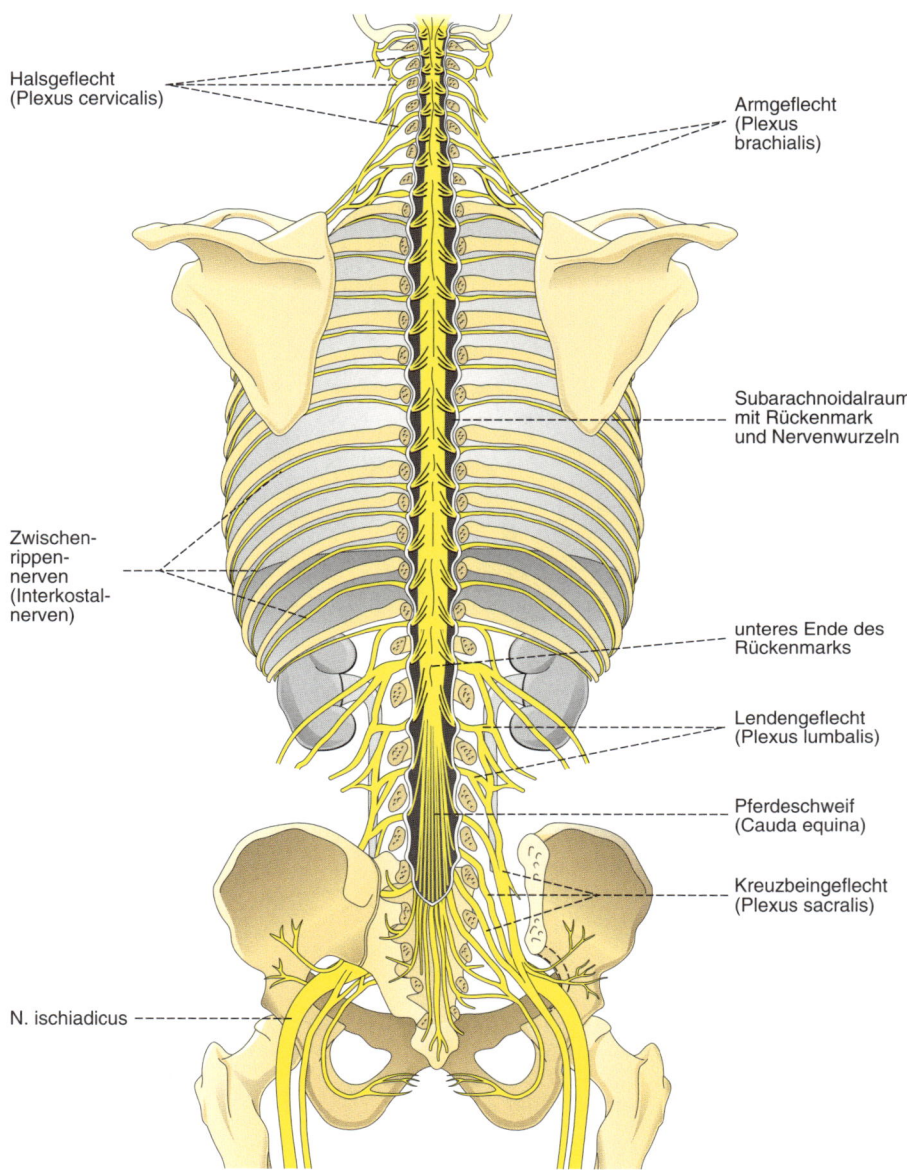

Abb. 6-13 Rückenmark im eröffneten Wirbelkanal mit seitlich austretenden Spinalnerven. Diese Spinalnerven bilden im Halsbereich sowie im Lenden-Kreuzbein-Bereich Nervengeflechte. Hintere Abschnitte des knöchernen Beckens sind teilweise entfernt (Ansicht von hinten).

G Altersbedingten Einschränkungen der Leistungsfähigkeit, aber auch bestimmten Erkrankungen kann durch ein gezieltes **motorisches Training** vorgebeugt werden. **Alterungsvorgänge** und/oder andauernder **Bewegungsmangel** (z. B. Bettlägerigkeit) führen u. a. zu einem Rückgang der Muskelmasse, einer Reduktion der Zahl der Blutkapillaren in der Skelettmuskulatur, einem Verlust an Mineralgehalt der Knochen, einer Verminderung der Leistungsfähigkeit von Lunge und Herz wie auch einer verminderten Leistungsfähigkeit des Nervensystems. Ein reduzierter Muskelstoffwechsel wird mit psychischen Auswirkungen in Verbindung gebracht. So dürften manche **depressiven Verstimmungen** im Alter mit einer ungenügenden Beanspruchung der Skelettmuskulatur zusammenhängen.

Bei der Planung von Trainingsprogrammen sind die Hauptformen körperlicher Beanspruchung, nämlich Koordination, Flexibilität, Kraft, Schnelligkeit und Ausdauer, zu berücksichtigen. **Koordinationsübungen** umfassen die intensive Wiederholung gegebener Bewegungsabläufe. Sie wirken einer Reduktion der Verschaltungen im Gehirn (extrapyramidale Bahnsysteme) entgegen. Regelmäßige **Flexibilitätsbeanspruchungen** der wichtigsten Gelenke beugen einer fortschreitenden Steifheit vor. Eine besondere Bedeutung kommt dem **Kraft- und Ausdauertraining** zu, während ein Schnelligkeitstraining bei älteren Personen wegen der hohen Kreislaufbelastung aus ärztlicher Sicht abzulehnen ist. Krafttraining wirkt einem **Muskelabbau** und der **Osteoporose** entgegen, und Ausdauerübungen wie Dauerlaufen, Radfahren, Schwimmen steigern die Leistungsfähigkeit von Herz und Lunge und zeigen positive Stoffwechselwirkungen. Insbesondere sind diese beiden letzteren Trainingsformen auch geeignet, depressive Verstimmungen zu vermeiden.

G

6.2 Spezielle Motorik: Bewegungsapparat

Z Der Bewegungsapparat des Körpers (Knochen, Bänder, Gelenke und Muskulatur) gliedert sich nach den Körperregionen: Kopf, Hals, Rumpf, obere und untere Extremitäten. In Abhängigkeit von der Hauptfunktion der Körperteile sind die jeweiligen Muskelgruppen unterschiedlich gestaltet. Die versorgenden Nerven und Blutgefäße erreichen die Muskeln über typische Gefäß-Nervenstränge. **Z**

Ü Bei der Erarbeitung der im folgenden beschriebenen Strukturen und Funktionen ist es grundsätzlich sinnvoll, das Gelesene durch die Tasterfahrung am eigenen Körper zu ergänzen und zu bestätigen. **Ü**

6.2.1 Spezielle Motorik: Kopf

Der knöcherne Schädel gliedert sich in:
– **Hirnschädel**, dessen Knochen die Schädelhöhle umfassen,
– **Gesichtsschädel** mit Augenhöhle, Nasenhöhle, Mundhöhle sowie Paukenhöhle (Abb. 6-14, 6-15).

Hirnschädel und Gesichtsschädel bestehen aus zahlreichen einzelnen Knochen unterschiedlicher Größe und Form, die räumlich sehr kompliziert ineinandergefügt sind.

▲ Hirnschädel

Der Hirnschädel besteht aus dem **Stirnbein** (Os frontale), dem **Scheitelbein** (Os parietale), dem **Schläfenbein** (Os temporale), dem **Hinterhauptsbein** (Os occipitale) und dem **Keilbein** (Os sphenoidale). Schläfenbein und Scheitelbein sind paarig, die übrigen unpaarig vorhanden. Die Knochen des Hirnschädels sind so zusammengefügt, daß sie einen länglichen eiförmigen Raum umfassen. Der obere Teil dieser Knochenkapsel wird als **Schädeldach** oder Schädelkalotte, der untere Teil, auf dem das Gehirn liegt, als Schädelbasis bezeichnet.

Die **Schädelbasis** gliedert sich in eine vordere, mittlere und hintere Schädelgrube.

Die **vordere Schädelgrube**, die vorwiegend von Stirnbein, Siebbein und den kleinen Keilbeinflügeln gebildet wird, nimmt die Stirnlappen des Gehirns auf.

Die **mittlere Schädelgrube** wird vorwiegend vom Schläfenbein und vom Keilbein gebildet; sie wird nach vorne vom Keilbein und nach hinten von der Schläfenbeinpyramide begrenzt. Sie nimmt die Schläfenlappen des Gehirns auf und enthält die Austrittsstellen des III. bis VI. Hirnnervenpaares.

Die **hintere Schädelgrube** wird vom Hinterhauptsbein gebildet und nach vorne von den Schläfenbeinpyramiden begrenzt. Sie nimmt das Kleinhirn, die Hinterhauptslappen und nach vorne die Brücke auf. Am Boden der hinteren Schädelgrube befindet sich das Hinterhauptsloch, durch das das verlängerte Mark aus dem Schädel austritt und in das Rückenmark übergeht. Ebenso treten die VII. bis XII. Hirnnerv durch die hintere Schädelgrube aus.

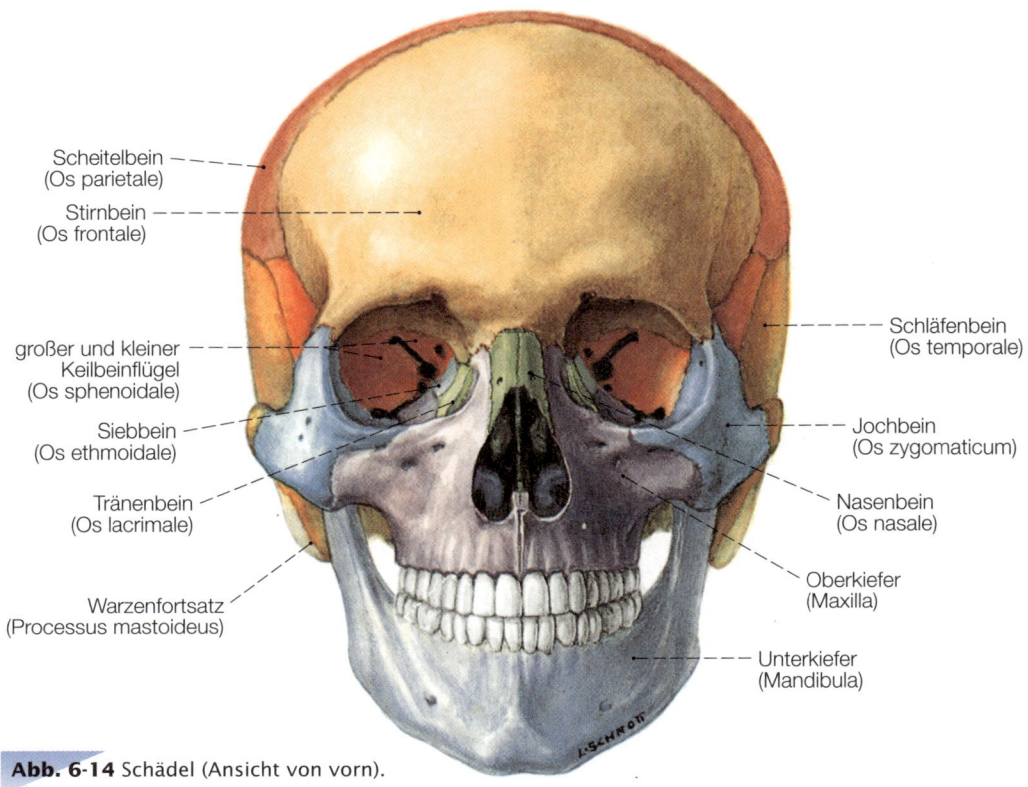

Abb. 6-14 Schädel (Ansicht von vorn).

Das **Schädeldach** des Kindes besteht etwa bis zum Ende des zweiten Lebensjahres aus den noch unverwachsenen einzelnen Knochen, zwischen denen bindegewebig gedeckte Lücken, die **Fontanellen**, bzw. längliche Spalten liegen. Vorne zwischen den Stirnbeinen und den Scheitelbeinen befindet sich die große viereckige Fontanelle (oder Stirnfontanelle), zwischen den Scheitelbeinen und dem Hinterhauptsbein liegt die kleine dreieckige Fontanelle (oder Hinterhauptsfontanelle; Abb. 6-16). Beim erwachsenen Schädel sind die Fontanellen und Spalten geschlossen, ihre Spuren nennt man **Schädelnähte**. Die Pfeilnaht (Sagittalnaht) läuft mitten über das Schädeldach von vorne nach hinten und geht dort in die Lambdanaht zwischen den Scheitelbeinen und dem Hinterhauptsbein über. Zwischen Stirnbein und Scheitelbein verläuft die Kranznaht. Die Schuppennaht grenzt das Schläfenbein vom Scheitelbein ab.

▲ Gesichtsschädel

Der Gesichtsschädel besteht aus zahlreichen kleineren und größeren Knochen, die sich um das **Oberkieferbein** (Maxilla) gruppieren (Abb. 6-14). Sein Mittelstück (Körper) hat nach oben einen Fortsatz zum **Stirnbein**, nach den Seiten zum **Jochbein** (Os zygomaticum). Nach hinten lehnt es sich fest an die Flügelfortsätze des **Keilbeins** an. Nach vorne trägt der bogenförmig gestaltete Zahnfortsatz die Fächer zur Aufnahme der **Oberkieferzähne**. In seiner inneren Biegung liegt eine horizontal gestellte Knochenplatte, die als Teil des Gaumens das Dach der vorderen **Mundhöhle** bildet und diese nach oben gegen die **Nasenhöhle** abgrenzt. Oben biegt ein Anteil der Maxilla senkrecht nach hinten ab und bildet den vorderen Boden der **Augenhöhle**. Im Mittelstück der Maxilla bleibt eine birnenförmige Öffnung übrig, die den knöchernen Eingang zur Nase

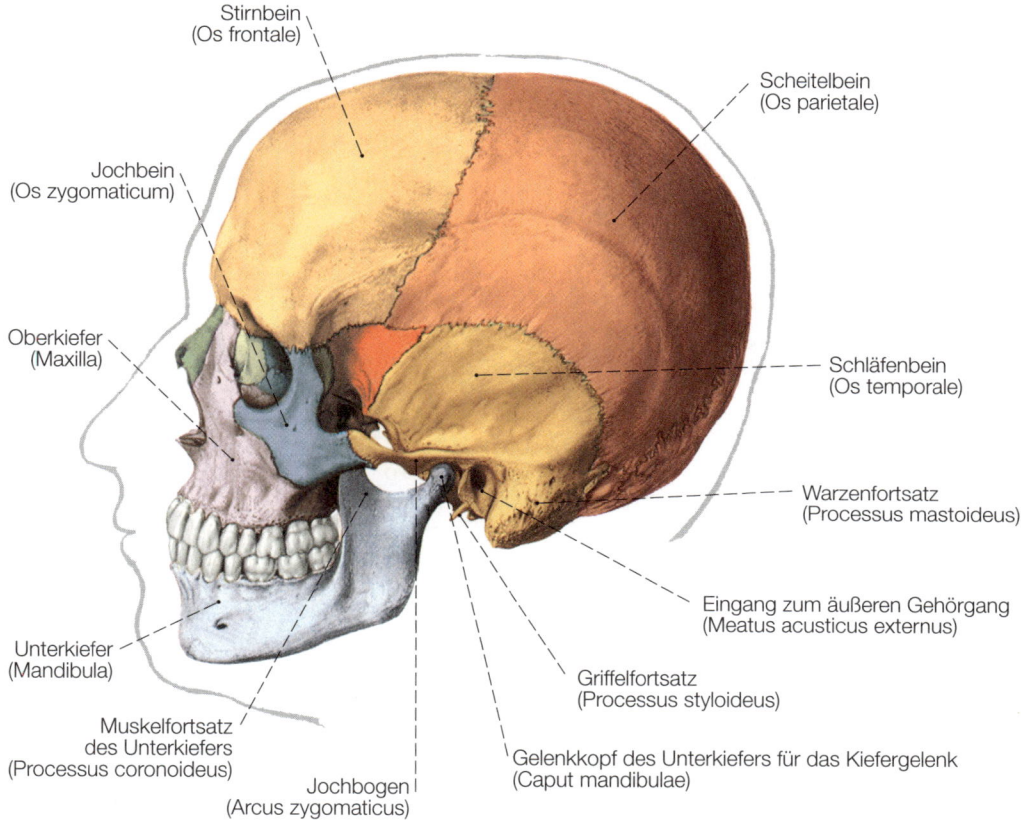

Abb. 6-15 Schädel (Seitenansicht).

umrahmt. Der Körper des Oberkieferbeins ist weitgehend hohl und enthält beiderseits die **Kieferhöhle**. Die paarig zu beiden Seiten des Nasenseptums gelegene Nasenhöhle steht mit den beiden Kieferhöhlen ebenso in Verbindung wie mit den anderen **Nasennebenhöhlen**: der Keilbeinhöhle im Keilbein, der Stirnhöhle im Stirnbein und den Siebbeinzellen im Siebbein (Os ethmoidale).

An das mittlere Gesichtsskelett des Oberkiefers lagern sich an:
– paarig das Tränenbein (Os lacrimale), das Nasenbein (Os nasale), das Jochbein (Os zygomaticum) und
– unpaarig das Gaumenbein (Os palatinum), das Siebbein (Os ethmoidale) und das Pflugscharbein (Vomer).

Diese Knochen sind teilweise von außen sichtbar, teilweise liegen sie verborgen.

Nach unten wird das Gesichtsskelett durch den **Unterkiefer** (Mandibula) vervollständigt (Abb. 6-14, 6-15). Er gleicht in der Form einem Hufeisen, hat vorne den Körper und seitlich je einen aufsteigenden Ast. Der Körper trägt oben den Zahnfortsatz mit den Fächern für die **untere Zahnreihe**. Der aufsteigende Ast gabelt sich in zwei Fortsätze:
– in den hinteren Gelenkfortsatz (Processus condylaris), der in die entsprechende Pfanne des Schläfenbeins eingreift (Kiefergelenk), und
– in den vorderen Muskelfortsatz (Processus coronoideus), an dem der Schläfenmuskel bei der Kaubewegung zieht (Abb. 6-15).

Beim Vergleich des Schädels eines Erwachsenen mit dem eines Neugeborenen fallen vor allem die unterschiedlichen Propor-

6 Motorisches System

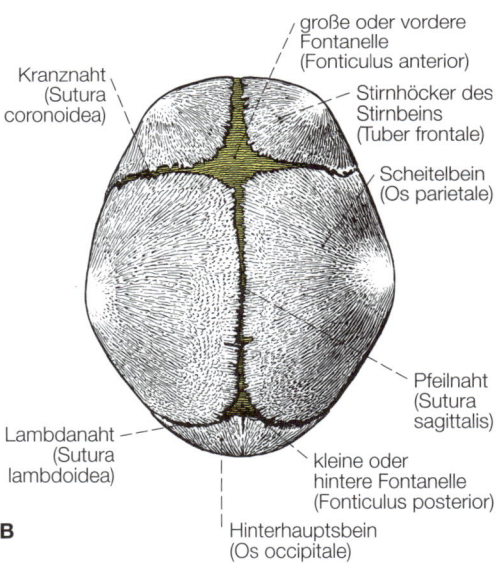

Abb. 6-16 Schädel eines neugeborenen Kindes mit Fontanellen.
A: Seitenansicht.
B: Ansicht von oben (Scheitelansicht).

tionen von Hirn- und Gesichtsschädel auf (Abb. 6-15, 6-16). Beim Neugeborenen ist der Hirnschädel weitaus größer als der Gesichtsschädel, weil das Gehirn bei der Geburt bereits sehr weit entwickelt ist und nur noch wenig an Größe zunimmt. Hinge-gen ist der Gesichtsschädel – und hier vor allem der Kieferapparat mit den Zähnen – noch unterentwickelt.

▲ Gesichtsmuskulatur

Die Muskulatur der Gesichtsregion hat mehrere Aufgaben:
– die Mimik, d.h. Darstellung von Stimmung und Gemütslage durch eine bestimmte und charakteristische Spannungsverteilung in den Muskeln des Gesichtes,
– den Kauvorgang, also Öffnung und Schließung des Mundes und Entwicklung des Kaudrucks,
– das Sichern von Mund und Augenhöhle (z.B. vor Staubpartikeln),
– das Mitwirken beim Sprechen.

Die **mimischen Muskeln** sind Hautmuskeln, die nicht der Bewegung von Gelenken dienen, sondern im Unterhautgewebe liegen und die Haut bewegen. Sie sind **zirkulär** und **radiär** um die Lidspalten, die Nasenöffnung und den Mund angeordnet (Abb. 6-17). Obgleich es sich um quergestreifte Skelettmuskeln handelt, die willkürlich innerviert werden können, dient die Mimik in der Regel den unbewußten Ausdrucksgebärden. Durch langdauernde Stimmungslagen kommt es zu bleibenden Spuren, vor allem in der Haut. So entsteht aus der Mimik die Physiognomie (Gesichtsausdruck).

Rings um den **Mund** herum zieht der Ringmuskel des Mundes (M. orbicularis oris). Leichte Spannungsänderungen des Muskels bedingen die Mundhaltungen, z.B. die zusammengepreßten Lippen oder den leicht geöffneten Mund. Ziehen sich nur die äußeren Randpartien zusammen, so wird der Mund gespitzt. Das Heben der seitlichen Mundränder und damit einen fröhlichen Ausdruck bewirkt vorwiegend der Jochbeinmuskel (M. zygomaticus), unterstützt vom Lachmuskel (M. risorius), der seitlich an den Mundwinkeln ansetzt und den Mund breitzieht. Der Dreieckmuskel (M. depressor anguli oris) verläuft beiderseits seitlich vom Unterkiefer zu den Mundwinkeln. Er zieht diese herab und bedingt einen verdrießlichen und traurigen Mund, unterstützt durch die gleichzeitige Wirkung der beiden Viereckmuskeln der Unterlippe und derjenigen der Oberlippe. Der Kinnmuskel (M. men-

6 Motorisches System

Spezielle Motorik: Bewegungsapparat **6.2**

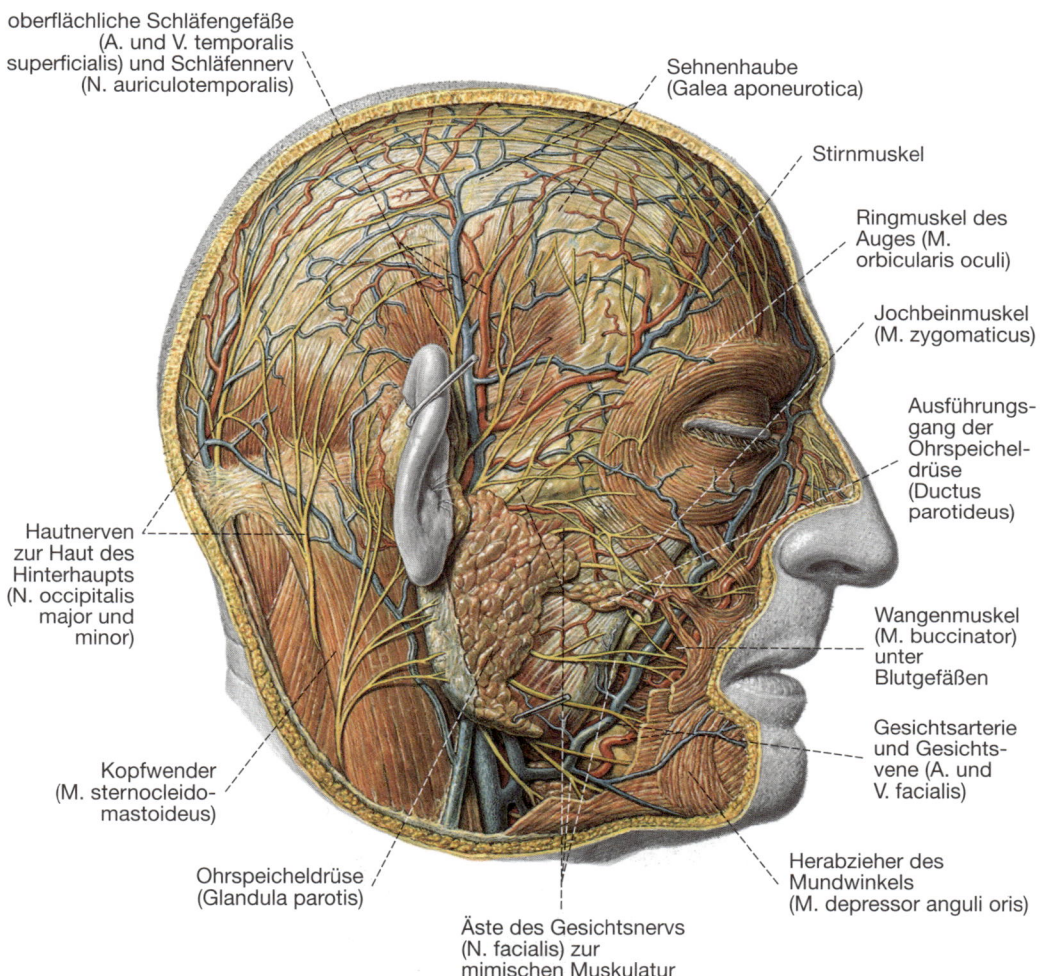

Abb. 6-17 Gesichtsmuskeln mit oberflächlichen Nerven und Gefäßen sowie Ohrspeicheldrüse.

talis) schiebt die Unterlippe vor („Flunsch" der Kinder). Der Nasenheber (M. corrugator supercilii) erzeugt die senkrechten Hautfalten zwischen Nasenwurzeln und Augenbrauen. Den Verschluß des Auges bewirkt der Ringmuskel des Auges (M. orbicularis oculi), der die Lider und die Ränder der Augenhöhle bedeckt und am inneren Augenwinkel befestigt ist. Der Stirnmuskel (Venter frontalis des M. occipitofrontalis) erzeugt die querverlaufenden Sorgenfalten der Stirn. Um das **Ohr** herum gruppieren sich einige stark zurückgebildete Bewegungsmuskeln für die Ohrmuschel. Beim Tier bewirken sie die Einstellung der Ohren auf die Schallquelle.

> **K** Alle mimischen Muskeln werden vom VII. Hirnnerven, dem N. facialis, innerviert. Bei verschiedenen Erkrankungen, besonders häufig beim Schlaganfall, ist mit dem N. facialis die mimische Muskulatur einseitig gelähmt. Die mimischen Bewegungen erscheinen dann betont asymmetrisch. Stirnrunzeln, Lid- und Lippenschluß sind auf der gelähmten Seite nicht möglich (Facialisparese). Dadurch kann die Hornhaut austrocknen und Speichel aus dem Mundwinkel fließen.

6 Motorisches System

▲ Kiefergelenk und Kaumuskulatur

Über **beidseitige Kiefergelenke** ist der Unterkiefer (Mandibula) mit der Schädelbasis verbunden (Abb. 6-18 A). Die Unterfläche der Schläfenbeinpyramide bildet jeweils eine Pfanne für den walzenförmigen Gelenkfortsatz des Unterkiefers (Processus condylaris). Zwischen Pfanne und Kopf befindet sich eine Knorpelscheibe (**Discus**), die beim Öffnen des Mundes mit dem Gelenkkopf nach vorne gezogen wird. Dadurch erhöht sich der Bewegungsspielraum dieses **Scharniergelenks**. Bei einseitiger Betätigung kommt es zu den für die Zerkleinerung der Nahrung wichtigen Mahlbewegungen (abwechselndes Bewegen im rechten und linken Kiefergelenk).

Die **Kaumuskulatur** bewegt den Unterkiefer gegen das Widerlager, welches Oberkiefer und Gelenkpfanne bilden (Abb. 6-18 B, Tab. 6-1). Der Schläfenmuskel (M. temporalis) kommt von der Schläfenfläche des Schädels und setzt am Muskelfortsatz des Unterkiefers (Processus coronoideus) an. Der Kaumuskel (M. masseter) entspringt unten am Jochbein und zieht zum Kieferwinkel und zum aufsteigenden Unterkieferast. Er ist als

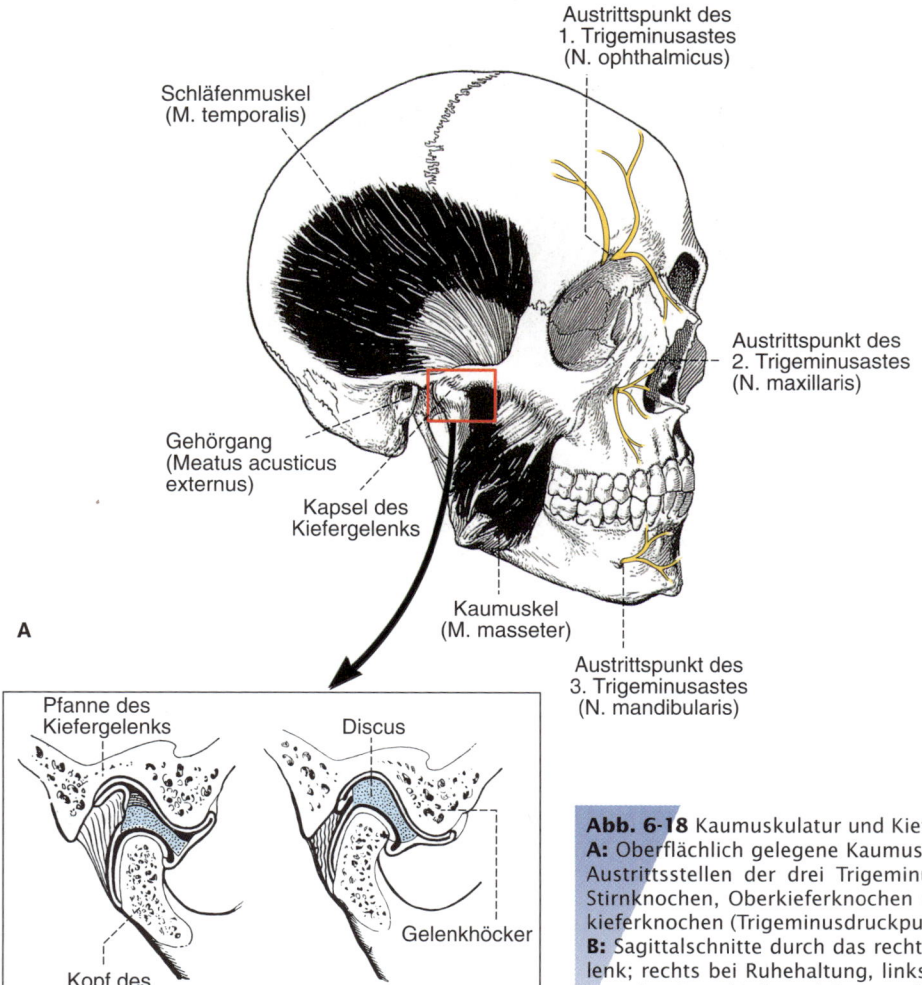

Abb. 6-18 Kaumuskulatur und Kiefergelenk
A: Oberflächlich gelegene Kaumuskeln sowie Austrittsstellen der drei Trigeminusäste aus Stirnknochen, Oberkieferknochen und Unterkieferknochen (Trigeminusdruckpunkte).
B: Sagittalschnitte durch das rechte Kiefergelenk; rechts bei Ruhehaltung, links beim Öffnen des Unterkiefers; dabei werden Gelenkkopf und Discus nach vorne gezogen.

Tab. 6-1 Kaumuskulatur

Muskeln	Funktion	Innervation
Schläfenmuskel (M. temporalis)	schließen Kiefer: „Zubeißer"	Kaunerv (Ast des V. Hirnnerven, des N. trigeminus)
Kaumuskel (M. masseter)		
innerer Flügelmuskel (M. pterygoideus medialis)		
äußerer Flügelmuskel (M. pterygoideus lateralis)	öffnet Kiefer und zieht Unterkiefer etwas nach vorne: „Vorwärtszieher"	
Schläfenmuskel (M. temporalis)	zieht (mit hinterem Anteil) Unterkiefer zurück: „Rückzieher"	
obere Zungenbeinmuskeln	öffnen Kiefer: „Öffner"	V., VII. und XII. Hirnnerv sowie Halsgeflecht

viereckiger Wulst beim Menschen oft deutlich sichtbar. Weiter innen – hinter dem Unterkiefer – liegen zwei weitere Kaumuskeln, die Flügelmuskeln (M. pterygoideus medialis und lateralis).

Der beim Kauen zwischen den Zahnreihen entstehende Kaudruck ist im Mahlzahnbereich erheblich höher als im Schneidezahnbereich. Die Kaumuskulatur wird vom motorischen Anteil des V. Hirnnerven, des **N. trigeminus**, innerviert.

6.2.2 Spezielle Motorik: Hals

Die Muskeln des Halses sind in drei Gruppen gegliedert (Abb. 6-19):

- **Oberflächliche Muskeln:**
  Trapezmuskel (M. trapezius) und Kopfwender (M. sternocleidomastoideus) zählen zur Schultergürtelmuskulatur. Beide werden vom XI. Hirnnerven, dem N. accessorius, innerviert. Der Kopfwender spannt sich – im Halsrelief sehr gut sichtbar – zwischen dem Warzenfortsatz der knöchernen Schädelbasis (hinter dem Ohr) und Brustbein sowie Schlüsselbein (Abb. 6-19). Er bildet dabei die Grenze zwischen vorderer und seitlicher Halsregion. Bei einseitiger Anspannung neigt er Kopf und Halswirbelsäule zur gleichen Seite und dreht gleichzeitig das Gesicht zur Gegenseite. Beidseitig angespannt hält er den Kopf und hebt das Gesicht. Weiterhin wird er als Atemhilfsmuskel gebraucht.

P Die Anspannung des M. sternocleidomastoideus ist häufig ein Zeichen für Luftnot und wird z. B. bei Patienten mit Asthma bronchiale beobachtet. **P**

Die wichtigste Aufgabe des Trapezmuskels ist das Verschieben und Drehen des Schulterblatts. Der Vorderrand des Trapezmuskels begrenzt die seitliche Halsregion.

- **Obere und untere Zungenbeinmuskeln:**
  Die oberen Zungenbeinmuskeln spannen sich vor allem zwischen Zungenbein und Unterkiefer (Abb. 6-19). Sie bilden den Mundboden (Mundbodenmuskeln) und wirken bei der Kieferöffnung sowie beim Schluckakt mit, bei dem das Zungenbein gegen den Unterkiefer angehoben wird. Für die Innervation sorgen die Hirnnerven V. und VII. Die unteren Zungenbeinmuskeln verbinden Zungenbein, Kehlkopf und Brustbein. Sie senken Zungenbein und Kehlkopf und regulieren mit den oberen Zungenbeinmuskeln gemeinsam die Lagebeziehungen zwischen Unterkiefer, Zungenbein, Kehlkopf und Luftröhre. Die Innervation erfolgt über das Halsgeflecht (vgl. Abb. 6-13).

- **Tiefe Halsmuskeln:**
  Auf der Vorderseite der Halswirbelsäule (Wirbelkörper und Querfortsätze) liegen Muskeln, die eine Beugung der Halswirbelsäule nach vorn oder eine Neigung zur

6 MOTORISCHES SYSTEM

Abb. 6-19 Muskeln des Halses mit Hauptgefäßen. **rechts:** oberflächliche Schicht. **links:** tiefe Schicht. Schlüsselbein entfernt.

Seite bewirken. Seitlich davon liegen die drei Treppenmuskeln (Mm. scalenus anterior, medius und posterior), die von den Querfortsätzen der Halswirbel zur 1. und 2. Rippe ziehen und diese anheben können (Abb. 6-19, vgl. Abb. 6-28). Mit dem Kopfwender sind sie wichtige Hilfsmuskeln bei der Einatmung (Brustatmung). Bei festgestellten Rippen neigen sie die Halswirbelsäule zur Seite.

Zwischen den Muskelgruppen des Halses bzw. ihren umhüllenden Faszien befinden sich Bindegewebsräume mit den Eingeweiden des Halses. Kehlkopf und Luftröhre mit Schilddrüse sowie Speiseröhre liegen verschieblich im Raum zwischen Zungenbeinmuskeln und tiefen Halsmuskeln (Abb. 6-19). Dieser **Eingeweideraum** des Halses geht ohne Unterbrechung in den Eingeweideraum des Brustkorbs über, der als Mittelfellraum (Mediastinum) bezeichnet wird. Seitlich von diesen Halseingeweiden verlaufen die **großen Halsgefäße** (A. carotis communis und V. jugularis interna) sowie wichtige **Nerven** (N. vagus, Grenzstrang des Sympathicus; Abb. 6-19, s. Abb. 12-3). Die beiden Lungenflügel ragen mit ihren kegelförmigen Lungenspitzen ebenfalls in den Eingeweideraum des Halses.

6.2.3 Spezielle Motorik: Rumpf

Die Wirbelsäule, das zentrale Stützskelett des Rumpfes, besteht aus 32 bis 34 Wirbeln und den dazwischen gelegenen Zwischenwirbelscheiben (Abb. 6-20). Auf die **7 Halswirbel** (Vertebrae cervicales) folgen **12 Brustwirbel** (Vertebrae thoracicae), **5 Lendenwirbel** (Vertebrae lumbales), dann 5 zum Kreuzbein **verwachsene Kreuzbeinwirbel** (Vertebrae sacrales) und **3 bis 5** sehr kleine, ebenfalls miteinander **verwachsene Steißbeinwirbel** (Vertebrae coccygeae). Die charakteristische doppelt S-förmige Krümmung der Wirbelsäule (Abb. 6-20 C) fehlt beim Neugeborenen. Sie entwickelt sich mit der aufrechten Haltung durch die funktionelle Belastung. Beim Erwachsenen sind die Hals-

6 MOTORISCHES SYSTEM

Spezielle Motorik: Bewegungsapparat 6.2

Abb. 6-20 Die Wirbelsäule.
A: Ansicht von hinten.
B: Ansicht von vorn.
C: Ansicht von der Seite mit den physiologischen Krümmungen.

wirbelsäule und die Lendenwirbelsäule nach vorne konvex bzw. nach hinten konkav, die Brustwirbelsäule und das Kreuzbein nach hinten konvex gekrümmt. Die nach vorne konvexe Krümmung bezeichnet man als **Lordose**, eine nach hinten konvexe Krümmung als **Kyphose**. Die menschliche Wirbelsäule zeigt also eine gewisse physiologische Lendenlordose und in Höhe der Brustwirbelsäule eine Kyphose.

> **K** Seitwärtsverkrümmungen, sog. Skoliosen, verstärkte Lordosen und Kyphosen sind Abweichungen vom normalen Körperbau. Derartige Verkrümmungen der Wirbelsäule sind häufig Folge von Fehlhaltungen, Muskelschwäche oder Längenunterschieden der Beine. **K**

Die Grundform des Wirbels zeigt trotz der an den einzelnen Abschnitten der Wirbel-

6 Motorisches System

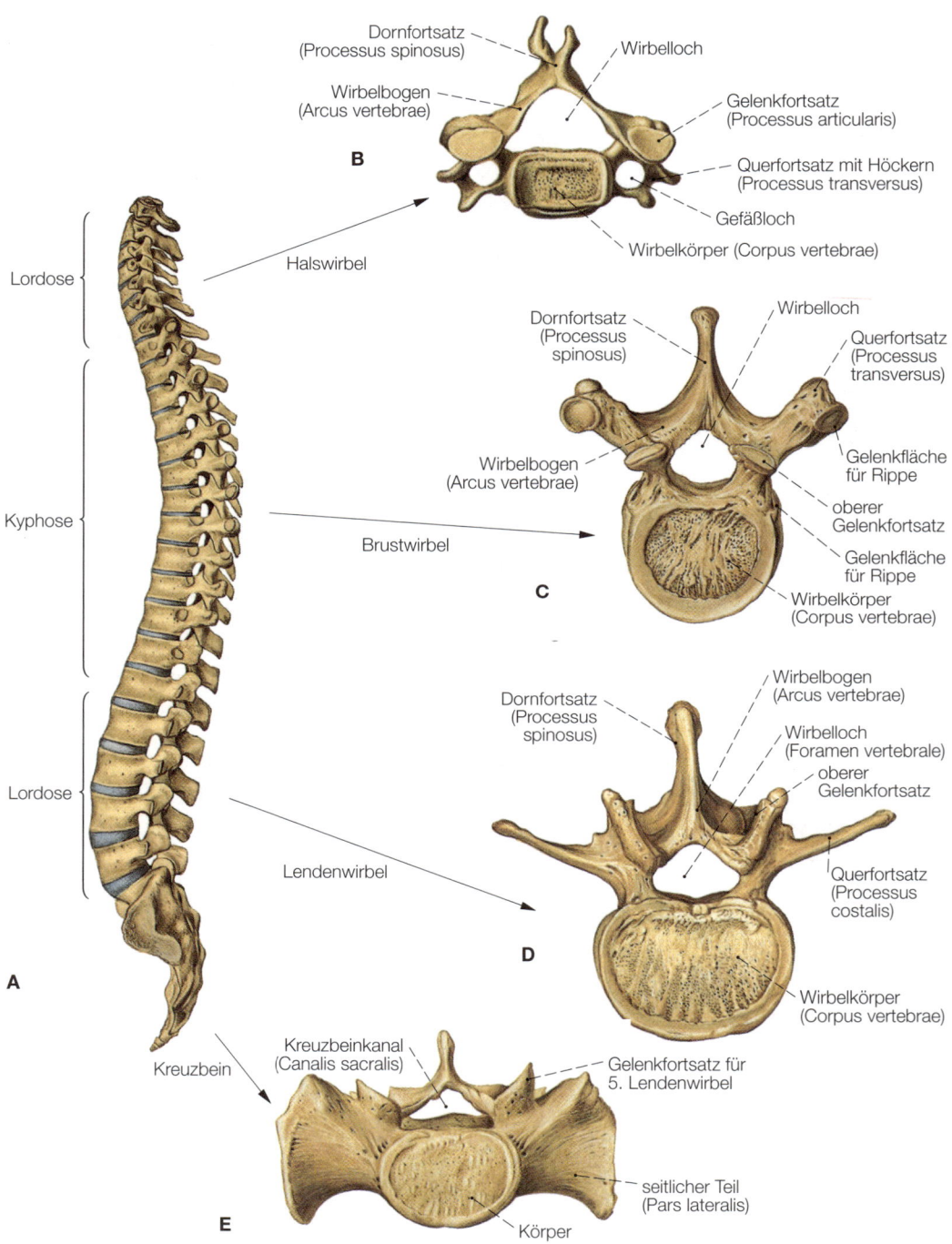

Abb. 6-21 Die Wirbelsäule in Seitenansicht (A) mit physiologischen Krümmungen und einzelnen Wirbeln (B–E) aus typischen Abschnitten der Wirbelsäule in Aufsicht.
B: Halswirbel.
C: Brustwirbel.
D: Lendenwirbel.
E: Kreuzbein.

säule vorliegenden Abweichungen stets die folgenden Hauptteile (Abb. 6-21): Der nach vorne (ventral) gelegene **Körper** (Corpus) ist der kräftigste Teil des Wirbels, der einen großen Teil der Körperlast trägt. Von seiner nach hinten (dorsal) zeigenden Fläche entwickelt sich ringförmig der **Wirbelbogen**, der das **Wirbelloch** umschließt, in dem das Rückenmark liegt (Abb. 4-21A). Nach beiden Seiten geht je ein **Querfortsatz** (Processus transversus) ab, zur Rückenfläche ist ein **Dornfortsatz** (Processus spinosus) entwickelt. Nach oben sowie nach unten gehen vom Wirbelbogen je zwei **Gelenkfortsätze** (Processus articularis) aus. Die nach oben gerichteten (Processus articularis superior) dienen gelenkigen Verbindungen mit dem darüber gelegenen Wirbel, die nach unten gerichteten (Processus articularis inferior) mit dem darunter gelegenen Wirbel. Diese kleinen Gelenke heißen **Zwischenwirbelgelenke** (Articulatio intervertebralis). Die beschriebene Grundform des Wirbels ist an den einzelnen Abschnitten der Wirbelsäule abgewandelt.

Die Besonderheiten der einzelnen Wirbel betreffen auch Größe und Form des Wirbelkörpers. Dieser nimmt – entsprechend der Belastung – von der Hals- zur Lendenwirbelsäule an Größe zu.

Die **Halswirbel** haben kleine Körper und eine querovale Form (Abb. 6-21B). Die schwach entwickelten Querfortsätze tragen Löcher für den Durchtritt der Wirbelarterie (A. vertebralis), die für die Versorgung von Rückenmark und Gehirn sehr wichtig ist. Der Dornfortsatz ist gegabelt. Dem obersten Halswirbel (**Atlas**) fehlt der Wirbelkörper, er hat statt dessen einen vorderen und einen hinteren Bogen (Abb. 6-22). Der zweite Halswirbel, der Dreher (**Axis**), hat an der Stelle des Wirbelkörpers einen kräftigen Zahn entwickelt, der vorne in das Wirbelloch des Atlas hineingreift. Der Zahn wird durch ein starkes Querband gehalten, so daß er nicht das benachbart gelegene verlängerte Mark beschädigen kann (vgl. Abb. 6-13). Der Atlas trägt den Schädel auf seinen nach oben zeigenden ausgehöhlten (konkaven) Gelenkflächen, in die er die beiden konvexen (gewölbten) Knorren des Hinterhauptbeins aufnimmt (Abb. 6-22). Das so entstehende obere (Atlanto-Okzipital-)Gelenk gestattet Vorwärts- und Rückwärtsneigungen des Kopfes. Das untere (Atlanto-Axial-)Gelenk ist ein Drehgelenk und erlaubt eine Kopfwendung von ca. 30° nach beiden Seiten

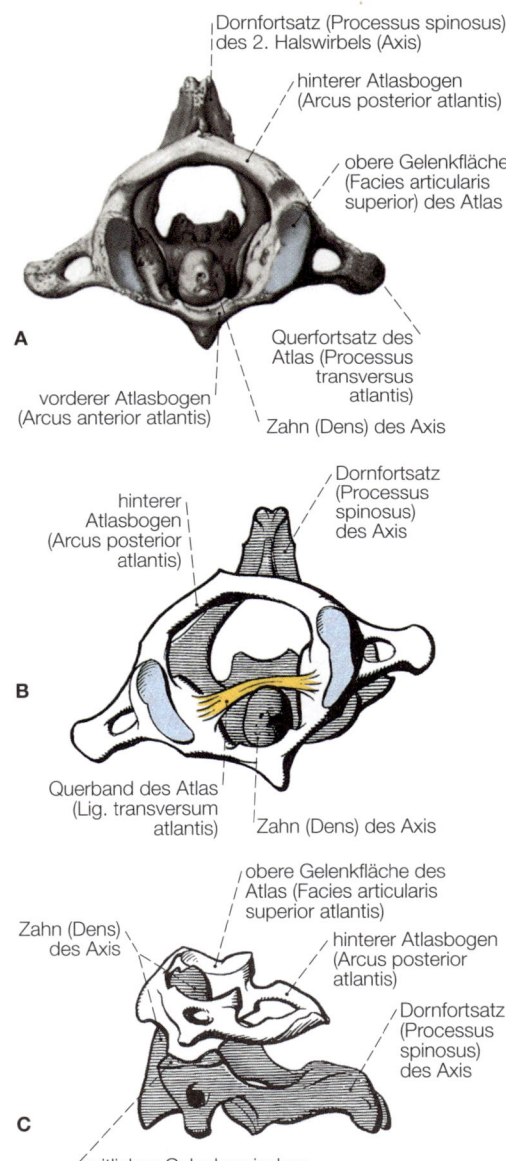

Abb. 6-22 Die beiden obersten Halswirbel, Atlas und Axis.
A: Ansicht von oben (vor Drehbewegung).
B: Ansicht von oben (nach Drehbewegung der beiden Wirbel gegeneinander um den Zahn des Axis).
C: Ansicht von der Seite.

(Abb. 6-22). Der **7. Halswirbel** (Abb. 6-21) hat einen besonders langen, nicht gespaltenen Dornfortsatz (Vertebra prominens). Er ist sicht- und tastbar und bietet damit beim Untersuchen von Patienten eine deutliche Orientierungshilfe.

Die **Brustwirbel** haben kartenherzförmige Wirbelkörper (vgl. Abb. 6-21). Die Dornfortsätze sind lang und verlaufen schräg abwärts, so daß sie sich dachziegelförmig überlagern. Als besonderes Merkmal tragen die Brustwirbel die Anlagerungsstellen für die gelenkige Verbindung mit den Rippen, und zwar jeweils am Körper für die Rippenköpfchen und am Querfortsatz für die Rippenhöckerchen (vgl. Abb. 6-21).

Die **Lendenwirbel** haben entsprechend der wachsenden Belastung einen sehr massiven Wirbelkörper (vgl. Abb. 6-21). Ihre Dornfortsätze stehen annähernd horizontal. Dadurch bleibt zwischen ihnen ein Spaltraum. Hier wird bei der Lumbalpunktion eine Nadel eingeführt, um Rückenmarksflüssigkeit (Liquor) zur Untersuchung zu gewinnen oder um Narkotika für eine Lumbalanästhesie zu injizieren.

Das **Kreuzbein** (Os sacrum) entsteht durch Verschmelzung von fünf Kreuzbeinwirbeln (vgl. Abb. 6-20, 6-21). Es ist etwa dreieckig, nach vorne konkav, d.h. ausgehöhlt, vertieft, und nach hinten konvex, d.h. nach außen gewölbt. Auf der ventralen Fläche liegen die Nahtstellen der Wirbelkörper, auf der dorsalen Fläche formen die zurückgebildeten Dornfortsätze einen zackig gestalteten Kamm. Darüber hinaus finden sich ventral und dorsal die Lochreihen, durch die die Äste der Rückenmarksnerven austreten. Die mächtig verdickten Seitenteile bilden Gelenkflächen, an denen sich das Kreuzbein mit den beiden Hüftbeinen zum Beckenring verbindet (vgl. Abb. 6-20, 6-43). Der Kanal, der bei der Verschmelzung der Kreuzbeinwirbel entsteht, ist der **Kreuzbeinkanal**, eine Fortsetzung des Wirbelkanals. An das Kreuzbein schließt sich das **Steißbein** (Os coccygis) an, das aus drei bis fünf verkümmerten Wirbeln besteht.

Die Wirbelsäule als Ganzes ist dank ihrer Gliederstruktur eine bewegliche und doch tragfähige Knochensäule, vergleichbar mit einem federnden Stiel. Zwischenwirbelgelenke, zahlreiche Bänder und die Zwischenwirbelscheiben (**Bandscheiben**, Discus intervertebralis) verbinden die Wirbel zu einer fest zusammenhängenden, in sich versteiften Gliederkette (Abb. 6-23). Die Bandscheiben bestehen aus Faserknorpel und haben einen geschichteten Aufbau. Innen besitzen

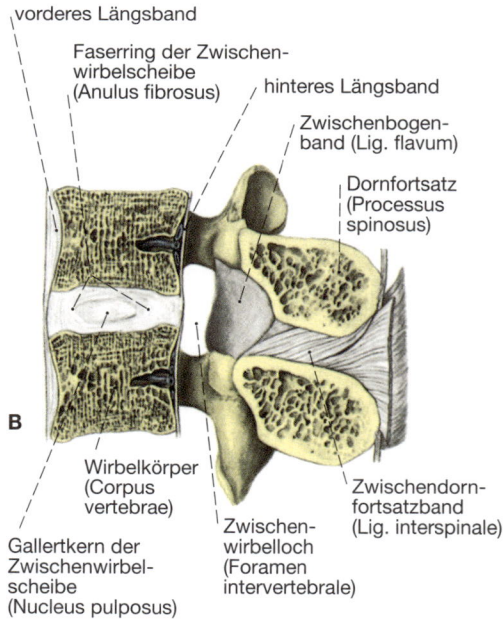

Abb. 6-23 Zwei aufeinanderfolgende Wirbel (Bewegungssegment der Wirbelsäule) in medianem Sagittalschnitt.
A: Mit Zwischenwirbelscheibe und Zwischenwirbelgelenk. Brustwirbelsäule.
B: Mit Zwischenwirbelscheibe und Bändern. Lendenwirbelsäule.

sie einen **gallertartigen**, in der Jugend weicheren **Kern** (Nucleus pulposus), außen einen festeren **Faserring** (Anulus fibrosus). Die Zwischenwirbelscheiben sind dank ihres gallertartigen Kerns verformbar. Ähnlich dem Gelenkknorpel besitzen sie keine eigenen Blutgefäße, sondern werden durch **Diffusion** ernährt. Günstig für diese Versorgung ist eine Wechseldruckbelastung. Bei aufrechter Körperhaltung (Stehen, Gehen, Sitzen) ist die Belastung der Bandscheiben so groß, daß Flüssigkeit abgepreßt wird und die Bandscheiben dadurch an Höhe verlieren. Durch den allmählichen Flüssigkeitsverlust der Bandscheiben im Laufe eines Tages verringert sich die Körpergröße um gut 1%. Bei Druckentlastung, vor allem durch Liegen, nehmen die Bandscheiben wieder Flüssigkeit und Nährstoffe auf, sie quellen und erreichen ihre ursprüngliche Höhe.

> **K** Einseitig starke Druckbelastung und geringe Erholungszeit beeinträchtigen die Stoffwechselvorgänge und führen zu Degenerationserscheinungen mit Höhenabnahme. Bei Biegungen der Wirbelsäule werden die Bandscheiben auf der konkaven Seite der Biegung zusammengedrückt, auf der entgegengesetzten Seite nimmt ihre Höhe zu. Bei der Rumpfbeugung verschiebt sich der Gallertkern zur konvexen Seite der Beugung. In extremen Fällen reißt der Faserring, und der Gallertkern rutscht heraus (Bandscheibenvorfall). Die dabei mögliche Kompression von Nervenwurzeln oder Rückenmark kann zu Schmerzen und Lähmungserscheinungen führen. **K**

Die Gesamtheit der übereinanderliegenden Wirbellöcher bildet den **Wirbelkanal**. Er enthält das von Rückenmarkshäuten umgebene **Rückenmark** (vgl. Abb. 6-13 und 4-21). Das Rückenmark endet in Höhe des 1. bis 2. Lendenwirbels. Unterhalb davon befinden sich im Wirbelkanal die Nervenwurzeln des Lenden-Kreuzbein-Geflechts. Seitlich zwischen zwei aufeinanderfolgenden Wirbeln bleibt eine Öffnung, das Zwischenwirbelloch (Foramen intervertebrale), zum Austritt der Rückenmarksnerven (Abb. 6-23).

Die **Beweglichkeit** der einzelnen Wirbelsäulenabschnitte ist verschieden. Das hängt teils von der Gestalt, der Größe und dem Abstand der Dornfortsätze, teils von der Stellung der Zwischenwirbelgelenkflächen ab. Stehen sie sagittal, wie in der Lendenwirbelsäule, so ist eine gute Vorwärts- und Rückwärtsbewegung möglich. Umgekehrt ist bei frontal gestellten Gelenkflächen, z.B. in der Brustwirbelsäule, die Seitwärtsbewegung begünstigt.

▲ Rückenmuskeln

Entsprechend ihren Haltungs- und Bewegungsfunktionen haben die **Rumpfmuskeln** die Aufgabe, die Wirbelsäule als Achsenskelett des Rumpfes zu festigen (Haltefunktion) und sie in allen Abschnitten zu bewegen, d.h. nach vorne zu beugen, nach hinten zu strecken, nach den Seiten zu neigen oder in sich zu drehen. Außerdem bilden sie die Wände der Eingeweidehöhlen. Die Strecker der Wirbelsäule (Rückenmuskeln), also die Aufrichter des Rumpfes, liegen hinten, die Rumpfbeuger (Bauchmuskeln) vorne. Einige der Rumpfmuskeln, meist die oberflächlich gelegenen, haben zwar am Rumpf ihren Ursprung, ziehen aber von da zu den Gliedmaßen. Diese Muskeln heißen auch Gliedmaßenmuskeln. Die **Gliedmaßenmuskeln** des Rückens sind bei guter Ausprägung sichtbar und tastbar (Abb. 6-24). Sie dienen den Bewegungen von Schultergürtel und Oberarm. Der andere, meist tiefer gelegene Teil der Rumpfmuskeln bleibt sowohl mit den Ursprüngen wie den Ansätzen im Bereich des Rumpfes. Er bildet die Eigenmuskulatur des Rumpfes.

Beiderseits der Dornfortsatzreihe liegt als erster Teil der Eigenmuskulatur des Rückens ein kräftiger Muskelstrang, an dem sich kleinere Abschnitte und Muskelzüge unterscheiden lassen:
– solche, die zwischen den Dornfortsätzen ausgespannt sind,
– solche, die zwischen den Querfortsätzen ausgespannt sind,
– solche, die von den Dornfortsätzen zu den Querfortsätzen ziehen,
– solche, die von den Querfortsätzen zu den Dornfortsätzen ziehen. Im Nacken werden sie durch Züge ergänzt, die von den Querfortsätzen der Halswirbelsäule zum Hinterhauptsbein laufen.

Entsprechend der hohen und vielfältigen Beweglichkeit der Halswirbelsäule bzw. des Kopfes sind die genannten Muskelgruppen im Nackenbereich besonders gut ausge-

Abb. 6-24 Darstellung der Rückenmuskeln.
Linke Körperseite: oberflächlich gelegene Gliedmaßenmuskeln.
Rechte Körperseite: teilweise tiefer liegende Gliedmaßenmuskeln, teilweise Eigenmuskeln des Rumpfes.

prägt. Dieser medial gelegene Muskelstrang beschränkt seine Leistung auf kürzere Abschnitte der Wirbelsäule (Abb. 6-25). Seitlich davon liegt ein weiterer Muskelstrang, der durchweg aus längeren Zügen besteht. Diese überbrücken mehr oder minder lange Strecken zwischen Becken, Wirbelsäule und Kopf. Ihr Ursprung liegt am Kreuzbein und am Darmbeinkamm. Im Lendenteil beginnen sie sich aufzufächern und ziehen dann in sich gabelnden Muskelzügen zu den Querfortsätzen der Wirbel und den hinteren Anteilen der Rippen (Abb. 6-25).

Die beiden Muskelgruppen, der mediale und der laterale Strang, wirken als **Rückenstrecker** und werden als M. erector spinae zusammengefaßt (vgl. Abb. 6-28). Sie sind am Einstellen der Wirbelsäulenkrümmung und dem Aufrechterhalten des Gleichgewichts beteiligt. Bei der Seitwärtsbewegung sind die seitlichen Muskelzüge am stärksten wirksam. Bei einseitiger Lähmung des ganzen M. erector spinae kommt es zum Überwiegen des Zugs auf der gesunden Seite und daher zur konvexen Verbiegung der Wirbelsäule zur gelähmten Seite, also zur Skoliose.

6 Motorisches System

Spezielle Motorik: Bewegungsapparat 6.2

Abb. 6-25 Eigenmuskeln des Rückens. Lange Rückenmuskeln zwischen Becken, Wirbelsäule und Kopf.
rechts: Gesamtansicht der Eigenmuskeln.
links: Darstellung der Rippenansätze der langen Muskelzüge.

Die Eigenmuskeln des Rückens werden von dorsalen Ästen der Rückenmarksnerven innerviert (s. Abb. 4-21).

Die außerordentlich hohe Zahl von **Rückenbeschwerden** und chronischen Rückenerkrankungen erklärt sich vielfach aus unphysiologischer Belastung der Wirbelsäule. Dies mag beispielsweise bei Kindern mit einer Fehlbeanspruchung durch einseitiges Tragen einer schweren Schultasche beginnen, was zu einer Fehlhaltung mit seitlicher Verbiegung der Wirbelsäule führt. Chronische **Fehlbelastungen** am Arbeitsplatz durch ungünstige Körperhaltung (schlechte Sitzmöbel) können eine andere Ursache sein. Unterschätzt wird die weitverbreitete **Bewegungsarmut**, die zu einer zunehmenden Schwächung der Bauch- und Rückenmuskulatur führt. Daraus ergibt sich ein allmählicher Haltungsverfall und eine schlechte muskuläre Führung der Wirbelsäule mit Gefügelockerung und erhöhter Beanspruchung des Bandapparates der Wirbelsäule. Auch der bei **Osteoporose** typische Kalksalzmangel der Knochen kann durch Bewegungsmangel mitverursacht werden. Mehr noch können hormonelle Störungen zu einer Osteoporose beitragen. Es sollten indessen bei Rückenpatienten immer auch psychische Aspekte berücksichtigt werden. Die enge Beziehung zwischen der Stimmungslage bzw. der Persönlichkeit und der individuellen Körperhaltung weist auf **psychosomatische Zusammenhänge** hin.

Vorbeugende Maßnahmen gegen Rückenbeschwerden konzentrieren sich u. a. auf die Vermeidung unphysiologischer Belastungsformen und die Sorge für ein leistungsfähiges „Muskelkorsett" der Wirbelsäule. Letzteres läßt sich durch ein gezieltes **Muskeltraining** (**Rückenschule**) erreichen.

6 Motorisches System

▲ Brustkorb

Der Brustkorb (Thorax) besteht aus den **Brustwirbeln**, den **Rippen** und dem **Brustbein** (Abb. 6-26, 6-27). Er ist aus zwölf übereinandergelagerten Wirbelrippenringen zusammengesetzt. Die Rippen beginnen dorsal mit einem Kopf (Caput costae), der mit den Wirbelkörpern gelenkig verbunden ist (Abb. 6-26). Auf den kurzen Rippenhals folgt das Rippenhöckerchen (Tuberculum costae), das mit dem Querfortsatz des Wirbels ein weiteres Gelenk bildet. Diese Verankerung der Rippen durch zwei Gelenke erlaubt nur eine geringfügige Drehbewegung, die in den vorderen und seitlichen Abschnitten des Brustkorbs als Hebung und Senkung der Rippen zu beobachten bzw. zu ertasten ist.

Nach einer Abbiegung, dem Rippenwinkel, beginnt der eigentliche Körper der Rippe, der nach vorne in den Rippenknorpel übergeht. Dieser bildet die elastische Verbindung zwischen den sich bei der Atmung hebenden und senkenden Rippen und dem knöchernen und wenig beweglichen Brustbein (Abb. 6-27).

Von den zwölf Rippenpaaren erreichen nur sieben mit ihren Knorpeln direkt das Brustbein (Abb. 6-27); das sind die **echten Rippen**. Die unteren fünf Rippen (**falsche Rippen**) erreichen nicht mehr mit eigenen Knorpelspangen das Brustbein, sondern lagern sich den Knorpeln des 7. Rippenpaares an (8. bis 10. Rippe) oder endigen frei, d.h. ohne Verbindung zum Brustkorb (11. und 12. Rippe). Die falschen Rippen, vor allem die Rippenknorpel der 8. bis 10. Rippen, bilden den Rippenbogen (Arcus costalis). Die beiden Rippenbögen treffen sich an der Basis des Schwertfortsatzes des Brustbeins und bilden einen Winkel variabler Größe (abhängig vom Körperbau und von der Atmung). Da die einzelnen Rippenkörper von der 1. bis zur 10. Rippe stark an Länge zunehmen und dabei immer weniger gekrümmt sind, werden die Wirbelrippenringe von oben nach unten immer weiter, d.h. der von ihnen umschlossene Raum wird größer. Daher bildet die Gesamtheit aller übereinander angeordneten Wirbelrippenringe einen etwa kegelförmigen Raum. Die obere Thoraxöffnung ist demnach wesentlich kleiner als die untere. Nach vorne wird der Brustkorb durch die Knochenplatte des **Brustbeins** (Sternum) geschlossen. Es besteht aus dem Handgriff (Manubrium), dem Körper (Corpus) und dem Schwertfortsatz (Processus xiphoideus). Das 1. Rippenpaar und die Schlüsselbeine verbinden sich mit dem Handgriff des Brustbeins, die 2. bis 7. Rippenpaare lagern sich, beginnend am unteren Ende des Handgriffs, an die seitlichen Flächen des Brustbeinkörpers an (Abb. 6-27).

▲ Brust- und Bauchmuskeln

Bei den Brust- und Bauchmuskeln unterscheiden wir ebenso wie bei den Rückenmuskeln zwischen (oberflächlich gelegenen) Gliedmaßenmuskeln und Eigenmuskeln des Rumpfes (Tab. 6-2; Abb. 6-28, 6-29, 6-30). Die Eigenmuskeln der Brust bestehen vor

Abb. 6-26 Rumpfskelett mit Schulter- und Beckengürtel (linke Körperhälfte).

Abb. 6-27 Brustkorb in der Ansicht von vorn mit Zwerchfell.

allem aus den äußeren und inneren Zwischenrippenmuskeln (M. intercostalis), die sich mit unterschiedlicher Verlaufsrichtung zwischen benachbarten Rippen spannen. Sie bewirken ein Heben und Senken der Rippen und unterstützen dadurch die Ein- und Ausatmung (Atemmechanik).

Die **Bauchwand** setzt sich aus **Muskel- und Sehnenplatten** zusammen, die die vordere und seitliche Begrenzung des Bauches bis zur Wirbelsäule bilden und zwischen dem Becken und den unteren Abschnitten des Brustkorbs ausgespannt sind. Eine Verkürzung dieser Muskeln kann durch den Zug an den Rippen Beugebewegungen der Wirbelsäule hervorrufen, z.B. beim Vorwärtsneigen und Seitwärtsneigen. So sind die Bauchmuskeln wie die Eigenmuskeln des Rückens an den Bewegungen der Wirbelsäule beteiligt (Abb. 6-28).

Von den seitlichen Bauchmuskeln gehen zwei kräftige Sehnenplatten aus. Die eine umscheidet vorne den geraden Bauchmuskel, die andere umfaßt hinten als Rücken-Lenden-Faszie den Erector spinae und ist an der Wirbelsäule befestigt. Zwischen diesen beiden paarig längsverlaufenden und gegensätzlich wirkenden Muskelzügen spannen sich die Platten der schrägverlaufenden Bauchmuskeln und des **queren**, ganz innen gelegenen **Bauchmuskels** aus. Der **gerade Bauchmuskel** (M. rectus abdominis; Abb. 6-28, 6-29), vorne beiderseits einer weißen sehnigen Mittellinie verlaufend, neigt den Rumpf nach vorne. Beim Zurückneigen des Rumpfes im Sitzen regeln wir mit ihm das Ausmaß der Neigung. Eine Seitenneigung bewirken besonders die **schrägen Bauchmuskeln** (M. obliquus externus und internus abdominis), die die ganze Bauchwand durch

Tab. 6-2 Brust- und Bauchmuskeln (Eigenmuskeln)

Muskeln	Lage (Ursprung/Ansatz)	Funktion	Innervation
äußere Zwischenrippenmuskeln (Mm. intercostales externi)	verlaufen zwischen Rippen von hinten oben nach vorne unten	verspannen Zwischenrippenräume, heben Rippen = inspiratorische Wirkung	Zwischenrippennerven (Interkostalnerven)
innere Zwischenrippenmuskeln (Mm. intercostales interni)	verlaufen zwischen Rippen (rechtwinklig zu äußeren Zwischenrippenmuskeln) von vorne unten nach hinten oben	verspannen Zwischenrippenräume, senken Rippen = exspiratorische Wirkung	Zwischenrippennerven (Interkostalnerven)
gerader Bauchmuskel (M. rectus abdominis)	verbindet Becken (Schambein) mit Brustkorb (Brustbein und Rippen) – umgeben von Sehnenplatten der seitlichen Bauchmuskeln (Rektusscheide), zwischen beiden Muskeln die sehnige weiße Linie (Linea alba) = Durchflechtungszone der beidseitigen Sehnenplatten	beugt Rumpf nach vorne, hebt das Becken (bei fixiertem Oberkörper)	Zwischenrippennerven und obere Nerven des Lendengeflechts
äußerer schräger Bauchmuskel (M. obliquus externus abdominis)	verläuft von der Außenfläche der unteren Rippen zum Beckenkamm, zur Rektusscheide und dem Leistenband (parallel zu äußeren Zwischenrippenmuskeln)	einseitig: neigt den Rumpf seitwärts, dreht den Rumpf zur Gegenseite doppelseitig: beugt den Rumpf = Exspiration, Bauchpresse	Zwischenrippennerven und obere Nerven des Lendengeflechts
innerer schräger Bauchmuskel (M. obliquus internus abdominis)	verläuft vom Beckenkamm zu den unteren Rippen sowie zur Rektusscheide	einseitig: neigt den Rumpf seitwärts, dreht den Rumpf zur selben Seite doppelseitig: Beugung, Exspiration, Bauchpresse	Zwischenrippennerven und obere Nerven des Lendengeflechts
querer Bauchmuskel (M. transversus abdominis)	querer Verlauf von Innenseite der unteren Rippen, den Querfortsätzen der Lendenwirbel und dem Beckenkamm zur Rektusscheide	„Einziehen" der Bauchwand, Bauchpresse	Zwischenrippennerven und obere Nerven des Lendengeflechts

sich kreuzende Muskel- und Sehnenzüge vergurten. An der Bauchpresse, d.h. der Druckerhöhung im Bauchraum durch Kontraktion der Muskelwandung, sind sämtliche Bauchmuskeln beteiligt. Die vordere untere Bauchwand hat beiderseits eine schwache Stelle in der Leistengegend (**Bruchpforte**). Vom vorderen oberen Darmbeinstachel zieht ein kräftiges Band, das Leistenband, zum Tuberculum pubicum neben der Schambeinfuge (Abb. 6-29). Oberhalb des Leistenbandes durchsetzt der Leistenkanal in schräger Richtung von hinten oben nach vorne unten verlaufend die Bauchwand. Er enthält bei der Frau ein Halteband der Gebärmutter (Lig. teres uteri), beim Mann den Samenstrang. Die äußere Öffnung des Leistenkanals, der äußere Leistenring, entsteht durch eine Lücke in der Sehnenplatte des äußeren schrägen Bauchmuskels (Abb. 6-29). An dieser Stelle können Baucheingeweide in das Unterhautgewebe hervortreten (Leistenbruch). Männer sind von solchen Brüchen sehr viel häufiger betroffen als Frauen. Hauptursache dafür ist der für den Samenstrang weitere Leistenkanal. Gefürchtete Komplikation eines Bruchs ist das Einklemmen. Unter dem Leistenband ziehen die großen Schenkelgefäße und ein Muskel zum Oberschenkel. An dieser Stelle können sich Eingeweide aus der Bauchhöhle in Richtung Oberschenkel vorschieben und als „Bruch" (Schenkelbruch) heraustreten.

Die Eigenmuskeln von Brust- und Bauchwand werden überwiegend von den Zwischenrippennerven (N. intercostalis) ver-

6 MOTORISCHES SYSTEM

Spezielle Motorik: Bewegungsapparat 6.2

Abb. 6-28 Eigenmuskeln des Rumpfes.
A: Seitenansicht der Eigenmuskeln von Rücken und Bauch, dazu Treppenmuskeln des Halses.
B: Vordere Bauch- und Brustwand von dorsal. Das Bauchfell ist entfernt. Auf der linken Seite sind die hintere Rektusscheide und der M. transversus abdominis abgetragen.

6 Motorisches System

Abb. 6-29 Oberflächliche Muskeln der vorderen Rumpfwand mit Gliedmaßenmuskeln im Brustbereich und rumpfeigenen Muskeln im Bauchbereich.

Labels (im Uhrzeigersinn):
- Hautmuskel des Halses (Platysma)
- Deltamuskel (M. deltoideus)
- großer Brustmuskel (M. pectoralis major)
- breiter Rückenmuskel (M. latissimus dorsi)
- vorderer Sägemuskel (M. serratus anterior)
- äußerer schräger Bauchmuskel (M. obliquus externus abdominis)
- Sehnenplatte des äußeren schrägen Bauchmuskels
- Beckenkamm (Crista iliaca)
- vorderer oberer Darmbeinstachel (Spina iliaca anterior superior)
- Leistenband (Lig. inguinale)
- äußerer Leistenring
- Samenstrang (Funiculus spermaticus)
- Nabel (Umbilicus)
- weiße Linie (Linea alba)
- gerader Bauchmuskel (M. rectus abdominis) (nach Entfernung der Sehnenplatte, die auf dem Muskel liegt)
- Kopfwender (M. sternocleidomastoideus)

sorgt. Nur der oberhalb des Beckens gelegene Abschnitt der Bauchwandmuskulatur erhält seine Innervation aus dem Lendengeflecht (Plexus lumbalis).

Im unteren Teil des **Brustkorbs** bildet das **Zwerchfell** (Diaphragma) eine nach oben gewölbte Scheidewand zwischen Brustraum und Bauchraum (vgl. Abb. 6-27). Sein mittlerer Anteil ist von sehniger Beschaffenheit. Der seitliche Anteil ist als Muskelplatte ausgebildet und verläuft bogenförmig von seiner Befestigungslinie an der Innenseite der unteren Rippen und der Lendenwirbelsäule sowie des Brustbeins nach oben. Dadurch erhält das Zwerchfell eine gewölbte Gestalt mit zwei Kuppeln. Die linke Zwerchfellkuppel steht etwa in Höhe des 5., die rechte in Höhe des 4. Zwischenrippenraumes. Bei der Einatmung kontrahiert sich das Zwerchfell, die Zwerchfellkuppeln flachen sich ab und treten tiefer. Das Volumen des Brustraums nimmt dadurch zu (s. Kap. 8.4 „Atemmechanik"). Das Zwerchfell ist der **wichtigste Atemmuskel**. Zwerchfellnerv ist der N. phrenicus, der vom Halsgeflecht (Plexus cervicalis) zum Zwerchfell hinunterzieht.

6 MOTORISCHES SYSTEM

Spezielle Motorik: Bewegungsapparat 6.2

Abb. 6-30 Tiefe Muskeln der vorderen Rumpfwand. Im Brustbereich teils Gliedmaßenmuskeln, teils rumpfeigene Muskeln, im Bauchbereich rumpfeigene Muskeln.

6.2.4 Spezielle Motorik: Obere Gliedmaßen

▲ Skelett des Schultergürtels

Die Arme sind ebenso wie die Beine durch einen Knochengürtel mit dem Rumpf verbunden. Bei den Armen ist es der Schultergürtel (Abb. 6-31), bestehend aus beiden Schulterblättern und den Schlüsselbeinen. Bei den Beinen ist es der Beckengürtel. Der Schultergürtel bleibt im Gegensatz zum Becken hinten offen und erlaubt dadurch die weiträumigeren Bewegungen der oberen Gliedmaßen.

Das leicht S-förmig gebogene **Schlüsselbein** (Clavicula) verbindet das Schulterblatt (Scapula) mit dem Brustbein (Abb. 6-31). Beide Enden tragen Gelenkflächen. Das **Brustbein-Schlüsselbein-Gelenk** (Sternoklavikulargelenk) erlaubt ausgiebige Bewegungen in allen Richtungen. Zwischen den beiden am Oberrand des Brustbeins leicht tastbaren Gelenken liegt eine von außen gut sichtbare Grube (**Drosselgrube**). Die Verbindung mit dem Schulterblatt erfolgt am Acromion im Schulterhöhe-Schlüsselbein-Gelenk (Akromioklavikulargelenk). Es besitzt eine sehr flache Gelenkfläche, hat aber durch eine straffe Kapsel wenig Bewegungsfreiheit (Abb. 6-31).

Das **Schulterblatt** (Scapula) ist eine etwa dreieckig gestaltete Knochenplatte, auf deren Hinterfläche sich die kräftige Schulterblattgräte (Spina scapulae) erhebt (Abb. 6-31). Diese läuft in die Schulterhöhe (Acromion) aus, die sich mit dem Schlüsselbein verbindet. Durch den Verlauf der Schulterblattgräte entstehen eine oberhalb von ihr gelegene obere Grätengrube (Fossa supraspinata) und eine unterhalb gelegene untere Grätengrube (Fossa infraspinata; Abb. 6-31). Die vordere Fläche des Schulterblatts paßt sich mit einer konkaven Krümmung der Wölbung des Brustkorbs an. Das Schulterblatt läuft an seiner seitlichen Ecke in eine Anschwellung aus, in welche die flach vertiefte Pfanne des Schultergelenks eingelassen ist. Oben vorne entspringt nahe dieser Pfanne der Rabenschnabelfortsatz (Processus coracoideus), der hakenförmig nach vorne gekrümmt ist (Abb. 6-31). Acromion und Processus coracoideus sind durch ein kräftiges, das Schultergelenk überdachendes Band verbunden.

▲ Knochenskelett des Arms

Anschließend an das Schulterblatt folgt das knöcherne Armskelett (Abb. 6-31). Es besteht aus Oberarmbein (Humerus), Elle (Ulna), Speiche (Radius), Handwurzel (Carpus), Mittelhand (Metacarpus) und Fingern (Ossa digitorum manus).

183

6 Motorisches System

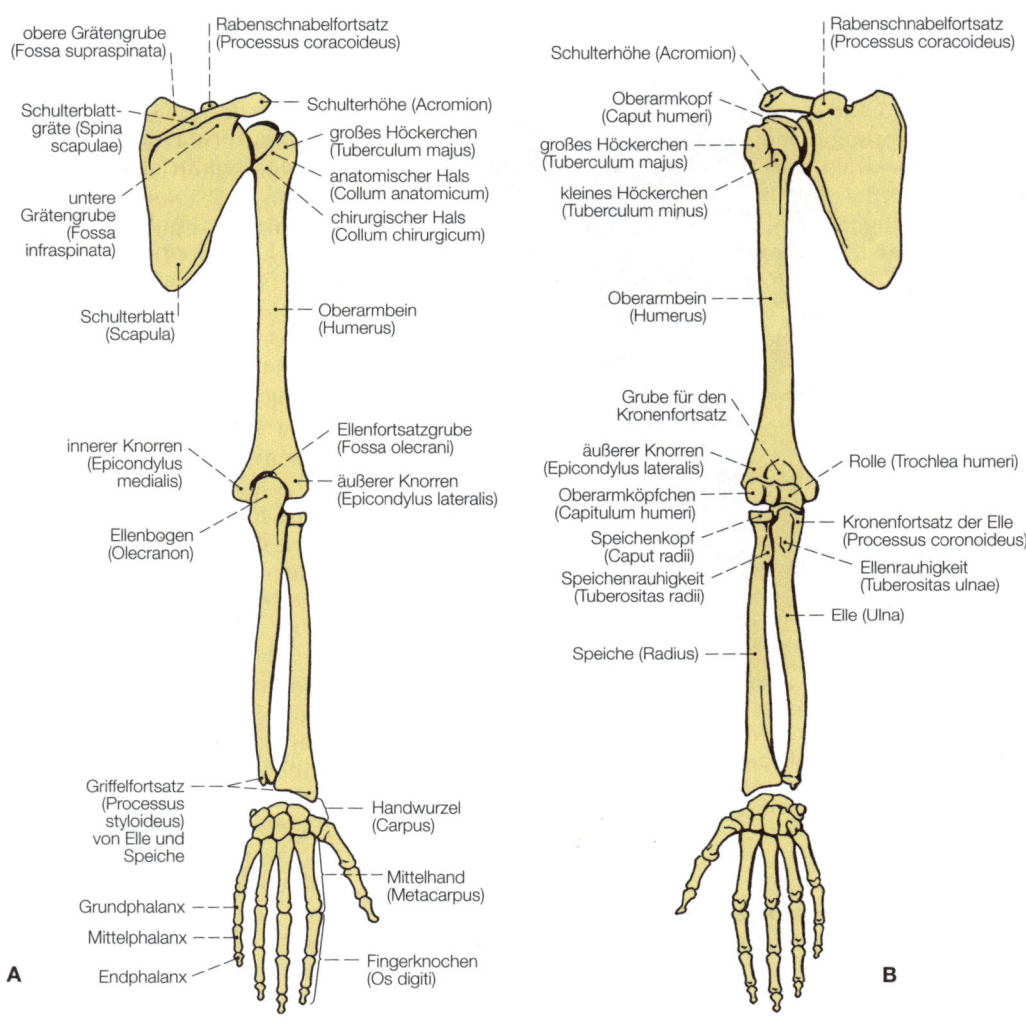

Abb. 6-31 Knochen und Gelenke der oberen rechten Gliedmaße.
A: Ansicht von hinten.
B: Ansicht von vorn.

▲ Skelett des Oberarms

Das **Oberarmbein** (Humerus) ist ein Röhrenknochen. Das stammnahe (**proximale**) **Ende** trägt den **Oberarmkopf** (Caput humeri), eine halbkugelige Verdickung. Um diesen herum verläuft eine ringförmige, flache Furche. Es folgen zwei kräftige, durch die Muskulatur tastbare Höckerchen, von denen das größere (Tuberculum majus) nach seitlich außen gerichtet ist, während das kleinere (Tuberculum minus) mehr nach vorne und innen schaut. Beide sind wichtige Ansatzstellen von Muskeln, vor allem für diejenigen, die an der Außen- und Innenrotation beteiligt sind. Zwischen diesen Höckerchen liegt eine Rinne für die Sehne des langen Bicepskopfes. Die Verjüngung des Oberarmbeins unterhalb der beiden Höckerchen wird wegen der Bruchgefährdung als „chirurgischer" Hals bezeichnet. Das **distale Ende** des Humerus ist zur Entwicklung der Ellenbogengelenkflächen als

Humerusknorren kräftig aufgetrieben (Condylus humeri) und trägt beiderseits außen je einen Höcker (Epicondylus medialis und Epicondylus lateralis), die den Unterarmmuskeln als Ursprung dienen. Die überknorpelte Gelenkfläche trägt zur Verbindung mit der Elle medial eine garnrollenähnliche Bildung (Trochlea humeri). Nach lateral besitzt sie ein halbkugeliges Köpfchen zur Verbindung mit der Speiche. Auf der Rückseite befindet sich oberhalb der Gelenkfläche eine tiefe Grube (Fossa olecrani), die zur Aufnahme des Ellenbogenfortsatzes (Olecranon) dient.

▲ Skelett des Unterarms

Das Unterarmskelett besteht aus zwei Knochen, der **Speiche** (Radius) an der Daumenseite und der **Elle** (Ulna) an der Kleinfingerseite (Abb. 6-31). Zwischen ihnen spannt sich eine sehnige Membran (Membrana interossea). Bei der Speiche ist das distale, bei der Elle das proximale Ende stark verdickt. Die Elle entwickelt proximal einen kräftigen, halbmondförmig ausgehöhlten Haken, der als **Ellenbogenfortsatz** (Olecranon) bezeichnet wird. Das distal verjüngte Ende der Elle läuft an der Kleinfingerseite in einen kleinen Griffelfortsatz (Processus styloideus ulnae) aus. Die Speiche hat an ihrem proximalen, verjüngten Ende ein Köpfchen (Caput radii) mit zwei Gelenkflächen, einer schüsselförmigen, flachen Grube für das Köpfchen des Humerus und einer kreisförmig gekrümmten Gelenkfläche, die wie die Felge eines Rades auf einer Gegenfläche der Elle abrollen kann (Abb. 6-31). Auf eine Verjüngung folgt eine höckerige Rauhigkeit (Tuberositas radii) zum Ansatz für den Bicepsmuskel. Zur Hand hin ist das Radiusende kräftig verdickt. Dadurch bildet es die Pfanne für das proximale **Handgelenk** und hat an der Daumenseite ebenfalls einen Griffelfortsatz (Processus styloideus radii).

▲ Skelett der Hand

Die Knochen der Handwurzel (Carpus; Abb. 6-31, 6-32, 6-33, 6-34), im ganzen **7 echte Handwurzelknochen** und **zusätzlich** (als Sesambein) das Erbsenbein, sind in zwei Reihen angeordnet. In der proximalen Reihe folgen vom Daumen ab gezählt:
– Kahnbein (Os scaphoideum)
– Mondbein (Os lunatum)
– Dreieckbein (Os triquetrum).

 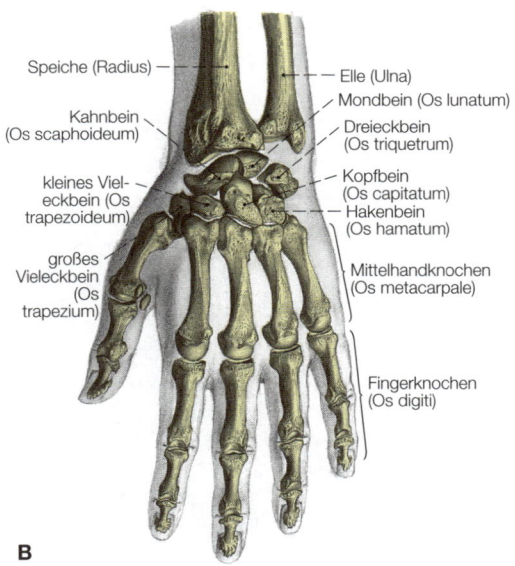

Abb. 6-32 Skelett der Hand (links).
A: Ansicht von vorn (Palmarseite).
B: Ansicht von hinten (Dorsalseite).

6 Motorisches System

Abb. 6-33 Röntgenbild der Hand (links) eines Erwachsenen. Der Verknöcherungsprozeß aller Handknochen ist abgeschlossen.

kenbein sind im unteren Teil der Hohlhand von außen gut tastbar.

> **Ü** Merkvers: Das Kahnbein fährt im Mondenschein dreieckig um das Erbsenbein, vieleckig groß, vieleckig klein, das Köpfchen muß beim Haken sein. **Ü**

Die Mittelhand (Metacarpus) besteht aus **fünf Mittelhandknochen** (Metakarpalknochen), die proximal eine unregelmäßig gestaltete Gelenkfläche und distal gut tastbare kopfförmige Rundungen zur Verbindung mit den Grundgliedern der Finger haben (vgl. Abb. 6-32). Die **Finger** (Digiti) bestehen mit Ausnahme des Daumens aus je drei Gliedern (Phalangen): Grund-, Mittel- und Endphalanx. Zwischen den Phalangen sind Gelenkflächen vorhanden.

In der distalen Reihe, ebenfalls ab Daumen:
– großes Vieleckbein (Os trapezium)
– kleines Vieleckbein (Os trapezoideum)
– Kopfbein (Os capitatum)
– Hakenbein (Os hamatum).
Das Erbsenbein (Os pisiforme) liegt dem Dreieckbein auf. Das Kahnbein und das Ha-

▲ Schultergelenk mit Schultergürtel

Im Schultergelenk verbindet sich die flache Pfanne des Schulterblattes mit dem Humeruskopf (Abb. 6-35). Dieses **Kugelgelenk** ist das beweglichste Gelenk des Körpers. Die Gelenkkapsel ist weit, und die Bänder sind schwach. Die Sicherung und Führung des Gelenkes erfolgt durch viele Muskeln. Die

Abb. 6-34 Röntgenbild der Hand (links) eines 5½jährigen Jungen mit typischen Wachstumsfugen von Mittelhand- und Fingerknochen sowie Knochenkernen von Handwurzelknochen, die für dieses Alter charakteristisch sind.

6 Motorisches System

Spezielle Motorik: Bewegungsapparat 6.2

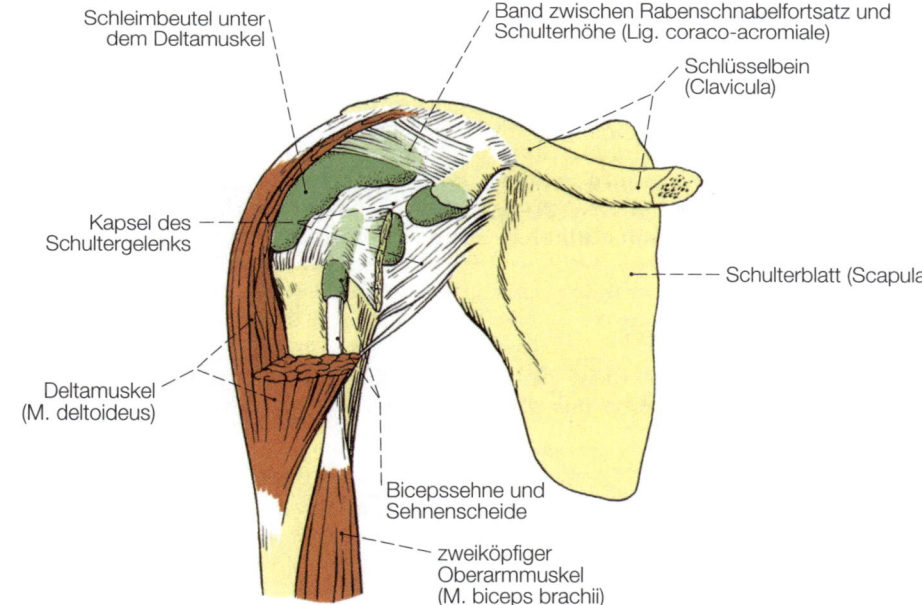

Abb. 6-35 Schultergelenk (rechts).
A: Frontalschnitt durch gelenkbildende Knochen bei herabhängendem Oberarm.
B: Frontalschnitt bei Abduktionsstellung des Oberarms.
C: Schultergelenk mit umgebender Gelenkkapsel, Bändern, Sehnen und Schleimbeuteln bei herabhängendem Oberarm.

Ursprungssehne des langen Bicepskopfes zieht durch das Gelenk hindurch (Abb. 6-35). Die Bewegungen im Schultergelenk bestehen:
– in **Anziehung** und **Abspreizung** des Armes (Adduktion und Abduktion) um eine von vorne nach hinten (sagittal) verlaufende Achse (Abb. 6-35)
– in **Hebung** nach vorne und nach rückwärts um eine quer verlaufende (transversale) Achse
– in der **Drehung** (Rotation) nach auswärts oder einwärts um eine durch den Oberarmschaft verlaufende Längsachse.

Das Abspreizen und Vorwärtsheben des Armes ist im Schultergelenk selbst nur bis

187

zur Horizontalen möglich (Anstoßen am Schulterdach). Die weitere Hebung des Armes erfolgt durch eine Drehung des Schulterblatts wie auch unter Mitbewegung der Gelenke, die das Schlüsselbein mit Brustbein und Schulterblatt bildet.

Oberflächlich gelegene Muskeln der Rumpfwand festigen und bewegen den Schultergürtel und das Schultergelenk. Diese Muskelgruppen ziehen vom Rumpf entweder zu Schlüsselbein und Schulterblatt oder zum Oberarm.

▲ Muskeln des Rückens für Schultergelenk und Schultergürtel

Der **trapezförmige Muskel** (M. trapezius) hebt oder senkt das Schulterblatt oder zieht es zur Wirbelsäule heran (Tab. 6-3; vgl. Abb. 6-24). Der **breite Rückenmuskel** (M. latissimus dorsi) zieht von unten her an das Tuberculum minus des Oberarmknochens und bildet dabei mit dem **großen runden Muskel** (M. teres major) die hintere Achselfalte. Er vermag den Arm herunter- und heranzuziehen und nach einwärts zu drehen (Innenrotation).

▲ Muskeln der Brust für Schultergelenk und Schultergürtel

Nicht nur vom Rücken, sondern auch von der Brustseite her ziehen kräftige Muskelgruppen zu Schulterblatt und Arm (Tab. 6-4; vgl. Abb. 6-29, 6-30). Besonders wichtig ist der **große Brustmuskel** (M. pectoralis major). Er setzt an einer Leiste unterhalb des Tuberculum majus des Oberarmknochens an und bildet die vordere Achselfalte. Der große Brustmuskel zieht den Arm an den Rumpf heran und bewegt ihn nach vorne. Der **vordere Sägemuskel** (M. serratus anterior) dreht das Schulterblatt so nach auswärts, daß die Pfanne des Schultergelenks nach vorne oben zeigt und die Hebung des Armes über die Horizontale ermöglicht. So ist der Schultergürtel von oben und unten, von hinten und vorne in Muskelzüge eingeschlossen, die vom Rumpf entspringen, zu Schulterblatt und Oberarm ziehen und an den vielfältigen

Tab. 6-3 Gliedmaßenmuskeln des Rückens

Muskeln	Lage (Ursprung/Ansatz)	Funktion	Innervation
Trapezmuskel (M. trapezius)	vom Hinterhaupt und den Dornfortsätzen aller Hals- und Brustwirbel zu Schulterblattgräte, Acromion und Schlüsselbein	bewegt Schulterblatt (Schultergürtel) zur Wirbelsäule nach oben, hinten und unten; dreht mit anderen Muskeln zusammen das Schulterblatt	XI. Hirnnerv (N. accessorius) und Halsgeflecht (Plexus cervicalis)
Schulterblattheber (M. levator scapulae)	von oberen Halswirbelquerfortsätzen zum oberen Rand des Schulterblatts	zieht Schulterblatt nach medial oben	Armgeflecht (Plexus brachialis)
großer und kleiner Rautenmuskel (M. rhomboideus major und minor)	von Dornfortsätzen der unteren Halswirbel und der oberen Brustwirbel zum medialen Rand des Schulterblatts	zieht Schulterblatt nach oben, hält es mit anderen Muskeln am Rumpf fest	Armgeflecht (Plexus brachialis)
vorderer Sägemuskel (M. serratus anterior)	mit seitlich am Brustkorb gelegenen Ursprungszacken von der 1.–9. Rippe zum medialen Rand und unteren Winkel des Schulterblatts	dreht das Schulterblatt, so daß ein Heben des Arms über die Horizontale möglich ist; hält Schulter am Rumpf; ist Atemhilfsmuskel	N. thoracicus longus aus Armgeflecht
breiter Rückenmuskel (M. latissimus dorsi)	von Dornfortsätzen der unteren Brust- und aller Lendenwirbel, Becken, unteren Rippen zum Humerus (innen) nahe dem Schultergelenk	dreht Arm nach innen und rückwärts, zieht Arm an den Körper heran (Klimmzug); hilft bei Ausatmung (Hustenmuskel)	N. thoracodorsalis aus Armgeflecht

6 MOTORISCHES SYSTEM

Spezielle Motorik: Bewegungsapparat 6.2

Tab. 6-4 Gliedmaßenmuskeln der Brust

Muskeln	Lage (Ursprung/Ansatz)	Funktion	Innervation
großer Brustmuskel (M. pectoralis major)	von Schlüsselbein, Brustbein und Sehnenplatte (Rektusscheide) der seitlichen Bauchmuskeln zum Humerus (außen) nahe dem Schultergelenk	dreht den Arm nach innen, zieht ihn an den Körper heran, hebt Arm nach vorne und zieht ihn zur Gegenseite; Atemhilfsmuskel bei Einatmung	Armgeflecht (Plexus brachialis)
kleiner Brustmuskel (M. pectoralis minor)	von der 2.–5. Rippe zum Rabenschnabelfortsatz des Schulterblatts	zieht Schulterblatt nach vorne; Atemhilfsmuskel bei Einatmung	Armgeflecht (Plexus brachialis)
Unterschlüsselbeinmuskel (M. subclavius)	von 1. Rippe zum akromialen Ende des Schlüsselbeins	fixiert das Schlüsselbein am Brustbein	Armgeflecht (Plexus brachialis)

Bewegungsarten im Schultergelenk beteiligt sind.

▲ **Muskeln der Schulter für das Schultergelenk**

Eine Gruppe von kürzeren Muskeln zieht vom Schulterblatt zum Oberarm (Tab. 6-5; Abb. 6-36, 6-37). Hierzu zählt als wichtigster Seitwärtsheber (Abduktor) der **Deltamuskel** (M. deltoideus). Mit drei Anteilen fächerförmig von Schlüsselbein, Acromion und Schulterblattgräte entspringend, wölbt er sich kappenförmig über dem Schultergelenk und setzt an der Mitte des Humerus an.

Von der Dorsalseite des Schulterblatts zum Tuberculum majus verlaufende Muskeln rollen den Arm auswärts und helfen beim Seitwärtsheben.

P Der Deltamuskel eignet sich für intramuskuläre Injektionen. So werden Impfungen (z. B. gegen Hepatitis) an diesem Muskel durchgeführt. **P**

Als kräftiger Einwärtsdreher wirkt der von der Ventralseite des Schulterblatts zum Tuberculum minus ziehende **Unterschulterblattmuskel** (M. subscapularis).

Tab. 6-5 Muskeln der Schulter für das Schultergelenk

Muskeln	Lage (Ursprung/Ansatz)	Funktion	Innervation
Obergrätenmuskel (M. supraspinatus) **Untergrätenmuskel** (M. infraspinatus) **kleiner Rundmuskel** (M. teres minor)	von der Außenfläche des Schulterblatts zum großen Höckerchen (Tuberculum majus) des Humerus	drehen den Arm nach außen; der Obergrätenmuskel ist ein wichtiger Seitwärtsheber	Armgeflecht (Plexus brachialis)
großer Rundmuskel (M. teres major)	vom unteren Winkel des Schulterblatts zum kleinen Höckerchen (Tuberculum minus) des Humerus	dreht den Arm nach innen und zieht ihn nach rückwärts	Armgeflecht (Plexus brachialis)
Unterschulterblattmuskel (M. subscapularis)	von der Innenfläche des Schulterblatts zum kleinen Höckerchen (Tuberculum minus) des Humerus	dreht den Arm nach innen und zieht ihn an den Körper heran	Armgeflecht (Plexus brachialis)
Deltamuskel (M. deltoideus)	von der Schulterblattgräte, der Schulterhöhe und dem Schlüsselbein zur Mitte des Humerus	hebt den Arm bis zur Horizontalen	N. axillaris des Armgeflechts (Plexus brachialis)

6 Motorisches System

Abb. 6-36 Schulterblatt- und Oberarmmuskeln (rechts) mit Gefäßen und Nerven (Ansicht von vorn).

▲ **Gefäße und Nerven für Schultergürtel und Schulter**

Gefäße und Nerven für die Versorgung der oberen Gliedmaßen kommen aus der seitlichen Halsregion oberhalb des Schlüsselbeins. **A. subclavia** und **V. subclavia** verlaufen in einem nach oben konvexen Bogen über der 1. Rippe, dann hinter dem Schlüsselbein abwärts zur Achselhöhle. Oberhalb des Schlüsselbeins schließen sich die Nervenstränge des Armgeflechts (**Plexus brachialis**) dem Gefäßbündel an und gruppieren sich als Faszikel um die Arterie. In der Achselhöhle ziehen die Leitungsbahnen (Gefäße und Nerven) zum und vom Arm unter dem kleinen Brustmuskel (M. pectoralis minor) in Richtung Oberarm. Von den Hauptgefäßen und den Nervenbündeln zweigen oberhalb und unterhalb des Schlüsselbeins zahlreiche kleinere Äste ab, die die Muskeln des Schultergürtels und der Schulter versorgen.

▲ **Ellenbogengelenk**

Im Ellenbogengelenk sind drei Gelenke von einer Kapsel zusammengefaßt:
– Oberarm-Ellengelenk
– Oberarm-Speichengelenk
– Speichen-Ellengelenk (vgl. Abb. 6-31, 6-38). Die Bewegung im **Oberarm-Ellengelenk** erfolgt zwangsläufig um eine Achse. Es ist ein reines **Scharniergelenk**, in dem Beugung und Streckung stattfinden. Das **Oberarm-Speichengelenk** ist anatomisch ein **Kugelgelenk**.

Abb. 6-37 Schulterblatt- und Oberarmmuskeln (rechts) mit Gefäßen und Nerven (Ansicht von hinten).

Es ist jedoch nur passiv an den Bewegungen der beiden anderen Gelenke beteiligt. Das **Speichen-Ellengelenk** ist ein **Radgelenk** (vgl. Abb. 6-5 B). In ihm vermag sich der überknorpelte proximale Speichenteller mit seiner Außenfläche gegen die feststehende Elle zu drehen. Dabei wird der Speichenteller von einem ringförmigen Band (Ligamentum anulare radii) geführt. Man nennt diese Bewegungen im Speichen-Ellengelenk **Pronation** und **Supination** (Abb. 6-38). Bei der Pronation dreht sich die Speiche nach einwärts über die Elle, so daß der Daumen nach innen, der Handrücken nach oben bzw. die Handinnenfläche nach unten zeigt. Dabei überkreuzt die Speiche die Elle. Bei der gegenläufigen Bewegung, der Supination, wird der Daumen nach außen gedreht. Die Handinnenfläche zeigt nach oben, Elle und Speiche stehen parallel (Abb. 6-38).

▲ Muskeln für das Ellenbogengelenk

Für dieses Gelenk liegen die Beuger am Oberarm vorne und die Strecker hinten (Tab. 6-6). Die Beugung bewirken der **zweiköpfige Oberarmmuskel** (M. biceps brachii), der gelenknah an der Speiche ansetzt, und der **Armbeuger** (M. brachialis), der gelenknah an die Elle heranzieht (vgl. Abb. 6-36). Der Biceps tritt bei der Kontraktion (z.B. Gewichtheben) fast kugelig vor. Seine Sehne ist in der Ellenbeuge gut zu tasten. Gegenspieler dieser vorderen Beugergruppe ist der auf der Rückseite des Oberarms gelegene **dreiköpfige Oberarmmuskel** (M. triceps brachii).

6 Motorisches System

Abb. 6-38 Ellenbogengelenk.
A: Ellenbogengelenk (rechts) mit Bändern nach Entfernung der Gelenkkapsel (Ansicht von vorn).
B und **C:** Unterarmknochen (rechts). Supinationsstellung (B) und Pronationsbewegung durch die eingezeichneten Muskeln (C).

Tab. 6-6 Muskeln für das Ellenbogengelenk

Muskeln	Lage (Ursprung/Ansatz)	Funktion	Innervation
Beuger: **zweiköpfiger Oberarmmuskel** (M. biceps brachii)	von einer Rauhigkeit oberhalb der Schultergelenkpfanne (langer Kopf) und dem Rabenschnabelfortsatz (kurzer Kopf) zur Speiche (Tuberositas radii) nahe dem Ellenbogengelenk	Schultergelenk: hebt Arm nach vorn Ellenbogengelenk: beugt und supiniert	N. musculocutaneus des Armgeflechts (Plexus brachialis)
Armbeuger (M. brachialis)	von der Vorderfläche des Humerus (distal) zur Elle (Tuberositas ulnae) nahe dem Ellenbogengelenk	beugt den Unterarm	N. musculocutaneus des Armgeflechts (Plexus brachialis)
Strecker: **dreiköpfiger Oberarmmuskel** (M. triceps brachii)	vom unteren Rand der Gelenkpfanne des Schultergelenks (langer Kopf) sowie von der Rückseite des Humerus (lateraler und medialer Kopf) zum Ellenhaken (Olecranon)	Schultergelenk: hebt den Arm nach hinten Ellenbogengelenk: streckt den Unterarm	N. radialis des Armgeflechts (Plexus brachialis)

Die kräftige Endsehne zieht zum Olecranon und streckt im Ellenbogengelenk (vgl. Abb. 6-37).

Neben den genannten Oberarmmuskeln unterstützen noch alle jene Muskeln die Bewegungen im Ellenbogengelenk, die am unteren Ende des Oberarms entspringen und zum Unterarm oder zur Hand verlaufen, besonders der **Oberarm-Speichen-Muskel** (M. brachioradialis). Er bildet die Kontur des Unterarms auf der Daumenseite, entspringt seitlich unten vom Oberarmknochen und zieht zum Griffelfortsatz des Radius (Abb. 6-39).

Die **Pronationsbewegung** bewirkt besonders der runde **Einwärtsdreher** (M. pronator teres), der vom inneren Humerusknorren schräg zur Radiusaußenseite herüberzieht. Er begrenzt die dreieckige Grube zwischen Beugern und Streckern in der Ellenbeuge und ist dort bei der Pronation gut tastbar. Nahe dem Handgelenk zieht der **viereckige Einwärtsdreher** (M. pronator quadratus) von der Elle zur Speiche und unterstützt die Pronation (vgl. Abb. 6-38).

Eine **Supination** bewirkt der **Auswärtswender** (M. supinator), der als Antagonist zum runden Einwärtsdreher (M. pronator teres) ebenfalls von der Elle kommt, aber auf der Außenseite der Ellenbogenregion zur Speiche zieht und sich um sie herumwickelt (vgl. Abb. 6-38). Der **Biceps** unterstützt die Supination bei gleichzeitiger Beugung im Ellenbogengelenk.

Abb. 6-39 Unterarmmuskeln (rechts) mit Gefäßen und Nerven (Ansicht von vorn).

▲ Gefäße und Nerven für Oberarm und Ellenbogen

Die wichtigste Gefäß-Nervenstraße am Oberarm findet man auf der Innenseite in der Rinne zwischen den Muskelgruppen von Beugern und Streckern (vgl. Abb. 6-36). Die **Armarterie** (A. brachialis) mit den zugehörigen Venen wird hier vom **N. medianus** aus dem Armgeflecht begleitet. Zwei weitere Gefäß-Nervenstraßen bilden der medial gelegene **Ellennerv** (N. ulnaris) und der dorsal verlaufende **Speichennerv** (N. radialis), jeweils mit Begleitgefäßen. Die Beuger des Oberarms werden vom N. musculocutaneus, die Strecker vom N. radialis innerviert.

Von der Innenseite des Oberarms zieht die Armarterie (A. brachialis) mit dem N. medianus zur Mitte der Ellenbeuge und lagert sich in der Tiefe der Endsehne des M. biceps an. Hier findet sich die Aufzweigung in die Hauptäste, die **Speichenarterie** (A. radialis) und die **Ellenarterie** (A. ulnaris). Einen separaten Verlauf zwischen den Unterarmbeugern zur Hand nimmt der N. medianus. Zur Beugeseite des Ellenbogens verläuft auch der von der Streckseite des Oberarms kommende **N. radialis**, während der **N. ulnaris** in einer Knochenrinne hinter dem Epicondylus medialis des Humerus zu finden ist. An dieser Stelle ist der Nerv gut zu tasten und bei kräftigem Anstoßen auch zu spüren („Musikantenknochen"). Durch seine oberflächliche Lage kann er auch leicht geschädigt werden (z.B. bei Knochenbrüchen).

▲ Hand- und Fingergelenke

Im proximalen Handgelenk, einem zweiachsigen Gelenk, verbindet sich die Pfanne des Radius mit der proximalen Reihe der Handwurzelknochen. Es handelt sich um ein typisches **Eigelenk** (vgl. Abb. 6-5 C). Die Elle ist am Aufbau dieses Gelenks nicht unmittelbar beteiligt (vgl. Abb. 6-31). Dieser Aufbau ermöglicht eine handflächenwärts (palmar) und eine handrückenwärts (dorsal) gerichtete Bewegung um eine quergestellte Achse (**Palmarflexion, Dorsalflexion**). Um die dazu senkrecht stehende dorsopalmare Achse erfolgt die daumenwärts gerichtete Radialabduktion und eine kleinfingerwärts gerichtete Ulnarabduktion. Innerhalb des distalen Handgelenks, also zwischen den beiden Reihen der Handwurzelknochen, ist die Beweglichkeit gering.

Der Mittelhandknochen des Daumens bildet mit dem großen Vieleckbein ein **Sattelgelenk** (**Daumengrundgelenk**), das nahezu die Beweglichkeit eines Kugelgelenks hat. Wichtig für die Bewegungsvielfalt der Hand ist vor allem die Möglichkeit, den Daumen den anderen Fingern gegenüberzustellen (**Opposition**). Neben der Oppositions-Repositionsbewegung ermöglicht das Daumengrundgelenk eine Beugung und Streckung sowie **Abduktion** und **Adduktion** des Daumens.

Die übrigen Gelenke zwischen Handwurzelknochen und Mittelhandknochen sind straffe, d.h. fast unbewegliche Gelenke. Die weiter distalen Grundgelenke des 2. bis 5. Fingers gestatten Beugung und Streckung sowie Abduktion und Adduktion. Alle übrigen Fingergelenke sind Scharniergelenke mit Beuge- und Streckmöglichkeit.

▲ Muskeln für Hand- und Fingergelenke

Die Muskeln für Hand- und Fingergelenke sind zahlreich und vielfältig (vgl. Abb. 6-39, 6-40, 6-41; Tab. 6-7, 6-8). Lage und Wirkung der Muskelgruppen am Unterarm lassen sich folgendermaßen veranschaulichen:

> **Ü** Umfaßt man mit der rechten Hohlhand von unten her den linken Unterarm nahe dem Ellenbogengelenk, so ist an der inneren Ellenseite und an der äußeren Speichenseite je ein kräftiges Muskelpaket zu tasten. Beugt man dann das Handgelenk handflächenwärts, so kontrahieren sich fühlbar die auf der Ellenseite gelegenen Beuger, die großenteils vom inneren Oberarmknorren kommen und über die palmare Fläche des Unterarms zur Hand ziehen. Streckt man das Handgelenk handrückenwärts (dorsal), so kontrahieren sich die speichenseitig außen gelegenen Streckmuskeln, die vom äußeren Oberarmknorren kommend auf der dorsalen Fläche des Unterarms zum Handrücken ziehen. **Ü**

Von den Beugern und Streckern des Unterarms sind jeweils zwei für die **Bewegungen im Handgelenk**, alle anderen für die Fingerbewegungen bestimmt (vgl. Abb. 6-39, 6-40):

6 MOTORISCHES SYSTEM

Spezielle Motorik: Bewegungsapparat 6.2

Tab. 6-7 Muskeln für Hand- und Fingergelenke: Beuger (Flexoren)

Muskeln	Lage (Ursprung/Ansatz)	Funktion	Innervation
runder Einwärtsdreher (M. pronator teres)	überwiegend vom medialen Oberarmknorren (Epicondylus medialis) sowie von der Vorderfläche von Elle und Speiche (mit einer oberflächlichen und einer tiefen Muskelschicht) langsehnig zur Hand und zu den Fingern	drehen Unterarm einwärts (Pronation)	N. medianus des Armgeflechts (Plexus brachialis)
viereckiger Einwärtsdreher (M. pronator quadratus)			
radialer Handbeuger (M. flexor carpi radialis)		abduziert nach radial	N. medianus des Armgeflechts
ulnarer Handbeuger (M. flexor carpi ulnaris)		abduziert nach ulnar — beugen im Handgelenk	N. ulnaris des Armgeflechts
langer Hohlhandsehnenspanner (M. palmaris longus)			N. medianus des Armgeflechts
oberflächlicher Fingerbeuger (M. flexor digitorum superficialis)		beugt im Handgelenk sowie in Grund- und Mittelgelenken des 2.–5. Fingers	N. medianus des Armgeflechts
tiefer Fingerbeuger (M. flexor digitorum profundus)		beugt im Handgelenk sowie in allen Fingergelenken des 2.–5. Fingers	N. medianus und N. ulnaris des Armgeflechts
langer Daumenbeuger (M. flexor pollicis longus)		beugt im Handgelenk und in allen Daumengelenken	N. medianus des Armgeflechts

Tab. 6-8 Muskeln für Hand- und Fingergelenke: Strecker (Extensoren)

Muskeln	Lage (Ursprung/Ansatz)	Funktion	Innervation
radiale Muskelgruppe: Oberarm-Speichen-Muskel (M. brachioradialis)	überwiegend vom lateralen Oberarmknorren (Epicondylus lateralis) sowie von der Hinterfläche von Elle und Speiche mit langen Sehnen zur Rückseite von Hand und Fingern	beugen im Ellenbogengelenk	N. radialis des Armgeflechts
langer radialer Handstrecker (M. extensor carpi radialis longus)		strecken im Handgelenk; abduzieren nach radial	
kurzer radialer Handstrecker (M. extensor carpi radialis brevis)			
oberflächliche und tiefe Strecker: ulnarer Handstrecker (M. extensor carpi ulnaris)		streckt im Handgelenk und abduziert nach ulnar	
Fingerstrecker (M. extensor digitorum mit M. extensor digiti minimi und M. extensor indicis)		strecken in Hand- und Fingergelenken des 2.–5. Fingers	
Daumenabzieher (M. abductor pollicis longus)		spreizen Daumen im Sattelgelenk ab bzw. strecken in allen Daumengelenken	
Daumenstrecker (M. extensor pollicis longus, M. extensor pollicis brevis)			
Auswärtsdreher (M. supinator)		bewirkt eine Supination	

6 MOTORISCHES SYSTEM

Abb. 6-40 Unterarmmuskeln (rechts) mit Gefäßen und Nerven (Ansicht von hinten).

- Der radiale und der ulnare Handbeuger bewirken zusammen die Beugung im Handgelenk (**Palmarflexion**).
- Der radiale und der ulnare Handstrecker strecken im Handgelenk (**Dorsalflexion**).
- Verkürzen sich der radiale Handbeuger und der radiale Handstrecker gleichzeitig, so erfolgt eine **Radialabduktion** im Handgelenk, aber keine Beugung oder Streckung.
- Verkürzen sich der ulnare Handbeuger und der ulnare Handstrecker gleichzeitig, so erfolgt eine **Ulnarabduktion** im Handgelenk, aber keine Beugung oder Streckung.

Die übrigen Beuge- und Streckmuskeln des Unterarms ziehen zu den Fingern. Dabei hat der Daumen eine eigene, vielfältige Versorgung durch Beuger, Strecker, Abzieher und Anzieher, die seine große Beweglichkeit bedingen. Von 36 Muskeln, die die Finger der Hand versorgen, ziehen allein 8 zum Daumen. Zum 2. bis 5. Finger verlaufen die Sehnen des oberflächlichen und des tiefen Fingerbeugers (vgl. Abb. 6-39). Der erstere beugt vorwiegend Grund- und Mittelgelenke der Finger, der tiefe Fingerbeuger die Endgelenke. Dabei müssen seine Sehnen von unten kommend durch die Sehnenschlitze des oberflächlichen Fingerbeugers hindurchtreten. Auf der Außenseite des Unterarms zieht der gemeinsame Fingerstrecker (Abb. 6-40, 6-41) zum Handrücken und wird hier mit seinen Sehnen sichtbar. Er versorgt den 2. bis 5. Finger.

Die Sehnen der Fingermuskeln werden im Bereich des Handgelenks palmar und dorsal teils einzeln, teils gemeinsam von röhrenförmigen Sehnenscheiden umfangen. Auf der Palmarseite erstrecken sich die Sehnenscheiden auch entlang den Fingern (Abb. 6-41).

Die langen Handmuskeln werden durch die kurzen Handmuskeln ergänzt, die besonders auf der Hohlhandseite liegen. Im Daumenballen befinden sich kurze Abzieher, Gegensteller, Beuger und Anzieher, ähnlich im Kleinfingerballen. Zwischen den Fingern liegen zur Spreizung und zum Anziehen der gespreizten Finger die Zwischenknochenmuskeln (Mm. interossei; Abb. 6-41).

▲ Gefäße und Nerven des Unterarms und der Hand

Von der Ellenbeuge verlaufen verschiedene Gefäß-Nervenstraßen zur Hand (vgl. Abb. 6-39, 6-40). Auf der Radialseite des Unterarms zieht die **A. radialis**, die den Verlauf der **A. brachialis** fortsetzt. Sie hat den M. brachioradialis als Leitmuskel und wird vom oberflächlichen Ast des N. radialis begleitet. Dieser Hautnerv wendet sich ebenso wie die A. radialis nach dorsal zur Streckseite der Hand. Unmittelbar oberhalb des Handgelenks liegt die Arterie so oberflächlich, daß ihr Puls getastet werden kann. Der Muskelast des N. radialis liegt tief in der Ellenbeuge und zieht direkt zur Dorsalseite des Unterarms, um die Streckmuskulatur zu versorgen. Dabei durchbohrt er den M. supinator. Der N. medianus verläuft von der Ellenbeuge zwischen oberflächlichen und tiefen Beugemuskeln der Finger zum Handgelenk. Schließlich findet sich auf der Ulnarseite das Gefäß-Nervenbündel von A. ulnaris und N. ulnaris mit Begleitvenen. Ihr Leitmuskel ist der M. flexor carpi ulnaris.

An der Hand bilden A. radialis und A. ulnaris den oberflächlichen und tiefen Hohlhandbogen und die davon abzweigenden **Fingerarterien**. Die Innervation der kurzen Handmuskeln (Daumenballen, Kleinfingerballen, tiefe Handmuskeln) teilen sich **N. medianus** und **N. ulnaris**. Die Haut der Finger innervieren palmar N. medianus und N. ulnaris, dorsal N. ulnaris und **N. radialis**.

Der venöse Abfluß von Hand und Unterarm erfolgt größtenteils über oberflächliche Hautvenen, die netzartig miteinander verbunden sind. Mit Venenklappen ausgestattet, verhindern sie einen Rückfluß des Blutes in Richtung Hand. Wie schon beim Ver-

Abb. 6-41 Sehnen und Sehnenscheiden der Hand (rechts).
A: Dorsalseite.
B: Palmarseite.

gleich des Venenmusters der eigenen Handrücken ersichtlich, sind die Hautvenen in ihrem Verlauf sehr variabel. Auf der Radialseite findet sich in der Regel eine **V. cephalica**, die vom Handrücken ausgehend zur Lateralseite des Oberarms zieht und erst unterhalb des Schlüsselbeins in die tiefer gelegene **V. axillaris** mündet. Auf der Ulnarseite, ebenfalls am Handrücken beginnend, verläuft die **V. basilica**, die an der Innenseite des Oberarms (distal) die **V. brachialis** erreicht. In der Ellenbeuge sind V. basilica und V. cephalica meist durch eine **V. mediana cubiti** miteinander verbunden. Die oberflächlichen Hand- und Armvenen eignen sich zur Blutentnahme oder Injektion.

> **K** Von Verletzungen im Palmarbereich der Handwurzel (Schnittwunden) können verschiedene oberflächlich gelegene Nerven und Gefäße betroffen sein, von radial nach ulnar: die A. radialis, der N. medianus (die Beugersehnen) und der N. ulnaris bzw. die A. ulnaris. Bei Verletzungen müssen deshalb **sensible und motorische Ausfallserscheinungen** durch sorgfältige Untersuchung festgestellt werden, um z.B. rechtzeitig eine Nervennaht vorzunehmen.
>
> Ein vor allem bei Frauen häufig auftretendes Krankheitsbild ist eine sich allmählich entwickelnde Kompression des N. medianus im Karpaltunnel (**Karpaltunnelsyndrom**; s. Fallbeispiel Kap. 4). Dieser wird durch ein Halteband (Retinaculum flexorum) gebildet, das das Bündel der Flexorensehnen mit dem N. medianus an der Handwurzel befestigt (Abb. 6-41). Bei anhaltenden Schmerzattacken und/oder beginnenden Lähmungserscheinungen ist eine operative Spaltung des Bandes angezeigt.
>
> Im Bereich der Hand kann durch Veränderungen des Bindegewebes ein weiteres Krankheitsbild auftreten. Dabei kommt es zu einer Schrumpfung der Hohlhandsehne (Palmaraponeurose; Abb. 6-39) mit einer fortschreitenden fixierten Beughaltung der Finger (Beugekontraktur). Diese Krankheit wird **Dupuytren-Kontraktur** genannt. Bei zunehmender Bewegungseinschränkung ist eine operative Entfernung der Hohlhandsehne erforderlich. **K**

Eine Zuordnung der Bewegungen in Schulter-, Ellenbogen- und Handgelenk zu den beteiligten Muskeln findet sich in Tab. 6-9.

6.2.5 Spezielle Motorik: Untere Gliedmaßen

▲ Knöchernes Becken

Das knöcherne Becken spielt im Körper eine doppelte Rolle. Es ist der Boden der Bauchhöhle und knöcherner Schutz der Beckenorgane sowie der Befestigungsort der unteren Extremität. In der ersten Hinsicht gehört es mehr zum Rumpf, in der zweiten mehr zum Beinskelett. Das knöcherne Becken ist ein ringförmig geschlossener Knochengürtel, der aus den **zwei Hüftbeinen** (Os coxae) und dem **Kreuzbein** (Os sacrum) besteht (Abb. 6-42, 6-43). Jedes Hüftbein gliedert sich wieder in ein Darmbein (Os ilii), ein Schambein (Os pubis) und ein Sitzbein (Os ischii). Diese drei Knochen entstehen unabhängig voneinander, verwachsen aber am Ende der Wachstumsphase. Ihre Nahtstelle liegt in der Gegend der Hüftgelenkspfanne. Die Verbindung zum geschlossenen Knochengürtel erfolgt in den Kreuzbein-Darmbeingelenken sowie in der Schambeinfuge.

Das **Darmbein** (Abb. 6-42, 6-43) ist der größte Knochen des Hüftbeins und zeigt eine schaufelartige Gestalt, die sich abwärts verjüngt. Der nach oben zeigende Kamm der Darmbeinschaufel (Crista iliaca) ist vorwärts-einwärts gekrümmt und dient der Befestigung der seitlichen Bauchmuskeln. Er läuft vorne und hinten in Knochenvorsprünge aus, die als **Darmbeinstachel** (Spina iliaca) bezeichnet werden. Der vordere, obere Stachel (Spina iliaca anterior superior) ist Befestigungsort des Schneidermuskels und des Leistenbandes. Wie der Darmbeinkamm ist er gut tastbar.

Das **Schambein** hat einen oberen Ast, der von der Schambeinfuge (Symphyse) zum Darmbein verläuft, und einen absteigenden Ast, der von der Symphyse aus abwärts zieht, um sich nach hinten unten mit dem Sitzbein zu verbinden (Abb. 6-42, 6-43). Die beiden absteigenden Schambeinäste bilden den nach unten offenen Schambeinwinkel. Er ist beim Mann deutlich kleiner als bei der Frau.

Das nach hinten gelegene **Sitzbein** bildet den kräftigen Sitzbeinhöcker (Tuber ischiadicum), auf dem beim Sitzen das Körperge-

6 MOTORISCHES SYSTEM

Spezielle Motorik: Bewegungsapparat 6.2

Tab. 6-9 Bewegungen in Schulter-, Ellenbogen- und Handgelenk in Zuordnung zu den beteiligten Muskeln

Schultergelenk:	
Arm vorwärts heben	**Deltamuskel, vorderer Anteil** (M. deltoideus, Pars anterior)
	großer Brustmuskel (M. pectoralis major)
Arm rückwärts heben	**Deltamuskel, hinterer Anteil** (M. deltoideus, Pars posterior)
	breiter Rückenmuskel (M. latissimus dorsi)
	großer runder Muskel (M. teres major)
(seitl.) Abduktion des Armes	**Deltamuskel, mittlerer Anteil** (M. deltoideus, Pars media)
	Obergrätenmuskel (M. supraspinatus)
Adduktion des Armes	**großer Brustmuskel** (M. pectoralis major)
	breiter Rückenmuskel (M. latissimus dorsi)
	großer runder Muskel (M. teres major)
Innenrotation	**großer Brustmuskel** (M. pectoralis major)
	unterer Schulterblattmuskel (M. subscapularis)
	breiter Rückenmuskel (M. latissimus dorsi)
Außenrotation	**Untergrätenmuskel** (M. infraspinatus)
	kleiner runder Muskel (M. teres minor)
Ellenbogengelenk:	
Beugung	**zweiköpfiger Oberarmmuskel** (M. biceps brachii)
	Armbeuger (M. brachialis)
Streckung	**dreiköpfiger Armstrecker** (M. triceps brachii)
Pronation	**runder Einwärtsdreher** (M. pronator teres)
	viereckiger Einwärtsdreher (M. pronator quadratus)
Supination	**Auswärtsdreher** (M. supinator)
	zweiköpfiger Oberarmmuskel (M. biceps brachii)
Handgelenk:	
Palmarflexion	**speichenseitiger Handbeuger** (M. flexor carpi radialis)
	ellenseitiger Handbeuger (M. flexor carpi ulnaris)
	tiefer Fingerbeuger (M. flexor digitorum profundus)
	oberflächlicher Fingerbeuger (M. flexor digitorum superficialis)
Dorsalextension	**langer speichenseitiger Handstrecker** (M. extensor carpi radialis longus)
	kurzer speichenseitiger Handstrecker (M. extensor carpi radialis brevis)
	gemeinsamer Fingerstrecker (M. extensor digitorum communis)
	ellenseitiger Handstrecker (M. extensor carpi ulnaris)
Radialabduktion	**speichenseitiger Handbeuger** (M. flexor carpi radialis)
	langer speichenseitiger Handstrecker (M. extensor carpi radialis longus)
Ulnarabduktion	**ellenseitiger Handbeuger** (M. flexor carpi ulnaris)
	ellenseitiger Handstrecker (M. extensor carpi ulnaris)

wicht ruht (Abb. 6-42, 6-43). Nach hinten liegt der Sitzbeinstachel (Spina ischiadica) mit ober- und unterhalb vorhandenen Knocheneinbuchtungen. Sitzbein und Schambein zusammen umschließen eine etwa ovale Knochenlücke, die durch eine bindegewebige Membran verschlossen ist (Foramen obturatum). Dort, wo alle drei Knochen des Hüftbeins zusammenstoßen, befindet sich eine Vertiefung (Hüftgelenkspfanne) zur Aufnahme des Oberschenkelkopfes. Sie hat einen gewulsteten oberen Rand und unten einen Einschnitt.

Das **Becken** als Ganzes läßt sich in das obere **große Becken** und in das untere **kleine Becken** unterteilen. Beide gehen an einer ringförmigen Grenzlinie (Linea terminalis) ineinander über (Beckeneingang; Abb. 6-43).

Das **kleine Becken** ist bei der Frau rundlich, beim Mann mehr kartenherzförmig. Der gerade Durchmesser (Conjugata vera) der Beckeneingangsebene ist der Abstand zwischen der hinteren Fläche der Symphyse und dem Promontorium (nach vorne ins Becken vorspringende Unterkante des 5. Lendenwirbels). Er beträgt etwa 11 cm. Der größte quere Durchmesser (Diameter transversa) beträgt etwa 13 cm. Das kleine Becken verengt sich der Kreuzbeinwölbung folgend nach unten und vorne zum Beckenausgang, der vom hinteren Symphysenrand zur Steißbeinspitze reicht und bis auf Durchtrittswege für Darm-, Harn- und Geschlechtsorgane durch Bänder und Muskeln verschlossen wird. Bei der Geburt muß das Kind den Kanal zwischen Beckeneingang

Abb. 6-42 Knochen und Gelenke der unteren Gliedmaße (rechts).
A: Ansicht von vorn.
B: Ansicht von hinten.

und Beckenausgang passieren. Das Becken steht bei aufrechter Haltung so, daß die Beckeneingangsebene gegen die Horizontale um 60 bis 70° nach vorne geneigt ist.

Unter Beckenhöhle verstehen wir den Raum des kleinen Beckens zwischen der Beckeneingangsebene, begrenzt von der Linea terminalis, und dem Beckenboden, der aus einer Platte von Muskeln und Sehnen besteht (Abb. 6-43). Im kleinen Becken liegen ganz oder zum Teil Harnblase, Harnleiter und Harnröhre, Gebärmutter, Eileiter, Eierstock und Mastdarm. Im hinteren Teil der Beckenhöhle verläßt der Mastdarm, im vorderen Teil der Harnweg und bei der Frau zwischen beiden die Scheide den Becken-

6 Motorisches System

Spezielle Motorik: Bewegungsapparat 6.2

Abb. 6-43 Beckenansichten.
A u. C: Weibliches Becken von oben gesehen (A) und von unten gesehen (C).
B: Männliches Becken von oben gesehen.
D: Weibliches Becken und Beckenboden von unten gesehen.

6 Motorisches System

raum. Durch zwei kräftige Bänder, das Kreuzbeinhöckerband (Ligamentum sacrotuberale) und das Kreuzbeinstachelband (Ligamentum sacrospinale), wird ein Teil der hinteren Lücken des kleinen Beckens geschlossen. Dadurch entstehen zwei Löcher zum Durchtritt von Muskeln und Nerven, z.B. den N. ischiadicus, aus der Beckenhöhle zum Oberschenkel.

▲ Knochenskelett des Beins

Das knöcherne Beinskelett des Oberschenkels besteht aus dem Schenkelbein (Femur), das des Unterschenkels aus dem Schienbein (Tibia) und dem Wadenbein (Fibula), das des Fußskeletts aus den Fußwurzelknochen (Tarsus), dem Mittelfuß (Metatarsus) und den Zehen (Ossa digitorum pedis; vgl. Abb. 6-42).

▲ Skelett des Oberschenkels

Der Oberschenkelknochen ist der längste und kräftigste Röhrenknochen des ganzen Skeletts (vgl. Abb. 6-42). Das proximale Ende, der **Oberschenkelkopf**, ist zu einer fast vollständigen Kugel aufgetrieben (Caput femoris) und besitzt auf seiner Gelenkfläche unterhalb der Mitte eine kleine Grube, in der ein Band ansetzt, das Kopf und Pfanne verbindet. An den Kopf schließt sich eine Verjüngung, der **Oberschenkelhals** (Collum femoris), an. Darauf folgen wie beim Oberarm zwei kräftige Knochenvorsprünge, der **große Rollhügel** (Trochanter major) nach oben außen und der **kleine Rollhügel** (Trochanter minor) nach hinten innen (vgl. Abb. 6-42). Am großen Rollhügel biegt der Femurschaft unter einem Winkel von 120 bis 130° nach unten ab (Hals-Schaft-Winkel). Die beiden Trochanteren dienen zum Ansatz starker Muskelzüge, ebenso die zwischen ihnen verlaufende Knochenleiste (Crista intertrochanterica). Auch die auf der Rückseite des Schaftes längs verlaufende erhabene Leiste (Linea aspera) verankert Muskelzüge, besonders die Adduktoren.

Das untere Femurende ist zu zwei kräftigen rollenartigen **Knorren** (Condylus medialis, Condylus lateralis) aufgetrieben. Über diese Rollen wird die Last des Rumpfes auf den Unterschenkel übertragen. Vor dem **Kniegelenk** liegt, eingelagert in die Sehne des vierköpfigen Oberschenkelmuskels, die **Kniescheibe** (Patella). Ihre knorpelige Rückseite gleitet auf der Kniescheibenrinne des Femurs (vgl. Abb. 6-50).

> **K** Bei alten Menschen kommt es häufig auch bei einem geringfügigen Unfall (z.B. Ausrutschen in der Wohnung) zu einem Bruch des Oberschenkelhalses. Ursache dafür ist vor allem die mit dem Alter verringerte Belastbarkeit durch den Abbau von Knochensubstanz (Osteoporose). Bereits unter normalen Umständen ist die Biegungsbelastung in diesem Knochenabschnitt außerordentlich hoch. **K**

▲ Skelett des Unterschenkels

Der Unterschenkel besteht ebenso wie der Unterarm aus zwei Knochen, aus dem lateralen Wadenbein und dem medialen Schienbein (vgl. Abb. 6-42). Das **Schienbein** (Tibia) ist bei weitem kräftiger entwickelt als das Wadenbein (Fibula). Es steht allein mit dem Femur in gelenkiger Verbindung und trägt daher das ganze Gewicht des Rumpfes. Sein oberes Ende ist verdickt. Die Gelenkfläche besteht aus den beiden flachen, überknorpelten Schienbeintellern. In der Mitte zwischen den beiden Tellern erhebt sich ein zackiges Doppelhöckerchen (Tuberculum intercondylare). Unterhalb der Gelenkfläche besitzt die Tibia eine Rauhigkeit (Tuberositas tibiae), an welcher der vierköpfige Kniestrecker (M. quadriceps femoris) ansetzt. Der Schaft der Tibia verjüngt sich nach abwärts, er ist im Querschnitt etwa dreieckig. Die vordere Schienbeinkante liegt gut fühlbar direkt unter der Haut. Sie kann daher leicht durch äußere Einwirkung, z.B. durch einen Stoß, schmerzhaft verletzt werden. Das untere (distale) Schienbeinende ist ein wenig verbreitert und trägt nach medial, also an der Innenseite des Unterschenkels, einen kräftigen Fortsatz, den **inneren Knöchel** (Malleolus medialis). Der **äußere Knöchel** (Malleolus lateralis) ist das verdickte untere Ende des Wadenbeins, das sich dem Schienbein außen anlagert und mit ihm die Malleolengabel des oberen Sprunggelenkes bildet. Das **Wadenbein** (Fibula) ist sehr viel schwächer als das Schienbein. Zwischen Schienbein und Wadenbein spannt sich eine sehnenartige Gewebsplatte, die Membrana interossea.

▲ Skelett des Fußes

Das knöcherne Fußgerüst besteht aus einer Ansammlung von 26 Knochen, die sich in Fußwurzel, Mittelfuß und Zehen gliedern (vgl. Abb. 6-42, 6-54).

Die **Fußwurzel** (Tarsus) hat folgenden Aufbau: Der oberste Knochen, das Sprungbein (Talus), wird von der Malleolengabel der Unterschenkelknochen umfaßt. Mit seiner Unterseite lastet das **Sprungbein** auf dem größeren **Fersenbein** (Calcaneus), das im Stand die Last des Körpers hinten auf den Boden überträgt. An dem nach hinten ausladenden Teil des Calcaneus setzt von oben die Achillessehne an (vgl. Abb. 6-53). Nach vorne zu ist dem Fersenbein an der Kleinzehenseite das etwa viereckige **Würfelbein** (Os cuboideum) vorgelagert. Auf der Großzehenseite des Fußes liegt vor dem Sprungbein das **Kahnbein** (Os naviculare) und vor diesem wiederum die Reihe der drei **Keilbeine** (Os cuneiforme). Sie sind keilförmig gebaut, mit der scharfen Kante nach abwärts, und tragen dadurch zum Aufbau des Quergewölbes des Fußes bei.

> **Ü** Merkvers: Das Sprungbein und das Fersenbein, die wollten in den Kahn hinein, sie kriegten dreimal Keile vom Würfelbein in Eile. **Ü**

Auf die Fußwurzel (Tarsus) folgt der **Mittelfuß** (Metatarsus). Jedes Keilbein verbindet sich mit je einem Mittelfußknochen (Os metatarsale), während die beiden äußeren Mittelfußknochen mit dem Würfelbein verbunden sind. Mit seiner Auftreibung springt das proximale Ende des außen gelegenen Mittelfußknochens unter der Haut des äußeren Fußrandes gut tastbar vor und erleichtert die Orientierung bei der ärztlichen Untersuchung. Die distalen Enden der Mittelfußknochen sind ähnlich wie an der Hand köpfchenartig aufgetrieben.

An den **Zehen** unterscheidet man wiederum Grundphalanx, Mittelphalanx und Endphalanx. Die Großzehe (Hallux) besitzt nur Grund- und Endphalanx.

Die Knochen der Fußwurzel sind durch viele kräftige Bänder miteinander verbunden. Ebenso hat der Mittelfuß viele starke Bandstützen. Er stellt eine Bogenkonstruktion dar. An der Innenkante des Fußes besteht ein **Längsgewölbe**. Es führt vom Sprungbein über das Kahnbein und die Keilbeine zum Mittelfuß. Der mediale Fußrand berührt normalerweise den Boden nicht. Außerdem gibt es ein **Quergewölbe**, das sich zwischen den distalen Köpfchen des inneren und äußeren Mittelfußknochens ausspannt. So lastet das Körpergewicht nicht mit der ganzen Sohlenfläche auf dem Boden, sondern ruht auf drei Unterstützungspunkten: hinten auf dem Fersenhöcker und vorne auf dem Groß- und dem Kleinzehenballen.

> **K** Sinkt das Quergewölbe ein, so entsteht der Spreizfuß. Wenn die Senkung vor allem das Längsgewölbe betrifft, dann spricht man vom Plattfuß oder Senkfuß. **K**

▲ Hüftgelenk

Der kugelige Kopf des Femurs ragt tief in die Schale der **Hüftgelenkpfanne** hinein (Abb. 6-44). Die Rumpflast wird dabei über das besonders kräftig entwickelte Pfannendach auf den **Femurkopf** übertragen. Die ausgedehnte Gelenkkapsel wird durch kräftige Bänder verstärkt, die vom Darmbein, Schambein und Sitzbein ihren Ursprung nehmen (Ligamentum iliofemorale, Ligamentum pubofemorale und Ligamentum ischiofemorale).

Das Hüftgelenk ist als **dreiachsiges Kugelgelenk** zu Bewegungen in allen Richtungen fähig. Wir unterscheiden am Hüftgelenk Beugen und Strecken (Flexion und Extension) um eine Querachse, Abziehen und Anziehen (Abduktion und Adduktion) um eine sagittale Achse sowie das Drehen (Rotation) um eine längs durch den Oberschenkelschaft verlaufende Achse. Die aus der reinen Gelenkmechanik möglichen Bewegungen sind durch die oben erwähnten **starken Kapselbänder** eingeschränkt. Damit wird beispielsweise eine Überstreckung im Hüftgelenk nahezu ausgeschlossen.

6 Motorisches System

Abb. 6-44 Horizontalschnitt durch das Becken mit Kreuzbein-Darmbeingelenken sowie Hüftgelenke mit Bändern.

K Bei der sog. angeborenen Hüftgelenksluxation (Dysplasie) ist die Gelenkpfanne unterentwickelt. Sie ist zu flach und hat einen zu gering ausgebildeten oberen Pfannenrand (Pfannendach), um dem Femurkopf bei Belastung ein Widerlager zu bieten. So kann der Gelenkkopf nach oben aus der Pfanne herausgleiten und sich eine Ersatzpfanne bilden. Diese ist dann nicht normal belastbar und kann eine schwerwiegende Einschränkung der Gehfähigkeit (Hinken, Watschelgang, Arthrose, Skoliose der Wirbelsäule) zur Folge haben. Da angeborene Hüftluxationen relativ häufig vorkommen, gehört die Früherkennung zum Programm der Vorsorgeuntersuchungen im Säuglingsalter. Verdacht besteht bei unterschiedlicher Beinlänge und asymmetrischen Hautfalten an Oberschenkel und Gesäß. Ultraschall- und gegebenenfalls Röntgenuntersuchungen ermöglichen meist eine klare Diagnose und die frühzeitige Einleitung korrigierender Maßnahmen (z.B. Spreizverband oder Spreizhose). **K**

▲ **Muskeln für das Hüftgelenk**

Vorne gelegene Muskeln im Hüftgelenk bewirken eine Beugung, hinten gelegene eine Streckung (Tab. 6-10; Abb. 6-45, 6-46, 6-47). Der Hauptbeuger im Hüftgelenk ist der **Darmbein-Lendenmuskel** (M. iliopsoas), der von der Lendenwirbelsäule und vom Darmbein, also aus dem Innern des Beckens kommt, unter dem Leistenband durchzieht und seinen Zug auf den kleinen Rollhügel des Oberschenkelknochens überträgt. Er beugt in der Hüfte und verhindert das Hintenüberkippen des Rumpfes im Hüftgelenk. Sein wichtigster, hinten gelegener Antagonist als Hüftgelenksstrecker ist der **große Gesäßmuskel** (M. gluteus maximus); er ist zugleich der mächtigste Muskel des Körpers. Er hat neben der Streckung des gebeugten Hüftgelenks dafür zu sorgen, daß trotz des ventral gelegenen Schwerpunktes der Rumpf nicht nach vorne kippt. Er kommt hinten vom Kreuzbein, überzieht mit kräftiger Muskelplatte den Drehpunkt des Hüftgelenks und überträgt seine Kräfte auf den Femur, und zwar auf eine rauhe Fläche unterhalb des großen Rollhügels, sowie auf die große Schenkelbinde (Fascia lata; Abb. 6-46, 6-47).

Die Abduktionsbewegung erfolgt hauptsächlich durch den **kleinen** und **mittleren Gesäßmuskel** (M. gluteus minimus und

Tab. 6-10 Muskeln für das Hüftgelenk

Muskeln	Lage (Ursprung/Ansatz)	Funktion	Innervation
Darmbein-Lendenmuskel (M. iliopsoas)	vorne von Lendenwirbelsäule und Innenfläche des Darmbeins zum kleinen Rollhügel (Trochanter minor)	beugt den Oberschenkel und dreht ihn nach außen	Lendengeflecht (Plexus lumbalis)
großer Gesäßmuskel (M. gluteus maximus)	hinten von der Außenfläche des Kreuzbeins zur Tuberositas glutealis des Oberschenkelknochens	streckt den Oberschenkel und dreht ihn nach außen	N. gluteus inf. aus Kreuzbeingeflecht (Plexus sacralis)
mittlerer und kleiner Gesäßmuskel (M. gluteus medius und minimus)	hinten von der Außenfläche des Darmbeins fächerartig zum großen Rollhügel (Trochanter major)	abduzieren den Oberschenkel und drehen mit unterschiedlichen Muskelanteilen einwärts und auswärts	N. gluteus sup. aus Kreuzbeingeflecht (Plexus sacralis)
Schenkelbindenspanner (M. tensor fasciae latae)	vom vorderen oberen Darmbeinstachel (Spina iliaca ant. sup.) zur Fascia lata (Sehnenfaszie des Oberschenkels)	beugt den Oberschenkel und spannt die Fascia lata	N. gluteus sup. aus Kreuzbeingeflecht (Plexus sacralis)
Adduktorengruppe: **Kammuskel** (M. pectineus) **kleiner Anzieher** (M. adductor brevis) **langer Anzieher** (M. adductor longus) **großer Anzieher** (M. adductor magnus) **schlanker Muskel** (M. gracilis)	medial in einem Halbkreis vom horizontalen und absteigenden Schambeinast zum Oberschenkelknochen (Linea aspera) und zum Schienbein (M. gracilis)	adduzieren den Oberschenkel	N. obturatorius aus dem Lendengeflecht (Plexus lumbalis)

Weitere kurze Beckenmuskeln mit außendrehender Wirkung sind hier nicht dargestellt.

medius). Beide ziehen von der seitlichen Darmbeinaußenfläche zum großen Rollhügel. Der mittlere Gesäßmuskel wirkt ferner mit seiner vorderen Partie einwärtsrollend und mit seiner hinteren Partie auswärtsrollend.

Die Adduktion der Beine (z.B. Schenkeldruck, Sprung aus der Grätsche in die Schlußstellung) erfolgt durch mehrere Muskeln, die als **Adduktorengruppe** zusammengefaßt werden (Abb. 6-45). Sie liegen in dem Raum zwischen dem vorderen Beckenrand und der Innenseite des Oberschenkels.

▲ Gefäße und Nerven im Hüftbereich

Wie an den oberen Gliedmaßen sind die Gefäße der unteren Gliedmaßen überwiegend an den Beugeseiten der Gelenke lokalisiert (Abb. 6-45, 6-47). So verläuft die Hauptarterie für die unteren Gliedmaßen, die Oberschenkelarterie (**A. femoralis**), auf der Vorderseite des Hüftgelenks. Den Verlauf der äußeren Beckenarterie (**A. iliaca externa**) fortsetzend, zieht sie unter dem Leistenband zum Oberschenkel, begleitet von der **gleichnamigen Vene**. Hier ist sie gut tastbar. Für Untersuchungen des Herzens kann dieses Gefäß punktiert und ein Katheter eingeführt werden, der sich bis zum Herzen vorschieben läßt (z.B. für eine Darstellung der Koronargefäße). Die Gesäßregion wird von zwei aus dem Becken nach dorsal austretenden Gefäßen versorgt. Mit diesen Gefäßen verlaufen Nervenäste des Sakralgeflechts zur Gesäßmuskulatur. Auf der Vorderseite erreicht der Oberschenkelnerv (**N. femoralis**) aus dem Lendengeflecht, der ebenfalls das Leistenband unterkreuzt, die vorderen Oberschenkelmuskeln. Die Adduktorenmuskeln werden von Gefäßen und Nerven versorgt, die das kleine Becken über das Foramen obturatum verlassen (**N. obturatorius** und **A. obturatoria**).

6 Motorisches System

Abb. 6-45 Ventrale Hüft- und Oberschenkelmuskeln (rechts) mit Gefäßen und Nerven (Ansicht von vorn).

▲ Kniegelenk

Das Kniegelenk wird von Femur und Tibia gebildet (Abb. 6-49, 6-50). Die ungleiche Gestalt der stark gewölbten Gelenkflächen der **Oberschenkelknorren** (Condylus medialis und lateralis) und der flachen **Gelenkpfanne der Tibia** werden durch keilartige Knorpelscheiben (Meniskus) ausgeglichen. Die halbmondförmigen **Menisken** sind zur Mitte hin geöffnet und werden vorne durch ein Querband zusammengehalten. Der innere Meniskus ist mit der Gelenkkapsel und dem medialen Seitenband verwachsen, der äußere ist frei. Die beweglichen Menisken passen sich der beim Beugen kleiner werdenden Auflagefläche der Femurknorren auf der Tibia an, indem sie auf der Schienbeinpfanne nach hinten geschoben werden. Dadurch wird eine optimale Paßform von Pfanne und Kopf in allen Bewegungsphasen erreicht. Innerhalb des Kniegelenks ziehen zwei **Kreuzbänder** von den Femurknorren zu den Schienbeinteilern herab. Sie verfestigen den Zusammenhalt der Knochen und sichern das Kniegelenk besonders bei der Beugung (Abb. 6-49, 6-50).

Das Kniegelenk ist in erster Linie ein **Scharniergelenk**; in ihm ist eine ausgiebige Beugung um die Querachse möglich. Die Streckung führt nur so weit, daß Ober- und Unterschenkel eine Gerade bilden. Eine weitere Streckung wird durch die Seitenbänder, die Kreuzbänder und die Spannung der hinteren Kapselwand verhindert. Beim Stand ist es wichtig, daß das gestreckte Kniegelenk auf diese Weise festgestellt werden kann. Neben Beugung und Streckung ist auch eine Rotation bei gebeugtem Kniegelenk möglich.

> **K** Meniskusverletzungen entstehen meist bei einer Drehung des Oberschenkels gegenüber dem fixierten Unterschenkel bei gebeugtem Knie (z.B. Drehsturz beim Skilaufen). Besonders häufig wird dabei der mediale, weniger bewegliche Meniskus zwischen den Kondylen von Oberschenkelknochen und Schienbein eingeklemmt und kann zerreißen. **K**

6 Motorisches System

Spezielle Motorik: Bewegungsapparat 6.2

Abb. 6-46 Hüft- und Oberschenkelmuskeln (rechts; Ansicht von der Seite).

Gelenkerkrankung betroffen. Kniegelenksarthrosen sind vielfach auf fehlerhafte Stellung der Knochenachsen (O-Beine, X-Beine) zurückzuführen. Bei zunehmender Bewegungseinschränkung und chronischen Schmerzen kann ein Gelenkersatz angezeigt sein.

▲ Muskeln für das Kniegelenk

Die Scharnierbewegung im Kniegelenk erfolgt durch die auf der Vorderseite des Oberschenkels gelegenen Strecker und die hinten gelegenen Beuger (Tab. 6-11; vgl. Abb. 6-45, 6-46, 6-47). Sie setzen alle am Unterschenkel an. Einige kommen mit kurzen Köpfen vom Oberschenkelknochen, andere auch vom Becken und überziehen dabei zwei Gelenke. Sie können daher in beiden Gelenken Bewegungen hervorrufen. Dabei sind die hinteren zweigelenkigen Muskeln Kniebeuger oder bei festgestelltem Kniegelenk Hüftgelenkstrecker. Die vorderen sind Kniegelenkstrecker und bei festgestelltem Kniegelenk Hüftgelenkbeuger.

Zu den **vorne** gelegenen **Streckern** gehört vor allem der vierköpfige **Oberschenkelmuskel** (M. quadriceps femoris), der die Hauptmasse der vorderen Oberschenkelmuskulatur ausmacht (vgl. Abb. 6-45). Die **hinten** gelegenen **Beuger** gliedern sich in eine laterale Gruppe (**M. biceps femoris**) und eine mediale Gruppe (**M. semitendinosus**). Beide Gruppen kommen vom Sitzbein und setzen unter-

Eine endoskopische Untersuchung (Arthroskopie) ermöglicht die Feststellung der Verletzung. Auch kleine operative Eingriffe sind mit diesem Untersuchungsinstrument möglich. Der knorpelige Meniskus kann sich regenerieren. Sind die Kreuzbänder gerissen, so läßt sich der rechtwinklig gebeugte Unterschenkel gegen den Oberschenkel hin- und herschieben (Schubladenphänomen). Bei Wackelbewegungen aufgrund überdehnter oder gerissener Seitenbänder wird von einem Schlottergelenk gesprochen.

Arthrosen zählen zu den häufigsten Erkrankungen im Alter. Hüftgelenk und Kniegelenk sind besonders oft von dieser degenerativen

6 Motorisches System

Abb. 6-47 Dorsale Hüft- und Oberschenkelmuskeln (rechts) mit Gefäßen und Nerven (Ansicht von hinten).

halb des Kniegelenks an (vgl. Abb. 6-46, 6-47). Das Kniegelenk wird also von den Oberschenkelmuskeln kontrolliert. Als Rotationsmuskeln wirken die Beuger auf der Rückseite. Die laterale Muskelgruppe ermöglicht ein Auswärtsrollen, die mediale ein Einwärtsrollen.

▲ **Gefäße und Nerven im Kniebereich**

Die Muskeln des Oberschenkels, die vorwiegend auf das Kniegelenk wirken, bilden eine Streckergruppe, eine Beugergruppe und eine medial zwischen beiden gelegene Adduktorengruppe. In der Bindegewebsrinne zwischen Streckern und Adduktoren, bedeckt vom Schneidermuskel (M. sartorius), verlaufen **A. femoralis** und **V. femoralis** abwärts. Sie werden von einem Hautast des N. femoralis (**N. saphenus**) für den Unterschenkel begleitet (vgl. Abb. 6-45, 6-47). Sie sind hier nicht zu tasten, entfernen sich immer weiter von der Oberfläche und ziehen durch einen von Adduktorenmuskulatur gebildeten Kanal („Adduktorenkanal") zur Oberschenkelrückseite und bis

Abb. 6-48 Intramuskuläre Injektion. Injektionsstellen farbig markiert.
A: Injektion in den mittleren Gesäßmuskel (M. gluteus medius; ventrogluteale Injektion nach v. Hochstetter).
B: Injektion in die seitliche Oberschenkelmuskulatur (M. quadriceps femoris).

Um Schädigungen des N. ischiadicus (Lähmungen) sowie der Nerven der Gesäßregion und größerer Blutgefäße (Nekrosen) zu vermeiden, müssen intramuskuläre Injektionen in der Gesäßgegend mit besonderer Sorgfalt vorgenommen werden (Abb. 6-48A). Die **ventrogluteale Injektion** nach v. Hochstetter gilt heute als die risikoärmste. Zur Bestimmung des genauen Injektionsortes wird die Hand so auf den seitlichen Gesäßbereich (sog. oberer äußerer Quadrant) gelegt, daß der Handteller auf dem großen Rollhügel (Trochanter major) liegt, die Fingerkuppe des Zeigefingers den vorderen oberen Darmbeinstachel und die des abgespreizten Mittelfingers den Darmbeinkamm berührt. Die Injektion erfolgt in das in der Zeichnung markierte Dreieck zwischen beiden Fingern und erreicht den mittleren oder kleinen Gesäßmuskel (M. gluteus medius oder minimus). Die Nadelrichtung soll die Finger nicht unterkreuzen. Bei Säuglingen und Kleinkindern müssen die geringen Größenverhältnisse berücksichtigt werden. Als ein weiterer Ort für intramuskuläre Injektionen kommt die vordere seitliche Oberschenkelmuskulatur in Betracht (Abb. 6-48 B).

Abb. 6-49 Kniegelenk in verschiedenen Stellungen und Ansichten.
A: Kniegelenk (rechts) in gebeugter Stellung nach Entfernung der Gelenkkapsel (Ansicht von vorn).
B: Kniegelenk (rechts) in Seitenansicht bei Streckung und Beugung. Bei starker Beugung verschieben sich die Menisken auf den Schienbeinpfannen nach hinten.
C: Aufsicht auf die gelenkbildende Oberfläche des Schienbeinkopfes (links) mit den beiden Menisken. Unterschiedliche Lage der Menisken bei Streckung (hellblau) und Beugung (dunkelblau).

6 Motorisches System

Spezielle Motorik: Bewegungsapparat 6.2

Abb. 6-50 Kniegelenk: Magnetresonanztomographische (MRT) Aufnahmen bei gestrecktem Knie.
A: Frontalschnitt.
B: Sagittalschnitt.
C: Anatomisches Bild zum Vergleich mit der MRT-Aufnahme in B.

zur Kniekehle. Der N. ischiadicus und die aus ihm hervorgehenden N. tibialis und N. peroneus communis (andere Bezeichnung: N. fibularis) verlaufen dagegen dorsal in der Bindegewebsplatte zwischen Adduktoren und Beugern. Gefäße und Nerven vereinen sich dann auf der Beugeseite des Kniegelenks (Fossa poplitea) zu einem **Gefäß-Nervenbündel**. Dabei liegt der N. tibialis am oberflächlichsten, die A. po-

Tab. 6-11 Muskeln für das Kniegelenk

Muskeln	Lage (Ursprung/Ansatz)	Funktion	Innervation
vordere Gruppe: **Schneidermuskel** (M. sartorius)	vom vorderen oberen Darmbeinstachel (Spina iliaca ant. sup.) zur medialen Schienbeinkante	beugt im Hüftgelenk und im Kniegelenk und dreht Unterschenkel nach innen (Schneidersitz)	N. femoralis aus Lendengeflecht (Plexus lumbalis)
vierköpfiger Oberschenkelmuskel (M. quadriceps femoris)	entspringt mit langem Kopf (M. rectus femoris) vom vorderen unteren Darmbeinstachel und mit kurzen Köpfen (M. vastus medialis, M. vastus lateralis, M. vastus intermedius) vom Oberschenkelknochen; alle bilden eine gemeinsame Endsehne, die die Patella einschließt und an der Tuberositas tibiae ansetzt	strecken im Kniegelenk; M. rectus femoris beugt zusätzlich im Hüftgelenk	N. femoralis aus Lendengeflecht (Plexus lumbalis)
hintere Gruppe: **halbsehniger Muskel** (M. semitendinosus) und **halbhäutiger Muskel** (M. semimembranosus)	vom Sitzbeinhöcker (Tuber ischiadicum) zur medialen Schienbeinfläche unterhalb des Kniegelenks	strecken im Hüftgelenk, beugen und drehen im Kniegelenk einwärts	N. tibialis aus Kreuzbeingeflecht (Plexus sacralis)
zweiköpfiger Oberschenkelmuskel (M. biceps femoris)	von Sitzbeinhöcker (Tuber ischiadicum) und Oberschenkelknochen zum Wadenbeinköpfchen	streckt im Hüftgelenk, beugt und dreht auswärts im Kniegelenk	N. peroneus aus Kreuzbeingeflecht (Plexus sacralis)

plitea als Fortsetzung der A. femoralis am tiefsten.

▲ **Fuß- und Zehengelenke**

Am Fuß unterscheiden wir zwei Sprunggelenke:
– das obere Sprunggelenk, gebildet von der Malleolengabel der Unterschenkelknochen und dem Sprungbein,
– das untere Sprunggelenk zwischen dem Sprungbein einerseits und dem Fersenbein und Kahnbein andererseits (Abb. 6-51).

Das **obere Sprunggelenk** ist ein Scharniergelenk mit quer gelagerter Achse (vgl. Abb. 6-5 A). In ihm werden das Heben des Fußrückens (Dorsalextension) und das Senken (Plantarflexion) ausgeführt. Die Gelenkkapsel des oberen Sprunggelenks umfaßt nur den Raum zwischen den beiden Knöcheln. Sie ist besonders seitlich durch Bänder sehr verstärkt, die das Abknicken des Fußes gegen den Unterschenkel hemmen. Bau und Festigkeit des Gelenks sind auf die starken und wechselnden Belastungen des Stehens, Gehens, Laufens und Springens eingerichtet.

Das **untere Sprunggelenk** wird durch die gelenkigen Verbindungen des Sprungbeins mit dem darunter liegenden Fersenbein und dem nach vorn liegenden Kahnbein gebildet. In diesem Gelenk werden das sog. Auswärtskanten des Fußes mit Senken des medialen und Heben des lateralen Fußrandes (Abduktion und Pronation) und das sog. Einwärtskanten mit Heben des medialen und Senken des lateralen Fußrandes (Adduktion und Supination) durchgeführt. Der Fuß dreht sich dabei um das Sprungbein. Sehr kräftige Bänder verstärken die Gelenkkapsel.

Die übrigen Gelenke des Fußes sind relativ straff und haben wenig Bedeutung für die Bewegung. Die **Zehengrundgelenke** sind **Kugelgelenke**, die **Mittel- und Endgelenke** der Zehen stellen **Scharniergelenke** dar. Trotz der wenig ausgiebigen Bewegungsmöglichkeiten der Zehen sind sie für das Stehen und Gehen (Abstoßbewegung) von Bedeutung.

6 MOTORISCHES SYSTEM

Spezielle Motorik: Bewegungsapparat 6.2

Abb. 6-51 Sprunggelenke (rechts).
A: Fußskelett (Ansicht von medial).
B: Sprunggelenke und Bänder des Fußes (Ansicht von hinten).

> **K** Verletzungen von Unterschenkel und Fuß betreffen häufig das obere Sprunggelenk. So kann es durch Abknicken des Fußes gegen den Unterschenkel zu Zerrungen oder Zerreißungen der Seitenbänder kommen. Auch Knöchelbrüche (Malleolenfraktur) in Verbindung mit Bandverletzungen sind häufig. **K**

▲ Muskeln für Fuß- und Zehengelenke

Ähnlich wie am Unterarm liegen auch am Unterschenkel viele Muskeln für Fuß- und Zehenbewegung entfernt von ihren Ansatzpunkten am Fuß (Tab. 6-12; Abb. 6-52, 6-53, 6-54). Ihre Kraft wird durch Sehnen übertragen, deren ursprüngliche Zugrichtung dabei vielfach durch Bänder oder Schlaufen abgelenkt wird. Die Muskeln des Unterschenkels gliedert man in die **vordere Streckergruppe**, die **hintere Beugergruppe** und die **laterale Gruppe** (Peroneusgruppe). Heben des Fußrückens im oberen Sprunggelenk bezeichnet man als Dorsalextension (auch Dorsalflexion), Senken als Plantarflexion.

• Die Beugergruppe:
Die Plantarflexion, z.B. beim Zehenstand, erfolgt durch die mächtigen **Wadenmuskeln** (M. gastrocnemius, M. soleus), deren Zug sich über eine gemeinsame Endsehne, die Achillessehne, auf das Fersenbein überträgt (Abb. 6-53). In einer tieferen Schicht liegen hinten der **hintere Schienbeinmuskel** (M. tibialis posterior), der **lange Großzehenbeuger** (M. flexor hallucis longus) und der **lange Zehenbeuger** (M. flexor digitorum longus). Sie alle ziehen mit ihren Sehnen um den inneren Knöchel

Tab. 6-12   Muskeln für Fuß- und Zehengelenke

Muskeln	Lage (Ursprung/Ansatz)	Funktion	Innervation
hintere Gruppe = Beugergruppe: **zweiköpfiger Wadenmuskel** (M. gastrocnemius) **Schollenmuskel** (M. soleus) zusammen als M. triceps surae bezeichnet	von beiden Femurkondylen (M. gastrocnemius) und vom Schienbein und Wadenbein (M. soleus) mit einer gemeinsamen Endsehne, der Achillessehne, zum Fersenbein (Calcaneus)	beugt im Kniegelenk; beugen (Plantarflexion) im oberen Sprunggelenk, supinieren im unteren Sprunggelenk	N. tibialis
hinterer Schienbeinmuskel (M. tibialis posterior) **langer Großzehenbeuger** (M. flexor hallucis longus) **langer Zehenbeuger** (M. flexor digitorum longus)	bilden die tiefe (unter dem M. triceps surae gelegene) Beugergruppe; von Schienbein und Wadenbein mit langen, sich überkreuzenden Sehnen um den medialen Knöchel herum zur Fußsohle: Schienbeinmuskel zum Kahnbein und 1. Keilbein, Großzehenbeuger und Zehenbeuger zu den Endgliedern der Zehen	beugen (Plantarflexion) im oberen Sprunggelenk, supinieren im unteren Sprunggelenk, beugen in den Zehengelenken (Großzehen- und Zehenbeuger)	N. tibialis
vordere Gruppe = Streckergruppe: **vorderer Schienbeinmuskel** (M. tibialis anterior) **langer Großzehenstrecker** (M. extensor hallucis longus) **langer Zehenstrecker** (M. extensor digitorum longus)	seitlich der scharfen Schienbeinkante von Schienbein und Wadenbein mit langen Sehnen unter den Haltebändern der Strecksehnen zum Fußrücken: vorderer Schienbeinmuskel zum 1. Keilbein, Großzehenstrecker und Zehenstrecker zur Rückseite der Zehenendglieder	strecken (Dorsalextension) im oberen Sprunggelenk, strecken in den Zehengelenken (Großzehen- und Zehenstrecker)	N. peroneus profundus (aus N. peroneus communis)
laterale Gruppe = Peroneusgruppe: **langer Wadenbeinmuskel** (M. peroneus longus) **kurzer Wadenbeinmuskel** (M. peroneus brevis)	seitlich vom Wadenbein mit Sehnen um den äußeren Knöchel herum zum lateralen Fußrand (kurzer Wadenbeinmuskel) und zum inneren Fußrand (1. Keilbein) – dadurch Bildung einer Muskelschlinge für den Mittelfuß	beugen im oberen Sprunggelenk, heben lateralen Fußrand (Pronation), verspannen Quer- und Längsgewölbe des Fußes	N. peroneus superficialis (aus N. peroneus communis)

zur Fußsohle. Der Schienbeinmuskel setzt auf der inneren Fußsohlenseite am Kahnbein und am ersten Keilbein an. Er ist der schwächste Plantarflexor, aber der stärkste Heber des medialen Fußrandes, also ein Supinator. Der Großzehenbeuger und der lange Zehenbeuger gelangen zu den Endgliedern der Zehen.

- Die Streckergruppe: Die Strecker liegen auf der Unterschenkelvorderseite lateral von der scharfen Tibiakante und bestehen aus dem vorderen **Schienbeinmuskel** (M. tibialis anterior), dem **langen Großzehenstrecker** (M. extensor hallucis longus) und dem **langen Zehenstrecker** (M. extensor digitorum longus; Abb. 6-52). Sie ziehen mit ihren langen Sehnen unter den Haltebändern der Strecksehnen (Retinacula extensorum)

6 MOTORISCHES SYSTEM

Spezielle Motorik: Bewegungsapparat 6.2

Abb. 6-52 Muskeln des Unterschenkels und Fußes (rechts) mit Gefäßen und Nerven (Ansicht von vorn).

toren. Der **lange Wadenbeinmuskel** (M. peroneus longus) untergurtet dabei die Fußsohle und zieht zum inneren Fußrand. Er setzt ebenso wie der vordere Schienbeinmuskel am ersten Keilbein und ersten Mittelfußknochen an. So entsteht eine Muskelschlinge für den Mittelfuß. Der kurze **Wadenbeinmuskel** (M. peroneus brevis) entspringt tiefer und zieht zum fünften Mittelfußknochen am äußeren Fußrand. Beide Wadenbeinmuskeln heben den äußeren Fußrand und pronieren, senken also zugleich den inneren Fußrand.

Die langen Muskeln des Unterschenkels für die Fußbewegung werden durch sog. **kurze Fußmuskeln** ergänzt, ganz ähnlich wie an der Hand. Ihre Masse liegt im wesentlichen auf der **Fußsohle**. Sie haben vor allem eine Spannfunktion für das **Längsgewölbe** des Fußes. Dabei unterstützt sie eine derbe, sehnige Haut, die **Plantaraponeurose**, die die Fußsohle vom Fersenbein bis zu den Zehen bedeckt. Die Fußsohlenmuskulatur läßt ähnlich wie an der Hand eine Vielzahl kleiner Muskelindividuen erkennen, wovon ein Teil als Abzieher, Beuger und Anzieher der Großzehe, ein anderer Teil als Abzieher und Beuger der Kleinzehe wirkt. Ein **kleiner Zehenstrecker, Zwischenzehenmuskeln** und andere treten hinzu. Auf dem **Fußrücken** gibt es noch den **kurzen Großzehenstrecker** und den **kurzen Zehenstrecker**.

durch. Der vordere Schienbeinmuskel erreicht am Fußinnenrand von oben her das ersten Keilbein und den ersten Mittelfußknochen. Der lange Großzehenstrecker und der lange Zehenstrecker ziehen zum Rücken der Zehenendglieder.

- Die laterale Gruppe:
Diese Peroneusgruppe bedeckt das Wadenbein (Abb. 6-53). Ihre Sehnen ziehen um den äußeren Knöchel herum, gelangen zur Fußsohle und besonders zum lateralen Fußrand. Dadurch werden sie zu Flexoren und zu Prona-

215

6 Motorisches System

Abb. 6-53 Muskeln des Unterschenkels und Fußes (rechts) mit Gefäßen und Nerven (Ansicht von der Seite).

Bildbeschriftung (von oben nach unten, links):
- zweiköpfiger Oberschenkelmuskel (M. biceps femoris)
- N. peroneus communis
- Kopf des Wadenbeins (Caput fibulae)
- Beugergruppe: zweiköpfiger Wadenmuskel (M. gastrocnemius)
- Schollenmuskel (M. soleus)
- N. peroneus superficialis
- Peroneusgruppe: kurzer Wadenbeinmuskel (M. peroneus brevis)
- langer Wadenbeinmuskel (M. peroneus longus)
- Achillessehne
- Haltebänder der Peroneusgruppe

Rechts:
- Kniescheibe (Patella)
- Schleimbeutel (Bursa synovialis)
- N. peroneus profundus
- Streckergruppe: vorderer Schienbeinmuskel (M. tibialis anterior)
- langer Zehenstrecker (M. extensor digitorum longus)
- Haltebänder der Strecksehnen
- Strecksehnen der Zehen

> **P** Beim Anlegen eines Unterschenkelgipses ist eine Kompression des Nerven unbedingt zu vermeiden. **P**

Der zweite Ast des N. peroneus communis neben dem N. peroneus profundus ist der **N. peroneus superficialis**. Er erreicht unterhalb des Wadenbeinköpfchens die Peroneusgruppe. Die Beuger auf der Rückseite des Unterschenkels werden vom **N. tibialis** und der **A. tibialis posterior** aus der A. poplitea versorgt. Dieses Gefäß-Nervenbündel zieht zwischen oberflächlichen und tiefen Beugern und dann weiter mit den tiefen Beugersehnen zur Fußsohle.

> **P** Der Arterienpuls ist unter dem medialen Knöchel zu tasten. **P**

Kurze Fußmuskeln und Haut von Fußsohle und Zehen werden von einem lateralen und einem medialen Ast des N. tibialis und der A. tibialis posterior versorgt.

▲ Gefäße und Nerven am Unterschenkel und im Fußbereich

Eine Zuordnung der Bewegungen in Hüft-, Knie- und Sprunggelenken zu den beteiligten Muskeln findet sich in Tab. 6-13, S. 218.

Die verschiedenen Muskelgruppen des Unterschenkels, Beuger-, Strecker- und Peroneusgruppe, haben jeweils eigene Gefäß-Nervenstraßen (Abb. 6-52, 6-53, 6-54). Unmittelbar unterhalb des Kniegelenks gibt die **A. poplitea** die **A. tibialis anterior** ab, die die Membran zwischen Schienbein und Wadenbein nach vorne zu durchsetzt und dann zwischen den Streckern auf der Vorderseite des Unterschenkels zum Fußrücken verläuft. Hier ist der Puls der Arterie (**A. dorsalis pedis**) tastbar. Der Nerv der Streckergruppe (**N. peroneus profundus**) ist der tiefe Ast des N. peroneus communis. Dieser Nerv läuft von der Kniekehle seitlich zum Wadenbeinköpfchen und kann knapp unterhalb davon getastet werden. Durch diese oberflächliche Lage ist er besonders verletzungsgefährdet.

> **K** Fällt der **N. peroneus communis** aus (Peroneuslähmung), so können die Fußspitze und der laterale Fußrand nicht mehr gehoben werden (Streckung und Pronation fallen aus). Umgekehrt ist bei Lähmung des N. tibialis die aktive Plantarflexion und Supination kaum mehr möglich. Arterien der unteren Gliedmaßen sind häufig durch Arteriosklerose hochgradig eingeengt oder sogar verschlossen. Solche Gefäß-

veränderungen können z.B. Folge von hohem Blutdruck oder Stoffwechselstörungen (Zuckerkrankheit) sein. Die Durchblutung kann dadurch kritisch vermindert sein und zu Sauerstoffmangel und im schlimmsten Fall zum Absterben des Gewebes (Nekrose) führen. Symptom einer hochgradigen Durchblutungsstörung sind heftige Schmerzen, die vor allem bei längerer Bewegung auftreten (z.B. Raucherbein). **K**

P Die Durchblutung läßt sich durch Tasten der Fußpulse (A. dorsalis pedis, A. tibialis posterior) und der A. femoralis unterhalb des Leistenbandes (evtl. auch der A. poplitea in der Kniekehle) prüfen. **P**

Wie bei den oberen, gibt es auch bei den unteren Gliedmaßen tiefe, mit den Arterien verlaufende Venen und ein System oberflächlicher Hautvenen. Der Fußrücken zeigt wie der Handrücken ein ausgeprägtes **Venennetz**. Hier beginnen zwei lange Hautvenen:
- Die **V. saphena magna**, die vom medialen Knöchel an der Innenseite von Unter- und Oberschenkel zum Rumpf zieht und wenige Zentimeter unter dem Leistenband in die tiefer gelegene V. femoralis einmündet.
- Die **V. saphena parva**, die vom lateralen Knöchel zur Dorsalseite des Unterschenkels und weiter zur Kniekehle zieht, wo sie nach Durchsetzen der Faszie in die V. poplitea einmündet.

Abb. 6-54 Muskeln des Unterschenkels und Fußes (rechts) mit Gefäßen und Nerven (Ansicht von hinten).

Oberflächliche Hautvenen und tiefe Muskelvenen besitzen zahlreiche Venenklappen, die die Stromrichtung zum Herzen garantieren (s. Abb. 9-18). Zwischen oberflächlichen und tiefen Venen sind kurze Verbindungsäste ausgebildet, die **Vv. perforantes** heißen, da sie auf ihrem Weg zu den Muskelvenen durch die Faszie ziehen.

Durch Kontraktionen der Beinmuskeln werden die tiefen Venen komprimiert und damit das in ihnen enthaltene Blut zum Herzen befördert (**Muskelpumpe**). Erschlaffen die Muskeln, so strömt das Blut aus den oberflächlichen Venen über die Vv. perforantes in die tiefen Venen. Die geschilderte Muskelpumpe hat eine weitreichende Bedeutung.

Tab. 6-13 Bewegungen in Hüftgelenk, Kniegelenk und Sprunggelenken in Zuordnung zu den beteiligten Muskeln

Hüftgelenk:	
Bein vorwärts heben	**Darmbein-Lendenmuskel** (M. iliopsoas) **gerader Oberschenkelmuskel** (M. rectus femoris) **Schneidermuskel** (M. sartorius)
Bein rückwärts heben	**großer Gesäßmuskel** (M. gluteus maximus)
seitliche Abduktion des Beines	**mittlerer Gesäßmuskel** (M. gluteus medius) **kleiner Gesäßmuskel** (M. gluteus minimus)
Adduktion des Beines	**langer Anzieher** (M. adductor longus) **kurzer Anzieher** (M. adductor brevis) **großer Anzieher** (M. adductor magnus) **schlanker Muskel** (M. gracilis)
Innenrotation des Beines:	**mittlerer Gesäßmuskel** (M. gluteus medius) **kleiner Gesäßmuskel** (M. gluteus minimus)
Außenrotation des Beines	**großer Gesäßmuskel** (M. gluteus maximus) **mittlerer Gesäßmuskel** (M. gluteus medius) **kleiner Gesäßmuskel** (M. gluteus minimus) **innerer Hüftlochmuskel** (M. obturator internus) **äußerer Hüftlochmuskel** (M. obturator externus)
Kniegelenk:	
Beugung	**zweiköpfiger Oberschenkelmuskel** (M. biceps femoris) **halbsehniger Muskel** (M. semitendinosus) **halbhäutiger Muskel** (M. semimembranosus) **Schneidermuskel** (M. sartorius)
Streckung	**vierköpfiger Oberschenkelmuskel** (M. quadriceps femoris)
Innenrotation	**halbsehniger Muskel** (M. semitendinosus) **halbhäutiger Muskel** (M. semimembranosus) **Schneidermuskel** (M. sartorius) **schlanker Muskel** (M. gracilis)
Außenrotation	**zweiköpfiger Oberschenkelmuskel** (M. biceps femoris)
Sprunggelenke:	
Dorsalextension	**vorderer Schienbeinmuskel** (M. tibialis anterior) **langer Zehenstrecker** (M. extensor digitorum longus) **langer Großzehenstrecker** (M. extensor hallucis longus)
Plantarflexion	**Wadenmuskel** (M. gastrocnemius, M. soleus) **langer Zehenbeuger** (M. flexor digitorum longus) **langer Großzehenbeuger** (M. flexor hallucis longus)
Pronation	**langer Wadenbeinmuskel** (M. peroneus longus) **kurzer Wadenbeinmuskel** (M. peroneus brevis)
Supination	**hinterer Schienbeinmuskel** (M. tibialis posterior) **langer Großzehenbeuger** (M. flexor hallucis longus)

Da Venen schwachwandig und sehr dehnbar sind, können sie größere Blutvolumina aufnehmen. So versacken beim Lagewechsel des Körpers vom Liegen zum Stehen bis zu 600 ml Blut in den Beinvenen. Entsprechend sinkt vorübergehend der Rückfluß zum Herzen und damit auch das Herzminutenvolumen. Mit Einsetzen der Muskelkontraktion etwa beim Gehen wird die „aufgestaute" Blutmenge durch die Muskelpumpe in Richtung Rumpf befördert.

G Ist die Muskeltätigkeit durch Krankheit mit Bettlägerigkeit eingeschränkt, so kann eine erhöhte Blutfüllung (Blutstau) vor allem der oberflächlichen Venen durch Kompression von außen (Gummistrumpf) verhindert werden. Dies ist besonders nach Operationen erforderlich, um der Entstehung einer Thrombose entgegenzuwirken. **G**

K Über längere Zeit gestaute Venen (z.B. durch stehende Tätigkeit) können sich erheblich ausweiten und in ihrem Verlauf schlängeln ("Varikosis"). Die Venenklappen können dann die Gefäßlichtung nicht verschließen und so den Rückstrom des Blutes nicht mehr aufhalten. Auch der Abfluß von Gewebsflüssigkeit wird auf diese Weise erschwert (s. Kap. 10 „Nierensystem und Wasserhaushalt", Abb. 10-6). Sie sammelt sich im Gewebe an und führt zu Schwellungen (Ödem). Insgesamt wird dabei die Muskeldurchblutung eingeschränkt, was häufig zu Muskelkrämpfen und „Krampfadern" führt. **K**

6.3 Spezielle Motorik: Haltemotorik und Zielmotorik

Z Die Funktion des motorischen Systems ist nicht einheitlich. Sie läßt sich in zwei Bereiche gliedern. Der eine vermittelt die Stützung des Skelettsystems und damit die Körperhaltung (Stütz- und Haltemotorik). Der andere Bereich bildet die Grundlage für zielgerichtete Bewegungen (Zielmotorik). Die Gliederung in die beiden Funktionsbereiche ergibt sich in erster Linie durch Unterschiede in der Informationsverarbeitung im zentralen Nervensystem. **Z**

6.3.1 Spezielle Motorik: Stütz- und Haltemotorik

Das Ziel der Stütz- und Haltemotorik besteht darin, das knöcherne Skelett festzustellen und damit dem Körper Haltung zu geben. Dabei soll diese Haltung nicht starr sein, sondern an die jeweiligen äußeren Gegebenheiten angepaßt werden können. So stellen z.B. das aufrechte oder gebeugte Stehen sowie das Sitzen Körperhaltungen dar, bei denen die verschiedenen Skelettmuskeln für oft lange Zeiträume einen bestimmten Kontraktionszustand beibehalten müssen. Die dazu notwendigen Informationsverarbeitungen im **Nervensystem** laufen in der Regel ohne Einschaltung des Bewußtseins ab. Diese **unbewußten Prozesse** finden zum überwiegenden Teil im Rückenmark statt.

Die funktionelle **Verbindung** von **Rückenmark** und **Muskulatur** stellt sich folgendermaßen dar (Abb. 6-55): Im Vorderhorn der grauen Substanz befinden sich die Zellkörper der Motoneurone. Ihre Axone erreichen über die vordere Wurzel und periphere Nerven die Muskelfasern, an denen sie neuromuskuläre Endplatten ausbilden (efferente Verbindung). Vom Muskel aus stellen andere Nervenfasern eine Verbindung in umgekehrter Richtung her (afferente Verbindung). Sie starten an den Muskelspindeln und Sehnenorganen. Zunächst verlaufen diese Fasern, die zum sensorischen System zu rechnen sind, ebenso wie die motorischen Fasern in peripheren Nerven. Darauf treten sie in das Spinalganglion ein, in dem sich das zugehörige Perikaryon befindet. Schließlich erreichen sie über die hintere Wurzel sowie über das Hinterhorn das Motoneuron, mit dem sie synaptischen Kontakt aufnehmen.

Abb. 6-55 Halbschematische Darstellung des Eigenreflexbogens.

6 Motorisches System

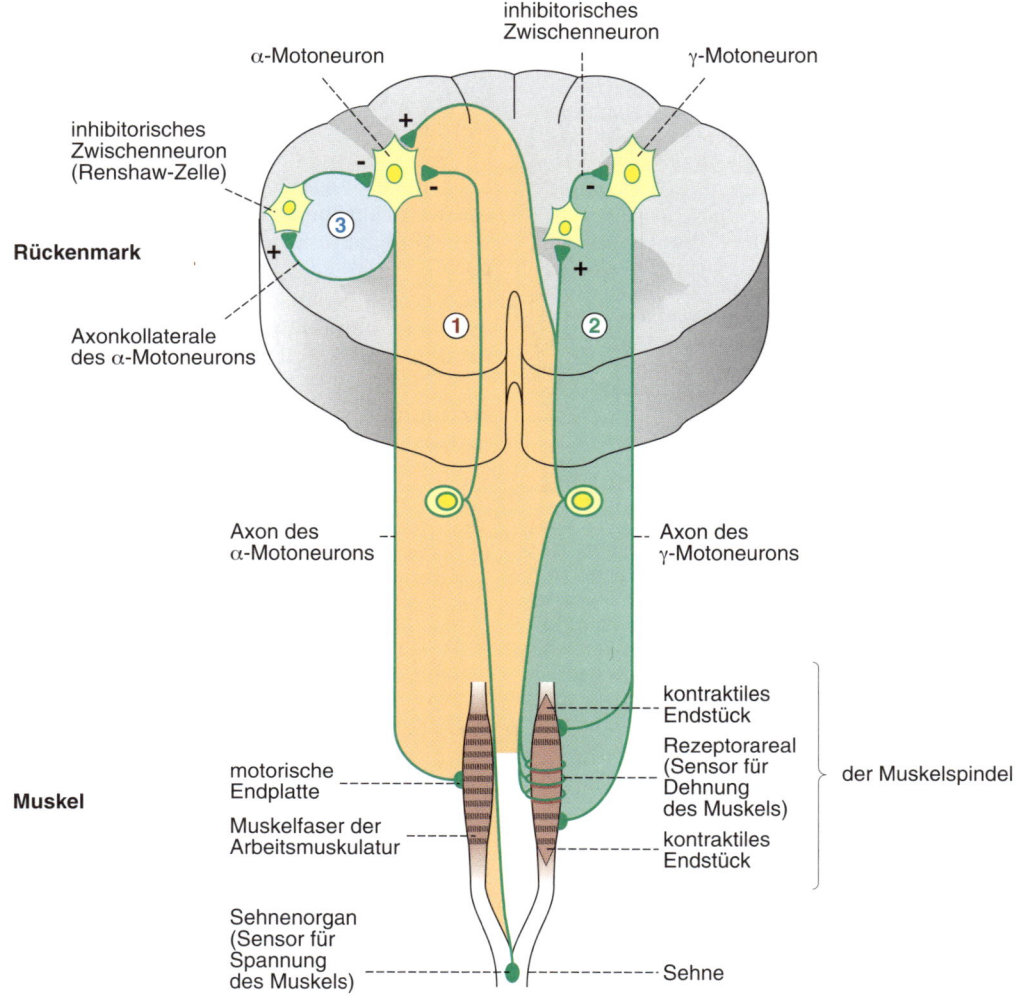

Abb. 6-56 Verschaltung des Eigenreflexbogens.
1 bis 3 = Funktionskreise.
+ und − = erregende und hemmende Synapsen.

Durch die beschriebenen Strukturen des Rückenmarks und des Muskels entsteht eine Verschaltung, die das morphologische Kernstück der spinalen Haltemotorik darstellt. In Abb. 6-56 sind die zugehörigen spinalen und muskulären Einzelelemente sowie deren wechselseitige Verbindungen dargestellt. Wie daraus hervorgeht, lassen sich **drei Funktionskreise** abgrenzen:

Der **erste Kreis** besteht aus dem Motoneuron (**Alpha-Motoneuron, α-Motoneuron**). Sein Axon bildet eine Endplatte an Fasern der sog. Arbeitsmuskulatur aus. Die Verbindung zwischen Alpha-Motoneuron und Muskelfaser stellt den efferenten Teil des ersten Kreises dar. Der afferente Teil setzt sich aus zwei nebeneinanderlaufenden Verbindungen zusammen. Von den Rezeptorarealen der Muskelspindeln ziehen Nervenfasern zum Alpha-Motoneuron und stellen dort exzitatorische synaptische Kontakte her. Von den Sehnenorganen laufen Nervenfasern zu den Alpha-Motoneuronen, die inhibitorische Synapsen ausbilden.

Der **zweite Kreis** besteht in seinem efferenten Teil ebenfalls aus einem Motoneuron (**Gamma-Motoneuron, γ-Motoneuron**). Das Gamma-Motoneuron nimmt mit den kontraktilen Endstücken der Muskelspindeln Kontakte auf, die in ihrer Funktion den neuromuskulären Endplatten der Arbeitsmuskulatur entsprechen. Es spricht viel dafür, daß der afferente Teil des zweiten Kreises im wesentlichen wiederum durch Nervenfasern gebildet wird, die mit den Muskelspindeln in Verbindung stehen. Diese Fasern treten über inhibitorische Zwischenneurone mit den Gamma-Motoneuronen in Kontakt.

Der **dritte Kreis** wird durch eine Axonkollaterale des Alpha-Motoneurons und durch ein Zwischenneuron gebildet (**Renshaw-Zelle**). Die Axonkollaterale besitzt an der Renshaw-Zelle eine erregende, und die Renshaw-Zelle am Alpha-Motoneuron eine hemmende Synapse.

Im folgenden wird die Funktion der beschriebenen Verschaltungen im Dienst der Körperhaltung erläutert. Es wird davon ausgegangen, daß der Gesamtmuskel plötzlich, z.B. durch Belastung, gedehnt wird. Damit nehmen sowohl die Arbeitsmuskulatur als auch die Muskelspindeln gleichzeitig an Länge zu (Abb. 6-56, 6-57 A, B). Durch die Dehnung der Muskelspindeln steigt die Frequenz der Aktionspotentiale in den zugehörigen Nervenfasern an (Abb. 6-57 B). Damit entstehen vermehrt exzitatorische synaptische Potentiale im Alpha-Motoneuron (Abb. 6-56). Diese Depolarisationen führen zu Aktionspotentialen im Alpha-Motoneuron, die zur Arbeitsmuskulatur fortgeleitet werden und dort eine Kontraktion auslösen. Auf eine Dehnung des Muskels folgt also seine Kontraktion.

Eine durch die Verschaltung von Nervenzellen und Muskelfasern vorgegebene Muskelkontraktion wird allgemein als Reflex bezeichnet. Da in diesem Fall Sensor und Erfolgsorgan im selben („eigenen") Muskel liegen, spricht man von einem **Eigenreflex** (propriozeptiver Reflex; „Haltereflex").

Mit der reflektorischen Muskelverkürzung werden die Muskelspindeln gestaucht (Abb. 6-57 C). Dadurch nehmen die Aktionspotentiale in den angeschlossenen Nervenfasern und die Depolarisationen der Alpha-Motoneurone ab. Dieser Vorgang wird dadurch unterstützt, daß durch die voraufgehende Aktivierung der Muskelspindeln, die durch die Muskeldehnung ausgelöst wurde (Abb. 6-57 B), die Gamma-Motoneurone gehemmt werden und somit die Verkürzung der Endstücke und die Dehnung des Rezeptorareals der Muskelspindeln ausfällt (Abb. 6-56). Zusätzlich üben während der Muskelkontraktion noch zwei hemmende Prozesse einen Einfluß auf die Alpha-Motoneurone aus. Einerseits werden durch die Muskelverkürzung die Sehnenorgane gedehnt und damit in den angeschlossenen Fasern die Entladungsfrequenz gesteigert (Abb. 6-57 C). Demzufolge entstehen in den Alpha-Motoneuronen vermehrt inhibitorische synaptische Potentiale (Abb. 6-56). Andererseits werden zusammen mit den Fasern der Arbeitsmuskulatur die Renshaw-Zellen aktiviert und so im Alpha-Motoneuron inhibitorische synaptische Potentiale erzeugt (Abb. 6-56). Durch diese Hemmung können Schnelligkeit und Ausmaß der Muskelverkürzung begrenzt und somit das Auftreten von Verletzungen im Bereich der Muskeln, Sehnen und Gelenke verhindert werden. Aufgrund des Wegfalls von Erregungen aus den Muskelspindeln und der doppelten Hemmung werden vorübergehend keine weiteren Aktionspotentiale im Alpha-Motoneuron ausgelöst. Der Aktivitätssteigerung folgt eine Entladungsstille, die die Kontraktion beendet und eine erneute Dehnung, z.B. durch elastische Rückstellkräfte des muskulären Gewebsverbandes, ermöglicht (Abb. 6-57 B). Damit kann der Zyklus in abgeschwächter Form von vorne beginnen.

Der Ablauf eines Eigenreflexes wird neben den bereits erläuterten Prozessen noch dadurch unterstützt, daß die Erregungen aus den Muskelspindeln nur die Alpha-Motoneurone des gedehnten Muskels erregen, während sie die Alpha-Motoneurone der jeweiligen antagonistisch wirkenden Muskeln hemmen (reziproke Innervation).

Die Eigenreflexe sind besonders an den Streckern ausgeprägt. Sie stellen **überwiegend Streckreflexe** dar. So unterliegt die Länge z.B. der Muskulatur, die sich auf der Vorderseite des Oberschenkels befindet, einer deutlichen Kontrolle durch Eigenreflexe. Dadurch wird das Kniegelenk gestreckt und im Stehen fixiert.

6 Motorisches System

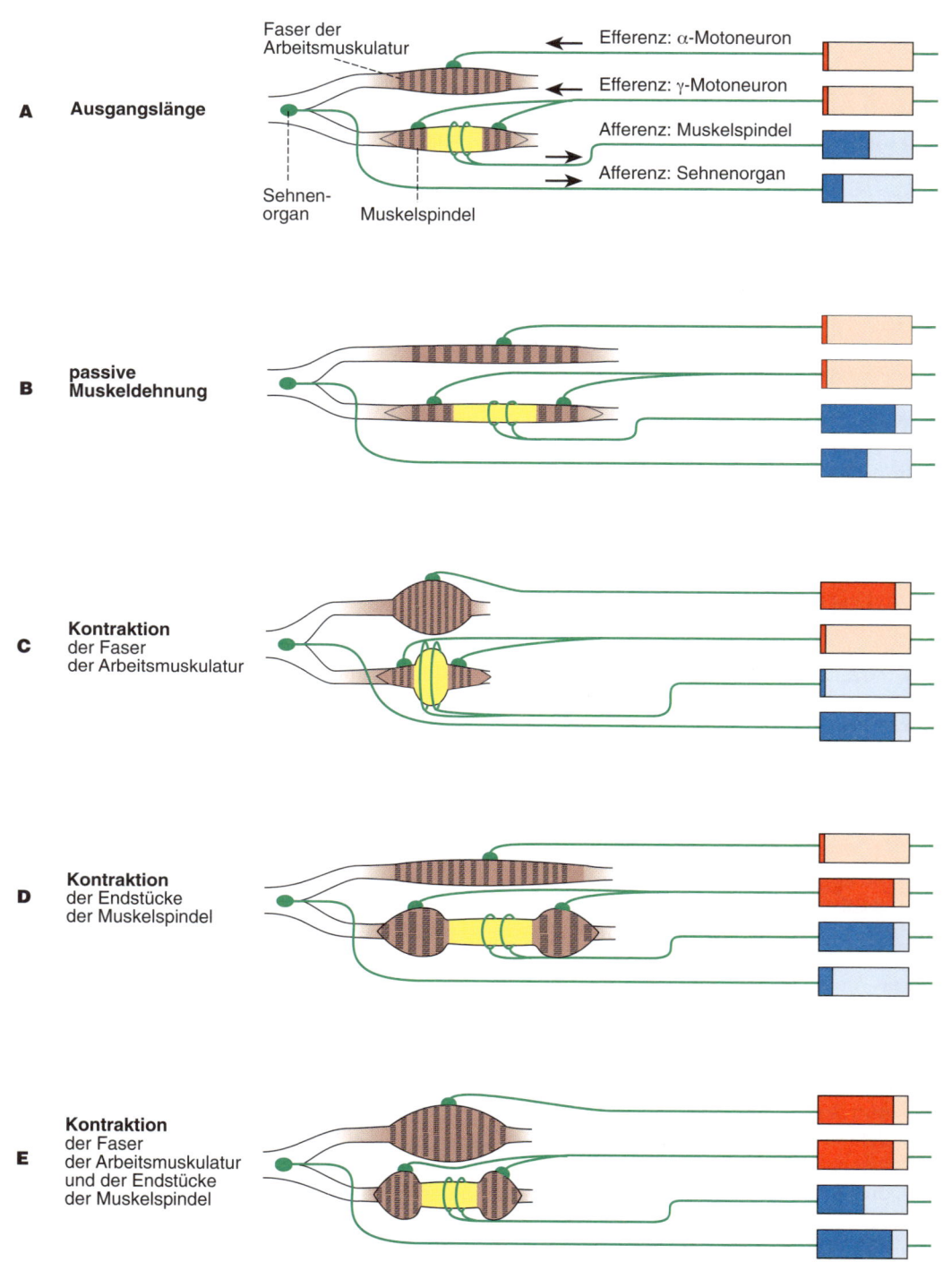

Abb. 6-57 Efferente und afferente Verbindungen zwischen Rückenmark und Muskel unter verschiedenen funktionellen Bedingungen (A–E).
linke Bildhälfte: Kontraktions- bzw. Erschlaffungszustand des Muskels.
rechte Bildhälfte: Impulsaktivität als horizontale Bänder den Efferenzen und Afferenzen zugeordnet.

6 MOTORISCHES SYSTEM

Spezielle Motorik: Haltemotorik und Zielmotorik **6.3**

Das Zusammenspiel von Muskelsensoren, Rückenmark und Arbeitsmuskulatur bei der Fixierung der knöchernen Gelenke zur Ausbildung einer Körperhaltung läßt sich wie folgt zusammenfassen (vgl. Abb. 6-56):
- Durch Kreis 1 wird die Muskellänge gegenüber Störeinflüssen konstant gehalten (Eigenreflex; vgl. Abb. 6-57 B–C).
- Durch Kreis 2 wird die für die gewünschte Haltung erforderliche Muskellänge festgelegt, die mit Hilfe von Kreis 1 konstant gehalten wird (Abb. 6-57 D).
- Durch Kreis 3 wird die Aktivität von Kreis 1 begrenzt und damit die gesamte Gelenkmechanik vor Überbeanspruchung bewahrt.

K Anhand der Verschaltung von Rückenmark und Muskulatur (vgl. Abb. 6-55, 6-56, 6-57) lassen sich die vielfältigen Erkrankungen dieses Systems erklären. Bei Zerstörung der Motoneurone, wie sie z.B. durch Viren bei der **Poliomyelitis** („Kinderlähmung") auftritt, kann der Muskel nicht mehr bewegt werden, er ist gelähmt (Parese). Bei einer unkontrollierten Übererregung der Alpha- und Gamma-Motoneurone kommt es zu Muskelverkrampfungen, die sich z.B. in einer Tetanie oder Spastik äußern. **K**

Muskelkontraktionen, die im Rahmen von Eigenreflexen ablaufen, bilden die Grundlage für die Haltung des Körpers (bzw. Skelett). Einige dieser **Eigenreflexe** können auch bei der ärztlichen Untersuchung ausgelöst werden (Tab. 6-14). Die notwendige Muskeldehnung wird in der Regel durch einen Zug an der Muskelsehne vorgenommen. Diese Zugwirkung wird dadurch erreicht, daß mit dem Reflexhammer ein Schlag auf die Muskelsehne oder auf den Knochen ausgeführt wird, an dem die Muskelsehne ansetzt.

K Bei Erkrankungen der Muskeln (z.B. Muskelentzündung), der afferenten und efferenten Nervenfasern (z.B. Nervenverletzungen) und/oder der entsprechenden Rückenmarkssegmente (z.B. Kompression bei Bandscheibenvorfall) können diese eigenreflektorischen Muskelkontraktionen verändert sein. So treten Abschwächungen oder Steigerungen der Reflexantwort, wiederholte Muskelverkürzungen nach einmaligem Reiz und Unterschiede zwischen beiden Körperseiten (Seitendifferenzen) auf. **K**

Tab. 6-14 Eigenreflexe an den Extremitäten

	Bezeichnung	Auslösung	Reflexantwort	Nerv	Muskel	Rückenmarkssegmente (Reflexzentren)
Arm-eigen-reflexe	Bicepsreflex, „Bicepssehnenreflex", BSR	Schlag auf die Bicepssehne in der Ellenbeuge	Armbeugung	Armplexus, N. musculocutaneus	M. biceps brachii	Zervikalsegmente 5 und 6
	Brachioradialisreflex, „Radius-Periost-Reflex", RPR	Schlag auf die Radiuskante	Armbeugung und leichte Pronation	N. radialis	M. brachioradialis	Zervikalsegmente 5 und 6
	Tricepsreflex, „Tricepssehnenreflex", TSR	Schlag auf die Tricepssehne über dem Olecranon	Armstreckung	Armplexus, N. radialis	M. triceps brachii	Zervikalsegmente 6 und 7
Bein-eigen-reflexe	Quadricepsreflex „Patellarsehnenreflex", PSR	Schlag auf die Quadricepssehne unterhalb der Patella	Beinstreckung	N. femoralis	M. quadriceps femoris	Lumbalsegmente 3 und 4
	Triceps-surae-Reflex, „Achillessehnenreflex", ASR	Schlag auf die Achillessehne	Plantarflexion des Fußes	N. tibialis	M. triceps surae	Sakralsegmente 1 und 2

223

6.3.2 Spezielle Motorik: Zielmotorik

▲ Unbewußte Bewegungen

Die Motorik, die die Körperhaltung bewirkt, wird durch die motorischen Abläufe überlagert, auf denen Körperbewegungen beruhen. Die Bewegungsmotorik läßt sich hinsichtlich ihrer Organisation und Ausführung zweifach gliedern:
– Die Bewegungsmotorik läuft unbewußt in vorgegebenen Bahnen ab. Dadurch erhalten Bewegungen dieses Typs Reflexcharakter.
– Die Bewegungen werden unter der Kontrolle des Bewußtseins ausgeführt. Derartige „geplante" Bewegungen werden häufig als „Willkürmotorik" bezeichnet.

Ein großer Teil der unbewußten, reflektorischen Bewegungen wird durch das Rückenmark gesteuert. Ein entsprechendes Beispiel ist in Abb. 6-58 wiedergegeben. Im Fall der unbewußten, reflektorischen Bewegungen liegen Rezeptor und Muskel in örtlich voneinander getrennten („fremden") Strukturen. Man spricht daher bei dieser Form der Bewegungen von **Fremdreflexen** (exterozeptive Reflexe). Die zugehörigen Strukturen werden als Fremdreflexbogen zusammengefaßt.

Der **Fremdreflexbogen** beginnt im Beispiel der Abb. 6-58 an einem **Rezeptor** der Haut. Dabei kann es sich um Mechano-, Thermo- oder Schmerzrezeptoren handeln. Die zugehörigen Nervenfasern verlaufen in peripheren Nerven und treten über die Hinterwurzeln in das Rückenmark ein (afferente Verbindung). Im Gegensatz zum Eigenreflexbogen sind zwischen afferenter Faser und Alpha-Motoneuron weitere Neurone eingeschaltet (Abb. 6-58). Durch diese Zwischenneurone werden die einlaufenden Erregungen ebenfalls Alpha-Motoneuronen zugeleitet, die sich in den nächsthöheren und -tieferen Rückenmarkssegmenten befinden. Daher sind an einem Fremdreflex meistens mehrere Muskeln beteiligt. Über die Zwischenneurone treffen die Aktionspotentiale aus der Haut auch auf die entsprechenden Gamma-Motoneurone. Durch diese Verbindung werden Alpha- und Gamma-Motoneurone, die ihre Axone zum selben Muskel schicken, gleichsinnig aktiviert (vgl. Abb. 6-57 E). An den Armen und Beinen werden in der Regel die Alpha- und Gamma-Motoneurone der Beuger erregt und die Neurone der antagonistisch wirkenden Strecker gehemmt. Damit stellen die Fremdreflexe Beugereflexe dar.

Der Fremdreflexbogen weist im Vergleich zum Eigenreflexbogen einige Besonderhei-

Abb. 6-58 Halbschematische Darstellung des Fremdreflexbogens.

ten auf. Eingeschaltete Zwischenneurone im Rückenmark bewirken eine weit gefächerte Erregungsausbreitung (Erregungsdivergenz). Daher laufen die Fremdreflexe nicht so einförmig ab wie die Eigenreflexe, sondern weisen eine größere Vielfalt auf. Jedoch können einige Grundmuster der durch den Fremdreflexbogen vermittelten Bewegungen festgestellt werden. Wird z.B. ein Hautreiz höherer Intensität gesetzt, so nimmt der afferente Erregungszustrom zum Rückenmark zu. Dadurch werden in zahlreichen Alpha- und Gamma-Motoneuronen derselben Körperseite synchron Aktionspotentiale ausgelöst (vgl. Abb. 6-57 E). Auf diese Aktivitätssteigerung der Alpha-Motoneurone folgt eine Kontraktion der zugehörigen Fasern der Arbeitsmuskulatur mit einer Verkürzung des Gesamtmuskels. Eine auf diese Weise entstehende motorische Aktion wird als Fremdreflex bezeichnet.

Die im Organismus auslösbaren Fremdreflexe lassen sich grob in zwei Gruppen einteilen:

– **Schutzreflexe:**
  Ein plötzlicher Schmerzreiz im Bereich der Hand, wie er beim unbeabsichtigten Berühren einer heißen Herdplatte entsteht, führt zu einer raschen Kontraktion der Beuger am Oberarm und damit zum Wegziehen der Hand. Zur Gruppe der Schutzreflexe gehören auch der Hustenreflex, der Niesreflex und der Tränensekretionsreflex.
– **Ernährungsreflexe** (Nutritionsreflexe):
  Zu diesen Reflexen gehören z.B. der Schluckreflex sowie zahlreiche Sekretionsreflexe im Bereich des Magen-Darm-Traktes (s. Kap. 12 „Vegetatives Nervensystem").

Die Erregungen, die an den Rezeptoren z.B. der Haut der einen Körperseite starten, bleiben nicht auf diese Seite beschränkt. Sie erreichen über die erwähnten Zwischenneurone auch die Motoneurone auf der Gegenseite des Rückenmarks. Im Gegensatz zur Seite des Hautreizes werden hier jedoch die Alpha- und Gamma-Motoneurone der Beuger gehemmt und die der Strecker aktiviert (Abb. 6-59). Durch diese wechselseitige Verschaltung werden bereits einfache Bewegungsfolgen ermöglicht. So kann eine abwechselnde Reizung der Haut im Bereich

Abb. 6-59 Verschaltung des Fremdreflexbogens für die gleichseitig (ipsilateral) zum Reiz gelegene und die gegenseitig (kontralateral) zum Reiz gelegene Gliedmaße.

der Füße zu einer primitiven „Gehbewegung" führen. Eine Hautreizung im Bereich eines Fußes löst eine Beugung im Kniegelenk derselben Seite aus. Gleichzeitig streckt sich das Kniegelenk der Gegenseite. Dadurch kommt es zu einer Reizung im Bereich des Fußes auf der Gegenseite. In der weiteren Folge entsteht damit auf der Gegenseite ein Beugereflex und auf der Seite der ersten Reizung ein Streckreflex. Diese Abfolge von Bewegungen findet sich beim sog. Schreitreflex der Neugeborenen.

Muskelkontraktionen, die im Rahmen von Fremdreflexen ablaufen, bilden die Grundlage für unbewußte Bewegungen. Einige dieser Reflexe können auch bei der ärztlichen

Untersuchung ausgelöst werden (Tab. 6-15). Die notwendige Rezeptorreizung kann an verschiedenen Rezeptoren erfolgen (Mechano-, Thermo-, Schmerz-, Photorezeptoren usw.). Aus Abschwächung und Verstärkung sowie aus Unterschieden zwischen beiden Körperseiten (Seitendifferenzen) lassen sich Rückschlüsse auf Erkrankungen der afferenten und efferenten Nervenfasern sowie der „Reflexzentren" ziehen.

▲ Bewußte Bewegungen

Die unbewußten Bewegungen sind in ihrem Ablauf durch die neuronalen Verschaltungen vorgegeben und besitzen daher Reflexcharakter. Intensität und Dauer des auslösenden Reizes bestimmen das Ausmaß der Bewegungen. Feinabgestimmte, zielgerichtete Bewegungen werden erst durch die Mitbeteiligung des Gehirns unter Einschaltung des Bewußtseins ermöglicht. Derartige „geplante" Bewegungen und Handlungen bezeichnet man auch als **Willkürmotorik**. Nur bei den erstmaligen Bewegungsabläufen handelt es sich um eine Willkürmotorik im engeren Sinne. Bei der Wiederholung der Bewegungsabläufe tritt eine zunehmende **Automatisierung** auf. Dies ist z.B. beim Erlernen des Schreibens zu beobachten. Zunächst werden einzelne Buchstaben bewußt „gemalt", dann – ebenfalls bewußt – zu Wörtern zusammengefügt. Schließlich genügt ein „Willkürimpuls", um ganze Folgen von Wörtern unbewußt, d.h. automatisch, zu schreiben.

Die bewußten Bewegungen beginnen mit der **Planung**. Daran sind verschiedene Hirnstrukturen beteiligt. Für die Umsetzung des Bewegungsplanes in motorische Impulsmuster ist die Hirnrinde wichtig. In diesen Prozeß ist besonders die vordere Zentralwindung (Gyrus praecentralis) eingeschaltet (vgl. Abb. 6-12, 6-60). Dort befinden sich Neurone, deren Axone als sog. Pyramidenbahn durch das Gehirn in das Rückenmark absteigen. Hier bilden sie Kontakte mit den Alpha- und Gamma-Motoneuronen. Über diese Verbindung wird das motorische Impulsmuster des Gehirns schließlich auf die Muskulatur übertragen. Diese Funktionseinheit von Gehirn und Rückenmark wird als **pyramidales System** bezeichnet.

Die **vordere Zentralwindung** ist funktionell nach **Körperregionen** gegliedert (Somatotopie). Die Rindenareale, von denen die Muskulatur der Hand, des Gesichtes und der Zunge versorgt wird, sind dabei deutlich größer als die Regionen, die die Bewegungen der Beine, des Rumpfes und der Arme kontrollieren (Abb. 6-60). Je größer die Areale für die einzelnen Körperregionen sind,

Tab. 6-15 Fremdreflexe an Kopf und Rumpf

	Bezeichnung	**Auslösung**	**Reflexantwort**	**Nerv**	**Muskel**	**Strukturen des ZNS (Reflexzentren)**
Kopf	Kornealreflex, trigeminofazialer Reflex	vorsichtige Berührung der Hornhaut des Auges	Blinzeln und Tränenfluß	afferent: N. trigeminus efferent: N. facialis	M. orbicularis oculi	Medulla oblongata
	Pupillenreflex bei Beleuchtung, „Lichtreaktion"	Beleuchten des Auges	Verengung der Pupille	afferent: N. opticus efferent: N. oculomotorius (parasympathisch)	M. sphincter pupillae	Zwischenhirn und Mittelhirn
Rumpf	Bauchhautreflex, kutaner Bauchdeckenreflex	Bestreichen der Bauchhaut	Anspannung der Bauchdecke mit Verschiebung des Nabels zur gereizten Seite	afferent: Hautäste der Interkostalnerven 6–12 efferent: Muskeläste der Interkostalnerven 6–12	Muskeln der seitlichen Bauchwand	Rückenmark: Thorakalsegmente 6–12

desto größer ist die Anzahl der beteiligten Neurone; je mehr Neurone beteiligt sind, desto besser sind die Bewegungen in den betreffenden Körperregionen abstimmbar. So sind im Bereich der Hand, des Gesichts und der Zunge besonders präzise Bewegungen möglich.

Auf dem Weg von der Hirnrinde zum Rückenmark wechseln die Fasern der **Pyramidenbahn** die Körperseite (vgl. Abb. 6-12, 6-60). Durch diese Faserkreuzung wird verständlich, daß bei Verletzungen des Gehirns oder bei einer zerebralen Durchblutungsstörung, wie sie beim sog. Schlaganfall vorliegt, jeweils auf der Gegenseite des Körpers eine Lähmung der Muskulatur auftreten kann (Abb. 6-60).

Die vom Gehirn in das Rückenmark absteigenden Erregungen beeinflussen die Alpha- und Gamma-Motoneurone gleichzeitig und gleichsinnig (vgl. Abb. 6-57 E, 6-61). Wird eine größere Anzahl von Alpha- und Gamma-Motoneuronen aktiviert, so erfolgt eine Verkürzung des Gesamtmuskels.

Die Vorgänge bei einer bewußten Bewegung sind am folgenden Beispiel noch ein-

Abb. 6-60 Verknüpfung von vorderer Zentralwindung der Hirnrinde und Motoneuronen des Rückenmarks durch die Pyramidenbahn. Die Neurone der motorischen Hirnrinde sind somatotop angeordnet (Homunculus). Schnittführung siehe oberer Bildteil.

mal zusammengefaßt: Wird vom Gehirn „der Beschluß gefaßt", die Finger einer Hand zu einer Faust zu ballen, so wird dieser „Plan" dem Handareal der vorderen Zentralwindung zugeleitet. Dort entwickelt sich ein geordnetes Impulsmuster, das über die absteigenden Fasern zu den Alpha- und Gamma-Motoneuronen der Fingerbeuger fließt (Abb. 6-61). Durch die Aktivierung dieser Neurone kommt es schließlich zur Kontraktion der Fingerbeuger und zur Faustbildung.

Das in das Rückenmark absteigende motorische Impulsmuster kann nicht in jeder Situation gleich sein, auch dann nicht, wenn es sich um eine bestimmte Bewegung handelt. Es muß an die **Ausgangssituation** angepaßt werden. So ist im Beispiel der Faustbildung zu berücksichtigen, ob sich zu Beginn die Hand in Ruhe oder in Bewegung befindet und ob die Finger gestreckt sind oder schon eine mehr oder weniger ausgeprägte Beugung aufweisen. Daraus geht bereits hervor, daß der Hirnrinde zur Ausarbeitung eines Impulsmusters laufend Informationen über die Tätigkeit der betreffenden Muskeln zufließen müssen. Diese Anpassungsvorgänge werden unter Mitbeteiligung verschiedener Hirnstrukturen vorgenommen. Da sie außerhalb des pyramidalen Systems liegen, faßt man sie als **extrapyramidales System** zusammen.

Unter den Teilstrukturen des extrapyramidalen Systems hat das **Kleinhirn** (Cerebellum) eine besondere Bedeutung. Es läßt sich in **drei Bereiche** gliedern. Sie werden aufgrund ihrer Verbindungen als Cerebrocerebellum (Verbindung mit dem Großhirn), als Spinocerebellum (Verbindung mit dem Rückenmark) und als Vestibulocerebellum (Verbindung mit dem vestibulären System) bezeichnet (Abb. 6-61).

– Spinocerebellum:
Dem Spinocerebellum fließen Informationen aus dem Bewegungsapparat und der Haut zu (Abb. 6-61). Dadurch wird der Aktivitätszustand der gesamten Muskulatur in diesem Kleinhirnteil „abgebildet". Über absteigende Bahnen steht das Spinocerebellum mit den Motoneuronen im Rückenmark in Verbindung. Auf diesem Wege hat das Kleinhirn direkten Einfluß auf die Körperhaltung.

– Cerebrocerebellum:
Dem Cerebrocerebellum fließen über Zweigbahnen die Impulse zu, die in der Pyramidenbahn zum Rückenmark absteigen (Abb. 6-61). Im Cerebrocerebellum liegt also eine „Kopie" der pyramidalen Impulse vor. Über rückläufige Fasern steht es wiederum mit der motorischen Großhirnrinde in Verbindung. Durch eine wechselseitige Verschaltung von Cerebrocerebellum und Spinocerebellum wird nun erstens das pyramidale Impulsmuster an die aktuelle Körperhaltung und zweitens die Körperhaltung an die einsetzende Bewegung angepaßt.

– Vestibulocerebellum:
Dem Vestibulocerebellum fließen Erregungen aus dem vestibulären System zu (Abb. 6-61). Dadurch liegen dem Vestibulocerebellum Informationen über die Stellung des Körpers im Raum vor. Über Verbindungen zu den Motoneuronen im Rückenmark kann das Spinocerebellum Bewegungsabläufe beeinflussen und so zur Aufrechterhaltung des Körpergleichgewichts beitragen.

> **K** Bei einem plötzlichen **Ausfall der Kleinhirnfunktion** treten schwere Bewegungsstörungen auf. Dabei wird besonders die zeitliche Abstimmung der Muskelaktivierung beeinträchtigt (zerebellare Asynergie). In typischer Weise kann ein schnelles Hin- und Herdrehen der Hand um die Unterarmachse, also der aufeinanderfolgende Wechsel von Pronation und Supination, nicht mehr exakt ausgeführt werden (Dysdiadochokinese, Adiadochokinese). Darüber hinaus kommt es bei Willkürbewegungen zu einem Zittern (Tremor) der Hände, das sich im Laufe der Bewegung noch verstärkt (Intentionstremor). Schließlich werden Bewegungen zu kurz oder zu weit ausgeführt (Dysmetrie). Häufig gehen die genannten Phänomene mit einer Verminderung des Muskeltonus einher (Hypotonie).
>
> Ein **Ausfall des Vestibulocerebellums** führt zu Schwankungen beim Stehen (Astasie) und Gehen (Abasie). Diese zerebellare Ataxie, die häufig mit Schwindelerscheinungen und Augenbewegungen in der horizontalen Ebene (Nystagmus) einhergeht, gleicht dem Bild, das sich bei Reizung der Rezeptoren des vestibulären Systems ergibt. **K**

6 MOTORISCHES SYSTEM

Spezielle Motorik: Haltemotorik und Zielmotorik 6.3

Abb. 6-61 Verschaltung der verschiedenen Teile des Kleinhirns (Cerebrocerebellum, Spinocerebellum, Vestibulocerebellum) innerhalb des motorischen Systems.

Die Funktion des Kleinhirns zeigt bereits, wie zahlreiche Einflüsse des extrapyramidalen Systems den Ablauf von Bewegungen an die aktuelle Stellung des Körpers anpassen. Eine besondere Bedeutung haben in diesem System weiterhin die sog. **Basalganglien**. Zu diesen gehören das Striatum, das Pallidum, der Nucleus ruber und Nucleus niger (Abb. 6-62).

Alle Basalganglien sind untereinander und mit den übrigen Teilen des motorischen Systems – meistens doppelläufig – verknüpft. Auf diese Weise entsteht eine nahezu unübersehbare Zahl von Rückmeldekreisen.

Die Kerngebiete selbst setzen sich in der Regel aus einem Anteil mit Bahnungsfunktion und einem Anteil mit Hemmungsfunktion zusammen. Die hemmenden Anteile entsenden Axone zu den Bahnenden des nächst höher gelegenen Kerns (Abb. 6-62). So hemmt der Nucleus niger das Pallidum, und das Pallidum das Striatum.

Die Funktionsweise der Stammganglien wird durch die Beschreibung von zwei typischen Erkrankungen verdeutlicht:

> **K** Ein Funktionsausfall des hemmenden Anteils des Striatums (Abb. 6-62) führt zur **Chorea**. Bewegungsunruhe mit kurzen, ruckartigen Muskelkontraktionen ist kennzeichnend dafür. Mit diesem Bewegungsreichtum (Hyperkinese) ist eine Verminderung des Muskeltonus (Hypotonie, Atonie) verbunden. Die Erkrankung wird daher als hyperkinetisch-atonisches Syndrom charakterisiert.
>
> Ein Ausfall des hemmenden Anteils des Nucleus niger führt zu einer Enthemmung im Pallidum (Abb. 6-62). Das dadurch hervorgerufene Krankheitsbild wird als **Parkinsonismus** zusammengefaßt. Symptome sind die Steigerung des Muskeltonus von Beugern und Streckern; Ausdrucks- und Mitbewegungen insbesondere der mimischen Gesichtsmuskulatur sind eingeschränkt (maskenartige Starre des Gesichts). Man spricht von einem akinetisch-hypertonischen Syndrom. Hinzu kommen häufig Schüttelbewegungen der Hand in Form des „Pillendrehens". Die Hemmung im Pallidum durch den Nucleus niger, die beim Parkinsonismus vermindert ist, wird normalerweise durch die Mitwirkung des Transmitters Dopamin ausgelöst. Zur Therapie wird daher u.a. eine Vorstufe dieses Transmitters (L-Dopa) verabreicht, um die Hemmung im Pallidum wieder zu verstärken und so die Symptome des Parkinsonismus zu mildern. **K**

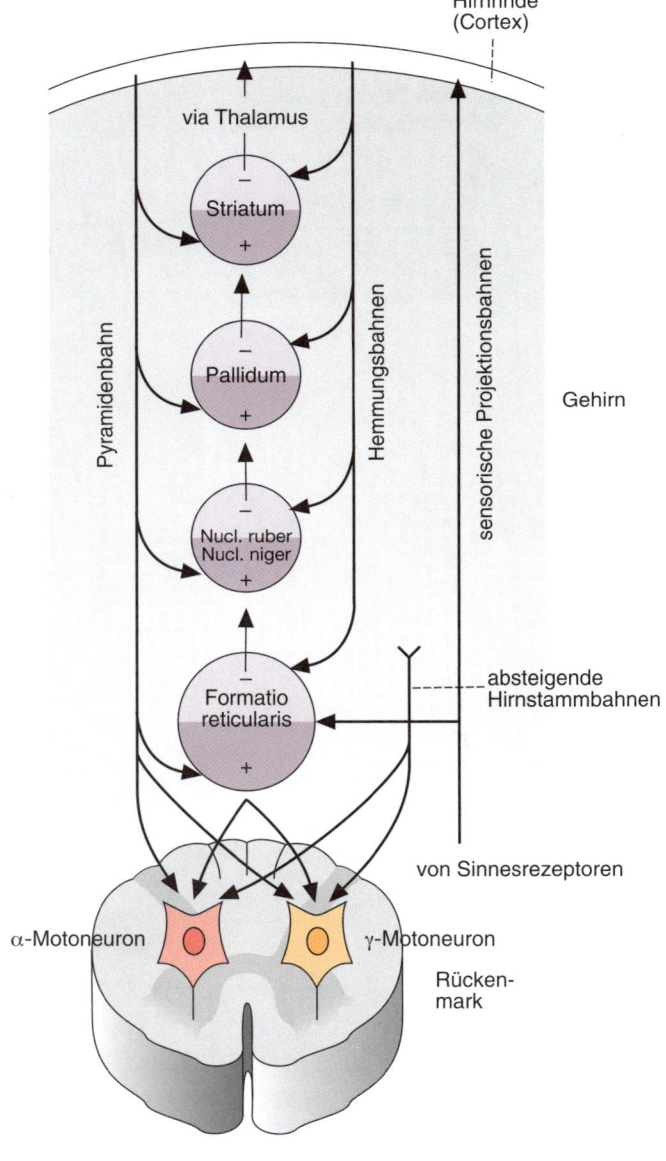

Abb. 6-62 Schematische Darstellung der Basalganglien und ihrer Funktion. Die Kerngebiete (Kreise) setzen sich jeweils aus aktivierenden (+) und hemmenden (−) Anteilen zusammen. Sie sind über Rückmeldekreise miteinander und mit den auf- und absteigenden Bahnen verbunden.

Für den Ablauf von Bewegungen ist die Ausarbeitung von komplexen neuronalen Erregungsmustern eine Voraussetzung. Daran sind neben dem pyramidalen und extrapyramidalen System noch weitere Strukturen beteiligt, die als **motorisches Assoziationssystem** zusammengefaßt werden. Unter diesen Hirngebieten kommt einigen Arealen der Hirnrinde eine besondere Bedeutung zu. Diese motorischen Assoziationsareale oder Assoziationsfelder der Hirnrinde liegen im wesentlichen vor der vorderen Zentralwindung.

Abb. 6-63 Gelenke und tätige Muskelgruppen bei verschiedenen Bewegungen.

A: Sitzhaltung bei gestrecktem linkem Arm und gestrecktem linkem Bein.

1 Deltamuskel (M. deltoideus).
2 Dreiköpfiger Armstrecker (M. triceps brachii).
3 Streckmuskulatur von Handgelenk und Fingern.
4 Großer Brustmuskel (M. pectoralis major).
5 Langer Daumenstrecker (M. extensor pollicis longus).
6 Darmbein-Lendenmuskel (M. iliopsoas).
7 Vierköpfiger Oberschenkelmuskel (M. quadriceps femoris).
8 Kniescheibe (Patella) in der Sehne des vierköpfigen Oberschenkelmuskels.
9 Streckmuskulatur am Unterschenkel.
10 Zweiköpfiger Oberschenkelmuskel (M. biceps femoris).
11 Dreiköpfiger Wadenmuskel (M. triceps surae).

B: Rumpfbeuge vorwärts.

1 Breiter Rückenmuskel (M. latissimus dorsi).
2 Dreiköpfiger Armstrecker (M. triceps brachii).
3 Gerader Bauchmuskel (M. rectus abdominis).
4 Darmbein-Lendenmuskel (M. iliopsoas).
5 Vierköpfiger Oberschenkelmuskel (M. quadriceps femoris).
6 Streckmuskulatur von Fuß und Zehen.

C: Streckung des gesamten Körpers.

1 Streckmuskulatur von Hand und Fingern.
2 Dreiköpfiger Armstrecker (M. triceps brachii).
3 Deltamuskel (M. deltoideus).
4 Unterer Abschnitt des vorderen Sägemuskels (M. serratus anterior).
5 Rückenmuskulatur (M. erector spinae).
6 Großer Gesäßmuskel (M. gluteus maximus).
7 Vierköpfiger Oberschenkelmuskel (M. quadriceps femoris).
8 Dreiköpfiger Wadenmuskel (M. triceps surae).

D: Standbein und Spielbein beim Gehen.

1 Kleine Gesäßmuskeln (Mm. gluteus medius und minimus).
2 Großer Gesäßmuskel (M. gluteus maximus).
3 Dreiköpfiger Wadenmuskel (M. triceps surae).
4 Darmbein-Lendenmuskel (M. iliopsoas).
5 Zweiköpfiger Oberschenkelmuskel (M. biceps femoris).
6 Streckmuskeln des Fußes und der Zehen.

> **K** Ein Ausfall der Assoziationsareale führt zu erheblichen Beeinträchtigungen von bewußten Bewegungen. Diese Störungen bestehen nicht in einer Lähmung, wie sie z.B. bei einer Verletzung der vorderen Zentralwindung auftritt. Die Fähigkeit, einzelne Bewegungen auszuführen, bleibt erhalten. Die Fähigkeit, einzelne Bewegungen zu Handlungen zu verknüpfen, ist jedoch gestört. Ein solches Handlungsunvermögen wird als Apraxie bezeichnet. Fällt z.B. das Assoziationsareal für den Sprechvorgang aus (sog. motorisches Sprechzentrum), so sind die am Sprechvorgang beteiligten Muskeln nicht gelähmt. Die Lippen, die Unterkiefermuskulatur und die Zunge sind noch in der Lage, Bewegungen und bestimmte Bewegungsfolgen, wie Pfeifen oder Essen, auszuführen. Es ist jedoch unmöglich, die Einzelbewegungen zum Sprechen zusammenzufügen. Diese Funktionsstörung wird als **motorische Aphasie** bezeichnet. **K**

Das Skelett des Körpers bildet eine große Zahl unterschiedlicher Gelenke, die von vielfältigen Muskeln und Muskelgruppen bewegt werden. Unter dem Einfluß des motorischen Nervensystems ergibt sich ein nahezu unbeschränkter Vorrat an möglichen Haltungen und Bewegungsabläufen. Für einige Bewegungen sind die maßgeblichen Gelenke und Muskelgruppen in Abb. 6-63 zusammengestellt.

Die Zusammenarbeit von sensorischem und motorischem System wird abschließend an einem komplexeren Beispiel aus der bewußten Wahrnehmung und der bewußten Bewegung veranschaulicht. Die Vorgänge, die beim Nachsprechen eines gehörten Wortes ablaufen, werden in groben Zügen dargestellt (Abb. 6-64). Das Wort liegt zunächst als Schallwellenmuster vor, das durch den rezeptiven Apparat des auditorischen Systems in Muster von Aktionspotentialen umgewandelt wird. Danach gelangt die Information über aufsteigende Bahnen in die Hirnrinde. Dort erfolgt eine Abbildung im primären Projektionsareal des auditorischen Systems. Unter Einschaltung des zugehörigen sensorischen Assoziationsfeldes (sog. sensorisches Sprechzentrum) wird darauf das Wort erkannt und die „Wortgestalt" dem motorischen Assoziationsfeld für den Sprechvorgang (sog. motorisches Sprechzentrum) mitgeteilt. Hier entsteht in

Abb. 6-64 Informationsfluß (Pfeile) im Gehirn beim Nachsprechen eines gehörten Wortes.

Zusammenarbeit mit der vorderen Zentralwindung ein Impulsmuster, das über absteigende Bahnen den Muskeln des Sprechapparates zufließt. Durch den sich anschließenden Sprechvorgang wird in der Luft wiederum ein Schallwellenmuster erzeugt, das dem gehörten Wort entspricht.

Lernkontrolle

1. Wie heißen die knochenbildenden und die knochenabbauenden Zellen?
2. Wann spricht man von einer Distorsion?
3. Nennen Sie die vier Aufgaben der Muskulatur der Gesichtsregion.
4. Welchen charakteristischen Gelenkformen sind das Hüftgelenk, das Ellenbogengelenk und das proximale Handgelenk zuzuordnen?
5. Erläutern Sie an Beispielen die Vorgänge beim Eigenreflex.
6. Erklären Sie den Unterschied zwischen echten und falschen Rippen.
7. Welche Bedeutung hat die Muskeltätigkeit der Beine für den venösen Rückstrom zum Herzen?
8. Beschreiben Sie die Bestimmung des Injektionsortes bei der ventroglutealen Injektion.
9. Welche Folgen hat eine einseitige Schädigung der Pyramidenbahn?

Auflösung des Fallbeispiels

▲ Myasthenia gravis

Krankheitsbild: Die Myasthenia gravis ist eine Autoimmunkrankheit. Charakteristikum der Krankheit ist die Bildung von Autoantikörpern gegen Acetylcholinrezeptoren. Mit dem Untergang der Acetylcholinrezeptoren wird die Erregungsübertragung vom Nerv zum Muskel zunächst geschwächt, später unmöglich. Jeder Skelettmuskel kann betroffen werden. Beim Spontanverlauf wird das Maximum der Erkrankung meist innerhalb der ersten drei Jahre erreicht.

Vorkommen und Häufigkeit: Die Myasthenia gravis ist die häufigste Erkrankung aus dem Formenkreis der krankhaften Muskelschwächen. Pro 1 Million Bevölkerung werden bis zu 40 Erkrankte gezählt. Frauen sind doppelt so häufig betroffen wie Männer.

Diagnostik: Der Beginn einer Myasthenia gravis kann gelegentlich verkannt werden, wenn Augensymptome (Doppelsehen, herunterhängendes Oberlid) im Vordergrund stehen. Besteht erst einmal der Verdacht auf Myasthenia gravis, so stehen aussagekräftige diagnostische Maßnahmen zur Verfügung.

Körperliche Untersuchung: Bei einem Patienten mit Verdacht auf Myasthenia gravis wird eine leicht zu beurteilende Muskeltätigkeit zur Diagnostik herangezogen. Zum Beispiel kann die Vorhaltezeit der horizontal gehaltenen Arme im Stehen oder die Haltezeit des von der Unterlage gehobenen Kopfs im Liegen oder anderes geprüft werden.

Elektromyographie: Diagnostisch entscheidend ist die elektromyographische Untersuchung. Im EMG läßt sich typischerweise bei wiederholter Reizung eines Muskels eine Verkleinerung des Summenaktionspotentials feststellen.

Labordiagnostik: Wertvoll ist der Nachweis von Autoantikörpern gegen Acetylcholinrezeptoren. Dieser sehr spezifische Test ist bei mehr als 95% der Patienten mit generalisierter Myasthenie positiv.

Therapie: Die Basistherapie besteht in einer Anreicherung von Acetylcholin im Bereich der Muskelendplatte. Dies kann durch medikamentöse Hemmung des Abbaus von Acetylcholin erreicht werden. Zusätzlich kann über eine Unterdrückung der Immunreaktion die Anzahl der Autoantikörper verringert werden.

Verdauungssystem und Resorption

7

Für die Funktion der verschiedenen Körpersysteme ist das Bereitstellen von Energie im Stoffwechsel der einzelnen Zellen notwendig. Dazu werden sog. Nährstoffe mit der Nahrung zugeführt und in die Zellen befördert. Sie können jedoch nicht in der durch die Nahrung angebotenen Form von den Zellen aufgenommen werden. Daher ist eine Zubereitung (Verdauung) zur Aufnahme (Resorption) unumgänglich. Diese Funktionen übernimmt der Verdauungstrakt.

Abb. 7-0 Übersicht über die wichtigsten Abschnitte des Verdauungstrakts

Fallbeispiel

Ein 26jähriger Patient sucht wegen Dunkelfärbung des Urins, Hellfärbung des Stuhls und zunehmender Gelbfärbung (Ikterus) der Lederhaut (Sklera) des Augapfels den Hausarzt auf. Auf Befragen gibt der Patient an, vor ca. drei Wochen von einem Tunesienaufenthalt zurückgekommen zu sein und dort mehrfach ungekochte Meeresfrüchte gegessen zu haben. Bei laborchemischen Untersuchungen findet sich eine starke Erhöhung der Transaminasen (zellgebundene Enzyme, die besonders reichlich in der Leber vorkommen) sowie des Bilirubins (Gallenfarbstoff).

Diagnose und Therapie s. S. 271.

7.1 Energiebedarf

> **Z** Der Energiebedarf des Menschen ist nicht gleichbleibend. Er nimmt mit dem Lebensalter ab und mit der körperlichen Betätigung zu.

Der Körper verrichtet vielfältige Arbeiten. Das ist unmittelbar einsichtig z.B. bei der Funktion des motorischen Systems (Gehen, Tragen, Heben) und des Herzens (Pumpen des Blutes). Darüber hinaus wird aber auch Arbeit geleistet zum Auf- und Umbau von Körpersubstanz, zum Stofftransport durch Zellmembranen (z.B. Ionenpumpen, s. Kap. 4 „Nervensystem – Allgemeine Grundlagen" und Kap. 6 „Motorisches System") und zur Wärmeproduktion (s. Kap. 14 „Temperaturregelung"). Für diese verschiedenen Aufgaben ist **Energie** notwendig. Als einheitliches Energiemaß gilt die Einheit **Joule** (4,2 kJ = 1 kcal).
Richtwerte:
- Abhängigkeit des Energiebedarfs vom Lebensalter (ohne besondere körperliche Betätigung)
  25 Jahre: 10050 kJ/Tag (2400 kcal/Tag)
  45 Jahre: 9200 kJ/Tag (2200 kcal/Tag)
  65 Jahre: 8350 kJ/Tag (2000 kcal/Tag)
- Abhängigkeit des Energiebedarfs von der körperlichen Betätigung
  – Schlaf:
    270 kJ/Std. (65 kcal/Std.)
  – ruhiges Sitzen:
    420 kJ/Std. (100 kcal/Std.)
  – Spazierengehen:
    840 kJ/Std. (200 kcal/Std.)
  – Treppensteigen:
    4600 kJ/Std. (1100 kcal/Std.)
  – meist sitzende Tätigkeit:
    9600 kJ/Tag (2300 kcal/Tag)
  – leichte Muskelarbeit:
    11 500 kJ/Tag (2750 kcal/Tag)
  – stärkere Muskelarbeit:
    14 500 kJ/Tag (3450 kcal/Tag)
  – Schwerstarbeit:
    21 000 kJ/Tag (5000 kcal/Tag)

Bei vergleichenden Untersuchungen, z.B. bei einer Stoffwechselzunahme bedingt durch erhöhte Hormonfreisetzung aus der Schilddrüse (s. Kap. 13 „Endokrines System"), kann man den **Grundumsatz** (Ruheumsatz) bestimmen. Dabei wird der Energieumsatz bei völliger Körperruhe, nach zwölfstündiger Nahrungspause, bei einer Zimmertemperatur von 20 °C und bei normaler Körpertemperatur bestimmt. Er beträgt beim Erwachsenen 6720 kJ/Tag (1600 kcal/Tag) oder 4,2 kJ pro kg und Std. (1 kcal pro kg und Std.).

> **Ü** Analysieren Sie die Tätigkeit an einem Ihrer Arbeitstage und versuchen Sie, mit Hilfe der aufgelisteten Werte Ihren Energiebedarf zu ermitteln.

Der Grundumsatz hängt von einer Reihe von Faktoren ab, so z.B. vom Lebensalter. Er ist bei Säuglingen am höchsten und vermindert sich mit zunehmendem Alter. Der Schwankungsbereich von Mensch zu Mensch ist mit etwa +/–10% beträchtlich. Abweichungen von den sog. Grundumsatzbedingungen führen schnell zu einer Steigerung der Energieproduktion. Schon durch die Aufnahme und Verarbeitung von Nahrung (Kau-, Transport- und Sekretionsarbeit im Magen-Darmkanal, Aufspaltung der Nahrungsstoffe, Resorption) wird der Umsatz um etwa 15% erhöht. Besonders die Zufuhr von eiweißhaltiger Nahrung steigert den Umsatz um bis zu 20% (sog. spezifisch-dynamische Wirkung).

Die Energieträger werden mit der Nahrung zugeführt. Verbrauch von Energie und Zufuhr von Energieträgern sollten aufeinander abgestimmt sein. Überwiegt der Energieverbrauch, so wird Körpersubstanz zur Energiegewinnung herangezogen, und das Körpergewicht nimmt ab. Überwiegt die Zufuhr von Energieträgern, so werden Depots im Körper angelegt, und das **Körpergewicht** steigt an. Ein Mensch von 150 bis 180 cm Größe sollte bei mittelschwerem Körperbau nach der Brocaschen Formel so viel Kilogramm wiegen, wie die Größe 100 cm übersteigt. So beträgt das Normalgewicht eines Menschen mit einer Körpergröße von 175 cm etwa 75 kg. Das sog. Idealgewicht erhält man nach Abzug von 5 bis 10% für Männer und von 10 bis 15% für Frauen.

Neuerdings geht man dazu über, den **Körpermasse-Index** (**KMI**) oder Body-Mass-Index

(BMI) zu bestimmen, weil er am besten mit der Menge an Körperfett korreliert. Der KMI errechnet sich aus

$$\frac{\text{Körpergewicht in kg}}{\text{Körpergröße in Meter zum Quadrat}}$$

K Nach der Festsetzung durch die Weltgesundheitsorganisation werden Personen mit einem KMI von 25–30 als übergewichtig und solche mit einem KMI von mehr als 30 als fettsüchtig bezeichnet. Letztere Gruppe trägt ein besonders hohes Risiko für Folgeerkrankungen im Bereich Herz/Kreislauf (Herzinfarkt), Stoffwechsel (Diabetes) und Bewegungsapparat (Arthrosen). **K**

Bei der Regelung des Körpergewichts spielen viele Faktoren zusammen. So werden Eßverhalten, Stoffwechsel und körperliche Aktivität u. a. genetisch mitbestimmt. So ist etwa die Neigung zum Dickwerden bis zu einem gewissen Grad erblich. Dies zeigen Studien an eineiigen, aber getrennt aufgewachsenen Zwillingen.

Das Eßverhalten wird vor allem durch Nervenzellen des Zwischenhirns kontrolliert, die entweder fördernd („**Eßzentrum**") oder bremsend („**Sattheitszentrum**") auf die Nahrungsaufnahme einwirken. Wichtig ist dabei das Zusammenspiel mit einem 1995 entdeckten Hormon, dem **Leptin.** Dieses wird von Fettzellen gebildet und hemmt über Leptin-Rezeptoren im Zwischenhirn die Nahrungsaufnahme. Je mehr Fett aktuell gebildet wird, desto stärker ist auch das Leptin-Signal und damit die Hemmwirkung. Umgekehrt steigert sich das Hungergefühl bei geringerer Fettbildung und damit sinkendem Leptin-Spiegel.

7.2 Ernährung

Z Die Stoffe zur Energiegewinnung werden mit der Nahrung aufgenommen. Nahrungsmittel sind alle Produkte, die Nährstoffe enthalten. Dies sind Kohlenhydrate, Fette und Eiweiße. Gleichzeitig benötigt der Organismus Vitamine, Salze, Spurenelemente und Wasser. **Z**

7.2.1 Nährstoffe

Die Stoffe, die den Körperzellen als Energiespender und Bausteine dienen, werden mit der Nahrung aufgenommen. Nahrungsmittel sind alle natürlich vorkommenden Produkte und künstliche Erzeugnisse, die die Grundnährstoffe Kohlenhydrate, Fette und Eiweiße enthalten.

– **Kohlenhydrate** bestehen aus Molekülen, die ringförmig angeordnet sind und Einfachzucker (Monosaccharide) genannt werden (Abb. 7-1). Zu den Monosacchariden gehören der Traubenzucker (Glucose) und der Fruchtzucker (Fructose). Lagern sich zwei Einfachzucker aneinander, so entstehen Zweifachzucker (Disaccharide). Verbindungen aus einer großen Zahl von Einfachzuckern werden als Vielfachzucker (Polysaccharide) bezeichnet. Wichtige Polysaccharide sind tierische Stärke (Glykogen) und pflanzliche Stärke (Amylum).

– **Fette** bestehen aus Glycerin und Fettsäuren (Abb. 7-1). Die Fettsäuren stellen Ketten von Kohlenstoff-Atomen dar, an die Wasserstoff (H) gebunden ist. Sind alle Bindungsstellen mit Wasserstoff besetzt, so spricht man von gesättigten, sind Bindungsstellen frei, von ungesättigten Fettsäuren. Darüber hinaus sind kurz- und langkettige Fettsäuren voneinander zu unterscheiden. Durch die Art der Fettsäuren werden die Eigenschaften wie z.B. die Festigkeit der Fette bestimmt.

– **Eiweiße** (Proteine) bestehen aus Aminosäuren (Abb. 7-1). Lagern sich zwei Aminosäuren zusammen, so entsteht ein Dipeptid, verbinden sich mehrere bzw. zahlreiche Aminosäuren, so bilden sich Oligo- bzw. Polypeptide. Die Polypeptide sind in einer geradlinigen Anordnung nicht stabil. Daher bilden sich durch Drehung und Faltung charakteristische räumliche Strukturen.

Eiweiße sind notwendig für den Aufbau von Zellstrukturen und den Unterhalt von Zellfunktionen. Da sie nur zum Teil aus den anderen Nährstoffen aufgebaut werden können, ist eine Zufuhr von etwa 60 bis 70 g Eiweiß pro Tag angezeigt. Allgemein gilt als Richtwert: 1 g Eiweiß pro Tag und kg Körpergewicht.

7 Verdauungssystem und Resorption

Ernährung 7.2

Abb. 7-1 Schematische Darstellung des chemischen Aufbaus von Kohlenhydraten, Fetten und Eiweißen. Farbige Bänder bzw. Balken entsprechen den Kohlenstoffketten.
H = Wasserstoff
N = Stickstoff
O = Sauerstoff

P Patienten mit einem ausgedehnten **Dekubitus** haben einen erhöhten Eiweißbedarf. Durch die große Wundfläche, an der fortlaufend Wundsekret abgesondert wird, verlieren sie erhebliche Mengen an Eiweiß. Dies ist bei der Zusammenstellung der Nahrung zu berücksichtigen. **P**

Die Gesamtenergie der einzelnen Nährstoffe ist sehr unterschiedlich. Bei der Umwandlung in den Zellen wird pro Gramm Nährstoff maximal folgende Energie frei (Brennwerte):
– Kohlenhydrate: 17 kJ/g (4,1 kcal/g)
– Fette: 38 kJ/g (9,3 kcal/g)
– Eiweiße: 17 kJ/g (4,1 kcal/g)

In der täglichen Mischkost sind die drei Grundnährstoffe in unterschiedlichen Mengen enthalten. Eine Übersicht mit Richtwerten für den Eiweiß-, Kohlenhydrat- und Fettgehalt sowie für den Energiegehalt verschiedener Nahrungsmittel gibt Tab. 7-1.

Ü Stellen Sie sich eine Mahlzeit zusammen. Ermitteln Sie den Mengenanteil der einzelnen Nährstoffe und berechnen Sie den Energiegehalt. **Ü**

Tab. 7-1 Nährstoff- und Energiegehalt verschiedener Nahrungsmittel

Nahrungs-mittel	Eiweiß g	Fett (pro 100 g Nahrungsmittel) g	Kohlenhydrate g	Energiegehalt (pro 100 g Nahrungsmittel) kJ	kcal
Schweinefleisch	11,6–21	8–42	0	706–1890	168–450
Rindfleisch	16–22	4,1–23,5	0	559–1247	133–297
Fisch	17–19	0,1–19	0	328–1071	78–255
Hühnerei	12,9	11,2	0,7	701	167
Milch	3–4	0,1–4	4–5	147–281	35–67
Käse	12–27	8,5–30,5	1–6	840–1764	200–420
Butter	0,8	83,5	0,3	3263	777
Margarine	0,5	78,4	0,4	3079	733
Speiseöl	0	99,8	0	3899	928
Kartoffeln	2	0,2	18,9	357	85
Reis	7	0,6	78,7	1546	368
Nudeln	13	2,9	72,4	1638	390
Brot	6–10	0,5–1,4	50–75	1008–1596	240–380
Gemüse, frisch	0,1–6,0	0,1–1,4	1,3–27,5	63–588	15–140
Obst, frisch	0,3–1,3	0,1–1,0	7,1–21,0	118–378	28–90
Mineralwasser	0	0	0	0	0
Cola-Getränke	0	0	11	185	44
Bier	0,3–0,5	0	3,5–9,0	197–235*	47–56*
Wein	0,2	0	0,1–0,3	277–328*	66–78*
Weinbrand	0	0	0	1050*	250*

* Der hohe Energiegehalt ist auf den in diesen Getränken vorhandenen Äthylalkohol zurückzuführen.

▲ **Ernährung und Lebenserwartung**

In Deutschland und anderen westlichen Ländern leben Frauen durchschnittlich sechs Jahre länger als Männer. Gründe für diese unterschiedliche Lebenserwartung dürften nach neueren Untersuchungen u. a. auch in geschlechtsspezifischen Unterschieden bei der Nahrungsauswahl und Nahrungsmenge liegen. So essen bereits Jungen eher mehr Salz, Fett und Zucker, während Mädchen mehr Obst und Gemüse verzehren. Diese Vorliebe setzt sich im Erwachsenenalter fort. Der höhere Konsum von Fleisch, Brot, Alkohol und Süßwaren bei Männern gegenüber einer Bevorzugung von Obst, Joghurt und Kaffee bei Frauen zeigt sich dann in einem deutlich höheren Anteil adipöser Männer jüngeren Alters. Nach einer Statistik von 1995 haben in Deutschland von den 30–39 Jahre alten Männern 65% Übergewicht gegenüber 36% der gleichaltrigen Frauen. Erst ab einem Alter von 50 Jahren erhöht sich auch der Anteil übergewichtiger Frauen deutlich.

K Im Alter kommt es als Spätfolge des Übergewichts zu hohen Blutfettspiegeln und Bluthochdruck, den Hauptrisikofaktoren für Herz-/Kreislauferkrankungen. Neben Fehlernährung werden aber auch andere Faktoren, wie z.B. das wenig gesundheitsbewußte Rollenverhalten von Männern, für die geringere Lebenserwartung verantwortlich gemacht. **K**

7.2.2 Vitamine

Vitamine sind zusätzliche Nährstoffe, die für die Körperfunktionen notwendig sind. Es genügen kleinste Mengen, die für die Energiegewinnung ohne Bedeutung sind. Der Körper kann Vitamine nicht oder nicht vollständig synthetisieren. Daher müssen sie mit der Nahrung zugeführt werden. Es ist jedoch zu berücksichtigen, daß z.B. beim Vitamin D die Umwandlung aus der Vorstufe, dem Provitamin, auch im Körper selbst erfolgen kann. Manche Vitamine, z.B. die Vitamine B_{12} und K, werden beim Erwachsenen von den Darmbakterien in ausreichender Menge produziert.

Die Vitamine werden meistens mit einzelnen Buchstaben des Alphabets gekennzeichnet. Daneben sind Bezeichnungen üblich, die die wesentliche Wirkung oder den

7 Verdauungssystem und Resorption
Ernährung 7.2

chemischen Aufbau beschreiben. In den Tabellen 7-2 und 7-3 sind die Vitamine, deren Vorkommen und die empfohlene tägliche Zufuhr zusammengestellt.

Es gibt wasserlösliche und fettlösliche Vitamine. Zu den wasserlöslichen gehören die Vitamine B, C und H, zu den fettlöslichen die Vitamine A, D, E und K. Diese Unterscheidung ist von Bedeutung, da die fettlöslichen Vitamine nur bei gleichzeitiger Fettresorption in hinreichender Menge vom Darm aufgenommen werden.

Die Vitamine spielen im Zellstoffwechsel eine entscheidende Rolle. Sie wirken dort, als Bestandteile von Enzymen, häufig an der Stoffumwandlung mit.

K Daher führt die verminderte Aufnahme von Vitaminen zu Krankheiten. Man spricht von Avitaminosen, wenn ein oder mehrere Vitamine völlig fehlen, und von Hypovitaminosen, wenn sie nur in ungenügender Menge vorhanden sind. Da diese Krankheitsbilder Aufschluß über die normale Funktion der Vitamine geben, werden sie im folgenden kurz skizziert:

Vitamin A (Axerophthol, Retinol): Eine ungenügende Aufnahme führt zunächst zu Nachtblindheit. Dann verhornen die obersten Epithelschichten. So sind Epithelveränderungen der Hornhaut und eine Verhornung der Bindehäute am Auge zu erkennen.

Vitamin B_1 (Aneurin, Thiamin): Die ungenügende Aufnahme führt zu Nervenentzündungen, Ödemen und Herzschwäche (Beriberi-Krankheit). Bei einer Avitaminose treten Krämpfe auf.

Vitamin B_2 (Riboflavin, Lactoflavin): Ein Mangel führt zu Störungen im Stoffwechsel der Haut und des Bindegewebes. Beim heranwachsenden Organismus ist eine Wachstumsverzögerung möglich.

Tab. 7-2 Wasserlösliche Vitamine

	Bezeichnung	Vorkommen	empfohlene tägliche Zufuhr
B_1	Thiamin, Aneurin	Getreide, Hefe, Hülsenfrüchte, Leber, Fleisch	1–2 mg
B_2	Riboflavin, Lactoflavin	Hefe, Getreide, Leber, Milch	1–2 mg
B_6	Pyridoxin, Adermin	Hefe, Leber, Fleisch, Reis, Mais, Ei	1,5–2,0 mg
	Pantothensäure	weit verbreitet	10 mg
	Niacin (Nikotinsäure) Niacinamid (Nikotinsäureamid)	Hefe, Getreide, Tomaten, Leber, Milch, Reis, Fleisch	12–18 mg
	Folsäure	Darmbakterien, Fleisch, grüne Blätter	0,05 mg
B_{12}	antianämisches Vitamin Antiperniciosafaktor Cobalamin, extrinsic factor	Darmbakterien, Fleisch, Leber	3–5 µg
C	Ascorbinsäure, antiskorbutisches Vitamin	Zitrusfrüchte, Obst, Tomaten, Kartoffeln, grünes Gemüse, Sauerkraut	75 mg
H	Biotin	Leber, Eigelb, Milch, Hefe	0,3 mg

Tab. 7-3 Fettlösliche Vitamine

	Bezeichnung	Vorkommen	empfohlene tägliche Zufuhr
A	Axerophthol, Retinol	Leber, Lebertran	1,7 mg
D	Calciferol, antirachitisches Vitamin D_2 = Ergocalciferol D_3 = Cholecalciferol	Lebertran, Butter, Eidotter aus dem Provitamin Ergosterin durch Ultraviolett-Bestrahlung aus dem Provitamin 7-Dehydrocholesterin durch Ultraviolett-Bestrahlung	0,01 mg
E	Tocopherol	Mais, Sojabohnen, Weizen	30 mg
K	antihämorrhagisches Vitamin	grüne Pflanzen, Leber, Darmbakterien	1 mg

Vitamin B₆ (Pyridoxin, Adermin): Eine ungenügende Aufnahme führt zu einer gesteigerten Erregung des Nervensystems, bei kleinen Kindern gelegentlich auch zum Auftreten epileptiformer Anfälle.
Vitamin B₁₂ (antianämisches Vitamin, Antiperniciosafaktor, Cobalamin, extrinsic factor): Der mit der Nahrung zugeführte Faktor (extrinsic factor) ist nur wirksam, wenn ein von der Magenschleimhaut gebildeter Eiweißstoff (intrinsic factor) vorhanden ist und die Resorption des extrinsic factor fördert. Ein Mangel an Vitamin B₁₂ führt zur sog. perniziösen Anämie, einer Fehlentwicklung der roten Blutkörperchen im Knochenmark. Gleichzeitig werden rote Blutkörperchen in verstärktem Maße zerstört. Im Zentralnervensystem treten Abbauerscheinungen auf.
Vitamin C (Ascorbinsäure, antiskorbutisches Vitamin): Bei einer ungenügenden Aufnahme tritt die allgemein bekannte Mangelkrankheit Skorbut auf. Symptome sind: Müdigkeit, Muskelschwäche, Blutungen und Lockerung der Zähne.
Vitamin D (Calciferol): Ungenügende Aufnahme führt zu der Mangelkrankheit Rachitis. Die Knochen werden weich und nachgiebig und verbiegen sich bei Belastung. Als Folge sind die Schädelknochen verformt („Quadratschädel"), die Beine verkrümmt („Säbelbeine"), das Becken verengt und die Rippenknorpel verdickt („Rosenkranz"). Am deutlichsten sind die Veränderungen an den langen Röhrenknochen. Die Verkalkung der Knochengrundsubstanz und des Knorpels in der primären Verkalkungszone ist gestört (s. Kap. 6 „Motorisches System"). Die Verknöcherungszone erscheint daher im Röntgenbild unscharf verbreitert und unregelmäßig begrenzt. Eine Rachitis-Prophylaxe bei Säuglingen ist angezeigt.
Bei einer Überdosierung von Vitamin D (D-Hypervitaminose) steigen die Calcium- und Phosphatwerte im Blut an. Es kommt zu Kalkablagerungen vor allem in den Gefäßwänden und in der Muskulatur bei gleichzeitiger Entkalkung des Knochens.
Vitamin E (Tocopherol): Spezifische Ausfallserscheinungen sind beim Menschen nicht bekannt.
Folsäure: Die ungenügende Aufnahme, zumal in der Schwangerschaft, führt zu Blutarmut (Anämie), ähnlich wie beim Vitamin-B₁₂-Mangel.
Vitamin H (Biotin): Ein Vitamin-H-Mangel führt zu schweren Hauterkrankungen und Lähmungen.
Vitamin K (antihämorrhagisches Vitamin): Es ist für die Blutgerinnung unerläßlich (s. Kap. 11 „Blut und Abwehrsystem"). Eine ungenügende Aufnahme führt zu Blutungsneigungen. Da bei Neugeborenen die Blutgerinnung durch die Unreife der Leber noch nicht ungestört abläuft, wird in der Regel Vitamin K zur Substitution verabreicht.
Niacin (Nikotinsäure), Niacinamid (Nikotinsäureamid): Ein Mangel an diesen Vitaminen ruft Hautveränderungen (Pellagra) hervor, besonders an den Hautstellen, die dem Sonnenlicht ausgesetzt sind. Hinzu kommen Störungen des Verdauungsapparates (Durchfälle). Schließlich sind erhebliche Beeinträchtigungen von geistigen Funktionen zu beobachten.

K

7.2.3 Wasser, Salze und Spurenelemente

Der **Organismus** besteht durchschnittlich zu etwa **60%** aus **Wasser**. Der Wassergehalt der einzelnen Organe und Gewebe ist sehr unterschiedlich. So enthält z.B. die Muskulatur etwa 70 bis 75% Wasser, das Skelettsystem 20 bis 35% und Haut sowie Bindegewebe 30 bis 75%. Im Laufe des Lebens nimmt der Wassergehalt der Organe allmählich ab.

Die Ausscheidung von Stoffwechselendprodukten durch den Darm und besonders durch die Nieren erfolgt größtenteils in wäßriger Lösung. Weiter wird Wasser verloren durch die Atemluft (Wasserdampf), Temperaturregelung (Tätigkeit der Schweißdrüsen) sowie durch die Abgabe von Wasserdampf durch die Haut, ohne daß die Schweißdrüsen beteiligt sind (Perspiratio insensibilis).

P
Bei zahlreichen Erkrankungen ist die Flüssigkeitsbilanz, d.h. das Verhältnis der Zufuhr zur Abgabe von Flüssigkeit, von besonderer Bedeutung. Dies gilt z.B. für hoch fieberhafte Erkrankungen und Wunden mit hohen Verlusten an Wundsekret. Auch bei alten Menschen, die häufig zu wenig trinken, gerät die Flüssigkeitsbilanz aus dem Gleichgewicht. Bei Aufstellung der Flüssigkeitsbilanz muß beachtet werden, daß durch „Perspiratio insensibilis" dem Organismus ebenfalls Flüssigkeit verlorengeht. Bei Fieber erhöht sich der Flüssigkeitsbedarf pro Grad Temperaturerhöhung um etwa 10%.

P

Die ausgeschiedene Wassermenge ersetzt der Mensch überwiegend durch die Zufuhr von Flüssigkeiten. Ein weiterer Teil des Bedarfs wird durch das Wasser gedeckt, das in den festen Nahrungsmitteln gebunden ist. Es beträgt im Durchschnitt etwa 60 bis 70% des Nahrungsgewichtes.

> **G** Um die Wasserbilanz des Körpers (Aufrechnung der ausgeschiedenen und aufgenommenen Wassermenge) auszugleichen, muß ein Erwachsener täglich etwa 1,5 Liter Flüssigkeit zu sich nehmen. **G**

Für intakte Körperfunktionen sind Salze (**Elektrolyte**) sehr wichtig. In diesem Zusammenhang sei z.B. nur an die Funktion des Nervensystems (s. Kap. 4 „Nervensystem – Allgemeine Grundlagen") und des Herzens (s. Kap. 9 „Kreislauf") erinnert. Bei den Elektrolyten handelt es sich im wesentlichen um Verbindungen von Natrium, Kalium und Calcium. Eine Übersicht über Nahrungsmittel mit hohem und niedrigem Gehalt dieser Stoffe gibt Tab. 7-4. Elektrolyte werden nicht wie Kohlenhydrate, Fette und Eiweiße verdaut. Die Aufnahme geschieht vielmehr direkt oder in Kopplung mit anderen Stoffen im Dünn- und Dickdarm.

Zahlreiche Mineralstoffe benötigt der Körper nur in kleinsten Mengen. Man bezeichnet sie daher als **Spurenelemente**. Sie sind weit verbreitet und meistens in ausreichender Menge in der Nahrung enthalten. Von besonderer Bedeutung sind Eisen (als Bestandteil des Hämoglobins; s. Kap. 11 „Blut und Abwehrsystem"), Jod (für die Synthese von Schilddrüsenhormonen; s. Kap. 13 „Endokrines System"), Kobalt (zum Aufbau von Vitamin B_{12}) sowie Kupfer und Mangan (als Teile von Enzymen).

7.3 Verdauungstrakt

> **Z** Der schlauchartig gebaute Verdauungstrakt reicht vom Mund bis zum After. Seine verschiedenen Abschnitte besitzen je nach Funktion einen unterschiedlichen Wandbau. Anhangsdrüsen im Kopfbereich (Speicheldrüsen) und in der Bauchhöhle (Leber, Bauchspeicheldrüse) sowie ein Pfortaderkreislauf zwischen Darm und Leber unterstützen die Verdauungs- und Resorptionsfunktionen. **Z**

Der Verdauungstrakt besteht aus einem langen Schlauchsystem (Verdauungskanal) mit seinen Anhangsgebilden. Er durchzieht den ganzen Körper vom Mund bis zum Darmausgang. Deshalb lassen sich Innenraum und Inhalt des Verdauungskanals als ein Stück eingestülpter Umwelt betrachten. Ebenso wie an der Körperoberfläche die Haut, bildet innen die Darmwand die Grenze des Organismus.

Die zum Verdauungstrakt gehörenden Abschnitte sind in Tab. 7-5 zusammengefaßt (s. Abb. 7-0 und Kap. 2).

7.3.1 Mundhöhle

Die Mundhöhle (Cavitas oris) im engeren Sinne ist ein von den Zahnreihen des Unter- und Oberkiefers umschlossener Raum, auf dessen Grund sich die **Zunge** befindet (Abb. 7-2). Zwischen den Lippen bzw. der Wangenschleimhaut und den Zähnen ver-

Tab. 7-4 Nahrungsmittel mit hohem und niedrigem Gehalt an Natrium, Kalium und Calcium

Mineral		Nahrungsmittel	Mineralgehalt in mg (1 mg = 0,001 g) pro 100 g Nahrungsmittel
Natrium	reich:	Käse Brot Ei	800–1500 400–500 144
	arm:	Obst (frisch) Gemüse Milch	1–3 2–80 50
Kalium	reich:	Obst (getrocknet) Kartoffeln Kakao	620–1100 500 1100
	arm:	Reis Milch Käse	100 155 60–130
Calcium	reich:	Käse Nüsse Milch	350–1180 250 120
	arm:	Brot Fisch Fleisch	24–60 5–42 2–26

7 Verdauungssystem und Resorption

Tab. 7-5 Gliederung des Verdauungstrakts

Abschnitte	Lokalisation	Funktion
Mundhöhle (Cavitas oris)	Kopf	Nahrungsaufnahme, Kauen, Sekretion, Beginn der enzymat. Verdauung, Schlucken
Rachen (Pharynx)	Kopf, Hals	Nahrungstransport
Speiseröhre (Oesophagus)	Hals, Brusthöhle, Bauchhöhle	
Magen (Ventriculus, Gaster)		Sammlung, Sekretion, Beginn der enzymat. Verdauung
Zwölffingerdarm (Duodenum) **Leerdarm** (Jejunum) **Krummdarm** (Ileum) Anhangsdrüsen des Zwölffingerdarms: **Leber** (Hepar) **Bauchspeicheldrüse** (Pankreas)	**Dünndarm** (Intestinum tenue) Bauchhöhle	Sekretion, Verdauung, Resorption
Blinddarm (Caecum) mit **Wurmfortsatz** (Appendix vermiformis) **aufsteigender Dickdarm** (Colon ascendens) **querlaufender Dickdarm** (Colon transversum) **absteigender Dickdarm** (Colon descendens) **S-förmiger Dickdarm** (Colon sigmoideum)	**Dickdarm** (Intestinum crassum)	Resorption, Eindickung
Mastdarm (Rectum)	Becken	Ausscheidung

bleibt ein spaltförmiger Raum, der Mundvorhof (Vestibulum oris). Das Dach der Mundhöhle wird vorne vom **harten** und hinten vom **weichen Gaumen** bzw. dem **Gaumensegel** gebildet, das in das **Zäpfchen** (Uvula) ausläuft. Hinten geht die Mundhöhle ohne scharfe Grenze in den **Rachen** über. Die hintere Rachenwand bildet damit gleichzeitig die Hinterwand der Mund-Etage des Kopfes (s. Abb. 7-6). Seiten- und Vorderwände der Mundhöhle bilden Wangen und Lippen. Dabei stellt der Wangenmuskel (M. buccinator) den wesentlichen Teil der Wangenwand dar. In den Lippen verläuft der kreisförmige Lippenmuskel (M. orbicularis oris). Beide gehören zur mimischen Gesichtsmuskulatur (s. Abb. 6-17). Mehrere kleine Muskeln schließen als Mundboden die Mundhöhle nach unten ab. Vor allem der Unterkiefer-Zungenbein-Muskel (M. mylohyoideus) bildet eine querorientierte Bodenplatte. In der Mundhöhle befinden sich die Zähne, die Zunge mit ihren Geschmacksknospen und die Gaumenmandeln. Die **Speicheldrüsen** liegen teils innerhalb der Mundhöhle, teils sind sie ihr benachbart.

> **Ü** Führen Sie den Zeigefinger in den Mund und betasten Sie mit geschlossenen Augen die Mundstrukturen. Spüren Sie den deutlichen Unterschied zwischen hartem und weichem Gaumen sowie dem sehr weichen Mundboden. **Ü**

Die **Zähne** sorgen für die mechanische Zerkleinerung der Nahrung. Sie sind mit ihren langen Wurzeln in tiefe Zahnfächer oder Alveolen von Ober- und Unterkieferknochen eingelassen (eingezapft) und sind darin mit ihrer Wurzelhaut verankert (Abb. 7-3, 7-4). Der Zahn besteht hauptsächlich aus **Zahnbein** (Dentin), das eine dem Knochen ähnliche, aber härtere Struktur besitzt. Dieses Zahnbein umgibt einen Hohlraum, die **Pulpahöhle**, welche von einem gefäßreichen Bindegewebe, dem **Zahnmark** (Pulpa), ausgefüllt ist. Die Pulpahöhle besitzt zur **Zahnwurzel** hin jeweils einen engen Wurzelkanal. Hier treten Gefäße und Nerven in den Zahn ein. Die Nerven stammen von Ästen des N. trigeminus (Abb. 7-3). Der aus dem Zahnfach herausragende Teil des Zahnes ist in **Hals** und **Krone** gegliedert. Als

Abb. 7-2 Blick in die geöffnete Mundhöhle. Einschnitte im Bereich der Mundwinkel ermöglichen einen besseren Einblick.

Zahnkrone bezeichnet man den frei aus dem Zahnfleisch herausragenden Anteil, der von dem besonders harten Zahnschmelz (Enamelum) überzogen ist. Der Zahnhals ist der Übergangsteil, der noch vom Zahnfleisch (Gingiva) bedeckt ist. Der in dem

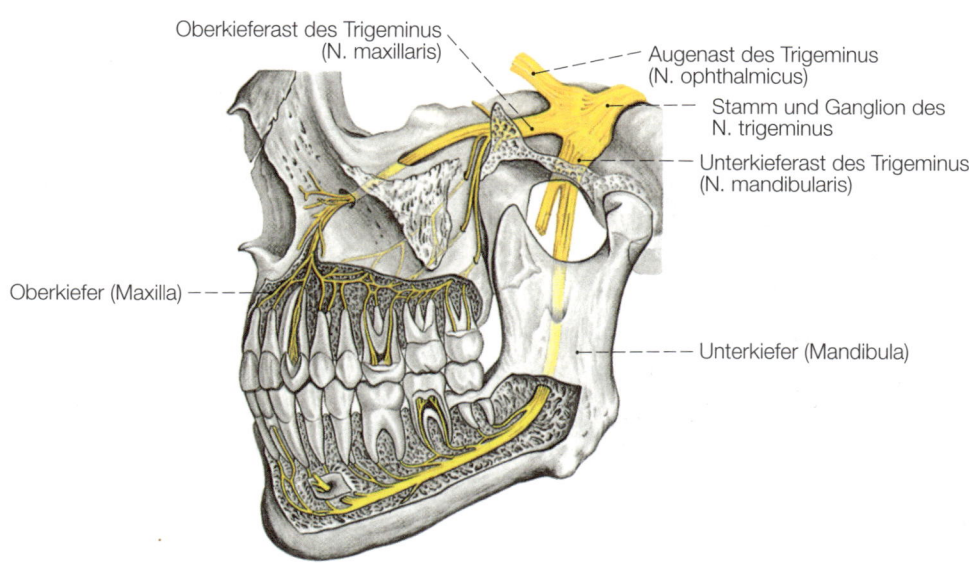

Abb. 7-3 Zahnreihen von rechtem Ober- und Unterkiefer. Die Zahnwurzeln sowie die versorgenden Nervenäste des N. trigeminus (V. Hirnnerv) sind freigelegt.

Zahnfach steckende Anteil, die Wurzel, hat einen dünnen Überzug von knochenartigem Zement (Cementum). Zwischen Zahnwurzel und Zahnfach befindet sich die Wurzelhaut (Desmodont), die den Zahn im Zahnfach mit federnder Elastizität verankert (Abb. 7-4). Der **Halteapparat** des Zahnes, das Parodontium, besteht aus Zement, Wurzelhaut, Alveolarknochen und Zahnfleisch.

> G Bei der **Parodontose** handelt es sich um eine chronische Entzündung, bei der der Zahnhalteapparat (vor allem Zahnfleisch und Alveolarknochen) allmählich schwindet. Die Zähne werden im Laufe des Lebens scheinbar immer länger, weil die Wurzeln immer mehr freigelegt werden. Allmählich lockern sich dann die Zähne und können ausfallen. Rötung und Schwellung des Zahnfleisches sowie häufiges Bluten sind alarmierende Hinweise auf Parodontose. Ursache der chronischen Erkrankung sind Bakterienbeläge der Zähne (Plaques), die andererseits auch Karies auslösen können. Mundhygiene und plaqueverhindernde Zahnpflege sind die beste Vorsorge gegen Parodontose und Karies. G

Das Gebiß des Erwachsenen umfaßt 32 Zähne. Es gibt in jeder Kieferhälfte acht Zähne: zwei Schneidezähne (Incisivus), ein Eckzahn (Caninus), zwei kleine Backenzähne (Prämolar) und drei größere Mahlzähne (Molar). Die Vormahlzähne besitzen meist nur eine Wurzel, die Mahlzähne haben im Oberkiefer drei, im Unterkiefer zwei Wurzeln (Abb. 7-3).

In der medizinischen bzw. zahnmedizinischen Praxis werden die Zähne in einer besonderen Schreibweise abgekürzt. Dabei erhält jede Hälfte von Ober- und Unterkiefer eine Kennziffer:
– rechter Oberkiefer = 1,
– linker Oberkiefer = 2,
– linker Unterkiefer = 3,
– rechter Unterkiefer = 4.

Die Zähne werden von der Mittellinie ausgehend nach hinten für jede Kieferhälfte von 1 bis 8 numeriert. Die Kennzeichnung eines Zahnes erfolgt nun durch eine zweistellige Zahl, wobei die erste die Kieferhälfte und die zweite die Zahnnummer angibt: So ist z.B. 11 der erste Schneidezahn oben rechts und 37 der zweite Mahlzahn unten links.

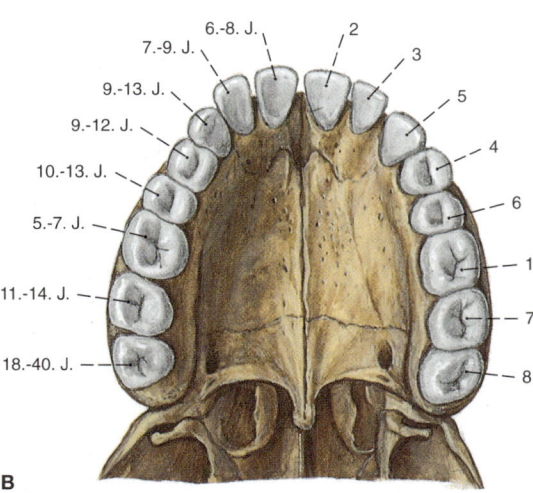

Abb. 7-4 Zähne beim Kind und Erwachsenen.
A: Oberkiefergebiß eines Kindes (Milchgebiß). Die linken Zahlen geben die Durchbruchszeiten der Zähne an (M. = Monat), die rechten die Reihenfolge des Durchbruchs. Der erste bleibende Zahn (1. Mahlzahn) ist bei diesem Kind bereits durchgebrochen.
B: Oberkiefergebiß eines Erwachsenen. Die linken Zahlen geben die Durchbruchszeiten der Zähne an (J. = Jahr), die rechten die Reihenfolge des Durchbruchs.

7 Verdauungssystem und Resorption

Verdauungstrakt **7.3**

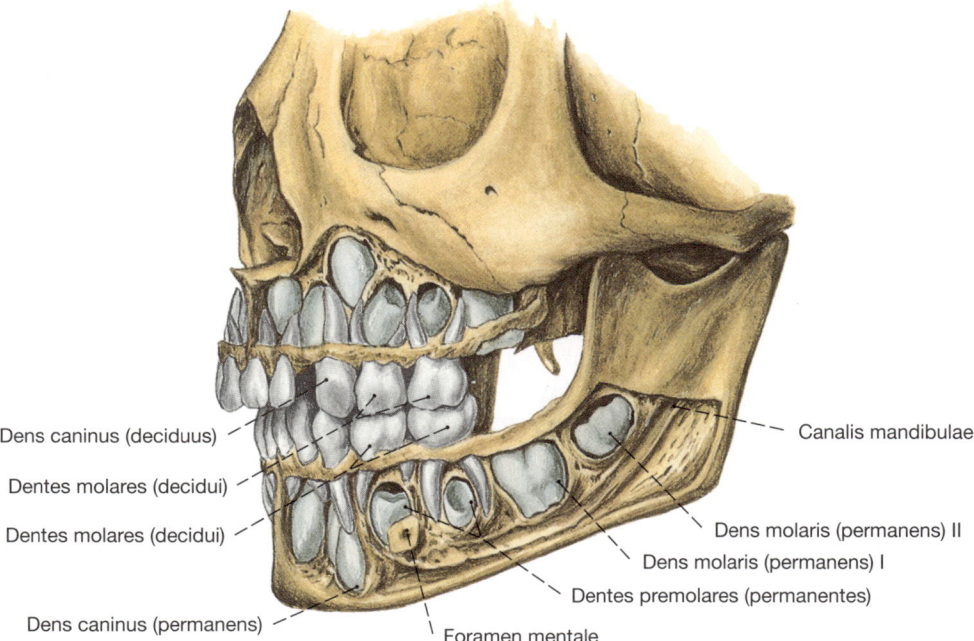

Abb. 7-4 Fortsetzung.
C: Schematische Darstellung des Zahnaufbaus an einem Längsschnitt durch Zahn und umgebende Knochenalveole des Kiefers.
D: Milchgebiß (weiß) und Anlagen der bleibenden Zähne (blaugrün) in den Kieferknochen eines 5jährigen Kindes. Von den bleibenden Zähnen werden zunächst nur die Zahnkronen angelegt.

7 Verdauungssystem und Resorption

rechts:
Kennziffer 1
Oberkiefer
18 17 16 15 14 13 12 11

links:
Kennziffer 2

21 22 23 24 25 26 27 28

Kennziffer 4
Unterkiefer
48 47 46 45 44 43 42 41

Kennziffer 3

31 32 33 34 35 36 37 38

Das kindliche **Milchgebiß** (Abb. 7-4 A) bricht etwa ab dem 6. Lebensmonat durch und ist mit 20 Zähnen um das 2. Lebensjahr vollständig. Im Unterschied zum Erwachsenengebiß gibt es bei den Milchzähnen anstelle der Prämolaren und Molaren jeweils zwei Milchmolaren. Die zweiten Zähne bilden sich zwischen dem 6. und 15. Lebensjahr, nachdem sie durch ihr Wachstum die Milchzähne herausgedrückt haben (Abb. 7-4). Die Bezeichnung der Zähne im kindlichen Gebiß erfolgt nach demselben Schema wie beim Erwachsenengebiß. Um Verwechslungen auszuschließen, bezeichnet man beim Kind die Kieferhälften mit den Ziffern 5 bis 8.

rechts:
Kennziffer 5
Oberkiefer
55 54 53 52 51

links:
Kennziffer 6

61 62 63 64 65

Kennziffer 8
Unterkiefer
85 84 83 82 81

Kennziffer 7

71 72 73 74 75

Die **Zunge** (Lingua) füllt die Mundhöhle weitgehend aus und liegt bei geschlossener Zahnreihe am Gaumen an (Abb. 7-5, 7-6). Man unterscheidet die vorne gelegene Zungenspitze, den Zungenrücken und den

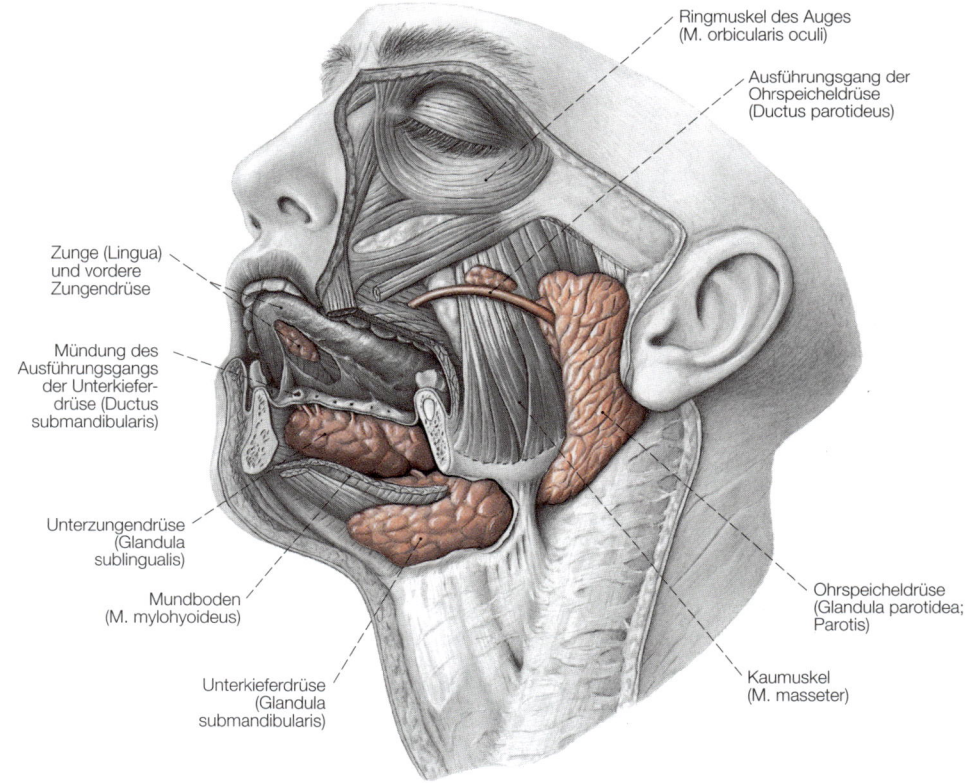

Abb. 7-5 Lage der großen Speicheldrüsen. Zur Darstellung wurde ein Teil der rechten Unterkieferhälfte entfernt.

Abb. 7-6 Medianer Sagittalschnitt durch Kopf und Hals mit Nasenhöhle, Mundhöhle, Rachen und Kehlkopf.

Zungengrund. Die Zunge besteht im wesentlichen aus **Muskelgewebe**. Die Muskulatur der Zunge selbst (Binnenmuskulatur) ist in verschiedenen Richtungen angeordnet. Nach außen ist die Zunge durch Außenmuskeln mit dem Unterkiefer, dem Zungenbein, der Schädelbasis und dem Gaumen verbunden. Durch diese Muskelgruppen ist sie sehr beweglich und vermag unter anderem Nahrung zu formen, sie zwischen die Zahnreihen zu schieben und nach dem Zerkleinern und Durchspeicheln rachenwärts zum Schlucken zu befördern.

Die Zungenmuskulatur ist von **Schleimhaut** überzogen. Die Schleimhaut des Zungenrückens ist unverschieblich. Ihre Oberfläche ist derb und aufgerauht und trägt zahlreiche kleinere und größere Erhebungen, die Papillen. An der Grenze von Zungenrücken und Zungengrund sind 7 bis 12 große, umwallte Papillen (Papilla vallata) V-förmig angeordnet (s. Abb. 5-29). In den Wallgräben dieser und anderer Papillen liegen die **Geschmacksknospen**, die die Rezeptoren der Geschmacksempfindung enthalten (s. Abb. 5-30). Am Zungengrund ist die Oberfläche höckerig und enthält lymphatisches Gewebe, auch Zungenmandel (Tonsilla lingualis) genannt. An der Unterseite der Zunge zieht das Zungenbändchen in der Mitte zum Boden der Mundhöhle. Beiderseits davon liegen die feinen Öffnungen der Ausführungsgänge von Unterzungen- und Unterkieferdrüsen (Abb. 7-5).

Speichel wird von der Ohrspeicheldrüse (Glandula parotidea; Parotis), der Unterkieferdrüse (Glandula submandibularis) und der Unterzungendrüse (Glandula sublingualis; Abb. 7-5) abgesondert.

- Die **Ohrspeicheldrüse** liegt vor dem Ohr zwischen der Haut und dem Kaumuskel (M. masseter) sowie dem Unterkiefer. Sie ist die größte der Speicheldrüsen. Ihr Sekret gelangt über einen langen Ausführungsgang (Ductus parotideus) in die Mundhöhle. Dieser zieht über den Kaumuskel nach vorne, durchbohrt den Wangenmuskel und gelangt gegenüber dem zweiten oberen Mahlzahn in den Vorhof der Mundhöhle.
- Die **Unterkieferdrüse** liegt unter dem Boden der Mundhöhle und ist der Innenfläche des Unterkiefers angelagert. Ihr Ausführungsgang mündet vorne unten auf einer warzenartigen Erhebung seitlich des Zungenbändchens in die Mundhöhle.
- Die **Unterzungendrüse** befindet sich seitlich zwischen Zungenunterseite und Mundboden. Hier finden sich an einer Schleimhautfalte auch die Mündungen der zahlreichen Ausführungsgänge.

Alle Speicheldrüsen bestehen aus einer großen Zahl von Endstücken, die durch Bindegewebe zu Läppchen zusammengefaßt sind (s. Kap. 3 „Zellen und Gewebe"). Diese Endstücke bestehen aus den sekretbildenden Drüsenzellen. Das Sekret gelangt aus den Endstücken in ein verzweigtes Gangsystem und schließlich in die beschriebenen Ausführungsgänge, die in die Mundhöhle führen. Die verschiedenen Speicheldrüsen produzieren unterschiedliche Arten von Speichel, teils dickflüssige, schleimhaltige, sog. **muköse** Flüssigkeit, teils dünnflüssige, enzymhaltige, sog. **seröse** Flüssigkeit. Entsprechend unterscheidet man muköse, seröse und gemischte Drüsen. Ein Mangel an Speichel kann verschiedene Ursachen haben.

> **P** Neben einem allgemeinen Flüssigkeitsmangel (Exsikkose) führt auch eine verminderte Kautätigkeit zu nachlassendem Speichelfluß. Trockene Mundschleimhaut ist anfällig für Infektionen (Soor, Parotitis). Deshalb ist bei Patienten, die nicht trinken können oder dürfen, eine regelmäßige Mundpflege wichtig. **P**

Die **Gaumenmandel** (Tonsilla palatina) befindet sich an der Grenze zwischen Mundhöhle und Rachen (Abb. 7-6). Dort liegt sie in einer dreiseitigen Nische zwischen zwei Schleimhautfalten, die zum weichen Gaumen verlaufen. Es handelt sich um eine Anhäufung von lymphatischem Gewebe, wie es in ähnlicher Weise im Bereich des Zungengrundes (**Zungenmandel**, Tonsilla lingualis) oder im Bereich des Rachendaches (**Rachenmandel**, Tonsilla pharyngealis) zu finden ist. Diese Organe gehören zum **lymphatischen Rachenring**, der eine Schutz- und Abwehreinrichtung am Eingang des Verdauungsschlauches darstellt. Die Schleimhautfalten vor und hinter der Gaumenmandel werden als Gaumenbögen bezeichnet. Die beiden hinteren Gaumenbögen und das Gaumensegel umrahmen die Rachenenge (Isthmus faucium), die den Zugang zum Rachen bildet.

7.3.2 Rachen

Der Rachen (Pharynx, Schlund) besteht aus drei Abschnitten (Abb. 7-6, 7-7):
- „oberer" Abschnitt, Nasenabschnitt (Pars nasalis), der sich an die Nasenhöhle anschließt,
- „mittlerer" Abschnitt, Mundabschnitt (Pars oralis), der sich an die Mundhöhle anschließt,
- „unterer" Abschnitt, Kehlkopfabschnitt (Pars laryngea), der hinter dem Kehlkopf liegt.

Damit reicht der Rachen von der Schädelbasis bis zum Beginn der Speiseröhre. Im mittleren und unteren Abschnitt kreuzen sich Atemweg und Speiseweg: Die Luft strömt von oben hinten nach unten vorne zum Kehlkopfeingang; die Nahrung gelangt beim Schlucken über den Zungengrund nach hinten unten zum Speiseröhreneingang.

Abb. 7-7 Überblick über die verschiedenen Abschnitte des Rachens nach Eröffnung der Rachenhinterwand.

In die hintere und seitliche Wand des Rachens sind Muskelzüge eingelagert, die sog. **Schlundschnürer**. Sie sorgen beim Schlucken gemeinsam mit der Muskulatur des Gaumensegels für einen Abschluß des Nasenrachenraumes. Sie wirken außerdem durch eine Kontraktionswelle beim Befördern von Nahrungsbissen zum Speiseröhreneingang mit.

Der sog. lymphatische Rachenring besteht aus der Rachenmandel am Rachendach, den Gaumenmandeln und den Zungenmandeln (Kap. 7.3.1) sowie lymphatischem Gewebe im Bereich der Rachenöffnung der Ohrtrompete. Er dient der Infektionsabwehr.

7.3.3 Speiseröhre

Hinter dem Kehlkopfeingang geht der Rachen in die erheblich engere Speiseröhre (**Ösophagus**) über (Abb. 7-7, 7-8). Diese ist ein etwa 25 cm langer Schlauch, der zunächst hinter der Luftröhre und vor der Wirbelsäule (hinteres Mediastinum) liegt, dann das Zwerchfell durchbohrt und in Höhe des 11. Brustwirbels am Mageneingang (Cardia) endet. Die Speiseröhre besitzt **drei Engstellen**:
– eine obere Enge hinter dem Ringknorpel (Ösophagusmund),
– eine mittlere in Höhe des Aortenbogens,
– eine untere Enge beim Durchtritt durch das Zwerchfell.

Die inneren Wandschichten der Speiseröhre bilden Längsfalten, die eng aneinander liegen, so daß normalerweise keine Lichtung vorhanden ist (sternförmiges Lumen). Die Falten weichen jedoch auseinander, wenn Nahrung in die Speiseröhre gelangt und durch peristaltische Muskelkontraktionen abwärts in Richtung Magen befördert wird. Dabei öffnet sich auch die Speiseröhre im

VERDAUUNGSSYSTEM UND RESORPTION

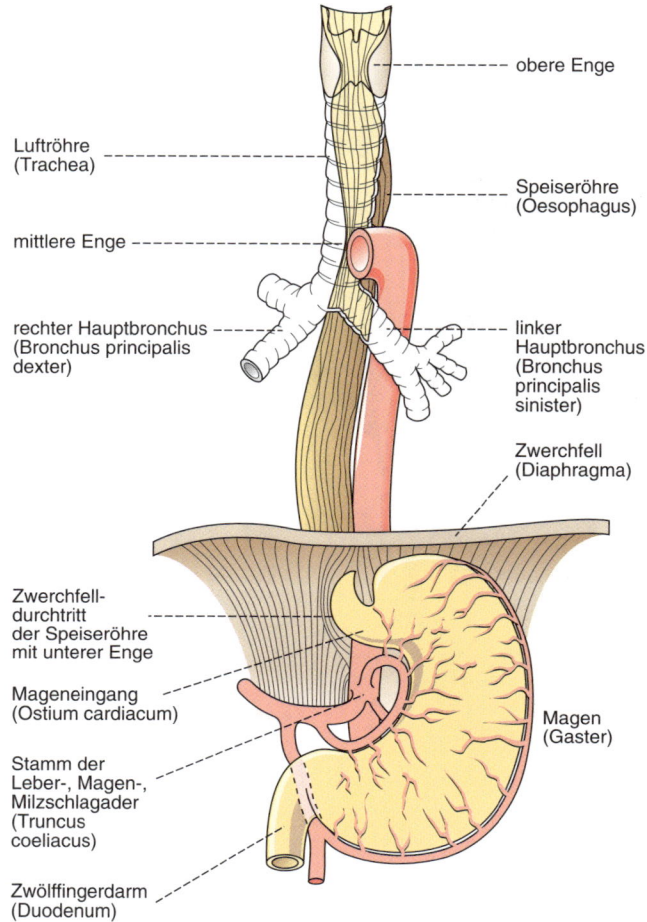

Abb. 7-8 Verlauf und Engstellen der Speiseröhre bis zum Magen.

7.3.4 Magen

An die Speiseröhre schließt sich mit dem Magen (**Ventriculus**, Gaster) eine sackartige Erweiterung des Verdauungsschlauches an (Abb. 7-8, 7-9, 7-10, 7-11). Der Magen nimmt die Nahrung auf. Er hat ein sehr unterschiedliches Fassungsvermögen. Hier vollzieht sich ein wesentlicher Teil der chemischen Verdauung. Die Gestalt des Magens ist veränderlich und hängt von den Füllungsverhältnissen ab. Im Stehen hat er etwa Hakenform, und sein tiefster Punkt liegt etwas unterhalb des Nabels. Kennzeichnend für die Magenform sowie wichtiges Orientierungsmerkmal sind eine nach links unten gerichtete, große konvexe Krümmung (**große Kurvatur**) und eine nach rechts oben weisende, kleine konkave Krümmung (**kleine Kurvatur**).

> **P** Wegen der anatomischen Lage des Magens kann es von Bedeutung sein, wie ein Patient liegt, wenn er über eine Magensonde Flüssignahrung erhalten hat. Liegt der Patient anschließend nämlich auf seiner rechten Seite, kann es leichter zu einem Rückfluß der Sondennahrung kommen. **P**

Auf den Magenmund (**Cardia**) folgt eine blindsackartige Erweiterung, der **Magengrund** (Fundus ventricularis). Er liegt unter der linken Zwerchfellkuppel. Nach abwärts verjüngt sich der Magen zum **Magenkörper** (Corpus ventriculare).

Bereich des Zwerchfelldurchtritts und des Mageneingangs. Hier befindet sich eine Verschlußvorrichtung, die durch sphinkterähnliche Muskulatur des Oesophagus, durch Muskelschlaufen des Zwerchfells sowie durch Venen der Ösophagusschleimhaut gebildet wird. Dieser Verschlußmechanismus verhindert einen Rückfluß der Nahrung aus dem Magen in die Speiseröhre (Abb. 7-9, 7-10).

Die Speiseröhre hat von innen nach außen folgende Wandschichten, wie sie auch für andere Abschnitte des Darmrohrs typisch sind (vgl. Abb. 7-12, 7-17): Die Schleimhaut (Mucosa), die Unterschleimhaut (Submucosa), die Muskelschicht (Muscularis) mit inneren ringförmig und äußeren längs verlaufenden Muskelfasern sowie einer bindegewebigen Hüllschicht (Adventitia).

7 Verdauungssystem und Resorption

Verdauungstrakt 7.3

Abb. 7-9 Röntgenbild vom Magen und Zwölffingerdarm nach oraler Gabe von Kontrastmittel; Aufnahme am stehenden Patienten, sagittaler Strahlengang (anterior-posteriore Aufnahme).

Abb. 7-10 A: Blick mit einem Endoskop in den Körper des Magens (Gastroskopie). Besonders zu beachten sind die ausgeprägten Falten der Schleimhaut an der kleinen Kurvatur des Magens.
B: Chronisches Magengeschwür (Magenulkus) mit wulstigen Rändern (←) im Pförtnerteil (Pars pylorica) des Magens (Operationspräparat).

7 Verdauungssystem und Resorption

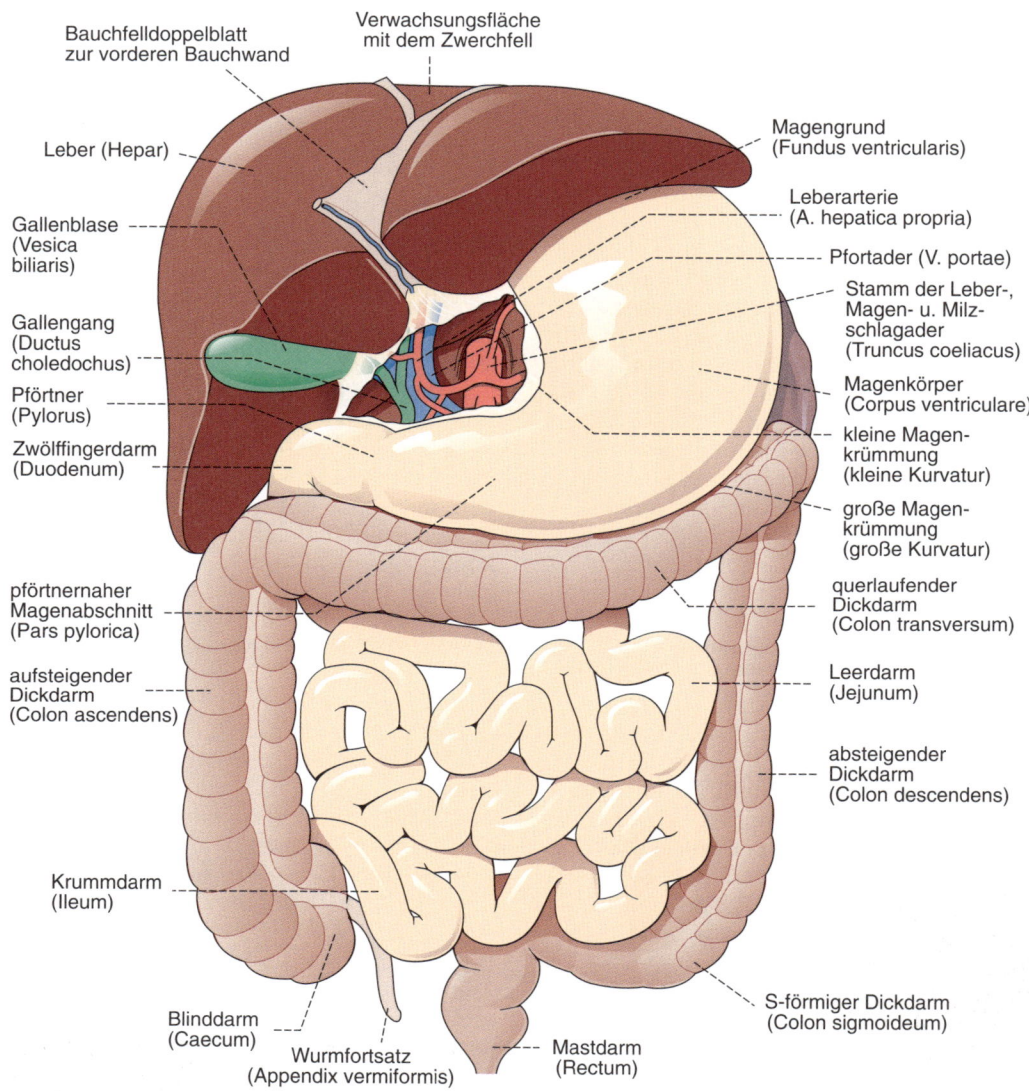

Abb. 7-11 Überblick über die zum Verdauungstrakt gehörenden Eingeweide von Ober- und Unterbauch.

Daran schließt sich der Pförtnerteil (Pars pylorica) an. Der Magenausgang wird als Pförtner (**Pylorus**) bezeichnet. Ein pylorusnaher Abschnitt der Pars pylorica, das Antrum pyloricum, kann durch eine zirkuläre Falte vorübergehend gegen den übrigen Magenraum abgeschlossen werden. So wird der Mageninhalt in kleineren Portionen entleert. Speisen bleiben, je nach Zusammensetzung, zwischen einer und fünf Stunden im Magen. Kohlenhydratreiche Nahrung wird sehr schnell transportiert, fettreiche besonders lange im Magen gespeichert.

Die **Schleimhaut** der inneren Magenoberfläche zeigt im leeren Zustand zahlreiche längsverlaufende Falten, die sich bei der Füllung glätten können (vgl. Abb. 7-14). In der Schleimhaut befinden sich oberflächliche schleimbildende Drüsenzellen und die aus langen Drüsenschläuchen bestehenden Magendrüsen (vgl. Abb. 7-17). Letztere bil-

den den Magensaft. Im **Fundus**- und **Corpusbereich** des Magens finden sich vor allem zwei Typen von Drüsenzellen:
- **Hauptzellen**, die das Pepsinogen bilden,
- **Belegzellen**, die Salzsäure und „Intrinsic Factor" bilden (vgl. Vit. B_{12}).

Unter dem Einfluß der Salzsäure wird Pepsinogen in das eiweißspaltende Enzym Pepsin umgewandelt (vgl. Abb. 7-22). Im Pylorusteil mit seinem zähflüssigen Sekret sind die genannten Drüsenzellen nicht vertreten.

Eine oberflächliche Schleimschicht, die vom Oberflächenepithel und den im Halsbereich der Drüsenschläuche gelegenen **Nebenzellen** gebildet wird, schützt die Magenwand vor der Selbstverdauung durch Pepsin und Salzsäure. Reicht der Schleimschutz nicht aus, z.B. in lang anhaltenden und häufig wiederkehrenden Streßsituationen, greifen die Säuren die Magenschleimhaut an. Es können dann Magenschleimhautentzündungen (**Gastritis**) und Magenschleimhautgeschwüre (**Ulcus ventriculi**) entstehen (Abb. 7-10B).

Die äußeren Wandschichten bestehen wie beim Oesophagus aus Muskulatur (vgl. Abb. 7-17). Durch ihre Kontraktion, insbesondere durch die vom Magenfundus zum Pylorus wandernden Einschnürungen der Ringmuskulatur, entstehen **peristaltische Wellen**.

Außen ist der Magen vom Bauchfell (Peritoneum) überzogen. Wie bei anderen Eingeweideorganen ermöglicht diese seröse Haut beim Berühren von Nachbarorganen ein nahezu reibungsloses Gleiten. Am Pylorus geht der Magen in den Dünndarm über. Hier befindet sich ein ausgeprägter Ringmuskel (M. sphincter pylori), der bei Neugeborenen krankhaft verdickt sein kann (**Pylorusstenose**). Die dadurch hervorgerufene Verengung des Lumens kann einen Übertritt des Speisebreis in den Zwölffingerdarm unmöglich machen. So kommt es nach Nahrungsaufnahme zu schwallartigem Erbrechen. Nach operativer Durchtrennung des gesamten Muskels normalisiert sich der Nahrungstransport.

Die Bauchfellblätter, die vorne und hinten den Magen überziehen, bilden an der kleinen Kurvatur ein Doppelblatt, das bis zur Leber reicht. Das Doppelblatt an der großen Kurvatur überdeckt als Bauchfellschürze (Omentum majus) den querverlaufenden Dickdarm sowie die Schlingen des Dünndarms. In beiden Doppelblättern verlaufen nahe der großen und kleinen Kurvatur die Blutgefäße, die den Magen versorgen (vgl. Abb. 7-15).

7.3.5 Dünndarm

Der Dünndarm (**Intestinum tenue**) ist beim Menschen etwa 4 bis 5 Meter, der Dickdarm ungefähr 1,5 Meter lang (Abb. 7-11). Diese außerordentliche Länge vergrößert die innere Oberfläche des Darms erheblich. Mit Ausnahme des Zwölffingerdarms ist der Dünndarm über ein Gekröse (**Mesenterium**) an der Hinterwand der Bauchhöhle befestigt. Dieses Gekröse hängt wie ein „Faltenrock" mit einem ungefähr fünf Meter langen unteren Saum in den Bauchraum hinein und umgibt an seinem unteren freien Rand den Schlauch des Dünndarms.

Der Dünndarm ist der Ort des endgültigen Nahrungsabbaus (**Verdauung**) und der Aufnahme (**Resorption**). Dazu ist seine Länge vorteilhaft. Die innere Oberfläche vergrößert sich zudem noch durch ringförmig angelegte Schleimhautfalten (**Kerckring-Falten**; vgl. Abb. 7-14). Sie sind im oberen Dünndarm besonders stark entwickelt. Dazu kommt noch eine Vergrößerung der inneren Oberfläche durch fingerartige Erhebungen der Schleimhaut, die **Darmzotten** (Abb. 7-12, vgl. 7-17). Diese etwa 4 Millionen Zotten von 0,3 bis 1,5 mm Höhe sind die Organe der Resorption, also der Nährstoffaufnahme in das Blut und die Lymphe. Dazu besitzen sie ein dichtes Netz von Kapillaren, das Zucker und Aminosäuren, sowie ein zentrales Lymphgefäß, das Fette aufnimmt. Die Gesamtoberfläche des Dünndarms beträgt etwa 10 m^2. Bezieht man den oberflächlichen Saum von Mikrovilli auf den Epithelzellen mit ein, so liegt die resorbierende Oberfläche sogar bei 200 m^2. Die Dünndarmschleimhaut bildet auch größere Mengen von Darmsaft. Entsprechende Drüsenzellen finden sich vor allem in schlauchartigen Einsenkungen der Schleimhaut, den sog. **Krypten**. Insgesamt besteht die Wand des Dünndarms aus folgenden Schichten: Schleimhaut, Unterschleimhaut, Ringmuskelschicht, Längsmuskelschicht, Bindegewebe und Peritoneum (Abb. 7-12, 7-17).

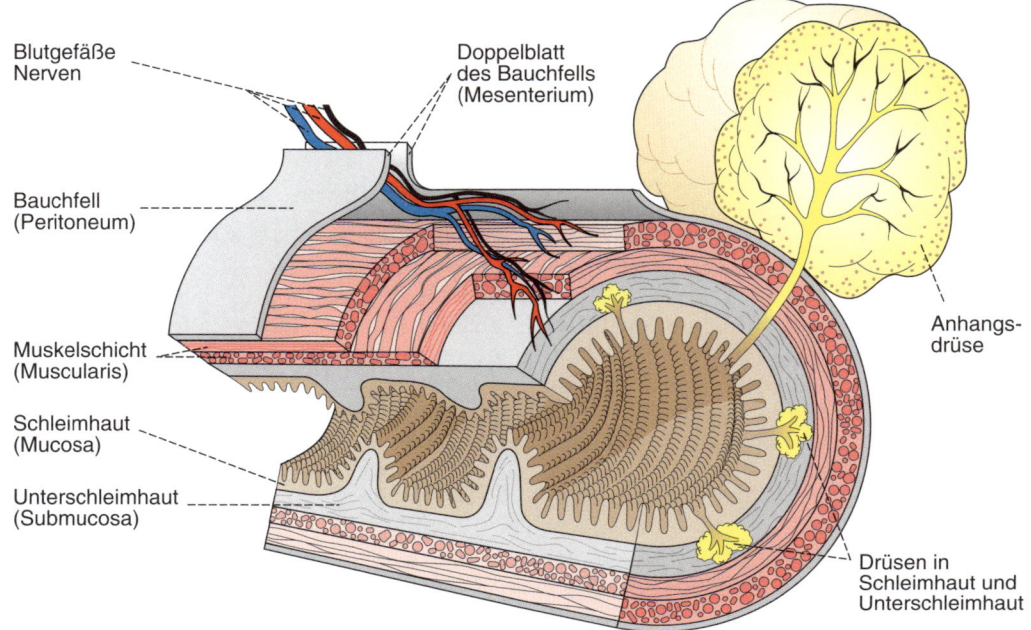

Abb. 7-12 Allgemeiner Aufbau und Schichtung der Darmwand.

Der Dünndarm ist in drei Teile gegliedert:
- Zwölffingerdarm (Duodenum)
- Leerdarm (Jejunum)
- Krummdarm (Ileum)

Der **Zwölffingerdarm** beginnt am Pförtner (Pylorus), liegt im rechten Oberbauch und hat die Gestalt eines nach links offenen Hufeisens. Mit seiner Rückfläche ist er an der hinteren Bauchwand befestigt.

Mit einer Biegung (Flexura duodenojejunalis) geht der Zwölffingerdarm in Höhe des 2. Lendenwirbels in den **Leerdarm** (Jejunum) über, der ebenso wie der folgende **Krummdarm** (Ileum) am Gekröse aufgehängt ist. Eine scharfe Grenze zwischen Jejunum und Ileum besteht nicht, doch hat das Jejunum mehr Kerckring-Falten.

7.3.6 Bauchspeicheldrüse

Der Zwölffingerdarm umschließt den Kopf der Bauchspeicheldrüse (**Pankreas**; Abb. 7-13). Diese ist langgestreckt und liegt im Oberbauch quer zwischen Duodenum und der Pforte (Hilus) der Milz. Auf der Vorderseite ist die Bauchspeicheldrüse von Bauchfell überzogen. Der ganze Drüsenkörper ist in Läppchen gegliedert und wird von dem langen Ausführungsgang für den Pankreassaft (Ductus pancreaticus) durchzogen. Dieser mündet auf der großen Papille (**Vater-Papille**) in den Zwölffingerdarm (Abb. 7-14). Am gleichen Ort endet der Ausführungsgang für die in der Leber gebildete Galle. In den exokrinen Zellen der Bauchspeicheldrüse bildet sich ein Sekret, das mit seinen zahlreichen Enzymen für den Abbau der Nährstoffe im Darm wichtig ist (Abb. 13-16). Neben diesem Drüsengewebe gibt es im Pankreas noch in großer Zahl Zellgruppen, die sog. **Langerhans-Inseln**. Sie haben keinen Ausführungsgang und bilden die Hormone **Insulin** und **Glucagon** (s. Kap. 13 „Endokrines System"). Damit gehören diese Zellgruppen zu den endokrinen Drüsen.

7.3.7 Leber

Die Leber (**Hepar**) liegt im rechten Oberbauch, im Schutze des knöchernen Brustkorbs, und überwiegend unter der rechten

7 Verdauungssystem und Resorption

Verdauungstrakt **7.3**

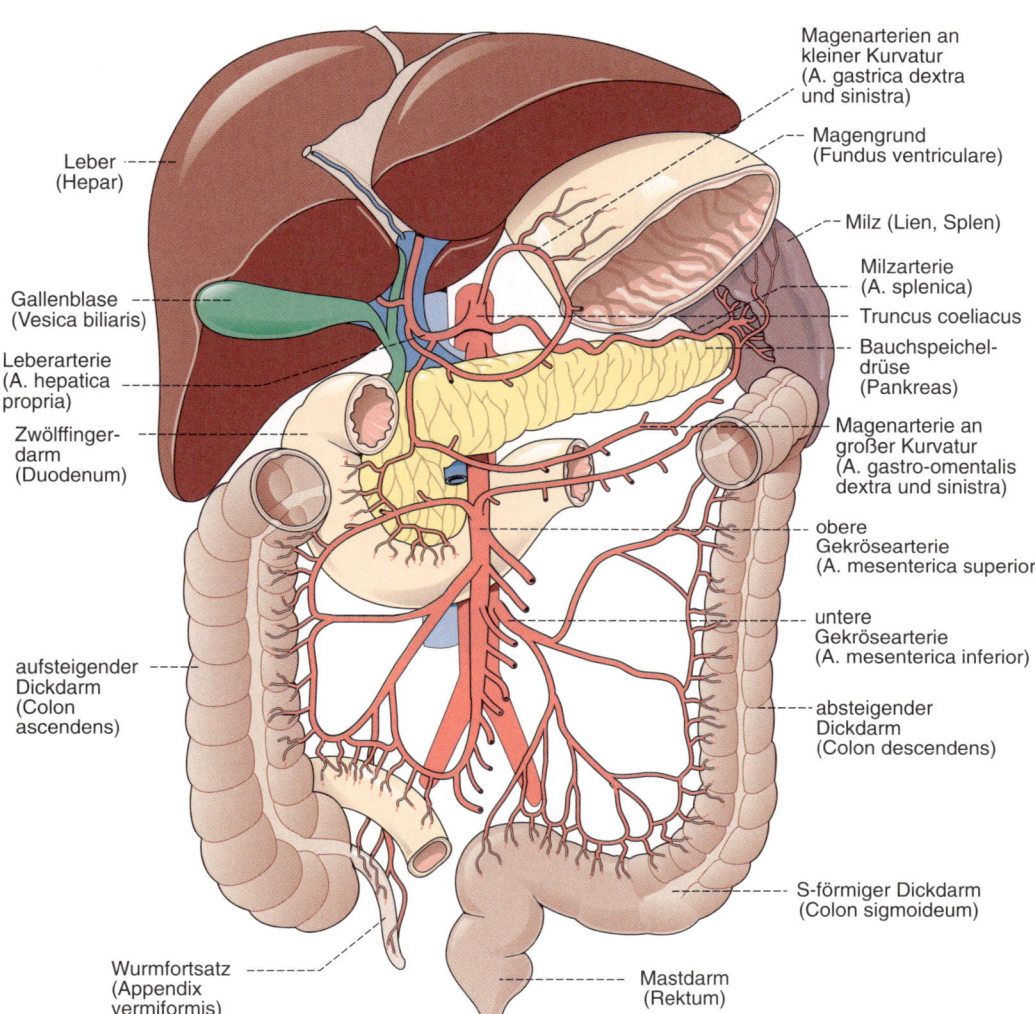

Abb. 7-13 Große Arterienstämme zur Versorgung der verschiedenen Abschnitte des Verdauungstraktes. Ein großer Teil des Magens, des querlaufenden Dickdarms und des Dünndarms wurde entfernt.

Zwerchfellkuppel (vgl. Abb. 7-11, 2-16, 2-17). Sie ist die größte Drüse des menschlichen Körpers und hat ein Gewicht von etwa 1500 Gramm. Die dem Zwerchfell und der vorderen Rumpfwand anliegende Organfläche ist konvex nach oben gewölbt. Hier findet sich zur Wirbelsäule hin eine Verwachsungsfläche mit dem Zwerchfell. Die konkave Unterfläche ruht auf den Eingeweiden (Niere, Magen, Zwölffingerdarm, Dickdarm). An ihrer Oberfläche wird die Leber in einen rechten größeren und einen linken kleineren Lappen geteilt. Die Grenze wird markiert durch ein Bauchfelldoppelblatt, das von der Zwerchfellunterfläche zur Leber herunterzieht. Auf der Leberunterseite ist eine querverlaufende Nische, die **Leberpforte** (Hilus), zu sehen. Dort treten die **Pfortader** und die **Leberarterie** ein und der Ausführungsgang der Galle aus (Abb. 7-13, 7-14). Das System der **Gallenausführungsgänge** besteht zunächst aus dem Leber-Gallengang (Ductus hepaticus), in dem die Galle bis zu einer Aufzweigung geführt wird. Von hier gelangt sie entweder auf dem Wege des Blasengangs (Ductus cysticus) zur Gallen-

7 Verdauungssystem und Resorption

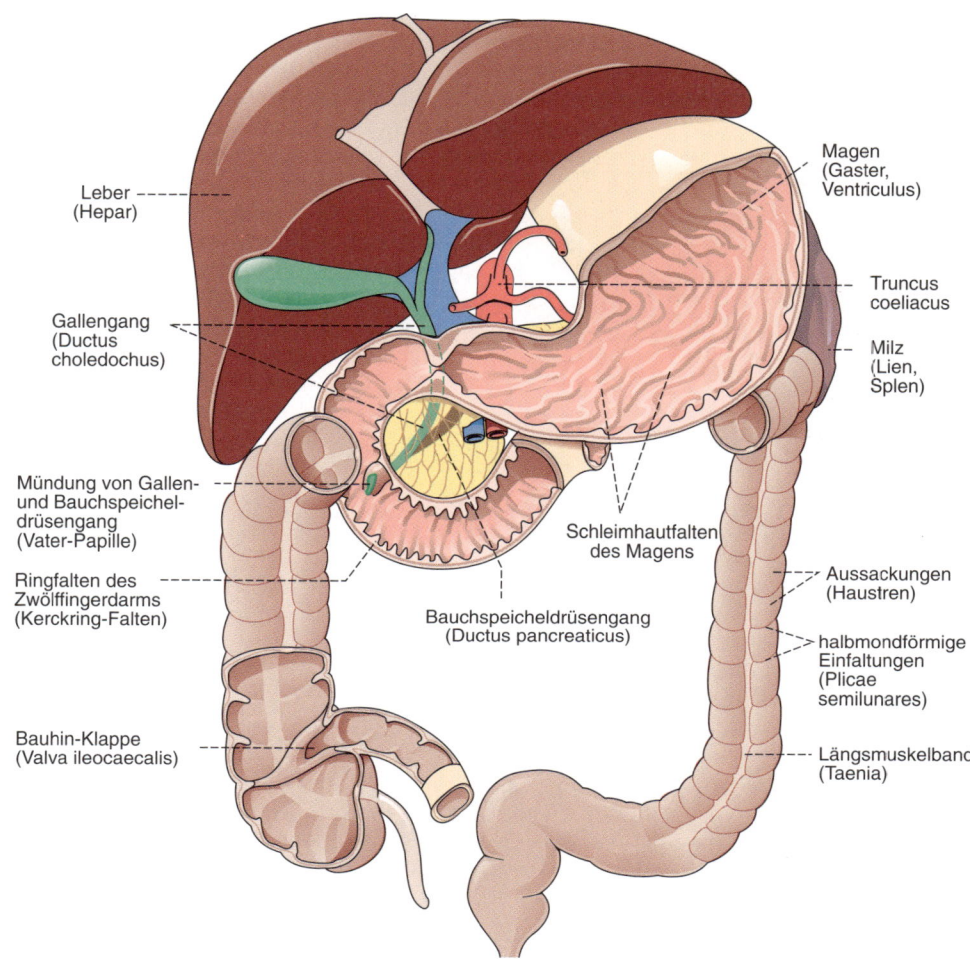

Abb. 7-14 Verlauf von Gallengang und Pankreasgang. Magen, Zwölffingerdarm, Krummdarm und Blinddarm sind in Längsrichtung aufgeschnitten.

blase oder über einen galleabführenden Gang (Ductus choledochus) zum Zwölffingerdarm. Die **Gallenblase** ist ein birnenförmiger Sack, der die von der Leber gebildete Galle sammelt, eindickt und speichert. In ihre Wandung eingelagert ist eine Schicht aus glatten Muskelfasern. Ihre Kontraktion führt zur Entleerung des Gallenblaseninhalts.

Um den Feinbau der Leber zu verstehen, müssen Anordnung und Verlauf von Blutgefäßen sowie von Ausführungsgängen der Gallenflüssigkeit bekannt sein. Ein besonders wichtiges Gefäßgebiet des Organismus stellt die Verbindung zwischen Darm und Leber dar (Abb. 7-15). Es wird als **Pfortadersystem** bezeichnet und verbindet das Kapillargebiet des Darms mit dem der Leber. So bekommt die Leber über die Pfortader das nährstoffreiche, venöse Blut aus dem Darm zugeleitet. Diese Nährstoffe werden von der Leber aufgenommen und in den Leberzellen bearbeitet. Wichtige Schritte des Kohlenhydratstoffwechsels (z.B. Glykogenbildung) und des Eiweißstoffwechsels (Bildung von Bluteiweißen, **Entgiftung**) finden in der Leber statt. Zusätzlich erhält sie zu ihrer eigenen „Ernährung" sauerstoffreiches Blut

Abb. 7-15 Ursprungsgebiete und Äste der Pfortader sowie Darstellung der Leberpforte.

über die Leberarterie (Abb. 7-15, 7-16). Die im Hilus in die Leber eintretenden Pfortadergefäße führen über vielfache Verzweigungen in ein Bindegewebsgerüst, das die **Leberläppchen** umgibt (Abb. 7-16). Von dort ziehen weite Kapillaren (Sinusoide) radiär (strahlenförmig) zur Läppchenmitte, wobei ihr Blut an den Leberzellbalken entlangfließt. Die Zweige der Leberarterie verlaufen parallel zu den Zweigen der Pfortader und münden ebenfalls in die Kapillaren der Leberläppchen ein. In der Läppchenmitte befindet sich ein zentrales Sammelgefäß, die Zentralvene, welche das von allen Seiten zufließende Blut in Richtung der Lebervenen ableitet. Von dort gelangt es in die untere Hohlvene und zum rechten Herzen. Eine wichtige Aufgabe der Leber ist, die Gallenflüssigkeit zu erzeugen. Dies geschieht in den Leberzellen, die das Sekret in feinste Gallenkapillaren absondern. Die Gallengänge verlaufen mit den Verzweigungen der

7 Verdauungssystem und Resorption

Abb. 7-16 A: Läppchengliederung der Leber mit charakteristischer Anordnung der Blutgefäße und Gallengänge.
B: Teil eines Leberläppchens bei mikroskopischer Vergrößerung. Am Rand des Leberläppchens liegen Ast der Leberarterie (A. interlobularis), Ast der Pfortader (V. interlobularis) und Gallengang zusammen. Sauerstoffreiches Blut der Arterie und sauerstoffärmeres Blut der Pfortader fließen in den Sinusoiden zusammen in Richtung Zentralvene des Läppchens. In umgekehrter Richtung fließt die Galle innerhalb von feinen Kanälchen, die zwischen den Leberzellbalken liegen.

Pfortader und der Leberarterie in Richtung der Leberpforte (Abb. 7-16).

> **K** Ist der normale Durchfluß des Pfortaderblutes durch die Leber, z.B. durch Verhärtung des Organs (**Leberzirrhose**), behindert, so entsteht ein Rückstau des Blutes. Dieser kann zu Ösophagusvarizen (sackartige Erweiterungen von Venengeflechten der Speiseröhrenwand) führen. Sie wölben sich im unteren Drittel des Ösophagus in das Lumen vor. Gefürchtete Komplikationen sind dabei schwer stillbare Blutungen (Varizenblutungen). **K**

7.3.8 Dickdarm

Am Übergang vom Dünndarm zum Dickdarm (**Intestinum crassum**) im rechten Unterbauch findet sich eine schlitzartige Öffnung, die Bauhin-Klappe (Valva ileocaecalis; vgl. Abb. 7-11, 7-14). Der Dickdarm unterscheidet sich vom Dünndarm durch den Mangel an Schleimhautzotten (Abb. 7-17), durch seine größere Weite sowie durch Wandverstärkungen, die sog. **Tänien**. Bei den Tänien handelt es sich um bandartige Züge von Längsmuskulatur, die von

7 **Verdauungssystem und Resorption** 7

Verdauungstrakt 7.3

Abb. 7-17 Charakteristischer Wandaufbau verschiedener Abschnitte des Verdauungstraktes.

außen deutlich sichtbar über die ganze Länge des Dickdarms ziehen (vgl. Abb. 7-11, 7-13, 7-14, 2-2, 2-3, 2-16, 2-17). Die charakteristischen Wandausbuchtungen (**Haustren**) und Einziehungen der Dickdarmwand entstehen durch erschlaffte und kontrahierte Abschnitte der Ringmuskulatur (vgl. Abb. 7-11).

Von der Einmündungsstelle des Dünndarms geht als abwärts gerichteter, blind endender Sack der **Blinddarm** (Caecum; vgl. Abb. 7-11) ab. An seinem unteren Ende be-

261

findet sich ein wurmförmig gestalteter Anhang, der **Wurmfortsatz** (Appendix vermiformis). Er ist das verkümmerte Ende des Blinddarms, das sonst nur noch beim Affen vorhanden ist. Beim Menschen ist er ebenso wie der Krummdarm (Ileum) besonders reich an lymphatischem Gewebe, in dem zahlreiche wichtige Abwehrreaktionen ablaufen. Deshalb wird auch die Bezeichnung Darmtonsille verwendet. Der Wurmfortsatz neigt zu Entzündung (Appendizitis) und Vereiterung und muß deshalb häufig operativ entfernt werden.

Von der Einmündungsstelle des Dünndarms zieht der aufsteigende Dickdarm (**Colon ascendens**) zur Leberunterfläche und setzt sich dort mit einem scharfen Knick in den querlaufenden Dickdarm (**Colon transversum**; vgl. Abb. 7-11) fort. Der querlaufende Dickdarm liegt auf den Dünndarmschlingen und ist an einem Peritonealblatt (Mesocolon transversum) beweglich aufgehängt. Im linken Oberbauch, in der Milzgegend, geht das Querkolon mit einem spitzwinkligen Knick in den absteigenden Dickdarm (**Colon descendens**) über. Dieser liegt ebenso wie der aufsteigende Teil des Dickdarms der Hinterwand des Bauchraums an und ist mit ihr verwachsen. In der Grube der linken Darmbeinschaufel erfolgt der Übergang in den S-förmigen Dickdarm (**Colon sigmoideum**). Dieser etwas beweglichere Teil geht in Höhe des 2. Kreuzbeinwirbels in den letzten Darmabschnitt, den Mastdarm (**Rectum**; vgl. Abb. 7-11), über. Er zieht in der Höhlung des Kreuzbeins, also ganz hinten im kleinen Becken, abwärts und endet mit dem After (**Anus**). Der obere Mastdarmanteil ist relativ weit und heißt Ampulla recti. Etwas oberhalb des Afters, am Ende der Schleimhaut, liegen polsterartige Venengeflechte in der Wand, die für einen dichten Abschluß des Darmrohrs sorgen. Ihre krankhafte Erweiterung nennt man Hämorrhoiden. Als Hauptursache dafür gilt Pfortaderhochdruck sowie weit verbreitet eine allgemeine Bindegewebsschwäche mit begünstigenden Faktoren wie Obstipation oder langes Stehen und Sitzen. Der Verschluß der Afteröffnung erfolgt durch einen inneren und äußeren Ringmuskel (M. sphincter ani internus und externus). Ein weiteres Kennzeichen sind die läppchenförmigen Fettanhängsel (Appendix epiploica) auf der Darmwand.

7.4 Verdauung und Resorption

> **Z** Die Verdauung der Kohlenhydrate findet in der Mundhöhle und im Zwölffingerdarm statt, die der Fette im Zwölffingerdarm und die der Eiweiße im Magen, Zwölffingerdarm und Jejunum. Motorik und Sekretion von Magen und Darm werden durch das vegetative Nervensystem sowie durch Hormone aus dem Magen und Zwölffingerdarm gesteuert. **Z**

Die Nahrung, die in den Verdauungskanal kommt, ist überwiegend nicht direkt verwendbar. Sie wird daher durch den Kauvorgang mechanisch zerkleinert und chemisch bis in die Elementarbestandteile der Nährstoffe, Monosaccharide, Aminosäuren und Fettsäuren, aufgespalten. Die Darmwand saugt (resorbiert) dann diese Stoffe auf, und das Blut bzw. die Lymphe verteilt sie im Körper. Der Organismus selbst benutzt diese Stoffe für den Aufbau körpereigener Strukturen und für die Energiegewinnung.

7.4.1 Schlucken

Die mit Speichel durchmischte Nahrung gelangt durch das Schlucken in die Speiseröhre (Abb. 7-18). Der **Schluckakt** läßt sich in zwei Perioden einteilen. Zuerst wird die Nahrung durch eine willkürliche Bewegung in den Rachen befördert. Anschließend wird durch das Berühren der Gaumenbögen, des Zungengrundes und der Rachenhinterwand ein unwillkürlicher, reflektorisch ablaufender Transportvorgang eingeleitet. Die Wege für die Nahrung und für die Atemluft kreuzen einander. Deshalb muß beim Schluckakt zuerst die Verbindung zum Nasenraum verlegt werden. Dann verschließt der Kehldeckel den Eingang zum Kehlkopf und damit zur Luftröhre. Erst dann gelangt die Nahrung durch fein abgestimmte Kontraktionen der Schlundmuskulatur in die Speiseröhre. Der weitere Transport bis zum Magen geschieht durch wiederholte Erschlaffung und Kon-

7 VERDAUUNGSSYSTEM UND RESORPTION

Verdauung und Resorption 7.4

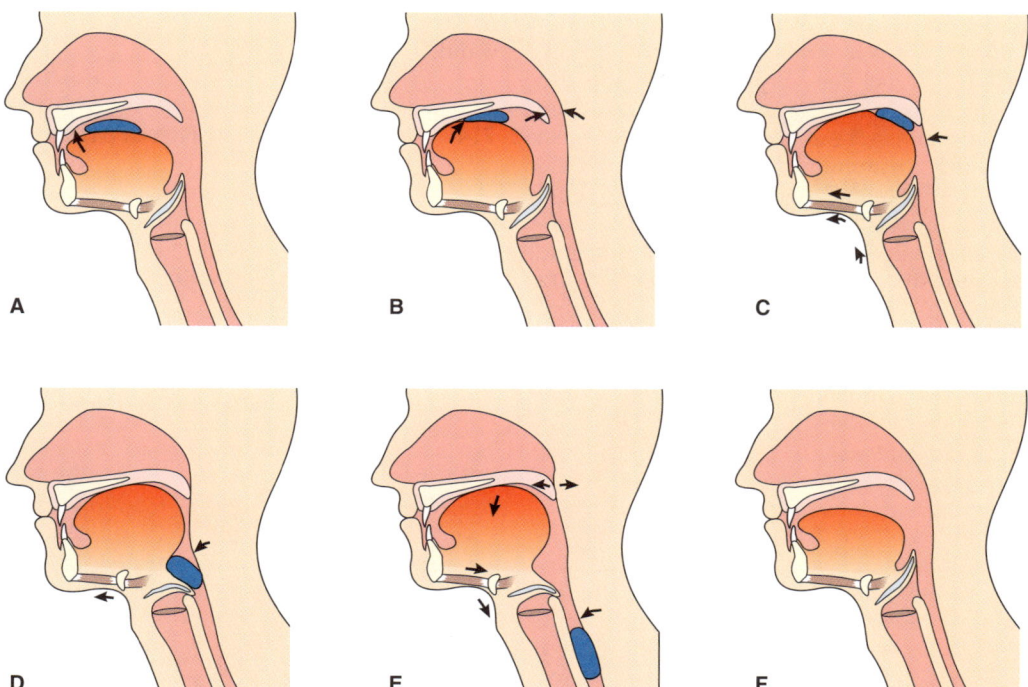

Abb. 7-18 Der Schluckakt.
A und B: Zurückschieben des Nahrungsbolus (blau).
C: Verschluß des oberen Rachenabschnitts.
D: Verschluß des Kehlkopfeingangs.
E: Transport der Nahrung durch den Ösophagusmund.
F: Wiederherstellung des Ausgangszustandes.

traktion (Peristaltik) der Speiseröhrenmuskulatur.

7.4.2 Motorik und Sekretion von Magen und Darm

Durch den Schluckakt und die Peristaltik der **Speiseröhre** gelangt der Speisebrei in den **Magen**. Der Magen kann größere Mengen ohne nennenswerte Drucksteigerung aufnehmen. Diese Fähigkeit ist auf eine Erschlaffung der Magenmuskulatur zurückzuführen. Nach der Füllung des Magens wird durch die damit verbundene Dehnung des unteren Magenabschnitts (Antrum) ein Hormon (**Gastrin**) aus der Magenschleimhaut freigesetzt und über Blutgefäße verteilt (Abb. 7-19). Gastrin steigert Motorik und Sekretion des Magens. Diese Wirkungen werden durch den Einfluß des sympathischen Anteils des vegetativen Nervensystems gehemmt und durch den parasympathischen gefördert. Durch die gesteigerte Motorik des Magens vermischt sich der Speisebrei mit Magensaft und tritt in den Zwölffingerdarm über.

Der gefüllte **Zwölffingerdarm** setzt weitere Prozesse in Gang (Abb. 7-19). Wasserstoffionen des sauren Magensafts, Eiweiße und Fette aus dem Speisebrei regen die Produktion von Hormonen in der Wand des Zwölffingerdarms an. Dabei handelt es sich um Sekretin, Cholezystokinin und gastric inhibitory peptide (GIP), die ins Blut und so zu den umliegenden Organen gelangen.

In der **Leber** steigern Cholezystokinin und Sekretin die Gallenproduktion (Abb. 7-19). Gleichzeitig fördern sie die Ausschüttung der **Galle** aus der Gallenblase. In der **Bauchspeicheldrüse** regen sie die Produktion und

Abb. 7-19 Regelung von Motorik (sog. Motilität) und Sekretion im Magen-Darm-Kanal während der Verdauung.
A: Aufnahme von Nahrung in den Magen und Weiterleitung in den Zwölffingerdarm.
⊕ = fördernde Wirkung
⊖ = hemmende Wirkung
B: Vorgänge nach Übertritt eines ersten Teils von Mageninhalt in den Zwölffingerdarm.
GIP = gastric inhibitory peptide
⊕ = fördernde Wirkung
⊖ = hemmende Wirkung
C: Überführung eines weiteren Teils von Mageninhalt in den Zwölffingerdarm.
⊕ = fördernde Wirkung

7 Verdauungssystem und Resorption

Verdauung und Resorption 7.4

Freisetzung des Pankreassekrets an. Sie hemmen aber auch die Aktivität des Magens. Das GIP unterstützt die hemmende Wirkung auf die Motorik und Sekretion des Magens. Durch die genannten Prozesse werden die Verdauungsvorgänge im Zwölffingerdarm ermöglicht und der Speisebrei aus dem Magen den „Verdauungsmöglichkeiten" im Zwölffingerdarm angepaßt. Anschließend wird die angedaute Nahrung an tiefere Darmabschnitte weitergegeben. Die Hormonausschüttung aus der Wand des Zwölffingerdarms vermindert sich dadurch erheblich. Das bedeutet, daß die Hemmung der Magenfunktion weitgehend entfällt. Damit kann erneut Speisebrei vom Magen in den Zwölffingerdarm überführt werden. Der beschriebene Zyklus setzt sich so lange fort, bis der Magen entleert ist.

K **Erbrechen:** Berührung des Zungengrundes, des weichen Gaumens (Zäpfchens) oder der Rachenwand führt zu Kontraktionen der Schlundschnürer (Würgreflex) und Brechreiz, häufig mit nachfolgendem Erbrechen.

Erbrechen ist ein komplizierter reflektorischer Vorgang, an dem verschiedene Muskelgruppen in folgender Weise beteiligt sind: Zwerchfell und Bauchmuskeln kontrahieren sich und erhöhen gemeinsam den Druck im Bauchraum (Bauchpresse), die Magenmuskulatur kontrahiert sich ebenfalls, während der Magenmund (Kardia) sich öffnet. Der Kehlkopf wird während des Brechvorgangs verschlossen. Alle diese Muskelaktivitäten werden – verbunden mit verstärkter Speichelsekretion – durch ein sog. **Brechzentrum** im verlängerten Mark des Hirnstamms koordiniert und ausgelöst. Erbrechen ist ein Schutzreflex des Organismus, der unterschiedliche Ursachen haben kann. Er wird z. B. durch Berührung des Zungengrundes (s.o.), häufiger durch Magenreizung, verdorbene Speisen, schlechte Gerüche, Schwindel oder Migräne ausgelöst. Mit Medikamenten kann Erbrechen herbeigeführt oder unterdrückt werden. **K**

7.4.3 Kohlenhydrataufnahme

Die Spaltung der Kohlenhydrate **beginnt** bereits **in der Mundhöhle** (Abb. 7-20). Das

Abb. 7-20 Verdauung und Resorption von Kohlenhydraten. Die Kohlenhydrate werden in der Mundhöhle durch Enzyme der Speicheldrüsen und im Zwölffingerdarm durch Enzyme der Bauchspeicheldrüse und der Darmschleimhaut in ihre Grundbausteine zerlegt. Die Aufnahme in das Blut erfolgt über die Darmwand.

im Speichel vorhandene Enzym Amylase spaltet zunächst den Stärkeanteil der Kohlenhydrate. Dabei entstehen Amylose, Amylopektin und Oligosaccharide. Alle drei setzen sich aus Glukosemolekülen (Traubenzucker) zusammen. Amylose ist ein geradliniges und Amylopektin ein stark verzweigtes Polysaccharid.

Beim weiteren Transport des Speisebreis werden die stärkespaltenden Enzyme des Speichels durch den sauren Magensaft schnell inaktiviert. Erst im Zwölffingerdarm kommt es zu einer weiteren Zerlegung der Kohlenhydrate (Abb. 7-20). Amylose wird durch die aus der Bauchspeicheldrüse freigesetzte Amylase gespalten. Die Glukosidase aus den Zellen der Schleimhaut des Zwölffingerdarms baut schrittweise Glykogen und Amylopektin ab. Dieser Prozeß führt schließlich zum Monosaccharid Glukose. Mit der Nahrung können auch Oligo-, Di- und Monosaccharide direkt aufgenommen werden. Während Monosaccharide nicht weiter aufgespalten werden, entstehen im Zwölffingerdarm unter der Einwirkung spezieller Enzymsätze aus den Oligo- und Disachariden die Monosaccharide Glukose, Galaktose (Bestandteil des Milchzuckers), Mannose (Bestandteil von Zucker-Eiweiß-Verbindungen) und Fruktose (Fruchtzucker, Bestandteil des Rohrzuckers).

Gallensäuren als Mizellenbildner verbleiben bei der Resorption der Fette zunächst im Darmlumen, werden dann aber im Ileum größtenteils resorbiert und gelangen mit der Pfortader zur Leber **(enterohepatischer Kreislauf der Gallensäure).** Dort werden sie erneut der Gallenflüssigkeit zugeführt. So muß nur ein kleiner Teil des Tagesbedarfs an Gallensäuren täglich neu produziert werden.

Die Monosaccharide gehen über die Darmwand ins Blut (Abb. 7-20). Für die Resorption der Glukose steht ein energieverbrauchender Transport (sog. aktiver Transport) ganz im Vordergrund. Derselbe Resorptionsmechanismus findet bei der Galaktose statt. Dagegen sind für die Mono-

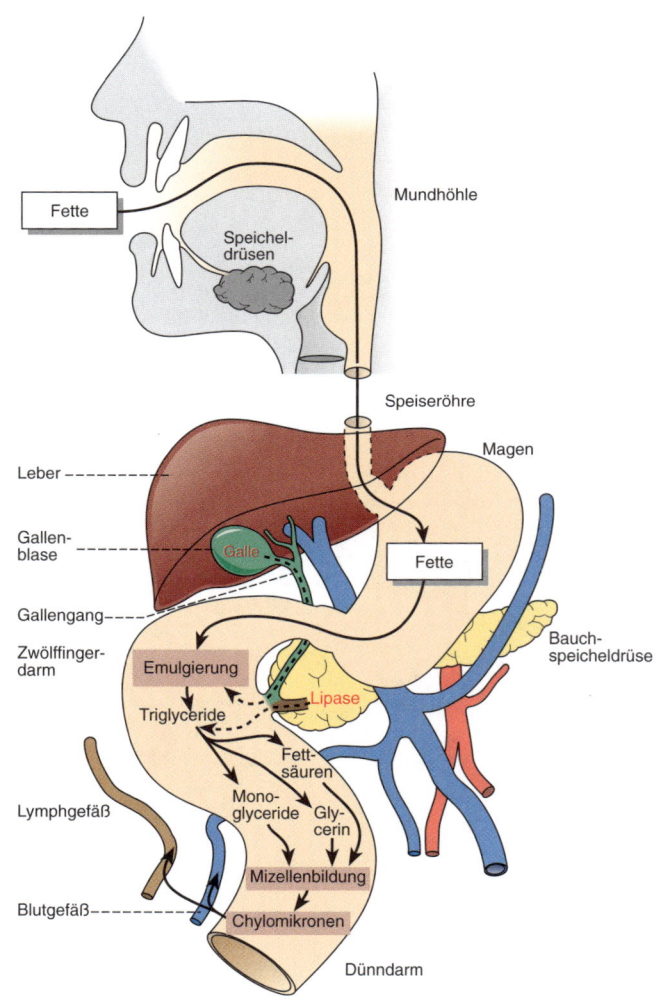

Abb. 7-21 Verdauung und Resorption von Fetten. Nach Emulgierung durch die Galle werden die Fette durch die Enzyme der Bauchspeicheldrüse in ihre Grundbausteine zerlegt und nach Mizellenbildung über die Darmwand in das Blut- und Lymphgefäßsystem aufgenommen.

saccharide Mannose und Fruktose passive Diffusionsprozesse nötig. Nach der Aufnahme in das Blut werden die Monosaccharide über die Pfortader zur Leber weitergeleitet. Ein Teil der Monosaccharide wird dort zu Polysacchariden (z.B. Glykogen) aufgebaut und gespeichert.

7.4.4 Fettaufnahme

Die Fette (Lipide) bestehen aus Glycerin und Fettsäuren (vgl. Abb. 7-1). Nach der Zahl der Fettsäuren wird zwischen Mono-, Di- und Triglyceriden unterschieden. Der Abbau der Fette **beginnt** erst **im Zwölffingerdarm** (Abb. 7-21). Die aufgenommenen Fette sind wegen ihrer Unlöslichkeit in Wasser durch Enzyme nur schwer angreifbar und werden deshalb im Zwölffingerdarm in einen feineren Verteilungszustand umgewandelt. Für diese sog. Emulgierung sind Gallensäuren zuständig. Sie werden in der Leber produziert, vorübergehend in der Gallenblase gespeichert und über den Gallengang in den Zwölffingerdarm abgegeben. Die Emulgierung setzt die hohe Oberflächenspannung an der Grenzfläche zwischen Fett und Wasser herab, vergrößert die Oberfläche der Fette und begünstigt den Angriff fettabbauender Enzyme. Diese Enzyme werden überwiegend aus der Bauchspeicheldrüse freigesetzt und als Lipasen bezeichnet. Durch die Wirkung der Lipasen können die Triglyceride in Monoglyceride, in Fettsäuren und Glycerin sowie in geringem Umfang in Diglyceride umgewandelt werden.

Die Spaltprodukte der Fette finden sich zu Gruppen zusammen, die als Mizellen bezeichnet werden. Diese Gebilde stellen die Vorstufen für den Resorptionsvorgang dar. Sie lagern sich zunächst an die Zellen der Darmwand an. Darauf folgt eine Aufbereitung ihres Inhaltes, der in die Darmwandzellen aufgenommen und direkt oder nach erneuter Bildung kleiner Molekülgruppen (sog. Chylomikronen) ausgeschleust wird. In der Darmwand kommt es zur Aufnahme in Lymph- und Blutgefäße (vgl. Abb. 7-17).

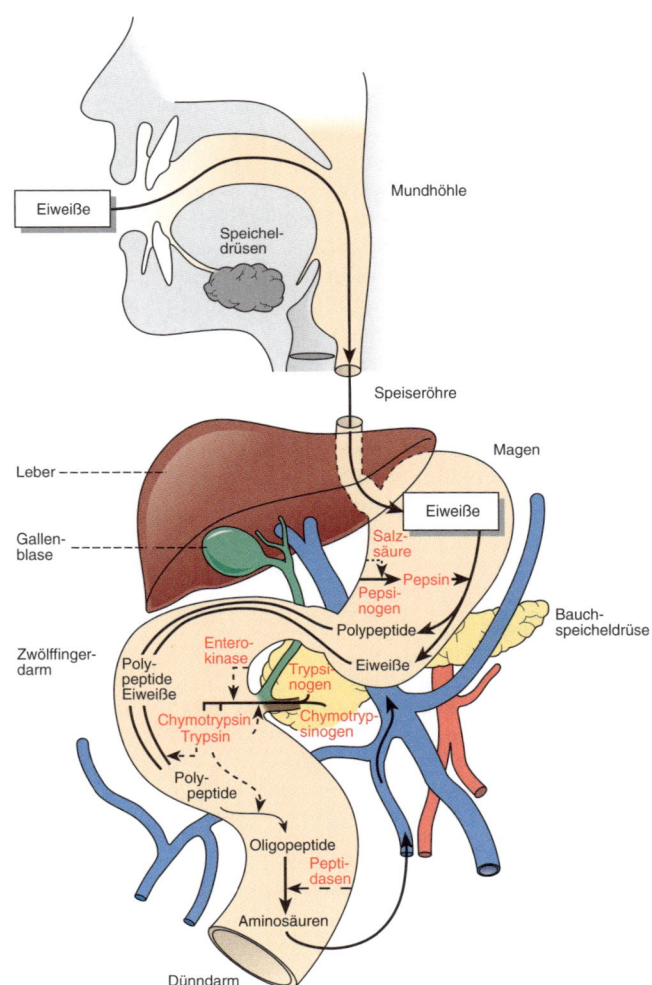

Abb. 7-22 Verdauung und Resorption von Eiweißen. Die Eiweiße werden im Magen mit Hilfe von Salzsäure und Enzymen der Magenschleimhaut und im Zwölffingerdarm mit Hilfe von Enzymen der Bauchspeicheldrüse und der Darmschleimhaut in ihre Grundbausteine zerlegt. Die Aufnahme in das Blut erfolgt über die Darmwand.

7.4.5 Eiweißaufnahme

Die Eiweißverdauung **beginnt im Magen** (Abb. 7-22). Die von der Magenschleimhaut freigesetzte Salzsäure zerstört die Struktur der Eiweißkörper (Denaturierung). Gleichzeitig wandelt sie das ebenfalls aus der Magenschleimhaut stammende Pepsinogen in Pepsin um. Dieses Enzym spaltet einen Teil der Eiweiße in Polypeptide. Die restlichen Eiweiße und die Polypeptide gelangen in den Zwölffingerdarm. Dort setzt sich die Eiweißverdauung fort. Dazu werden die Enzymvorstufen Trypsinogen und Chymotrypsinogen in der Bauchspeicheldrüse gebildet und in den Zwölffingerdarm ausgeschüttet. Hier werden sie durch die Enterokinase, die aus der Schleimhaut des Zwölffingerdarms stammt, in die aktiven Enzyme Trypsin und Chymotrypsin umgewandelt. Diese Enzyme zerlegen die Eiweiße in Polypeptide und Oligopeptide. Eine weitere Spaltung zu den resorbierbaren Aminosäuren erfolgt durch Enzyme der Darmschleimhaut, die Peptidasen. Die Aminosäuren werden durch aktive Transportprozesse über die Zellen der Darmwand in das Blut aufgenommen und zunächst über die Pfortader zur Leber weitergeleitet. Dort beginnt aus einem Teil der Aminosäuren der erneute Aufbau von Polypeptiden (z.B. Bluteiweiße).

> **G** **Ballaststoffe** sind Nahrungsbestandteile, die im Darm nicht verdaut und resorbiert werden. Zumeist handelt es sich dabei um hochpolymere Kohlenhydrate. Größere Anteile von Ballaststoffen sind z.B. in Obst, Gemüse oder Vollkornbrot enthalten. Die Zufuhr von Ballaststoffen sollte bei mindestens 30 g/Tag liegen. Sie haben eine darmregulierende Funktion, wirken sich günstig auf den Cholesterin- und Blutzuckerspiegel aus und verringern das Risiko, an Darmkrebs zu erkranken. **G**

7.4.6 Funktionen des Dickdarms

Der Übertritt des Darminhalts vom Dünndarm in den Dickdarm erfolgt in Schüben. Bei der **Dickdarmmotorik** sind rhythmische Segmentierungen durch Kontraktionen der Ringmuskulatur besonders ausgeprägt. Der Koloninhalt wird durch eine Massenbewegung weitertransportiert. Dabei kontrahieren sich weite Strecken von Caecum und Colon gleichzeitig. So gelangt der ganze Inhalt abwärts in das Colon descendens und das Rectum. Den Darminhalt in den unteren Dickdarmabschnitten bezeichnet man als Stuhl (Faeces).

Im Dickdarm greifen Bakterien (z.B. **Colibakterien**) in großer Zahl in den Abbau der bisher nicht verdauten Substanzen ein. Dies wird bei Kohlenhydraten Gärung und bei Eiweiß Fäulnis genannt. Vor allem Kohlenhydrate werden im Dickdarm noch aufgespalten und dadurch, besonders die von Zellulose umschlossene Nahrung, teilweise noch nutzbar gemacht. Bei gemischter Kost verbleiben 5–10% unverdaute Nahrungsreste.

Im Dickdarm durchmischt sich der Darminhalt mit Dickdarmschleim. Das **Wasser wird resorbiert**, besonders das der Verdauungssäfte, so daß sich der Darminhalt eindickt. Die Antiperistaltik, eine rückwärtsgerichtete Darmbewegung gegen die geschlossene Valva ileocaecalis, unterstützt diesen Vorgang.

Bei der Zurückhaltung des Darminhalts (Darmkontinenz) und bei der Entleerung des Darms (Defäkation) spielen das Rectum und die Schließmuskeln des Darmausgangs eine wichtige Rolle. Tritt der Darminhalt in das Rectum über, erhöht sich die Wandspannung dieses Darmabschnittes. Diese Spannungszunahme wird über Nervenfasern (Neurone) im Rückenmark (Centrum anospinale) mitgeteilt. Darauf entwickelt sich ein reflektorischer Vorgang, in dem der innere Schließmuskel erschlafft und sich der äußere zusammenzieht. Gleichzeitig entsteht die Empfindung des **Stuhldrangs**. Unter willkürlicher Kontrolle der Hirnrinde kann auch der äußere Schließmuskel erschlaffen, die sog. Bauchpresse erhöht und somit der Darm entleert werden. Durch die Einschaltung von Rückenmark und Hirnrinde ist es möglich, daß die Vorgänge der Darmentleerung zu bedingten Reflexen werden (s. Kap. 5 „Sensorisches System – Lernen und Gedächtnis"). Hierzu leistet die Erziehung im Kleinkindesalter einen wichtigen Beitrag. Da beim Entleeren des Darms das Rückenmark beteiligt ist, können infolgedessen bei Patienten mit Querschnittslähmungen erhebliche Störungen auftreten.

Der **Stuhl** (Faeces) enthält außer einem großen Wasseranteil (bis zu 75%) unverdaute und unverdauliche Nahrungsreste. Ferner besteht der Stuhl aus Schleim, Verdauungssäften, toten Bakterien und abgeschilferten Darmepithelzellen. Schließlich findet man auch von der Schleimhaut des Dickdarms ausgeschiedene Schwermetallsalze.

Die Farbe des Kots entsteht durch Gallenfarbstoffe, insbesondere durch **Bilirubin.** Dieser Gallenfarbstoff ist ein Abbauprodukt des Hämoglobins der roten Blutkörperchen, welches über die Zwischenstufe Biliverdin vor allem in der Milz entsteht. Über die Pfortader wird Bilirubin der Leber zugeleitet. Es ist während der Pfortaderpassage an Plasmaeiweiß gebunden und wird als unkonjugiertes („indirektes") Bilirubin bezeichnet. In den Leberzellen wird Bilirubin durch Koppelung mit Glukuronsäure „konjugiert" und in die Gallenkapillaren ausgeschieden. Über die weiteren Gallenwege gelangt das konjugierte („direkte") Bilirubin in den Darm und wird dort teilweise zu Urobilinogen, Urobilin und Sterkobilin abgebaut, wobei Bakterien mitwirken. Bilirubin (sowie Urobilinogen) kann von der Darmschleimhaut wieder aufgenommen, über die Pfortader in die Leber zurücktransportiert und erneut in die Gallenflüssigkeit abgegeben werden. Daher spricht man wie bei den Gallensäuren von einem Darm-Leber-Kreislauf oder **enterohepatischen Kreislauf des Bilirubins.** Die Abbauprodukte des Bilirubins werden über den Stuhl (Sterkobilin) oder nach Rückresorption in den Blutkreislauf (Urobilinogen, Urobilin) durch die Niere ausgeschieden. Sie geben dem Harn seine gelbliche Färbung.

Abb. 7-23 Enterohepatischer Kreislauf von Bilirubin.

> **K** **Störungen des Bilirubinstoffwechsels:**
> Hauptsymptom einer Störung des Bilirubinstoffwechsels ist die Gelbsucht (Ikterus). Der dabei erhöhte Plasmabilirubinspiegel führt zu einer Gelbfärbung der Gewebe, insbesondere der Haut und der Lederhaut (Sklera) der Augen.
> Nach dem Ort der Störung kann man drei Formen der Erhöhung des Bilirubinspiegels unterscheiden (s. Abb. 7-23):
> - prähepatische Erhöhung des Bilirubinspiegels, z. B. durch vermehrten Blutabbau (Hämolyse)
> - hepatische Erhöhung des Bilirubinspiegels durch Störungen der Leberzellfunktion, z. B. bei Hepatitis
> - posthepatische Erhöhung des Bilirubinspiegels durch Abflußbehinderung in den Gallenwegen (z. B. Stein, sog. Verschlußikterus). **K**

Häufigkeit und Ausmaß der Darmentleerung schwanken in einem weiten Bereich. Durchschnittlich kommt es zu einer Entleerung pro Tag. Wird der Darm zu häufig und zu stark entleert, spricht man von Durchfall (**Diarrhö**), wird er zu wenig entleert, von Verstopfung (**Obstipation**).

Die Darmentleerung ist wesentlich vom Wassergehalt der Faeces abhängig. Eine Zunahme des Wassergehaltes führt zum Durchfall, der durch vermehrte Wasserabgabe in die Darmlichtung und verminderte Wasseraufnahme aus der Darmlichtung bei vielen Erkrankungen des Magen-Darm-Traktes entsteht. Eine Zunahme des Wassergehaltes der Faeces kann auch als therapeutische Maßnahme durch **Abführmittel** (Laxanzien) erreicht werden. Bestimmte Abführmittel (sog. salinische Abführmittel) bewirken als schwer resorbierbare Salze oder als nicht vollständig resorbierte Zucker, daß Wasser im Darm osmotisch festgehalten wird. Andere (z.B. Rizinusöl) hemmen die Wasserresorption oder bewirken sogar eine Wassersekretion in die Darmlichtung. Eine unkontrollierte Einnahme von Abführmitteln kann erhebliche Nebenwirkungen, wie Störungen des Salzhaushalts, haben und zur Gewöhnung führen.

> **P** Bakterielle Darminfektionen können zu einer erheblichen Störung der Wasserresorption im Darm führen. Die dadurch entstehenden Flüssigkeitsverluste können nicht durch orale Zufuhr ausgeglichen werden, sondern nur durch intravenöse Infusionen. **P**

Lernkontrolle

1. Beschreiben Sie Lage und Funktion der drei Speicheldrüsen.
2. Skizzieren Sie den Weg der Galle vom Ort ihrer Bildung bis zur Ausscheidung sowie ihre Funktion.
3. Erklären Sie die Kohlenhydratverdauung von der Aufnahme bis zur Resorption mit allen beteiligten Organen.
4. Nennen Sie die wichtigsten Blutgefäße des Verdauungstraktes.
5. In welche Elementarbausteine werden die Eiweiße und Fette aufgespalten?
6. Was ist ein enterohepatischer Kreislauf, und für welche Stoffe gilt er?
7. Beschreiben Sie Lokalisation und Funktion des lymphatischen Rachenrings.
8. Zeichnen Sie ein Leberläppchen und erläutern Sie daran den Blutkreislauf und die Gallensekretion.
9. Wodurch werden Motilität und Sekretion des Magens angeregt?

Auflösung des Fallbeispiels

▲ Virus-A-Hepatitis

Krankheitsbild: Die akute Virushepatitis ist eine Infektion (vor allem) der Leber. Neben einem meist auftretenden Ikterus sind Allgemeinsymptome wie Müdigkeit, Gelenkbeschwerden und Fieber charakteristisch.

Ursachen: Mindestens fünf verschiedene Viren können eine akute Hepatitis hervorrufen. Der Infektionsweg ist allerdings unterschiedlich. Viren vom Typ A vermehren sich in Fäkalien und können über verunreinigte Nahrung oder Trinkwasser in den Organismus eindringen (enterale Infektion). Andere Hepatitiserreger (Viren vom Typ B oder D) können durch Bluttransfusionen, durch Spritzenkanülen, die mit Blut von Virusträgern verunreinigt sind (Drogenabhängige), oder durch Sexualkontakte übertragen werden (parenterale Infektion).

Vorkommen und Häufigkeit: Das Hepatitis-A-Virus kommt weltweit vor. Sein Auftreten ist mit schlechten hygienischen Verhältnissen verbunden. In den Mittelmeerländern ist es z. B. häufiger als in Skandinavien. 20% aller Virushepatitiden sind auf das Hepatitis-A-Virus zurückzuführen.

Diagnostik: Typisches Symptom der Virushepatitis ist die Erhöhung des Bilirubins im Blut sowie der Anstieg der Transaminasen. Hierbei handelt es sich um Zeichen einer allgemeinen Leberzellschädigung. Zur exakten Diagnose ist der Nachweis des Virus und der entsprechenden Antikörper beim Patienten unerläßlich.

Therapie: Bei etwa 20% aller Hepatitiskranken ist eine Klinikbehandlung erforderlich. Eine spezifische medikamentöse Therapie wird – außer bei Komplikationen – nicht empfohlen. Strikt verboten für mindestens sechs Monate ist der Konsum von Alkohol. Im familiären Rahmen kann bei Hepatitis-A-Kranken durch peinliche Sauberkeit und getrennte Toilette eine Ansteckung vermieden werden.

8
ATMUNG

Bei der Atmung erfolgt über Atemwege und Lunge ein Gasaustausch zwischen Umwelt und Blut. Sauerstoff wird aufgenommen, Kohlendioxid abgegeben. Der Blutkreislauf transportiert Sauerstoff von der Lunge zum Ort des Verbrauchs (Körpergewebe) und Kohlendioxid vom Ort der Produktion (Körpergewebe) zur Lunge.

Abb. 8-0 Übersicht über Wege und Organe der Atmung

Fallbeispiel

Von Hustenanfällen unterbrochen erklärt ein 68jähriger Patient, er habe seit einer sechs Monate zurückliegenden Beinamputation keinen Appetit mehr und seit der Entlassung aus dem Krankenhaus mehr als 12 kg Gewicht verloren. Außerdem könne er nicht mehr richtig durchatmen und müsse immer öfter weißlichen Schleim abhusten, und das, obwohl er jetzt mit etwa 20 Zigaretten/Tag nur noch halb so viel rauche wie früher. Bei der körperlichen Untersuchung des Patienten fallen die blaßviolett gefärbte Haut, Trommelschlegelfinger mit Uhrglasnägeln und der Faßthorax auf. Atemfrequenz: 28 Züge/min. Puls 76/min. Blutdruck: RR 120/80 mmHg.

Diagnose und Therapie s. S. 295.

8.1 Obere Luftwege

> **Z** Die Luftwege stellen die Verbindung zwischen Umwelt und Lunge her. Nase und Rachen bilden die oberen Luftwege. Die Schleimhaut der Nasenhöhle erwärmt, befeuchtet und reinigt die Atemluft. **Z**

8.1.1 Nase

Die Nasenhöhle liegt im oberen Bereich des Gesichtsschädels (Abb. 8-1, 8-2). Ihre **Wände** bilden
- Oberkieferbein
- Siebbein
- Keilbein
- Nasenbein
- Gaumenbein

(s. Kap. 6 „Motorisches System"). Der Gaumen ist die breite Bodenfläche und gleichzeitig das Dach der Mundhöhle. Das schmalere **Dach** der Nasenhöhle besteht aus:
- Stirnbein
- Siebbein
- Keilbeinkörper.

Den äußeren vorderen Zugang zum Nasenraum bilden die Nasenlöcher. Über die Choanen, den inneren hinteren Ausgang, geht die Nasenhöhle in den Nasenabschnitt des Rachens über. Durch die Nasenscheidewand (Nasenseptum) teilt sich die Nase in eine rechte und eine linke Hälfte. Diese Scheidewand besteht vorne aus Knorpel, hinten aus Knochen. Von den seitlichen Wänden des Nasenraumes springen drei muschelartig gebogene **Knochenlamellen** zur Mitte vor:
- obere
- mittlere
- untere Nasenmuschel (Concha nasalis; Abb. 8-1).

Zwischen diesen Muscheln und der seitlichen Nasenwand entsteht dadurch jeweils ein von vorne nach hinten verlaufender schmaler Spaltraum:
- oberer
- mittlerer
- unterer Nasengang.

Der gesamte Raum der Nasenhöhle ist mit **Schleimhaut** (Mucosa) ausgekleidet (Abb. 8-1 B). Ähnlich wie beim Verdauungsapparat bildet die Schleimhaut die Innenauskleidung der Hohlräume des Atmungsapparates. Charakteristisch für die Nasenschleimhaut ist ein mehrreihiges Epithel, das dicht mit **Flimmerhaaren** (Kinozilien) besetzt ist (s. Abb. 8-7). Im Bindegewebe unterhalb des Epithels befindet sich ein ausgedehntes Drüsengewebe. Diese gemischten Drüsen sondern Nasenschleim ab, der die Schleimhaut feucht hält und gleichzeitig die vorbeiziehende Atemluft befeuchtet.

In der oberflächlichen Schleimschicht bleiben auch Fremdkörper hängen. Die Wellenbewegungen der Flimmerhaare des Epithels transportieren sie mit der Schleimschicht mit gleichmäßiger Geschwindigkeit von etwa 1 cm pro Stunde in Richtung Rachen. Auf diese Weise wird die Schleimschicht ständig erneuert und die **Atemluft gereinigt**. In den zahlreichen Blutgefäßen der Nasenschleimhaut strömt Blut, dessen Temperatur in der Regel deutlich über der der Einatmungsluft liegt. Dadurch **erwärmt** sich die vorbeiströmende Luft schnell (vgl. Heizkörper und Raumluft). Durch vermehrte Blutfüllung der Gefäße (dichte Venengeflechte) kann die Nasenschleimhaut sehr rasch anschwellen und die Nasenatmung behindern (allergische Reaktion, Heuschnupfen; Abb. 8-1 B).

Ein kleiner Teil der Nasenschleimhaut im oberen Abschnitt der Nasenhöhle ist zur Riechschleimhaut umgestaltet (Abb. 8-2; s. Kap. 5.8). Sensible Nervenfasern des V. Hirnnerven (N. trigeminus) versorgen die Nasenschleimhaut. Durch Reizung der Rezeptoren in der Nasenschleimhaut kann ein **Niesreflex** ausgelöst werden (s. Kap. 8.2.3 „Bronchien").

Die Nasenhöhle ist mit Nasennebenhöhlen verbunden (Abb. 8-1, 8-2). Der Zugang zur **Oberkieferhöhle** (Sinus maxillaris) liegt unter der mittleren Muschel. Der Zugang zur **Stirnhöhle** (Sinus frontalis) ein wenig weiter vorne. Die Öffnung der **Keilbeinhöhle** (Sinus sphenoidalis) liegt zwischen der oberen Muschel und dem Nasendach. Hinzu kommen noch zahlreiche kleinere und kleinste Nebenhöhlen, die sog. **Siebbeinzellen** (Cellulae ethmoidales). Die Funktion der Nebenhöhlen ist noch unklar. Sie spielen jedoch bei der Stimmbildung als Resonanzorgane eine Rolle (s. Kap. 5.5). Unter der unteren Muschel mündet der **Tränennasengang** (Ductus nasolacrimalis). Er führt überschüssige

8 Atmung

Abb. 8-1 Nasenhöhle und Nebenhöhlen.
A: Projektion von Nasenhöhle und Nebenhöhlen auf die Oberfläche des Gesichts.
B: Frontalschnitt durch Nasenhöhle und Nebenhöhlen mit Darstellung der geschwollenen Nasenschleimhaut.

Tränenflüssigkeit in den unteren Nasengang und reichert die Atemluft mit Wasserdampf an. Durch die Nasenscheidewand, die Gestalt der Nasenmuscheln und die abwärts weisende Lage der Nasenöffnung wird der Luftstrom in dünne Schichten geteilt und zugleich so gelenkt, daß er vorwiegend durch die mittleren und unteren Nasenteile zieht. Beim Schnüffeln erreicht er dagegen stärker die Riechregion auf der oberen Muschel (s. Kap. 5.8).

Vorteile der Atmung durch die Nase (Nasenatmung) gegenüber der Atmung durch den Mund (Mundatmung):
– Riechfunktion („chemische Untersuchung" der Atemluft = Riechen).
– Erwärmung, Befeuchtung und Säuberung der Atemluft.

8 Atmung

Obere Luftwege 8.1

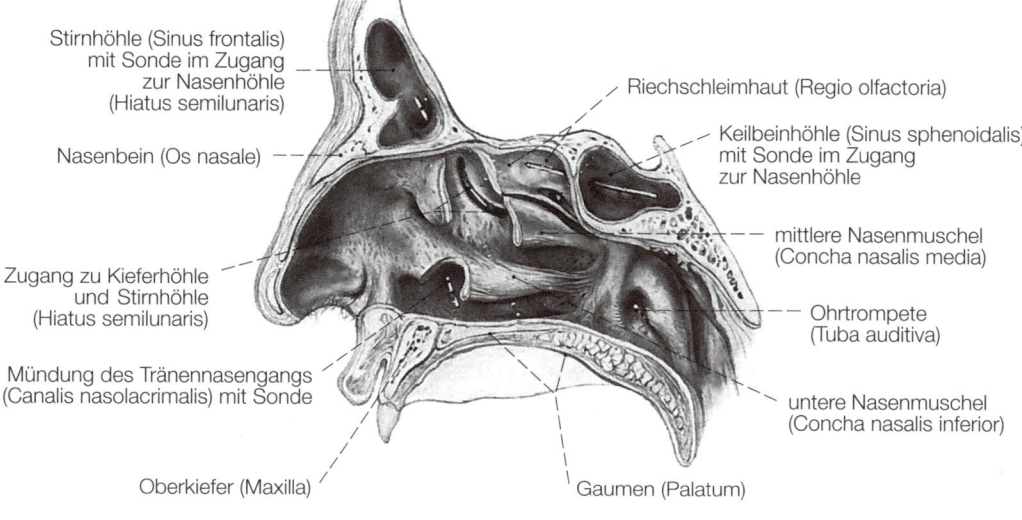

Abb. 8-2 Sagittalschnitt der rechten Nasenhöhle mit Blick auf die seitliche Nasenwand. Untere und mittlere Muschel sind teilweise entfernt, um die Mündung des Tränennasengangs sowie die Zugänge zu Kiefer- und Stirnhöhle darzustellen.

Neugeborene sind Nasenatmer.

> **K** Das Anschwellen der Nasenschleimhäute kann Atemprobleme verursachen. Abschwellende Nasentropfen führen zur Austrocknung der Nasenschleimhaut und zu einem unangenehmen Gefühl bis hin zu Schmerzen.
> Manipulation in den Nasengängen durch Sonden, Katheter, Nasenpflege etc. verursacht Unwohlsein, Schmerzen und löst häufig einen Niesreflex aus. Verletzungen der Nasenschleimhaut mit Blutungen können die Folge sein.
> Bei einer Schwellung der Nasenschleimhaut sind häufig die Augen durch Rötung und Tränenfluß beteiligt.

Die Riechfunktion hat einen wesentlichen Einfluß auf die Lebensqualität.

> **G** Erreger von Infektionskrankheiten (Viren, Bakterien) können über die Atemwege in den Organismus eindringen. Dies kann geschehen, wenn erregerhaltiger Speichel eines Erkrankten beim Sprechen oder Niesen in feinen Tröpfchen versprüht und von gesunden Personen eingeatmet wird (Tröpfcheninfektion). Durch Mund- bzw. Mundnasenschutz kann dieser Infektionsweg weitgehend vermieden werden.

8.1.2 Rachen

Der Rachen (**Pharynx**) verbindet Nasenraum, Mundraum sowie den sich anschließenden Luft- und Speiseweg (s. Abb. 7-6, 7-7). Er reicht von der Schädelbasis bis zum Beginn der Speiseröhre und läßt sich in drei Abschnitte gliedern:
– Nasenabschnitt (Pars nasalis)
– Mundabschnitt (Pars oralis)
– Kehlkopfabschnitt (Pars laryngea; s. Kap. 7 „Verdauungssystem und Resorption").

Im Nasenabschnitt des Rachens liegt beiderseits die Öffnung der Ohrtrompete (Tuba auditiva). Sie verbindet als ein schlauchförmiger Gang Rachen und Paukenhöhle des Mittelohrs. Entzündungen im Bereich des Rachens können daher auch auf das Mittelohr übergreifen.

Am Rachendach findet sich die Rachenmandel (Tonsilla pharyngealis), eine Anhäufung von lymphatischem Gewebe, ähnlich der Gaumenmandel. Bei Kindern ist sie oft sehr stark entwickelt (sog. Wucherungen) und kann u.U. die Nasenatmung behindern.

Durch den geöffneten Mund sieht man auf die Hinterwand des Mundabschnitts des Rachens und das davor herabhängende weiche **Gaumensegel** (Velum palatinum; s. Abb. 7-2). Dieses ist eine weiche Gewebsplatte, die den harten Gaumen hinten vervollständigt und im Zäpfchen endet. Das Gaumensegel wird beim Schlucken durch die Gaumenmuskeln angehoben und an die hintere Rachenwand angelegt. Somit werden Mund- und Nasenabschnitt des Rachens gegeneinander abgeschlossen. Im unteren Rachenabschnitt kreuzen sich Luft- und Speiseweg. Die Luft strömt von oben hinten nach unten vorne zum Kehlkopfeingang (s. Kap. 7 „Verdauungssystem und Resorption"). Die Rachenwand besteht aus **Schleimhaut** und außen gelegenen Muskelzügen, den **Schlundschnürern**. Sie sind für das Schlucken sowie den Transport fester Nahrungsbissen zum Magen wichtig.

> **Ü** Untersuchen Sie mit Hilfe einer Taschenlampe den Rachen einer Person und versuchen Sie, die anatomischen Strukturen zu erkennen. **Ü**

> **P** Bei Schlaganfallpatienten ist manchmal das sogenannte „Nasenhusten" zu beobachten. Dieses Symptom ist ein wichtiger Hinweis für Pflegende auf bestehende Schluckkoordinationsstörungen im Mund- und Rachenbereich. Es kommt dadurch zustande, daß die Muskeln des weichen Gaumens nicht in der Lage sind, den Nasenabschnitt des Rachens gegen den Mundabschnitt zu verschließen. **P**

8.2 Untere Luftwege

> **Z** Die unteren Luftwege bestehen aus Kehlkopf, Luftröhre und Bronchialbaum. Der Kehlkopf dient der Stimmbildung. Luftröhre und Bronchialbaum werden von einem Knorpelskelett für den Luftstrom offengehalten. **Z**

8.2.1 Kehlkopf

Der Kehlkopf (**Larynx**) liegt wie die anschließende Luftröhre am Hals vorne vor dem Speiseweg (s. Abb. 7-6). Er ist für die **Stimmbildung** verantwortlich (s. Kap. 5.5).

Der Kehlkopf ist ein am Zungenbein (Os hyoideum) aufgehängter, nach oben und unten offener Schlauch, dessen Wände durch eine Reihe von Knorpeln versteift sind (Abb. 8-3). Schildknorpel und Ringknorpel haben die Aufgabe, den Schlauch beständig offenzuhalten und ihn zu schützen. Die beiden Stellknorpel befestigen die Stimmbänder, und der Kehldeckelknorpel verschließt den Kehlkopfeingang.

> **Ü** Betasten Sie Ihren Schildknorpel und spüren Sie seine Bewegung beim Schluckakt. **Ü**

Der **Schildknorpel** besteht aus zwei viereckigen Platten mit hornartigen Fortsätzen (Abb. 8-3 B), die vorne in einem stumpfen Winkel zusammenstoßen. So schützen sie den Kehlkopf vorne und seitlich. Die Mitte des vorspringenden Schildknorpels ist als **Adamsapfel** zu tasten und/oder zu sehen. Innerhalb des vom Schildknorpel umfaßten Raums liegt der eigentliche **Kehlkopfschlauch**. In ihn ist weiter abwärts der kräftige **Ringknorpel** eingelagert, der einem Siegelring mit nach hinten liegender Platte gleicht. Auf dieser Ringknorpelplatte sitzen getrennt voneinander und beweglich befestigt hinten oben die beiden **Stellknorpel**. Von diesen beiden Stellknorpeln ziehen horizontal nach vorne zur Innenseite des Schildknorpels die beiden echten **Stimmbänder** (Plica vocalis). Sie bestehen aus zwei Gewebsfalten, die von den Seiten der Kehlkopfwand zur Mitte vorspringen und dort eine relativ scharfe Kante besitzen (Abb. 8-3). Darüber liegen zwei Taschen, überwölbt von den zwei **Taschenfalten** (sog. falsche Stimmbänder).

Die zahlreichen Muskeln der Kehlkopfwand greifen vor allem an den Stellknorpeln an und regeln die Spannung der Stimmbänder. Beim Ausstrom der Luft geraten die Stimmbänder in Schwingungen und rufen damit Töne hervor. Länge und Spannung der Stimmbänder bestimmen die Tonhöhe (s. Kap. 5.5).

Zwischen den beiden echten Stimmbändern befindet sich ein dreieckiger, vorne engerer Spalt, die **Stimmritze** (Abb. 5-25 und 8-3). Durch diesen Spalt strömt die Luft

8 ATMUNG

Untere Luftwege 8.2

Abb. 8-3 Der Kehlkopf in Außen- und Innenansichten.
A: Darstellung von Stimmritze und Stimmfalten mit Hilfe des Kehlkopfspiegels.
B: Seitenansicht des Kehlkopfs.
C: Kehlkopfspiegelbild der bei Einatmung geöffneten Stimmritze.
D: Unterschiedliche Stellungen der Stimmbänder:
1) Stimmritze bei Flüstersprache nur zwischen den Stellknorpeln geöffnet;
2) Verschluß der Stimmritze bei Stimmbildung;
3) weit geöffnete Stimmritze bei Einatmung;
4) Spannen der Stimmbänder durch Kippen des Schildknorpels gegen den Ringknorpel.
E: Spiegelbild des Kehlkopfs bei Flüstersprache: Stimmritze zwischen den Stellknorpeln geöffnet.

8 ATMUNG

Abb. 8-4 A: Lungenflügel mit Luftröhre und Bronchialbaum. Zahlen markieren die Bronchialäste zu den einzelnen Lungensegmenten.
B: Segmente des rechten Lungenflügels in Seitenansicht.

beim Ein- und Ausatmen. Beim Einatmen weitet sich die Stimmritze, beim Ausatmen verengt sie sich.

Nach oben kann der Kehldeckel (**Epiglottis**) den Kehlkopfeingang verschließen. Der Kehldeckel ist eine mit Schleimhaut überzogene, etwa herzförmige Knorpelplatte, die während des Ein- und Ausatmens schräg nach vorne oben steht und so den Luftweg in den Kehlkopf freigibt. Beim Schluckakt kippt er nach hinten um, legt sich vor den Kehlkopfeingang und verhindert den Eintritt von Speise und Flüssigkeit in die Luftwege, das „Verschlucken" (**Aspiration**) (s. Kap. 7 „Verdauungssystem und Resorption").

> **K** Ist diese Funktion des Kehldeckels (z.B. bei Bewußtlosigkeit) gestört, so kann es zu einer Aspiration und zu einer Entzündung der Luftwege sowie der Lunge kommen (Aspirationspneumonie). **K**

8.2.2 Luftröhre

Die Luftröhre (**Trachea**) beginnt unter dem Ringknorpel. Sie reicht – bis zu ihrer Gabelung (**Bifurcatio tracheae**) in die beiden

Hauptäste (Hauptbronchien) – bis etwa in Höhe des 5. Brustwirbels (Abb. 8-4, 8-5). Im Halsbereich und im Brustraum liegt die Luftröhre vor der Speiseröhre. Sie ist, ähnlich wie die Nasenhöhle, mit **Flimmerepithel** ausgekleidet. In die Wand sind hufeisenförmig gekrümmte, nach hinten **offene Knorpelspangen** eingelagert. Dadurch versteift sich die Luftröhre und ist stets offen. Zwischen den Knorpelspangen befinden sich **elastische Ringbänder**, die eine Dehnung der Luftröhre in Längsrichtung ermöglichen. Die Hinterwand enthält Bindegewebe und glatte Muskulatur, jedoch keine Knorpel. Bewegt sich der Kehlkopf (Schlucken) oder die Halswirbelsäule, kann sich die Luftröhre um etwa 2 cm verlängern.

8.2.3 Bronchien

Die Luftröhre ist mit dem hohlen Stamm eines Baumes vergleichbar, aus dem zahlreiche ebenfalls hohle Äste, die Bronchien, hervorgehen (Abb. 8-4). Daher der Ausdruck Bronchialbaum. Aus der Gabelung der Luftröhre entspringen ein **linker** und ein **rechter Hauptbronchus** für den linken bzw. rechten Lungenflügel (Abb. 8-5, 8-6). Fremdkörper gelangen meist in den rechten, steiler verlaufenden Hauptbronchus. Aus jedem Hauptbronchus entstehen Äste für die **Lungenlappen** (links zwei, rechts drei) und für die Lungensegmente (Abb. 8-4). Bei den Lungensegmenten handelt es sich um kegelförmige Abschnitte der Lungenlappen (rechts in der Regel 10, links 9), die gegeneinander durch Bindegewebssepten abgegrenzt sind (Abb. 8-4). In den Septen zwischen den Segmenten verlaufen Äste der Lungenvenen, die das arterialisierte Blut zum Herzen zurückleiten (Abb. 8-6). Im Zentrum eines Segments zieht und verzweigt sich der Segmentbronchus begleitet von einem Ast der A. pulmonalis mit sauerstoffarmem Blut.

Neben den großen Lungengefäßen – den Lungenarterien und den Lungenvenen – braucht die Lunge noch eine eigene Gefäßversorgung. Die Sauerstoffversorgung, insbesondere der Wandschichten des gesamten Bronchialbaums, übernehmen kleine Bronchialgefäße, die Aa. und Vv. bronchiales. Sie verlaufen in Begleitung der Äste des Bronchialbaums ebenso wie die Lymphgefäße der Lunge.

Unter weiterer Verzweigung der Bronchien bilden sich schließlich die **Bronchiolen**. Bis auf die Bronchiolen besitzen die Verzweigungen des Bronchialbaumes in die Wand eingelagerte Knorpelspangen, die die Lichtung offenhalten. Dazu kommen zahlreiche elastische Fasern. Die Wand der Bronchiolen enthält glatte Muskulatur.

A

B

Abb. 8-5 Endoskopische Bilder der Luftröhre (A) und ihrer Aufzweigung in die beiden Hauptbronchien (B).

> **K** Zieht sich diese Muskulatur krampfartig zusammen, behindert dies vor allem die Ausatmung erheblich (Atemnot bei Bronchialasthma). **K**

Ebenso wie bei der Luftröhre besteht die innere Oberfläche der Bronchien aus **Flimmerepithel** (Abb. 8-7). Die Schleimhaut enthält zahlreiche Schleimdrüsen (**Bronchialdrüsen**). Durch die rhythmische Bewegung

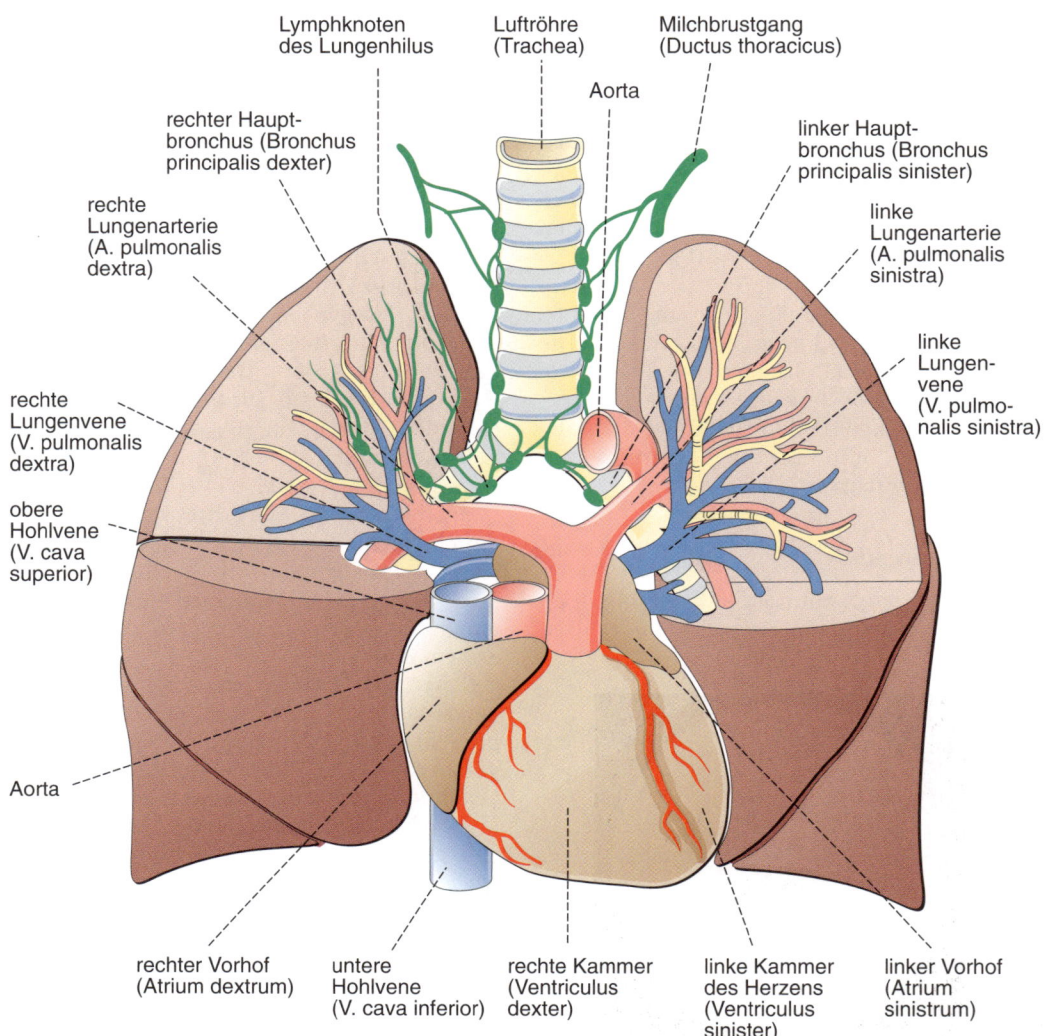

Abb. 8-6 Herz und Lungenflügel. Verlauf und Verzweigungen der Lungenarterien, der Bronchien sowie der Lungenvenen. Arterien und Bronchien verlaufen in enger Nachbarschaft getrennt von den Venen. Lymphgefäße (grün) begleiten den Bronchialbaum und münden in Lymphknoten des Lungenhilus. Weiterer Abfluß der Lymphe erfolgt über die Lymphknotenkette entlang der Luftröhre.

der Flimmerhaare (Zilien) des Epithels können eine oberflächliche Schleimschicht und darin haftende Partikel kontinuierlich aus der Lunge entfernt werden (Abb. 8-7). Die Transportdauer von den kleinsten Bronchioli bis zur Trachea beträgt nur knapp eine Stunde. Von dort werden Schleim und eingefangene Partikel zum Rachen weitertransportiert oder durch einen Hustenstoß ausgeworfen. Dieser Mechanismus dient der Selbstreinigung der Lunge von Staubpartikeln, Bakterien usw. und wird als **mukoziliare Clearance** bezeichnet.

Die Reizung von Rezeptoren der Schleimhaut der Luftwege (Nase, Kehlkopf, Bronchien), z.B. durch Staubpartikel und Schleim,

Abb. 8-7 Bau und Funktion der Bronchialschleimhaut.
A: Rasterelektronenmikroskopische Aufnahme der Oberfläche des Flimmerepithels eines Bronchiolus. Ein Büschel von Flimmerhaaren entspricht jeweils einer Epithelzelle, zilienarme Bezirke zeigen die Oberflächen von schleimproduzierenden Becherzellen. Vergrößerung ca. 3000fach.
B: Schematische Darstellung der wesentlichen Anteile der Wand eines Bronchus mit mukoziliarem Transport (Clearance). Becherzellen mit Oberflächenepithel und Drüsen unter dem Epithel produzieren eine Schleimschicht, die durch rhythmische Bewegung der Flimmerhaare in Richtung Kehlkopf befördert wird. Im Schleim haftende Fremdkörper, Bakterien etc. werden auf diese Weise aus der Lunge entfernt.

mukoziliarer Transport von Partikeln

Schleimschicht

Epithelzellen mit Flimmerhaaren sowie Becherzellen mit Schleimtropfen (gelb)

lockeres Bindegewebe

seromuköse Drüse

glatte Muskelfasern

vegetative Nervenfaser

Knorpelgewebe

führt über einen Reflexbogen aus sensorischen und motorischen Nervenfasern durch das aktivierte Atemzentrum in der Medulla oblongata zu einer stoßweisen Ausatmung (**Niesen** und **Husten**). Beim Husten wird zunächst durch die angespannte Exspirationsmuskulatur die Luft unterhalb des geschlossenen Kehlkopfes gestaut. Bei plötzlicher Öffnung des Kehlkopfes kommt es dann zu einem explosionsartigen Entweichen der Atemluft, das Schleim und Fremdkörper mitreißt und herausbefördert. Hustenauslösende Zonen (tussigene Zonen) sind weiterhin im äußeren Gehörgang, im Rachen und in der Wand der Pleurahöhle zu finden.

Der Niesreflex ist ein ähnlicher Vorgang. Der stoßartige Luftstrom aus der Trachea wird dabei am Gaumensegel vorbei in den Nasenraum gerichtet. Auf diese Weise kommt es zu einer Reinigung der oberen Luftwege, von deren Reizung der Reflex auch seinen Ausgang nimmt.

K
- Zieht sich die Muskulatur der Bronchien krampfhaft zusammen, behindert dies zunächst die Ausatmung, später auch die Einatmung.
- Wird das Flimmerepithel von Luftröhre und Bronchien durch exogene Einflüsse wie z. B. Zigarettenrauch zerstört, werden der Schleimtransport und die Selbstreinigung der Bronchialwege in zunehmendem Maße eingeschränkt. Als Folge kann es zur chronischen Bronchitis kommen.
- Die Luftwege bei Kindern sind relativ eng. Durch die Anschwellung der Schleimhäute im Rahmen einer Infektion sind Atemprobleme nicht selten.

G
- Schätzungsweise leidet jeder dritte Deutsche unter einer Allergie. Besonders häufig sind allergische Reaktionen, d.h. entzündliche Schwellungen der Nasen- oder Bronchialschleimhaut mit Niesen, Schnupfen, Husten, nach Einatmung (Inhalation) von allergieauslösenden Substanzen (Allergene). Inhalationsallergene sind z. B. Blütenpollen, Tierhaare, Schimmelpilze oder die Ausscheidungsprodukte von Hausstaubmilben. Zahlreiche praktische Tips können dem Allergiker helfen, ein übermäßiges Einatmen solcher Allergene zu vermeiden. Einige Beispiele: milbendichte Matratzen- bzw. Bettüberzüge, der Einbau eines Pollenfilters im Auto, die Entfernung von Zimmerpflanzen aus dem Schlafbereich.
- Eine Überempfindlichkeit der Bronchien gegenüber eingeatmeten Allergenen, aber auch anderen Einflüssen wie Kälte, Luftschadstoffe usw. kann anfallsartig zu einer Verengung der Atemwege (Kontraktion der Bronchialmuskulatur), einem Asthma bronchiale, führen. Gezielte Atemübungen beseitigen zwar nicht die Ursache des Asthmas, kräftigen jedoch die Atemmuskulatur des Brustkorbs. Dadurch können erhöhte Atemwegswiderstände besser überwunden werden.

8.3 Gasaustauschfläche: Lungen

Z In den Lungenbläschen (Alveolen) treten die Atemgase in das Blut ein und aus. Die Trennschicht zwischen Alveolarraum und Blut ist eine dünne Wand. Sie besteht aus Alveolarepithel und Kapillarendothel. **Z**

Die Bronchiolen enden mit sack- oder gangartigen Aufzweigungen, deren Wände aus zahlreichen Ausbuchtungen, den Lungenbläschen (**Alveolen**), bestehen (Abb. 8-8). Sie sind halbkugelig und ihr Durchmesser beträgt etwa 0,1 bis 0,2 mm bei Ausatmung (Exspiration) und 0,3 bis 0,5 mm bei Einatmung (Inspiration). Die außerordentlich dünne Wand besteht aus flachen Zellen (Alveolarepithelzellen Typ I) und von diesen umschlossenen **Blutkapillaren**. Diese feinsten Verzweigungen der Lungenarterie (Truncus pulmonalis) führen der Lunge sauerstoffarmes Blut zu (Abb. 8-6, 8-8). Die geringe Dicke der Alveolarwand erlaubt den Durchtritt von **Sauerstoff** aus den Alveolen in das Blut der Kapillaren und umgekehrt den Übertritt von **Kohlendioxid** aus dem Blut in die Alveolen (Abb. 8-8 B). Das sauerstoffreiche Blut fließt über die Lungenvenen zum linken Vorhof des Herzens (Abb. 8-6). Die Alveolen sind von einem korbartigen Geflecht elastischer Fasern umsponnen. Beim Einatmen entsteht durch den Unterdruck im Brustraum ein Sog, durch den sie sich erweitern. Beim Ausatmen verkleinern sie sich wieder. Um ein Zusammenfallen der Lungenalveolen zu verhindern, ist ihre Oberfläche mit einem Flüssigkeitsfilm (**Surfactant**) überzogen, den Alveolarepithelzellen des Typ II (Nischenzellen) bilden. Bei Frühgeburten kann die unreife Lunge noch kein Surfactant bilden, wodurch die Entfaltung der Lunge erschwert wird (Atemnotsyndrom).

Eine seröse Haut (Pleura visceralis, Lungenfell) überzieht die Oberfläche der Lunge wie auch die Innenwand des Brustkorbs und die Zwerchfelloberfläche (Pleura parietalis, Rippenfell). So entsteht zwischen Pleura visceralis und parietalis ein mit Flüssigkeit gefüllter (seröser) Spalt (**Pleuraspalt**). Die Pleuraauskleidung ermöglicht ein reibungsloses Gleiten der Lunge an Thoraxinnenwand und Zwerchfell (Abb. 8-9). Bei einer

Entzündung der Pleurablätter (Pleuritis) kann es zu Verklebungen und/oder zur Ansammlung von Flüssigkeit (Pleuraerguß) im Pleuraspalt und damit zu einer Einschränkung der Lungenbewegung kommen.

P Patienten mit eingeschränkter Atmung müssen besonders häufig und gewissenhaft beobachtet werden:
– Häufigkeit der Ein- und Ausatmung
– Verfärbung der Haut und der Hautanhangsorgane, z.B. bläuliche Färbung der Lippen und der Fingernägel
– Puls- und Blutdruckkontrolle
– Bewußtseinskontrolle. **P**

G Bei längerem Liegen kommt es bei ungenügender Atemtiefe sehr schnell zu minderbelüfteten Lungenbezirken (Atelektasen). In solchen Bereichen kann insbesondere bei verringerten Abwehrkräften eine Lungenentzündung entstehen. Pflegende können durch die kontinuierliche Umlagerung eines Patienten sowie adäquate physiotherapeutische Maßnahmen, z.B. Atemgymnastik, diesen Prozeß günstig beeinflussen. **G**

Abb. 8-8 Lungenalveolen.
A: Endaufzweigung eines Bronchiolus in dünnwandige, von Alveolen gesäumte Gänge (Ductus alveolaris).
B: Ausschnitt aus der Wand einer Alveole.

8.4 Atemmechanik: Einatmung und Ausatmung

Z Bei der Einatmung vergrößern Atemmuskeln das Volumen des Brustkorbs. Dadurch wird Luft in die Lungen gesaugt. Bei der Ausatmung verkleinern insbesondere elastische Kräfte das Volumen des Brustkorbs. Dadurch wird Atemgas aus der Lunge gepreßt. Das Atemzentrum kontrolliert Ein- und Ausatmung. **Z**

Der Körper nimmt laufend Sauerstoff aus der Umwelt auf und gibt gleichzeitig Kohlendioxid ab. Dieser Gasaustausch findet in den Lungenalveolen statt. Dazu muß das Gas in den Lungenalveolen ständig gegen die Luft der Umwelt ausgewechselt werden. Dieser Gaswechsel heißt Atmung. Bei der Atmung treten zwei Phasen in rhythmischem Wechsel auf. Während der einen wird Luft in die Lunge hineingesogen, während der anderen Atemgas aus der Lunge herausgedrückt. Dementsprechend heißt die erste Phase Einatmung (**Inspiration**) und die zweite Phase Ausatmung (**Exspiration**). Das Zentralnervensystem kontrolliert Inspiration und Exspiration. Zur Einleitung der Inspiration sendet eine Gruppe von Nervenzellen (sog. **Atemzentrum**), die im verlängerten Mark (**Medulla oblongata**) lokalisiert ist, Aktionspotentiale aus (Abb. 8-9). Diese Aktionspotentiale steigen über Nervenfasern in die Hals- und Brustsegmente des Rückenmarks ab. Dort werden sie auf weitere Nervenzellen übertragen und gelangen schließlich über die Fasern dieser Nervenzellen im Zwerchfellnerv (N. phrenicus) und in den Zwischenrippennerven (N. intercostalis) zur Atemmuskulatur (Zwerchfell und Zwischenrippenmuskeln). Die einlaufenden Aktionspotentiale verkürzen die Atemmuskeln. Dabei flacht das Zwerchfell ab, die Rippen heben sich und der Brustkorb (Thorax) weitet

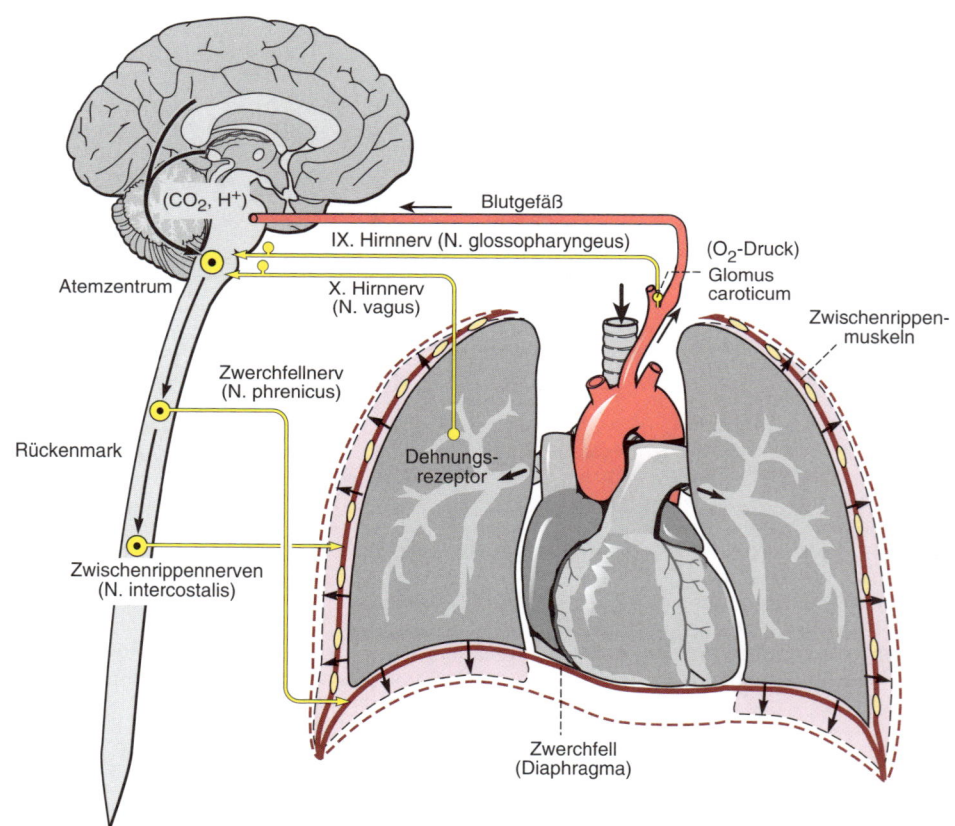

Abb. 8-9 Atemmechanik und Regelung des Atemzeitvolumens. Durch Nervenimpulse, die vom Atemzentrum zum Rückenmark absteigen und von dort über den Zwerchfellnerven (N. phrenicus) zum Zwerchfell und über die Zwischenrippennerven (N. intercostalis) zu den Zwischenrippenmuskeln laufen, wird der Thorax erweitert und dadurch das Volumen der Lunge vergrößert (Pfeile; Einatmung). Die Lungendehnung bei der Einatmung wird durch Dehnungsrezeptoren gemessen und durch eine Rückkopplung über den N. vagus kontrolliert. Das Atemzeitvolumen kann durch Nervenimpulse aus übergeordneten Hirnstrukturen, den Sauerstoff (O_2) im Blut (Glomus caroticum) sowie durch das Kohlendioxid (CO_2) und die Wasserstoffionen (H^+) im Blut (Atemzentrum) beeinflußt werden.

sich (Abb. 8-9). Diese Erweiterung des Brustkorbs wird durch eine Rückkopplung begrenzt. Sie beginnt an Dehnungsrezeptoren der Lunge, steigt über Fasern des N. vagus auf und hemmt die Nervenzellen des Atemzentrums.

Mit der Erweiterung des Brustkorbs geht eine Dehnung der Lunge einher, weil beide Pleurablätter dicht aufeinander liegen. Da sie nur durch eine dünne, nicht dehnbare Flüssigkeitsschicht voneinander getrennt sind, müssen die Lungen den Bewegungen des knöchernen Brustkorbs folgen.

> **K** Aufgrund ihrer elastischen Spannung fallen die Lungen in sich zusammen, wenn der Pleuraspalt von außen (Stichverletzung) oder von innen (Platzen von Lungenbläschen) eröffnet wird. Ein solcher Lufteinstrom in den Pleuraspalt mit Kollaps der Lunge heißt Pneumothorax. Ein **Pneumothorax** kann zu lebensbedrohlichen Situationen führen. **K**

Mit der Erweiterung der Lunge sinkt der Gasdruck in den Luftwegen und in den Alveolen unter den Luftdruck in der Körperumgebung ab. Durch diesen Unterdruck wird so lange Luft aus der Umwelt in die Lunge gesaugt, bis ein Druckausgleich zwischen Lunge und Umwelt hergestellt ist.

Die Entladungsfrequenz der Nervenzellen weist im Atemzentrum periodische Schwankungen auf. Nimmt die Frequenz der Aktionspotentiale, die zu Zwerchfell und Zwischenrippenmuskeln fließen, nach der Einatmung (u.a. durch einen hemmenden Einfluß der Dehnungsrezeptoren in der Lunge) wieder ab, so erschlafft die Inspirationsmuskulatur. Damit können elastische Rückstellkräfte in der Wand des Brustkorbs und im Lungengewebe wirksam werden, die den Thorax wiederum verengen (Abb. 8-9). Dadurch verkleinert sich das Volumen der Lunge, und der Gasdruck steigt über den Luftdruck in der Körperumgebung an. Dieser Überdruck preßt Atemgas aus der Lunge in die Umwelt (Exspiration). Bei einer verstärkten Exspiration werden zusätzlich zu den elastischen Rückstellkräften, die ohne Muskelverkürzungen wirksam sind, aktive Muskelkontraktionen eingesetzt, die zu einer Verkleinerung des Thoraxvolumens führen. Die Muskelverkürzungen, die die Exspiration unterstützen, kontrolliert ebenfalls das Atemzentrum.

Die Druck- und Volumenveränderungen, die bei Ein- und Ausatmung im Pleuraspalt bzw. in der Lunge auftreten, stellt Abb. 8-10 dar. Die obere Kurve veranschaulicht zunächst die Schwankungen des Drucks im Pleuraspalt während einer In- und Exspiration. Die mittlere Kurve beschreibt den gleichzeitigen Druckverlauf in der Lunge. Da die Lunge der Thoraxerweiterung in der Einatmungsphase folgt, sinkt der Druck in der Lunge zu Beginn der Inspiration ab. Dadurch entwickelt sich eine Druckdifferenz zur Außenluft, die zum Lufteinstrom in die Lunge führt. Das dabei geförderte Atemvolumen ist in der unteren Kurve dargestellt. Der Lufteinstrom in die Lunge bei Ein-

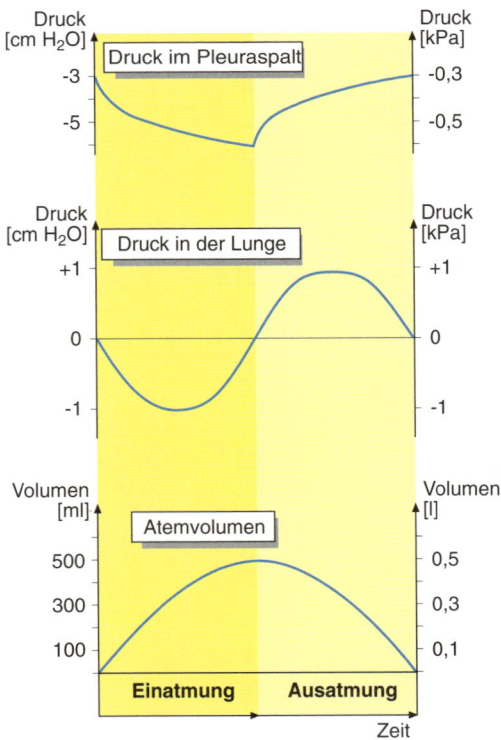

Abb. 8-10 Druck im Pleuraspalt, Druck in der Lunge und Atemvolumen während Ein- und Ausatmung bei normaler Ruheatmung.

atmung setzt sich so lange fort, bis Innen- und Außendruck wieder gleich groß sind. Bei der Exspiration kehren sich die beschriebenen Verhältnisse entsprechend um.

> K Bei unzureichender Spontanatmung oder Atemstillstand muß **künstlich beatmet** werden. Dazu werden folgende Methoden herangezogen:
> – rhythmische Kompression des Thorax: Ausatmung durch Kompression; Einatmung durch Entfaltung der Lunge bei Wiederausdehnung des Thorax. Als Maßnahme der Ersthilfe wird diese Methode nicht mehr angewandt.
> – rhythmische Zufuhr von Luft oder Sauerstoff mit Apparaten oder durch Atemspende (**Mund-zu-Mund-** oder **Mund-zu-Nase-Beatmung**): Einatmung durch Entfaltung der Lunge mit Hilfe von Überdruck in den Atemwegen; Ausatmung durch Entdehnung der Lunge bei Wiederrückstellung von Thorax und Zwerchfell. Vorzugsweise erfolgt die Druckbeatmung zunächst mit Maske und Atembeutel, bis die Einführung eines Atemtubus in die Trachea (endotracheale Intubation) erfolgt ist. Nur durch die endotracheale **Intubation** wird ein zuverlässiges Freihalten der Atemwege, eine sichere Zufuhr von Sauerstoff und ein Schutz vor Aspiration von Mageninhalt in die Lunge gewährleistet. K

Das Volumen des Atemgases bei einer normalen Ein- und Ausatmung beträgt etwa 0,5 Liter (Atemzugvolumen; Abb. 8-11). Darüber hinaus kann bei maximaler Inspiration das inspiratorische Reservevolumen eingeatmet und bei maximaler Exspiration das exspiratorische Reservevolumen ausgeatmet werden. Die Summe aus Atemzugvolumen, inspiratorischem und exspiratorischem Reservevolumen heißt **Vitalkapazität**. Auch nach maximaler Exspiration bleibt in der Lunge noch ein Restvolumen zurück, das sog. Residualvolumen. **Residualvolumen** und Vitalkapazität ergeben die **Totalkapazität**, also dasjenige Volumen, das sich nach einer maximalen Inspiration in der Lunge befindet. In der Lungenfunktionsdiagnostik werden einzeln meßbare Volumina als „Volumina" und zusammengesetzte Volumina als „Kapazitäten" bezeichnet.

Durch den periodischen Wechsel von Inspiration und Exspiration bleibt der Sauerstoffgehalt und damit auch der Sauerstoffdruck (pO_2) in den Lungenalveolen höher als im venösen, der Lunge zufließenden Blut (Abb. 8-12). Dies ist eine wesentliche Voraussetzung für die Aufnahme des Sauerstoffs in das Blut (Diffusionsprozeß). Die treibenden Kräfte ergeben sich bei diesem Diffusionsprozeß aus der Sauerstoffdruckdifferenz zwischen Lungenalveole und Lungenkapillare.

Abb. 8-11 Einteilung der Atemvolumina und Atemkapazitäten.

8 ATMUNG

Atemmechanik: Einatmung und Ausatmung 8.4

Abb. 8-12 Aufnahme und Transport von Sauerstoff. Der aus der Luft über die Lungenalveolen in das Blut aufgenommene Sauerstoff (O_2) gelangt in die Erythrozyten. Dort wird er an Hämoglobin (Hb) gebunden (HbO_2). Die Erythrozyten werden mit dem Blutkreislauf im Organismus, z.B. im Gehirn, verteilt. Im Gewebe wird der Sauerstoff aus der Bindung an das Hämoglobin freigesetzt und tritt aus den Blutkapillaren in das Gewebe über. Der Sauerstoffgehalt ($[O_2]$), der Sauerstoffdruck (pO_2) und die Sauerstoffsättigung des Hämoglobins sind für die verschiedenen Abschnitte des Weges angegeben. atm = atmosphärisch = in der Luft; alv = alveolär = in den Lungenalveolen; art und ven = arteriell und venös = im arteriellen und venösen Blut.

Ü Legen Sie Ihre Hände seitlich auf den Thorax. Spüren Sie die Bewegungsrichtungen des Thorax bei Ein- und Ausatmung. Hören Sie mit einem Stethoskop an verschiedenen Stellen des Brustkorbs die Lungen ab und nehmen Sie dabei als schwaches Rauschen das Entfaltungsgeräusch der Lungenbläschen wahr (vesikuläres Atemgeräusch).

P Zeichen von Atemnot sind Nasenflügelatmung, Einziehungen, Unruhe, Schwitzen, Angst und ein blasses bis zyanotisches Hautkolorit. Der Einsatz der Atemhilfsmuskulatur ist bei der Atemnot zu beobachten.
Bei der Beatmung eines Patienten stehen die Maßnahmen zur Behandlung von pulmonalen Störungen im Vordergrund. Während aller notwendigen Pflegemaßnahmen sollte bedacht werden, daß die Beatmungstherapie eine große physische und psychische Belastung für den Patienten darstellt. **P**

8.5 Sauerstoffaufnahme

Z Sauerstoff bewegt sich vom Ort des höheren zum Ort des niedrigeren Sauerstoffdrucks. Auf diese Weise gelangt er aus der Lungenalveole in das Blut und in das Gewebe. Der im Blut transportierte Sauerstoff erreicht erst durch Anlagerung an das Hämoglobin in den Erythrozyten die Menge, die der Körper benötigt. **Z**

Der Organismus nimmt aus der Umwelt Nährstoffe auf. Sie dienen den Zellen des Körpers zur Energiegewinnung. Dieser Zellstoffwechsel benötigt in der Regel Sauerstoff (O_2). Um diese „oxidativen Prozesse" aufrechtzuerhalten, ist die zusätzliche Aufnahme von Sauerstoff aus der Umwelt notwendig. Während der Körper Nährstoffe speichert, besteht diese Möglichkeit beim Sauerstoff nicht. Deshalb muß der Körper ständig Sauerstoff aufnehmen und mit dem Blutkreislauf im Organismus verteilen.

Der **Sauerstoff** tritt aus den Lungenalveolen in die **Lungenkapillaren** über (Abb. 8-12). Zwischen den Alveolen und dem zur Lunge fließenden (venösen) Blut besteht ein unterschiedlicher Sauerstoffdruck. Diese Druckdifferenz ist die treibende Kraft für die Bewegung (**Diffusion**) des Sauerstoffs aus den Alveolen in das Blut. Die Fließzeit des Blutes entlang der alveolären Austauschfläche ist so lang, daß sich bei dem Durchfluß des Blutes durch die Lunge ein Gleichgewicht im Sauerstoffdruck zwischen Alveole und dem aus der Lunge abfließenden (arteriellen) Blut einstellt. Somit enthält das Blut schließlich (physikalisch) gelösten Sauerstoff.

Die Menge des im Blut gelösten Sauerstoffs ist sehr gering (0,3 ml pro 100 ml Blut). Sie reicht nicht aus, um den Bedarf der Körperzellen zu decken. Daher ist ein weiterer Prozeß der Sauerstoffaufnahme in das Blut notwendig. Dabei spielt der rote Blutfarbstoff (**Hämoglobin**) der roten Blutkörperchen (Erythrozyten) eine besondere Rolle (Abb. 8-12). Zunächst gelangt der Sauerstoff aus dem Blutplasma aufgrund eines Sauerstoffdruckunterschieds durch Diffusion in die Erythrozyten. Dort verbindet er sich mit dem Hämoglobin. Da gebundener Sauerstoff keinen Druck mehr erzeugt, bleibt der Unterschied im Sauerstoffdruck zunächst bestehen, und es diffundiert so lange Sauerstoff in die Erythrozyten, bis das Bindungsvermögen des Hämoglobins ausgeschöpft ist. Dabei wird im Bereich der Lunge das Hämoglobin nahezu 100%ig mit Sauerstoff gesättigt. Insgesamt hängt die Menge des an Hämoglobin gebundenen Sauerstoffs vom Sauerstoffdruck der Lungenalveolen, des Blutplasmas und der Erythrozyten ab. Dabei besteht eine S-förmige Beziehung zwischen Sauerstoffkonzentration im Blut bzw. Sauerstoffsättigung des Hämoglobins und dem Sauerstoffdruck. Diese sog. S-förmige **Sauerstoffbindungskurve** zeigt Abb. 8-13. Mit Hilfe des Hämoglobins steigt die Transportkapazität für Sauerstoff im Blut erheblich. Sie erreicht einen Wert von 20 ml Sauerstoff pro 100 ml Blut (vgl. Abb. 8-12).

Sinkt der Sauerstoffdruck in der Umgebung des Blutes und damit die Sauerstoffsättigung des Hämoglobins in den Erythrozyten ab, wie es z.B. in sauerstoffverbrauchenden Geweben der Fall ist (Pfeil 1 in Abb. 8-13), so wird Sauerstoff freigesetzt. Die Menge des abgegebenen Sauerstoffs wird dabei durch den Verlauf der Sauerstoffbindungskurve bestimmt (Pfeil 2 in Abb. 8-13). Stoffwechselendprodukte, wie **Kohlendioxid**, setzen die Bindungsfähigkeit des Hämoglobins für Sauerstoff herab (Bohr-Effekt). So verläuft in Geweben, in denen durch den Stoffwechsel Kohlendioxid entsteht, die Sauerstoffbindungskurve flacher (Abb. 8-13). Dadurch wird dort (beim selben Sauerstoffdruck) weniger Sauerstoff vom Blut gebunden, d.h. mehr abgegeben (Pfeil 3 in Abb. 8-13) als in der Lunge, wo der Koh-

8 ATMUNG

Kohlendioxidabgabe 8.6

Abb. 8-13 Sauerstoff-(O_2-)Bindungskurve des Blutes. Mit steigendem Sauerstoffdruck in der Lunge (horizontale Skala, Abszisse) nehmen die Sauerstoffkonzentration im Blut und die Sauerstoffsättigung des Hämoglobins (vertikale Skalen, Ordinaten) mit S-förmigem Verlauf zu. Gelangt Blut mit hohem Sauerstoffgehalt und entsprechend hoher Sauerstoffsättigung des Hämoglobins in ein Gewebe mit geringerem Sauerstoffdruck (Pfeil 1), so wird Sauerstoff aus dem Blut freigesetzt (Pfeil 2). Bei erhöhtem Kohlendioxiddruck (pCO_2) verläuft die Sauerstoffbindungskurve flacher. Dementsprechend wird zusätzlich Sauerstoff abgegeben (Pfeil 3).

lendioxiddruck gering ist. Bei der Abgabe des Sauerstoffs aus den Erythrozyten in das Blutplasma und von dort in das Gewebe verlaufen die für die „Sauerstoffbeladung des Blutes" in der Lunge beschriebenen Prozesse in umgekehrter Reihenfolge.

Die Menge an Sauerstoff, die von der Lunge zur Aufnahme in das Blut bereitgestellt werden muß, hängt vom Sauerstoffbedarf in den Geweben des Körpers ab. So steigt z.B. der Sauerstoffverbrauch im Muskel bei körperlicher Arbeit an. Diese Erhöhung des **Sauerstoffbedarfs** erfordert einen vermehrten Transport und damit eine größere Bereitstellung von Sauerstoff in den Lungenalveolen. Dies wird dadurch erreicht, daß über die Hirnstrukturen, die z.B. die Muskeltätigkeit veranlassen, die Atmung gesteigert wird (vgl. Abb. 8-9). Dabei nimmt sowohl die Tiefe des einzelnen Atemzuges (Atemzugvolumen) als auch die Wiederholung der Atemzüge (Atemfrequenz) zu. Das Atemzeitvolumen oder, auf eine Minute bezogen, das **Atemminutenvolumen** (Atemzugvolumen × Atemfrequenz/Minute) steigt an. Auf diese Weise passen sich Sauerstoffverbrauch im Organismus und Sauerstoffbereitstellung in den Lungenalveolen schon bei Beginn einer Leistungssteigerung einander an.

Ein weiterer Mechanismus sorgt dafür, daß der Sauerstoffgehalt des Blutes nicht kritisch absinkt. Spezielle Rezeptoren (sog. **Chemorezeptoren**), die sich im Glomus caroticum an der Teilungsstelle der A. carotis communis befinden, messen laufend den Sauerstoffdruck des Blutes (vgl. Abb. 8-9). Der N. glossopharyngeus leitet das Meßergebnis dem Atemzentrum zu. Bei einem verminderten Sauerstoffdruck im Blut wird auf diesem Wege der Atemantrieb und damit das Atemminutenvolumen gesteigert. So steigt der Sauerstoffdruck im Blut wieder an.

> **P** Sauerstoff ist ein Medikament mit erheblichen Nebenwirkungen. Es bedarf, wie alle Medikamente, einer ärztlichen Verordnung über die Dosierung und Anwendung. In Notfallsituationen sollte eine großzügige Sauerstoffinsufflation erfolgen. Sauerstoff muß stets angefeuchtet verabreicht werden (Ausnahme in Notfallsituationen!). **P**

8.6 Kohlendioxidabgabe

> **Z** Kohlendioxid bewegt sich vom Ort des höheren zum Ort des niedrigeren Kohlendioxiddruckes. Auf diese Weise gelangt es aus dem Gewebe in das Blut und von dort in die Lungenalveolen. Kohlendioxid lagert sich in den Erythrozyten teilweise an Hämoglobin an. **Z**

Bei den Stoffwechselvorgängen in den Körperzellen entsteht als Endprodukt Kohlendioxid. Dieses Kohlendioxid muß entsorgt werden, weil eine Anreicherung zu einer Säuerung der Gewebe und schließlich zu einer eingeschränkten Funktion der Zellen führt.

Bei den Prozessen des Zellstoffwechsels bildet sich laufend Kohlendioxid. Dadurch stellt sich in den Zellen ein höherer Kohlendioxiddruck ein als in den Blutkapillaren (Abb. 8-14). Diesem Druckgefälle entspre-

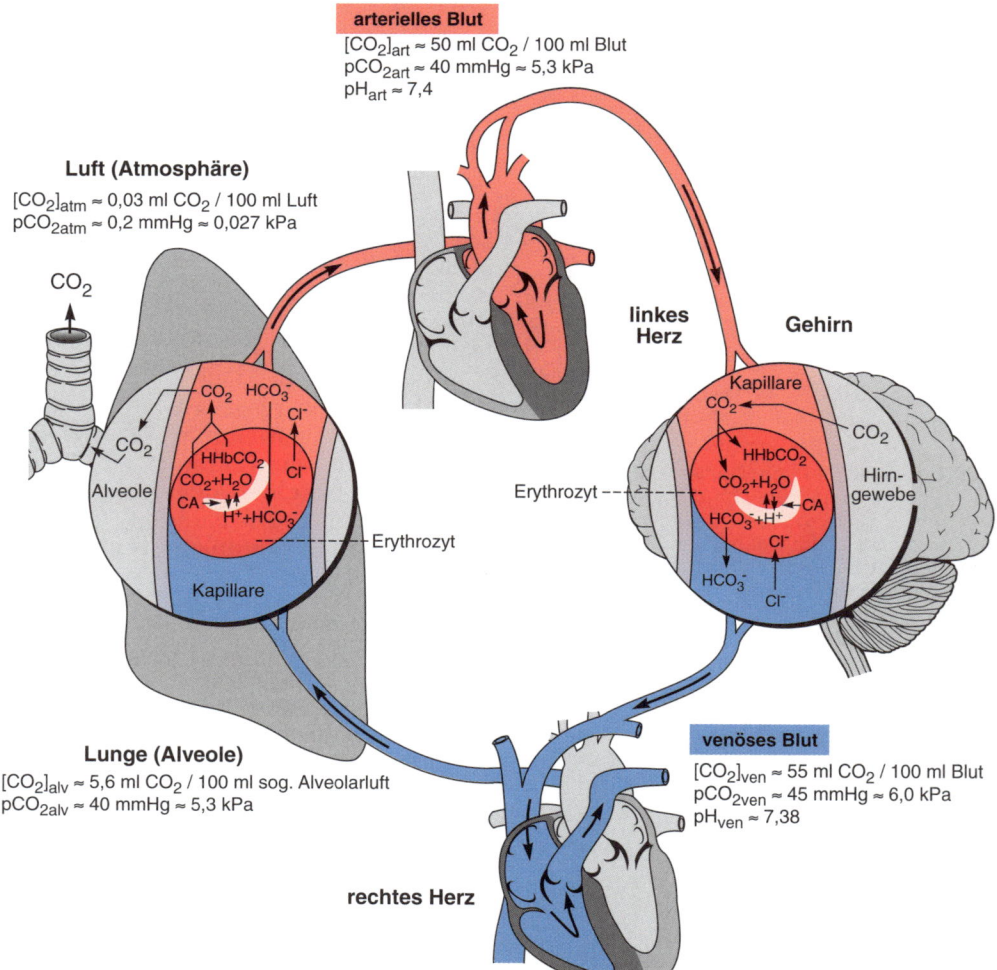

Abb. 8-14 Transport und Abgabe von Kohlendioxid. Das aus dem Gewebe, z.B. des Gehirns, in das Blut gelangte Kohlendioxid (CO_2) tritt in die Erythrozyten über. Dort wird es zum einen an das Hämoglobin (Hb) gebunden ($HHbCO_2$). Zum anderen entstehen unter Hinzuziehung von Wasser (H_2O) schließlich Bicarbonat (HCO_3^-) und Wasserstoffionen (H^+). Dieser Vorgang wird durch das Enzym Carboanhydrase (CA) beschleunigt. Das Bicarbonat in den Erythrozyten wird gegen Chlorid (Cl^-) ausgetauscht. Die Erythrozyten werden mit dem Blutkreislauf im Organismus verteilt und gelangen zur Lunge. In der Lunge wird das Kohlendioxid freigesetzt (Umkehrung der zwischen Blut und Gewebe abgelaufenen Vorgänge). Nach Übertritt in die Lungenalveolen wird es in die Umwelt „abgeatmet". Der Kohlendioxidgehalt ($[CO_2]$), der Kohlendioxiddruck (pCO_2) und der pH-Wert sind für die verschiedenen Abschnitte des Weges angegeben.
atm = atmosphärisch = in der Luft;
alv = alveolär = in den Lungenalveolen;
art und ven = arteriell und venös = im arteriellen und venösen Blut.

chend diffundiert Kohlendioxid in das **Blutplasma**. Die Fließzeit des Blutes an den Zellen ist so lang, daß sich beim Durchfluß durch die Kapillaren ein Gleichgewicht im Kohlendioxiddruck zwischen den Zellen und dem zur Lunge fließenden venösen Blut einstellt. Schließlich ist also Kohlendioxid im Blut gelöst. Die Menge dieses im Blut transportierten Kohlendioxids ist gering und reicht für eine Entsorgung der Gewebe nicht aus (ca. 3 ml pro 100 ml Blut). Weitere Vorgänge unterstützen deshalb den Kohlendioxidtransport. Das im Blutplasma gelöste Kohlendioxid diffundiert dem Druckgefälle entsprechend in die **Erythrozyten**. Dort geht es zum einen eine Bindung mit Hämoglobin ein (HHbCO$_2$, Carbaminohämoglobin), zum anderen verbindet es sich mit Wasser zu Kohlensäure, die im weiteren in Bicarbonat (HCO$_3^-$) und Wasserstoffionen (H$^+$) zerfällt. Diesen Vorgang beschleunigt (katalysiert) das Enzym Carboanhydrase. Ein Teil des HCO$_3^-$ wird über die Membran der Erythrozyten gegen Chloridionen (Cl$^-$) ausgetauscht.

Das Gesamtvolumen an Kohlendioxid, das vom Blut aufgenommen wird, hängt vom Kohlendioxiddruck in der Umgebung des Blutes ab. Daraus ergibt sich die **Kohlendioxidbindungskurve** (Abb. 8-15). Bei einem Druck von 45 mmHg beträgt die vom Blut transportierte Kohlendioxidmenge 55 ml pro 100 ml Blut (Abb. 8-14).

Sinkt der Kohlendioxiddruck in der Umgebung des Blutes ab, wie es beim Durchfluß des Blutes durch die Lunge der Fall ist (Pfeil 1 in Abb. 8-15), so wird Kohlendioxid entsprechend der Kohlendioxidbindungskurve aus dem Blut freigesetzt (Pfeil 2 in Abb. 8-15). Die Aufnahme von Sauerstoff verstärkt diesen Vorgang. Daher verläuft die Kohlendioxidbindungskurve flacher (Pfeil 3 in Abb. 8-15; Christiansen-Douglas-Haldane-Effekt). Bei der Abgabe des Kohlendioxids aus den verschiedenen Transportformen in die Lungenalveole verlaufen die für die „Kohlendioxidbeladung des Blutes" im Gewebe beschriebenen Prozesse in umgekehrter Reihenfolge.

Zusammenfassend kann festgestellt werden, daß beim Transport im Blut verschiedene Wechselwirkungen zwischen den Atemgasen Sauerstoff und Kohlendioxid bestehen:

– In der Lunge wird die Abgabe von Kohlendioxid in die Alveolen durch die Aufnahme von Sauerstoff in das Blut (Pfeil 3 in Abb. 8-15) und die Aufnahme von Sauerstoff durch die Abgabe von Kohlendioxid (umgekehrte Richtung des Pfeils 3 in Abb. 8-13) begünstigt.
– Im Gewebe wird die Abgabe von Sauerstoff aus dem Blut durch die Aufnahme von Kohlendioxid aus den Zellen (Pfeil 3 in Abb. 8-13) und die Aufnahme von Kohlendioxid durch die Abgabe von Sauerstoff (umgekehrte Richtung des Pfeils 3 in Abb. 8-15) verstärkt.

Abb. 8-15 Kohlendioxid-(CO$_2$-)Bindungskurve des Blutes. Mit steigendem Kohlendioxiddruck im Gewebe (horizontale Skala, Abszisse) nimmt die Kohlendioxidkonzentration im Blut (vertikale Skala, Ordinate) zu. Gelangt Blut mit hohem Kohlendioxidgehalt in die Lunge mit geringem Kohlendioxiddruck (Pfeil 1), so wird Kohlendioxid aus dem Blut freigesetzt (Pfeil 2). Bei erhöhtem Sauerstoffdruck (pO$_2$) verläuft die CO$_2$-Bindungskurve flacher. Dementsprechend wird zusätzlich Kohlendioxid abgegeben (Pfeil 3).

Das Volumen an Kohlendioxid, das über die Lunge abgegeben werden muß, hängt von der Höhe des Stoffwechsels im Körper ab. So steigt z.B. bei Muskeltätigkeit die Kohlendioxidproduktion in den Geweben an und damit die Menge an Kohlendioxid, die zur Lunge transportiert wird. Demzufolge wird über die Atmung vermehrt Kohlendioxid ausgeschieden. Das wird einerseits dadurch erreicht, daß über Hirnstrukturen, die z.B. die Muskeltätigkeit veranlassen, das Atemminutenvolumen gesteigert wird (vgl. Abb. 8-9). Andererseits ergibt sich ein weiterer „Atemantrieb" aus einem erhöhten Kohlendioxiddruck im Blut. Dazu müssen spezielle Rezeptoren des Atemzentrums den Kohlendioxiddruck des Blutes (sog. **Chemorezeptoren**) laufend messen (vgl. Abb. 8-9). Das Meßergebnis wird den für die Atemmechanik verantwortlichen Nervenzellen zugeleitet, die dann das Atemminutenvolumen steigern.

8.7 Aufgabe der Atmung im Säure-Basen-Haushalt

> **Z** Die Atmung kann einer Ansäuerung des Gewebes (Anstieg der Wasserstoffionenkonzentration) und einer Alkalisierung (Abfall der Wasserstoffionenkonzentration) entgegenwirken. Dabei spielt die Verbindung von Wasserstoffionen mit Bicarbonat zu Kohlensäure und deren Zerfall in Wasser und Kohlendioxid eine entscheidende Rolle. Je nach Lage kann Kohlendioxid vermehrt oder vermindert abgeatmet werden. **Z**

Eine Entsorgung der Körpergewebe von Kohlendioxid ist notwendig, um eine Ansäuerung des Gewebes (Anstieg der H-Ionen-Konzentration) und damit eine Einschränkung des zellulären Stoffwechsels zu verhindern. Darüber hinaus ist Kohlendioxid auch bei den Vorgängen von Bedeutung, die einer basischen Reaktion, d.h. einer Alkalisierung des Gewebes (Abfall der H-Ionen-Konzentration), entgegenwirken (siehe folgende Gleichung):

$$CO_2 + H_2O \Leftrightarrow H_2CO_3 \Leftrightarrow HCO_3^- + H^+$$

- Bei einer **Ansäuerung**, d.h. bei einem Anstieg der H-Ionen-Konzentration im Gewebe, verbinden sich die H-Ionen mit Bicarbonat (HCO_3^-) zu Kohlensäure (H_2CO_3). Die Kohlensäure zerfällt in Kohlendioxid (CO_2) und Wasser (H_2O). In der obigen Gleichung erfolgt also eine Verschiebung zur linken Seite. Da das entstandene CO_2 leicht über die Lunge abgegeben werden kann, läßt sich so ein Anstieg der H-Ionen-Konzentration „abpuffern".
- Bei einer **Alkalisierung**, d.h. bei einer Abnahme der H-Ionen-Konzentration im Gewebe, verlaufen die Vorgänge durch eine Verminderung der CO_2-Abgabe und damit durch einen „Rückstau" von CO_2 in umgekehrter Richtung. In der obigen Gleichung erfolgt also eine Verschiebung zur rechten Seite. Damit wird die H-Ionen-Konzentration angehoben.

Zu den Pufferungsvorgängen trägt die Niere über eine Einstellung der Bicarbonatkonzentration entscheidend bei (s. Kap. 10 „Nierensystem und Wasserhaushalt", Abb. 10-12).

> **P** Die normale Atmung erfolgt regelmäßig und gleichmäßig tief. Eine gezielte Atembeobachtung umfaßt die Beurteilung von Atemfrequenz, Atemrhythmus, Atemtyp, Atemgeräusch, Atemgeruch, Beobachtung von Husten und Sputum sowie die Beurteilung des Hautkolorits und der psychischen Verfassung (Schwitzen, Unruhe etc.) des Patienten.
>
> Patienten mit Atemstörungen müssen engmaschig beobachtet werden.
>
> Atemerleichternde Pflegemaßnahmen wie Befeuchtung der Atemluft, atemunterstützende Lagerungen, atemstimulierende Einreibungen, Atemübungen, Maßnahmen zur Lösung und Entfernung von Sekreten sowie unterstützende Maßnahmen bei Abhusten von Sekreten sind eine große Hilfe für den Patienten. **P**

Lernkontrolle

1. Beschreiben Sie den Weg eines Sauerstoffmoleküls von der Nase bis zur Alveole.
2. Erläutern Sie die Funktionen des Kehlkopfes.
3. Nennen Sie einige Faktoren, die den Ablauf der Inspiration und Exspiration beeinflussen können.
4. Definieren Sie die Begriffe „Vitalkapazität" und „Atemminutenvolumen".
5. Skizzieren Sie den Aufbau der Alveolarwand und bezeichnen Sie die Strukturen zwischen dem Luftraum der Alveole und einem roten Blutkörperchen.
6. Wovon ist abhängig, wieviel Sauerstoff in die roten Blutkörperchen aufgenommen wird?
7. Was versteht man unter mukoziliarer Clearance?
8. Warum gelangen aspirierte Fremdkörper eher in den rechten als in den linken Hauptbronchus?

Auflösung des Fallbeispiels

▲ Chronische Bronchitis

Krankheitsbild: Als Bronchitis bezeichnet man eine Entzündung der Bronchialschleimhaut. Dabei grenzt man die akute Bronchitis gegen die chronische Bronchitis ab. Der akuten Bronchitis, die häufig von einer Entzündung der Schleimhäute in Kehlkopf und Luftröhre begleitet wird, liegt oft eine Erkältung zugrunde; sie kann aber auch durch chemische Reize (Einatmen von Zigarettenrauch!) hervorgerufen werden oder als Begleiterkrankung anderer Erkrankungen auftreten.

Ursachen: Die Zilien des Bronchialsystems transportieren den Schleim und Fremdpartikel aus dem Bronchialsystem binnen 30 Minuten oralwärts. Dieser Prozeß der mukoziliaren Clearance kann in vielfacher Weise gestört werden. Eine führende Rolle spielt dabei das inhalative Zigarettenrauchen, das die Klärfunktion um die Hälfte reduziert. Allgemeine Umwelteinflüsse (Stäube, Gase) beeinträchtigen ebenfalls die mukoziliare Clearance. Mit anhaltender Irritation der Bronchialschleimhaut entwickelt sich eine chronische Entzündung, die stufenweise zu einer Umwandlung des Epithels führt. Das veränderte Epithel produziert einen sehr zähen Schleim, der nicht nur den Atemgasaustausch behindert und einigen Bakterien als optimaler Nährboden dient, sondern auch von den verbliebenen Zilien nur langsam oralwärts fortbewegt werden kann.

Vorkommen und Häufigkeit: Die chronische Bronchitis ist eine der häufigsten Erkrankungen. In den alten Ländern der Bundesrepublik Deutschland leiden rund 20% aller Menschen darunter; die Relation Männer zu Frauen beträgt annähernd 3:1. In der Gruppe der Raucherinnen und Raucher haben jeweils rund 50% eine chronische Bronchitis. Nach den Ergebnissen der amtlichen Todesursachenstatistik in Deutschland sterben jährlich etwa 12 000 Menschen an den Folgen einer Bronchitis.

Diagnostik: Die entscheidenden Hinweise auf eine chronische Bronchitis ergeben sich aus der Anamnese des Patienten (Rauchen) und den aktuellen Symptomen (Husten, Auswurf, Atemnot). In der klinischen Diagnostik stehen Röntgenuntersuchung, die Lungenfunktionsprüfung und die Analyse der Blutgase im Vordergrund.

Therapie: Ohne Verzicht auf das Rauchen verschlechtert sich das Krankheitsbild zunehmend und führt letztlich zu Lungen- oder Herzversagen. Ziel der Therapie ist es vor allem, die Bronchien zu erweitern und die Klärfunktion für den Bronchialschleim zu verbessern. Weiter können eine phasenweise Überdruckbeatmung, eine Sauerstofftherapie und die Gabe von Medikamenten günstig wirken.

KREISLAUF

9

Herz und Gefäße sorgen für den Kreislauf des Blutes. Mit ihm werden Nährstoffe, Sauerstoff und andere Moleküle wie Hormone und Antikörper im Organismus verteilt.

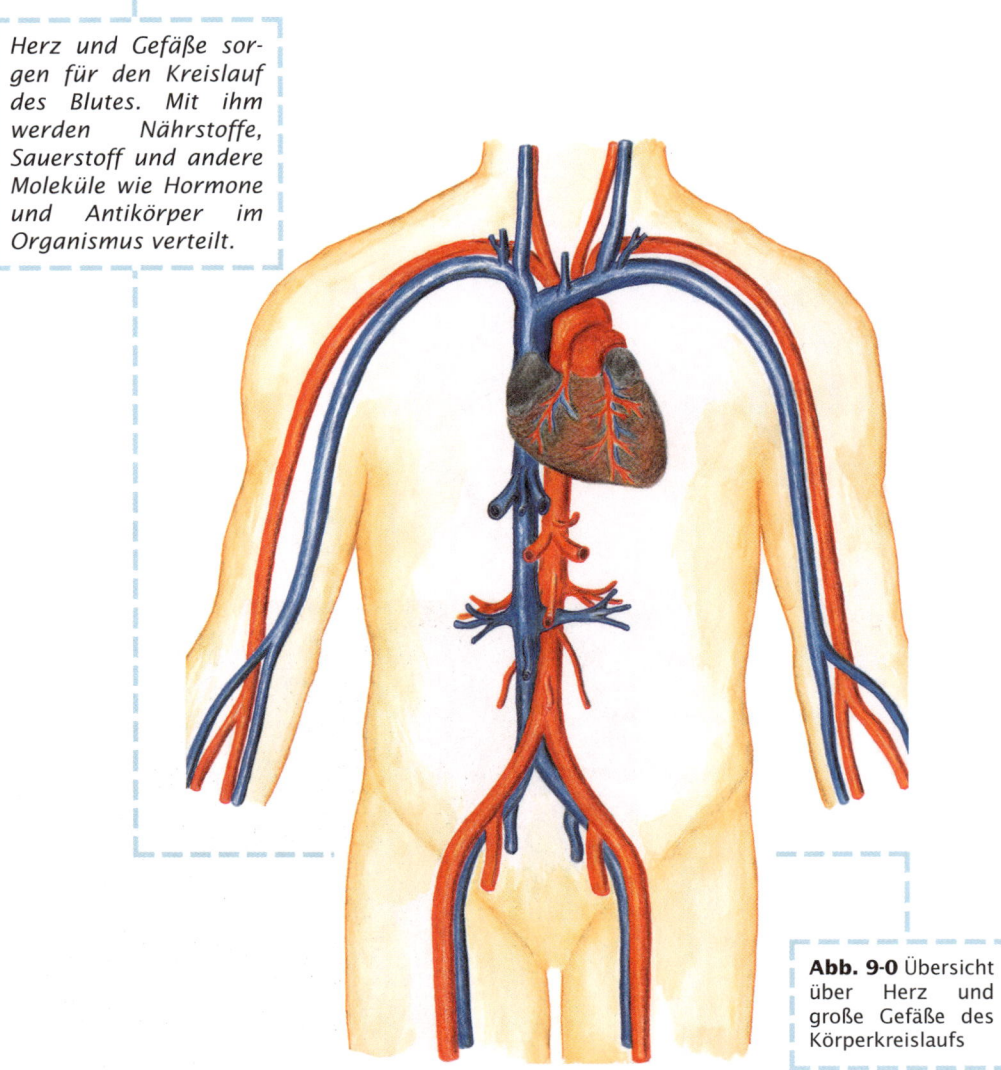

Abb. 9-0 Übersicht über Herz und große Gefäße des Körperkreislaufs

Fallbeispiel

Bei einem 56jährigen Patienten kam es in den letzten Monaten zu einer zunehmenden Einschränkung seiner körperlichen Leistungsfähigkeit, wobei zunächst bei stärkeren körperlichen Anstrengungen, später bei relativ geringen körperlichen Betätigungen Luftnot auftrat. Weiterhin bestand ein zum Teil belastungsabhängiges Druckgefühl in der Herzgegend. Seit drei Wochen, zuerst in größeren Abständen, dann täglich, Auftreten von nächtlichen Anfällen von Atemnot, die sich nach Aufsetzen oder Umhergehen besserten. In den letzten zwei Wochen zunehmende Unruhe, Schlaflosigkeit und Schweißausbrüche. Drei Tage vor Einlieferung ins Krankenhaus rasch zunehmende und jetzt auch in Ruhe auftretende Atemnot, schweres Krankheitsgefühl.

Bei der Aufnahmeuntersuchung ergaben sich unter anderem folgende Befunde: erhebliche Beschleunigung der Schlagfrequenz des Herzens (Tachykardie) auf 144/min. mit Arrhythmie, Rasselgeräusche beim Abhören der Lunge als Zeichen einer Lungenstauung. Das Röntgenbild des Thorax zeigte ein deutlich vergrößertes Herz.

Diagnose und Therapie s. S. 331.

9 KREISLAUF

Struktur und Funktionsprinzip 9.1

9.1 Struktur und Funktionsprinzip

> Das Herz pumpt über die Arterien die gesamte Blutmenge in die Organe des Körpers. Über die Venen fließt das Blut zum Herzen zurück. Unterschiedliche Blutdruckwerte in Arterien und Venen gewährleisten die Organdurchblutung. So werden alle Körperzellen ununterbrochen z.B. mit Sauerstoff und Nährstoffen versorgt.

Der grundsätzliche Aufbau des Kreislaufs ist anhand der Abb. 9-1 beschrieben. Vom Verdauungstrakt (**Magen-Darmtrakt**) aus, in dem Nährstoffe aufgenommen werden, fließt das Blut zum Herzen. Gefäße, in denen Blut in Richtung Herz fließt, werden als Venen, in denen Blut vom Herzen wegfließt, als Arterien bezeichnet.

Das **Herz** ist fast symmetrisch aufgebaut. Es wird durch eine Scheidewand (Septum) in eine rechte und eine linke Hälfte unterteilt. Das Blut gelangt zunächst zum rechten Herzen. Von dort strömt es über ein wegführendes Gefäß (Lungenarterie) zur Sauerstoffaufnahme in die **Lunge**. Das nun zusätzlich mit Sauerstoff beladene Blut fließt in den Lungenvenen zum linken Herzen. Dieses verläßt es über die Körperarterien und strömt dann in alle Organe des Körpers. Es mündet in ein Netz dünnwandiger Gefäße (**Kapillaren**), durch die jeder Zelle des Organismus Nährstoffe und Sauerstoff für den Stoffwechsel zur Verfügung gestellt werden.

In jedem Organ des Körpers befindet sich ein weit und fein verzweigtes Gefäßnetz. Zur Durchströmung (**Perfusion**) dieses Gefäßabschnittes ist eine treibende Kraft notwendig. Sie entsteht durch ein Druckgefälle zwischen den Gefäßen. In Gefäßen, in denen das Blut zu den Organen fließt, herrscht ein höherer Druck als in den Gefäßen, durch die das Blut die Organe verläßt. Dieses Druckgefälle zwischen zu- und abführenden Gefäßen ist die Voraussetzung für die Organdurchblutung und wird als „Durchblutungsdruck" (**Perfusionsdruck**) bezeichnet (Abb. 9-2).

Das Blutgefäßsystem läßt sich den Drücken entsprechend in ein **Hoch-** und **Niederdrucksystem** einteilen (Abb. 9-2, Tab. 9-1). Im Körperkreislauf entspricht dem Hochdrucksystem das arterielle und dem Niederdrucksystem das venöse System. Der Übergang zwischen Hochdrucksystem und Niederdrucksystem befindet sich in den Or-

Abb. 9-1 Darstellung des Körperkreislaufs mit den wichtigsten von ihm versorgten inneren Organen und des Lungenkreislaufs. Die Pfeile geben die Strömungsrichtung des Blutes an.

9 KREISLAUF

Abb. 9-2 Höhe des Blutdrucks in Zuordnung zu den verschiedenen Abschnitten von Körperkreislauf und Lungenkreislauf. Durch die Blutdruckdifferenz im Körperkreislauf ist der Perfusionsdruck für die Organe gegeben.
rot = Blut mit hohem Sauerstoff- und niedrigem Kohlendioxidgehalt
blau = Blut mit erniedrigtem Sauerstoff- und erhöhtem Kohlendioxidgehalt

Tab. 9-1 Schwankungen der Drücke in den Vorhöfen, Kammern und arteriellen Gefäßen.

rechter Vorhof: 5–3 mmHg (ZVD = zentraler Venendruck)	linker Vorhof: 8–4 mmHg
rechte Kammer: 22–4 mmHg	linke Kammer: 120–7 mmHg
A. pulmonalis: 22–10 mmHg	Aorta: 120–80 mmHg

ganen. Für die jeweiligen Organe ergibt sich also der Perfusionsdruck aus dem Druckunterschied zwischen arteriellem und venösem System.

9.2 Herz

> **Z** Das Herz (Cor) ist ein muskuläres Hohlorgan mit vier Binnenräumen, den zwei Vorhöfen und den zwei Kammern. Es bewirkt mit seiner Pumparbeit die Blutströmung im Gefäßsystem. Klappen regeln die Flußrichtung des Blutes. Die Muskulatur der Herzwand wird von Herzkranzgefäßen versorgt. **Z**

9.2.1 Herzbeutel

Das Herz liegt in einer Höhle des Brustraumes zwischen den beiden Lungenflügeln. Vorne berührt das Herz teilweise das Brustbein, unten liegt es breitflächig dem Zwerchfell auf, und hinten sind Speiseröhre, Aorta und Wirbelsäule benachbart (vgl. Kap. 2). Es wird von einer serösen Haut, dem Herzbeutel **(Perikard)**, umgeben, die oben mit den großen Gefäßen der Herzbasis, unten mit dem Zwerchfell verwachsen ist. Der Herzbeutel enthält **seröse Flüssigkeit**. Diese erleichtert die Gleitbewegungen beim Zusammenziehen (Systole) und Erschlaffen (Diastole) der Herzmuskulatur.

9.2.2 Außenansicht des Herzens

Normalerweise ist das Herz etwa so groß wie die Faust des betreffenden Menschen und wiegt zwischen 250 und 400 g. Die Längsachse des Herzens ist schräg orientiert und verläuft von rechts hinten oben nach links vorne unten. Dadurch kommt die Herzspitze der Brustwand sehr nahe. Jeder Herzschlag ist an dieser Stelle als Stoß gegen die Brustwand tastbar **(Herzspitzenstoß)**.

9 **KREISLAUF**

Herz 9.2

Abb. 9-3 Vorderansicht des Herzens nach Eröffnung des Herzbeutels. Oben Herzbasis mit vorne liegenden großen Arterien, unten Herzspitze.

Abb. 9-4 Röntgenbild des Brustkorbs mit Schatten (weiß) des Herzens.
Aufnahmetechnik und Skizze des Strahlengangs, der dem Röntgenbild zugrunde liegt.

301

Das Herz ist in vier Hohlräume aufgeteilt: zwei Vorhöfe **(Atrien)** und zwei Kammern **(Ventrikel)**. Die Vorderwand des Herzens wird vor allem von rechtem Vorhof und rechter Kammer, die Hinterwand von linkem Vorhof und linker Kammer gebildet (Abb. 9-3, 9-4, 9-5). Der linke Herzrand und die Herzspitze sind der linken Kammer zuzuordnen. An der Herzbasis befinden sich vorne die großen Arterienstämme (Lungenarterie und Aorta), hinten die Einmündungen der großen Venen. In der Kranzfurche zwischen Vorhöfen und Kammern liegen die beiden **Herzkranzgefäße** (rechte und linke Koronararterie mit den zugehörigen Venen), welche die Herzwand (Muskulatur) ver- und entsorgen.

9.2.3 Binnenräume des Herzens

Rechter Vorhof und rechte Kammer sowie linker Vorhof und linke Kammer gehören jeweils funktionell und anatomisch zusammen und werden als rechtes bzw. linkes Herz bezeichnet (Abb. 9-6). Sie sind durch eine Vorhof- und eine Kammerscheidewand **(Septum)** vollständig voneinander getrennt. Die Vorhöfe nehmen das Blut aus dem Körperkreislauf (rechter Vorhof) und dem Lungenkreislauf (linker Vorhof) auf. Im Vergleich zu den Kammern ist ihre Wand dünn. Herz und Gefäße vor und nach der Geburt weisen einige Unterschiede auf. Der sogenannte embryonale Kreislauf wird im Kapitel 15 „Fortpflanzung" beschrieben.

In den **rechten Vorhof** münden obere und untere Hohlvene (V. cava superior und inferior; Abb. 9-6). Das Blut fließt weiter in die **rechte Kammer** und wird dann in die Lungenarterie (Pulmonalarterie, Lungenschlagader, Truncus pulmonalis) gepumpt.

Der **linke Vorhof** erhält Blut aus jeweils zwei Venen der beiden Lungenflügel (V. pulmonalis). Aus dem Vorhof strömt das Blut in die **linke Kammer** und wird in die Aorta (Körperhauptschlagader) ausgestoßen.

Abb. 9-5 Rückansicht des Herzens mit großen Venen, die in den rechten und linken Vorhof münden, sowie Koronargefäßen.

9 KREISLAUF

Herz 9.2

Abb. 9-6 Längsschnitt des Herzens.
A und B: Darstellung der Schnittebene.
C: Längsschnitt durch die vier Hohlräume des Herzens.
rote und blaue Pfeile = Flußrichtung des sauerstoffarmen (blau) und sauerstoffreichen (rot) Blutes. Obwohl in der Lungenarterie sauerstoffarmes Blut und in den Lungenvenen sauerstoffreiches Blut fließt, sind die Lungenarterie wie andere Arterien rot und die Lungenvenen wie andere Venen blau dargestellt.

9 KREISLAUF

Abb. 9-7 Querschnitt des Herzens.
A und B: Darstellung der Schnittebene.
C: Querschnitt im Bereich der Klappenebene mit Sicht auf Segelklappen (Mitralklappe, Trikuspidalklappe) und Taschenklappen (Aortenklappe, Pulmonalklappe) sowie die von der Aorta abzweigenden und in der Kranzfurche verlaufenden Koronargefäße.

Labels:
- His-Bündel des Erregungsleitungssystems (Truncus fasciculi atrioventricularis)
- Trikuspidalklappe, rechte Atrioventrikularklappe (Valva tricuspidalis, Valva atrioventricularis dextra)
- rechte Herzkranzarterie, rechte Koronararterie (A. coronaria dextra)
- Aorta mit Aortenklappe
- Mitralklappe, linke Atrioventrikularklappe (Valva mitralis, Valva atrioventricularis sinistra)
- Herzkranzvene (V. cardiaca magna)
- linke Herzkranzarterie, linke Koronararterie (A. coronaria sinistra)
- Lungenarterie mit Pulmonalklappe

9.2.4 Herzklappen

Die Richtung des Blutstroms im rechten und linken Herzen wird jeweils durch zwei Klappen bestimmt, die eine Ventilfunktion haben.

- **Segelklappen** in den Vorhof-Kammeröffnungen.
  Sie verhindern einen Rückstrom des Blutes aus der Kammer in den Vorhof. Über zahlreiche Sehnenfäden sind sie an konisch geformten Muskeln (Papillarmuskeln) befestigt (Abb. 9-6). Die Klappe des rechten Herzens besteht aus drei Segeln (**Trikuspidalklappe** oder auch rechte Atrioventrikularklappe), die des linken Herzens aus zwei Segeln (Bikuspidal-, auch Mitralklappe oder linke Atrioventrikularklappe; Abb. 9-6 und 9-7).
- **Taschenklappen** (Semilunarklappen) am Übergang von rechter Kammer in die Pulmonalarterie und linker Kammer in die Aorta.
  Sie verhindern den Rückstrom des Blutes in die Herzkammern. Die Taschenklappe des rechten Herzens heißt **Pulmonalklappe**, die des linken Herzens **Aortenklappe**.

Alle vier Klappen liegen in einer Ebene (Klappen- oder Ventilebene). Diese wird außen durch den Verlauf der Herzkranzfurche markiert (Abb. 9-7). In dieser Furche verlaufen die Herzkranzgefäße. Rechte und linke **Herzkranzarterie** (**Koronararterie**) entspringen oberhalb der Aortenklappe aus der Aorta. Die rechte Koronararterie versorgt in der Regel die Wand von rechtem Vorhof, rechter Kammer mit rechter Hinterwand sowie einen kleinen Abschnitt der Kammerscheidewand (Abb. 9-8). Die linke Koronararterie teilt sich in zwei größere Äste auf, den R. interventricularis anterior, der Vorderwand und einen Großteil der Kammerscheidewand versorgt, und einen R. circumflexus für linken Vorhof und die linke Hinterwand. Abweichend von diesem normalen Versorgungstyp gibt es Varianten, bei denen entweder die rechte Koronararterie ein größeres Areal der Herzmuskulatur versorgt (Rechtstyp der Versorgung) oder die linke Koronararterie noch eindeutiger überwiegt (Linkstyp der Versorgung). Solche Varianten sind für die klinische Beurteilung

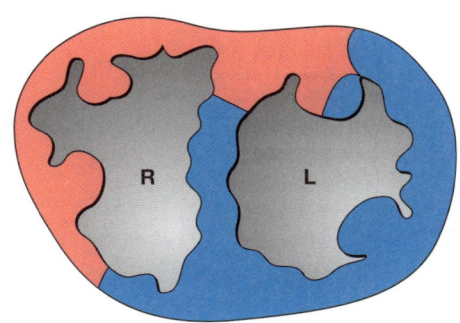

Abb. 9-8 Versorgungsgebiete der rechten (rot) und linken (blau) Koronararterien. Querschnitt durch die rechte (R) und die linke (L) Herzkammer.

der Herzmuskeldurchblutung bei Patienten mit koronarer Herzkrankheit zu berücksichtigen.

> **K** Die Koronararterien sind bei vielen Menschen krankhaft verändert (**koronare Herzkrankheit = KHK**). So kann die Arterienwand z.B. bei Hochdruckkranken verhärtet (Arteriosklerose) und die Gefäßlichtung verengt sein. Die Durchblutung und damit die Leistung der Herzmuskulatur ist dabei erheblich eingeschränkt. Schmerzen (Angina pectoris) sind meist die Folge. Werden eine oder mehrere Koronararterien z.B. durch ein Gerinnsel verlegt, führt dies als Herzinfarkt oft zu lebensgefährlichen Situationen. **K**

Zu diagnostischen Zwecken kann man Koronararterien über die Aorta katheterisieren (Koronarkatheter) und sie röntgenologisch darstellen (**Koronarographie**; Abb. 9-9 und 9-10). Darüber hinaus gibt die Single-Photon-Emissionscomputertomographie (SPECT) Auskunft über Ausmaß und Verteilung der Myokarddurchblutung (Abb. 9-11).

Isolierte Engstellen der Koronararterien lassen sich durch Ballonkatheter aufweiten. Durch **Bypass-Operationen** werden verengte Gefäßabschnitte, z.B. durch das Einpflanzen von passenden Venenstücken vom Unterschenkel, ersetzt oder überbrückt.

9 KREISLAUF

G Die Risikofaktoren für die Entstehung von **Arteriosklerose** sind bekannt. Es sind hohe Blutfettspiegel, Übergewicht, hoher Blutdruck, Rauchen und Bewegungsmangel. Diese Risiken lassen sich durch Veränderung der Lebens- und Ernährungsgewohnheiten entscheidend verringern. Den Risikofaktoren entsprechend kann man einer Arteriosklerose vorbeugen durch
– eine cholesterin- und fettarme Ernährung
– den Abbau von Übergewicht
– Verzicht aufs Rauchen
– regelmäßige Bewegung bzw. Ausdauersport
Bei bestehendem Hochdruck ist außerdem kochsalzarme Diät und gegebenenfalls eine medikamentöse Senkung des Blutdrucks angezeigt.

Diese vorbeugenden Maßnahmen empfehlen sich insbesondere auch zur Vermeidung von Folgeerkrankungen und Komplikationen der Arteriosklerose und des Hochdrucks wie Herzinfarkt und Schlaganfall. **G**

9.2.5 Herzwand

Die Herzwand besteht aus drei Schichten (Abb. 9-12): der dünnen Herzinnenhaut **(Endokard)**, der kräftigen Herzmuskelwand **(Myokard)** sowie der dünnen serösen Herzaußenhaut **(Epikard)**. Letztere ist durch einen Gleitspalt, der mit seröser Flüssigkeit gefüllt ist, vom Herzbeutel (Perikard) getrennt. Myokard und Epikard werden durch Koronargefäße versorgt.

Das Endokard kleidet die Innenräume des Herzens aus und bildet die Herzklappen.

Abb. 9-9 Arterielle Zugangswege zum Herzen. Über die Beinarterie und die Aorta können Katheter bis in das linke Herz (A) und in die Koronararterien (B) vorgeschoben werden. Auf diese Weise ist es möglich, in den Arterien und in den Hohlräumen des Herzens u.a. Blutdrücke zu messen sowie durch Injektion von Kontrastmittel die Koronararterien im Röntgenbild darzustellen.

9 KREISLAUF
Herz 9.2

Abb. 9-10 Koronarangiographie der linken Herzkranzarterie mit Aufzweigungen. In die Arterien wurde über einen Katheter Kontrastmittel (weiß) injiziert.
Aufnahmetechnik und Skizze des Strahlengangs, der dem Röntgenbild zugrunde liegt.

Abb. 9-11 Single-Photon-Emissionscomputertomogramm (SPECT) des Herzens nach Injektion von Technetium mit schematischer Darstellung der Technik zur Bildentstehung. Längsschnitt durch die Wand des linken Ventrikels. Die Farbmarkierung entspricht der Intensität und Ausdehnung der myokardialen Durchblutung.

> **K** Bei Entzündungen des Endokards (Endokarditis) werden häufig die Klappen geschädigt. Sie können miteinander verkleben und starr werden. Dadurch ist die Strombahn des Blutes eingeengt (Stenose) und der Durchfluß erschwert. Oder sie schrumpfen, so daß ein vollständiger Klappenschluß nicht mehr möglich ist und das Blut zurückströmt (Insuffizienz). Beides führt zu charakteristischen (krankhaften) Herzgeräuschen. Stenose und Insuffizienz haben eine z.T. erhebliche Mehrarbeit des Herzens zur Folge. Überschreiten die in diesem Zusammenhang auftretenden kardialen Belastungen einen kritischen Wert, so können operativ künstliche Herzklappen eingesetzt werden. **K**

Das Myokard besteht aus quergestreiften **Herzmuskelfasern**. Diese sind verzweigt und bilden miteinander ein dichtes Netzwerk mit zahlreichen Blutgefäßen. Jede einzelne Muskelzelle kann sich zusammenziehen (kontrahieren; Abb. 9-12). Die Muskelwand der linken Kammer ist mit ca. 1 cm deutlich dicker als die der rechten Kammer mit etwa 0,5 cm (vgl. Abb. 9-6). Diese Differenz entspricht der unterschiedlichen Arbeitsleistung beider Kammern (vgl. Tab. 9-1). Die linke Kammer muß den Blutdruck für den ganzen Körper aufrechterhalten, die rechte muß das Blut „nur" durch die Lunge pumpen.

Bei chronisch erhöhtem Blutdruck kann die Dicke der Herzwand erheblich zunehmen (**Hypertrophie**). Bei Überforderung der Herztätigkeit können sich die Binnenräume erweitern (**Dilatation**).

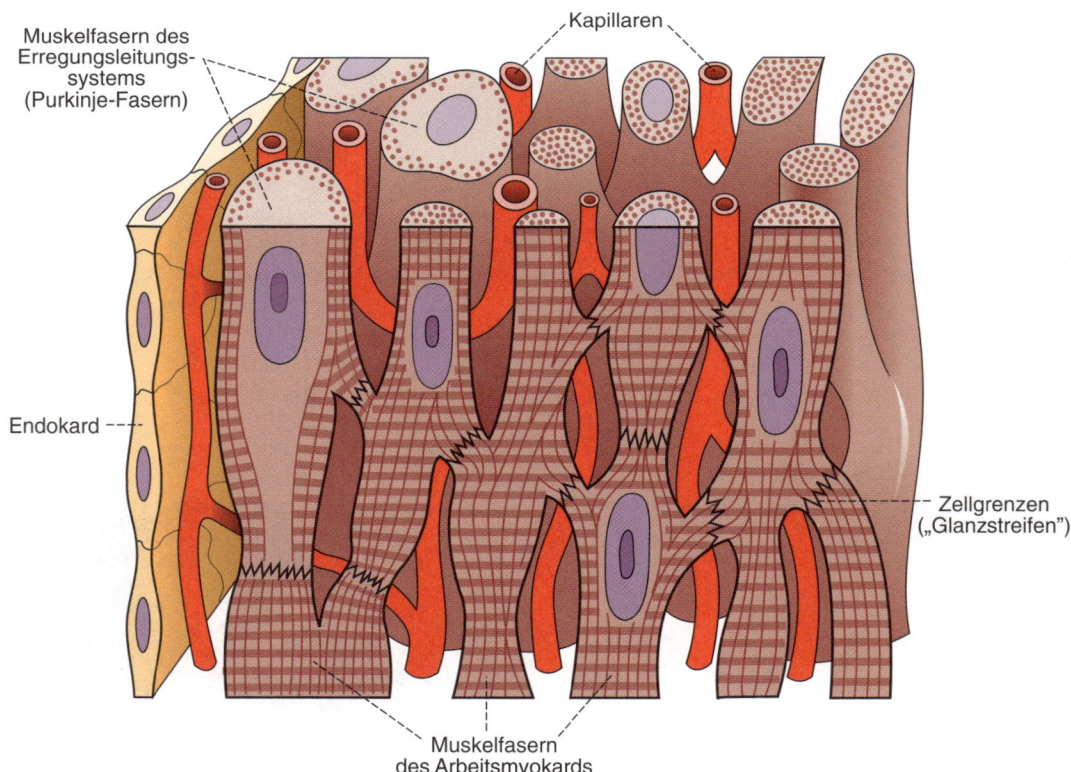

Abb. 9-12 Mikroskopischer Aufbau der Herzmuskulatur. Herzmuskelzellen mit quergestreiften kontraktilen Faserelementen sind miteinander zu einem dichten Netzwerk verbunden. Größere hellere Muskelfasern gehören zum Erregungsleitungssystem. Eine dünne, einschichtige Zellage, das Endokard, bildet die innere Schicht der Herzwand. Parallel zu den Muskelfasern verlaufen zahlreiche Kapillaren.

9.3 Funktionen des Herzens

Damit das Herz Blut in den Körper pumpen kann, zieht sich die Herzmuskulatur im rhythmischen Wechsel zusammen und erschlafft. Dazu müssen die Tätigkeiten der verschiedenen Herzteile aufeinander abgestimmt sein. Das geschieht durch elektrische Aktivität, die im Sinusknoten entsteht und über ein Erregungsleitungssystem verteilt wird. Diese elektrischen Vorgänge sind im Elektrokardiogramm (EKG) zu erkennen (Abb. 9-13).

9.3.1 Bioelektrische Aktivität und Erregungsbildung des Herzmuskels

Entstehungsmechanismen und Erscheinungsformen der bioelektrischen Aktivität im Herzmuskel haben eine große Ähnlichkeit mit denen des Nervensystems (s. Kap. 4 „Nervensystem – Allgemeine Grundlagen").

Die Herzmuskelfasern verfügen ebenfalls über ein Ruhemembranpotential. Wird dieses vermindert und damit die Herzmuskelfaser depolarisiert, so entsteht bei einem bestimmten Wert, der als Membranschwelle bezeichnet wird, ein Aktionspotential (Erregung; Abb. 9-14). Entscheidend beteiligt am Entstehen dieser Erregung ist neben dem Einwärtsstrom von Natriumionen auch ein Einwärtsstrom von Calciumionen in die Muskelfaser.

Anhäufungen von besonders differenzierten Muskelzellen des Herzens sind als erregungsbildendes System tätig. Ihrer Lokalisation entsprechend werden sie **Sinusknoten** und **Atrioventrikularknoten** (AV-Knoten) genannt (Abb. 9-14). Dort treten Verminderungen des Ruhemembranpotentials bis zur

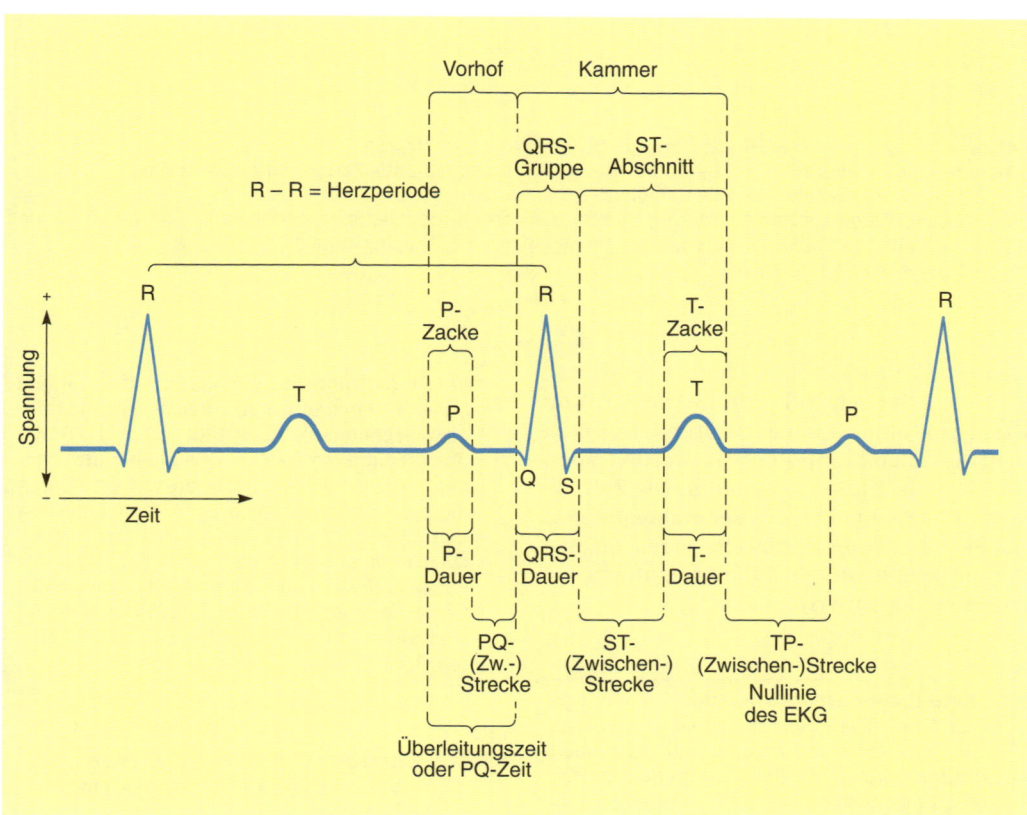

Abb. 9-13 Elektrokardiogramm (EKG) des Menschen mit Bezeichnung der Potentialschwankungen und der charakteristischen Zeitabschnitte.

Abb. 9-14 Erregungsbildung und Erregungsausbreitung im Herzen.
Die Erregungen von Vorhof und Kammer sind durch entsprechende Farbgebung zuzuordnen.
A: Schematisches Schnittbild des Herzens.
B: Erregungsvorgänge mit Zuordnung zu den Herzstrukturen. Die Spontandepolarisation im Sinus- und Atrioventrikular-(AV-)Knoten bilden die Grundlage der Schrittmacherfunktion.
C: Elektrokardiogramm (EKG).

Membranschwelle ohne äußere Einflüsse, also automatisch auf (Automatiezentrum). Diese rhythmisch wiederkehrenden Abnahmen des Membranpotentials werden spontane Depolarisationen genannt. Die Zeit, die jeweils vergeht, bis die **Spontandepolarisationen** die Membranschwelle erreichen, bestimmt, wie häufig sich die Erregungen wiederholen (Eigenrhythmus).

K Künstlicher Herzstillstand: Ein chirurgischer Eingriff am Herzen (Bypass, Herzklappenersatz, Korrektur angeborener Herzfehler) erfordert eine reversible Stillegung des Organs, um am blutleeren und ruhiggestellten Herzen sicher operieren zu können. Ein solcher künstlicher Herzstillstand wird nach Abklemmen der Aorta durch Perfusion der Koronararterien und des Myokards mit Lösungen hoher K^+-Konzentration erreicht (sog. kardioplege Lösungen). Auch Blut kann als Transportmedium für die Kardioplegie benutzt werden, indem man Kaliumionen zusetzt. Durch die hohe extrazelluläre K^+-Konzentration kommt es zur Depolarisation der Herzmuskelfasern, die schließlich zur Unerregbarkeit des Herzens führt (vgl. Kap. 4.2.1 „Ruhemembranpotential"). Damit wird das Herz in einem diastolischen (schlaffen) Zustand einer sicheren Operation zugängig. **K**

9.3.2 Einflüsse des vegetativen Nervensystems auf die Herzfunktion

Das Ruhemembranpotential und die spontanen Depolarisationen sind zwar ohne äußere Einflüsse vorhanden, können jedoch durch solche verändert werden. Dabei kommt dem vegetativen Nervensystem mit seinen beiden Teilsystemen **Sympathikus** und **Parasympathikus** eine besondere Bedeutung zu (s. Kap. 12 „Vegetatives Nervensystem"). Beide Teilsysteme sind mit den erregungsbildenden Herzmuskelzellen (Sinusknoten; s. Abb. 12-3) eng verbunden. An den Nervenfaserendigungen des **Sympathikus** werden die Übertragersubstanzen (Transmitter) **Noradrenalin** und **Adrenalin** freigesetzt. Durch sie kommt es zu einer Verminderung des Ruhemembranpotentials und zur schnelleren Spontandepolarisation. Dadurch wird die Membranschwelle eher erreicht, früher ein Aktionspotential ausgelöst und die Wiederholungsfrequenz der Aktionspotentiale im Erregungsbildungssystem gesteigert. Da mit jedem Aktionspotential eine Kontraktion des Herzmuskels verbunden ist, kommt es unter dem Einfluß des Sympathikus zu einer höheren Herzschlagfrequenz **(Tachykardie)**. Die Effekte des Sympathikus werden über sog. Beta(β)-Rezeptoren in der Membran der Herzmuskelfasern vermittelt (s. Kap. 12 „Vegetatives Nervensystem"). Durch eine medikamentöse Blockade dieser Membranrezeptoren kann der Einfluß des Sympathikus auf die Herzaktion unterbrochen und damit die Herzschlagfrequenz gesenkt werden (sog. Betablockade). An den Nervenfaserendigungen des **Parasympathikus** wird als Übertragersubstanz **Acetylcholin** freigesetzt. Acetylcholin entfaltet in bezug auf Ruhemembranpotential und Spontandepolarisationen die entgegengesetzte Wirkung wie Noradrenalin und Adrenalin und führt damit zu einer Herabsetzung der Herzschlagfrequenz **(Bradykardie)**. Bei extremen Aktivierungen des Parasympathikus kann es sogar zum Herzstillstand kommen. Die Wirkung des Acetylcholins wird durch Atropin verhindert.

9.3.3 Ausbreitung der Erregung im Herzmuskel

Die Erregung des Herzmuskels beginnt im **Sinusknoten** (Abb. 9-14), der dadurch eine Schrittmacherfunktion (Pacemaker) übernimmt. Von hier aus breitet sich die Erregung über die Vorhofwand zum **AV-Knoten** aus und wird über ein Erregungsleitungssystem weitergeleitet. Es umfaßt das **His-Bündel**, den rechten und linken Kammerschenkel sowie ein fein verzweigtes Endnetz (Purkinje-Fasern). Auf diesem Wege gelangt die Erregung zur Arbeitsmuskulatur des Herzens (vgl. Abb. 9-12). Bei der geschilderten Ausbreitung werden die verschiedenen Teile des Herzens in geordneter Reihenfolge erregt. Da nicht nur der Sinusknoten, sondern auch der AV-Knoten spontane Depolarisationen aufweist, besteht bei einem Ausfall des Sinusknotens die Möglichkeit, daß der AV-Knoten die Schrittmacherfunktion übernimmt und damit die geordnete Erregung zumindest der Herzkammern aufrechterhält.

> Da die Spontandepolarisation im AV-Knoten flacher verläuft (Abb. 9-14B) ergibt sich unter diesen Bedingungen eine geringere Herzschlagfrequenz. Grundsätzlich kann in allen Teilen des Herzens eine Erregungsbildung erfolgen. Das bietet die Voraussetzung dafür, daß unter verschiedenen Bedingungen in die normale Abfolge von Herzschlägen zusätzliche Herzschläge (**Extrasystolen**) einfließen. Solche und andere Unregelmäßigkeiten im Herzrhythmus werden als **Arrhythmie** bezeichnet.

Die Funktion des Sinusknotens kann durch den Einsatz eines Herzschrittmachers ersetzt werden.

9.3.4 Elektrokardiogramm (EKG)

Die bioelektrische Aktivität des Herzens ist für den geordneten Funktionsablauf verantwortlich. Daher ist ein Einblick in die **elektrischen Vorgänge** des Herzens für die Medizin von Bedeutung. Die elektrischen Felder des Herzens lassen sich von der Oberfläche des Körpers als Elektrokardiogramm (EKG) erfassen. Dabei kommen verschiedene Ableitungsprogramme wie z.B. Extremitäten- und Brustwandableitungen zur Anwendung (Abb. 9-15). Ein typisches Beispiel einer Extremitätenableitung ist in Abb. 9-13 wiedergegeben. Wie daraus hervorgeht, weist das EKG verschiedene Potentialschwankungen auf. Sie spiegeln den **Erregungsablauf** im Herzen wider. So zeigt die P-Zacke die Erre-

Abb. 9-15 Verschiedene EKG-Ableitungen.

gung des Vorhofs und der QRST-Komplex die der Kammer.

Aus dem EKG lassen sich Aussagen über die Herzlage im Thorax, die Erregungsbildung und -leitung im Herzen, die Herzfrequenz und den Herzrhythmus sowie über deren krankhafte Abweichungen treffen. So kommt es bei Herzmuskelschäden, die z.B. bei einem Verschluß der Koronararterien (**Herzinfarkt**) entstehen, nicht selten zu typischen Veränderungen im EKG (Abb. 9-16). Damit kann der Arzt wichtige Informationen über Ort, Art und Ausmaß des Schadens sowie den zeitlichen Verlauf gewinnen.

9.3.5 Kopplung von elektrischen und mechanischen Vorgängen

Die Aktionspotentiale der Herzmuskelfasern führen zu einer Aktivierung der kontraktilen Elemente in den Fasern (s. Kap. 6 „Motorisches System"). Diese Kopplung von Erregungsprozessen mit der Verkürzung von Muskelfasern wird als elektromechanische Kopplung bezeichnet. Entscheidend ist dabei, daß während des Aktionspotentials die Konzentration von **Calciumionen** im Inneren der Herzmuskelfasern ansteigt. Dementsprechend kann durch eine medikamentöse Verminderung des Calciumioneneinwärtsstroms die Herzmechanik beeinflußt werden (sog. Calciumantagonismus).

Alle Vorgänge in den Herzmuskelfasern werden durch die bioelektrischen Aktivitäten koordiniert und aufeinander abgestimmt. Durch die Erregung zieht sich die Herzmuskulatur in einem rhythmischen Wechsel zusammen (Systole) und erschlafft (Diastole). Diese Funktion bewirkt, daß das Herz das Blut durch die Gefäße zu den Organen pumpt.

9.3.6 Ventilfunktion der Herzklappen

Wie bereits erläutert, entstehen in den Schrittmacherzellen des Sinusknotens die Erregungen, die sich über die Vorhöfe und Kammern ausbreiten. Dadurch kommt es zu einer geordneten Kontraktion des gesamten Herzmuskels mit anschließender Erschlaffung. Die Herzklappen wirken aufgrund ihres Baus und ihrer Anordnung als Ventile und bestimmen damit die Richtung des

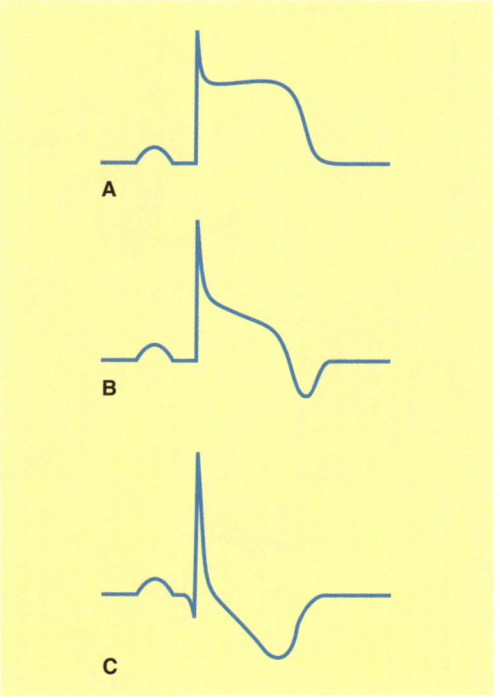

Abb. 9-16 EKG-Veränderungen bei einem Herzinfarkt. Ableitung: Einthoven I. A–C: Registrierungen zu verschiedenen Zeiten nach dem Ereignis. Charakteristisch sind u.a. die z.T. erheblichen Anhebungen der ST-Strecke (sog. monophasische Deformierungen; A), die zu einem späteren Zeitpunkt eintretende Polungsumkehr der T-Zacke (sog. negatives T; B) und die schließlich auftretende Vergrößerung der Q-Zacke (C).

Blutstromes (vgl. Abb. 9-6, 9-7, 9-17). Kontrahiert sich die Muskulatur der Herzkammern, so schließen sich die Vorhof-Kammer-Klappen. Sobald der Druck in den Herzkammern den Druck in den Arterien übersteigt, öffnen sich die Taschenklappen zur Aorta und zu den Lungenarterien. Darauf wird das Blut aus dem Herzen in die Arterien ausgetrieben (Abb. 9-17, vgl. Tab. 9-1). Wenn der Kammerdruck unter den Druck in den Arterien absinkt und das Herz erschlafft, schließen sich die Arterienklappen wieder. Mit der weiteren Verminderung des Kammerdrucks öffnen sich die Vorhof-Kammerklappen, so daß die Kammern wieder aus den Vorhöfen gefüllt werden. Dieser Füllungsprozeß wird in seiner Endphase durch

9 KREISLAUF

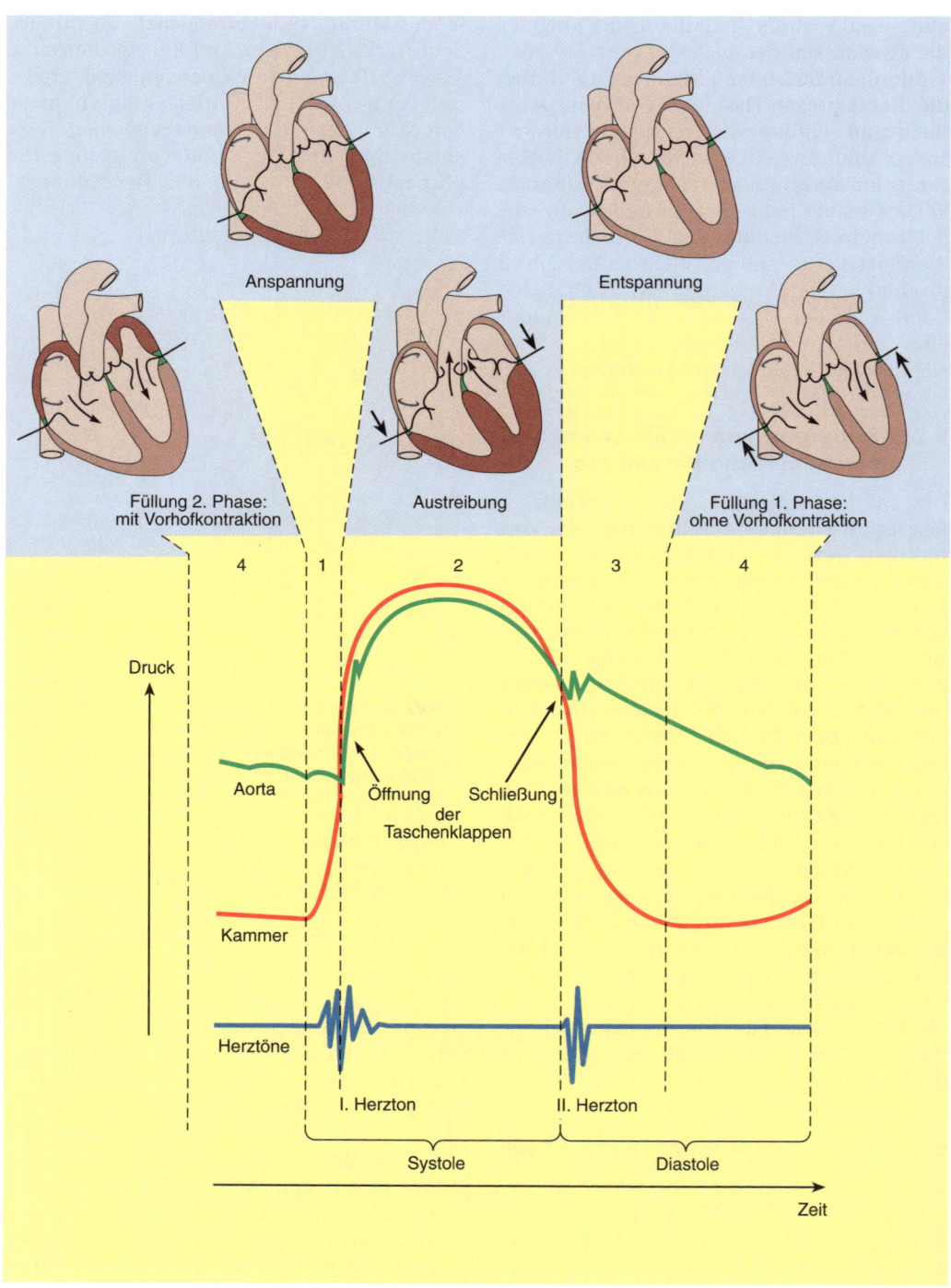

Abb. 9-17 Phasen der Herztätigkeit (erregte und sich kontrahierende Abschnitte der Herzmuskulatur dunkelrot) in Zuordnung zum Druckverlauf in Aorta und Herzkammer sowie zum Auftreten der Herztöne. Das Auf- und Absteigen der Ventilebene – gekennzeichnet durch schwarze Linien außerhalb des Herzens – ist durch dicke schwarze Pfeile angedeutet.

die Kontraktion der Muskulatur der Vorhöfe unterstützt, die der nächsten Kammerkontraktion unmittelbar vorausgeht. Unter Ruhebedingungen hat die Vorhofkontraktion für die Füllung der Kammern eine geringe Bedeutung. Dementsprechend haben Unregelmäßigkeiten in der Vorhoferregung (Vorhofarrhythmien) in der Regel nur geringe klinische Auswirkungen.

9.3.7 Herztöne und Herzgeräusche

> **Ü** Nehmen Sie ein Stethoskop und hören Sie Ihr oder das Herz eines/r Partners/in an verschiedenen Stellen des Brustkorbs ab. An welcher Stelle können Sie die Herztöne am besten wahrnehmen? **Ü**

Bei der Kontraktion und Erschlaffung des Herzens entstehen charakteristische Schallwellen (sog. **Herztöne**; Abb. 9-17). Der erste Herzton am Beginn der Kammersystole ist auf die Anspannung der Kammermuskulatur zurückzuführen (Anspannungston). Der zweite Herzton am Übergang von Systole zur Diastole entsteht durch den Schluß der Taschenklappen zu den Arterien (arterieller Klappenschlußton). Der erste Herzton läßt sich am besten über der Herzspitze im 5. Zwischenrippenraum links, der zweite Herzton über der Herzbasis im 2. Zwischenrippenraum links und rechts neben dem Brustbein abhören.

Neben den Herztönen gibt es sog. **Herzgeräusche**. Sie geben Hinweise auf Erkrankungen des Herzens, vor allem auf Veränderungen an den Herzklappen.

Die Kontraktion des Herzens kann auch als örtliche Erschütterung der Brustwand im 5. Zwischenrippenraum links, als sog. Herzspitzenstoß, getastet werden.

> **K** Eine Verlagerung des Herzspitzenstoßes nach weiter lateral ist meist Hinweis auf eine Herzvergrößerung (Hypertrophie, Dilatation). **K**

9.3.8 Herzminutenvolumen

Füllung und Kontraktion des Herzens wiederholen sich beim Erwachsenen ca. 70 mal in der Minute **(Schlagfrequenz)**. Da mit jedem Herzschlag ca. 70 ml Blut in die Aorta ausgeworfen werden **(Schlagvolumen)**, ergibt sich ein pro Minute gefördertes Blutvolumen von ca. 5 Litern **(Herzminutenvolumen)**. Dies entspricht etwa der gesamten Blutmenge des Körpers. Eine Zunahme des Herzminutenvolumens erhöht den Zufluß zum arteriellen System und damit den Blutdruck.

> Ermitteln Sie Ihr Herzminutenvolumen in Ruhe und nach 20 Kniebeugen. **Ü**

9.4 Gefäße

> **Z** Der Mensch besitzt ein Blutgefäßsystem und ein Lymphgefäßsystem. Zum Blutgefäßsystem gehören die Arterien (Verteilergefäße), die das Blut vom Herzen wegführen, und die Venen (Sammelgefäße), die das Blut zum Herzen hinführen. Die kleinsten Arterien verzweigen sich in Arteriolen, diese speisen das Netz der Kapillaren. Von den Kapillaren aus fließt das Blut in die Venolen, weiter in kleine und dann in große Venen bis hin zum Herzen. Die vielfältigen Funktionen der verschiedenen Gefäßabschnitte spiegeln sich in einem unterschiedlichen Aufbau der Gefäßwände wider. Die Versorgung und Entsorgung des Gewebes ist nur im Kapillarbereich (Austauschgefäße) möglich. Das Pfortadersystem führt das Blut von Magen und Darm der Leber zu. Es ist für Nährstoffaufnahme und Nährstofftransport zuständig.
>
> Das Lymphgefäßsystem nimmt einen Teil der Gewebsflüssigkeit aus den Organen auf und leitet sie in die großen, herznahen Venen. **Z**

Von der Herzbasis verlaufen die großen Gefäße, die **obere Hohlvene** (V. cava superior), die **Aorta** und die Lungenarterie, durch das Mediastinum (Mittelfellraum) zwischen den Lungenflügeln. Dabei kreuzen sich die aus der rechten Kammer austretende Lungenarterie und die aus der linken Herzkammer austretende Aorta (vgl. Abb. 9-3 und 9-6). Beide sind ungefähr daumendick und haben kräftige Wände. Die **Lungenarterie** bildet zwei Äste, die zur rechten und linken Lunge ziehen und sich dem Verlauf der Hauptbron-

9 KREISLAUF

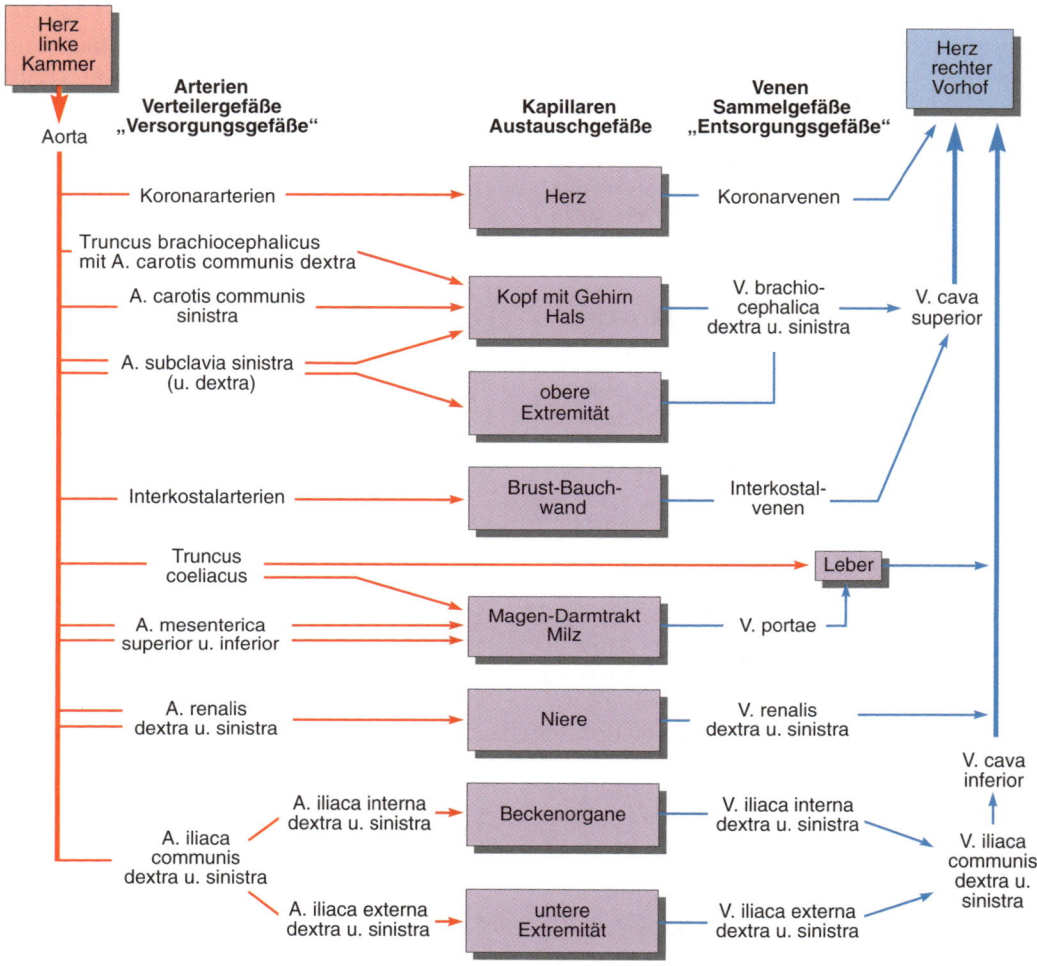

Abb. 9-18 Arterien und Venen des Körperkreislaufs.

chien anschließen. Von der Lungenpforte (Hilus) beider Lungenflügel verlaufen je zwei große **Lungenvenen** zum Herzen und treten in den hinten gelegenen linken Vorhof ein (Abb. 9-5 und 9-6).

Die großen Arterien und Venen des Körperkreislaufs verzweigen sich so, daß die einzelnen Organe oder Körperregionen jeweils arterielle Zufluß- und venöse Abflußrohre bekommen (Abb. 9-18).

9.4.1 Arterien (Verteilergefäße)

Die Organarterien haben meist ihren Ursprung in der Aorta (Abb. 9-18 und 9-19). Diese zieht zunächst aufwärts, beschreibt einen engen Bogen und verläuft dann abwärts vor der Wirbelsäule zunächst als Brustaorta und dann unterhalb des Zwerchfells als Bauchaorta. Die Organarterien für die Herzwand entspringen aus dem aufsteigenden Teil der Aorta, die für Kopf, Hals und obere Extremitäten aus dem Aortenbogen. Brustorgane und Brustwand erhalten Äste aus der Brustaorta, Bauchorgane aus der Bauchaorta. Beckenorgane und untere Extremitäten werden von äußeren und inneren Ästen der Beckenarterien (A. iliaca communis) versorgt.

9 **KREISLAUF** 9

Gefäße 9.4

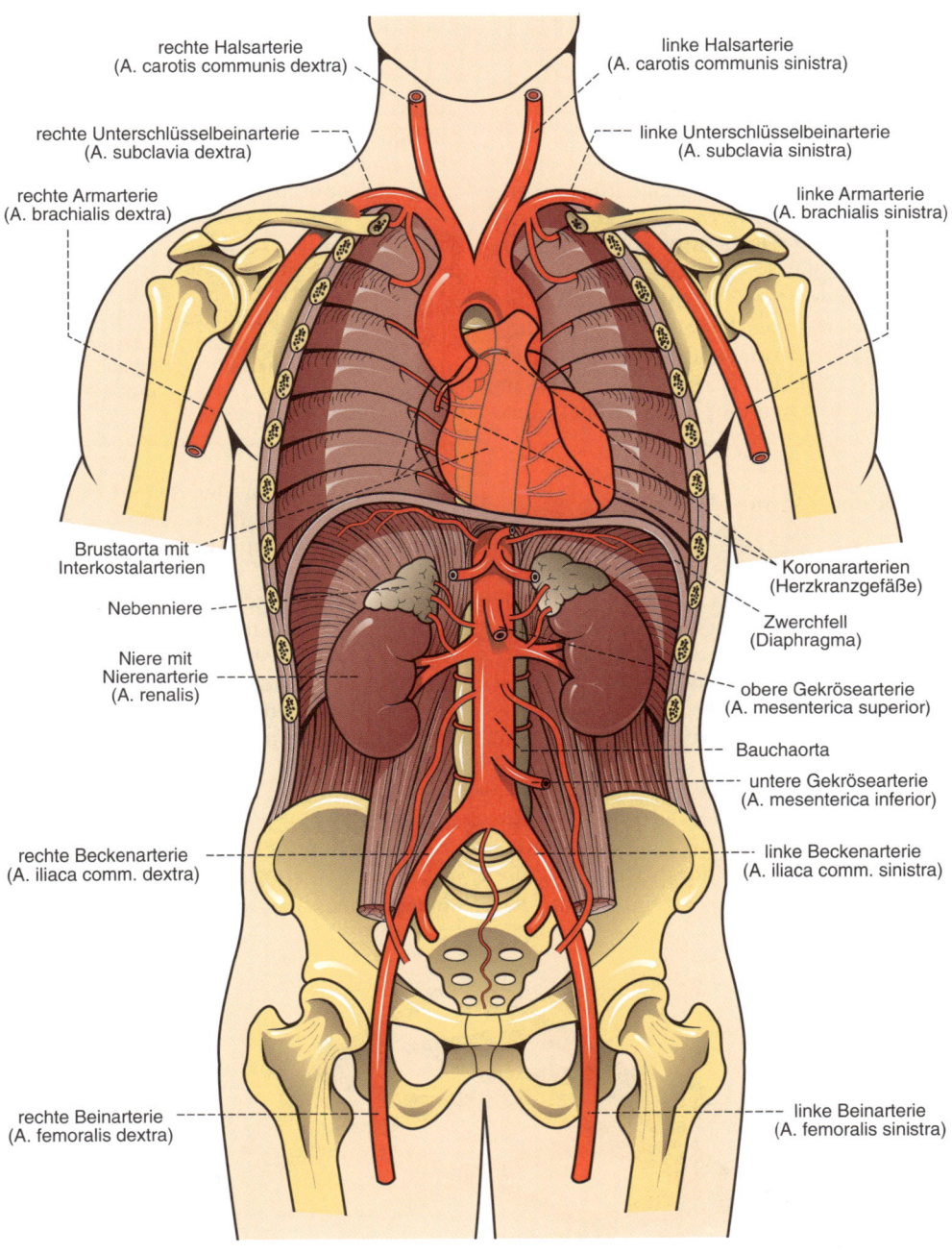

Abb. 9-19 Aorta und ihre wichtigsten Zweige im Bereich von Brust-, Hals- und Bauchraum.

9.4.2 Kapillaren (Austauschgefäße)

Verfolgt man die Aorta und die sich daraus verzweigenden Arterien, Arteriolen und Kapillaren (Abb. 9-20), so nehmen Querschnitt und Oberfläche des einzelnen Gefäßzweiges beständig ab. Sämtliche Zweige zusammengenommen ergeben aber einen zunehmenden Gesamtquerschnitt und eine erheblich anwachsende innere Gefäßoberfläche, die in den Kapillaren ihren Höchstwert erreicht. Daher wird die Geschwindigkeit des Blutflusses immer geringer und der Austausch von Stoffen leichter (s. Kap. 10.3 „Wasseraustausch zwischen Blut und Gewebe"; Abb. 10-8).

9.4.3 Venen (Sammelgefäße)

Nachdem das Blut die Kapillaren passiert hat, gelangt es in die Organvenen (Abb. 9-18, 9-20, 9-21). Das Blut der unteren Körperhälfte wird über die untere Hohlvene (V. cava inferior), das Blut aus Kopf, Hals, Armen sowie einem großen Teil der Brustorgane über die obere Hohlvene (V. cava superior) dem rechten Vorhof zugeführt.

Für den venösen Rückstrom des Blutes zum Herzen sind mehrere Faktoren verantwortlich. Unter diesen hat die **Sogwirkung**, die bei der Einatmung durch Dehnung der Lungengefäße und bei der Kontraktion der Kammermuskulatur durch Verlagerung der Ventilebene entsteht, eine besondere Bedeutung. Diese Sogwirkung muß z.B. beim Legen von zentralen **Venenkathetern** berücksichtigt werden (Abb. 9-22). Dabei kann es zum Einsaugen von Luft und dadurch zu einer Luftembolie kommen.

> **P** Um diese Komplikation zu verhindern, bringt man den Patienten in die Trendelenburg-Lage (20°-Kopftieflage) und bittet ihn, wenn er dazu in der Lage ist, bei der Venenpunktion kurz die Luft anzuhalten. Dadurch werden die Venen gestaut, so daß keine Luft angezogen werden kann. **P**

Eine wichtige Rolle für den Rückfluß des Blutes, vor allem aus den unteren Extremitäten, spielt die Kontraktion der Beinmuskulatur (Abb. 9-23). Voraussetzung für das Funktionieren dieser sog. **Muskelpumpe** ist die Lage der Venen innerhalb von Muskelgruppen, die von einer nicht dehnbaren Faszie umgeben sind. Bei Muskelanspannung werden die Venen zusammengedrückt und das in ihnen enthaltene Blut herzwärts befördert, bei Muskelerschlaffung füllen sich die Venen wieder.

In den herzfernen Körperregionen (Beine und Arme) befinden sich Venen und Arterien in einer gemeinsamen, eng anliegenden **Bindegewebsscheide** (Abb. 9-24). Durch die

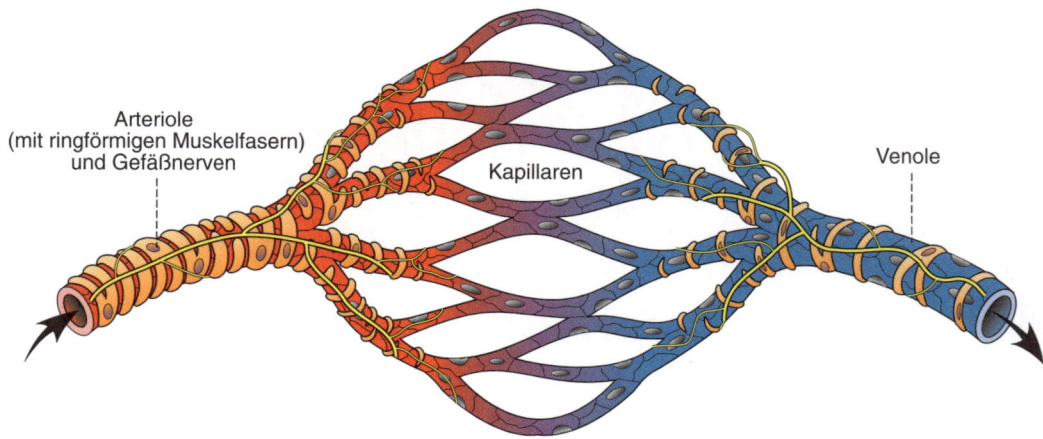

Abb. 9-20 Endstrombahn des Blutes mit einer Arteriole, den Kapillarverästelungen und einer Venole. schwarze Pfeile = Flußrichtung des Blutes

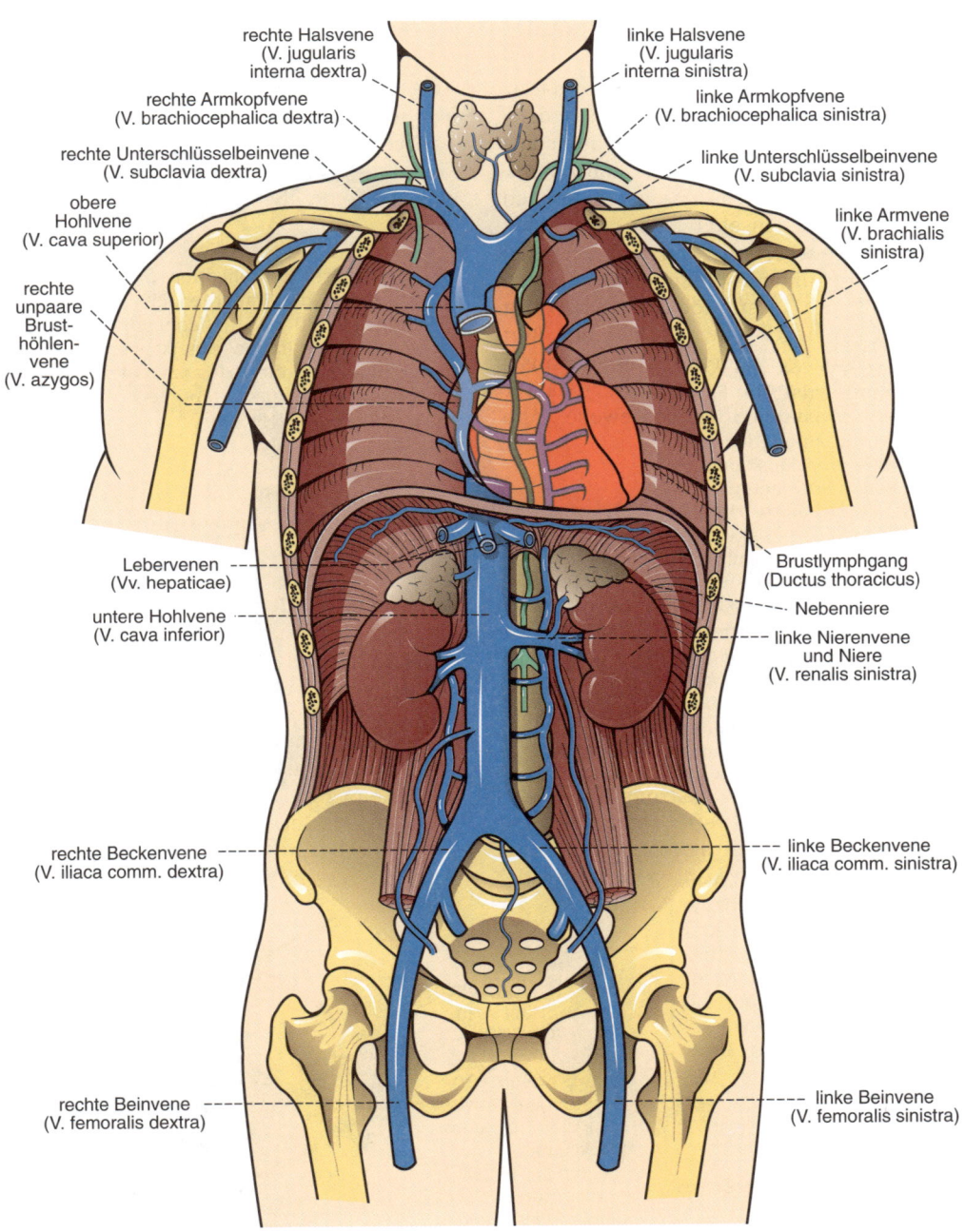

Abb. 9-21 Obere und untere Hohlvene mit den wichtigsten Zuflüssen in Brust- und Bauchraum.

Druckwelle der Arterien werden die Venen zusammengedrückt. Da Venenklappen einen Rückstrom verhindern, fließt das Blut dabei ausschließlich herzwärts.

> **P** Pflegerisch unterstützen kann man diesen Rückfluß z.B. durch das Hochlegen und Wickeln der Beine sowie das Anlegen von Antithrombosestrümpfen. Frühzeitiges Mobilisieren verbessert die Zirkulation u.a. mit Hilfe der Muskelpumpe. Beim Hochlagern der Beine ist darauf zu achten, daß der venöse Rückstrom nicht durch das Abknicken der Venen behindert wird. Dazu kommt es leicht, wenn die Beine zu hoch gelagert und damit die Venen im Bereich der Leistenbeuge abgeknickt werden. Eine ähnliche Rückflußbehinderung kann entstehen, wenn eine Rolle unter die Knie geschoben wird. **P**

> **Ü** Beachten Sie die Asymmetrie des Venenverlaufs an Ihrem Handrücken und beobachten Sie den unterschiedlichen Füllungszustand bei Wärme und bei herabhängendem Arm sowie bei Kälte und beim Heben des Arms in Gesichtshöhe. **Ü**

9.4.4 Pfortaderkreislauf

Im Magen-Darmtrakt zeigt das Gefäßsystem eine spezielle Organisation. Das Blut der unpaaren Baucheingeweide (Magen, Darm, Milz) sammelt sich in der Pfortader (V. portae). Diese tritt in die Leber ein und führt ihr das aus dem Darm kom-

Abb. 9-22 Venöse Zugangswege zum Herzen. Über Armvenen (A), die V. subclavia oder die V. jugularis interna (B), können Katheter bis zu den Hohlräumen des rechten Herzens vorgeschoben werden. Über sog. zentrale Venenkatheter (ZVK) werden insbesondere in der Intensivmedizin der zentrale Venendruck gemessen und längere Infusionsbehandlungen durchgeführt.

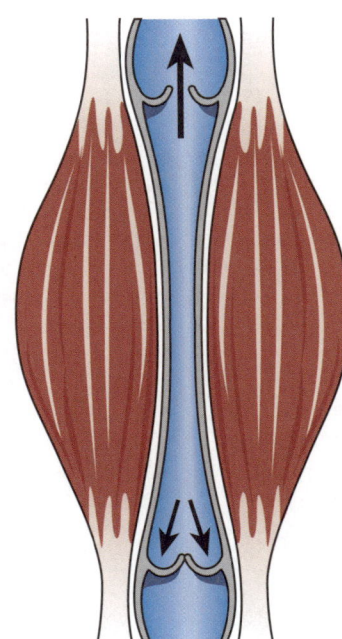

Abb. 9-23 Unterstützung des venösen Rückstroms durch die sog. Muskelpumpe. Durch Kontraktion und damit Verdickung von Muskeln werden benachbarte Venen komprimiert (vgl. Kap. 6.2.5).

mende, nährstoffreiche Blut zur Verarbeitung zu. Dazu verzweigt sich der Pfortaderstamm in das Kapillargebiet der Leber. Das abfließende Blut gelangt durch die Lebervenen in die untere Hohlvene. So liegen zwei Kapillargebiete hintereinander, das des Darmgebietes und das der Leber (vgl. Abb. 9-1 und 9-18). Zur Aufrechterhaltung ihrer Funktion erhält die Leber zusätzlich sauerstoffreiches Blut aus der Aorta über die Leberarterie (A. hepatica propria).

9.4.5 Wandbau der Blutgefäße

Analog zur Herzwand besteht auch die Gefäßwand, mit Ausnahme der Kapillaren, aus drei Schichten (Abb. 9-25):
– innere Schicht **(Intima)** aus einer einschichtigen Lage von Endothelzellen mit anliegenden Bindegewebsfasern,
– mittlere Schicht **(Media)** aus glatten Muskelfasern und Bindegewebselementen,
– äußere Schicht **(Adventitia)** aus Bindegewebe.

Die Funktionen der verschiedenen Abschnitte des Gefäßsystems sind sehr unterschiedlich. Der Aufbau der Gefäßwand ist der Funktion angepaßt. Die Aorta und die großen von ihr abgehenden Arterien haben durch elastische Membranen in der Media eine hohe Elastizität (Arterien vom elastischen Typ; Abb. 9-25; vgl. auch Abb. 9-26). Die Media der herzfern gelegenen Arterienzweige besteht überwiegend aus spiralig angeordneten glatten Muskelfasern (Arterien vom muskulären Typ; Abb. 9-25). Bei den kleinsten Arterien (Durchmesser kleiner als 0,5 mm), den **Arteriolen**, ist die Media auf eine einzige Lage von ringförmigen Muskelfasern reduziert (Abb. 9-20).

Die außerordentlich dünne Kapillarwand besteht lediglich aus einer Lage von Endothelzellen, über denen ein feines Bindegewebshäutchen liegt (Abb. 9-25). Der **Kapillardurchmesser** beträgt zwischen 5 und 15 µm. Weitlumigere Kapillaren einiger Organe (z.B. Knochenmark) erreichen einen Durchmesser von bis zu 40 µm. Kapillaren haben eine Länge von etwa 2 mm (vgl. Abb. 9-20). Auf dieser Strecke erfolgen die Austauschvorgänge für Sauerstoff, Kohlendioxid, Wasser, Salze, Nährstoffe usw. durch die Kapillarwände. Die Kapillaren können zusammenfallen, wenn die Muskelfasern der vorgeschalteten Arteriolen durch Kontraktion den Blutstrom unterbrechen.

Bei den Austauschvorgängen im Kapillarbereich wird auch die Gewebsflüssigkeit stets erneuert (s. Kap. 10 „Nierensystem und Wasserhaushalt"). Die Gewebsflüssigkeit mit den Stoffwechselendprodukten fließt über die kleinen Venen oder über die Lymphbahnen herzwärts ab.

9 KREISLAUF

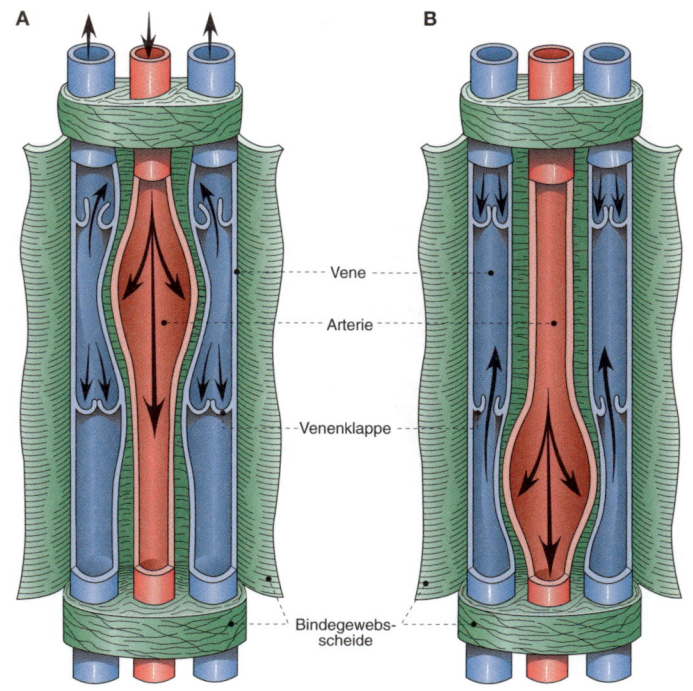

Abb. 9-24 Unterstützung des Blutstroms der Venen zum Herzen hin durch die Pulswelle der benachbarten Arterie. Die Venenklappen verhindern den Rückstrom des Blutes.
A und B: Strömungsverhältnisse an zwei aufeinanderfolgenden Zeitpunkten.

In Gewebegebieten mit erhöhter Tätigkeit wird der Zufluß an Blut vermehrt, indem sich die Gefäße erweitern und geschlossene Kapillaren geöffnet werden. Damit kommt es zu einer Rötung und örtlichen Erwärmung des Gewebes.

> **K** Bei einer Gewebsentzündung tritt neben Rötung und Erwärmung eine Schwellung auf, die auf einem Stau von Gewebsflüssigkeit beruht. Diese charakteristischen Entzündungszeichen sind von Schmerzen als Folge einer örtlichen Reizung der Schmerzrezeptoren begleitet. **K**

Der Rückfluß des Blutes aus dem Kapillargebiet beginnt in den **Venolen** und führt über die Venen wieder zurück zum Herzen. Der Wandaufbau der Venolen ist dem der Arteriolen ähnlich, jedoch etwas lockerer (Abb. 9-25). Die Venen besitzen im Vergleich zu den Arterien eine relativ dünne, locker strukturierte Wand mit großer Dehnungsfähigkeit.

Die Dichtigkeit des Gefäßsystems wird u. a. durch die Blutgerinnung gewährleistet (s. Kap. 11 „Blut und Abwehrsystem").

9.4.6 Lymphgefäße

Der Organismus verfügt neben dem System der Blutgefäße noch über ein zweites Netz von flüssigkeitsführenden Röhren. Das sind die Lymphgefäße, in denen eine dem Blutplasma ähnliche Flüssigkeit, die **Lymphe**, strömt. Der Ursprung dieses Systems liegt in den Gewebsspalten, also zwischen den einzelnen Zellen. Die hier befindliche Gewebsflüssigkeit strömt in die venösen Blutgefäße zurück oder wird über das System der Lymphgefäße weitertransportiert. Diese beginnen als kleinste **Lymphkapillaren**, die ähnlich wie die Blutkapillaren gebaut sind und sich dann zu immer größer werdenden Gefäßen vereinigen. Die großen Lymphgefäße (z. B. Ductus thoracicus; Abb. 9-21) münden schließlich in die Venenstämme der oberen Hohlvene. Damit besteht eine unmittelbare Verbindung zwischen Lymphgefäßsystem und Blutgefäßsystem.

Abb. 9-25 Bau von Blutgefäßen.
A: Allgemeiner Aufbau der Wand.
B: Spezieller Aufbau der Wand von Arterien, Arteriolen, Kapillaren, Venolen und Venen.

9.5 Organdurchblutung

> Die Durchblutung der Organe wird durch die Höhe des arteriellen Blutdrucks und die Weite der Gefäße in den Organen bestimmt. Der Blutdruck wird laufend über das Kreislaufzentrum dem aktuellen Bedarf des Körpers angepaßt. Die Gefäßweite in den Organen und damit die jeweilige Organdurchblutung entspricht der Stoffwechselaktivität.

9.5.1 Windkesselfunktion der großen Arterien

Bei der Pumpfunktion des Herzens ist der Kammerinnendruck großen Schwankungen unterworfen. Während der Systole wird ein hoher Wert von ca. 120 mmHg erreicht. Bei der Diastole sinkt der Druck auf Werte unter 10 mmHg ab (vgl. Tab. 9-1). Zur Entstehung einer kontinuierlichen Strömung im arteriellen System ist eine Verminderung dieser Druckschwankungen erforderlich. Das wird durch die elastische Wandstruktur der unmittelbar dem Herzen nachgeschalteten Gefäße erreicht (Abb. 9-25). Die elastischen Eigenschaften ermöglichen es, daß Blut während der Systole in den genannten Gefäßen durch Dehnung gespeichert (Abb. 9-26A) und während der Diastole durch „Entdehnung" entspeichert wird (Abb. 9-26B).

Durch diese sog. Windkesselfunktion der großen Gefäße wird nach Beendigung der Herzkontraktion (Systole) Blut in die anderen Arterien „nachgeschoben", so daß der diastolische Druck nur auf etwa 80 mmHg absinkt. Dadurch kommt es während der Diastole nicht zum Stillstand der Blutströmung. Das bedeutet eine erhebliche Entlastung des Herzens, da bei Stillstand des Blutes in den Arterien während der Diastole das Blut mit jeder Systole neu in Bewegung gesetzt werden müßte. Damit wird auch verständlich, daß der Elastizitätsverlust bei Arteriosklerose eine erhebliche zusätzliche Herzbelastung darstellt.

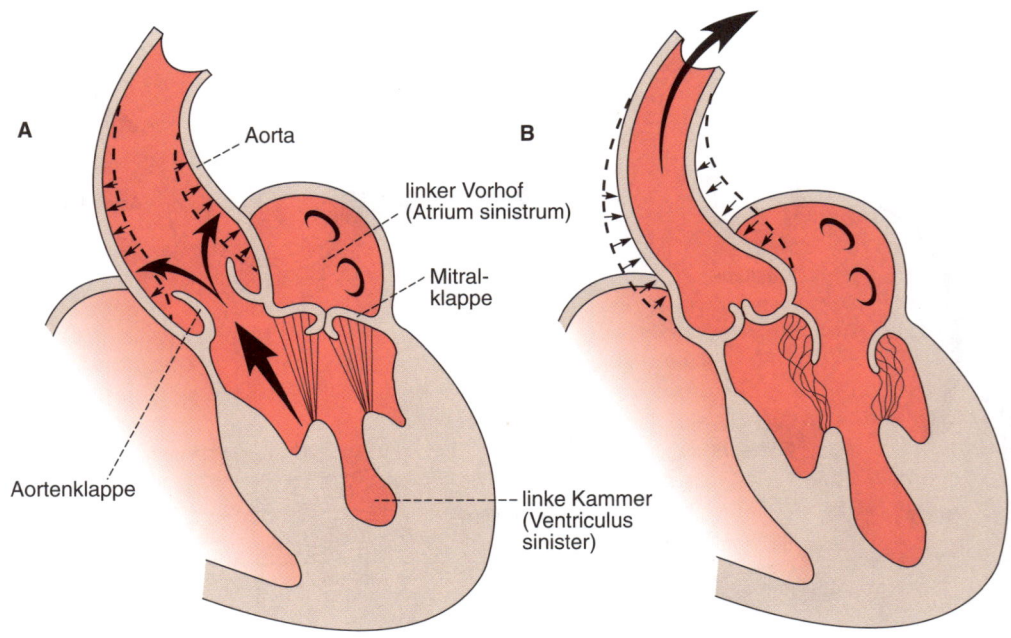

Abb. 9-26 Windkesselfunktion (blutdruckabhängige Volumenänderung) der Aorta.
A: Volumenänderung während der Systole
B: Volumenänderung während der Diastole
kleine Pfeile = Volumenänderung durch die Wandelastizität
große Pfeile = Richtung der Blutströmung

9.5.2 Arterienpuls

Durch den Auswurf des Blutes aus dem Herzen entsteht der Puls (Arterienpuls). Es werden zwei Formen unterschieden:
- **Druckpuls**, der als Druckwelle meßbar und als Puls an den arteriellen Blutgefäßen tastbar ist (Geschwindigkeit 5–30 m/s).
- **Strompuls**, der als Blutströmung in den arteriellen Blutgefäßen meßbar ist (Geschwindigkeit ca. 0,5 m/s).

> **P** Durch Tasten des Pulses werden im wesentlichen Pulsfrequenz und Pulsrhythmus und damit die Frequenz und der Rhythmus der Herztätigkeit bestimmt. Für diese Untersuchung eignet sich die A. radialis am Handgelenk. Unter Notfallbedingungen, wie unter Schockzustand, ist ein Radialispuls häufig nicht mehr zu tasten. Dann sollte der Puls an der Halsarterie gefühlt werden. **P**

9.5.3 Entstehung des arteriellen Blutdrucks

Der arterielle Blutdruck ist die treibende Kraft für die Durchblutung der Organe. Für seine Entstehung sind zwei Faktoren maßgeblich:
- Zufluß des Blutes zum arteriellen System
- Abfluß des Blutes aus dem arteriellen System

Der Zufluß wird durch die Herztätigkeit, der Abfluß durch die Arteriolen in den Organen kontrolliert. Die Wände dieser sog. Widerstandsgefäße bestehen überwiegend aus glatter Muskulatur, die ringförmig angeordnet ist (Abb. 9-25). Eine **Kontraktion** der Muskulatur führt zu einer Gefäßverengung und damit zu einem Anstieg des Strömungswiderstandes. Eine **Erschlaffung** geht mit den umgekehrten Effekten einher.

Der Kontraktionszustand der Gefäßmuskulatur, die damit verbundene Gefäßweite und der Strömungswiderstand unterliegen der Kontrolle des vegetativen Nervensystems. Dabei kommt dem Sympathikus mit seinen Überträgersubstanzen Noradrenalin und Adrenalin eine besondere Bedeutung zu. Dieser Teil des vegetativen Nervensystems zeigt eine Ausgangsaktivität (sog. Ruheaktivität, Ruhetonus). Eine Aktivitätssteigerung in diesem System hat eine Kontraktion der Muskulatur mit einer **Gefäßverengung** zur Folge. Daraus ergibt sich über eine Erhöhung des Strömungswiderstandes, der mit einer Abflußverminderung des Blutes verbunden ist, ein Ansteigen des arteriellen Blutdrucks. Eine verminderte Aktivität des Sympathikus bewirkt umgekehrt eine Senkung des Blutdrucks.

9.5.4 Regelung des arteriellen Blutdrucks

Das Herzminutenvolumen und der Strömungswiderstand in den Blutgefäßen bestimmen die Höhe des arteriellen Blutdrucks. Diese Faktoren sind in ihrer Größe nicht konstant. Sie werden zur Aufrechterhaltung und Einstellung des arteriellen Blutdrucks, z.B. in Abhängigkeit von der Körperlage, verändert. Die Mechanismen, die den arteriellen Blutdruck regeln, sind anhand der Abb. 9-27, 9-28, 9-29 und 9-30 beschrieben.

In der Wand der großen elastischen Arterien befinden sich Rezeptoren, die über die Wanddehnung kontinuierlich die Höhe des arteriellen Blutdrucks registrieren (Abb. 9-27). Sie werden als **Druckrezeptoren** (Pressorezeptoren, Barorezeptoren) bezeichnet. Ihr Meßergebnis wird über Nervenfasern mit Hilfe von Aktionspotentialen dem Kreislaufzentrum im verlängerten Mark (Medulla oblongata) übermittelt. Hier werden die Funktionen des Kreislaufs kontrolliert.

Zur Korrektur einer Blutdruckabweichung von der Sollgröße nimmt das Kreislaufzentrum über die sympathischen und parasympathischen Kerngebiete des vegetativen Nervensystems Einfluß auf Herz und Gefäße (Abb. 9-28 und 9-29; s. Kap. 12 „Vegetatives Nervensystem"):
- Eine Steigerung der Aktivität des **Parasympathikus** (N. vagus) führt über eine Verminderung der Herzschlagfrequenz zu einem Blutdruckabfall (Abb. 9-28A). Durch Gabe von Atropin wird diese Wirkung am Sinusknoten des Herzens unterdrückt (Abb. 9-28B).
- Eine Steigerung der Aktivität des **Sympathikus** führt über einen Anstieg der Herzschlagfrequenz und eine Gefäßverengung zu einer Blutdruckerhöhung (Abb. 9-29).

9 KREISLAUF

Abb. 9-27 Messung des arteriellen Blutdrucks mit Hilfe der Pressorezeptoren an der Teilungsstelle der A. carotis communis (Carotissinus).
Säulen = Aktivität im N. glossopharyngeus entspricht der Höhe des Blutdrucks.

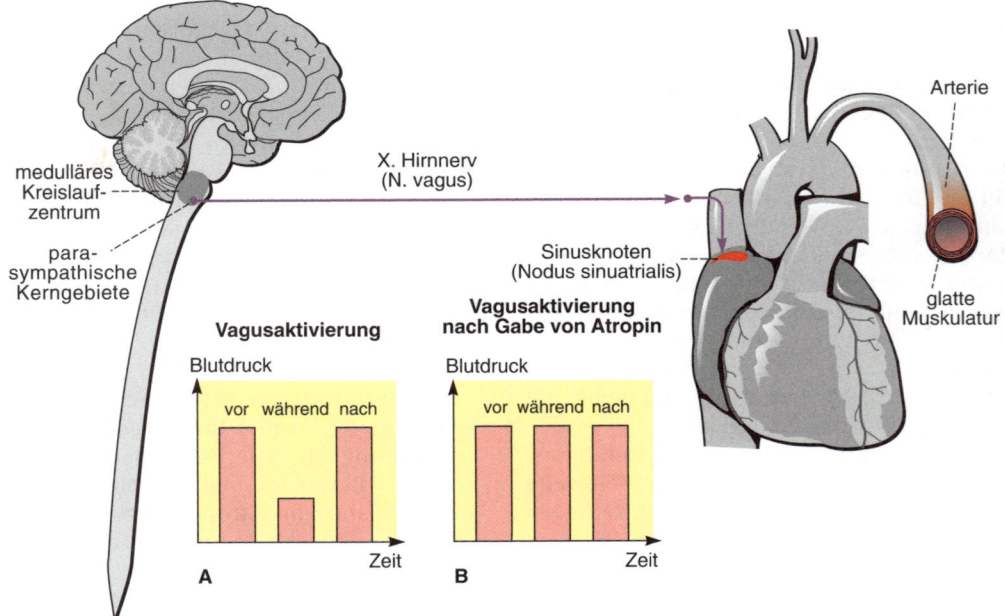

Abb. 9-28 Einfluß einer Aktivierung des Parasympathikus (N. vagus) auf die Höhe des arteriellen Blutdrucks vor und nach Gabe von Atropin.

9 **KREISLAUF**

Organdurchblutung 9.5

Abb. 9-29 Einfluß einer Aktivierung des Sympathikus auf die Höhe des arteriellen Blutdrucks.

Abb. 9-30 Zusammenfassende Darstellung der Vorgänge, die in den Abb. 9-27 bis 9-29 im einzelnen dargestellt sind.

9 KREISLAUF

Faßt man die Verbindungen von den Blutdruckrezeptoren zum Kreislaufzentrum im Hirnstamm und vom Kreislaufzentrum zu Herz und Gefäßen zusammen, so schließt sich ein Regelkreis, der den arteriellen Blutdruck einstellt (Abb. 9-30). Seine Funktion soll am Beispiel eines plötzlichen Blutdruckabfalls verdeutlicht werden. Die Blutdrucksenkung wird von den Pressorezeptoren dem Kreislaufzentrum mitgeteilt. Von dort wird der Parasympathikus gehemmt und der Sympathikus aktiviert. Dadurch entstehen folgende Wirkungen: Über eine Steigerung der Schlagfrequenz wird das Herzminutenvolumen erhöht und durch eine Gefäßverengung der Strömungswiderstand heraufgesetzt. Die Änderung der Gefäßweite erfolgt sowohl direkt über sympathische Nervenfasern als auch über die Aktivierung des Nebennierenmarks, aus dem Noradrenalin und Adrenalin freigesetzt werden (Abb. 9-29; s. Abb. 13-13). Durch die beschriebenen Wirkungen dieser Stoffe an Herz und Gefäßen wird der Blutdruck wieder angehoben. Mit der Regelung des Blutdrucks ist schließlich die Druckdifferenz zwischen Arterien und Venen **(Perfusionsdruck)** garantiert, die für die Durchblutung der Gewebe unabdingbare Voraussetzung ist.

> **K Kreislaufkollaps (Ohnmacht)**
> Bei weitgestellten Arterien und vermindertem venösem Rückstrom, z.B. bei fehlender Muskelpumpe, kann eine große Menge des zirkulierenden Blutvolumens in den Beinvenen „versacken". Dadurch fällt der arterielle Blutdruck ab. Dies führt zu einer kritischen Verminderung des Perfusionsdrucks (Abb. 9-2) und der Sauerstoffversorgung des Gehirns. Innerhalb weniger Sekunden kann es dann zu Bewußtlosigkeit kommen. Im Liegen – zumal bei hochgelagerten Beinen – strömt das versackte Blut wieder dem Herzen zu, der Blutdruck steigt an, und die spontane Erholung setzt ein. **K**

9.5.5 Blutdruckmessung

Zur Blutdruckmessung benutzt man in der Regel eine Armmanschette, die innen aus Gummi und außen aus unnachgiebigem Material besteht. Durch ein Handgebläse wird so lange Luft in diese Manschette hineingepumpt, bis der Druck in der Manschette größer ist als in der Armarterie. Dadurch wird die Arterie verschlossen. Darauf wird der Druck in der Manschette durch Ablassen der Luft gesenkt und gleichzeitig die Pulsader am Handgelenk (A. radialis) getastet

Abb. 9-31 Blutdruckmessung. Auskultatorische Methode. Zwei Pulskurven sind eingetragen.

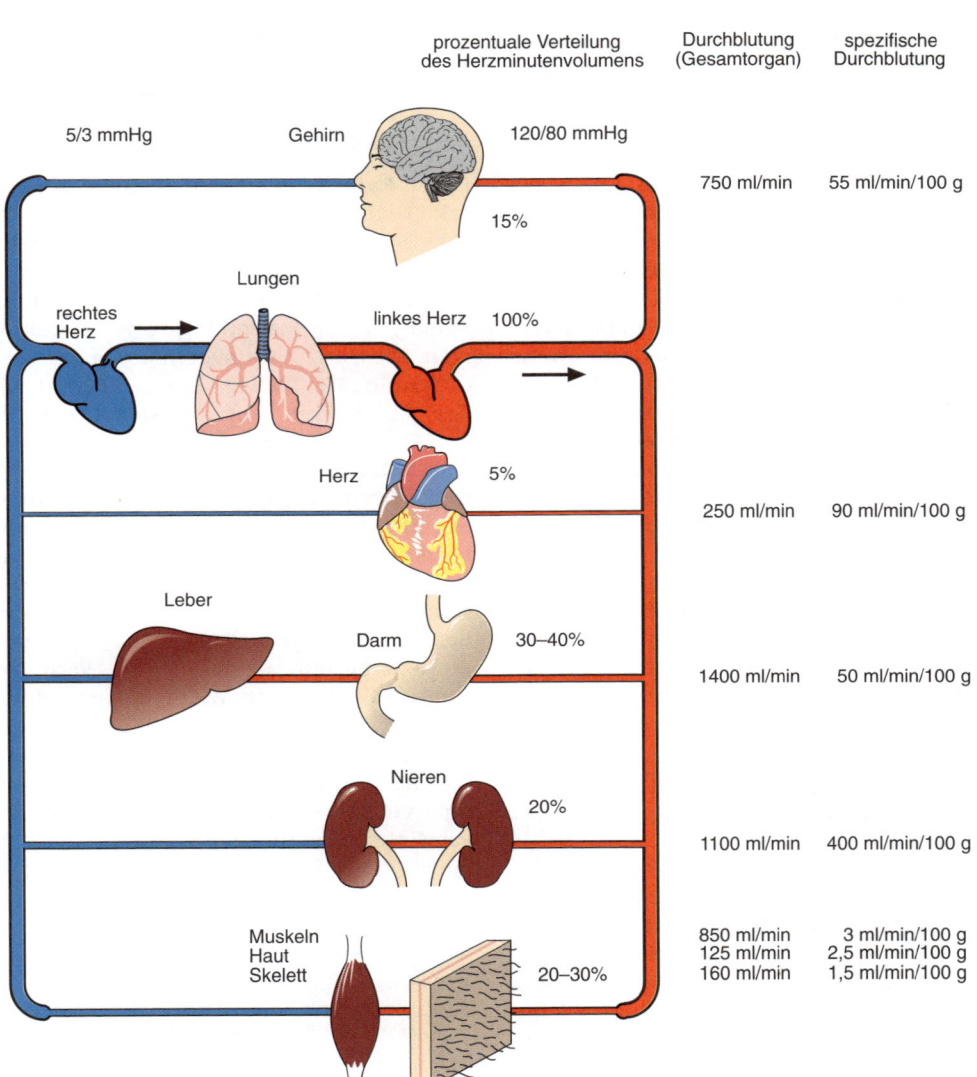

Abb. 9-32 Körperkreislauf. Prozentuale Verteilung des Herzminutenvolumens in den verschiedenen Kreislaufabschnitten bei Körperruhe. Organdurchblutung pro Minute (Gesamtorgan) und spezifische Organdurchblutung pro Minute (bezogen auf 100 g Organgewicht).

(palpiert). Der beim Wiedereinsetzen des Pulses abgelesene Manschettendruck gibt den **systolischen Blutdruck** an (palpatorische Blutdruckmessung).

Will man nicht nur das Maximum der Blutdruckschwankung, den sog. systolischen Blutdruck, ermitteln, sondern auch das Minimum der einzelnen Blutdruckschwankung, den sog. **diastolischen Blutdruck**, feststellen, so verwendet man die auskultatorische Methode nach Riva-Rocci (RR). Dabei hört (auskultiert) man mit einem Stethoskop unterhalb der Oberarmmanschette in der Ellenbeuge die Armarterie ab (Abb. 9-31). Ist der Druck in der Manschette höher als das Blutdruckmaximum, so ist die Arterie dauernd verschlossen und daher auch kein Durchströmungsgeräusch hörbar. Läßt man nun Luft aus der Manschette entweichen und wird dadurch der Druck in der Manschette geringer als das Maximum und größer als das Minimum der einzelnen Blutdruckschwankung, so wird das Gefäß bei jedem Herzschlag für kurze Zeit stoßweise eröffnet. Dadurch entsteht jedesmal ein ruckartiges Durchströmungsgeräusch. Mit abfallendem Manschettendruck wird das Geräusch zunehmend lauter und dann plötzlich leiser, bald verschwindet es ganz. Wenn der Manschettendruck geringer als das Blutdruckminimum wird, ist das Gefäß dauernd geöffnet. Das von der stoßweisen Eröffnung herrührende Geräusch fällt damit wieder weg. Das plötzliche Leiserwerden des Geräusches gibt die Höhe des diastolischen Druckes an.

Neben diesem Meßverfahren nach Riva-Rocci sind zahlreiche weitere Methoden zur unblutigen Blutdruckmessung entwickelt worden, die dem Patienten eine selbständige Messung erlauben.

> **Ü** Ermitteln Sie Pulsfrequenz und Blutdruck in Ruhe sowie nach 20 Kniebeugen! **Ü**

Als **Normalbereich** beim Erwachsenen gilt in der Armarterie ein Blutdruckmaximum von etwa 110–140 mmHg, als Minimum ein Wert von 60–90 mmHg. Die Blutdruckdifferenz zwischen Systole und Diastole (Blutdruckamplitude) beträgt ca. 50 mmHg. Diese Werte gelten für den Ruhezustand. Sie können bei körperlicher oder psychischer Belastung erheblich schwanken. Abweichungen des arteriellen Blutdrucks vom Normwert unter Ruhebedingungen sind häufig zu beobachten. Eine **Hypotonie** liegt dann vor, wenn der systolische Wert unter 100 mmHg liegt. Von **Hypertonie** spricht man bei Blutdruckwerten, die systolisch über 160 und diastolisch über 95 mmHg liegen. Die Ursachen krankhafter Abweichungen sind mannigfaltig.

9.5.6 Anpassung der Organdurchblutung an das Aktivitätsniveau

Unter Ruhebedingungen entsteht ein charakteristisches Muster der Organdurchblutung (Abb. 9-32). Eine **Aktivitätssteigerung** in einem Organ führt zu einer erhöhten lokalen Durchblutung, um die notwendige Versorgung mit Nährstoffen zu gewährleisten. Die Durchblutungserhöhung geschieht durch eine Weitstellung der Gefäße mit Hilfe des vegetativen Nervensystems und der vor Ort anfallenden Stoffwechselprodukte. Durch die funktionelle Kopplung von Stoffwechselprodukten und Gefäßweite wird in den Organen, in denen eine hohe Aktivität vorherrscht, eine hohe Durchblutung erreicht. Eine Erhöhung der Durchblutung sämtlicher Organe durch eine Weitstellung der Gefäße ist jedoch nicht möglich, da in diesem Fall durch eine kritische Verminderung des arteriellen Widerstandes schließlich der Blutdruck absinken würde. Demzufolge sollte eine hohe Aktivität der inneren Organe (z. B. Verdauung) und eine gleichzeitige verstärkte muskuläre Tätigkeit (z. B. Schwimmen) vermieden werden (Kollapsgefahr).

Lernkontrolle

1. Welche Funktion haben die Kapillaren?
2. Warum strömt auch während der Diastole des Herzens das Blut in den Gefäßen weiter?
3. Mit welchen Mechanismen wird der venöse Rückstrom zum Herzen gefördert?
4. Beschreiben Sie den Einfluß des vegetativen Nervensystems auf Herz und Kreislauf!
5. Nennen Sie die Anteile des Erregungsleitungssystems.
6. Wodurch unterscheiden sich Segel- und Taschenklappen?
7. Wie zeigt sich im EKG, daß die Vorhofmuskulatur vor der Kammermuskulatur erregt ist?

Auflösung des Fallbeispiels

▲ Herzinsuffizienz

Krankheitsbild: Bei der Herzinsuffizienz handelt es sich nicht um ein eigenständiges Krankheitsbild, sondern um die Folge unterschiedlicher Grunderkrankungen. Sehr häufig ist die Herzinsuffizienz Folge einer Erkrankung des Herzmuskels oder der Herzklappen. Charakteristisch ist die verringerte Pumpleistung, die beim herzinsuffizienten Patienten dem Bedarf nicht mehr gerecht wird.

Ursachen: Häufige Ursachen der Herzinsuffizienz sind:
- mangelnde Sauerstoffversorgung des Herzmuskels infolge Arteriosklerose der Koronararterien
- Erkrankungen der Herzklappen (Stenose, Insuffizienz)

Vorkommen und Häufigkeit: Bei Krankenhauspatienten, die über 65 Jahre alt sind, ist „Herzinsuffizienz" die häufigste Diagnose. In den USA entwickeln pro Jahr 400 000 Patienten eine Herzinsuffizienz mit Stauungszeichen.

Diagnostik: Schon Anamnese und Krankenuntersuchung liefern meist eindeutige Hinweise auf dieses Krankheitsbild. Bei Linksherzinsuffizienz wird eine Stauung im Lungenkreislauf festgestellt. Rechtsherzinsuffizienz zeigt sich in einer Stauung im Körperkreislauf mit z.B. Ödemen der Beine. Genaueren Aufschluß geben Röntgenbild, EKG, Laborwerte, Belastungsuntersuchungen oder die Myokardszintigraphie.

Therapie: Basis der medikamentösen Therapie sind entwässernde Maßnahmen (Diuretika) und herzkräftigende Digitalispräparate. Dazu kommen gefäßerweiternde und antiarrhythmisch wirkende Präparate. Eine ursächliche Therapie kommt nur für wenige Patienten in Frage: Sie kann in einem Klappenersatz bei krankhaft veränderten Herzklappen bestehen oder in einer Bypass-Operation bei arteriosklerotisch bedingter Minderversorgung der Herzmuskulatur.

10
NIERENSYSTEM UND WASSERHAUSHALT

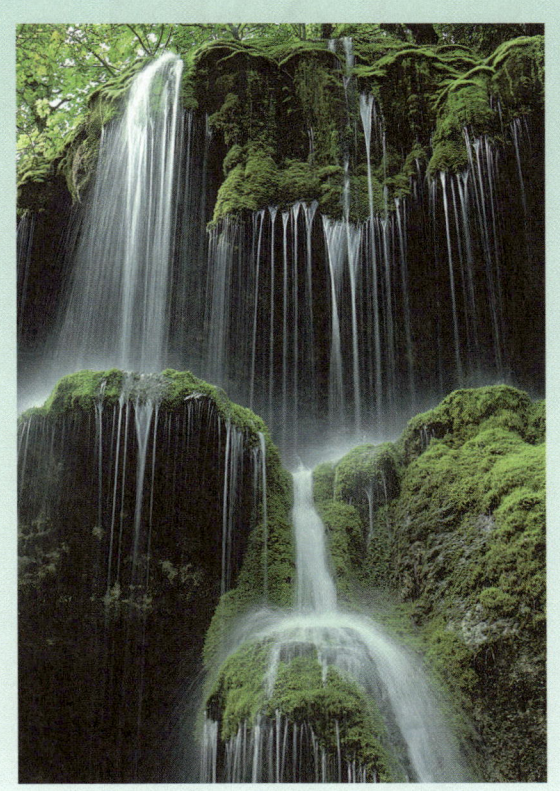

Die Nieren sind an der Kontrolle des Wasser-, Salz- und Säure-Basen-Haushaltes beteiligt. Auf diese Weise halten sie die ionale Zusammensetzung des extrazellulären Raumes konstant. Darüber hinaus scheiden sie stickstoffhaltige Endprodukte aus dem Eiweißstoffwechsel aus.

Abb. 10-0 Lage der Harnorgane der linken Körperhälfte bei der Frau und beim Mann.

Fallbeispiel

Ein 48jähriger Kaufmann, bei dem seit zwei Jahren ein Bluthochdruck (arterielle Hypertonie) bekannt ist, klagt bei seiner Hausärztin, daß er während der letzten drei Monate immer öfter unter Kopfschmerzen leide. Auch bleibe ihm bei körperlicher Belastung die Luft weg, und er fühle sich richtig schlapp. Selbst das Essen schmecke ihm nicht mehr. Die Hausärztin stellt bei ihrer gründlichen Untersuchung trockene schuppende Haut und einen Blutdruck von 220/110 mmHg fest. Auf der Thoraxaufnahme sieht man ein linksverbreitertes Herz und erweiterte Lungengefäße als Zeichen einer Stauung. Bei der Oberbauchsonographie zeigen sich geschrumpfte Nieren. Die Laborbefunde ergeben erhöhte Werte von Substanzen, die über die Niere ausgeschieden werden müssen mit einem Creatininspiegel von 574,6 µmol/l (Normalbereich: 40–100 µmol/l) und einem Harnstoffspiegel von 29,2 mmol/l (Normalbereich: 2,8–7,6 mmol/l) im Blutserum. Die Hausärztin veranlaßt eine stationäre Aufnahme.

Diagnose und Therapie s. S. 352.

10.1 Harnbildende Organe

> **Z** Die Nieren sind paarig angelegt und befinden sich im hinteren oberen Bauchraum beiderseits der Wirbelsäule. Sie sind in Rinde und Mark gegliedert. Die Harnbildung erfolgt in Nephronen, die jeweils aus Nierenkörperchen und Nierentubuli bestehen. **Z**

10.1.1 Die Nieren: Lage und Gliederung

Der Mensch besitzt **zwei** Nieren (Ren; Abb. 10-1). Sie liegen beiderseits der Wirbelsäule zwischen 12. Brustwirbel und 3. Lendenwirbel mit Kontakt zur hinteren Bauchwand. Mit ihrem oberen Pol berühren sie das Zwerchfell, dorsal liegen sie der 11. und 12. Rippe an. Ihr unterer Pol steht etwas oberhalb des Darmbeinkamms. Beim Einatmen sowie im Stehen senken sich die Nieren bis zu 3 cm. Wegen der Ausdehnung der Leber steht die rechte Niere etwas tiefer als die linke. Die Nieren sind nach lateral konvex, nach medial konkav gekrümmt (Abb. 10-1, 10-2). Die einzelne Niere ist 10 bis 12 cm lang, ihr Querdurchmesser beträgt 5 bis 6 cm. In der Konkavität befindet sich eine Höhlung (**Sinus renalis**) für Ein- und Austritt von Gefäßen und Nerven sowie für das Nierenbecken. Diese Region wird Nierenpforte (Hilus renalis) genannt. Dem oberen Nierenpol ist jeweils eine kleine endokrine Drüse, die **Nebenniere**, angelagert (s. Kap. 13 „Endokrines System"). Die Niere ist außen von einer derben, bindegewebigen Organkapsel und dann von einem Fettlager, der Nierenfettkapsel, überzogen. Abgegrenzt wird das Fettlager der Niere nach vorne, hinten sowie seitlich durch ein Bindegewebsblatt (Nierenfaszie).

Auf einem Längsschnitt durch die Niere ist mit bloßem Auge die Gliederung in eine äußere **Rindenschicht** und eine innere **Markschicht** zu erkennen (Abb. 10-4). Die Rinde ist fein gekörnt und reich an Blutgefäßen. Das Mark bildet hiluswärts kegelförmige Vorwölbungen, die sog. **Markpyramiden**, die eine feine Längsstreifung erkennen lassen. Die Spitze dieser Pyramiden nennt man **Nierenpapillen**. Auf ihnen befinden sich feinste Öffnungen, aus denen der Harn austritt. Jede Nierenpapille ragt in einen trichterförmig erweiterten Hohlraum, den **Nierenkelch**. Die Nierenkelche führen den Harn in das **Nierenbecken** (Abb. 10-3). Der Harnleiter (Ureter) transportiert den Harn dann weiter zur Harnblase.

10.1.2 Die Nieren: Feinbau

Der Feinbau der Niere läßt sich am besten verstehen, wenn man von ihrem Gefäß-

Abb. 10-1 Rechte Niere.
A: Ansicht von vorn.
B: Ansicht von hinten.

10 Nierensystem und Wasserhaushalt

Abb. 10-2 Röntgenbild der mit Kontrastmittelinjektion dargestellten Bauchaorta und ihrer Hauptzweige (Arteriogramm). Oben links: Skizze des Strahlengangs, der dem Röntgenbild zugrunde liegt.

Abb. 10-3 Röntgenbild (mit anterior-posteriorem Strahlengang) von Nierenbecken und Harnleiter (beiderseits) nach Injektion eines Kontrastmittels über einen Blasenkatheter in beide Harnleiter. XII = 12. Brustwirbel

system ausgeht. Die eintretende Nierenarterie, ein großer Seitenast der Bauchaorta, verzweigt sich im Hilusgebiet baumartig (Abb. 10-2). Ihre Äste verlaufen speichenförmig bis zur Markrindengrenze (Abb. 10-4). Dort biegen sie um und bilden viele Zweige, die in Richtung Organkapsel führen. Davon gehen allseits kleine Zweige (Arteriola afferens) ab, die jeweils in ein arterielles Kapillarknäuel (**Glomerulus**) münden. In diesem entscheidenden Bestandteil der Niere wird aus dem arteriellen Blut der **Primärharn** abgepreßt und von einem spaltförmigen Kapselraum aufgefangen (Abb. 10-5, 10-6), der durch ein einschichtiges Epithel (**Bowman-Kapsel**) begrenzt ist. Das Kapillarknäuel und die Bowman-Kapsel mit Kapselraum bilden die Nierenkörperchen.

Aus dem Kapselraum geht ein Nierenkanälchen (**Tubulus**) ab. Es bildet den Abflußweg für den Primärharn. Aus den Gefäßschlingen des Glomerulus kommt ein abführendes Blutgefäß (Arteriola efferens),

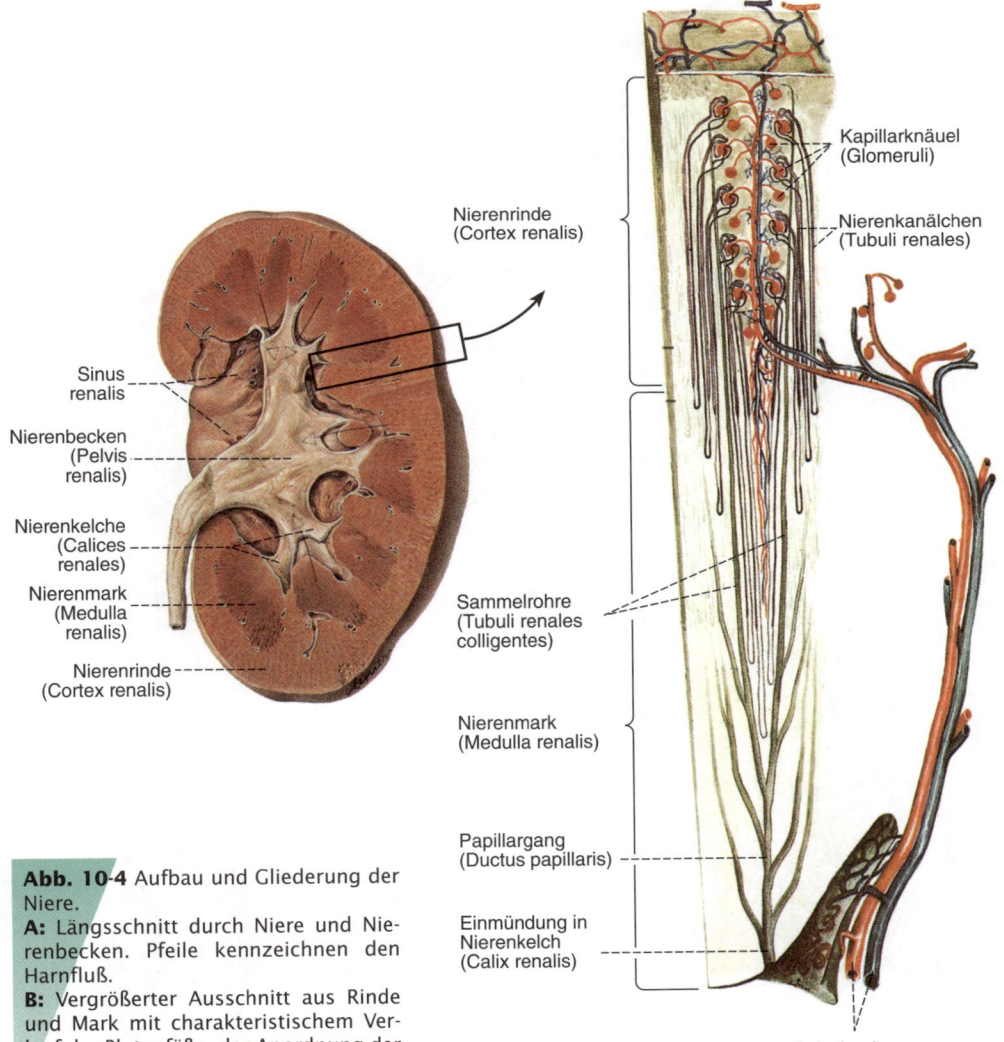

Abb. 10-4 Aufbau und Gliederung der Niere.
A: Längsschnitt durch Niere und Nierenbecken. Pfeile kennzeichnen den Harnfluß.
B: Vergrößerter Ausschnitt aus Rinde und Mark mit charakteristischem Verlauf der Blutgefäße, der Anordnung der Glomeruli und dem System der Nierenkanälchen.

das im Durchmesser etwas dünner ist als das zuführende. Diese blutableitenden Arteriolen bilden ein weiteres Kapillarnetz. Das aus der Bowman-Kapsel abgehende Nierenkanälchen ist zuerst stark gewunden (Tubulus contortus). Es folgt die sog. **Henle-Schleife**, die bis ins Nierenmark hineinreicht, und anschließend ein weiteres gewundenes Stück. Die einzelnen Abschnitte der Nierenkanälchen besitzen jeweils ein einschichtiges Epithel, das verschieden hoch und unterschiedlich mit Organellen ausgestattet

Abb. 10-5 Feinstruktur eines Nephrons mit Ausschnittvergrößerungen seiner verschiedenen Abschnitte.

10 NIERENSYSTEM UND WASSERHAUSHALT

Harnableitende Organe 10.2

ist (Abb. 10-5). Diese unterschiedliche Zelldifferenzierung ermöglicht einen Stoffaustausch zwischen Blutkapillaren und Nierenkanälchen. Schließlich geht das Nierenkanälchen in ein Sammelrohr von größerem Durchmesser über, das mit anderen Sammelrohren zu weiteren Gängen vereinigt auf der Spitze der Nierenpapillen mündet. Einen Glomerulus mit seinen Nierenkanälchen (Tubulus) bezeichnet man bis zur Einmündung in das Sammelrohr als **Nephron**. In beiden Nieren gibt es etwa 2 bis 3 Millionen Nephrone, die damit die morphologischen und funktionellen Grundeinheiten der Niere darstellen. An der Stelle, an der die Arteriola afferens in den Glomerulus einmündet und die Arteriola efferens abgeht (Gefäßpol des Glomerulus), ist jeweils das zugehörige Nierenkanälchen angelagert und bildet eine deutliche Verdickung seines Epithels, die Macula densa. Sie ist Teil des sog. juxtaglomerulären Apparats. Darunter versteht man spezialisierte Zellen am Gefäßpol des Glomerulus.

10.2 Harnableitende Organe

Der Harn fließt über die Pyramiden des Nierenmarks in das Nierenbecken und weiter durch den Harnleiter in die Harnblase. Der in der Harnblase gesammelte Urin wird über die Harnröhre ausgeschieden.

Abb. 10-6 Rasterelektronenmikroskopische Detailaufnahmen eines Glomerulus (vgl. Abb. 10-5):
A: Mehrere Kapillaren eines Glomerulus umfaßt von Podozyten und ihren Fortsätzen in der Ansicht vom Kapselraum. Vergr. 2700fach.
B: Außenansicht einer Glomeruluskapillare, bedeckt von regelmäßig angeordneten Fußfortsätzen der Podozyten, zwischen denen sich die Filtrationsschlitze für das Abpressen des Primärharns befinden. Vergr. 7500fach.
C: Innenansicht einer Glomeruluskapillare. Das Endothel weist zahlreiche rundliche Poren für den Durchtritt von Blutplasma auf. Vergr. 16000fach.

10.2.1 Harnleiter

Da das Nierenbecken kein Speicherorgan ist, gelangt der Urin gleich in den Harnleiter (Ureter), einen schmalen Verbindungsschlauch zwischen Nierenbecken und Harnblase. Der Harnleiter ist mit Schleimhaut ausgekleidet und besitzt in verschiedenen Schichten angeordnete glatte Muskulatur. Er zieht hinter dem Bauchfell (retroperitoneal) abwärts zum kleinen Becken und gelangt von hinten zum Grund der Harnblase, in die er schlitzartig einmündet (Abb. 10-7, 10-9). Die Form dieser Einmündung verhindert, daß der Harn aus der Blase in den Harnleiter zurückfließen (Reflux) kann. Der Harn wird durch die peristaltischen Kontraktionswellen des Harnleiters vom Nierenbecken zur Blase transportiert. Die Flüssigkeit tritt dabei rhythmisch in die Blase aus. Physiologische **Engstellen des Harnleiters** befinden sich im Abgangsbereich aus dem Nierenbecken, am Übergang in das kleine Becken und beim Durchtritt durch die Harnblasenwand.

> **K** Vor diesen Engstellen können z.B. Harnsteine steckenbleiben und zu Harnstau führen. Dabei können starke, krampfartige Schmerzen auftreten. **K**

10.2.2 Harnblase

Die Harnblase (**Vesica urinaria**) ist ein von Schleimhaut ausgekleideter muskulöser Sack aus netzartig angeordneter glatter Muskulatur (M. detrusor vesicae; Abb. 10-7). Nur der obere Teil ist von Bauchfell bedeckt. Die Harnblase liegt vorne im kleinen Becken unmittelbar hinter dem Schambein. Ihre Wand ist sehr dehnbar. Bei starker Füllung steigt sie mit ihrer oberen Kontur über das Schambein in Richtung Nabel auf. Sie ist dann durch die Bauchdecke zu tasten.

> **K** Bei Harnverhalt kann die Harnblase durch die vordere Bauchwand hindurch punktiert werden (z.B. suprapubischer Blasenkatheter). **K**

> **Ü** Trinken Sie ungefähr einen Liter Flüssigkeit, und ertasten Sie durch die Bauchdecke, wie sich dabei Ihre Harnblase ausdehnt. **Ü**

Zwischen den Mündungen der Harnleiter und dem Abgang der Harnröhre befindet sich ein dreieckiger Schleimhautbezirk (Trigonum vesicae; Abb. 10-7). Hier ist die Schleimhaut glatt und mit der Muskulatur unverschieblich verwachsen. Die besondere Beschaffenheit der Schleimhaut im Trigonum erleichtert bei der Endoskopie das Auffinden der Harnleitermündungen.

10.2.3 Harnröhre

Beim **Mann** tritt auf der Unterseite der Harnblase die Harnröhre (**Urethra**) aus. Diese durchsetzt zunächst die Vorsteherdrüse (Prostata), dann die quergestreifte Muskulatur des Beckenbodens, die eine querverlaufende Muskelplatte (Diaphragma urogenitale) zwischen den Schambeinästen bildet (Abb. 10-7). Hier umgibt der **ringförmige Schließmuskel** die Harnröhre (M. sphincter urethrae). Bogenförmig durchläuft die Harnröhre dann das männliche Glied, an dessen Spitze sie endet.

> **P** Physiologische Engstellen befinden sich beim Durchtritt durch die Harnblasenwand und Beckenbodenmuskulatur sowie im Bereich der äußeren Mündung. Diese Engstellen sind besonders beim Katheterisieren zu berücksichtigen. **P**

Bei der **Frau** liegt der Abgang der Harnröhre weiter vorne. Sie zieht hinter der Schambeinfuge nach unten und durchsetzt die Beckenbodenmuskulatur (Diaphragma urogenitale; Abb. 10-7). An dieser Stelle befindet sich der ringförmige Schließmuskel (M. sphincter urethrae). Als 3 bis 5 cm langer Gang liegt die Harnröhre in der Vorderwand der Scheide. Sie mündet in einem längsverlaufenden Schlitz im Vorhof der Scheide.

> **K** Infektiöse Nierenbecken- und Harnblasenentzündungen (**Pyelitis** und **Zystitis**) gehören zu den häufigsten Erkrankungen des Harnapparates. Vielfach bilden sich dabei Nieren- und Blasensteine. Ein krampfartiges, sehr schmerzhaftes Zusammenziehen (Kontraktion) der glatten Muskulatur von Nierenbecken, Harnleiter oder Harnblase bezeichnet man als **Kolik**. Sie tritt vor allem bei Steinleiden häufig auf. **K**

10 Nierensystem und Wasserhaushalt

Harnableitende Organe 10.2

A

B
- Bauchfell (Peritoneum)
- Muskelschicht der Harnblase (M. detrusor vesicae)
- Schleimhaut der Harnblase
- Einmündung des Harnleiters
- Blasendreieck (Trigonum vesicae)
- Vorsteherdrüse (Prostata)
- Einmündung der Samenleiter (Ductus deferens)
- Beckenbodenmuskulatur (Diaphragma urogenitale) mit Schließmuskel der Harnröhre (M. sphincter urethrae)
- Harnröhrenschwellkörper (Corpus spongiosum urethrae)
- Hautoberfläche (Damm)

Penisschwellkörper (Corpus cavernosum penis)

rechte Niere

Harnblase

C

D
- Bauchfell (Peritoneum)
- Muskelschicht der Harnblase (M. detrusor vesicae)
- Schleimhaut der Harnblase
- Einmündung des Harnleiters
- Blasendreieck (Trigonum vesicae)
- Harnröhre (Urethra)
- Beckenbodenmuskulatur (Diaphragma urogenitale) mit Schließmuskel der Harnröhre (M. sphincter urethrae)
- Kitzlerschwellkörper (Corpus cavernosum clitoridis)
- Scheideneingang
- Hautoberfläche (Damm)

rechte Niere

Harnblase

Schwellkörper des Vorhofs (Corpus cavernosum bulbi vestibuli)

Abb. 10-7 Ableitende Harnwege bei Mann und Frau.
A: Seitenansicht von Niere und ableitenden Harnwegen in Projektion auf die Körperwand.
B: Frontalschnitt (Schnittrichtung siehe A) durch Harnblase, Prostata und Beckenboden beim Mann.
C: Seitenansicht von Niere und ableitenden Harnwegen in Projektion auf die Körperwand.
D: Frontalschnitt (Schnittrichtung siehe C) durch Harnblase, Harnröhre und Beckenboden bei der Frau.

10 Nierensystem und Wasserhaushalt

G Bakteriell bedingte Entzündungen des Nierenbeckens mit Beteiligung des Nierenparenchyms (**Pyelonephritis**) werden fast immer durch aufsteigende Infektionen verursacht, d.h., die Keime gelangen von der Harnblase über die Harnleiter zum Nierenbecken. Häufig spielen dabei Abflußhindernisse wie eine Prostataschwellung oder Harnwegssteine eine Rolle, wodurch sich ein Rückstau von Harn aus der Harnblase in den Harnleiter entwickeln kann. Daher ist es außerordentlich wichtig, Entzündungen der Harnblase bzw. Harnwege rechtzeitig und so wirksam zu behandeln, daß ein Übergreifen auf das Nierenbecken nicht zu befürchten ist. **G**

10.3 Wasseraustausch zwischen Blut und Gewebe

Z Zwischen Blut und Gewebe wird laufend Wasser ausgetauscht. Der zuführende Kapillarschenkel gibt Wasser ab (Filtration) und der abführende nimmt Wasser auf (Resorption). Überschüssig filtriertes Wasser wird über Lymphgefäße abtransportiert. **Z**

Im Bereich der **Kapillaren** findet zwischen Blut und Gewebe laufend ein Wasseraustausch statt (Abb. 10-8). In dem Teil der Kapillaren, der aus den Arteriolen hervorgeht

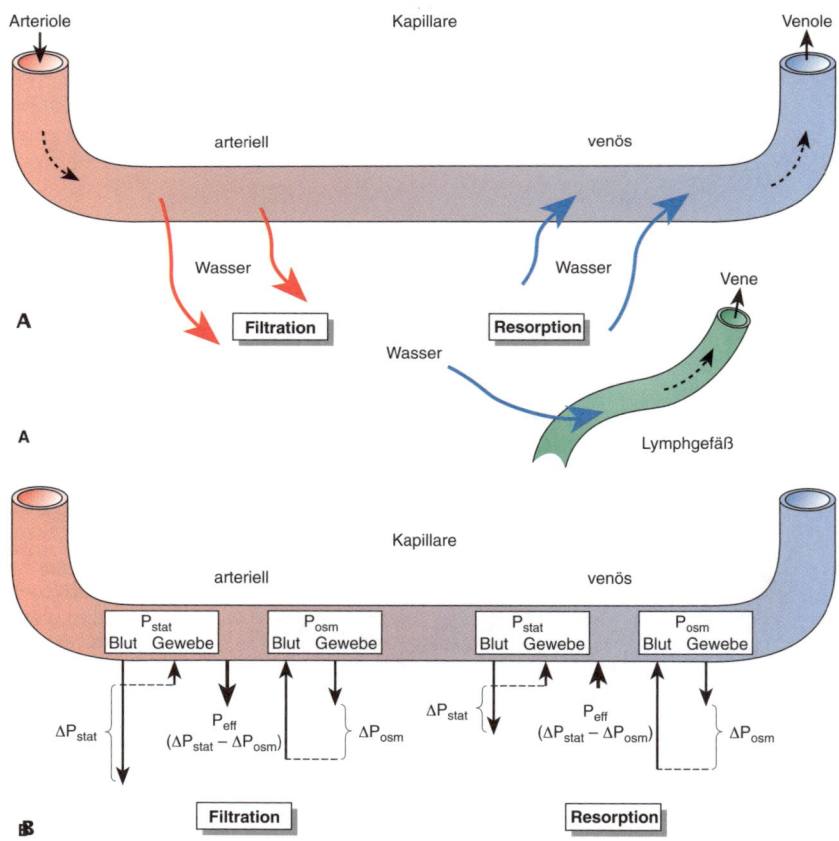

Abb. 10-8 Wasseraustausch zwischen Blut (Kapillare) und Gewebe. A: Flüssigkeitsstrom; B: treibende Kräfte (Drücke), die dem Flüssigkeitsstrom zugrunde liegen. Im arteriellen Schenkel der Kapillare wird Wasser aus der Kapillare in das Gewebe abgepreßt (Filtration) und im venösen Schenkel der Kapillare Wasser aus dem Gewebe in das Blut aufgenommen (Resorption). P_{stat} = hydrostatischer Druck. P_{osm} = osmotischer Druck. ΔP_{stat} und ΔP_{osm} = Unterschiede im hydrostatischen und osmotischen Druck zwischen Blut und Gewebe. P_{eff} = effektiver Druck.
Pfeile = Ausmaß und Richtung der Druckwirkung.

10 NIERENSYSTEM UND WASSERHAUSHALT

Wasseraustausch zwischen Blut und Gewebe 10.3

(**arterieller Schenkel** der Kapillaren), wird Wasser aus der Kapillare in das Gewebe abgegeben (**Filtration**). In dem Teil der Kapillaren, der in die Venolen einmündet (**venöser Schenkel** der Kapillaren), geht Wasser aus dem Gewebe in die Kapillaren über (**Resorption**).

- Im **arteriellen Kapillarschenkel** spielen für die Wasserbewegung aus der Kapillare zwei Druckkomponenten eine wesentliche Rolle (Abb. 10-8).
- **Hydrostatischer Druck**: Der Blutdruck wirkt als hydrostatischer Druck senkrecht auf die Kapillarwand (P_{stat}). Ihm steht der Flüssigkeitsdruck des Gewebes entgegen. Von seiten des hydrostatischen Druckes ist dementsprechend der Unterschied (Delta = Δ) von hydrostatischem Druck im arteriellen Kapillarschenkel und von hydrostatischem Druck des Gewebes (ΔP_{stat}) für die Wasserbewegung maßgebend. Dabei zeigt sich, daß der Druck aus der Kapillare bei weitem überwiegt (Abb. 10-8).
- **Osmotischer Druck**: Beim osmotischen Druck (P_{osm}) handelt es sich um die wasseranziehende Kraft gelöster Teilchen (Eiweißkörper, Salze). Die Teilchen des Blutes ziehen das Wasser des Gewebes an und die Teilchen des Gewebes das Wasser des Blutes. Von seiten des osmotischen Druckes ist dementsprechend der Unterschied (Delta = Δ) von osmotischem Druck im arteriellen Kapillarschenkel und von osmotischem Druck des Gewebes (ΔP_{osm}) für die Wasserbewegung maßgebend. Da die Konzentration der wasseranziehenden Teilchen im Blut höher ist als im Gewebe, überwiegt der Druck in die Kapillaren bei weitem (Abb. 10-8). Verrechnet man die hydrostatischen Druckunterschiede, die das Wasser aus dem Blut heraustreiben, mit den osmotischen Druckunterschieden, die das Wasser in das Blut hineintreiben, so erhält man den tatsächlich wirksamen (effektiven) Druck (P_{eff}):

$$P_{eff} = \Delta P_{stat} - \Delta P_{osm}$$

Dabei überwiegt im arteriellen Schenkel der Kapillare die hydrostatische Druckkomponente, d. h., daß die für die Wasserbewegung tatsächlich wirksame Kraft aus der Kapillare in das Gewebe gerichtet ist, so daß eine Wasserfiltration aus der Kapillare in das Gewebe stattfindet (Abb. 10-8).

- Im **venösen Kapillarschenkel** spielen für die Wasserbewegung in die Kapillare ebenfalls der hydrostatische (P_{stat}) und der osmotische Druck (P_{osm}) eine wesentliche Rolle (Abb. 10-8). Auch hier ist der Unterschied zwischen diesen beiden Drücken im Blut und Gewebe (ΔP_{stat} und ΔP_{osm}) für die Wasserbewegung maßgebend. Im Gegensatz zum arteriellen Kapillarschenkel hat bei einer Verrechnung der Druckunterschiede im venösen Kapillarschenkel die osmotische Druckkomponente das Übergewicht. Das bedeutet, daß die für die Wasserbewegung tatsächlich wirksame Kraft (P_{eff}) aus dem Gewebe in die Kapillare hinein gerichtet ist (Abb. 10-8). Es findet also eine Wasserresorption aus dem Gewebe in die Kapillare statt.

Beim **Wasseraustausch** zwischen Blut und Gewebe ist die Filtration in der Regel größer als die Resorption. Das im Gewebe verbleibende Wasser wird zu einem gewissen Teil über Lymphgefäße in das venöse Blut zurücktransportiert.

> **K** Alle Vorgänge, die die hydrostatischen und osmotischen Drücke im arteriellen und venösen Kapillarschenkel verändern, müssen zu Störungen des Wasseraustausches zwischen Blut und Gewebe führen. Ist das extrazelluläre Flüssigkeitsvolumen vermehrt, spricht man von einem Ödem. Es gibt vor allem drei Mechanismen, die zu einem **Ödem** führen können:
> 1. Der osmotische Druck des Blutes sinkt ab, beispielsweise bei einem stärkeren Eiweißverlust durch die Nieren (Ödem bei **Nierenkrankheiten**) oder bei einer ungenügenden Eiweißzufuhr (**Hungerödem**). Dadurch sinkt die wasseranziehende Kraft des Blutes. Die Filtration im arteriellen Schenkel der Kapillaren nimmt zu. Gleichzeitig ist die Resorption im venösen Schenkel eingeschränkt (Abb. 10-8).
> 2. Der hydrostatische Druck im venösen Schenkel der Kapillaren steigt, beispielsweise bei einer venösen Stauung infolge einer verminderten Leistung des rechten Herzens (**Stauungsödem**). Dabei kann der effektive Druck im venösen Schenkel der Kapillaren schließlich seine Richtung umkehren, so daß auch in diesem Kapillarbereich Wasser filtriert wird (Abb. 10-8).
> 3. Die Lymphwege sind verlegt und das filtrierte Wasser kann deshalb teilweise nicht abfließen (**Lymphödem**; Abb. 10-8). **K**

10 NIERENSYSTEM UND WASSERHAUSHALT

10.4 Funktion der Nierenkörperchen

> **Z** Im Nierenkörperchen werden Wasser und Stoffe (mit Ausnahme von Blutzellen und Eiweiß) aus dem Kapillarknäuel in den Kapselraum filtriert. Das Filtrat wird als Primärharn bezeichnet. **Z**

Verfolgt man den Aufbau der Niere im Verlauf des Blutstroms, so ist festzustellen, daß zwei Kapillargebiete hintereinandergeschaltet sind. Mit diesen feinsten Blutröhren wird Kontakt mit dem harnleitenden Rohrsystem aufgenommen (vgl. Abb. 10-5, 10-9). Das erste Kapillarsystem ist der **Glomerulus**. Hier treffen die Kapillaren zum ersten Mal auf das harnleitende Rohrsystem. Dazu ist der Glomerulus von einer Kapsel (Bowman-Kapsel) umgeben. Sie bildet auf der den Kapillaren gegenüberliegenden Seite den Kapselraum, der in das Nierenkanälchen übergeht. Nachdem das Blut den Glomerulus durchflossen hat, wird es in einem weiterführenden Gefäß gesammelt und in ein zweites Kapillarnetz überführt. Hier erfolgt der zweite Kontakt mit dem harnleitenden Rohrsystem. An dieser Stelle besteht es aus feinen Nierenkanälchen (**Tubuli**). Sie stellen die unmittelbare Fortsetzung des Kapselraumes dar (vgl. Abb. 10-5, 10-9). Die Tubuli münden im weiteren Verlauf in Sammelrohre, die über das Nierenbecken und den Harnleiter mit der Harnblase in Verbindung stehen (Abb. 10-9).

Der Blutfluß durch die Nieren beträgt 20% des Herzminutenvolumens (s. Kap. 9 „Kreislauf"). Für beide Nieren macht das etwa 1,2 Liter pro Minute bzw. 1700 Liter pro Tag aus. Diese hohe Durchblutung der Nieren ist dem Umfang ihrer vielfältigen Aufgaben angepaßt.

Die beschriebenen Kontaktstellen zwischen harnleitenden Kanälchen und den Blutkapillaren sind für die Nierenfunktion von herausragender Bedeutung. So laufen im Bereich des Glomerulus **Filtrationsvorgänge** und im Bereich des Tubulussystems **Resorptions**- und **Sekretionsvorgänge** ab (Abb. 10-9).

Im Nierenkörperchen werden Wasser und kleine Moleküle aus dem Kapillarknäuel

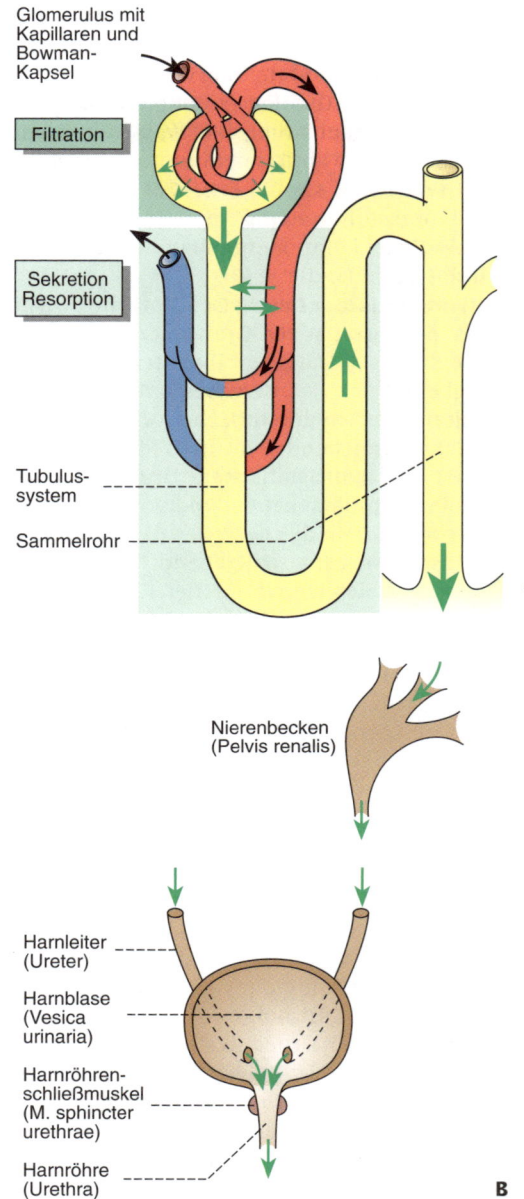

Abb. 10-9 Funktionseinheiten der Niere.
A: Im Glomerulus findet eine Filtration in den Raum der Bowman-Kapsel statt. Im Bereich des Tubulussystems werden Stoffe und Wasser in das Nierenkanälchen sezerniert und in das Blut resorbiert.
B: Der Harn aus den Tubuli beider Nieren wird über die Harnleiter in die Harnblase abgeführt und unter Kontrolle des M. sphincter urethrae ausgeschieden. Funktionen von Nierenkörperchen und Nierentubulus siehe auch Abb. 10-10 und 10.11.

in den Kapselraum filtriert. Das Filtrat, das als **Primärharn** bezeichnet wird, stellt ein sog. Ultrafiltrat dar. Im Gegensatz zum Blutplasma enthält es kein Eiweiß, hat ansonsten aber dieselbe Zusammensetzung. Für den Durchfluß der im Plasma gelösten Stoffe ist der Bau des glomerulären Filters mit seiner Porengröße entscheidend (Abb. 10-5, 10-6). Bei der Filtration wirken erneut die zwei Drücke, die bereits beim Wasseraustausch zwischen Blut und Gewebe (siehe oben) beschrieben wurden.

- Die erste Druckkomponente ist wiederum der hydrostatische Druck (P_{stat}; Abb. 10-10), der die Filtration im Blutgefäß fördert. Wieder ergibt sich der für die Wasserbewegung maßgebende hydrostatische Druck aus dem Unterschied (Delta = Δ) von statischem Blut- und Kapseldruck (ΔP_{stat}). Dabei überwiegt der Druck aus der Kapillare bei weitem (Abb. 10-10).
- Die zweite Druckkomponente ist auch hier der osmotische Druck (P_{osm}; Abb. 10-10). Da Primärharn und Plasma sich lediglich in ihrem Eiweißgehalt unterscheiden, ist der Unterschied (Delta = Δ) aus osmotischem Druck im Blut und Kapselraum (ΔP_{osm}) gleich der wasseranziehenden Kraft der Bluteiweißkörper (Abb. 10-10). Die hydrostatische Druckkomponente überwiegt im Glomerulus ebenso wie im arteriellen Teil der Kapillaren (Formel; vgl. Abb. 10-8).

Das Volumen an Primärharn, das von sämtlichen Glomeruli beider Nieren filtriert wird, beträgt 0,12 Liter pro Minute bzw. 170 Liter pro Tag. Diese sog. **glomeruläre Filtrationsrate** (GFR) hält sich weitgehend konstant, da der Blutdruck, als maßgebende Kraft bei der

Abb. 10-10 Funktion des Nierenkörperchens. Aus dem Blut (Kapillare) werden Stoffe und Wasser in den Kapselraum filtriert (Ultrafiltrat).
P_{stat} = hydrostatischer Druck.
P_{osm} = osmotischer Druck.
ΔP_{stat} und ΔP_{osm} = Unterschiede im hydrostatischen und osmotischen Druck von Blut und Kapselraum.
P_{eff} = effektiver Druck.
Pfeile = Ausmaß und Richtung der Druckwirkung.

Filtration, nur geringe Schwankungen aufweist.

> **K** Die Funktion der Nierenkörperchen kann beispielsweise durch eine entzündliche Veränderung an den Glomeruli gestört sein (**Glomerulonephritis**). Unter einer Glomerulonephritis versteht man eine entzündliche Veränderung an den Glomeruli, die mit Blut- und Eiweißausscheidung in den Harn einhergeht. Durch Eiweißverlust und die gestörte Ausscheidung von Flüssigkeiten entstehen Ödeme. Bei dieser Erkrankung kann es ebenso wie bei chronisch hohem Blutdruck zu einer Zerstörung der Glomeruli und der Nierenkanälchen kommen.

> **G** Die langdauernde Einnahme bestimmter Schmerzmittel kann zu schweren entzündlichen und degenerativen Veränderungen des Nierengewebes führen (interstitielle Nephritis).

10.5 Funktion der Nierentubuli

> **Z** In dem System kleiner Kanäle, das sich an das Nierenkörperchen anschließt, werden Stoffe und Wasser zwischen Blutkapillaren und Tubuli ausgetauscht.

Der Primärharn gelangt aus dem Kapselraum des Glomerulus in das Tubulussystem. Hier werden Stoffe aus den Tubuli in die Blutkapillaren aufgenommen (Resorption) und aus den Kapillaren in die Tubuli abgegeben (Sekretion; Abb. 10-9).

Im Glomerulus entsteht ein Filtrat des Blutes (Primärharn), das – abgesehen vom Eiweiß – dieselbe Zusammensetzung wie das Blutplasma hat. So gelangen viele Stoffe, die dem Organismus für seine Funktion unbedingt erhalten bleiben müssen, in das Tubulussystem. Deshalb werden sie beim Durchfluß des Primärharns durch die Tubuli resorbiert und andere Stoffe zusätzlich sezerniert (abgesondert). Das Ergebnis dieser Vorgänge ist der sog. **Endharn**, der in die ableitenden Harnwege gelangt.

10.5.1 Transport von Elektrolyten

Kalium- und **Natrium**ionen sind beispielsweise für die Funktion von Nerven- und Muskelzellen besonders wichtig (s. Kap. 4 „Nervensystem – Allgemeine Grundlagen"). Daher werden diese Ionen unter Mitwirkung einer fein abgestimmten Regelung im Tubulussystem resorbiert und sezerniert. In diese Vorgänge ist das endokrine System als wesentlicher Bestandteil eingebunden. Das hierfür wichtige Hormon, das **Aldosteron** (Mineralocorticoid), wird in der Zona glomerulosa der **Nebennierenrinde** (s. Abb. 13-13) gebildet. Es gelangt über das Blut zur Niere (Abb. 10-11). Dort fördert es im Tubulus die Resorption von Natriumionen und die Sekretion von Kalium- und Wasserstoffionen. Mit der Natriumresorption gelangt Wasser („Lösungswasser für die Ionen") in das Blut zurück.

Die Aldosteronfreisetzung aus der Nebennierenrinde ist von der Natrium- und Kaliumkonzentration im Blut abhängig (Abb. 10-11). Nimmt der Natriumgehalt des Blutes ab, so wird aus Zellen, die sich in der Nähe der Nierenglomeruli befinden (juxtaglomerulärer Apparat), ein Molekül (**Renin**) freigesetzt. Das Renin wirkt durch Umwandlung von Bluteiweißkörpern (Angiotensin) anregend auf die Freisetzung von Aldosteron. Aldosteron gelangt zur Niere und fördert dort die Natriumresorption. Dadurch steigt die Natriumkonzentration im Blut wieder an. In weiterer Folge nimmt die Freisetzung von Renin und damit auch die von Aldosteron wieder ab. Neben dem beschriebenen Renin-Aldosteron-Mechanismus wirkt eine Zunahme der Kaliumionenkonzentration im Blut direkt auf die Zona glomerulosa der Nebennierenrinde und setzt dort Aldosteron frei. Insgesamt schließt sich durch die dargestellten Rückkopplungsvorgänge ein Regelkreis, in dem die Natrium- und Kaliumkonzentrationen im Blut eingestellt werden. Die **Calcium**ionen, die wie Natrium- und Kaliumionen für die Funktion der Nerven- und Muskelzellen von Bedeutung sind, werden ebenfalls unter Beteiligung der Niere und unter Kontrolle des hormonalen Systems in ihrer Konzentration im Blut eingestellt (s. Kap. 13 „Endokrines System").

10 Nierensystem und Wasserhaushalt

Funktion der Nierentubuli 10.5

Abb. 10-11 Funktion des Tubulussystems.
NH_4^+ = Ammoniumionen.
Ca_2^+ = Calciumionen.
K^+ = Kaliumionen.
H^+ = Wasserstoffionen.
Na^+ = Natriumionen.
Cl^- = Chloridionen.

HCO_3^- = Bicarbonationen.
HPO_4^- = Monohydrogenphosphationen.
H_2O_{fak} = fakultative Wasserresorption.
H_2O_{obl} = obligate Wasserresorption.
ADH = antidiuretisches Hormon.
ANF = atrialer natriuretischer Faktor.

> K Die Ionenverschiebung zwischen Blutkapillaren und Tubuli ist durch Medikamente beeinflußbar. So läßt sich z.B. die Wirkung von **Aldosteron** medikamentös durch Spironolacton blockieren. Dies vermindert die Resorption von Natrium und seines „Lösungswassers", so daß der Wassergehalt des Körpers gesenkt und einer Ödembildung (z.B. bei Herzkrankheiten) entgegengewirkt wird. K

10.5.2 Transport von Glucose

Glucose gehört zu den wesentlichen Energielieferanten im Stoffwechsel der Zellen. Sie wird im Glomerulus uneingeschränkt filtriert und liegt damit im Primärharn in der gleichen Konzentration wie im Blutplasma vor. Während sie durch das Tubulussystem fließt, tritt sie vollständig aus dem Primärharn in das Blut über. Diese Resorption beruht auf einer aktiven Leistung der Epithelzellen im proximalen Tubulus, die in ihrem Ausmaß begrenzt ist.

> K Deshalb wird bei einer ausgeprägten Erhöhung der Glucosekonzentration im Blut und damit im Primärharn die mögliche Resorptionsrate überschritten. So kommt es zur Glucoseausscheidung im Harn (Glucosurie). Dies kann bei der Zuckerkrankheit (**Diabetes mellitus**) der Fall sein (s. Kap. 13 „Endokrines System"). K

Im Harn werden weitere Substanzen ausgeschieden, deren Bestimmung für die klinische Diagnostik von Bedeutung ist:
– **Creatinin** (aus dem Muskelstoffwechsel): 1–2,5 g pro Tag
– **Harnstoff** (aus dem Eiweißstoffwechsel): 15–30 g pro Tag
– **Harnsäure** (aus dem Nucleinsäurestoffwechsel): 0,1–1 g pro Tag.

10.5.3 Transport von Wasser

Die Niere ist entscheidend an der Regelung des Wasserhaushalts im Organismus beteiligt. Ein beträchtlicher Teil des im Glomerulus filtrierten Wassers gelangt bei der Natriumresorption in das Blut zurück. Da es sich hierbei um eine zwangsläufige Mitnahme von Lösungswasser handelt, spricht man von einer „**obligaten**" **Wasserresorption**. Die übrigen Wasserverschiebungen zwischen Tubulus und Blutkapillaren stehen unter der Kontrolle eines endokrinen Systems (Abb. 10-11). Dabei spielt das im Hypothalamus gebildete **antidiuretische Hormon** (ADH) eine große Rolle. Das ADH gelangt über Nervenfasern zum Hinterlappen der Hirnanhangsdrüse (Hypophyse; s. Abb. 13-5). Dort wird es durch ein Kapillarnetz in das Blut aufgenommen und zur Niere transportiert. Es fördert den Wassertransport durch das Epithel der Sammelrohre in die Blutkapillaren und wirkt damit einer Ausscheidung von Wasser (Diurese) entgegen.

Produktion und Ausschüttung von ADH stellen einen Regelkreis dar (Abb. 10-11). Regelgrößen sind die Höhe des osmotischen Drucks im Blut und das Blutvolumen. Der osmotische Druck wird durch spezielle Rezeptoren (**Osmorezeptoren**) **im Hypothalamus** gemessen und danach die ADH-Ausschüttung eingestellt. Eine Erhöhung des osmotischen Drucks führt zu einer Steigerung der ADH-Ausschüttung und damit zu einer vermehrten Resorption von Wasser. **Dehnungsrezeptoren**, die sich **im linken Vorhof** des Herzens befinden, registrieren die Volumenänderungen des Blutes. Nervenfasern leiten von diesen Rezeptoren die Informationen zum Hypothalamus. Nimmt die Vorhofdehnung zu, ist die ADH-Ausschüttung gehemmt. So kann eine Zunahme des Blutvolumens durch eine verminderte Resorption und damit durch eine vermehrte Harnausscheidung ausgeglichen werden. Die mit Hilfe des ADH-Systems kontrollierte Resorption des Wassers ergibt sich aus den aktuellen Gegebenheiten im Wasserhaushalt, dementsprechend als „**fakultative**" **Wasserresorption** bezeichnet. An der Einstellung des Blutvolumens ist ein weiteres, im Vorhof des Herzens gebildetes Hormon beteiligt. Es bestimmt u.a. über die Natriumresorption in der Niere die Ausscheidung von Wasser (**atrialer natriuretischer Faktor**, ANF).

Die spezielle räumliche Anordnung der Tubuli mit den umgebenden Blutgefäßen und die speziellen funktionellen Eigenschaften der Epithelzellen im Bereich der Henle-Schleife (Abb. 10-5) spielen bei der

Konzentrierung des Harns eine wichtige Rolle. Die dabei wirksamen komplexen Mechanismen werden als **Gegenstromverfahren** („Haarnadelgegenstromprinzip") zusammengefaßt.

10.6 Aufgabe der Niere im Säure-Basen-Haushalt

> **Z** Die Nieren sind an der Einstellung des pH-Wertes im Gewebe beteiligt. Wasserstoffionen können ausgeschieden und Puffersubstanzen wie Bicarbonat im Körper zurückgehalten werden. **Z**

Die Resorptions- und Sekretionsvorgänge im Tubulussystem sind an der Einstellung der Gewebsreaktion (pH-Wert) beteiligt und wirken damit einer **Ansäuerung** bzw. **Alkalisierung** entgegen (s. Kap. 8 „Atmung"). Die Vorgänge sind in Abb. 10-12 zusammengestellt. In der Tubuluszelle verbindet sich Kohlendioxid (CO_2) mit Wasser (H_2O) zu Kohlensäure (H_2CO_3), die ihrerseits in Bicarbonat (HCO_3^-) und Wasserstoffionen (H^+) zerfällt.

$$CO_2 + H_2O \rightleftharpoons H_2CO_3 \rightleftharpoons HCO_3^- + H^+$$

H-Ionen aus der Tubuluszelle werden gegen Natriumionen (Na^+) aus dem Tubuluslumen ausgetauscht und damit ausgeschieden. Natrium und Bicarbonat verbinden sich in der Tubuluszelle zu Natriumbicarbonat ($NaHCO_3$), das in das Blut übergeht. Beide Vorgänge verhindern eine Übersäuerung des Organismus (Abb. 10-12, 10-13). Eine Alkalisierung wird aufgefangen, indem die beschriebenen Austauschvorgänge vermindert werden.

Der Resorption von Bicarbonat (Basensparmechanismus) und der Ausscheidung von Wasserstoffionen liegen drei Prozesse zugrunde (Abb. 10-12). Sie gehen von drei verschiedenen im Tubuluslumen vorhandenen Natriumsalzen aus:
– Beim ersten Prozeß (**Bicarbonatmechanismus**) verbindet sich das sezernierte H-Ion mit dem Bicarbonat im Tubuluslumen zu Kohlensäure, die in Kohlendioxid und Wasser zerfällt. Das Wasser wird ausgeschieden, das Kohlendioxid diffundiert in

Abb. 10-12 Mechanismen zur Einstellung der Blutreaktion (pH-Wert) durch das Tubulussystem.
H^+ = Wasserstoffionen.
Na^+ = Natriumionen.
HCO_3^- = Bicarbonationen.
CO_2 = Kohlendioxid.
H_2O = Wasser.
H_2CO_3 = Kohlensäure.
$NaHCO_3$ = Natriumbicarbonat.
$NaHPO_4^-$ = Natriummonohydrogenphosphat.
NaH_2PO_4 = Natriumdihydrogenphosphat.
$NaCl$ = Natriumchlorid (Kochsalz).
NH_3 = Ammoniak.
NH_4Cl = Ammoniumchlorid.

die Tubuluszelle und steht dort wieder erneut für die Bildung von Bicarbonat zur Verfügung.
– Beim zweiten Prozeß (**Phosphatmechanismus**) verbindet sich im Tubuluslumen

das sezernierte H-Ion mit Natriummonohydrogenphosphat (NaHPO$_4^-$) zu Natriumdihydrogenphosphat (NaH$_2$PO$_4$), das ausgeschieden wird.
- Beim dritten Prozeß (**Ammoniummechanismus**) bindet sich das sezernierte H-Ion im Tubuluslumen mit Chlorid an Ammoniak (NH$_3$). Dadurch entsteht Ammoniumchlorid (NH$_4$Cl), das gleichfalls ausgeschieden wird. Das Ammoniak entsteht in der Tubuluszelle aus Glutamin.

Die beschriebenen Mechanismen tragen zur Einstellung der Gewebereaktion (**pH-Wert**) durch folgende Vorgänge bei (Abb. 10-13):
- Ausscheidung von Kohlendioxid (CO$_2$) über die Lunge
- Ausscheidung von H-Ionen (H$^+$) über die Niere
- Wiederaufnahme von Bicarbonat (HCO$_3^-$) in der Niere.

Bei der Ansäuerung (Zunahme der H-Ionenkonzentration) des Gewebes verbinden sich H$^+$ und HCO$_3^-$ zu H$_2$CO$_3$, das in CO$_2$ und H$_2$O zerfällt (Abb. 10-13). CO$_2$ wird über die Lunge ausgeschieden. Diese „Entsäuerungsreaktion" wird dadurch verstärkt, daß in der Niere vermehrt HCO$_3^-$ in das Blut aufgenommen wird, das sich wiederum mit H$^+$ zu H$_2$CO$_3$ verbindet (siehe oben), und daß ebenfalls in der Niere direkt H-Ionen über den Urin ausgeschieden werden. Niere und Lunge arbeiten damit im Säure-Basen-Haushalt eng zusammen.

> **Ü** Nehmen Sie eine Urinprobe, und testen Sie mit einem Indikatorpapierstreifen den Urin-pH. **Ü**

10.7 Füllung und Entleerung der Harnblase

> **Z** Die Harnblase hat Speicher- und Entleerungsfunktionen. Beide werden durch das Nervensystem kontrolliert. **Z**

In der Harnblase wird der Harn aus beiden Nieren gesammelt (vgl. Abb. 10-9). Die Harnblase hat eine langdauernde Speicherfunktion (Kontinenz) und kurze Perioden der Entleerung (Miktion). Ihr normales Fassungsvermögen beträgt etwa 0,5 Liter.

In der **Kontinenzphase** nimmt die Harnblase den von den Nieren laufend produzierten Harn auf. Dank der glatten Muskulatur der Blasenwand kommt es trotz eines ständig zunehmenden Blasenvolumens nur zu einem geringen Anstieg des Blaseninnendrucks. Die Kontraktion des quergestreiften Schließmuskels der Harnröhre (M. sphincter urethrae) unterstützt die Kontinenz. Dehnungsrezeptoren registrieren die zunehmende Wandspannung der Harnblase. Nervenfasern leiten das Meßergebnis zum Rückenmark. Von dort steigen die Informationen zum Gehirn auf und vermitteln das Gefühl von **Harndrang**. Sie gelangen aber auch zu vegetativen (parasympathischen) Nervenzellen in den Sakralsegmenten des Rückenmarks, die die glatte Muskulatur der Blasenwand (M. detrusor vesicae) kontrollieren, und zu Neuronen des somatischen Nervensystems, die die Kontraktion des M. sphincter urethrae steuern. So wird bei gefüllter Blase die Entleerung ausgelöst (**Miktionsreflex**).

Beim Neugeborenen und bei Kleinkindern bis zu drei Jahren löst nur das Rückenmark den Miktionsreflex aus. Beim Erwachsenen unterliegen die somatischen und vegetativen (parasympathischen) Nervenzellen

Abb. 10-13 Aufgaben der Niere und Lunge im Säure-Basen-Haushalt.

des Rückenmarks vielfältigen absteigenden Einflüssen aus dem Gehirn, die eine willkürliche Kontrolle ermöglichen. Diese Kontrolle durch das Gehirn entwickelt sich in den ersten Lebensjahren.

Beim Erwachsenen laufen bei der Miktion folgende Vorgänge ab: Die Miktion wird durch eine vom Gehirn ausgehende Hemmung der Nervenzellen eingeleitet, die die Kontraktion des M. sphincter urethrae bestimmen. Dadurch öffnet sich der Schließmuskel. Gleichzeitig werden die parasympathischen Nervenzellen erregt und so eine Kontraktion der glatten Muskulatur der Blasenwand (Detrusormuskel) ausgelöst. Damit erhöht sich der Blaseninnendruck, und die Harnblase entleert sich bei geöffnetem Schließmuskel. Die Miktion endet durch eine Kontraktion des M. sphincter urethrae und eine Erschlaffung des Detrusormuskels.

K Bei einer Schädigung des Rückenmarks oberhalb der Sakralsegmente (Querschnittslähmung) fehlt die Kontrolle des Gehirns über Blasenfüllung und Blasenentleerung. Damit erfolgt wie beim Säugling die Entleerung reflektorisch. Eine Einflußnahme auf diesen Miktionsreflex ist jedoch durch Beklopfen der Bauchdecken möglich. Eine Verletzung der Sakralsegmente selbst löscht auch den Miktionsreflex aus. Größere Mengen von Harn können nicht mehr in der Blase gesammelt werden, da der Schließmuskel gelähmt ist (**Inkontinenz**). Auch eine Schwächung und Senkung der Beckenbodenmuskulatur kann insbesondere bei der älteren Frau zu einer Inkontinenz führen. **K**

Das Volumen des täglich ausgeschiedenen Harns schwankt erheblich. Es ist u.a. abhängig von der Flüssigkeitsaufnahme, dem Wassergehalt der Nahrung, der Wasserausscheidung zur Temperaturregelung (s. Kap. 14 „Temperaturregelung") und der Aktivität des endokrinen Systems. Als Richtgröße beim Erwachsenen kann ein Harnvolumen von 1 bis 1,5 Liter pro Tag gelten. Eine übermäßige Harnausscheidung wird **Polyurie,** eine verminderte (weniger als 0,5 Liter pro Tag) **Oligurie** und eine fehlende Harnausscheidung **Anurie** genannt.

G Bei einer Schwangerschaft werden die Haltebänder der Gebärmutter gedehnt. Nachfolgend kann es zu einer Senkung der Gebärmutter und mit ihr der Blase kommen, insbesondere dann, wenn die Beckenbodenmuskulatur geschwächt ist. Eine solche Senkung der Beckenorgane beeinträchtigt unter anderem den Verschlußmechanismus der Harnblase mit der Folge einer Harninkontinenz. Präventiv und therapeutisch wird eine gezielte **Beckenbodengymnastik** empfohlen. **G**

K **Nierenkrankheiten** und **Bluthochdruck** (Hypertonie) stehen in einer wechselseitigen Beziehung zueinander: Einerseits sind Nierenfunktionsstörungen für die Entstehung einer Hypertonie verantwortlich, andererseits kann eine Hypertonie eine Nierenschädigung verursachen. Nierenfunktionsstörungen, die zu einer Hypertonie führen, können in einer Einschränkung der Nierendurchblutung (z. B. Einengung der Nierenarterien; renovaskuläre Hypertonie) oder in einer Erkrankung des Organgewebes (z. B. Glomerulonephritis; renoparenchymale Hypertonie) bestehen. **K**

Lernkontrolle

1. Beschreiben Sie den Verlauf der männlichen und weiblichen Urethra.
2. Erläutern Sie das Zustandekommen der Flüssigkeitsbewegung im Gewebe.
3. Erklären Sie den Begriff „Primärharn".
4. Was versteht man unter einem „Nephron"?
5. In welcher Weise beeinflussen die Nieren den pH-Wert des Blutes?
6. Welche Stoffe dürfen sich normalerweise nicht im Urin befinden?

Auflösung des Fallbeispiels

▲ Verdachtsdiagnose: Chronische Niereninsuffizienz

Krankheitsbild: Eine chronische Niereninsuffizienz tritt bei allen Krankheiten auf, die nach und nach die Nieren zerstören. Im Anfangsstadium zeigen sich keine oder nur geringe Symptome. Je länger und je mehr harnpflichtige Substanzen zurückgehalten werden, desto deutlicher treten die Symptome einer Harnvergiftung (Urämie) hervor. Im Vordergrund stehen Störungen von seiten des Herzens und der Blutgefäße, bedingt durch den hohen Blutdruck. In der Regel geht die chronische Niereninsuffizienz auch mit einer Blutarmut (Anämie) einher.

Ursachen: Als wichtigste Ursachen gelten chronische Nierenentzündungen in Form der Glomerulonephritis oder Pyelonephritis und Nierenbeteiligung im Rahmen einer Zuckerkrankheit (Diabetes mellitus).

Vorkommen und Häufigkeit: Epidemiologische Daten einer chronischen Niereninsuffizienz sind insgesamt unsicher. Das ist zum einen darauf zurückzuführen, daß die Anfangsstadien diagnostisch kaum erfaßt werden können, zum anderen darauf, daß zahlreiche Grundkrankheiten der Niere in eine chronische Niereninsuffizienz mit erst dann statistisch erfaßbarem Bild einmünden. Nach Angaben der Europäischen Dialyse- und Transplantationsgesellschaft rechnet man pro Jahr mit sechs bis sieben Patienten pro 100 000 Einwohner, bei denen das Endstadium einer chronischen Niereninsuffizienz eintritt.

Diagnostik: Bei der körperlichen Untersuchung fällt die trockene, schmutzig-gelb getönte Haut auf. Typisch ist ein Bluthochdruck (arterielle Hypertonie). Frühstadien entziehen sich der routinemäßigen Labordiagnostik. In späteren Stadien genügen in der klinischen Praxis die Bestimmungen von Creatinin und Harnstoff, um die Nierenfunktion abschätzen zu können. Als bildgebendes Verfahren ist die Sonographie der Niere von Bedeutung.

Therapie: Sie verfolgt drei Ziele: Therapie des Grundleidens, Hemmung des Fortschreitens der Insuffizienz und Behandlung von Symptomen und eventuellen Komplikationen.

11

BLUT UND ABWEHRSYSTEM

Das Blut besteht aus Flüssigkeit (Blutplasma) sowie Zellen (Blutkörperchen, Korpuskeln). Zu den Blutzellen gehören rote Blutkörperchen (Erythrozyten), weiße Blutkörperchen (Leukozyten) und Blutplättchen (Thrombozyten). Das Blut erfüllt erstens Transportfunktionen für den Zellstoffwechsel und für die Verteilung von Botenstoffen, zweitens Abwehrfunktionen, um körperfremde Substanzen unschädlich zu machen, und drittens Reparaturfunktionen für die Blutgefäße.

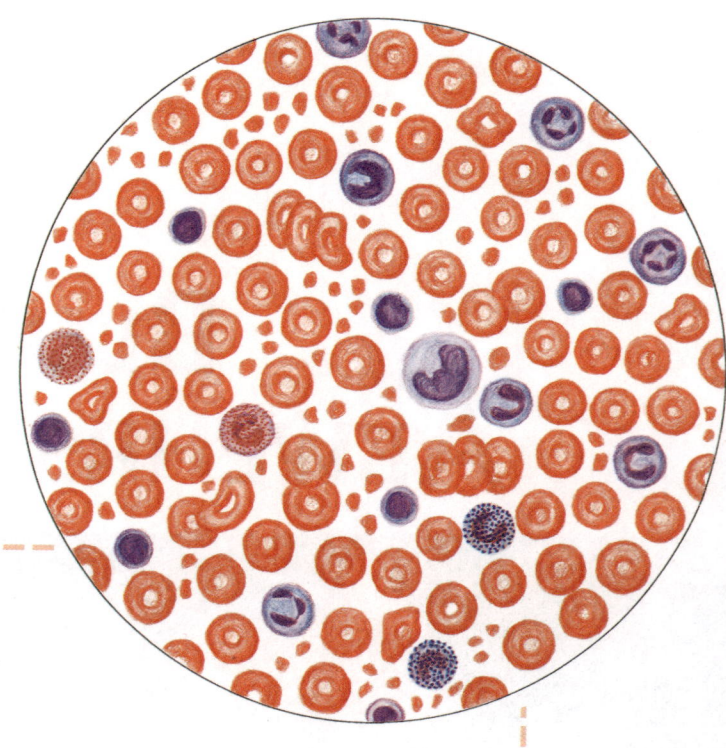

Abb. 11-0 Blutbild mit roten Blutkörperchen, weißen Blutkörperchen und Blutplättchen.

Fallbeispiel

Eine 32jährige Frau sucht wegen häufiger Kopfschmerzen und allgemeiner Erschöpfung ihren Hausarzt auf. Sie fühlt sich der täglichen Belastung durch Kindererziehung und Halbtagsarbeit kaum gewachsen. Auch sei sie in letzter Zeit vergeßlich geworden und könne sich kaum konzentrieren. Eigentlich wolle sie nicht einmal etwas essen, sondern nur noch schlafen. Zudem gerate sie seit einigen Wochen beim Treppensteigen leicht außer Atem. Aber auch sonst spüre sie bei jeder körperlichen Anstrengung Herzklopfen und Ohrensausen. Das Ergebnis der körperlichen Untersuchung ist insgesamt unauffällig mit Ausnahme einer erhöhten Pulsfrequenz (Tachykardie) und blassen Bindehäuten (Konjunktiven).
Diagnose und Therapie s. S. 384.

11 Blut und Abwehrsystem

Blutplasma 11.1

Das Blut erfüllt folgende Aufgaben:
- **Transportfunktion** für
  - die Nährstoffe Kohlenhydrate, Fette und Eiweiße sowie für Wasser, Salze, Vitamine und Spurenelemente (s. Kap. 7 „Verdauungssystem und Resorption")
  - die Atemgase Sauerstoff und Kohlendioxid (s. Kap. 8 „Atmung")
  - die Stoffwechselendprodukte (s. Kap. 10 „Nierensystem und Wasserhaushalt")
  - die Hormone (s. Kap. 13 „Endokrines System")
  - die Wärme zur Regelung der Körpertemperatur (s. Kap. 14 „Temperaturregelung")
- **Abwehrfunktion** zur „Entsorgung" körperfremder Substanzen (Kap. 11.4)
- **Reparaturfunktion** für das Gefäßsystem (Kap. 11.7).

Beim erwachsenen Menschen beträgt das Blutvolumen etwa 6 bis 8% des Körpergewichts oder etwa 70 ml pro kg Körpergewicht; das entspricht bei einem Gewicht von 75 kg etwa 5 Liter. Der Volumenanteil der Blutzellen am Gesamtblutvolumen ist der sog. **Hämatokrit** (Abb. 11-1). Man erhält ihn durch Zentrifugieren einer Blutprobe. Dabei setzen sich die Blutzellen ab, da sie ein höheres spezifisches Gewicht als das Blutplasma haben. Der Hämatokrit beträgt beim Mann 0,45 (45%) und bei der Frau 0,42 (42%).

Der Hämatokrit wird überwiegend durch die **Erythrozyten** bestimmt, da sie den weitaus größten Teil der Blutzellen ausmachen. Dementsprechend nimmt bei gleichem Plasmavolumen der Hämatokrit zu, wenn die Erythrozytenkonzentration im Blut gesteigert ist (Abb. 11-1 D; **Polyglobulie**), und er nimmt ab, wenn die Erythrozytenkonzentration vermindert ist (Abb. 11-1 C; **Anämie**). Dieselben Änderungen des Hämatokrits ergeben sich, wenn bei gleichem Zellvolumen das **Plasmavolumen** erniedrigt (z.B. bei anhaltendem Erbrechen; Abb. 11-1 B; **Dehydratation**) bzw. erhöht ist (z.B. nach einer Infusion; Abb. 11-1 A; **Hyperhydratation**). Eine Erhöhung des Plasmavolumens wird **Hypervolämie**, ein Mangel an Plasmavolumen **Hypovolämie** genannt.

11.1 Blutplasma

> Plasma und extrazelluläre Gewebsflüssigkeit haben weitgehend die gleiche Zusammensetzung. Lediglich die Eiweißkörper sind im Plasma höher konzentriert und bei Transportvorgängen, Abwehrmechanismen und Blutgerinnung wesentlich beteiligt.

Die nahezu gleiche Zusammensetzung von Blutplasma und extrazellulärer Flüssigkeit der Körpergewebe (Tab. 11-1) ist darauf zurückzuführen, daß die Blutkapillaren sehr gut für Wasser und kleine Moleküle, wie Salze und Glucose, durchlässig sind. Für **Eiweiße** besteht jedoch nur eine eingeschränkte Durchlässigkeit der Kapillarwände, so daß der Eiweißgehalt des Blutes höher als der der extrazellulären Gewebsflüssigkeit ist.

Es gibt verschiedene Eiweiße im Blut. Sie lassen sich nach ihrer Molekülgröße und Ladung im elektrischen Feld in **Albumine** und **Globuline** (Elektrophorese; Abb. 11-2) auftrennen. Die Albumine, die in der Leber gebildet werden, machen etwa 60% aller Plasmaproteine aus. Weiter teilt man die Globuline in eine α_1-, α_2-, β- und γ-Gruppe ein.

Aufgaben der Bluteiweiße:
- Transportfunktion für z.B. Hormone (s. Kap. 13 „Endokrines System")
- Blutgerinnung und Fibrinolyse (Kap. 11.7)
- Einstellung der Reaktion (pH-Wert) des Blutes durch Bindung und Freisetzung von H-Ionen (s. Kap. 8 „Atmung" und Kap. 10 „Nierensystem und Wasserhaushalt")
- Immunabwehr (Kap. 11.4).

Bei der Abwehr körperfremder Substanzen spielen **Gamma-Globuline** eine besondere

Tab. 11-1 Konzentration wichtiger Ionen im Blutplasma und im Extrazellulärraum der Zellgewebe.

	Blutplasma (mmol/l)	Extrazellulärraum der Zellgewebe (mmol/l)
Na^+	150	144
K^+	4,5	4,5
Ca^{2+}	2,5	1,3
Mg^{2+}	0,9	1
Cl^-	105	114
HCO_3^-	24	28
Eiweiß	~1	< 0,8

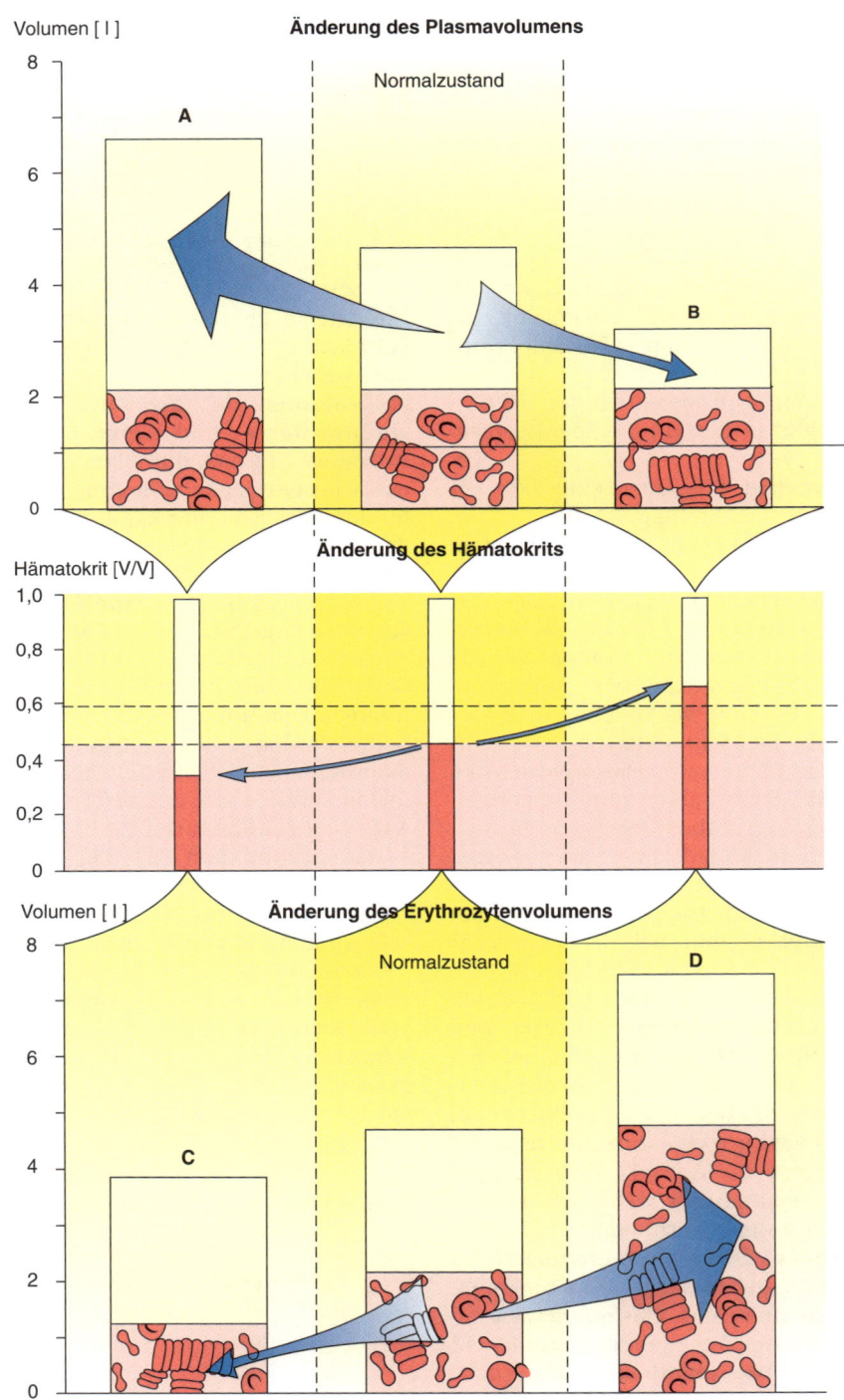

Abb. 11-1 Änderungen des Hämatokrits (Volumenanteil der Blutzellen am Gesamtvolumen einer Blutprobe). Abnahme des Hämatokrits bei Vermehrung des Plasmavolumens (**A**; Hypervolämie) und Verminderung des Zellvolumens (**C**; Oligozythämie). Zunahme des Hämatokrits bei Verminderung des Plasmavolumens (**B**; Hypovolämie) und Vermehrung des Zellvolumens (**D**; Polyzythämie).

11 Blut und Abwehrsystem

11.1 Blutplasma

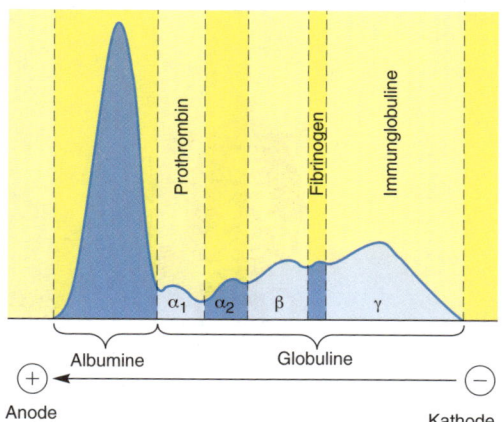

Abb. 11-2 Auftrennung der Eiweißkörper des Blutplasmas im elektrischen Feld (Elektrophorese). Für die Globuline sind die Untergruppen α_1 bis γ angegeben.

Rolle (Immunglobuline, Ig). Den **Alpha-** und **Beta-Globulinen** kommen hauptsächlich Transportfunktionen zu. Bei den Immunglobulinen werden verschiedene Untergruppen gebildet. Die **Immunglobuline G** (IgG; etwa 70% aller Immunglobuline) und die **Immunglobuline M** (IgM; etwa 10% aller Immunglobuline) sind für die Aktivierung des Komplementsystems (Kap. 11.4) besonders wichtig. Die IgG wechseln als einzige Immunglobuline gegen Ende der Schwangerschaft in den kindlichen Organismus über und bewirken dort eine „passive" Immunisierung. Die **Immunglobuline E** (IgE) sind an allergischen Reaktionen beteiligt (z.B. am sog. Heuschnupfen).

Endokrine Regelvorgänge halten die Konzentration an Salzen (**Elektrolyte**) im Blutplasma konstant (s. Kap. 10 „Nierensystem und Wasserhaushalt" und Kap. 13 „Endokrines System"). Da die Elektrolytkonzentrationen im Plasma und im Extrazellulärraum der Gewebe praktisch gleich sind (Tab. 11-1), kann mit einer Bestimmung der Elektrolytkonzentration im Blut auch diejenige im Flüssigkeitsraum ermittelt werden, der die Zellen umgibt und dessen Zusammensetzung für die Zellfunktion entscheidend ist.

Die Elektrolyte und andere kleine Moleküle des Blutplasmas machen den weitaus größten Teil der wasseranziehenden Kraft (**osmotischer Druck**) des Blutes aus. Der durch die Bluteiweiße erzeugte osmotische Druck (sog. kolloidosmotischer oder onkotischer Druck) ist vergleichsweise sehr gering. Dieser Druck ist jedoch von großer Bedeutung, um das Flüssigkeitsvolumen in den Blutgefäßen aufrechtzuerhalten, da die Kapillarwände für Elektrolyte gut und für Eiweiße nur sehr eingeschränkt durchlässig sind (s. Kap. 10 „Nierensystem und Wasserhaushalt").

Bei einem plötzlichen Verlust an Blutplasma, z.B. bei der Verletzung eines größeren Gefäßes, muß das Flüssigkeitsvolumen in den Gefäßen möglichst schnell wieder aufgefüllt werden. Das kann durch Infusion von **Plasmaersatzflüssigkeiten** geschehen. Solche Flüssigkeiten sollten denselben osmotischen Druck wie das Blutplasma aufweisen (**isoosmolale Lösungen**). Wenn eine isoosmolale Lösung Teilchen enthält, die in die Zellen der Körpergewebe aufgenommen und damit dem extrazellulären Raum entzogen werden, so kommt es über einen Nachstrom von Wasser zu einer Zellschwellung. Dementsprechend sollten Plasmaersatzflüssigkeiten so beschaffen sein, daß kein Strom von Wasser in die Zellen (Schwellung) oder aus den Zellen stattfindet (Schrumpfung). Die Spannung (Tonus) der Zellmembran muß unverändert bleiben (isotone Lösungen; vgl. Kap. 11.2). Für eine einwandfreie Zellfunktion sind Natrium-, Kalium- und Calciumionen in einem bestimmten Konzentrationsverhältnis notwendig (isoionische Lösungen; s. Kap. 4 „Nervensystem – Allgemeine Grundlagen").

Die einfachste Lösung zum Flüssigkeitsersatz ist die sog. **physiologische Kochsalzlösung** (isoton; 0,9%ig, d.h. 0,9 g Kochsalz auf 100 ml Wasser). Sie verläßt das Gefäßsystem jedoch wieder schnell, da sie keinen kolloidosmotischen Druck erzeugt (s. Kap. 10 „Nierensystem und Wasserhaushalt"). Plasmaersatzlösungen enthalten deshalb Kolloide (Albumine, Dextrane, Stärke). Mit Hilfe sog. Plasmaexpander wird der kolloidosmotische Druck so erhöht, daß Wasser aus dem Gewebe in die Blutgefäße gesaugt und so das Plasmavolumen z.B. bei Blutverlust sehr schnell aufgefüllt wird.

> **Ü** Vergleichen Sie die auf einer Infusionsflasche angegebenen Elektrolytkonzentrationen mit den Elektrolytkonzentrationen des Blutes und des Extrazellulärraumes. **Ü**

11.2 Rote Blutkörperchen (Erythrozyten)

> **Z** Erythrozyten machen 95% aller Zellen im Blut aus. Mit Hilfe des roten Blutfarbstoffs (Hämoglobin) binden und transportieren sie die Atemgase Sauerstoff und Kohlendioxid. **Z**

11.2.1 Form und Bildung

Die roten Blutkörperchen (Erythrozyten) sind kleine, flache Scheiben von ca. 7,5 µm Durchmesser (vgl. Abb. 11-4 A). Typischerweise sind die roten Blutkörperchen auf beiden Seiten eingedellt (**bikonkav**) und dadurch zentral erheblich dünner (ca. 1 µm) als im ringförmigen Randbereich (ca. 2 µm). Im Profil erscheinen sie hantelförmig (vgl. Abb. 11-1). Die ausgereiften Erythrozyten besitzen beim Menschen keinen Zellkern und keine Zellorganellen, jedoch eine Zellmembran. Sie enthalten in gelöster Form den roten Blutfarbstoff (**Hämoglobin**). Dieser macht etwa ein Drittel ihres Inhalts aus und verleiht den einzelnen Erythrozyten und damit dem gesamten Blut die rote Farbe. Durch ihre geringe Größe, ihre Elastizität und ihre Verformbarkeit sind die Erythrozyten in der Lage, auch die feinsten Kapillaren zu passieren.

Die Zahl der Erythrozyten beträgt bei der Frau 4 bis 5 Millionen, beim Mann 5 bis 6 Millionen in einem millionsten Teil eines Liters. Der Mensch besitzt damit in fünf Litern Blut etwa 25 Billionen Erythrozyten. Beim Neugeborenen ist die Konzentration an Erythrozyten deutlich höher.

Die Erythrozyten bilden sich beim Embryo in Leber und Milz, beim Kind und auch beim Erwachsenen im **roten Knochenmark** (Abb. 11-3). Die Erythrozyten gehen laufend aus kernhaltigen Vorstufen des Knochenmarks hervor. Unmittelbare Vorgänger der reifen Erythrozyten sind **Normoblasten** (mit Zellkern) und **Retikulozyten**, die auch im Blut vorkommen. Eine erhöhte Zahl der Retikulozyten läßt auf eine verstärkte Neubildung schließen. In den langen Röhrenknochen des Jugendlichen und des Erwachsenen ist das rote blutbildende Mark durch gelbes Fettmark ersetzt. Die Blut-

Abb. 11-3 Verteilung und Ausdehnung des roten Knochenmarks im Knochenskelett eines Kindes und eines Erwachsenen.

bildung findet beim Erwachsenen vorwiegend in der Spongiosa (Maschenwerk von Knochenbälkchen; s. Abb. 6-2, 6-3) von Brustbein, Becken sowie Wirbeln und Rippen statt. Die **Lebensdauer** der Erythrozyten beträgt ca. **120 Tage**. Sie werden also ununterbrochen neu gebildet und wieder abgebaut. Letzteres ist eine der Aufgaben der Milz.

Die Differenzierung der Erythrozyten aus den Vorläuferzellen sowie die Synthese von Hämoglobin wird von einem Hormon, dem **Erythropoetin**, stimuliert. Dieses Hormon wird bei Erwachsenen hauptsächlich in der Niere gebildet. Bei einer Senkung des Sauerstoffdrucks (Höhenaufenthalt, Atmungs- und Kreislaufinsuffizienz) wird Erythropoetin vermehrt freigesetzt. Es wird auch als Medikament in der Therapie von Anämien eingesetzt. Dabei ist darauf zu achten, daß genügend Eisen, Vitamin B_{12} und Folsäure zur Verfügung stehen.

11.2.2 Funktionen

Die wichtigste Aufgabe der Erythrozyten ist, die Atemgase **Sauerstoff** und **Kohlendioxid** mit Hilfe des roten Blutfarbstoffs (Hämoglobin; s. Kap. 8 „Atmung") zu **transportieren**, gleichsam als „Transportschiffchen" für Atemgase. Der Hämoglobingehalt beträgt bei Männern 16 +/– 2 g pro 100 ml (g%) und bei Frauen 14 +/– 2 g pro 100 ml (g%). Der eigentliche Farbstoff (Häm) besteht aus ringförmigen Molekülen mit einem zentralen Eisenatom.

> **K** Eine verminderte Konzentration von Erythrozyten oder Hämoglobin nennt man **Anämie**. Berücksichtigt man den durchschnittlichen Hämoglobingehalt der Erythrozyten (mean corpuscular hemoglobin = MCH; Färbekoeffizient), so lassen sich verschiedene Formen von Anämien unterscheiden:
> – **hypochrome** Anämie: verminderter Hämoglobingehalt des einzelnen Erythrozyten. Ursache kann ein Eisenmangel sein.
> – **normochrome** Anämie: normaler Hämoglobingehalt des einzelnen Erythrozyten. Ursache kann ein akuter Blutverlust sein, bei dem Blutkörperchenzahl und Hämoglobinmenge in gleichem Ausmaß herabgesetzt werden.
> – **hyperchrome** Anämie: erhöhter Hämoglobingehalt des einzelnen Erythrozyten. Ursache kann eine Störung in der Bildung der Blutkörperchen sein, wobei das mittlere Erythrozytenvolumen (mean corpuscular volume = MCV) vergrößert ist.

Der sog. **Färbeindex** klärt, welche der Anämieformen vorliegt. Dabei wird von den Normwerten ausgehend der Hämoglobingehalt zur Erythrozytenzahl in Beziehung gesetzt. Der Färbeindex ist
– gleich 1 bei einer normochromen Anämie,
– kleiner 1 bei einer hypochromen und
– größer 1 bei einer hyperchromen Anämie.
Ist die Konzentration von Erythrozyten oder Hämoglobin erhöht, liegt eine **Polyglobulie** (Polyzythämie) vor. Ursache hierfür ist häufig ein Sauerstoffmangel bei Lungen- und Herzerkrankungen.

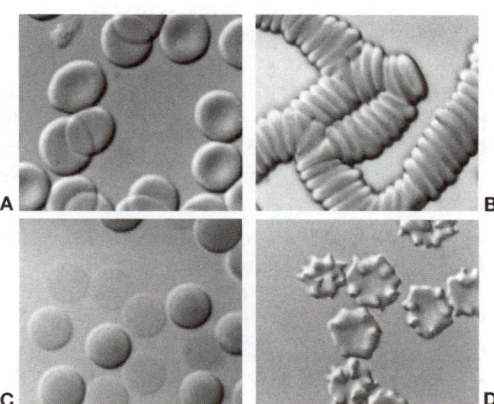

Abb. 11-4 Menschliche Erythrozyten.
A: Bikonkave Einzelzellen (Diskozyten).
B: Geldrollenbildung.
C: Zellschwellung bis zur Kugelform (Sphärozyten) und Hämolyse (Platzen) mit Bildung von Zellschatten (ghosts) in einer Lösung mit geringem osmotischem Druck.
D: Zellschrumpfung bis zur Stechapfelform (Echinozyten) in einer Lösung mit hohem osmotischem Druck.

> **G** Bekannt ist auch die sog. **Höhenpolyglobulie**. Je weiter die Sauerstoffkonzentration der Luft sinkt, desto höher ist die Erythrozytenkonzentration. Deshalb soll man, wenn man sich im Gebirge aufhält, mehr Flüssigkeit zu sich nehmen, damit es nicht über eine „Bluteindickung" zu einer Thrombose kommt.

Bei langsamer Blutströmung oder bei Strömungsstillstand lagern sich die Erythrozyten zusammen (**Aggregation**). Diese zusammengeballten Erythrozyten sehen wie Geldrollen aus (Abb. 11-4 B). Eiweißkörper des Blutplasmas können die Aggregation fördern. Daher ist die Aggregation gesteigert, wenn sich, z.B. bei Entzündungen im Körper, die Eiweißzusammensetzung des Plasmas in charakteristischer Weise ändert. Diese erhöhte Aggregationsbereitschaft läßt sich durch die **Blutsenkungsgeschwindigkeit** (BSG) ermitteln. Dabei wird die Geschwindigkeit gemessen, mit der sich die Erythrozyten in einer senkrechten Röhre unter dem Einfluß der Schwerkraft absetzen. Die normale BSG beträgt bei dem häufig verwendeten Testverfahren nach Westergren 1 bis 5 mm pro Stunde; sie wird nach einer und nach zwei Stunden abgelesen.

Die Ruheform der Erythrozyten zeigt typische Änderungen, wenn sich der **osmotische Druck** des Blutplasmas verschiebt. Nimmt die extrazelluläre Osmolarität ab, strömt Wasser in die Erythrozyten ein. Dadurch nehmen sie zunächst Kugelform an (Abb. 11-4 C). Wird der osmotische Druck kritisch gesenkt, platzen die Zellen (osmotische Hämolyse). Es bleibt nur noch die Zellmembran übrig (ghost = „Schatten"). Im weiteren können auch Gifte und Antikörper die Erythrozytenmembran auflösen. Nimmt der extrazelluläre osmotische Druck zu, wird den Erythrozyten Wasser entzogen. Dadurch nehmen sie „Stechapfelform" an (Abb. 11-4 D).

11.2.3 Blutgruppen

Je nach Antigenen auf ihrer Membran lassen sich verschiedene Typen von Erythrozyten und damit Blutgruppen unterscheiden. Unter Antigenen werden Moleküle verstanden, die die Bildung von spezifischen „Gegenmolekülen" (Antikörper) auslösen (Kap. 11.4). Welche Antigene sich auf der Erythrozytenmembran befinden, wird durch Vererbung festgelegt. Die Unterscheidung von Blutgruppen des sog. **AB0-Systems** und des sog. **Rhesus-Systems** ist von großer Bedeutung.

Die gegen Antigene fremder Blutgruppen gerichteten Antikörper im Plasma werden in der Regel nach der Geburt gebildet. Dies erfolgt im AB0-System in den ersten Lebenswochen, im Rhesus-System jedoch erst nach Kontakt mit dem entsprechenden Antigen, z.B. bei einer unkorrekten Blutübertragung. Eine Unverträglichkeit (**Inkompatibilität**) besteht, wenn zwei verschiedene Blutgruppen zusammengebracht werden, die aufgrund der Antigene auf den Erythrozyten und den Antikörpern im Plasma nicht zusammenpassen. Als Unverträglichkeitsreaktion können Erythrozyten durch IgM-Antikörper im AB0-System verklumpen (Agglutination; Abb. 11-5), oder sie lösen sich durch IgG-Antikörper im Rhesus-System auf (Hämolyse; Kap. 11.1).

Im AB0-System unterscheidet man die Blutgruppen **A**, **B**, **AB** und **0** (Null; Tab. 11-2). Gegen die Antigene A und B sind die Antikörper Anti-A und Anti-B gerichtet, die zu

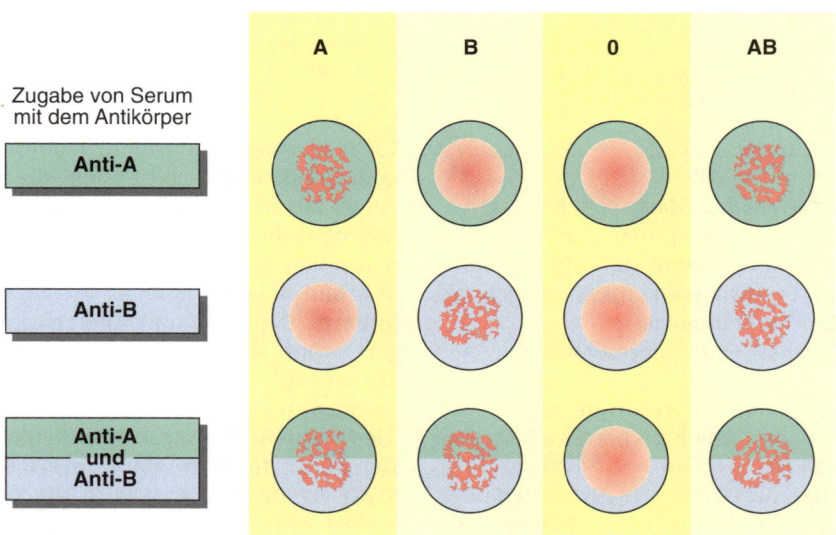

Abb. 11-5 Blutgruppenbestimmung. Schematische Darstellung der Agglutinationsreaktion bei Zugabe von Testseren mit verschiedenen Antikörpern zu Erythrozyten der vier Gruppen des AB0-Systems.

Tab. 11-2 Blutgruppen des AB0-Systems. Antigene auf den Erythrozyten und Antikörper im Plasma der verschiedenen Gruppen sowie Häufigkeit des Vorkommens in Mitteleuropa.

Blutgruppe	Antigene auf den Erythrozyten	Antikörper im Plasma	Häufigkeit in % (Mitteleuropa)
A	A	Anti-B	44
B	B	Anti-A	10
AB	A und B	keine	4
0	keine	Anti-A und Anti-B	42

den Immunglobulinen M (IgM) gehören. Ihre Reaktion mit den entsprechenden Antigenen führt zur Agglutination der Erythrozyten.
– Im Blut der Gruppe A befindet sich der Antikörper Anti-B.
– Im Blut der Gruppe B befindet sich der Antikörper Anti-A.
– Im Blut der Gruppe AB ist kein Antikörper gegen Antigen A oder B vorhanden.
– Im Blut der Gruppe 0 befindet sich sowohl der Antikörper Anti-A als auch der Antikörper Anti-B.

Die Häufigkeitsverteilung der Blutgruppen ist nach geographischen Regionen unterschiedlich. In Mitteleuropa herrschen die Blutgruppen A und 0 vor.

Die **Blutgruppenbestimmung** des AB0-Systems erfolgt folgendermaßen (Abb. 11-5): Erythrozyten aus einer Blutprobe werden mit drei verschiedenen Testseren zusammengebracht, die entweder die Antikörper Anti-A oder Anti-B oder beide Antikörper enthalten. Aus dem Auftreten bzw. Ausbleiben einer Agglutination läßt sich auf die Blutgruppe schließen.
– Bei der Blutgruppe AB tritt bei allen drei Seren eine Agglutination auf,
– bei der Gruppe 0 bei keinem der Seren,
– bei den Blutgruppen A und B tritt bei dem Serum mit beiden Antikörpern und jeweils bei dem Serum, das gegen die eigenen Antigene gerichtete Antikörper enthält, eine Agglutination auf.

Vor einer Blutübertragung wird zusätzlich zur Bestimmung der Blutgruppen eine sog. **Kreuzprobe** durchgeführt. Dabei werden Erythrozyten des Spenders mit Serum des Empfängers (sog. Major-Test) und Erythrozyten des Empfängers mit Serum des Spenders (sog. Minor-Test) zusammengebracht. Auf diese Weise wird jedenfalls eine Agglutination mit lebensgefährlichen Folgen ausgeschlossen.

P Diese erkennt man an plötzlich eintretendem Schüttelfrost, Fieberanstieg und Herz-Kreislaufkomplikationen. In solch einem Fall ist unverzüglich die Transfusion abzustellen (Nadel nicht entfernen; evtl. als Zugang für Infusionen erforderlich) und der Arzt zu verständigen. **P**

Im **Rhesus-System** lassen sich mindestens sechs Antigene unterscheiden. Sie sind mit den Buchstaben **C, D, E, c, d** und **e** gekennzeichnet. Gegen das Antigen D wird der Antikörper Anti-D gebildet. Die übrigen Antigene lösen nur selten eine Antikörperbildung aus. Ist das Antigen D vorhanden, nennt man die Blutgruppe eines Menschen Rh-positiv (RhD+), fehlt das Antigen, Rh-negativ (RhD–). Etwa 85% der Menschen in Mitteleuropa sind Rh-positiv. Der Antikörper Anti-D wird von Rh-negativen Menschen gebildet, wenn sie mit Rh-positivem Blut in Kontakt kommen.

Der Antikörper Anti-D kann auch von einer Rh-negativen schwangeren Frau gebildet werden, wenn gegen Ende der Schwangerschaft oder unter der Geburt Erythrozyten eines Rh-positiven Feten in das Blut der Mutter gelangen (**Rh-Inkompatibilität**). Dann ist es möglich, daß während der nächsten Schwangerschaft der Antikörper in den kindlichen Organismus übertritt und dort durch Agglutination und Hämolyse schwere Schäden auslöst (Morbus haemolyticus). Eine mögliche Schädigung des Kindes kann durch einen Blutaustausch vor oder nach der Geburt verhindert werden. Die Folgen einer Rh-Inkompatibilität von Mutter und Kind können durch eine Desensibilisierung der Frau mit Hilfe von Anti-D-Immunglobulin (sog. Rhesus-Prophylaxe) vermindert werden.

11.3 Weiße Blutkörperchen (Leukozyten)

> **Z** Zu den Leukozyten gehören Granulozyten, Lymphozyten und Monozyten. Die Hauptfunktion dieser Blutzellen besteht in der Abwehr körperfremder Substanzen. **Z**

11.3.1 Form und Bildung

Die weißen Blutkörperchen (Leukozyten) werden so genannt, weil sie im Gegensatz zu den roten Blutkörperchen keine Farbe aufweisen. Sie sind etwas größer als die Erythrozyten und enthalten einen Zellkern (Abb. 11-6). Sie stellen keine einheitliche Zellart dar, sondern lassen sich in drei Zellsysteme gliedern:

- Die **Granulozyten** (Durchmesser 8 bis 14 μm) enthalten zahlreiche Körnchen (Granula), die in das Zytoplasma eingelagert sind (Abb. 11-6). Diese Granula lassen sich in unterschiedlicher Weise mit sauren Farbstoffen (z.B. Eosin) oder mit basischen Farbstoffen anfärben.
  - Die **eosinophilen** (acidophilen) Granulozyten enthalten größere, in der Regel rot färbbare Körnchen (Granula). Bei diesen eosinophilen Granula handelt es sich um Lysosomen mit spezifischen Enzymen für die Aufnahme und den Abbau von Antigen-Antikörper-Komplexen.
  - Die **basophilen** Granulozyten enthalten größere, in der Regel blau färbbare Körnchen mit Histamin (gefäßerweiternd) und Heparin (Kap. 11.7).
  - Die **neutrophilen** Granulozyten enthalten Granula, die sich weder mit sauren noch mit basischen Farbstoffen intensiver färben und zartrosa erscheinen. Bei den Granula handelt es sich zu einem Teil um Lysosomen. Neutrophile Granulozyten haben die Fähigkeit zur Phagozytose (Mikrophagen; vgl. Abb. 11-8; Kap. 11.4).

Alle Granulozyten besitzen einen Kern von unterschiedlichem Aussehen, der Aufschluß über ihr Alter gibt.

- Jugendliche Granulozyten haben einen stabförmigen, stark färbbaren Kern und werden als **stabkernige** Granulozyten bezeichnet.
- Ältere Granulozyten bekommen einen gelappten, segmentierten Kern und heißen daher **segmentkernige** Granulozyten.

Die **Lebensdauer** dieser weißen Blutzellen beträgt zwei bis acht Tage.
Die Granulozyten stammen aus dem Knochenmark. Sie entstehen dort aus Stammzellen mit einer jeweils charakteristischen Reihe von Vorläuferzellen (Abb. 11-6).

- Die **Lymphozyten** sind in der Mehrzahl klein, kaum größer als Erythrozyten (6 bis 8 μm; Abb. 11-6). Daneben kommen sog. große Lymphozyten vor. Bei den kleinen Lymphozyten wird der Zelleib fast ganz von dem gut färbbaren Kern eingenommen, bei den großen ist der Plasmasaum deutlich breiter. Die Lymphozyten dienen der spezifischen Abwehr und werden in verschiedene Gruppen eingeteilt (Kap. 11.4). Sie entstehen vor der Geburt im Knochenmark und vermehren sich später in lymphatischen Organen wie Lymphknoten, Tonsillen oder Milz.
- Die **Monozyten** sind die größten Leukozyten (15 bis 20 μm Durchmesser; Abb. 11-6). Sie haben einen relativ großen, häufig nierenförmigen und etwas exzentrisch gelegenen Kern. Der Plasmasaum ist ausgedehnt. Die Monozyten entstehen wie die Granulozyten im Knochenmark aus den dort befindlichen Stammzellen. Die Verweildauer der Monozyten im Blut ist relativ kurz (16 bis 23 Stunden). Sie können dann die Blutbahn verlassen und sich in verschiedene andere Zellen des sog. mononukleären Phagozytensystems verwandeln (Kap. 11.4).

Gemeinsames Merkmal der Leukozyten ist, daß sie sich selbständig nach Art von Amöben bewegen können. Charakteristisch ist dabei die Verformung der Zelle, die Bildung und Rückbildung von Ausstülpungen. Mit Hilfe derartiger Zellfortsätze können sie sich an die Gefäßwand anheften (Margination) und aus dem Gefäß auswandern (Emigration). So bewegen sie sich insbesondere zu Stellen mit Gewebeschädigung, Infektion oder Entzündung und dienen mit ihren

11.3 Weiße Blutkörperchen (Leukozyten)

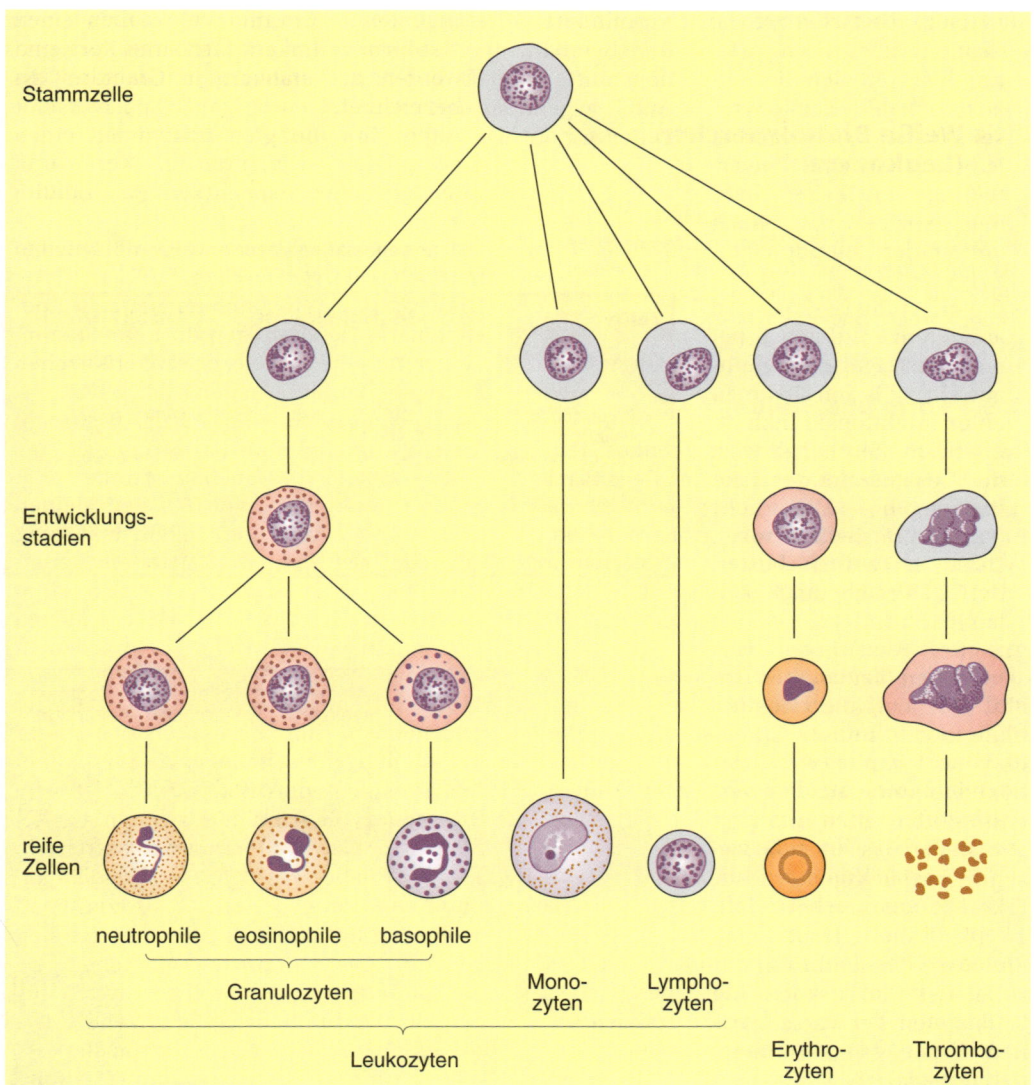

Abb. 11-6 Entwicklungsstadien von Leukozyten, Erythrozyten und Thrombozyten, ausgehend von Stammzellen des Knochenmarks bis zu reifen Zellen im Blut.

Phagozytosefähigkeiten der unspezifischen bzw. der spezifischen Abwehr (Kap. 11.4).

11.3.2 Differenzierung von Leukozyten im Blut

Bei den im Blut vorhandenen Leukozyten kann man zwei Gruppen (sog. Pools) unterscheiden. Die eine Gruppe, die bei jeder Blutentnahme erfaßt wird, kreist im Blut (sog. **zirkulierender Pool**). Die andere Gruppe ist an verschiedenen Stellen gespeichert oder haftet locker an der Gefäßwand (sog. marginierter Pool, **Speicherpool**).

– Aus der Speichergruppe können z. B. bei starker körperlicher Betätigung Leuko-

zyten in die zirkulierende Gruppe übergehen. Dadurch erhöht sich die Leukozytenzahl (Leukozytose). Da es sich hierbei lediglich um eine Umverteilung von Zellen handelt, spricht man auch von einer Pseudoleukozytose.
– Davon ist die Leukozytose abzugrenzen, die sich bei einer gesteigerten Immunabwehr, z.B. im Rahmen einer Infektionskrankheit, ergibt. In diesem Fall wird die Gesamtzahl der Leukozyten im Blut erhöht (Produktionsleukozytose). Dabei erscheinen besonders zahlreich junge Zellen im Blut.

Aus der Anzahl der verschiedenen Leukozyten im Blut (neutrophile, eosinophile und basophile Granulozyten, Lymphozyten, Monozyten) sowie aus der Verteilung von reifen und jungen Zellen lassen sich wesentliche Rückschlüsse auf Erkrankungen ziehen (Tab. 11-3). Daher färbt man Blutausstriche und zählt mit Hilfe des Mikroskops die Leukozyten der verschiedenen Typen (sog. **Differentialblutbild**). So stellt man z.B. die Zahl der neutrophilen Leukozyten nach „Lebensalter" getrennt im Blut fest (von den „jungen" Metamyelozyten über die Stabkernigen zu den „reifen" Segmentkernigen). Das Ergebnis wird in ein Schema eingetragen, in dem auf der linken Seite die jugendlichen und auf der rechten Seite die reifen Zellen stehen (Abb. 11-7). Bei einer Abwehr körperfremder Substanzen werden vermehrt jugendliche Zellen aus dem Knochenmark in das Blut überführt, so daß sich ihr Anteil gegenüber den reifen Zellen erhöht. Da damit die Anzahl der Leukozyten im linken Teil des Schemas ansteigt, nennt man diesen Vorgang „Linksverschiebung".

Tab. 11-3 Verschiedene Leukozytentypen: Anteil an der Gesamtzahl der Leukozyten und Konzentration im Plasma.

Zelltyp	Häufigkeit in %	Anzahl pro µl
Leukozyten	100	4500 – 10000
• Granulozyten:		
– Neutrophile	50 – 65	1800 – 7500
Stabkernige	4 – 10	100 – 1500
Segmentkernige	45 – 60	1000 – 6000
– Eosinophile	2 – 4	0 – 700
– Basophile	0 – 1	0 – 150
• Monozyten	2 – 6	100 – 1000
• Lymphozyten	25 – 40	1500 – 3000

Abb. 11-7 Prozentuales Auftreten von neutrophilen Granulozyten unterschiedlichen Alters („junge" Formen: Metamyelozyt, Stabkerniger; „reife" Formen: Segmentkerniger) im Blut unter normalen Bedingungen und bei Linksverschiebung.

11.4 Immunabwehr

> Der Körper verfügt über verschiedene Abwehrmechanismen. Die unspezifische Abwehr (Komplementreaktion und Phagozytose) ist angeboren und richtet sich gegen alle körperfremden Substanzen. Die spezifische Abwehr (humorale und zelluläre Abwehr) richtet sich gegen bestimmte Substanzen und wird nach wiederholtem Kontakt immer wirksamer.

Körperfremde Substanzen, z.B. Bakterien und Viren, finden im Körper eine nahezu ideale Umgebung zur Vermehrung vor. Innerhalb weniger Stunden können alle Gewebe befallen, geschädigt und schließlich zerstört werden. Um einen solchen Befall zu verhüten, verfügt der Körper über einen „Schutzwall" in Form der Haut, die mit ihrem „Säureschutzmantel" das Eindringen von z.B. Mikroorganismen weitgehend verhindert. Darüber hinaus besitzen z.B. Bronchialschleim und Flimmerepithel sowie die Magensäure eine „Reinigungswirkung" an den inneren Oberflächen des Körpers.

Hat eine körperfremde Substanz diesen Schutzwall überwunden und ist damit in das Körpergewebe eingedrungen, werden spezielle Abwehrzellen (**Leukozyten**) produziert und in das befallene Gewebe gebracht, um die Fremdkörper zu beseitigen. Der Bildungsort für die Abwehrzellen ist das Knochenmark (Abb. 11-8). Von dort gelangen sie

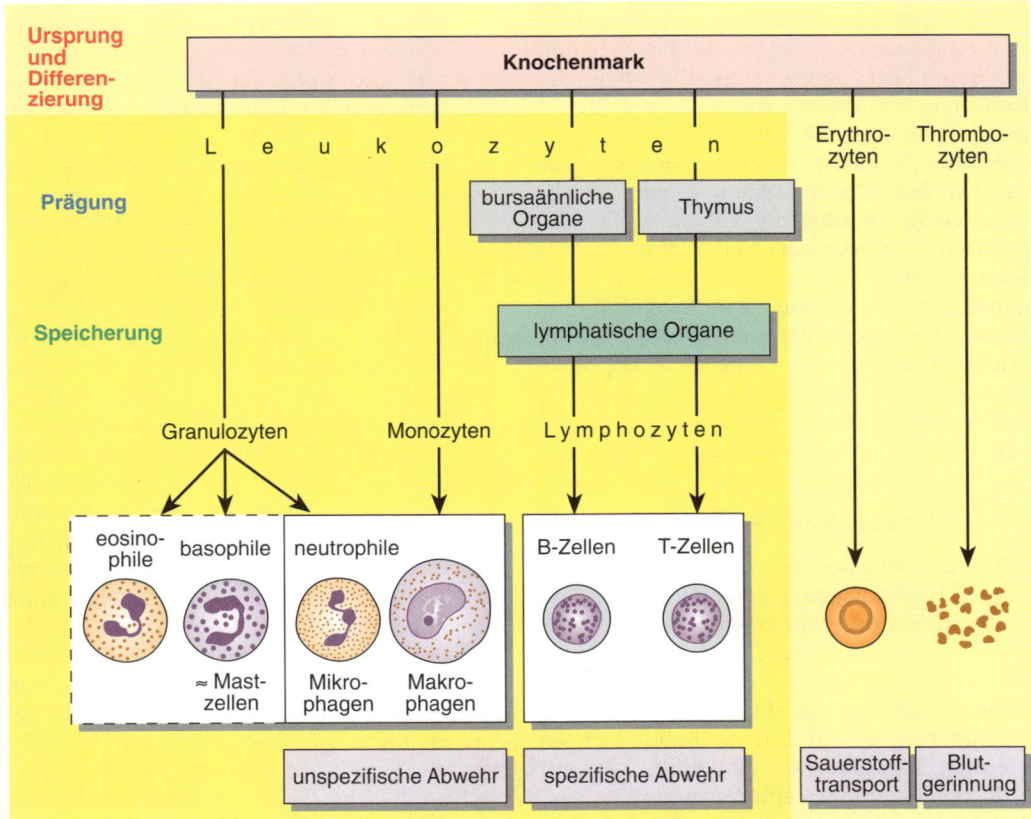

Abb. 11-8 Ursprung sowie Prägung, Speicherung und Wirkung der Blutzellen zur Abwehr körperfremder Substanzen. Die weißen Blutkörperchen (Leukozyten), die an der Abwehr körperfremder Substanzen teilnehmen, sind durch einen Rahmen zusammengefaßt. Die roten Blutkörperchen (Erythrozyten) und die Blutplättchen (Thrombozyten) sind zur Vervollständigung der Gesamtübersicht mit ihren Hauptfunktionen hinzugefügt.

über das Blut zum Einsatzort. Nach Verlassen des Knochenmarks können sie, solange sie nicht für die Abwehr gebraucht werden, an strategisch günstigen Stellen gespeichert werden (Kap. 11.5). Im Vergleich mit der Gesamtzahl befinden sich nur wenige Abwehrzellen auf dem Blutweg. Ihre Zahl kann jedoch bei einer Abwehrmaßnahme beträchtlich ansteigen.

In Abb. 11-8 sind die Abwehrmechanismen den verschiedenen Abwehrzellen zugeordnet. Die neutrophilen Granulozyten und die Monozyten (Phagozyten) sind in der Lage, Fremdstoffe aufzunehmen (Phagozytose, Kap. 11.4.1). Aufgrund ihrer Größenunterschiede werden sie als Mikrophagen (neutrophile Granulozyten) oder Makrophagen (Monozyten) bezeichnet. Zu den Makrophagen werden weitere Zellen in verschiedenen Geweben und Organen gerechnet (z.B. Alveolarmakrophagen der Lunge, Kupffer-Zellen der Leber, Mikrogliazellen des Gehirns). Die Abwehr mit Hilfe der Phagozytose richtet sich gegen jede körperfremde Substanz. Sie wird daher als **unspezifische Abwehr** bezeichnet. Daneben gibt es die **spezifische Abwehr**, die auf spezielle körperfremde Substanzen ausgerichtet ist. Sie wird von den B- und T-Lymphozyten getragen. Bei der Beseitigung von Parasiten (z.B. Würmern) und bei Allergien spielen die eosinophilen Granulozyten eine Rolle. Die basophilen Granulozyten und deren Verwandte, die Mastzellen, sind an allergischen Reaktionen und Entzündungsvorgängen beteiligt.

11.4.1 Unspezifische Abwehr

- Bei der **Phagozytose** (Abb. 11-8, 11-9) müssen die Phagozyten (neutrophile Granulozyten und Monozyten, auch „Freßzellen" genannt) zunächst die körperfremden Substanzen erkennen. Dazu besitzen die Phagozyten an ihrer Oberfläche verschiedene Rezeptoren. Befinden sich an einem Fremdkörper Moleküle, die mit diesen Rezeptoren eine Verbindung eingehen können, so kommt es zum Anhaften (Adhärenz) am Phagozyten. Anschließend wird die Fremdsubstanz umschlossen, so in den Phagozyten aufgenommen (Phagozytose) und in Bruchstücke zerlegt (Lyse). Diese Spaltprodukte können aus dem Phagozyten in den Extrazellulärraum ausgeschieden (Exozytose) und dann abgelagert oder weiter abgebaut werden.

- Das **Komplementsystem** (Abb. 11-9) setzt sich aus einer Vielzahl von im Blut vorhandenen Faktoren zusammen. Diese humoralen Bestandteile können sich gegenseitig beeinflussen. Das Komplementsystem reagiert stufenweise (Komplementreaktion). Die Aktivierung kann auf zwei Wegen ablaufen:
  - Die sog. **klassische Aktivierung** erfolgt über einen Antigen-Antikörper-Komplex, d. h. die Verbindung einer körperfremden Substanz (Antigen) mit einem Bluteiweißkörper, der zur Abwehr gebildet wurde (Antikörper). Die Antikörper gehören zu den Immunglobulinen (IgM und IgG; Kap. 11.1). Über eine am Antikörper vorhandene Bindungsstelle (C-Bindungsstelle) kann der Antigen-Antikörper-Komplex in die kettenförmige Komplementreaktion eingeschleust werden.
  - Die sog. **alternative Aktivierung** der Komplementreaktion erfolgt über Moleküle an der Oberfläche von Mikroorganismen. Diese Aktivierungsmoleküle bestehen aus Vielfachzuckern (Polysacchariden) und Eiweißen (Proteinen).

Im Anschluß an die klassische oder alternative Aktivierung des Komplementsystems (Abb. 11-9) werden zum einen Mikroorganismen unter Mitwirkung extrazellulärer Enzyme direkt vernichtet (Zytolyse). Gleichzeitig kommen mit Hilfe von Mastzellen (Abb. 11-8), die u.a. Histamin freisetzen, Entzündungsprozesse in Gang. Zum anderen fördert das Komplementsystem die Vorgänge der Phagozytose, indem die Kapillarwände durchlässiger werden, die Phagozyten damit leichter aus dem Blut in das Gewebe auswandern können (Migration) und sich zielgerichtet auf die Mikroorganismen zubewegen können (Chemotaxis). Ein Molekülkomplex des Komplementsystems lagert sich an die Oberfläche der Mikroorganismen an (C-Ablagerung) und erleichtert die Adhärenz. Weitere Faktoren aktivieren die Phagozytose selbst.

Die unspezifischen Abwehrvorgänge (Phagozytose und Komplementreaktion) werden durch Wirkstoffe in den Körperflüssigkeiten

11 Blut und Abwehrsystem

Immunabwehr 11.4

Abb. 11-9 Unspezifische Abwehr körperfremder Substanzen mit Hilfe von Komplementreaktion und Phagozytose.

(sog. **humorale Mechanismen**) unterstützt. Dabei spielen im Blut vorhandene Substanzen eine besondere Rolle. So zerstören z.B. Lysozyme die Zellwand von Bakterien. Interferone grenzen eine Virusinfektion ein. Dabei lagern sich diese Moleküle an noch nicht infizierte Zellen an und verhindern so die Vermehrung der Viren. Eine Vielzahl anderer Substanzen greift in nahezu alle Abwehrvorgänge ein.

367

11.4.2 Spezifische Abwehr

Wenn körperfremde Substanzen der unspezifischen Abwehr entgangen sind, können sie durch weitere Abwehrvorgänge dennoch unschädlich gemacht werden. Diese sind auf jede Fremdsubstanz speziell abgestimmt (spezifische Abwehr). Dazu gehört die Abwehr, die durch Moleküle in den Körperflüssigkeiten erfolgt (sog. humorale Abwehr), und diejenige, die durch Zellen vermittelt wird (sog. zelluläre Abwehr).
- Die **humorale Abwehr** erfolgt mit Hilfe von **B-Lymphozyten** (Abb. 11-10). Die B-Lymphozyten erhalten bei ihrer Prägung in „bursaähnlichen" Organen (vgl. Abb. 11-8) spezifische Adapter (Antikörper) für spezielle körperfremde Substanzen (Antigene). Durch die Antikörper verbinden sie sich mit den speziellen Antigenen. Über einen weiteren Teil der Antikörper wird das unspezifische Abwehrsystem aktiviert (vgl. Abb. 11-9). Gleichzeitig vermehren sich die mit dem speziellen Antigen in Kontakt gekommenen Lymphozyten. Ihre Tochterzellen lassen sich in Gedächtniszellen mit membranständigen Antikörpern und Plasmazellen unterteilen. Die Plasmazellen produzieren Antikörper derselben Antigenspezifität. Diese Antikörper werden in das Blut abgegeben und bilden die Basis der humoralen Abwehr (Sen-

Abb. 10-10 Spezifische Abwehr körperfremder Substanzen mit Hilfe der B-Lymphozyten (humorale Abwehr).

sibilisierung). Bei einem zweiten Kontakt mit einem Antigen desselben Typs vermehren sich die Lymphozyten durch eine Teilung der Gedächtniszellen aus der ersten Antwort erheblich (Abb. 11-10). Auch bei der zweiten Antwort entstehen wiederum Plasmazellen und Gedächtniszellen. Plasmazellen und ihre Tochterzellen bilden Antikörper eines Typs (sog. monoklonale Antikörper); Gedächtniszellen und ihre Tochterzellen sind untereinander gleichartig und besitzen identische Antikörper (sog. klonale Expansion). Bei jedem weiteren Kontakt mit dem speziellen Antigen nimmt daher die Konzentration von spezifischen Antikörpern im Blut und damit die Abwehrmöglichkeit des Körpers zu. Es hat sich gegen das betreffende Antigen eine Immunität entwickelt.

- Die **zelluläre Abwehr** geschieht mit Hilfe von **T-Lymphozyten** (Abb. 11-11). Die T-Lymphozyten erhalten bei ihrer Bildung im Thymus (vgl. Abb. 11-8) spezifische Oberflächenstrukturen, die sog. T-Zellrezeptoren. Nach der Besetzung mit solchen Rezeptoren unterscheidet man
  – T-Helferzellen (wirken bei der Antikörperbildung mit)
  – T-Suppressorzellen (können Immunreaktionen unterdrücken)
  – zytotoxische T-Zellen (sind befähigt, körperfremde Zellen zu zerstören, daher Killerzellen)
  – Gedächtniszellen (speichern Informationen über ein bestimmtes Antigen).

Die Bedeutung der T-Lymphozyten bei der Immunabwehr wird anhand der T-Helferzellen kurz dargestellt. Jede Zelle des Organismus besitzt an ihrer Oberfläche einen speziellen Molekülbesatz, der sie als körpereigen ausweist (Histokompatibilitätskomplex). Gelangt in eine Zelle, z.B. in einen körpereigenen Makrophagen, ein Mikroorganismus, so entstehen an der Zelloberfläche zusätzliche Moleküle, die als Antigene wirksam werden. Antigen und Histokompatibilitätskomplex verbinden sich mit spezifischen T-Zellrezeptoren. Dies löst eine Vermehrung der Lymphozyten aus. Dabei entstehen Gedächtniszellen und T-Lymphozyten, die sog. Lymphokine freisetzen. Diese Wirkstoffe fördern die Phagozytose und die humoralen Abwehrvorgänge der B-Lymphozyten.

Die beschriebenen unspezifischen und spezifischen Abwehrvorgänge sind eng miteinander verzahnt. Dringt z.B. ein Mikroorganismus in den Körper ein, so kann er durch Phagozytose vernichtet werden (vgl. Abb. 11-9). Bleibt die unmittelbare Phagozytose aus, so besteht die Möglichkeit, daß er durch C-Ablagerung (vgl. Abb. 11-9) oder durch einen Überzug mit spezifischen Antikörpern (vgl. Abb. 11-10) in einem zweiten Schritt der Phagozytose zugeführt wird. Überlebt der Mikroorganismus in Phagozyten, erfolgt seine Vernichtung durch die zelluläre Abwehr der T-Lymphozyten (Abb. 11-11). Dabei wird durch die T-Helferzellen die humorale Abwehr der B-Lymphozyten gefördert (vgl. Abb. 11-10). Durch die wechselseitige Unterstützung der verschiedenen Abwehrvorgänge wird die Gesamtabwehr beträchtlich verstärkt.

> Nach bestimmten Erkrankungen, z.B. Masern, besteht eine lebenslange **Immunität**, d.h., die Antikörperbildung hält zeitlebens an. Bei anderen Infektionskrankheiten kann die Dauer der Immunität erheblich kürzer sein.
>
> Zur Vorbeugung gegen einige Infektionskrankheiten werden **Schutzimpfungen** durchgeführt. Es wird zwischen „aktiver" und „passiver" Schutzimpfung unterschieden:
> – Bei der **passiven Schutzimpfung** werden Antikörper (Immunglobuline) gegen bestimmte Krankheitserreger in den Organismus übertragen. Durch diese Passivimmunisierung ist ein Schutz von bis zu mehreren Monaten gegeben, nämlich so lange, bis die zugeführten Antikörper abgebaut sind. Eine solche Schutzimpfung wird z.B. nach Verletzungen mit Gefahr einer Tetanusinfektion durchgeführt. Der so erreichte Impfschutz reicht nur für kurze Zeit und muß deshalb durch eine aktive Schutzimpfung ergänzt werden.
> – Bei der **aktiven Schutzimpfung** werden abgetötete oder weniger gefährliche lebende Erreger verabreicht. Das Immunsystem reagiert darauf mit der Bildung von Antikörpern. Diesen Vorgang bezeichnet man als Aktivimmunisierung. Um dauernden Impfschutz zu gewährleisten, bedarf es bei verschiedenen Erkrankungen routinemäßiger Auffrischimpfungen (z.B. bei Polio und Tetanus).

Abb. 11-11 Spezifische Abwehr körperfremder Substanzen mit Hilfe der T-Lymphozyten (zelluläre Abwehr).

stanzen der Umwelt (Allergene). Sie kommen durch eine übermäßige Produktion von Antikörpern oder von sensibilisierten Lymphozyten im Organismus zustande. Bei Kontakt des Körpers mit dem Allergen können verschiedene allergische Reaktionen ablaufen:
- Typ-I-Reaktion – **Sofortreaktion:** Diese Reaktion tritt meistens innerhalb von 20 Minuten auf. Sie wird von IgE-Antikörpern auf Mastzellen oder Basophilen hervorgerufen und kann sich in Form von Asthma, Heuschnupfen, Bindehautentzündung, Quaddelbildung der Haut, Ödemen der Schleimhäute oder als anaphylaktischer Schock äußern. Die Sofortreaktion wird z.B. bei Pollen- oder Penicillinallergie beobachtet.
- Typ-II- und Typ-III-Reaktion – **verzögerte Reaktion:** Sie tritt nach 3–12 Stunden auf, wird durch IgG- oder IgM-Antikörper und Komplement hervorgerufen und als Immunkomplexreaktion bezeichnet. Bei der Typ-II-Reaktion reagieren die Antikörper mit partikulären Antigenen (z.B. Zellen), bei der Typ-III-Reaktion mit löslichen Antigenen. Beispiele für eine Typ-II-Reaktion sind die immunhämolytischen Anämien und der Morbus Werlhof (Immunthrombozytopenie); Beispiele für die Typ-III-Allergie sind die Lungenentzündung bei wiederholtem Kontakt mit verschimmeltem Heu (Farmerlunge) oder asthmatische Anfälle bei Kontakt mit Taubenkot (Vogelhalterlunge).
- Typ-IV-Reaktion – **Spätreaktion:** Sie wird nicht durch Antikörper, sondern von spezifisch allergisch reagierenden Lymphozyten (T-Lymphozyten) hervorgerufen. Bekanntestes Beispiel ist das Kontaktekzem der Haut z.B. auf Nickel.

11.5 Lymphatische Organe und Lymphgefäße

In den lymphatischen Organen werden aus Stammzellen des Knochenmarks Lymphozyten geformt, dann vermehrt, geprägt und gespeichert. Über Blutgefäße und Lymphgefäße können Lymphozyten zirkulieren und damit Informationen im Körper verbreiten.

AIDS
Mindestens ebenso häufig wie von bakteriellen wird der menschliche Organismus von viralen Infektionen befallen. Diese führen zu z.B. Schnupfen, Grippe oder von Herpesviren ausgelösten Bläschen an Haut und Schleimhaut. Eine besonders gefährliche Virusinfektion ist das erworbene Immundefekt-Syndrom AIDS (Acquired Immune Deficiency Syndrome), das durch eine chronisch zunehmende Immunschwäche gekennzeichnet ist. Die wichtigsten zellulären Vorgänge bei Befall mit dem AIDS-Virus (HIV = **H**uman **I**mmunodeficiency **V**irus) sind in Abb. 11-12 dargestellt.

Allergien
Unter Allergien versteht man überschießende Reaktionen des Abwehrsystems gegen Sub-

Die Abwehr körperfremder Stoffe kann sich in allen Organen und Geweben des Körpers

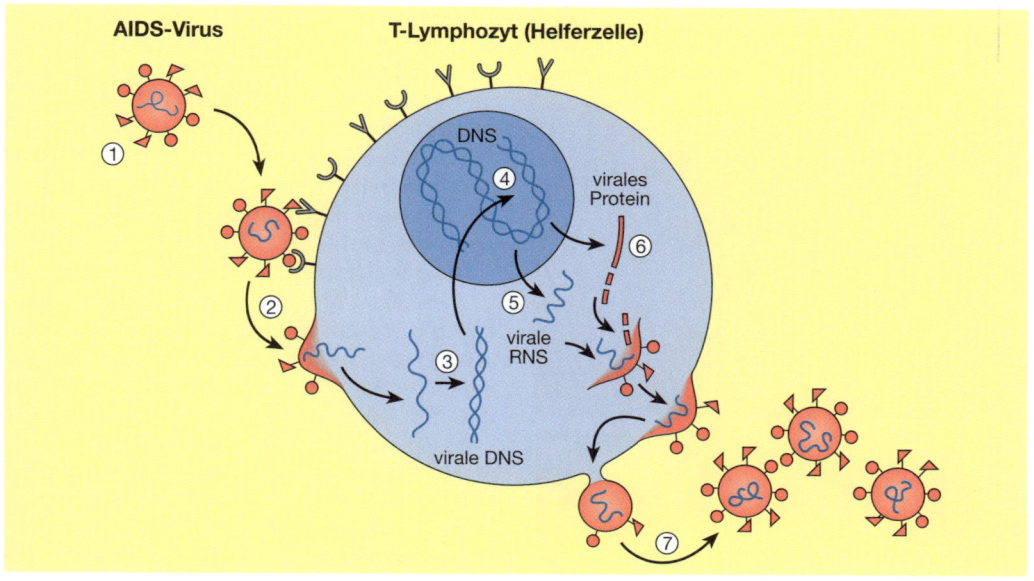

Abb. 11-12 Zelluläre Vorgänge an T-Lymphozyten (vgl. Abb. 11-11) bei der Infektion mit dem AIDS-Virus, dargestellt anhand von 7 Einzelschritten:
1. Das AIDS-Virus besteht aus RNS-Strängen und einigen Enzymen, die von einer Hülle umgeben sind.
2. Das Virus trifft auf eine T-Helferzelle. Dabei binden Proteine der Virushülle an spezifische Rezeptoren des Lymphozyten.
3. Nach Eindringen des Virus in die Zelle wird seine RNS mit Hilfe von Enzymen in eine doppelsträngige DNS umgewandelt.
4. Die Virus-DNS wird in den Kern der T-Helferzelle eingeschleust.
5. Die T-Helferzelle wird dazu gezwungen, massenhaft Virus-RNS und zugehörige Proteine zu produzieren.
6. Proteinspaltende Enzyme schneiden die Proteine in Stücke. Diese werden zusammen mit viraler RNS in neue Viren eingebaut.
7. Die neu gebildeten Viren verlassen die Zelle und greifen andere T-Helferzellen an. Die T-Helferzellen sterben nach dem Virusbefall ab, was zu einer entscheidenden Schwächung des Immunsystems führt.

abspielen. Abwehrzellen bilden dabei kleinere Ansammlungen oder sind zu lymphatischen Organen zusammengefaßt. Die lymphatischen Organe sind
– entweder als **lymphoepitheliale** Organe nach außen zur Umwelt (Haut, Atemwege und Verdauungswege) hin orientiert, wie die Mandeln (Tonsillen); so können sie das Eindringen von Fremdstoffen in den Körper verhindern;
– oder als **lymphoretikuläre** Organe dem Körperinnern zugewandt, wie die Lymphknoten. Bereits in den Körper eingedrungene Fremdstoffe werden durch sie abgefangen und unschädlich gemacht.

Da die Abwehrzellen zu einem Teil in den Blut- und Lymphgefäßen zirkulieren, können Informationen über eingedrungene Fremdstoffe schnell weitergegeben und nicht nur durch lokale, sondern auch durch gemeinsame Abwehrmechanismen mehrerer lymphatischer Organe beantwortet werden.

Allgemeines Bauelement der lymphatischen Organe sind kugelförmige Ansammlungen von Lymphozyten, die **Lymphfollikel,** sowie strangartige Ansammlungen von Lymphozyten (Abb. 11-13). B- und T-Lymphozyten besiedeln jeweils spezifische Bereiche der lymphatischen Organe (B- und T-Region). Bei den Lymphfollikeln unterscheidet man zwischen zwei Erscheinungsformen:
– **Primärfollikel** mit gleichmäßiger Zelldichte und Zellgröße. Diese Follikel haben noch keinen Antigenkontakt gehabt (bei Neugeborenen).

11 BLUT UND ABWEHRSYSTEM

Abb. 11-13 Bauelemente lymphatischer Organe unter mikroskopischer Betrachtung.
A: Sekundärfollikel aus dem Rindenbereich eines Lymphknotens.
B: Vergrößerung des Keimzentrums eines Sekundärfollikels mit B-Lymphozyten (kleine, dunkle Kerne) und Vorstufen von Plasmazellen (große, helle Kerne). Beachte Zellteilungen von Plasmazellvorläufern (↑).

- **Sekundärfollikel** mit einem dunklen Lymphozytenwall und einem hellen Keimzentrum (Reaktionszentrum), welches sich nach Antigenkontakt entwickelt (Abb. 11-13). Hier werden vor allem B-Lymphozyten vermehrt und die Vorläufer der Plasmazellen gebildet.

11.5.1 Thymus (Bries)

Eine Sonderstellung unter den lymphatischen Organen nimmt der Thymus ein, der wichtig ist für die Reifung des Immunsystems bei **Fetus** und **Kind**.
Der Thymus liegt zwischen den großen Gefäßen der Herzbasis und dem Brustbein (Abb. 11-14). Zu beiden Seiten grenzt er an die beiden Lungenflügel. Beim Neugeborenen und beim Kind ist er relativ groß und gut abgrenzbar. Mit der Pubertät bildet er sich zurück und verfettet allmählich (Thymusinvolution), so daß beim **Erwachsenen** nur noch vom Fettgewebe umgebene **Thymusreste** übrigbleiben (Thymusfettkörper; Abb. 11-14).

Vor der Geburt und während der Kindheit besteht der Thymus aus zwei charakteristischen Organabschnitten, dem hellen, baumartig verästelten, innen gelegenen Mark und einer dunklen Rindenzone, die das Mark umgibt (Abb. 11-14).

Im Thymus werden aus dem Knochenmark eingewanderte, unreife T-Lymphozyten zu reifen, immunkompetenten umgewandelt. Die Lymphozyten „lernen" dabei, körpereigene Substanz und körpereigene Zellen von körperfremden zu unterscheiden. Dieser Reifungsprozeß findet vor allem in der Zeit vor und nach der Geburt (perinatal) in der Rinde des Thymus statt. Reife T-Lymphozyten wandern von der Rinde in das Mark und gelangen über Blutwege zu den lymphatischen Organen, wo sie sich ansiedeln und bei Bedarf aktiviert werden. Der Thymus hat auch **endokrine Funktionen**. Er bildet das Hormon Thymopoetin (**Thymosin**), das für die Vermehrung und Reifung der Lymphozyten eine Rolle spielt.

11.5.2 Tonsillen und lymphatisches Gewebe in der Darmwand

Im Bereich des Verdauungstraktes besteht an vielen Stellen enger Kontakt und Zusammenarbeit zwischen der Deckzellschicht der Schleimhaut und darunter gelegenem lymphatischem Gewebe. Dadurch soll ein Eindringen von Krankheitserregern in den Körper verhindert werden. In diesem Zusammenhang sind die Mandeln im Mund-Rachen-Bereich von besonderer Bedeutung. Gaumen-, Zungen- und Rachenmandeln sowie weitere Ansammlungen lymphatischen Gewebes in der Rachenwand bilden einen Ring lymphoepithelialer Organe an der Grenze von Mundhöhle und Nasenhöhle zum Rachen (**lymphatischer Rachenring**; Abb. 11-15 A). In der Kindheit sind die Mandeln relativ groß. Häufig laufen in Gaumen- und Rachen-

11 Blut und Abwehrsystem

Lymphatische Organe und Lymphgefäße 11.5

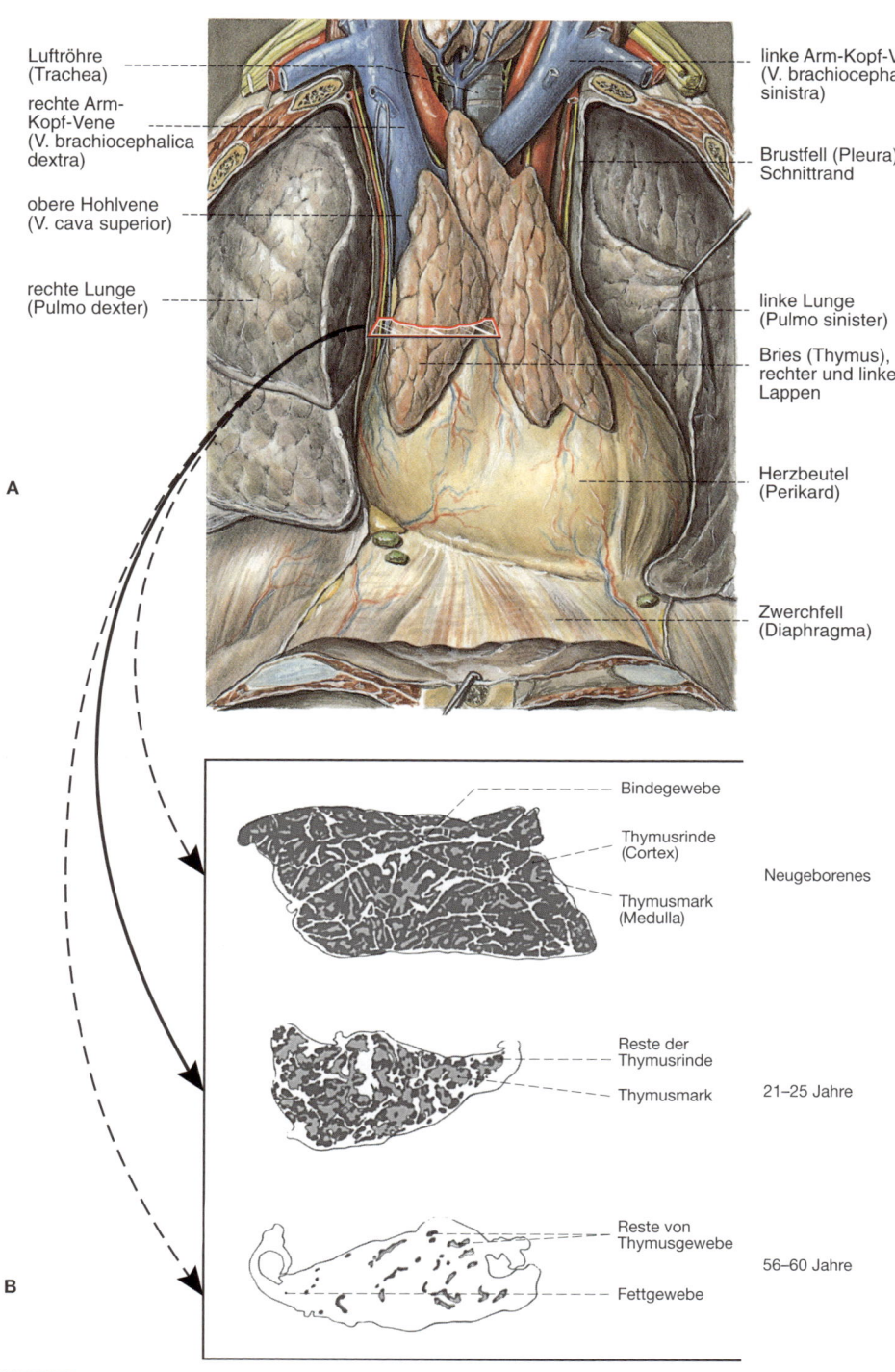

Abb. 11-14 Thymus.
A: Lage und Außenansicht des Thymus beim Jugendlichen.
B: Querschnitt durch den Thymus in verschiedenen Altersstufen mit der für den Thymus alterstypischen Rückbildung und Verfettung.

373

mandel Entzündungsprozesse ab. Die dabei auftretenden Schwellungen behindern Atmung und Schluckvorgang.

Charakteristisch für die Tonsillen ist eine Deckzellschicht (Epithel) mit zahlreichen trichterartigen Einbuchtungen (Krypten; Abb. 11-15 B). Das Epithel ist an vielen Stellen aufgelockert und wird von Abwehrzellen (vor allem Lymphozyten und Phagozyten) durchwandert. Das lymphatische Gewebe unter dem Epithel besteht aus dichtgelagerten Sekundärfollikeln, in denen Lymphozyten in charakteristischer Weise angeordnet sind. Hier laufen wichtige Vorgänge der spezifischen Abwehr ab. Die weißlichen Mandelpfröpfe (sog. Stippchen), die oft in den trichterartigen Krypten zu sehen sind, bestehen aus Speiseresten, abgestorbenen

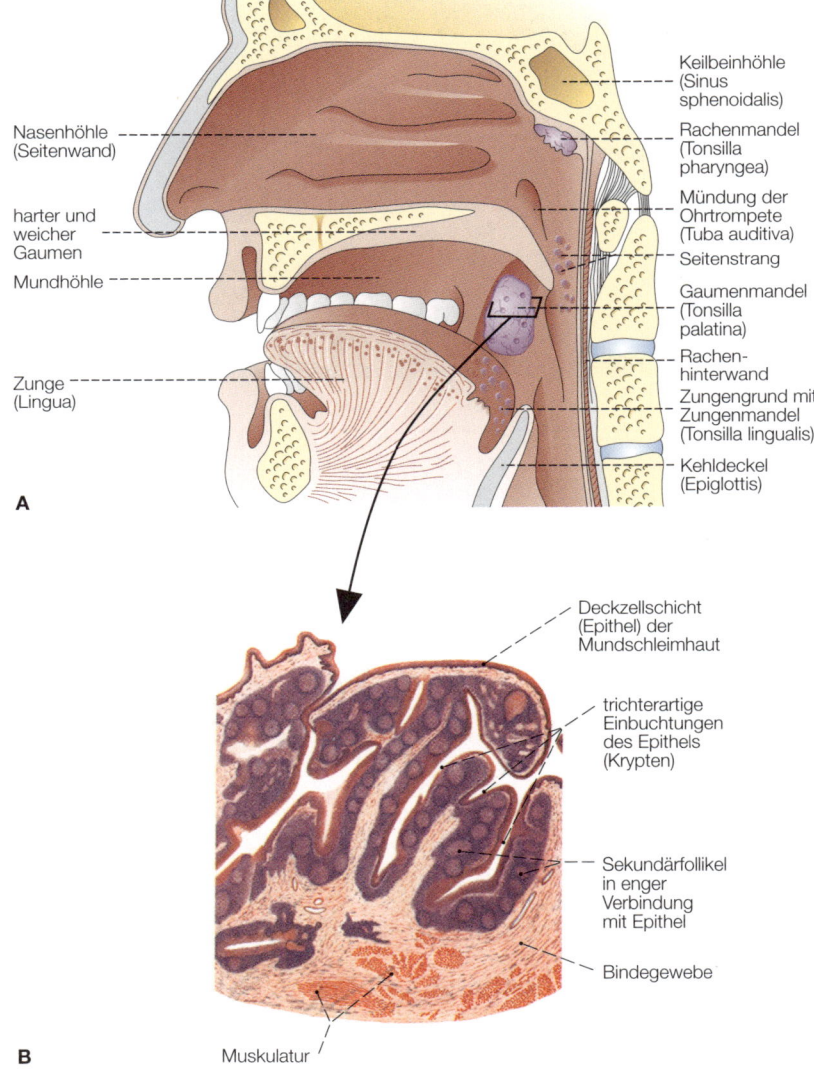

Abb. 11-15 Lymphatischer Rachenring.
A: Medianer Sagittalschnitt durch Nasenhöhle, Mundhöhle und Rachen mit Mandeln (Tonsillen).
B: Querschnitt durch die Gaumenmandel (Tonsilla palatina) bei mikroskopischer Betrachtung.

Deckzellen, weißen Blutkörperchen und auch Bakterien.

Weitere Stellen im Verdauungstrakt mit einem besonders engen Kontakt von lymphatischem Gewebe und Epithel finden sich im Krummdarm (Ileum) und Wurmfortsatz (Appendix vermiformis). Im **Ileum** sind Lymphfollikel der Darmwand zu größeren Platten (**Peyer-Plaques**) angeordnet. Der **Wurmfortsatz** enthält zahlreiche Sekundärfollikel, hat Ähnlichkeit mit den Tonsillen und wird deshalb als „**Darmtonsille**" bezeichnet (s. Kap. 7 „Verdauungssystem und Resorption").

11.5.3 Lymphknoten und Lymphgefäße

Sind Fremdstoffe, z.B. Krankheitserreger, in den Körper eingedrungen, wird ihre weitere Ausbreitung in der Regel durch die zahlreichen über den Körper verteilten Lymphknoten verhindert (Abb. 11-16, 11-17, 11-18). Dies ist möglich, weil die Lymphknoten jeweils aus bestimmten Körperregionen bzw. Organen über Lymphgefäße die Extrazellulärflüssigkeit (Lymphe) zur Kontrolle, Filterung und Reinigung zugeführt bekommen.

Die **Lymphgefäße** beginnen in den Gewebsspalten zwischen den Zellen (Extrazellulärraum) und nehmen einen Teil der aus den Blutkapillaren austretenden Flüssigkeit auf (s. Abb. 10-8). Sie beginnen als kleinste Lymphkapillaren, die sich dann zu venenartigen Gefäßen wachsender Größe vereinigen. Wie die meisten Venen besitzen die Lymphgefäße Klappen, die die Lymphflüssigkeit nur in eine Richtung fließen lassen. Über größere Lymphgefäße wird die Lymphe schließlich dem Blutgefäßsystem zugeführt. Die Lymphgefäße der **Haut** fließen bevorzugt zu den Leistenbeugen und zu den Achselhöhlen (Abb. 11-17, 11-18). Dort laufen sie jeweils durch die regionalen Lymphknoten (**Leistenlymphknoten**, **Achsellymphknoten**) und vereinigen sich zu einem weiterführenden Lymphgang. Auch die Lymphgefäße der Bauchorgane schließen sich nach Unterbrechung durch zahlreiche Organlymphknoten zu einem größeren Gang zusammen. Dieser bildet mit den Lymphgängen der unteren Körperhälfte den sog. **Milchbrustgang** (Ductus thoracicus), der im Brustraum zwischen Aorta und Wirbelsäule aufwärts zieht und in die **linke Schlüsselbeinvene** am Zusammenfluß mit der Halsvene **einmündet** (Abb. 11-18). Hier enden auch links und rechts die Lymphgefäße von Kopf und Hals (vgl. Abb. 11-16). Die Lymphbahnen des Darmgebiets müssen zusätzlich die im Darm aufgenommenen Fette transportieren. Auf diese Weise umgehen die resorbierten Fette die Leber.

Lymphknoten sind bohnenförmige, durch eine bindegewebige Kapsel abgegrenzte Organe mit sehr unterschiedlicher Größe (Millimeter bis Zentimeter). Nach Zellreichtum und Anordnung der Lymphfollikel läßt sich der Lymphknoten in Mark und Rinde gliedern (vgl. Abb. 11-16). Über mehrere zuführende Gefäße fließt die Lymphe in den Lymphknoten. Dort strömt sie durch ein System netzartig zusammenhängender Spalträume (Sinus) in Rinde und Mark und kommt dabei in engen Kontakt mit Zellen der unspezifischen und der spezifischen Abwehr. So laufen alle erforderlichen Abwehrvorgänge ab. Vom Markbereich des Lymphknotens fließt die gereinigte Lymphe zu einem gemeinsamen, abführenden Lymphgefäß. Hier, an der sog. Pforte (Hilus) des Lymphknotens, liegen auch die Blutgefäße für die Ernährung des Organs.

> **K** Lymphknoten schwellen bei Entzündungen in ihrem Zustromgebiet vielfach stark an und können dann durch Kapselspannung erhebliche Schmerzen verursachen. So findet man z.B. bei Nagelbettentzündung am Finger eine Schwellung der Lymphknoten der Achselhöhle (vgl. Abb. 11-17) oder bei Entzündung der Mandeln (Tonsillitis) geschwollene Halslymphknoten im Bereich der Unterkieferdrüse und im Verlauf der großen Halsgefäße (vgl. Abb. 11-16). Bei Krebserkrankungen können über die Lymphflüssigkeit Tumorzellen in die regionären Lymphknoten verschleppt werden. Diese bilden zwar zunächst eine Barriere gegen eine weitere Ausbreitung, jedoch vermehren sich Krebszellen in diesen Lymphknoten meist schnell. Deshalb stellt sich bei Krebskranken in der Regel die Frage nach einem Lymphknotenbefall (Lymphknotenmetastase). Nach der Entfernung von tumorbefallenen Lymphknoten kann es in der zugehörigen Körperregion zu einer Schwellung (Ödem) kommen, weil der Lymphabfluß unterbrochen ist.

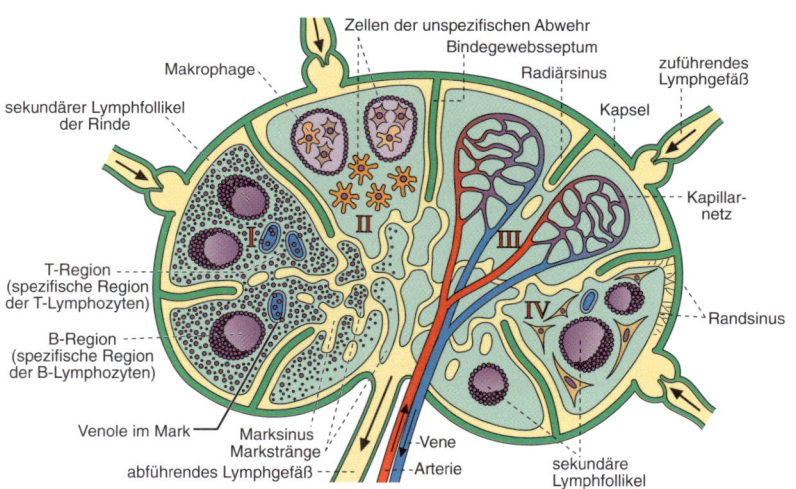

Abb. 11-16 Lymphknoten.
A: Lymphknoten und Lymphgefäße von Kopf und Hals.
B: Schnitt durch einen Lymphknoten mit zu- und abführenden Blut- und Lymphgefäßen. In 4 Sektoren (I bis IV) sind verschiedene Strukturen hergehoben, die im gesamten Lymphknoten miteinander vermischt vertreten sind.
Sektor I: Lokalisation der B- und T-Lymphozyten
Sektor II: Makrophagen und antigenpräsentierende Zellen
Sektor III: Verzweigung der Blutgefäße
Sektor IV: Lymphfollikel und Retikulumzellen

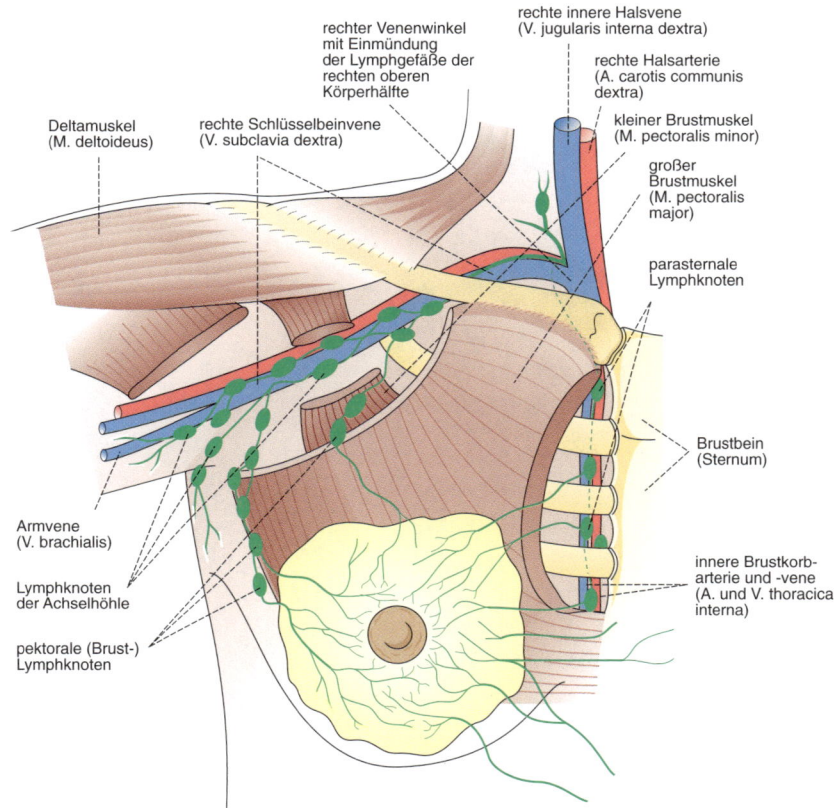

Abb. 11-17 Lymphknoten und Lymphgefäße im Bereich von Brustwand und Achselhöhle.

11.5.4 Milz (Lien, Splen)

Die Milz hat keinen Kontakt mit der Körperoberfläche und auch keine Kontrollfunktion für die Lymphe. Ihre Hauptfunktion besteht in einer „Filterung" und immunologischen Kontrolle des Blutes. Die braunrote Milz gehört zu den Oberbauchorganen (Abb. 11-19). Sie liegt, geschützt durch die unteren Rippen, unter der linken Zwerchfellkuppel. Ihre Längsachse entspricht bei einer Länge von 10 bis 15 cm etwa der 10. Rippe. Nachbarorgane sind Magen und Niere. Das Organ ist von Bauchfell und darunter einer derben Bindegewebskapsel überdeckt. Das Organinnere wird von zahlreichen Bindegewebssträngen (Balken) durchzogen und dadurch in Kammern gegliedert. Charakteristisch für die Milz wie für andere lymphatische Organe ist ein Maschenwerk von Bindegewebszellen (Reticulum) mit reichlicher Ansammlung von Lymphozyten (Lymphfollikel, **weiße Pulpa**).

In enger Beziehung zu den Lymphfollikeln steht ein ausgedehntes und kompliziert gebautes Gefäßsystem (Abb. 11-19). Der Milzkreislauf ist nur teilweise geschlossen. Ein Teil des Blutes verläßt die arteriellen Blutgefäße und mündet in die Maschen des retikulären Bindegewebes (offener Kreislauf). Aus diesem strömt es in die weitlumigen Milzsinus zurück (Milzsinus und Milzreticulum = **rote Pulpa**). Durch diese Filtration kann das Blut auf Fremdstoffe oder entartete Zellen überprüft werden. Gleichzeitig werden Abwehrvorgänge eingeleitet. Der offene Kreislauf ermöglicht weiterhin die Phagozytose und den Abbau überalterter

11 Blut und Abwehrsystem

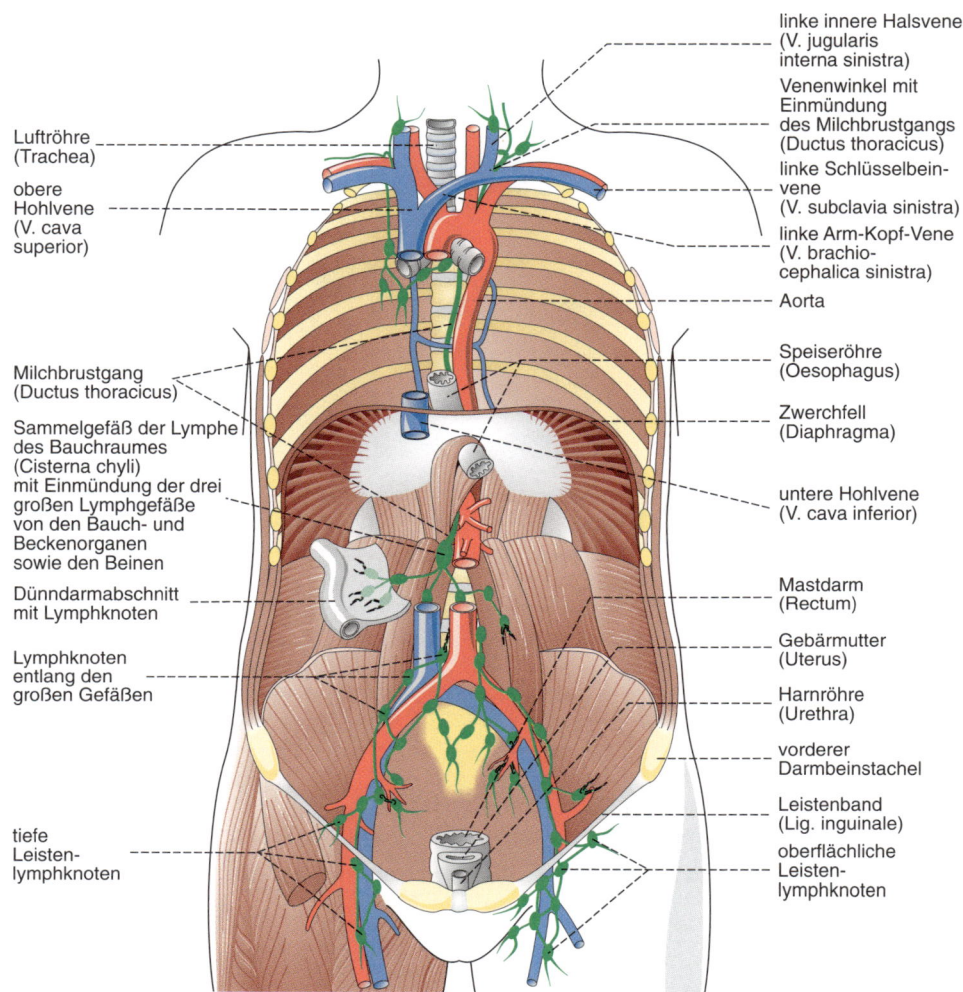

Abb. 11-18 Lymphknoten und Lymphgefäße von Leistengegend, Bauch- und Brustraum.

Blutzellen, insbesondere von roten Blutkörperchen (**Blutmauserung**). Das Eisen, das beim Abbau von Hämoglobin der roten Blutkörperchen anfällt, wird in das Knochenmark transportiert und dort bei der Neubildung von roten Blutkörperchen verwendet.

Bei **Unfällen** kann es leicht zu Kapselrissen der Milz und nachfolgend zu massiven Blutungen in den Bauchraum kommen. Die Milz muß dann operativ entfernt werden. Dieser Organverlust ist zu verkraften, da andere Organe, insbesondere Lymphknoten (Abwehraufgaben) und Leber (Blutabbau), die beschriebenen Funktionen übernehmen können.

11.6 Blutplättchen (Thrombozyten)

> **Z** Die Thrombozyten sind die kleinsten Zellelemente des Blutes. Sie sind an Blutstillung und Blutgerinnung beteiligt. **Z**

Blutplättchen sind runde, 1 bis 3 μm große Gebilde (vgl. Abb. 11-6). Sie enthalten in

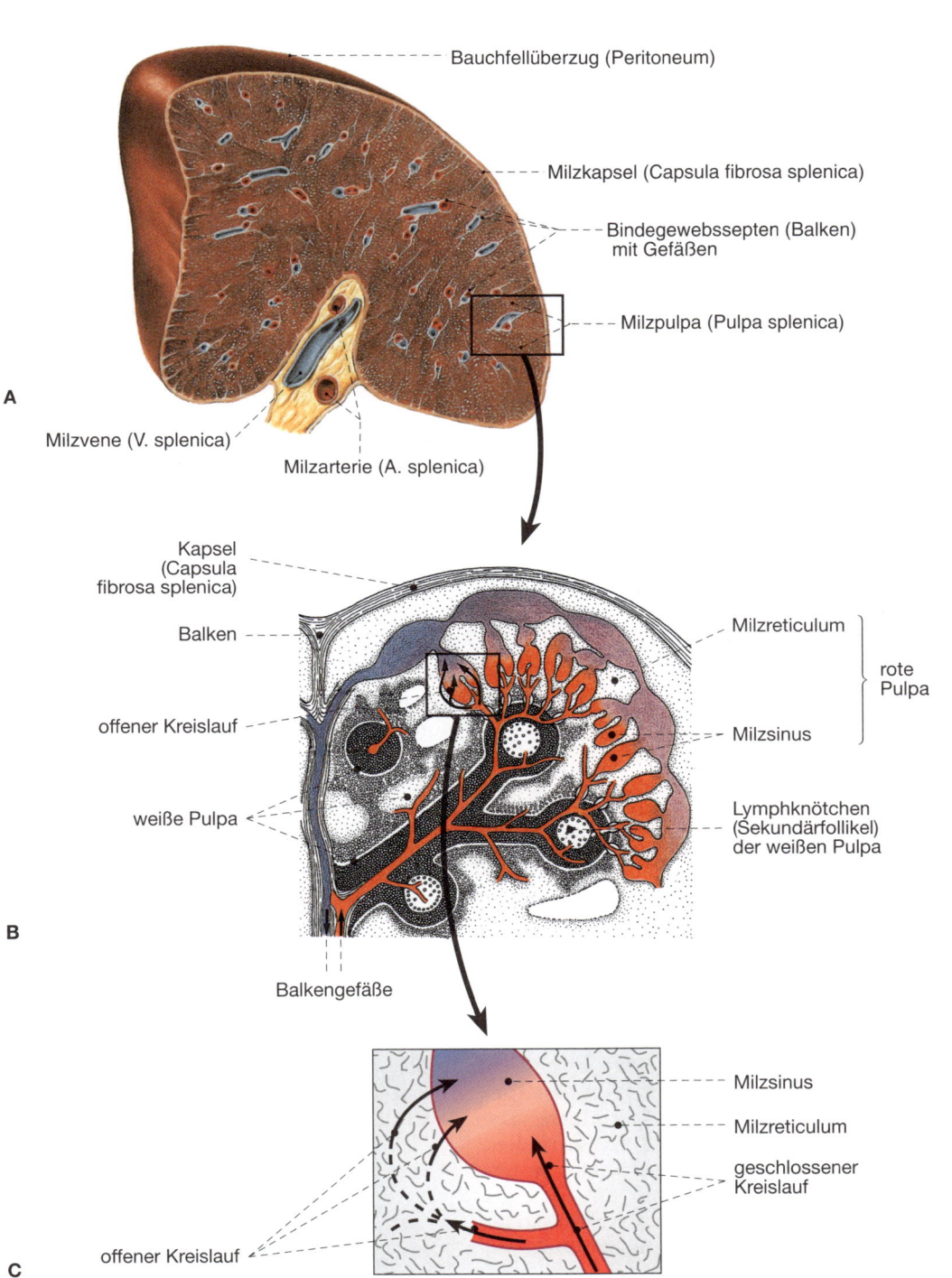

Abb. 11-19 Aufbau der Milz.
A: Schnitt durch Milz und Milzpforte.
B: Schematische Darstellung von Milzaufbau und Milzkreislauf.
C: Ausschnitt aus B zur Darstellung von offenem und geschlossenem Kreislauf.

charakteristischer Anordnung Zellorganellen und Granula, es fehlt jedoch ein Zellkern. Die Granula speichern Serotonin (biogenes Amin und Gewebshormon). Die Zahl der Thrombozyten im Blut liegt bei 250 000 bis 300 000 pro Mikroliter. Sie werden aus Riesenzellen des Knochenmarks, den Megakaryozyten, gebildet, die sich aus den Stammzellen ableiten (vgl. Abb. 11-6). Aus einem Megakaryozyten entsteht durch Fragmentierung (Zerfall) seines Zytoplasmas eine größere Zahl von Blutplättchen. Ihre **Lebensdauer** im Blut liegt bei **etwa sieben Tagen**. Ein Mangel an Thrombozyten wird als **Thrombopenie** bezeichnet.

11.7 Blutgerinnung

> **Z** Nach der Verletzung eines Gefäßes laufen verschiedene Verschluß- und Reparaturvorgänge ab. Zunächst wird das Gefäß durch einen neugebildeten Plättchenpfropf abgedichtet (Blutstillung). Um die Abdichtung zu verfestigen, bildet sich ein Fibrinnetz und damit ein Thrombus (Blutgerinnung). Bei der Wundheilung kann sich der Thrombus wieder auflösen (Fibrinolyse). Es ist möglich, die Blutgerinnung und Fibrinolyse medikamentös zu hemmen bzw. zu fördern. **Z**

Die Unversehrtheit der Blutgefäße und damit die Undurchlässigkeit der Gefäßwand für Blut wird durch Blutstillung und Blutgerinnung gewährleistet. Nach Verletzung einer Gefäßwand kommt es innerhalb von Sekunden bis Minuten zu einem vorübergehenden Stillstand der Blutung (**Blutstillung**). Dabei spielen die Blutplättchen (Thrombozyten) eine entscheidende Rolle. Zur Sicherung des Gefäßverschlusses folgt dann die örtliche Verfestigung des Blutes (**Blutgerinnung**). Dabei kommt Wirkstoffen aus dem Blut und dem verletzten Gewebe eine besondere Bedeutung zu. Mit ihrer Hilfe wird aus Bluteiweißkörpern eine Faserstruktur aufgebaut, die zur endgültigen **Gefäßabdichtung** führt.

11.7.1 Blutstillung

Die Blutstillung wird auch primäre Hämostase oder „vorläufige" Blutstillung genannt. Sie geschieht im wesentlichen mit Hilfe der Thrombozyten. Der gesamte Vorgang läuft in drei Stufen ab.
- Erste Stufe:
  Thrombozyten lagern sich an der defekten Stelle der Gefäßwand an (**Thrombozyten-Adhäsion**).
- Zweite Stufe:
  Weitere vorbeiströmende Thrombozyten kommen hinzu. Diese Zusammenballung wird endgültig, wenn die Thrombozyten Fortsätze ausbilden und durch Auflösung ihrer Membran miteinander verschmelzen (**Thrombozyten-Aggregation**).
- Dritte Stufe:
  Immer mehr Thrombozyten lagern sich an, so daß ein Plättchenpfropf entsteht und damit der Gefäßdefekt abgedichtet wird (**hämostatischer Pfropf**; „weißer Thrombus").

Die blutstillende Wirkung des hämostatischen Pfropfes wird durch eine Gefäßverengung im Bereich der verletzten Stelle unterstützt. Diese Verengung erfolgt durch die vor Ort freigesetzten Catecholamine Adrenalin und Noradrenalin sowie durch Serotonin aus den Thrombozyten. Pfropfbildung und Gefäßverengung führen innerhalb von ein bis drei Minuten nach der Verletzung zur vorläufigen Blutstillung (Blutungszeit).

11.7.2 Blutgerinnung und Blutgerinnungsstörungen

Die Blutgerinnung heißt auch sekundäre Hämostase oder „endgültige" Blutstillung. Sie wird im wesentlichen durch Bildung eines dichten Filzes von Eiweißfäden erreicht. Der gesamte Vorgang läuft in drei Schritten ab (Abb. 11-20).
- Erster Schritt = **Faktorenaktivierung:**
  Die Gerinnungsfaktoren, die sich in der Elektrophorese unter den Alpha-1- und Beta-Globulinen finden (vgl. Abb. 11-2), werden aktiviert. Diese Faktorenaktivierung kann auf zwei Wegen ablaufen. Man spricht von einem exogenen Mechanismus, wenn die Aktivierung durch Wirkstoffe aus dem Gewebe (Phospholipide) erfolgt, und von einem endogenen Mechanismus, wenn sie durch Faktoren aus dem Blutplasma ausgelöst wird. Im exogenen System ist der entscheidende Vorgang die

11 Blut und Abwehrsystem

Blutgerinnung 11.7

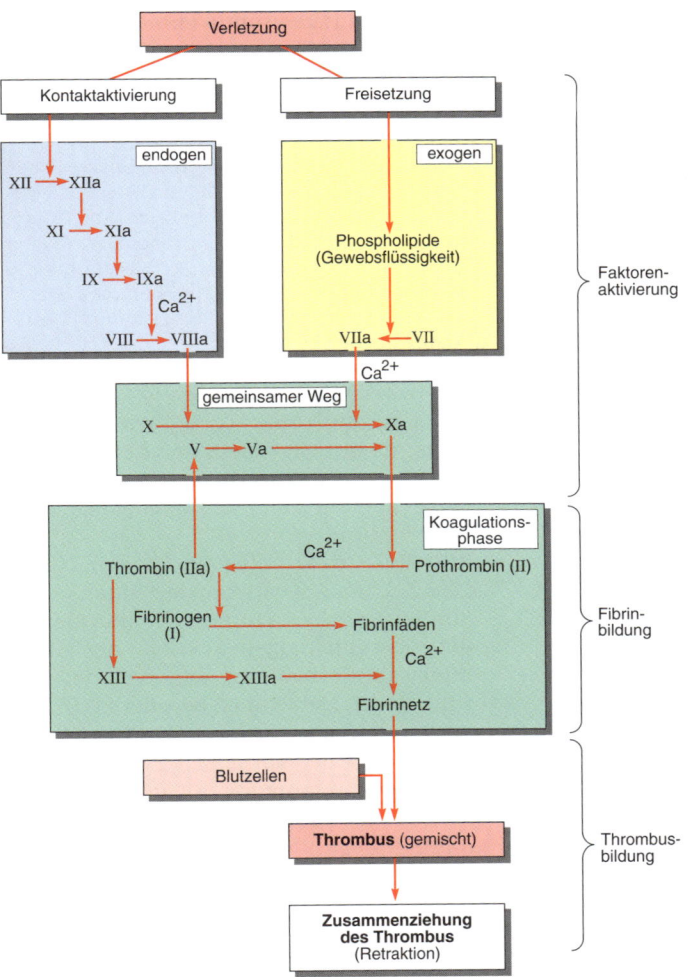

Abb. 11-20 Ablauf der Blutgerinnung nach einer Gefäßverletzung. Der Vorgang läßt sich in die Schritte Faktorenaktivierung im endogenen und exogenen System, Fibrinbildung und Thrombusbildung einteilen.

Umwandlung von Faktor VII in Faktor VIIa (a = aktiviert). Der endogene Mechanismus aktiviert zunächst den Faktor XII durch Kontakt mit der verletzten Stelle des Gefäßes. In einer treppenförmigen Reaktion (sog. Kaskade) werden dann die Faktoren XI, IX und VIII aktiviert, bis der Faktor VIIIa gebildet ist. Für endogenen und exogenen Mechanismus werden Calciumionen (Ca^{2+}) benötigt. Die beiden Mechanismen der Aktivierung münden über die Faktoren VIIa bzw. VIIIa in den sog. „gemeinsamen Weg", durch den der Faktor X aktiviert wird. Für den nächsten Vorgang sind die Faktoren Va und Ca^{2+} notwendig. Den wirksamen Komplex dieser Gerinnungsfaktoren bezeichnet man als Thromboplastin (Thrombokinase).

– Zweiter Schritt = **Fibrinbildung:**
Es bildet sich ein Netz aus Eiweißfäden (Fibrin; Abb. 11-20). Die dazu notwendigen Prozesse werden durch die Umwandlung von Prothrombin (II) zu Thrombin (IIa) eingeleitet. Thrombin spaltet aus dem Fibrinogenmolekül Fibrinfäden ab. Diese bilden mit Hilfe des Faktors XIIIa schließlich ein Fibrinnetz, das sich an benachbarte Gewebsstrukturen und Zelloberflächen anlagert. Für die genannten Vorgänge wird wiederum Ca^{2+} benötigt.

– Dritter Schritt = **Thrombusbildung:**
Mit Hilfe des Fibrinnetzes entsteht der Thrombus (Abb. 11-20). Da mit dem Netz die Blutzellen und somit auch die roten Blutkörperchen „gefangen" werden, spricht man auch von einem roten oder gemischten Thrombus. Er heftet sich an die Ränder der Gefäßverletzung an, zieht sich zusammen (Retraktion) und verschließt so das geöffnete Gefäß fest.
Der gemischte Thrombus verändert sich durch einwandernde Leukozyten in seiner Struktur und löst sich schrittweise auf. In der Folge können von den Gefäßrändern Bindegewebszellen einwachsen und eine Narbe bilden. Schließlich kann auch die

Gefäßwand wiederhergestellt und das Gefäß wieder für den Blutstrom geöffnet werden (Rekanalisierung).

Die Blutgerinnung kann auf praktisch allen Stufen im Reagenzglas getestet werden. So läßt sich z.B. das endogene System durch Bestimmung der partiellen **Thromboplastinzeit** (**p**artial **t**hromboplastin **t**ime = PTT) untersuchen. Dazu wird der Faktor XII künstlich aktiviert und die Zeit bis zum Beginn der Gerinnung gemessen. Dieser Test zeigt einen möglichen Mangel an Faktoren XII, XI, IX und VIII an. Das exogene System läßt sich durch künstliche Aktivierung des Faktors VII untersuchen (**Quick-Test**).

Blutungen und Gerinnungsstörungen, wie sie z.B. bei der Bluterkrankheit (Hämophilie) auftreten, können verschiedene Ursachen haben. Die primäre Hämostase ist gestört, wenn die Thrombozyten stark vermindert sind (Thrombopenie). Die sekundäre Hämostase ist z.B. bei einem Mangel an Faktor VIII (Hämophilie A) oder an Faktor IX (Hämophilie B) eingeschränkt.

Da Prothrombin und andere Gerinnungsfaktoren in der Leber gebildet werden und dazu Vitamin K notwendig ist, kann bei Lebererkrankungen und Vitamin-K-Mangel eine Blutungsneigung durch Gerinnungsstörungen auftreten.

> **P** Bei Neugeborenen, deren Leber meist unreif ist, wird deshalb prophylaktisch Vitamin K verabreicht. Ist das Gerinnungssystem überbeansprucht, verknappen die Gerinnungsfaktoren, und es kommt zu einer Gerinnungsstörung (Verbrauchskoagulopathie). **P**

Ist die Gefäßinnenwand geschädigt oder entzündet, bilden sich in der Blutbahn (intravaskulär) Thromben (**Thrombose**). Dies ist zwar für die Abdichtung der Blutgefäße von großer Bedeutung, birgt aber auch Gefahren in sich. Denn durch die Folgen des Gefäßverschlusses schwillt z.B. das Bein bei einer Beinvenenthrombose an. Auch kann ein Thrombus von der Blutströmung mitgerissen werden und dann als Embolus wichtige Gefäße (z.B. der Lunge) verstopfen (**Embolie**).

11.7.3 Gerinnungshemmung und Fibrinolyse

> **K** Ist die Bewegung (z.B. bei Bettruhe) eingeschränkt, begünstigt dies durch die verlangsamte Blutströmung Thrombosen. Deshalb ist bei allen gefährdeten Patienten eine Thrombose-Prophylaxe angezeigt. Auch kann ein bereits bestehender Thrombus wachsen. Dann ist es notwendig, die Blutgerinnung herabzusetzen (Thrombose-Therapie). Dazu werden Hemmstoffe der Blutgerinnung (Antikoagulanzien) verwendet. **K**

Außerdem muß für verschiedene Untersuchungen das Blut nach der Abnahme ungerinnbar gemacht werden.

Möglichkeiten einer **Gerinnungshemmung** (Abb. 11-21):
- Auffangen des Blutes in Gefäßen, deren Oberflächen z.B. silikonisiert sind.
- Bindung von Calciumionen. Blockierung der Ca^{2+}-abhängigen Schritte der Gerinnung durch Bindung von Ca^{2+} mit Natriumcitrat, Natriumoxalat oder EDTA.
- Wirkungssteigerung von Antithrombin. Der im Plasma vorhandene Faktor blockiert die Entstehung von aktiviertem Faktor X und kann in seiner Wirksamkeit durch Heparin erheblich gesteigert werden.
- Blockade der Synthese von Prothrombin und anderen Gerinnungsfaktoren: Durch Cumarinabkömmlinge (z.B. Dicoumarol) kann die Produktion der genannten Faktoren in der Leber unterdrückt werden. Die gerinnungshemmende Wirkung tritt bei dieser Art der Gerinnungshemmung verzögert ein.

> **P** Patienten, die solche Medikamente erhalten, müssen sorgfältig auf erste Anzeichen von Blutungen beobachtet werden. Dies können z.B. Nasen- und Zahnfleischblutungen sein. Auch auf Blutbeimengungen im Stuhl und Harn ist zu achten. **P**

Nach Blutstillung und Blutgerinnung stellen einwandernde Bindegewebszellen oder Endothelzellen die Gefäßwand in nahezu ursprünglicher Form wieder her. Das sich auflösende Fibrinnetz (**Fibrinolyse**) unterstützt

11 BLUT UND ABWEHRSYSTEM

Blutgerinnung 11.7

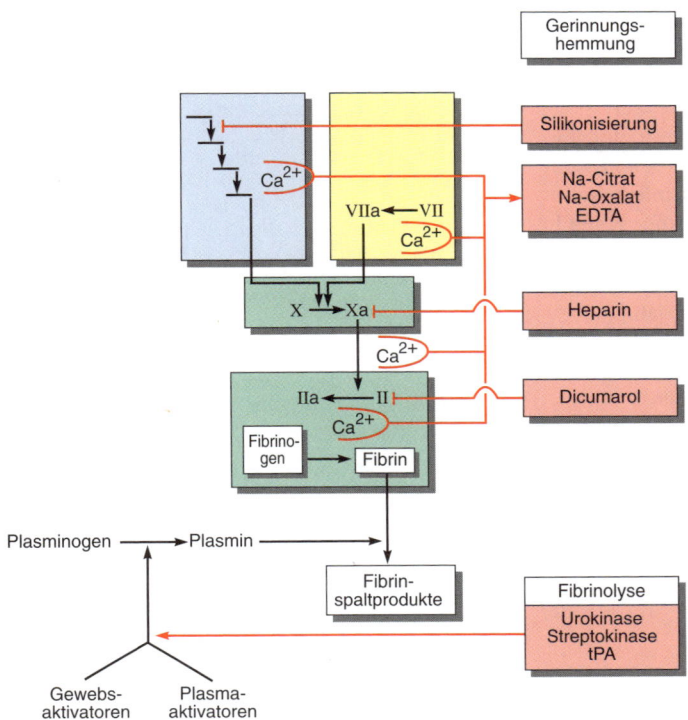

ähnlich wie bei der Blutgerinnung – durch ein endogenes System (Plasmaaktivatoren) und ein exogenes System (Gewebsaktivatoren, **t**issue **p**lasminogen **a**ctivator = tPA) gefördert. Die Vorgänge der Fibrinolyse können künstlich verstärkt werden, um einen Thrombus aufzulösen (Thrombolyse). Dazu verwendet man die Aktivatoren Urokinase, Streptokinase und gentechnisch hergestellten tPA (Abb. 11-21).

Abb. 11-21 Gerinnungshemmung und Fibrinolyse. Die Einzelschritte bis zur Fibrinbildung entsprechen denen im Gerinnungssystem der Abb. 11-20.

diesen Vorgang (Abb. 11-21). Ein Eiweißkörper des Blutplasmas spaltet das Fibringerüst. Er wird aus Plasminogen gebildet und als Plasmin bezeichnet. Die Umwandlung von Plasminogen zu aktivem Plasmin wird –

Lernkontrolle

1. Erläutern Sie die Funktionen der Plasmaeiweiße.
2. Beschreiben Sie Herkunft und Funktion der roten Blutkörperchen.
3. Die Leukozyten werden in drei Gruppen unterteilt. Wie heißen sie, und welche Funktionen haben sie?
4. Erklären Sie die spezifische Abwehr.
5. Welche Stellung haben die lymphatischen Organe innerhalb der Körperabwehr, und wie wirken sie?
6. Stellen Sie die Phasen der Blutgerinnung dar.

Auflösung des Fallbeispiels

▲ Verdachtsdiagnose: Anämie

Krankheitsbild: Mit Anämie bezeichnet man eine verminderte Konzentration an roten Blutkörperchen (Erythrozyten) und/oder an rotem Blutfarbstoff (Hämoglobin). Dadurch kommt es zu einer Einschränkung des Sauerstofftransportes im Körper und damit der Sauerstoffversorgung der Gewebe, wodurch schließlich die Leistungsfähigkeit abnimmt.

Ursachen: Es gibt zahlreiche Formen einer Anämie. Die Ursachen können zu folgenden Gruppen zusammengefaßt werden:
- Anämien durch verminderte Produktion von Erythrozyten (Störung der Erythrozytopoese)
- Anämien infolge eines Blutverlustes
- Anämien durch vermehrten Erythrozytenzerfall (hämolytische Anämie)
- Anämien infolge einer Kombination der zuvor genannten Ursachen (z.B. bei Tumoren)

Unter diesen Ursachen ist die Störung der Erythrozytopoese die häufigste.

Vorkommen und Häufigkeit: Anämien zählen zu den Erkrankungen und Symptomen, die am häufigsten diagnostiziert werden. Sie können einerseits Ausdruck einer Erkrankung des blutbildenden Systems, andererseits Symptom vieler akuter und chronischer Erkrankungen anderer Herkunft sein. Letzteres besitzt oft Signalcharakter und verweist auf Ursachen, die zum Zeitpunkt der Diagnose „Anämie" noch keine eindeutigen Symptome hervorgerufen haben (z.B. versteckte Blutungen, Eisenmangel, chronische Entzündungen, Tumoren).

Diagnostik: Die Feststellung der Erythrozytenzahl und des Hämoglobingehaltes steht in jedem Fall am Anfang. Die mikroskopische Untersuchung der Erythrozyten und des Knochenmarkpunktates kann folgen. Bei Verdacht auf eine spezifische Grundkrankheit schließen sich entsprechende weitergehende Untersuchungen an.

Therapie: Bei der Vielzahl der Ursachen gibt es keine einheitliche Therapie. Bei Hinweis z.B. auf eine Eisenmangelanämie muß eine Substitutionstherapie erfolgen, bei Verdacht auf eine versteckte Blutung muß nach der Quelle gesucht werden.

Koordination spezialisierter Organfunktionen: Vegetatives Nervensystem

12

Vegetatives Nervensystem und endokrines System koordinieren spezialisierte Organfunktionen zur Versorgung des sensorischen und motorischen Systems. Das vegetative Nervensystem kann über Nervenimpulse schnelle Umstellungen der Organaktivitäten auslösen. Es läßt sich in einen peripheren und zentralen Teil untergliedern und erfüllt seine Aufgaben, ohne das Bewußtsein einzuschalten.

Abb. 12-0 Innervation innerer Organe durch das vegetative Nervensystem. Sympathikus (grün), Parasympathikus (orange)

Fallbeispiel

Eine Gruppe von Studentinnen und Studenten aus einer deutschen Großstadt nutzt das warme Sommerwetter, um am Wochenende eine Wanderung durch die Wälder der Umgebung zu machen. Wie von selbst ergibt es sich, daß Pilze am Wegesrand gesammelt werden. Bald ist eine große Plastiktüte gefüllt. Wieder in das Wohnheim zurückgekehrt, wird ein Teil der Pilze zubereitet und gegessen. Etwa eine Stunde nach der Mahlzeit trübt sich die Stimmung; wenig später geht es allen Beteiligten schlecht: Übelkeit, Speichelfluß, Erbrechen und Magen-Darmkoliken stellen sich ein, die Augen tränen, man kann sich kaum auf den Beinen halten. Der schnell herbeigerufene Arzt stellt eine Verminderung der Pulsfrequenz (Bradykardie) mit Blutdruckabfall sowie eine starke Pupillenverengung fest.
Diagnose und Therapie s. S. 403.

12 Koordination spezialisierter Organfunktionen: Vegetatives Nervensystem

Ausbreitung und Zielorgane des peripheren vegetativen Nervensystems 12.1

Sensorisches und motorisches Nervensystem benötigen wie alle übrigen Organe des Organismus Energie, um ihre Aufgaben zu erfüllen. Die Energie wird durch den Stoffwechsel der Zellen bereitgestellt. Um diesen Stoffwechsel aufrechterhalten zu können, müssen die Zellen mit Nährstoffen und Sauerstoff beliefert und von Stoffwechselendprodukten befreit werden. Dies geschieht z.B. durch den Magen-Darm-Kanal, die Lunge, den Kreislauf und die Nieren.

Das vegetative Nervensystem und das endokrine System stimmen die Einzelfunktionen des „Versorgungsteils" aufeinander ab und passen die Gesamtfunktion des in sich geschlossenen Versorgungsteils an die augenblickliche Tätigkeit des Körpers an.

Das vegetative Nervensystem erfüllt seine koordinierende Funktion in der Regel, ohne Willkürimpuls und ohne das Bewußtsein einzuschalten. Daher wird es auch **autonomes** oder unwillkürliches **Nervensystem** genannt. Damit die Koordination ohne Beeinträchtigung ablaufen kann, ist es Voraussetzung, daß das vegetative Nervensystem mit den inneren Organen in einem ununterbrochenen Informationsaustausch steht. Dies geschieht durch periphere und zentrale Anteile des Systems.

Die Nervenzellen des vegetativen Nervensystems werden durch Kerngebiete des zentralen Nervensystems (Rückenmark und Gehirn) in ihrer Aktivität aufeinander abgestimmt. Ihre Aufgabe ist es, mit Hilfe ihrer peripheren Fortsätze die Informationsleitung in alle Teile des Körpers zu gewährleisten.

12.1 Ausbreitung und Zielorgane des peripheren vegetativen Nervensystems

Z Das periphere vegetative Nervensystem läßt sich in Sympathikus und Parasympathikus unterteilen. In beiden Teilsystemen sind jeweils zwei Nervenzellen hintereinandergeschaltet. Die Zellkörper der ersten Nervenzelle (präganglionäre Neurone) befinden sich im Gehirn oder Rückenmark, die der zweiten Nervenzelle (postganglionäre Neurone) in vegetativen Ganglien oder in den Zielorganen. Ein eigenes sog. Darmnervensystem, das mit Sympathikus und Parasympathikus verbunden ist, gewährleistet Grundfunktionen des Magen-Darm-Kanals.

Sympathisches wie parasympathisches Nervensystem leiten Erregungen zu glatter Muskulatur, Herzmuskulatur und exokrinen Drüsen und beeinflussen deren Funktion (Abb. 12-1). Sie verlaufen in der Regel getrennt und kommen aus verschiedenen Abschnitten des zentralen Nervensystems.

12.1.1 Sympathikus

Die Ursprungszellen des sympathischen Nervensystems liegen in den **Seitenhörnern des Rückenmarks** (Abb. 12-1). Diese Seitenhörner befinden sich im Brust- und oberen Lendenabschnitt des Rückenmarks zwischen den Vorder- und Hinterhörnern und bilden einen Teil der nervenzellreichen grauen Substanz (s. Kap. 4 „Nervensystem – Allgemeine Grundlagen"). Die Fasern, die von diesen Ursprungszellen ausgehen, heißen **präganglionäre Fasern**. Sie treten mit den Vorderwurzeln aus und gelangen über den Ramus communicans albus in den Grenzstrang des Sympathikus (Abb. 12-2), eine beiderseits der Wirbelsäule gelegene Kette von paarig angelegten Ganglien (Nervenzellgruppen), die von der Schädelbasis bis zum Steißbein verläuft. Nervenfaserbündel verbinden die Ganglien untereinander sowie mit den benachbarten Spinalnerven (Abb. 12-2). Mit den Ganglien des Grenzstrangs, die neben der Wirbelsäule liegen (paravertebrale Ganglien), stehen Nervenzellansammlungen in Verbindung, die vor der Wirbelsäule (prävertebrale Ganglien) liegen. In diesen sind die präganglionären Fasern mit weiteren Nervenzellen verknüpft (Umschaltstelle, Synapse). Diese zweiten Neurone erreichen mit ihren postganglionären Nervenfasern die Eingeweide. Damit besteht der Sympathikus aus zwei hintereinandergeschalteten Neuronen, die die Verbindung zwischen dem Zentralnervensystem und den inneren Organen herstellen.

Die Schaltstellen zu den **postganglionären** sympathischen **Neuronen** liegen in einiger Entfernung zu den versorgten Organen. Für

387

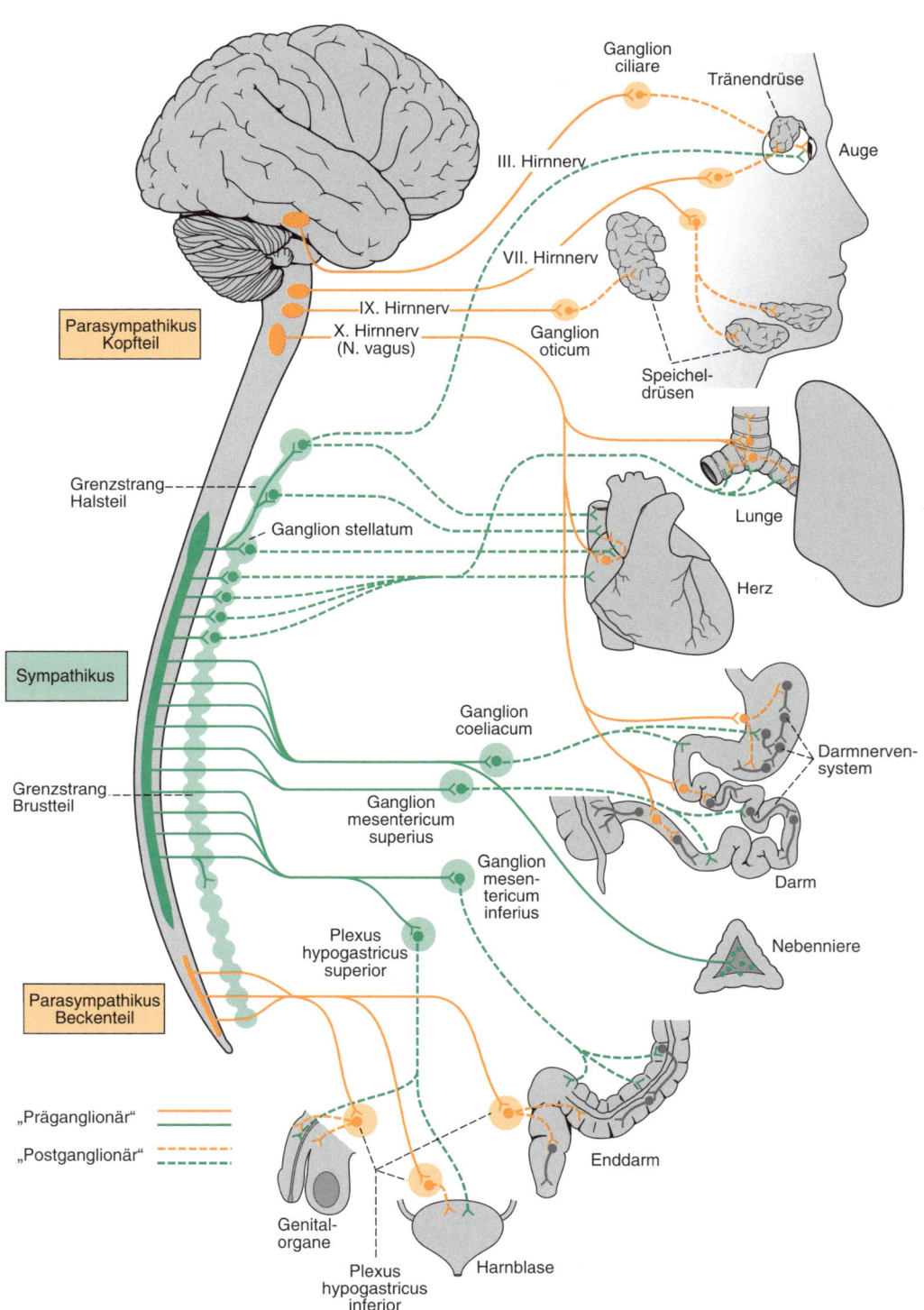

Abb. 12-1 Übersicht über Organisation und Gliederung des peripheren vegetativen Nervensystems. Sympathikus: grün. Parasympathikus: orange.

12 Koordination spezialisierter Organfunktionen: Vegetatives Nervensystem

Ausbreitung und Zielorgane des peripheren vegetativen Nervensystems 12.1

die Organe von Kopf, Hals und Brustraum finden sich die Zellkörper der zweiten Neurone in den Grenzstrangganglien (vgl. Abb. 12-1). So beginnen die postganglionären Neurone für die Innervation des Herzens überwiegend in Grenzstrangganglien des Halses (Abb. 12-3). Die Schaltstellen des Sympathikus für die Bauchorgane hingegen sind in sog. **prävertebralen Ganglien** lokalisiert (vgl. Abb. 12-2). Diese bilden mit ihren

Abb. 12-2 Schematische Darstellung der Innervation des Magens durch Sympathikus (grün) und Parasympathikus (orange) sowie der Rezeptoren und afferenten Neurone des sensorischen Systems (violett).

Nervenfasern ausgedehnte Geflechte um die großen unpaaren Äste der Bauchaorta und heißen Ganglion coeliacum, Ganglion mesentericum superius und Ganglion mesentericum inferius (vgl. Abb. 12-2, 12-4).

Die **Drüsenzellen des Nebennierenmarks** sind umgewandelte, postganglionäre sympathische Neurone. Entsprechend werden sie von präganglionären sympathischen Fasern innerviert. Nach der Stimulation geben sie Adrenalin und Noradrenalin – die Überträgerstoffe des Sympathikus – an das Blut ab (vgl. Abb. 12-1, 12-4).

12.1.2 Parasympathikus

Die Ursprungszellen des parasympathischen Systems liegen im Hirnstamm und im Sakralabschnitt des Rückenmarks (vgl. Abb. 12-1). Deshalb ist der Parasympathikus in

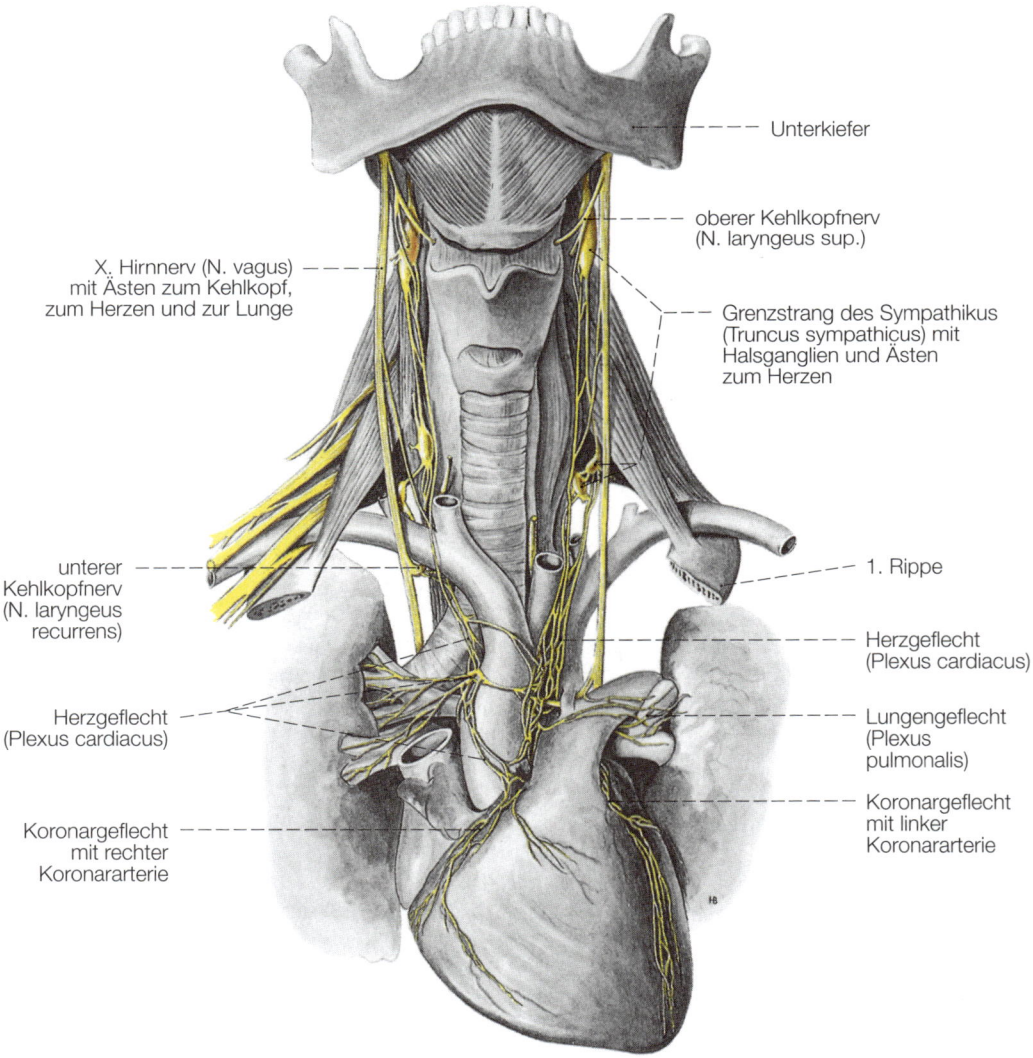

Abb. 12-3 Innervation von Herz und Lunge durch Sympathikus und Parasympathikus (Ansicht von vorne).

12 KOORDINATION SPEZIALISIERTER ORGANFUNKTIONEN: VEGETATIVES NERVENSYSTEM

Ausbreitung und Zielorgane des peripheren vegetativen Nervensystems 12.1

einen **Kopfteil** und einen **Beckenteil** gegliedert. Die parasympathischen Fasern des Kopfteils verlaufen in verschiedenen **Hirnnerven**, vor allem im X. Hirnnerven (N. vagus), die des Beckenteils bilden die Beckennerven (N. pelvicus; Abb. 12-5). Auch der Parasympathikus besteht aus zwei hintereinandergeschalteten Neuronen. Die Umschaltstelle auf das zweite Neuron liegt im Gegensatz zum Sympathikus allerdings sehr nahe am Organ (z.B. Kopfganglien) oder in den Organen selbst (vgl. Abb. 12-2 und Abb. 12-6).

Impulse von Rezeptoren der Eingeweideorgane erreichen das Zentralnervensystem auf verschiedenen Wegen. Die afferenten viszeralen Nerven laufen meist mit den Nervenbahnen von Sympathikus und Parasympathikus zum Rückenmark oder zum Hirnstamm. Ihre Zellkörper liegen in den Spinalganglien des Rückenmarks oder in den

Abb. 12-4 Hintere Bauchwand mit Bauchaorta und vegetativen Ganglien sowie Nervengeflechten (Ansicht von vorne).

Abb. 12-5 Vegetative Ganglien und Nervengeflechte im kleinen Becken (rechte Seitenansicht).

Ganglien des VII., IX. bzw. X. Hirnnerven (vgl. Abb. 12-2).

12.1.3 Darmnervensystem

Der Verdauungstrakt ist in seinen Grundfunktionen ebenso wie das Herz mit seinem erregungsbildenden und erregungsleitenden System vom zentralen Nervensystem unabhängig. Dieses sog. enterische Nervensystem kann in einen **Plexus submucosus (Meißner)** und einen **Plexus myentericus (Auerbach)** eingeteilt werden (Abb. 12-7). Beide bestehen aus Schaltkreisen von afferenten („registrierenden") und efferenten („ausführenden") Neuronen, die über Zwischenneurone verbunden sind (Abb. 12-7B). Der Plexus submucosus ist hauptsächlich für Sekretion und Resorption verantwortlich, während der Plexus myentericus die Peristaltik kontrolliert. Das enterische Nervensystem breitet sich vom Ösophagus bis zum Kolon aus. Es wird allgemein angenommen, daß im enterischen Nervensystem die neuronalen Verschaltungen für bestimmte Funktionen festgelegt sind und daß sympathische und parasympathische Neurone modulierend auf diese Schaltkreise einwirken. Die Einflußnahme von Sympathikus und Parasympathi-

Abb. 12-6 Nervenzellen eines vegetativen Ganglions. Mikroskopische Aufnahme eines histologischen Präparates.

12 Koordination spezialisierter Organfunktionen: Vegetatives Nervensystem

Ausbreitung und Zielorgane des peripheren vegetativen Nervensystems 12.1

Abb. 12-7 Darmnervensystem.
A: Abschnitt des Darmrohrs mit Darstellung von Lage und Ausbreitung des Plexus myentericus und submucosus.
B: Schaltkreise des Plexus myentericus und des Plexus submucosus in Verbindung mit prä- und postganglionären Neuronen des vegetativen Nervensystems. Die Schaltkreise von Plexus myentericus und Plexus submucosus bestehen aus einem afferenten Neuron, mindestens einem Zwischenneuron und einem efferenten Neuron. Vegetative (hier sympathische) Neurone haben Einfluß auf diese Schaltkreise und können auch direkt die Weite der Blutgefäße verändern.

kus ist am Anfangs- und Endteil des Magen-Darmtrakts besonders groß. Damit werden Nahrungsaufnahme und Darmentleerung wirksam kontrolliert. Wegen der großen Zahl der enterischen Neurone (etwa soviel wie im Rückenmark) und der Vielfalt der neuronalen Verschaltungen wird das Darmnervensystem auch als „brain of the gut" bezeichnet.

12.2 Erregungsverarbeitung im peripheren vegetativen Nervensystem

> Die Erregungsübertragung vom prä- zum postganglionären Neuron erfolgt im Sympathikus und Parasympathikus durch den Transmitter Acetylcholin. Der Sympathikus beeinflußt die Zielorgane durch Adrenalin und Noradrenalin (Catecholamine), der Parasympathikus durch Acetylcholin. Die beiden vegetativen Systeme wirken an einigen Zielorganen gegensätzlich. Durch Nervenzellen des sensorischen Systems, des peripheren vegetativen Nervensystems und des motorischen Systems werden vielfältige Reflexbögen geschlossen.

Grundbaustein des peripheren vegetativen Nervensystems ist, ähnlich wie im motorischen System, ein **Reflexbogen** (vgl. auch Abb. 12-2, 12-8). Auch der vegetative Reflexbogen setzt sich aus einem **afferenten** und einem **efferenten** Schenkel zusammen. Mechano-, Thermo- und Schmerzrezeptoren sowie andere Sensoren, z.B. Chemorezeptoren, nehmen Informationen aus den inneren Organen auf. Diese Erregungen aus den Rezeptoren laufen über afferente Nervenfasern zentralwärts und gelangen über die hintere Wurzel in das Rückenmark bzw. über Hirnnerven in den Hirnstamm (Abb. 12-9 A). Die eintreffenden Erregungen werden auf sensorische Nervenzellen, auf efferente Neurone des vegetativen Nervensystems und auf Motoneurone aufgeteilt.

Erregungen, die von Eingeweiderezeptoren ausgehen, lösen an den sensorischen Neuronen im Rückenmark ebenfalls Erregungen aus. Auf diesem Wege gelangen die Informationen über aufsteigende Bahnen zur Hirnrinde, die sie zu bewußten Empfin-

dungen wie „Druck" und „Schmerz" verarbeitet. Auch Erregungen, die an den Thermo- und Schmerzrezeptoren der Haut entstehen, gelangen zu den sensorischen Neuronen im Rückenmark. Da Erregungen, die einerseits in den Eingeweiden und andererseits in der Haut ausgelöst werden, im Rückenmark zum Teil auf dieselben sensorischen Neurone einströmen, geht die Information über den Ursprungsort der Erregungen zumindest teilweise verloren. Häufig deutet das Gehirn ungeachtet des tatsächlichen Ursprungsortes deshalb Erregungen als von der Haut ausgehend. So können Schmerzerregungen aus dem Bereich des Herzens in der Haut des linken Armes und Schmerzimpulse des Zwerchfells in der Schulterregion empfunden werden. Die Hautareale, in die Erregungen von inneren Organen „projiziert" werden, nennt man **Head-Zonen** (Abb. 12-9 B). Die inneren Organe und die zugehörigen Head-Zonen können örtlich weit auseinander liegen, weil sich die Eingeweide- und Hautregionen, die vom selben Rückenmarkssegment versorgt werden, während der fetalen Entwicklung zum Teil erheblich voneinander entfernen.

Während der afferente Schenkel des vegetativen Reflexbogens grundsätzlich dem Verlauf der Nerven im System der somatoviszeralen Sensibilität und damit den motorischen Reflexbögen entspricht (s. Kap. 5 „Sensorisches System"), weist der efferente Schenkel Unterschiede zum motorischen System auf (vgl. auch Abb. 12-2, 12-8; s. Kap. 6 „Motorisches System"). Er besitzt immer eine Umschaltstelle, die in einem vegetativen Ganglion gelegen ist. Der efferente Teil des Reflexbogens besteht also aus zwei hintereinandergeschalteten Neuronen, dem präganglionären Neuron und dem postganglionären Neuron.

12.2.1 Sympathikus

Im Sympathikus vermittelt **Acetylcholin** die Erregungsübertragung vom präganglionären zum postganglionären Neuron. Synaptische Endformationen der präganglionären Fasern setzen diesen Transmitter durch Aktionspotentiale frei, der sich dann mit Rezeptoren in der Membran der postganglionären Neurone verbindet (s. Kap. 4 „Nerven-

12 Koordination spezialisierter Organfunktionen: Vegetatives Nervensystem

Erregungsverarbeitung im peripheren vegetativen Nervensystem 12.2

A

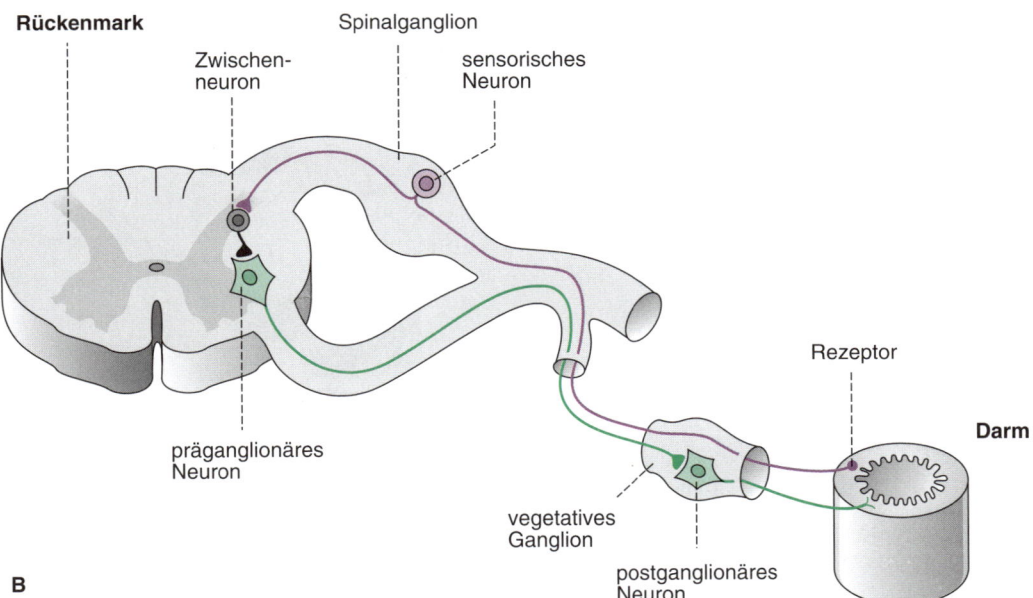

B

Abb. 12-8 Gegenüberstellung von Reflexbögen im somatischen und vegetativen Nervensystem.
A: Eigen- und Fremdreflexbogen im motorischen (somatischen) System.
B: Typischer vegetativer Reflexbogen.

system – Allgemeine Grundlagen"). Dadurch entstehen in den postganglionären Neuronen Erregungen.

Die Erregungsübertragung in den vegetativen Ganglien kann auf verschiedene Weise beeinflußt werden. Beispielsweise können Gifte von Krankheitserregern (z.B. Botulinustoxin) die Transmitterausschüttung aus den präganglionären Neuronen blockieren. Die Erregungsübertragung kommt auch nicht

Abb. 12-9 Verteilung von Haut- und Eingeweideafferenzen im Rückenmark (**A**) und in den Head-Zonen (**B**).
A: Die Informationen von Eingeweiderezeptoren und Hautrezeptoren strömen auf eine sensorische Nervenzelle im Rückenmark zu.
B: Einige typische Head-Zonen und ihre Beziehungen zu Organen und Rückenmarkssegmenten.

zustande, wenn Acetylcholin durch Wirkstoffe von seiner Bindungsstelle am Rezeptor verdrängt wird. Bei diesen sog. **Ganglienblockern** unterscheidet man zwei Typen:
– **Stabilisationsblocker** (z.B. Curarin). Die Rezeptoren werden besetzt, ohne daß durch diese Verbindung Reaktionen im postganglionären Neuron ausgelöst werden.

– **Depolarisationsblocker** (z.B. Nikotin). Die Besetzung der Rezeptoren ruft anhaltende Depolarisationen hervor, wobei im postganglionären Neuron das Membranpotential so kritisch vermindert wird, daß keine Aktionspotentiale mehr auslösbar sind.
Die postganglionären Neurone zeigen an den Zielzellen der Organe (Herzmuskel-

fasern, Drüsenzellen, glatte Muskelfasern) keine klar abgrenzbaren und gleichförmigen Endformationen, wie sie im motorischen Nervensystem als neuromuskuläre Endplatten vorliegen (s. Kap. 6 „Motorisches System"). Sie werden als Kontaktstelle oder Kontakt bezeichnet (s. Abb. 4-1 C).

Das sympathische System beeinflußt die Zielorgane durch die Transmitter **Adrenalin** und **Noradrenalin**, wobei dem Noradrenalin bei der Erregungsübertragung zwischen postganglionären Neuronen und Zielzellen die größere Bedeutung zukommt. Dieser Transmitter wird aus den Nervenenden freigesetzt. Er verbindet sich darauf mit den Membranrezeptoren der Effektorzelle. Die Noradrenalinwirkung endet überwiegend durch einen Rücktransport des Transmitters in die Nervenfasern. Ein enzymatischer Abbau ist nur von untergeordneter Bedeutung.

Die durch Noradrenalin ausgelösten Wirkungen sind unterschiedlich. Zum einen stellen sie Depolarisationen dar (exzitatorische Kontaktpotentiale). Zum anderen bestehen sie in Hyperpolarisationen (inhibitorische Kontaktpotentiale). Im Gegensatz zum motorischen System kann das sympathische Nervensystem in den Zielzellen also sowohl Erregungen als auch Hemmungen auslösen. Diese unterschiedlichen Reaktionen der Zielzellen sind überwiegend organspezifisch. So hemmt eine Aktivitätssteigerung im Sympathikus die glatte Muskulatur des Darmes, während sie die Herztätigkeit fördert (Abb. 12-11).

Auch die Erregungsübertragung zwischen den postganglionären sympathischen Neuronen und den Zielzellen kann durch zahlreiche Wirkstoffe beeinflußt sein. Solche Stoffe können die Wirkung des natürlichen Transmitters verstärken (**Sympathikomimetika**) oder abschwächen (**Sympathikolytika**).

An den Zielzellen können zwei Typen von Membranrezeptoren unterschieden werden. Sie werden als α- und β-Rezeptoren bezeichnet und besitzen jeweils noch die Untertypen $α_1$ und $α_2$ bzw. $β_1$ und $β_2$. Die α- und β-Rezeptoren vermitteln je nach Zielzelle sowohl hemmende als auch fördernde Wirkungen (Abb. 12-10). Ausmaß und Richtung der Sympathikuswirkung auf einzelne Organe sind also vom Typ der Zielzelle abhängig. Die α- und β-Rezeptoren können durch Medikamente gezielt besetzt und damit der natürliche Transmitter von seinem Bindungsort verdrängt werden. Solche α- bzw. β-Rezeptorenblocker haben in der Medizin eine große Bedeutung. Nimmt beispielsweise die Aktivität des Sympathikus zu, steigert sich die Schlagfrequenz des Herzens über β-Rezeptoren (Abb. 12-10). Ein β-Rezeptorenblocker vermindert die Sympathikuswirkung und vermeidet eine Überbelastung des Herzens (s. Kap. 9 „Kreislauf").

12.2.2 Parasympathikus

Die Erregungsübertragung vom präganglionären zum postganglionären Neuron vermittelt **Acetylcholin**. Dieser Transmitter kommt aus den präganglionären Fasern und bewirkt in den postganglionären Neuronen eine Erregung. Die ganglionäre Erregungsübertragung im Parasympathikus entspricht also derjenigen im Sympathikus.

Im Unterschied zum sympathischen System bewirkt Acetylcholin beim Parasympathikus ebenfalls die Erregungsübertragung vom postganglionären Neuron auf die Zielzellen. Der Transmitter verbindet sich wiederum mit den Membranrezeptoren der Zielzellen und löst entweder erregende oder hemmende Kontaktpotentiale aus. Welche dieser Wirkungen auftritt, hängt wie beim Sympathikus vom Zielorgan ab (Abb. 12-10). So steigert sich die Aktivität der glatten Muskulatur des Darmes, während die Aktivität des Herzens abnimmt. Die Acetylcholinwirkung endet in erster Linie durch eine chemische Spaltung des Transmitters. Enzyme beschleunigen diesen Abbau.

Auch im parasympathischen System können verschiedene Wirkstoffe die Erregungsübertragung vom postganglionären Neuron zu den Zielzellen beeinflussen.

– Erregungsfördernde Stoffe (**Parasympathikomimetika**) greifen entweder direkt an der Membran der Zielzellen an (**direkte** Parasympathikomimetika) oder hemmen den enzymatischen Abbau des natürlichen Transmitters (z.B. Physostigmin) und verstärken dadurch die Transmitterwirkung (**indirekte** Parasympathikomimetika).

– Substanzen, die die Erregungsübertragung blockieren, heißen **Parasympathikolytika**. Zu ihnen gehört z.B. das Atropin.

	Parasympathikus (über M-Rezeptoren)	Sympathikus (über α- und β-Rezeptoren)
Tränendrüse	Sekretion	
Auge M. dilatator pupillae M. sphincter pupillae M. ciliaris	Kontraktion (Pupillenverengung) Kontraktion (Nahakkommodation)	Kontraktion (Pupillenerweiterung) (α_1) geringe Relaxation
Herz Sinusknoten AV-Knoten Myokard (Kontraktilität) Koronararterien	Frequenzabnahme Erregungsabnahme Abnahme (nur im Vorhof)	Frequenzzunahme (β_1) Erregungszunahme (β_1) Zunahme (Vorhof und Ventrikel) (β_1) Vasokonstriktion (α_1)
Venen		Vasokonstriktion (α_1)
Arterien des Magen-Darmtrakts der Nieren der Skelettmuskulatur		Vasokonstriktion (α_1) Vasokonstriktion (α_1) Vasokonstriktion (α_1) Vasodilatation: a) (β_2) b) cholinerg
Trachea und Bronchien Muskulatur Drüsen	Kontraktion Schleimsekretion	Erschlaffung (β_2)
Haut Blutgefäße Schweißdrüsen		Vasokonstriktion (α_1) Schweißsekretion (cholinerg!)
Speicheldrüsen	dünnflüssige Sekretion	zähflüssige Sekretion (α_1)
Leber	Glykogenese	Glykogenolyse (β_2)
Gallenblase	Kontraktion	Relaxation
Pankreas exokrine Sekretion Insulinausschüttung	Zunahme	geringe Abnahme (α_1) Hemmung (α_2)
Magen-Darmtrakt Peristaltik Schließmuskeln Sekretion	Motilitätszunahme Erschlaffung Zunahme	Motilitätsabnahme (α_2 / β_2) Kontraktion (α_1) Abnahme oder kein Effekt
Harnblase Detrusor M. sphincter internus	Kontraktion	Erschlaffung (gering) (β_2) Kontraktion (α_1)
Genitalorgane Schwellkörper Geschlechtsdrüsen (Cowper- und Bartholin-Drüsen) Samenblase Prostata Urethra Uterus	Vasodilatation (Erektion) Sekretion Kontraktion (Ejakulation)	Kontraktion (Emission) Kontraktion (Emission) Kontraktion (Schwangerschaft) (α_1) Erschlaffung (hormonabhängig) (β_2)

Abb. 12-10 Übersicht über die Wirkungen von Parasympathikus und Sympathikus an verschiedenen Organen. Beim Sympathikus sind die Membranrezeptoren (α, β) der Zielzellen vermerkt.

Es verdrängt das Acetylcholin von den Membranrezeptoren, so daß Parasympathikuswirkungen aufgehoben werden.

12.2.3 Gegensätzliche Wirkungen von Sympathikus und Parasympathikus

Das sympathische und das parasympathische Teilsystem bilden den efferenten Schenkel des vegetativen Reflexbogens. Beide Teilsysteme versorgen gleichzeitig die Mehrzahl der inneren Organe (vgl. Abb. 12-1, 12-10). Dabei sind die Wirkungen von Sympathikus und Parasympathikus häufig entgegengesetzt. Dieser Wirkungsantagonismus wird im folgenden am Beispiel der glatten Darmmuskulatur näher erläutert (Abb. 12-11).

In den glatten Muskelfasern treten auch dann Aktionspotentiale auf, wenn in den vorgeschalteten vegetativen Neuronen keine Erregungen ablaufen (Abb. 12-11). Diese sog. spontane Erregungsbildung ist für die glatte Muskulatur charakteristisch. Sie entsteht durch Schwankungen im Ruhemembranpotential, die über eine Dehnung oder Stauchung ausgelöst werden können. Überschreiten diese Potentialschwankungen die Membranschwelle, so entstehen auch ohne Anstoß durch das Nervensystem Erregungen und als Folge davon Verkürzungen der glatten Muskelfasern (s. Kap. 6 „Motorisches System"). Daher lähmt eine Unterbrechung der neuronalen Versorgung auch nicht zwangsläufig die glatten Muskelfasern. Bei einem Funktionsausfall der Motoneurone, die die Skelettmuskulatur innervieren, tritt jedoch stets eine Lähmung auf.

Die Spontanaktivität der glatten Muskulatur kann durch das vegetative Nervensystem sowohl gehemmt als auch gefördert werden (Abb. 12-11).

- **Erregungen des Sympathikus** lösen in den glatten Muskelfasern des Darmes hemmende Kontaktpotentiale aus. Die damit

Abb. 12-11 Erregungsverarbeitung in Sympathikus und Parasympathikus. Membranpotentiale (MP) der prä- und postganglionären Nervenzellen sowie der zugehörigen glatten Muskelzellen des Darmes werden mit Mikroelektroden abgeleitet und die Länge der Muskelfaser gemessen. Die wirksamen Transmittersubstanzen sind jeweils neben den Stellen der Erregungsübertragung vermerkt.

verbundene Hyperpolarisation unterdrückt die spontan auftretenden Aktionspotentiale. Damit nimmt die Verkürzung der Muskelzellen ab und die Faserlänge zu. Die Darmmuskulatur erschlafft.
- **Erregungen des Parasympathikus** wirken umgekehrt. Die Aktionspotentiale der parasympathischen postganglionären Neurone führen zu erregenden Kontaktpotentialen. Dadurch treten in den Muskelzellen vermehrt Aktionspotentiale auf, wodurch die Verkürzung zu- und die Faserlänge abnimmt. Die Wandspannung des Darmes vergrößert sich.

Ein echter Wirkungsantagonismus zwischen Sympathikus und Parasympathikus ist auch an der Schlagfrequenz des Herzens feststellbar (vgl. Abb. 12-10). An anderen Organen ist der Einfluß nicht so gleichmäßig auf die beiden vegetativen Teilsysteme verteilt. Es liegt zwar häufig eine doppelte vegetative Innervation vor, jedoch tritt eines der beiden Teilsysteme ganz in den Vordergrund. So kontrolliert z.B. überwiegend der Parasympathikus Füllung und Entleerung der Harnblase (s. Kap. 10 „Nierensystem und Wasserhaushalt"); die Weite der Blutgefäße, von wenigen Gefäßgebieten abgesehen, bestimmt nur die Aktivität des Sympathikus (s. Kap. 9 „Kreislauf"; vgl. Abb. 12-10).

> **Ü** Machen Sie rasch hintereinander zehn bis fünfzehn Kniebeugen. Ermitteln Sie vorher und anschließend Pulsfrequenz und Blutdruck. Listen Sie sodann Ihre Meßwerte auf. Versuchen Sie nun, diese Beobachtungen einem Teil des vegetativen Nervensystems zuzuordnen. **Ü**

12.2.4 Periphere Reflexe

Strukturen, die den vegetativen Reflexbogen bilden und an ihn angeschlossen sind, kontrollieren zahlreiche Körperfunktionen (Abb. 12-12):
- **Eingeweide-Eingeweide-Reflex** (viszero-viszeraler Reflex; vgl. Abb. 12-2):
  Die Erregungen starten an Rezeptoren (z.B. des Darmes). Sie gelangen über afferente Fasern in das Rückenmark und werden dort auf präganglionäre vegetative Neurone übertragen. Mit den Fasern dieser Nervenzellen und denen der nachgeschalteten postganglionären Neurone kehren die Erregungen (z.B. zum Darm) zurück. Auf diesem Wege wird ein Teil der Magen-Darm-Bewegungen koordiniert.
- **Eingeweide-Muskel-Reflex** (viszero-motorischer Reflex):
  Erregungen aus den Eingeweiden (z.B. aus dem Darm) gelangen über das Zwischenneuronennetz des Rückenmarks zu den (somatischen) Motoneuronen. Über die Fasern dieser Nervenzellen erreichen sie direkt die quergestreifte Skelettmuskulatur. So entstehen bei Entzündungen innerer Organe Abwehrspannungen in der Bauchmuskulatur.
- **Haut-Eingeweide-Reflex** (kuti-viszeraler Reflex):
  Die Erregungen starten an Rezeptoren der Haut. Sie gelangen über afferente Fasern in das Rückenmark und werden dort auf präganglionäre vegetative Neurone übertragen. Mit den Fasern dieser Nervenzellen und denen der nachgeschalteten postganglionären Neurone verlaufen sie zu den Eingeweiden (z.B. zum Darm). Auf diese Weise kann durch Hautreize (kalte oder warme Umschläge) die Tätigkeit innerer Organe beeinflußt werden.
- **Haut-Muskel-Reflex** (kuti-motorischer Reflex):
  Erregungen aus der Haut gelangen über (somatische) Motoneurone des Rückenmarks zur quergestreiften Skelettmuskulatur. Auf diesem Weg werden die Reflexe der unbewußten Zielmotorik, sog. Fremdreflexe, vermittelt (s. Kap. 6 „Motorisches System"). So kontrahiert sich z.B. die Bauchmuskulatur beim Bestreichen der Bauchhaut.

12.3 Organisation des zentralen vegetativen Nervensystems

> **Z** Das zentrale vegetative Nervensystem stimmt die Funktionen der verschiedenen Teile des peripheren vegetativen Nervensystems aufeinander ab und stellt die Verbindung zum endokrinen System her. Es steht unter dem Einfluß von sensorischem und motorischem System des Großhirns. **Z**

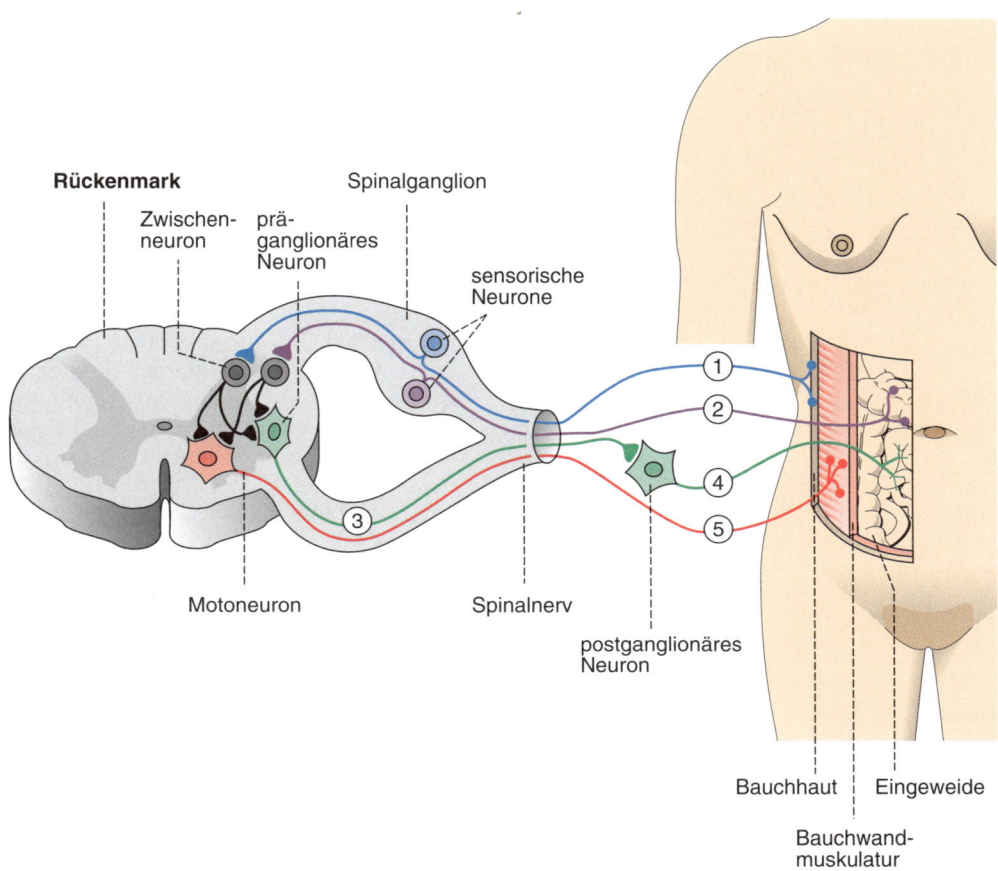

Abb. 12-12 Reflexe im peripheren vegetativen und somatischen Nervensystem.
Eingeweide-Eingeweide-Reflex (viszero-viszeraler Reflex) über Nervenfasern 2, 3 und 4.
Eingeweide-Muskel-Reflex (viszero-motorischer Reflex) über Nervenfasern 2 und 5.
Haut-Eingeweide-Reflex (kuti-viszeraler Reflex) über Nervenfasern 1, 3 und 4.
Haut-Muskel-Reflex (kuti-motorischer Reflex; Fremdreflex) über Nervenfasern 1 und 5.

Das zentrale vegetative Nervensystem ist stufenweise aufgebaut (Abb. 12-13). Auf einer ersten Organisationsstufe stimmen Kerngebiete im Rückenmark und Gehirn die verschiedenen Teile des peripheren vegetativen Nervensystems in ihrer Aktivität aufeinander ab. Dadurch werden bereits komplexere Leistungen möglich. Weitere Kerngebiete des Gehirns koordinieren diese Leistungen auf einer zweiten Organisationsstufe mit der Tätigkeit des sensorischen und motorischen Systems (sog. somatisches Nervensystem). Obwohl im Zentralnervensystem keine klare Trennung zwischen somatischem und vegetativem System möglich ist, werden die Kerngebiete, die überwiegend die Funktionen des vegetativen Nervensystems zusammenfassen, als zentrales vegetatives Nervensystem bezeichnet.

- Die **erste Organisationsstufe** besteht aus **Kerngebieten des Rückenmarks**. So liegen im Kreuz- und Lendenmark vegetative Zentren, die die Füllung und Entleerung der Harnblase (Centrum vesicospinale), die Darmentleerung (Centrum anospinale) und die reflektorischen Sexualfunktionen (Centrum genitospinale) regeln. An der Grenze zwischen Hals- und Brustmark liegt ein Zentrum, das u.a. die Pupillenweite beeinflußt (Centrum ciliospinale).

Abb. 12-13 Schematische Darstellung zur Organisation des zentralen vegetativen Nervensystems. Die Pfeile symbolisieren den Einfluß des sensorischen und motorischen Systems auf den Hypothalamus und den Einfluß des Hypothalamus auf die Zentren im Hirnstamm und Rückenmark.

Schließlich befinden sich im verlängerten Mark die lebenswichtigen Kerngebiete, die Atmung und Blutkreislauf kontrollieren (Atemzentrum, s. Abb. 8-9; Kreislaufzentrum, s. Abb. 9-27 bis 9-30).

- Die **zweite Organisationsstufe** besitzt als zentrale Struktur den **Hypothalamus** (Abb. 12-13). Zum einen steht er mit der ersten Organisationsstufe und mit dem endokrinen System in Verbindung. Zum anderen ist er mit dem sensorischen und dem motorischen System gekoppelt. Mit Hilfe dieser Verbindungen können die spezialisierten Organe in den Dienst der Aktionen des gesamten Körpers gestellt werden. So bezieht die Vermittlung des Hypothalamus bei einer motorischen Handlung alle Teilgebiete des vegetativen Nervensystems mit ein. Dabei steigern sich häufig schon in der „Planungsphase" einer motorischen Aktion (s. Kap. 6 „Motorisches System") die Herzschlagfrequenz, der arterielle Blutdruck und das Atemzeitvolumen. In der Regel werden sensorisches, motorisches und vegetatives Nervensystem unter Mitbeteiligung des endokrinen Systems immer gleichzeitig aktiv. In Grenzfällen können Organe überfordert sein und damit sog. psychosomatische Erkrankungen auftreten.

Lernkontrolle

1. Erläutern Sie die Funktion der beiden Teile des vegetativen Nervensystems.
2. Beschreiben Sie den Ablauf einer peripheren Reflexreaktion im vegetativen Nervensystem.
3. Welche Rolle spielt das Nebennierenmark im vegetativen Nervensystem?
4. Nennen Sie jeweils vier Wirkungen des Sympathikus und des Parasympathikus an Zielorganen.

Auflösung des Fallbeispiels

▲ **Verdachtsdiagnose: Pilzvergiftung (sog. Muskarinsyndrom)**

Krankheitsbild: Bei dem vorliegenden Krankheitsbild handelt es sich um eine Vergiftung mit dem Parasympathikomimetikum Muskarin, das direkt an muskarinergen Acetylcholinrezeptoren wirkt. Es wird im Gegensatz zu Acetylcholin nicht durch Enzyme abgebaut, sondern weitgehend unverändert mit dem Urin ausgeschieden. So werden die Wirkungen des Parasympathikus, wie sie in Abb. 12-10 zusammengestellt sind, weit überschießend. Es besteht, insbesondere durch die Gefahr des Herzversagens, eine lebensbedrohliche Situation.

Ursachen: Die Mechanismen, die zu Pilzvergiftungen führen, hängen von der Art der Gifte (Toxine) ab, die mit dem Pilzverzehr dem Körper zugeführt werden. In den verschiedenen Giftpilzen finden sich unterschiedliche Toxine:
- Rißpilze, giftige Trichterlinge: Durch Muskarin wird die Wirkung des Parasympathikus an allen Organen erheblich gesteigert (vgl. Abb. 12-10; sog. Muskarinsyndrom).
- Fliegenpilz, Pantherpilz: Durch verschiedene Toxine werden die Funktionen des Zentralnervensystems (z.B. Halluzinationen, rauschartige Zustände) und des vegetativen Nervensystems (z.B. Beschleunigung der Pulsfrequenz) tiefgreifend gestört (sog. anticholinerges Syndrom).
- Tigerritterling, Speitäubling, Riesenrötling u.a.: Die zumeist noch unbekannten Toxine üben eine lokale Reizwirkung auf den Magen-Darmtrakt aus (Gastroenteritis).
- Knollenblätterpilze: Die Toxine dieser Pilze (Amatoxine) hemmen die Transkription im Zellkern (s. Abb. 3-7) und damit die Eiweißsynthese. Besonders betroffen sind Leber-, Nieren- und Darmfunktion (sog. Phalloides-Syndrom).

Vorkommen und Häufigkeit: Nach Statistiken und Giftinformationszentralen machen Vergiftungen mit Pflanzen oder Pflanzenteilen ca. 5–10% der Beratungsfälle aus. Bei ca. 50 000 Beratungen einer Zentrale pro Jahr fallen ca. 1500 Fälle wegen Verdacht auf Pilzvergiftung an.

Diagnostik: Die Symptome weisen auf eine exzessive Wirkung des Parasympathikus hin. Im Zusammenhang mit der Vorgeschichte (Waldspaziergang, Sammeln von Pilzen) ergibt sich der Verdacht auf eine Pilzvergiftung. Ein über die Vergiftungszentrale zu Rate gezogener Pilzkenner bestätigt, daß sich unter den verbliebenen Pilzen Rißpilze befinden, die in hoher Konzentration das Parasympathikomimetikum Muskarin enthalten.

Therapie: Die überschießende Wirkung des Parasympathikus wird durch Anwendung des Parasympathikolytikums Atropin in hoher Dosierung rückgängig gemacht. Diese Maßnahme ist bei rechtzeitiger Anwendung lebensrettend.

Koordination spezialisierter Organfunktionen: Endokrines System

13

> Das endokrine System und das vegetative Nervensystem bewirken eine Koordination der spezialisierten Organfunktionen zur Versorgung des sensorischen und motorischen Systems. Das endokrine System besitzt die Fähigkeit, über spezielle Moleküle (Hormone) die Tätigkeit der Organe langfristig zu beeinflussen. Die Hormone werden in endokrinen Drüsen gebildet. Regelkreise kontrollieren ihre Freisetzung in das Blut.

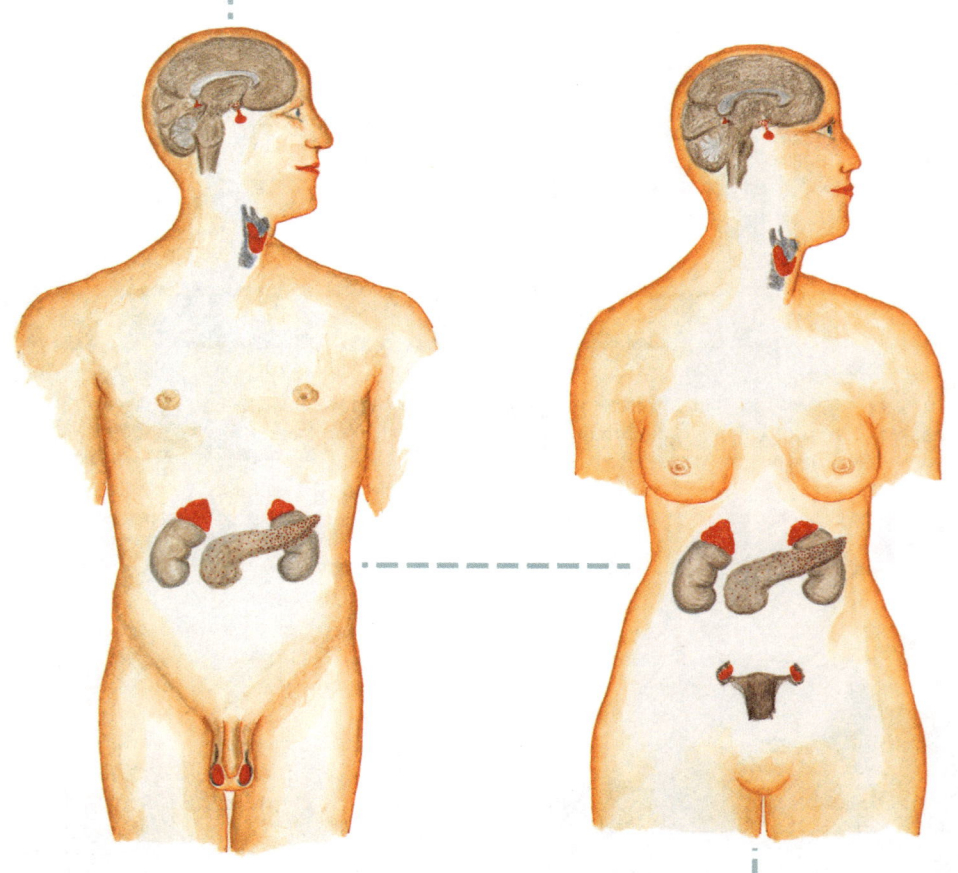

Abb. 13-0 Übersicht über die endokrinen Organe im weiblichen und männlichen Körper.

Fallbeispiel

Eine 30jährige Frau berichtet, daß ihre Leistungsfähigkeit in den letzten Wochen erheblich gesunken sei. Sie könne die Arbeit im Haushalt nicht mehr bewältigen. Bereits geringe körperliche Belastungen ermüdeten sie. Sie schwitze leicht und verspüre Herzklopfen. Trotz guten Appetits und normaler Nahrungsaufnahme habe sie in den letzten Monaten mehrere kg an Gewicht verloren. Sie könne schlecht einschlafen und nicht mehr durchschlafen. Zudem habe sich eine innere Unruhe eingestellt, und sie sei sehr nervös geworden. Bei der ärztlichen Untersuchung fallen eine vergrößerte Schilddrüse, hervorgetretene Augäpfel (Exophthalmus), feucht-warme Hände sowie ein feinschlägiges Zittern (Tremor) der Hände auf. In Ruhe liegt die Pulsfrequenz bei über 100 Schlägen/min und der Blutdruck beträgt 160/60 mmHg.

Diagnose und Therapie s. S. 425.

13 Koordination spezialisierter Organfunktionen: Endokrines System

13.1 Wirkung von Hormonen und Aufbau des endokrinen Systems

> **Z** Hormone aktivieren an den Zielzellen bereits vorhandene Enzyme oder fördern die Neubildung von Enzymen. Hormone, die an den Zielzellen angreifen, heißen effektorische Hormone. Ihre Produktion und Ausschüttung können durch glandotrope Hormone und Releasing- bzw. Release-inhibiting-Hormone übergeordneter Systeme nach dem Prinzip des Regelkreises beeinflußt werden. **Z**

Im endokrinen System erfüllen Moleküle, Hormone genannt, die Signalfunktion. Es gibt chemisch verschiedene Hormonarten wie Peptidhormone (z.B. Wachstumshormone) und Steroidhormone (z.B. Nebennierenrindenhormone). Sie werden meist in umschriebenen Zellverbänden, den endokrinen Drüsen, gebildet. Dort gelangen die Hormone in den Kreislauf und verteilen sich mit dem Blut im gesamten Organismus und somit in allen Geweben. Ihre Wirkung entfalten sie jedoch nur an den Zellen, die über entsprechende Rezeptoren verfügen (Abb. 13-1). So entsteht die gezielte Hormonwirkung, d.h. eine funktionelle Zuordnung von Hormondrüsen und Zielzellen (**Effektorzellen**). Diesen Mechanismus nennt man auch **Schlüssel-Schloß-Reaktion**, wobei das Hormon mit dem Schlüssel und der Rezeptor mit dem Schloß verglichen wird.

Durch die Verbindung von Hormonen mit Rezeptoren der Zielzellen können zwei verschiedene **Reaktionsketten** ausgelöst werden (Abb. 13-2).
– In Zelle A aktiviert die Hormon-Rezeptor-Verbindung ein Enzym, das auf zelleigene Enzymsysteme einwirkt. Die endgültige Hormonwirkung besteht an solchen Zielzellen z.B. in einer Formänderung (Kontraktion glatter Muskelzellen).
– Die Hormon-Rezeptor-Verbindung in Zelle B löst die Herstellung von zellspezifischen Enzymen aus. An diesem Prozeß ist der Zellkern mit seiner Erbinformation (DNS) beteiligt. Auf diese Weise kann z.B. das Wachstum gesteigert werden.

Beide Hormonwirkungen können sich in einer Zielzelle nebeneinander entfalten.

Die Hormone, die an den Zielzellen angreifen, werden als **effektorische Hormone** und ihre Bildungsstätten als effektorische **Hormondrüsen** (z.B. die Schilddrüse) bezeichnet (Abb. 13-3). Eine übergeordnete Hormondrüse kann die Aktivität der effektorischen Hormondrüsen steigern. Die wichtigste übergeordnete Hormondrüse ist die **Hypophyse,** deren Hormone **glandotrope Hormone** („auf Drüsen wirkende" Hormone) heißen. Produktion und Ausschüttung dieser Hormone bestimmen wiederum spezifi-

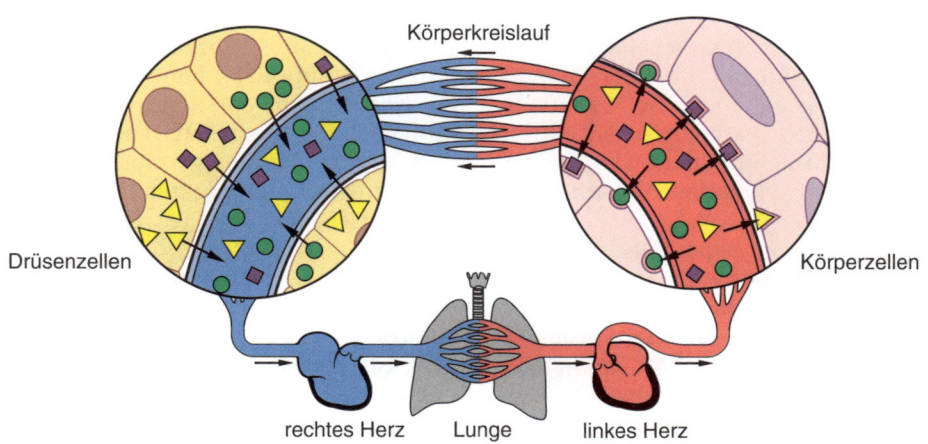

Abb. 13-1 Freisetzung von Hormonen (Kreise, Vierecke, Dreiecke) aus endokrinen Drüsen und Bindung an verschiedene Körperzellen.

Abb. 13-2 Die wichtigsten Hormonwirkungen.
A: Aktivierung vorhandener Enzyme.
B: Neubildung von Enzymen.

Abb. 13-3 Stufenweiser Aufbau des endokrinen Systems mit Rückkopplungen.

sche Substanzen des Hypothalamus. Dieser aktiviert über releasing factors oder Releasing-Hormone (Liberine; „freisetzende" Hormone) bzw. hemmt über release-inhibiting factors oder Release-inhibiting-Hormone (Inhibine, Statine; „die Freisetzung hemmende" Hormone) die übergeordnete Hormondrüse. Dem endokrinen System liegt also ein kettenförmiger Aufbau mit einer funktionellen Abhängigkeit zugrunde. Funktionsentgleisungen mit pathologischen Abweichungen der Hormonproduktion können auf allen Stufen des endokrinen Systems auftreten.

Die Aktivität des Hypothalamus beeinflußt die Konzentration an effektorischen Hormonen und/oder die Menge an Stoffwechselprodukten, die ihrerseits von der Produktion effektorischer Hormone abhängig sind. Dabei hemmen ansteigende effektorische Hormone bzw. Stoffwechselprodukte die Ausschüttung von releasing factors und umgekehrt. Diese Rückkopplung ist die Grundlage eines Regelkreises, der die Konzentration der effektorischen Hormone in einem weiten Bereich konstant hält. Auch wenn die endokrinen Teilsysteme in Einzelheiten ihres Aufbaus erhebliche Unterschiede aufweisen können, gilt fast immer das Prinzip der Regelung. In einigen hormonalen Systemen ist auch eine Rückkopplung zu den übergeordneten oder von den Stoffwechselprodukten direkt zu den effektorischen endokrinen Drüsen vorhanden.

Das gesamte endokrine System gliedert sich in verschiedene Teilsysteme, die bis auf das Hormonsystem der Fortpflanzung in Abb. 13-4 zusammengestellt sind. Bei zahlreichen dieser Teilsysteme sind Hypothalamus und Hypophyse als Drüsen beteiligt und übergeordnet. Daher werden ihr Aufbau und ihre funktionelle Verknüpfung vorab erläutert.

13 Koordination spezialisierter Organfunktionen: Endokrines System

Wirkung von Hormonen und Aufbau des endokrinen Systems 13.1

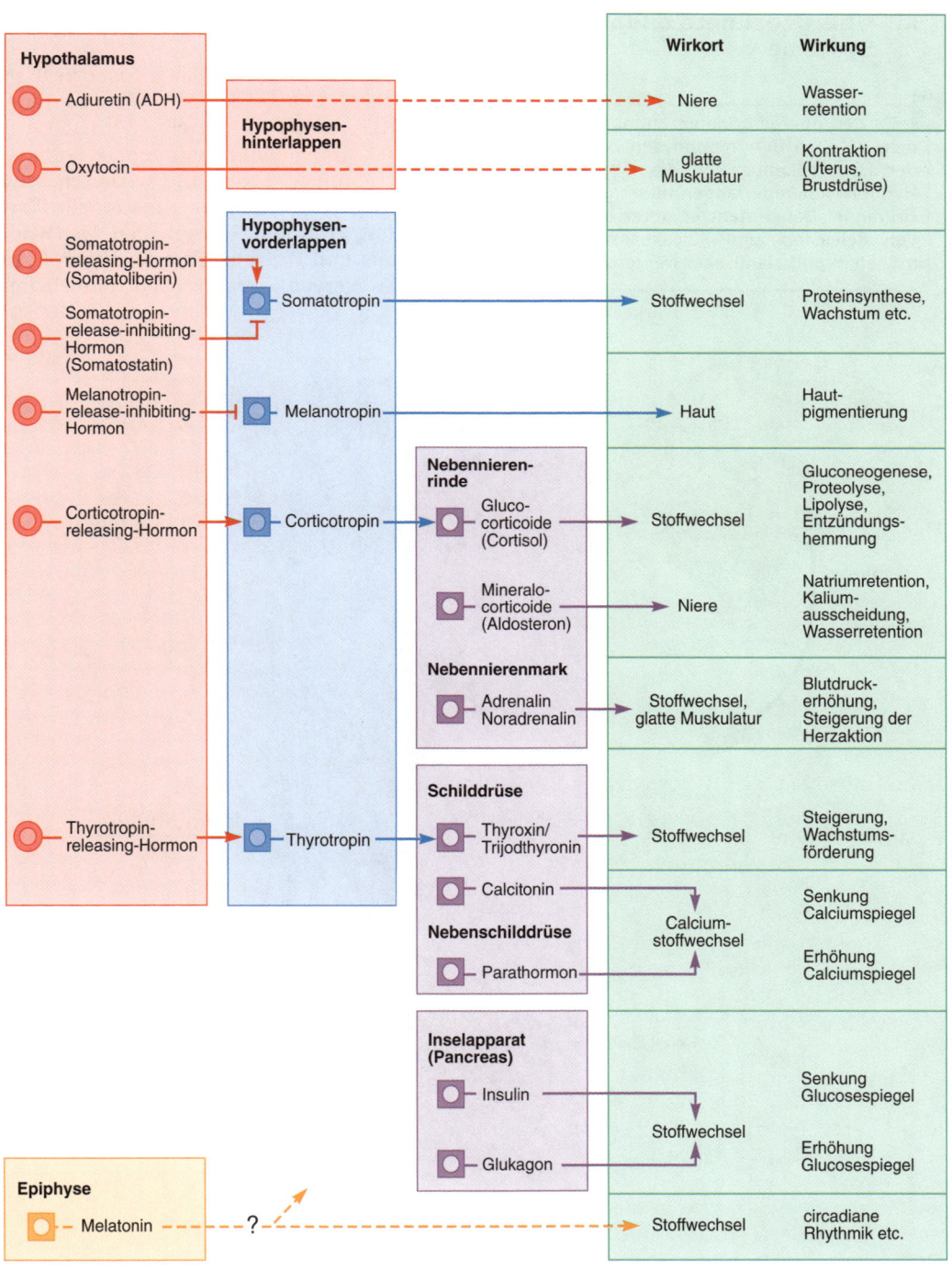

Abb. 13-4 Zusammenstellung der endokrinen Teilsysteme. Sexualhormone siehe Kap. 15 „Fortpflanzung".

13 KOORDINATION SPEZIALISIERTER ORGANFUNKTIONEN: ENDOKRINES SYSTEM

13.2 Übergeordnete endokrine Systeme

Z Zu den übergeordneten endokrinen Systemen gehören der Hypophysenvorderlappen, der Hypothalamus und die Epiphyse. Der Hypophysenvorderlappen bildet glandotrope Hormone. Dabei steht er unter dem Einfluß von Releasing- und Release-inhibiting-Hormonen hypothalamischer Nervenzellen. **Z**

13.2.1 Hypothalamus und Hypophyse

Die Hypophyse (Hirnanhangdrüse) liegt in einer Einbuchtung der Schädelbasis (Türkensattel). Sie ist durch einen trichterartigen Stiel (**Infundibulum**) mit dem Hypothalamus verbunden (Abb. 13-5). Dieser Stiel stellt auch eine wichtige funktionelle Verknüpfung zwischen Nervenzellen des Hypothalamus und Drüsenzellen der Hypophyse dar. Die Nervenfasern transportieren näm-

Abb. 13-5 Hypothalamus-Hypophysen-System.
A: Übersicht an einem Mediansschnitt des Gehirns.
B: Schematisierte Zeichnung des Systems. Im Hypothalamus gebildete Hormone werden über ein spezielles Gefäßsystem (Portalgefäßsystem) zum Vorderlappen und über Nervenfasern zum Hinterlappen der Hypophyse transportiert. Die im Vorderlappen gebildeten und gespeicherten sowie die im Hinterlappen gespeicherten Hormone gelangen über Venen in den Körperkreislauf.

lich **Releasing-** und **Release-inhibiting-Hormone** der hypothalamischen Nervenzellen zum Hypophysenstiel und geben sie dort an ein spezielles Gefäßsystem ab, das die Wirkstoffe direkt den Drüsenzellen im Vorderlappen der Hypophyse zuleitet (Abb. 13-5).

Neben glandotropen Hormonen bildet die Hypophyse unter hypothalamischem Einfluß auch effektorische Hormone, vor allem **Somatotropin** (Wachstumshormon) und **Prolactin**. Die Vorderlappenhormone entstehen in der Regel in verschiedenen Zellgruppen mit jeweils charakteristischen morphologischen Merkmalen (Abb. 13-5).

Der Hypophysenhinterlappen gibt mit Adiuretin und Oxytocin ebenfalls effektorische Hormone ab. Diese Wirkstoffe bilden sich in hypothalamischen Nervenzellgruppen, deren Fasern im Hinterlappen an Blutgefäßen enden (Abb. 13-5).

13.2.2 Epiphyse

Ebenso wie der Hypophysenhinterlappen gehört die Epiphyse (Zirbeldrüse) zum Gehirn (Zwischenhirn). Lichtabhängig bildet sie in einem charakteristischen Tagesrhythmus das Hormon **Melatonin**. Dieses beeinflußt wahrscheinlich über Hypothalamus und Hypophyse die Bildung verschiedener effektorischer Hormone, z.B. der Schilddrüse und der Keimdrüsen. Insbesondere kann die Epiphyse dadurch hemmend auf die Entwicklung der Geschlechtsorgane wirken. Tagesrhythmische und saisonale Schwankungen (z.B. der Schilddrüsenfunktion) schreibt man ebenfalls der Aktivität der Epiphyse zu.

13.3 Endokrine Teilsysteme

> **Z** Innerhalb des endokrinen Systems lassen sich einige Teilsysteme abgrenzen. Sie werden nach Wirkung (z.B. Somatotropin) oder nach Ursprungsort (z.B. Schilddrüse) ihrer effektorischen Hormone charakterisiert. **Z**

Die einzelnen hormonalen Teilsysteme werden geordnet nach den effektorischen Hormonen besprochen. Ihrer Wirkung entsprechend werden die Hormone Adrenalin und Noradrenalin im Kap. 9 „Kreislauf" und im Kap. 12 „Vegetatives Nervensystem", die Hormone Aldosteron sowie Adiuretin im Kap. 10 „Niere, Wasserhaushalt" und die Sexualhormone einschließlich des hypothalamischen Hormons Oxytocin im Kap. 15 „Fortpflanzung" behandelt.

13.3.1 Somatotropin (somatotropes Hormon [STH], Wachstumshormon, growth hormone [GH])

Das vielfältig wirkende Somatotropin wird im Vorderlappen der Hypophyse gebildet. Zunächst ist der fördernde Effekt auf das Zellwachstum hervorzuheben. Im Eiweißstoffwechsel steigert es die Eiweißsynthese (anabole Wirkung). Im Kohlenhydratstoffwechsel hemmt es im wesentlichen die Glucoseverwertung und die Insulinwirkung. Dies steigert den Blutzuckerspiegel (vgl. Abb. 13-17). Im Fettstoffwechsel hemmt Somatotropin die Fettsynthese und steigert die Fettverbrennung. Die Regelung von Produktion und Ausschüttung ist in Abb. 13-6 dargestellt. Ein hypothalamisches Releasing-Hormon (**somatotropin-releasing factor** [SRF], Somatoliberin) stimuliert die Freisetzung von Somatotropin aus dem Hypophysenvorderlappen. Eine Zunahme des Blutzuckerspiegels senkt die Freisetzung von Somatoliberin, eine Abnahme steigert sie. Da Somatotropin die Glucosekonzentration im Blut erhöht, liegt somit ein Regelkreis vor. Dieser funktionelle Zusammenhang spielt bei der Einstellung des Glucosespiegels im Blut eine wesentliche Rolle. Ein weiterer hypothalamischer Faktor kann die Ausschüttung von Somatotropin aus den Zellen des Hypophysenvorderlappens auch hemmen (Somatostatin; **growth hormone-inhibiting factor** [GH-IF]).

> **K** Abweichungen der Somatotropin-Produktion bewirken vor allem **Störungen** des Zellstoffwechsels und des **Körperwachstums**. Tritt die Somatotropin-Überproduktion vor Abschluß des Wachstums ein, so entwickelt sich ein Riesenwuchs (**Gigantismus**). Eine gesteigerte Somatotropin-Freisetzung nach Abschluß des Wachstums kann nur noch zu

einer Vergrößerung von Nase, Unterkiefer, Händen und Füßen führen (**Akromegalie**). Gleichzeitig kann der Blutzuckerspiegel erhöht sein (Diabetes mellitus). Eine Unterproduktion hat bei Jugendlichen einen **proportionierten Zwergwuchs** (hypophysärer Zwergwuchs) zur Folge.

K

13.3.2 Schilddrüsenhormone

Mit zwei seitlichen Lappen und einem sie verbindenden Isthmus liegt die Schilddrüse (Glandula thyroidea) im Übergangsbereich von Kehlkopf zu Luftröhre (Abb. 13-7A). Sie wird von den unteren Zungenbeinmuskeln bedeckt (Abb. 13-7 B). Die Blutversorgung erfolgt über zwei obere und zwei untere Schilddrüsenarterien. Mikroskopisch unterscheidet sich die Schilddrüse von anderen endokrinen Drüsen durch eine bläschenförmige Anordnung der Drüsenzellen (Abb. 13-8). Diese Bläschen (Follikel) bestehen aus einem einschichtigen Drüsenepithel mit funktionsabhängiger Höhe und einer Höhle, die in kolloidaler Form Schilddrüsenhormone enthält.

Die Schilddrüse synthetisiert die Hormone **Tetrajodthyronin** (T4; Thyroxin) und **Trijodthyronin** (T3), die eine Wirkung auf den Stoffwechsel entfalten. Weiterhin bildet sie **Thyrocalcitonin** (Calcitonin), das den Calciumhaushalt beeinflußt. Das Calcitonin wird im Zusammenhang mit der Funktion der Nebenschilddrüse (Glandula parathyroidea) besprochen.

Thyroxin und Trijodthyronin werden in den Follikelepithelien und im Kolloid der Follikel aus Jod und Tyrosin aufgebaut (Abb. 13-9). Diese Synthese findet in enger Bindung an ein schilddrüsenspezifisches Eiweiß, Thyroglobulin, statt. Aus dieser Bindung werden Thyroxin und Trijodthyronin in das Blut freigesetzt, wo sie überwiegend an Eiweißkörper gebunden transportiert werden. Nur ein kleiner Anteil liegt in freier Form vor. Am Wirkungsort verbinden sich Thyroxin und Trijodthyronin mit den Zellrezeptoren, nachdem sie die Bindung an die Transporteiweißkörper verlassen haben.

Ü
In einigen Gegenden wird das Jod aus dem Grundwasser herausgewaschen und führt dort bei der Bevölkerung zu einem Jodmangel. Überlegen Sie, welche Folgen dies für die Funktion der Schilddrüse haben kann. Welche prophylaktischen Maßnahmen kennen Sie?
Ü

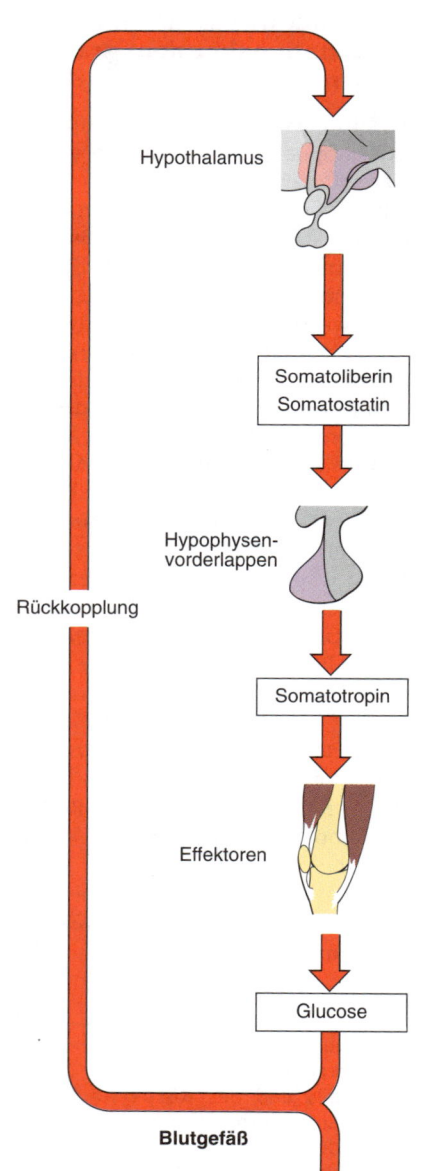

Abb. 13-6 Regelung der Produktion und Ausschüttung von Somatotropin.

Die Wirkung der Schilddrüsenhormone ist je nach ihrer Konzentration unterschiedlich.

Abb. 13-7 Nachbarschaftsverhältnisse der Schilddrüse.
A: Vorderansicht von Kehlkopf und Luftröhre mit anliegender Schilddrüse. Beachte den Gefäßreichtum des Organs sowie die Nachbarschaft großer Gefäße und Nerven.
B: Querschnittbild von Schilddrüse, Luftröhre und Speiseröhre.

13 KOORDINATION SPEZIALISIERTER ORGANFUNKTIONEN: ENDOKRINES SYSTEM

Abb. 13-8 Feinstruktur von Schilddrüse mit Nebenschilddrüse.
A: Vorderansicht mit Schnittführung.
B und **C:** Darstellung der unterschiedlichen Anordnung der Zellen der Nebenschilddrüse in Schilddrüse und Nebenschilddrüse bei schwacher (**B**) und stärkerer (**C**) Vergrößerung.

Abb. 13-9 Zelle eines Schilddrüsenfollikels mit angrenzender Blutkapillare und Darstellung der wichtigsten Vorgänge bei Synthese, Speicherung (Kolloidraum), Resorption und Freisetzung der Schilddrüsenhormone in das Blut.

höhte Konzentrationen von **Schilddrüsenhormonen** führen zu einem vermehrten Abbau von Eiweiß (katabole Wirkung) sowie von Glykogen und Fetten. Durch den damit einhergehenden Anstieg der Wärmeproduktion steigen im Rahmen der Temperaturregelung die Herzschlagfrequenz und die Schweißsekretion an.

Thyrotropin (Thyroideastimulierendes Hormon [TSH]; schilddrüsenstimulierendes Hormon) regt die Bildung und Ausschüttung der Schilddrüsenhormone an (Abb. 13-10). Es stimuliert die Synthese von Thyroxin und Trijodthyronin und setzt sie aus der Speicherform mit Thyroglobulin frei. Ist Thyrotropin höher konzentriert, kann es zu einer Vergrößerung der Schilddrüse (**Struma**) kommen. Schilddrüsenhormone bremsen die Ausschüttung von Thyrotropin, das hypothalamische Thyrotropin-releasing-Hormon (TRH) steigert sie. Eine hohe Konzentration an Thyroxin und Trijodthyronin hemmt die Produktion dieses Releasing-Hormons und eine niedrige fördert sie (negative Rückkopplung). Daneben spielen für die Ausschüttung von Releasing-Hormon und Thyrotropin offenbar Impulse aus temperaturempfindlichen Arealen des Hypothalamus und psychische Einflüsse eine wichtige Rolle.

Um Aufschluß über die Aktivität der Schilddrüse zu erhalten, wurden zahlreiche **Testmethoden** entwickelt, insbesondere für die Hormonkonzentrationen von T_3 und T_4. Die Verteilung von

In physiologischen Konzentrationen (sog. **Ruhekonzentrationen**) fördern sie besonders den Eiweißaufbau (anabole Wirkung). Eine Mindestkonzentration an Schilddrüsenhormonen ist für die Entwicklung der verschiedenen Organe und besonders des zentralen Nervensystems Voraussetzung. Thyroxin und Trijodthyronin fördern das Längenwachstum der Knochen. Er-

Abb. 13-10 Regelung der Produktion und Ausschüttung von Schilddrüsenhormonen (Thyroxin und Trijodthyronin).

injiziertem radioaktivem Jod innerhalb der Schilddrüse läßt sich mit einem Szintigramm ermitteln (Abb. 13-11). So erhält man eine Darstellung der individuellen Lage und Form der Schilddrüse sowie einen Anhalt über die Verteilung der Hormonproduktion in ihr. Außerdem wird der Spiegel von Thyrotropin – evtl. vor und nach i.v. Gabe des Thyrotropin-releasing-Hormons – im Blut bestimmt.

K Eine **Unterproduktion** von Schilddrüsenhormonen führt zu einer **Hypothyreose**. Es treten durch herabgesetzte Stoffwechselreaktionen Müdigkeit und häufig eingeschränkte geistige Leistungsfähigkeit auf. Gleichzeitig kann durch eine Wassereinlagerung in die Haut ein „sulziges" Ödem (Myxödem) entstehen. Tritt die Hypothyreose beim Heranwachsenden auf, so kommt eine starke Verzögerung des Wachstums hinzu (Minderwuchs). Eine Hypothyreose kann auf Funktionsstörungen in der Schilddrüse selbst beruhen. Gesenkte Schilddrüsenhormonspiegel können über Rückkopplungsmechanismen (vgl. Abb. 13-10) eine vermehrte Thyrotropinfreisetzung und damit eine Vergrößerung der Schilddrüse (Kropf oder Struma) auslösen.
Eine Struma engt nicht selten die benachbarte Luft- und Speiseröhre (vgl. Abb. 13-7) ein, so daß Schluck- und Atemstörungen auftreten. Eine Hypothyreose kann auch entstehen, wenn die Aktivität einer der übergeordneten, steuernden Drüsen (Hypophysenvorderlappen, Hypothalamus) vermindert ist.
Eine **Überproduktion** von Schilddrüsenhormonen führt zur **Hyperthyreose**. Als Krankheitszeichen treten dabei häufig Gewichtsverlust, Schweißausbruch und das Verlangen nach kühlen Räumen auf. Das ist auf eine Steigerung der meisten Stoffwechselreaktionen und auf eine damit verbundene Erhöhung der Wärmeproduktion zurückzuführen. Gleichzeitig ist eine gesteigerte Erregbarkeit des Nervensystems zu beobachten, was sich z.B. in einer Weitstellung der Pupillen und anfallsweisem Herzjagen äußert („Bild des permanenten Schreckens"). Gleichzeitig wird ein Hervortreten der Augäpfel (Exophthalmus) beobachtet. Die Hyperthyreose kann auf Funktionsstörungen in der Schilddrüse selbst oder in den übergeordneten, steuernden Drüsen beruhen. Wird z.B. vermehrt Thyrotropin freigesetzt, so entwickelt sich – wie bei einigen Hypothyreoseformen – eine Struma. **K**

13 KOORDINATION SPEZIALISIERTER ORGANFUNKTIONEN: ENDOKRINES SYSTEM

Endokrine Teilsysteme 13.3

13.3.3 Parathormon, Calcitonin, Vitamin D

Parathormon, Calcitonin und Vitamin D (D-Hormon) sind für die Einstellung der **Calciumkonzentration** in Blut und Gewebe wichtig (Abb. 13-12).

Calcitonin (Thyrocalcitonin [TC]) wird in Zellgruppen gebildet, die zwischen den Bläschen (Follikeln) der Schilddrüse liegen (vgl. Abb. 13-8). Sie heißen parafollikuläre Zellen oder C-Zellen und machen etwa 20% der Schilddrüsenzellen aus.

Im Knochen hemmt Calcitonin die Freisetzung von Calcium (Abb. 13-12), dessen Konzentration im Blut dadurch vermindert wird. In der Niere fördert Calcitonin die Ausscheidung von Calcium (Abb. 13-12). Die Konzentration des Calciums im Blut regelt direkt die Ausschüttung von Calcitonin. Steigt die Calciumkonzentration an, erhöht sich die Calcitoninausschüttung, fällt die Calciumkonzentration ab, vermindert sie sich (Abb. 13-13).

Abb. 13-11 Normales Szintigramm („Strahlungsbild") der Schilddrüse nach Verabreichung von radioaktivem Jod.

Abb. 13-12 Schematische Darstellung des Zusammenwirkens von Parathormon, Calcitonin und Vitamin D zur Einstellung der Calciumkonzentration im Blut. Stimulierende Hormonwirkungen sind durch grüne Pfeile, hemmende durch Querbalken gekennzeichnet.

417

13 KOORDINATION SPEZIALISIERTER ORGANFUNKTIONEN: ENDOKRINES SYSTEM

Abb. 13-13 Abhängigkeit der Parathormon- und Calcitoninfreisetzung von der Höhe der Calciumkonzentration im Blut.

Das **Parathormon** (PTH) wird in den vier linsenförmigen Nebenschilddrüsen (Glandulae parathyroideae; Epithelkörperchen) gebildet, die den Schilddrüsenlappen an der Rückseite unmittelbar anliegen. Die Drüsenzellen bilden Haufen oder Stränge und sind von einem Kapillarnetz umgeben (vgl. Abb. 13-8).

In den Knochen stimuliert Parathormon die Freisetzung von Calcium in das Blut (Abb. 13-12). Im Darm führt Parathormon zu einer gesteigerten Calciumaufnahme in den Organismus. Für diese Wirkung ist Vitamin D notwendig (Abb. 13-12). Eine gesteigerte Ausschüttung von Parathormon bewirkt eine Hyperkalzämie. Die Produktion von Parathormon ist direkt abhängig von der Höhe der Calciumkonzentration im Blut. Ein Anstieg des Calciumgehaltes unterdrückt die Parathormonausschüttung, ein Abfall dagegen steigert sie (Abb. 13-13).

Die beiden Hormone Calcitonin und Parathormon stellen die Calciumkonzentration des Blutes auf einen weitgehend konstanten Wert ein, der bei 2,5 mmol/l (10 mg/100 ml) liegt (Abb. 13-13). Mit steigender Calciumkonzentration nimmt die Ausschüttung von Calcitonin zu. Dadurch senkt sich der Calciumgehalt des Blutes wieder auf den Normwert. Fällt dagegen der Calciumspiegel des Blutes ab, so steigert sich zunehmend die Produktion von Parathormon, wodurch die Calciumkonzentration wieder bis auf das Normalniveau ansteigt.

Das **Vitamin D** (D-Hormon) unterstützt die Wirkung von Calcitonin und Parathormon, weil es die Aufnahme von Calcium aus der Nahrung in den Organismus fördert und es für den Knocheneinbau zur Verfügung stellt. Veränderungen der Calciumkonzentration im Blut sind eng verbunden mit dem ständigen Umbau von Knochengewebe durch Osteoklasten (knochenabbauende Zellen) und Osteoblasten (knochenaufbauende Zellen; s. Kap. 6 „Motorisches System").

Treten in dem beschriebenen Wirkungsgefüge von Parathormon, Calcitonin und Vitamin D Störungen auf, verändert sich die Konzentration des Blutcalciums.

K
Eine Verminderung des Blutcalciumspiegels heißt **Hypokalzämie**. Sie kann entstehen, wenn mit der Nahrung zu wenig Calcium zugeführt wird oder die Calciumresorption infolge eines Vitamin-D-Mangels vermindert ist. Bei einer akuten Hypokalzämie stehen Störungen des Nervensystems im Vordergrund, die auf eine gesteigerte Erregbarkeit zurückzuführen sind und als Tetanie (im Kindesalter: Spasmophilie) bezeichnet werden. Die Symptome sind unkontrollierte tonische Muskelkontraktionen (z.B. Pfötchenstellung der Hände und Streckkrämpfe der Beine). Spasmen der Bronchialmuskulatur führen zu einer erschwerten Atmung. Die Tetanie kann auch bei einem weitgehend ungestörten Wirkungsgefüge von Parathormon, Calcitonin und Vitamin D auftreten (normokalzämische Tetanie), wenn Calciumionen bei einer Alkalose (Anstieg des pH-Wertes) vermehrt an Bluteiweißkörper gebunden werden und damit für eine dämpfende Wirkung im Nervensystem nicht zur Verfügung stehen. Eine Alkalose tritt z.B. bei einer gesteigerten Atmung (Hyperventilation) auf. Eine chronische Hypokalzämie kann zu Störungen der Knochenverkalkung führen (Osteoporose; Rachitis).

Die Erhöhung der Calciumkonzentration im Blut wird **Hyperkalzämie** genannt. Grund für eine Hyperkalzämie ist meist eine erhöhte Ausschüttung von Parathormon. Bei erhöhtem Calciumspiegel können auch Nierensteine entstehen.
K

13.3.4 Nebennierenrindenhormone

Die zwei Nebennieren liegen beiderseits dem oberen Pol der Niere an (Abb. 13-14). Sie werden von mehreren Arterien ver-

Abb. 13-14 Nachbarschaftsverhältnisse und Feinstruktur der Nebenniere.
A: Vorderansicht mit Schnittführung.
B: Rinde und Mark der Nebenniere.
C: Typische Anordnung der Drüsenzellen in den verschiedenen Zonen der Rinde sowie im Mark bei stärkerer Vergrößerung mit Zuordnung der gebildeten Hormone.

sorgt. Außen liegende Rinde und innen liegendes Mark lassen sich an einem Schnitt deutlich voneinander unterscheiden. Embryonale Entwicklung, Zellcharakteristika und Funktion beider Organabschnitte sind verschieden. Die Rinde ist in drei oberflächenparallel verlaufende Zonen gegliedert:
- Zona glomerulosa
- Zona fasciculata
- Zona reticularis

Sie stellen jeweils eigenständige Hormondrüsen dar (Abb. 13-14). Die Blutgefäße laufen radiär durch die Rinde zum Mark, wo sich das venöse Blut sammelt.

Aufgrund ihrer typischen Angriffspunkte und Wirkungsweisen lassen sich bei den Nebennierenrindenhormonen Mineralocorticoide, Glucocorticoide und Nebennierenrinden-Androgene unterscheiden. Die Bildung dieser Hormone verteilt sich auf die drei Zonen der Nebennierenrinde:
- In der Zona glomerulosa entstehen Mineralocorticoide.
- In der Zona fasciculata entstehen Glucocorticoide.
- In der Zona reticularis entstehen Nebennierenrinden-Androgene.

Im folgenden sind nur die Wirkungen der Glucocorticoide berücksichtigt. Die Mineralocorticoide und die Nebennierenrinden-Androgene sind – ihrem Haupteinsatz entsprechend – in Kap. 10 „Nierenfunktion" und Kap. 15 „Fortpflanzung" beschrieben. Im Nebennierenmark werden Wirkstoffe gebildet, die auch an sympathischen Nervenendigungen freigesetzt werden (Adrenalin, Noradrenalin). Daher sind sie in Kap. 12 „Vegetatives Nervensystem" beschrieben.

Das wichtigste Hormon aus der Gruppe der Glucocorticoide ist das **Cortisol**, von dem täglich 20 bis 30 mg ausgeschüttet werden. Die Produktion schwankt deutlich im Tagesrhythmus mit hohen Werten in den frühen Morgenstunden und niedrigen um Mitternacht.

Cortisol beeinflußt fast alle Stoffwechselvorgänge im Organismus. Durch seine Wirkung auf den Kohlenhydratstoffwechsel führt es zu einer Steigerung der Glucosekonzentration im Blut. Im Fettstoffwechsel setzt Cortisol Fettsäuren frei. Unter hohen Konzentrationen kann sich ein erheblicher Fettansatz im Gesicht und am Körperstamm entwickeln. Im Eiweißstoffwechsel fördert Cortisol den Eiweißabbau (katabole Wirkung) und hemmt die Eiweißsynthese (antianabole Wirkung). Im Blut reduziert Cortisol die Anzahl der eosinophilen Leukozyten und der Lymphozyten und steigert die der Erythrozyten und Thrombozyten. Gleichzeitig vermindert es die Blutsenkungsgeschwindigkeit.

Aufgrund seiner vielfältigen Angriffspunkte in den verschiedenen Stoffwechselvorgängen des Organismus wendet man Cortisol bei der Therapie zahlreicher Krankheiten an. Es wirkt entzündungshemmend (antiphlogistische Wirkung) und unterdrückt Immunreaktionen (immunsuppressive Wirkung).

> **K** Bei lang anhaltender Therapie kommt es zu einem Abbau von Knochensubstanz (Osteoporose) und durch gesteigerte Bildung von saurem Magensaft zu Entzündungen und Geschwüren in Magen und Darm. **K**

Corticotropin (**a**dreno**c**orticotropes **H**ormon [ACTH]; nebennierenrindenstimulierendes Hormon) regt die Produktion und Ausschüttung von Cortisol an. Es wird im Hypophysenvorderlappen gebildet. Das hypothalamische Corticotropin-releasing-Hormon (CRH) steigert die Ausschüttung von Corticotropin (Abb. 13-15). Ein Anstieg der Cortisolkonzentration im Blut bremst und ein Abfall fördert die Ausschüttung des Releasing-Hormons und des Corticotropins. So entsteht ein Regelkreis, durch den der Cortisolspiegel im Blut eingestellt wird. Aber auch andere Einflüsse verändern die Cortisolausschüttung. Bei körperlicher Belastung (z.B. durch Hitze, Kälte) und bei psychischer Anspannung nimmt die Releasing-Hormon-Freisetzung und damit die Cortisolausschüttung zu. Die unspezifischen Einflüsse auf den Organismus heißen Stressoren und die dadurch ausgelösten Reaktionen Streß. Unter einer Streßsituation erhöht Cortisol die aktuelle Leistungsbereitschaft der Zellverbände (Organe). Bei einer chronischen Streßbelastung und entsprechend erhöhtem Cortisolspiegel kann es (z.B. durch eine Schwächung des Immunsystems) zu verschiedenen Erkrankungen kommen (Infektanfälligkeit).

K Bei einer **Überproduktion** von Cortisol bilden sich zahlreiche Funktionsstörungen aus (**Hypercortisolismus**). Ein Hypercortisolismus kann dadurch entstehen, daß die Zellen der Zona fasciculata, meist durch einen Tumor bedingt, vermehrt Cortisol freisetzen. Dabei ist die Corticotropin-Ausschüttung vermindert. Auch ein Hypophysentumor, der Corticotropin produziert, führt zu einem Hypercortisolismus (Morbus Cushing). Den beschriebenen Cortisolwirkungen entsprechend führt ein Hypercortisolismus beispielsweise zu einer diabetischen Stoffwechsellage und zu Knochenschwund (Osteoporose). Im äußeren Erscheinungsbild fällt eine typische Fettumverteilung auf (Vollmondgesicht, Stammfettsucht).

Eine **Unterproduktion** von Cortisol bewirkt einen **Hypocortisolismus**. Dieses Krankheitsbild kann ausgelöst werden, wenn die Zona fasciculata infolge eines erblichen Enzymausfalls kein Cortisol synthetisieren kann. Meist kommt es dabei zu einem Ausfall der gesamten Nebennierenrinde. Diese Störung geht mit einem Anstieg der Corticotropin-Ausschüttung einher. Ein Hypocortisolismus kann auch dadurch entstehen, daß – bei normalem Leistungsvermögen der Zona fasciculata – die Corticotropin-Produktion durch ein vermindertes Leistungsvermögen des Hypophysenvorderlappens eingeschränkt ist. Beim Hypocortisolismus kommt es zu einem Verfall der Körperkräfte. **K**

13.3.5 Inselzellhormone des Pancreas (Insulin, Glukagon)

Die Bauchspeicheldrüse (Pancreas) besteht als Verdauungsdrüse und Anhangsorgan des Zwölffingerdarms überwiegend aus exokrinem Drüsengewebe, das Verdauungsenzyme bildet und freisetzt (Abb. 13-16). Endokrines Gewebe ist in Form zahlloser Zellgruppen, der Langerhans-Inseln, über das exokrine Gewebe verstreut. Innerhalb der aus Zellsträngen und Zellnestern bestehenden Inseln lassen sich mehrere Zelltypen unterscheiden. Die A-Zellen bilden Glukagon, die B-Zellen Insulin. Beide Hormone wirken hauptsächlich im Kohlenhydratstoffwechsel.

Insulin steigert die Aufnahme von Glucose aus dem Blut in die Zellen. Im Zellinneren fördert es den Abbau von Glucose. Das Insulin senkt also den Blutzucker. Es ist aber

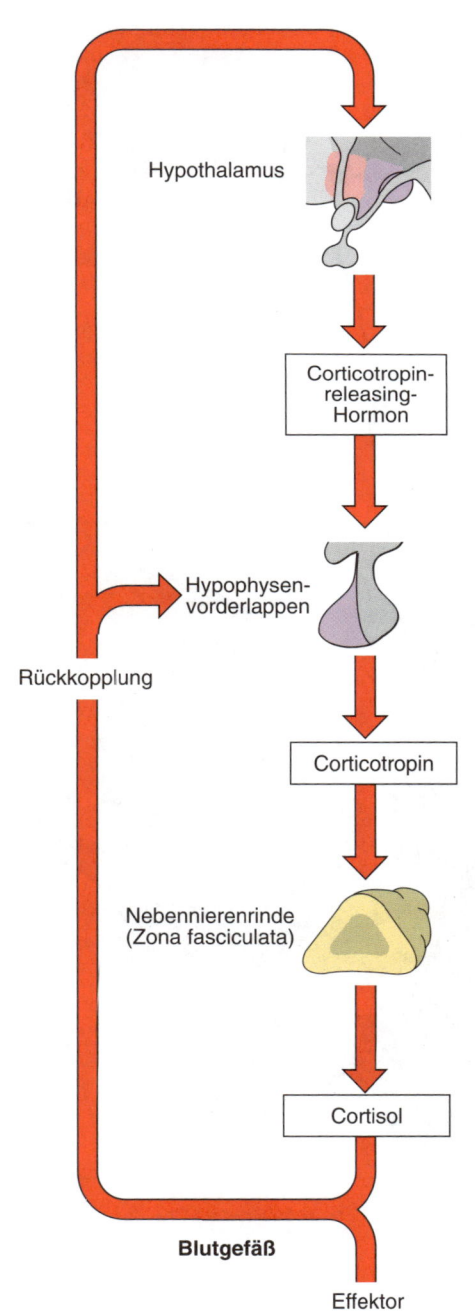

Abb. 13-15 Regelung der Produktion und Ausschüttung des Glucocorticoids Cortisol.

13 Koordination spezialisierter Organfunktionen: Endokrines System

A
Bauchspeicheldrüse (Pancreas)
Zwölffingerdarm (Duodenum)

B Läppchengliederung der Bauchspeicheldrüse

C
enzymbildende Drüsenendstücke
Vene
Ausführungsgang zum Zwölffingerdarm
Arterie
hormonbildende Drüsenzellen der Langerhans-Insel

Abb. 13-16 Nachbarschaftsverhältnisse und Feinstruktur der Bauchspeicheldrüse.
A: Vorderansicht mit Schnittführung.
B und **C:** Darstellung von enzymbildenden Drüsenendstücken (mit Ausführungsgang) und einer Langerhans-Insel mit hormonbildenden Drüsenzellen bei schwacher (B) und stärkerer (C) Vergrößerung.

auch im Fettstoffwechsel wirksam, indem es den Fettabbau hemmt und den Fettaufbau fördert.

Die Ausschüttung von Insulin hängt direkt von der Höhe des Blutzuckerspiegels ab. Ein Anstieg der Glucosekonzentration im Blut (Hyperglykämie) steigert die Insulinfreisetzung, ein Abfall der Glucosekonzentration (Hypoglykämie) hemmt sie. Durch diese Abhängigkeit kann der Blutzuckerspiegel auf einen konstanten Wert eingestellt werden. Diese Zusammenhänge verdeutlicht Abb. 13-17. Bei einmaliger Glucosegabe steigt zunächst der Blutzuckerspiegel an. Dadurch wird vermehrt Insulin freigesetzt und der weitere Anstieg des Blutzuckers gebremst. Die Insulinausschüttung erfolgt nicht selten so reichlich, daß auf die Hyperglykämie eine Hypoglykämie folgt. Danach pendelt sich der Blutzuckerspiegel auf den Ausgangswert ein. Erfolgt eine zweite Glucosegabe, so ist durch die überschießende Insulinfreisetzung nur noch ein geringer Anstieg des Blutzuckerspiegels zu beobachten (Doppelbelastungstest nach Staub-Traugott).

Stärkere Abweichungen der Insulinproduktion von der Norm führen zu Funktionsstörungen im Organismus.

> **K**
> Ein **Insulinmangel** löst das Krankheitsbild des **Hypoinsulinismus**, den **Diabetes mellitus**, aus. Symptome sind ein hoher Blutzuckerspiegel, Ausscheidung von Glucose im Urin (Glucosurie) sowie ein Wasserverlust und ein damit verbundenes Durstgefühl. Eine mangelnde Leistungsfähigkeit der B-Zellen des Pancreas spiegelt sich auch im Verlauf der Blutzuckerkurve nach Glucosegabe wider. Wie aus Abb. 13-17 hervorgeht, steigt nach der ersten Glucosegabe, häufig schon auf einem erhöhten Ausgangswert beginnend, der Blutzuckerspiegel hoch an. Da die Insulinreserven schon durch die erste Glucosezufuhr weitgehend ausgeschöpft sind, führt die zweite Glucosegabe, anders als beim gesunden Menschen (Abb. 13-17), zu einem weiteren Anstieg des Blutzuckerspiegels, der über den ersten hinausgeht. Überschreiten die Stoffwechselstörungen bei einem Hypoinsulinismus eine kritische Grenze, so kommt es zu Funktionsausfällen des Zentralnervensystems mit Bewußtseinsverlust (Coma diabeticum). Ein Diabetes mellitus kann u.a. durch tägliche Insulininjektionen behandelt werden.
> Bei einem **Insulinüberschuß** im Blut, z.B. durch einen Inselzelltumor oder durch Insulinüberdosierung, kommt es zum Krankheitsbild eines **Hyperinsulinismus** mit sehr niedrigem Blutzuckerspiegel. Dabei entsteht ein Schwächegefühl, das häufig mit Heißhunger gekoppelt ist. Werden kritische Werte des Blutzuckerspiegels unterschritten, kommt es zu Störungen in der Aktivität des Nervensystems, die in einen fortschreitenden Funktionsausfall übergehen können (hypoglykämischer Schock).
> **K**

Abb. 13-17 Reaktionen des Blutzuckerspiegels nach zweimaliger Glucosegabe bei normaler und verminderter Insulinfreisetzung. Doppelbelastungstest nach Staub-Traugott.

Glukagon steigert hauptsächlich den Abbau von Glykogen (Speicherform der Glucose) in der Leber. Dadurch löst es einen Blutzuckeranstieg aus. Die Höhe der Blutzuckerkonzentration regelt die Produktion und Ausschüttung von Glukagon. Eine Verminderung des Blutzuckerspiegels steigert, eine Erhöhung hemmt die Glukagonfreisetzung. Für die Glukagonausschüttung und -wirkung liegen also beim Blutzuckerspiegel die

Abb. 13-18 Einstellung der Glucosekonzentration im Extrazellulärraum über die hormonale Regelung des Blutzuckerspiegels.

umgekehrten Verhältnisse wie beim Insulin vor. Erkrankungen durch alleinige Abweichungen in der Glukagonproduktion sind bislang nicht bekannt.

An der Einstellung des Blutzuckerspiegels sind neben Insulin und Glukagon zahlreiche Hormone beteiligt. Die wesentlichen hormonalen Aktivitäten sind in Abb. 13-18 zusammengefaßt. Für die Senkung eines erhöhten Blutzuckerspiegels ist in erster Linie das Insulin verantwortlich. Eine kritische Verminderung des Blutzuckerspiegels können dagegen mehrere Mechanismen verhindern. Besonderen Einfluß haben Somatotropin, die Schilddrüsenhormone (Thyroxin und Trijodthyronin), die Glucocorticoide mit ihrem Hauptvertreter Cortisol, Adrenalin und schließlich Glukagon. Ein sinnvolles Zusammenspiel ergibt sich, indem diese Hormone Glucose bereitstellen, das durch Insulin in den Zellstoffwechsel eingeschleust wird.

Lernkontrolle

1. Beschreiben Sie die prinzipielle Wirkungsweise der Hormone.
2. Erläutern Sie die Funktion des Hypophysenvorderlappens.

13 KOORDINATION SPEZIALISIERTER ORGANFUNKTIONEN: ENDOKRINES SYSTEM

Auflösung des Fallbeispiels

3. Welche Funktion erfüllt die Schilddrüse?
4. Der Calciumhaushalt wird hauptsächlich durch Hormone geregelt. Beschreiben Sie diesen Vorgang.
5. Cortisol ist ein bedeutendes Hormon der Nebennierenrinde. Welche Wirkungen hat es?
6. Stellen Sie möglichst genau das System der Blutzuckerregulation im menschlichen Organismus dar.

Auflösung des Fallbeispiels

▲ **Verdachtsdiagnose: Hyperthyreose**

Krankheitsbild: Das Krankheitsbild der Hyperthyreose wird durch eine vermehrte Ausschüttung von Schilddrüsenhormonen ausgelöst. Dadurch kommt es zu einer Stoffwechselsteigerung (Hypermetabolismus) mit allen Folgen (z.B. Gewichtsabnahme, Neigung zum Schwitzen). Gleichzeitig sind die Wirkungen des Sympathikus gesteigert (z.B. Erhöhung von Pulsfrequenz und Blutdruck).

Ursachen: Die meisten Hyperthyreosen sind auf eine der folgenden krankhaften Veränderung in der Schilddrüse zurückzuführen.
- Immunthyroiditis (Basedow-Hyperthyreose, Hashimoto-Thyroiditis): Der Organismus bildet Antikörper gegen die eigene Schilddrüse (Schilddrüsenautoantikörper). Gleichzeitig üben Immunglobuline eine TSH-Wirkung aus und führen so zu einer gesteigerten Produktion von Schilddrüsenhormonen (vgl. Abb. 13-10). Darüber hinaus kann durch eine Volumenzunahme des Gewebes hinter den Augäpfeln ein Exophthalmus auftreten.
- Hyperthyreose bei funktioneller Autonomie der Schilddrüse: Die Zellen der Schilddrüse unterliegen nicht mehr der Regelung durch die Hypophyse (vgl. Abb. 13-10). So senken sie bei abnehmender TSH-Ausschüttung ihre Hormonproduktion nicht ab, sondern produzieren weiterhin – autonom – ihre Hormone.

Vorkommen und Häufigkeit: Die Häufigkeit des Auftretens einer Hyperthyreose schwankt in einem weiten Bereich (0,03 bis 1,8% der Bevölkerung). Frauen sind fünfmal häufiger betroffen als Männer. In Jodmangelgebieten wie Deutschland stellt die funktionelle Autonomie die häufigste Ursache einer Hyperthyreose dar.

Diagnostik: Zum Ausschluß einer Hyperthyreose ist die Bestimmung der Grundkonzentration von TSH im Serum ausreichend (vgl. Abb. 13-10). Liegt der TSH-Wert im Normbereich und erfolgt nach Gabe von TRH ein Anstieg der TSH-Konzentration, besteht eine normale Funktionslage (Euthyreose). Zum Nachweis einer Hyperthyreose dient die Bestimmung von Thyroxin und Trijodthyronin im Serum. Zur differentialdiagnostischen Eingrenzung des Krankheitsbildes erfolgen weitere Schritte wie nuklearmedizinische Untersuchungen (Szintigraphie, vgl. Abb. 13-11).

Therapie: Folgende Maßnahmen stehen zu Verfügung:
- medikamentöse Therapie (Gabe von sog. Thyreostatika)
- Operation (subtotale Entfernung der Schilddrüse)
- Radiojodtherapie (Radioaktives Jod reichert sich in Bezirken mit Überfunktion an und führt zu einer Ausschaltung dieser Areale.)

14

Temperatur-
regelung

Der Stoffwechsel wichtiger innerer Organe ist auf eine konstante Temperatur von etwa 37 °Celsius angewiesen. Um diese Voraussetzung zu schaffen, kontrolliert ein Regelsystem im Körper Bildung und Abgabe von Wärme und stellt so die Körpertemperatur ein. Wird der Sollwert in der Regelung der Körpertemperatur z.B. bei Erkrankungen erhöht, so kommt es zu Fieber.

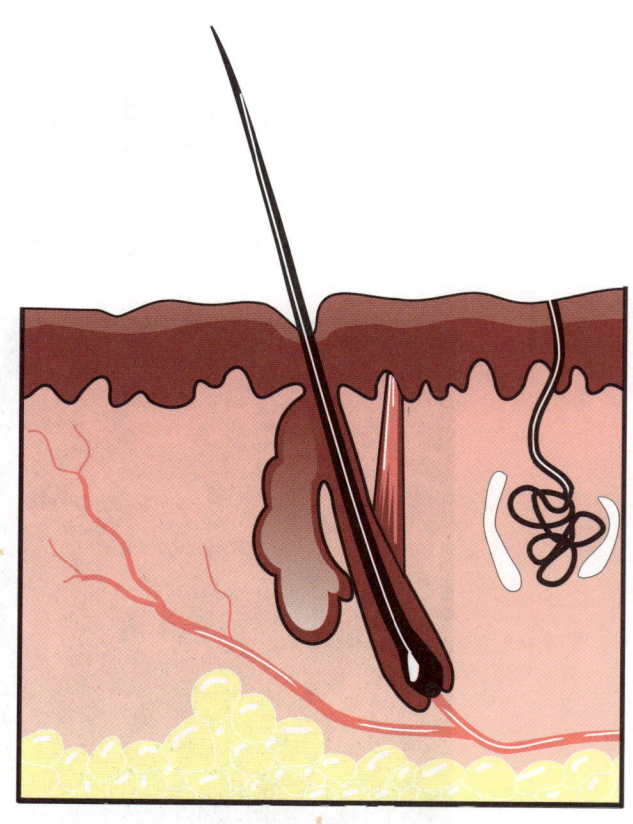

Abb. 14-0 Haut mit Anhangsorganen

14 TEMPERATURREGELUNG

Temperaturfelder des Körpers und Körpertemperatur 14.1

Die Funktion der Körperzellen ist von der Temperatur abhängig. Die günstigste Temperatur für die Enzyme, die im Stoffwechsel von Bedeutung sind, liegt bei 37 °Celsius (C). Größere Abweichungen von diesem Wert haben einen Funktionsverlust des Körpers zur Folge. Daher muß die Körpertemperatur präzise eingestellt werden, um somit eine Unabhängigkeit von den großen Schwankungen der Umgebungstemperatur zu erreichen. In diesen Vorgang sind zahlreiche Körperfunktionen einbezogen. Sie umfassen die **Wärmebildung**, die **Wärmeabgabe**, die Temperaturmessung und das Zusammenfassen dieser Prozesse zur Temperaturregelung.

14.1 Temperaturfelder des Körpers und Körpertemperatur

Z Organe im Körperinneren mit gleichbleibender Temperatur (Körperkern) sind von Körperteilen mit wechselnder Temperatur (Körperschale) umgeben. Die Körperkerntemperatur schwankt im Tagesverlauf um etwa 1 °Celsius mit dem Tiefstwert am Morgen und dem Höchstwert am Nachmittag. **Z**

Die Einstellung einer konstanten Temperatur von etwa 37 °C ist besonders für die Organe von großer Wichtigkeit, die sich im Inneren der Körperhöhlen befinden. Dazu gehören z.B. Gehirn, Rückenmark, Herz, Leber und Nieren. Diese Organe bilden mit anderen Strukturen den Körperkern, der von der sog. Körperschale umgeben ist. Diese steht in direktem Kontakt mit der Umwelt. In der **Körperschale** können sich im Gegensatz zum **Körperkern** unterschiedliche Temperaturen einstellen. Der Organismus verfügt damit über ein Temperaturfeld mit einem „gleichwarmen" (homoiothermen) Kern und einer „wechselwarmen" (poikilothermen) Schale (Abb. 14-1, 14-2).

P Die Körpertemperatur wird in der Achselhöhle (Axilla), in der Mundhöhle oder im Mastdarm (Rectum) gemessen. Die Meßwerte von Mundhöhle und Rectum liegen um etwa 0,5 °C höher als die Werte der Axilla. **P**

Bei einer Entzündung des Darmes (z.B. Appendicitis) kann sich dieser Temperaturunterschied erhöhen. Wegen zahlreicher Störfaktoren (z.B. Lage des Thermometers) ist die Axilla zur genauen Messung ungeeignet. Die **Rektaltemperatur** entspricht am ehesten der Kerntemperatur und wird daher als Maß der Körpertemperatur genommen. Als besonders zuverlässiger Meßwert hat sich die morgendliche Aufwachtemperatur im Rectum erwiesen. Diese sog. **Basaltemperatur** weist bei der Frau zyklische Schwankungen auf (s. Kap. 15 „Fortpflanzung").

Die Körpertemperatur zeigt typische Schwankungen im Tagesverlauf. Sie hat ihren Tiefstwert in den frühen Morgenstunden und ihren Höchstwert am späten Nachmittag (Abb. 14-3). Die Schwankungen betragen etwa 1 °C. Es handelt sich dabei um einen endogenen Rhythmus (s. Kap. 4.11 „Schlaf-Wach-Rhythmus"). Bei Verschiebungen des Schlaf-Wach-Rhythmus, z.B. durch

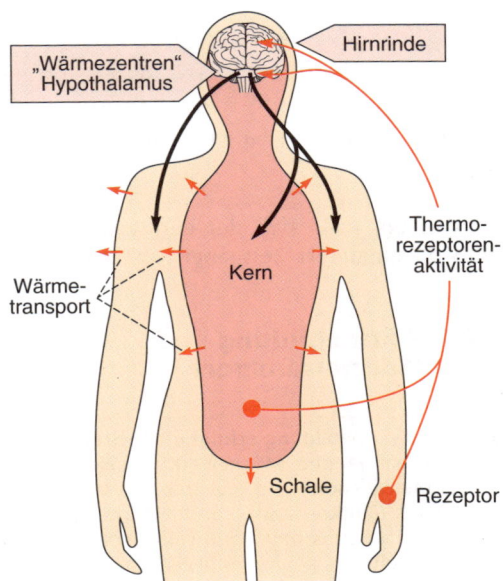

Abb. 14-1 Regelung der Körpertemperatur. Durch Temperaturrezeptoren (Thermorezeptoren) wird die Temperatur laufend gemessen und das Meßergebnis über Nervenfasern dem Hypothalamus und der Hirnrinde mitgeteilt. Der Hypothalamus stellt mit Hilfe von Wärmebildung und Wärmetransport im Körperkern und in der Körperschale die Körpertemperatur ein (schwarze Pfeile).

14 TEMPERATURREGELUNG

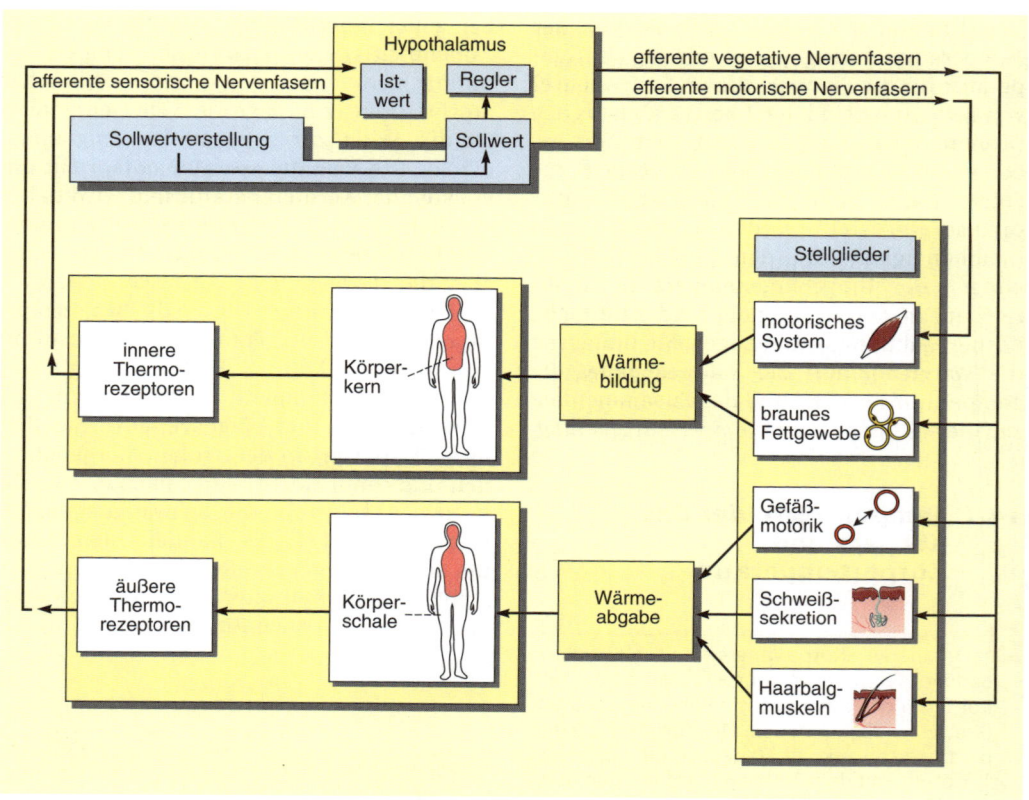

Abb. 14-2 Schaltbild zur unwillkürlichen Regelung der Körpertemperatur.

Flugreisen, paßt sich der endogene Rhythmus durch äußere Zeitgeber wieder an.

14.2 Wärmebildung und Wärmetransport

> **Z** Die Wärmebildung erfolgt durch Stoffwechselvorgänge und Muskelverkürzungen. Der Wärmetransport wird u.a. durch Wärmeströmung (Blutkreislauf) und Wärmeabgabe durch Verdunstung (Schweißabsonderung) vermittelt. Er ist vom Körperkern über die Körperschale zur Umwelt gerichtet. Bildung und Transport von Wärme sind durch das endokrine System sowie durch das vegetative und motorische Nervensystem beeinflußbar. **Z**

Die Wärme entsteht im wesentlichen durch den **Stoffwechsel** der Zellen und durch die Tätigkeit der Skelettmuskeln (vgl. Abb. 14-1, 14-2). Im Stoffwechsel wird beim Abbau der Nährstoffe („**Verbrennung**") in jedem Fall Wärme freigesetzt. Besonders wichtig für die Wärmebildung ist das braune Fettgewebe, das im Gegensatz zum weißen Fett stark mit Blutgefäßen durchsetzt ist und eine hohe Stoffwechselaktivität hat (s. Kap. 15 „Fortpflanzung"). Aufgrund der beschriebenen Zusammenhänge wird die Wärmeproduktion über gesteigerte oder verminderte Stoffwechselvorgänge kontrolliert. So kann z.B. die Wirkung stoffwechselaktiver Hormone wie der Schilddrüsenhormone oder das vegetative Nervensystem die Wärmeproduktion verändern (s. Kap. 12 „Koordination spezialisierter Organfunktionen: Vegetatives Nervensystem" und Kap. 13 „Endokrines System"). Jede Muskelverkürzung ist ebenfalls mit Wärmebildung verbunden. So entsteht Wärme sowohl bei einer Erhöhung der

Grundspannung der Muskeln (**Muskeltonus**) als auch bei Bewegungen. Die „**Gänsehaut**" als Folge einer Kontraktion der Haarbalgmuskeln und das sog. „**Kältezittern**" sind spezielle Formen der Muskelverkürzung, die Wärme produzieren. Da das motorische System alle Kontraktionen der Skelettmuskulatur kontrolliert, unterliegt somit auch die Wärmeproduktion in diesem Bereich dem Einfluß des Nervensystems (s. Kap. 6 „Motorisches System"). Die Arten der Wärmebildung werden nach ihrem Ursprung als „Zitterthermogenese" (Muskelverkürzung) und „zitterfreie Thermogenese" (Stoffwechselsteigerung) voneinander unterschieden.

Der Wärmetransport erfolgt entlang einem Temperaturgefälle, in der Regel vom Körperkern über die Körperschale in die Umwelt (vgl. Abb. 14-1). Mehrere Mechanismen kommen in Betracht:
– **Wärmeströmung** (Wärmetransport durch ein bewegtes Medium, Konvektion).
Die Wärmeströmung erfolgt z.B. durch die Blutzirkulation im Organismus und durch die bewegte Luft an der Körperoberfläche.
– **Wärmeleitung** (Wärmetransport durch ein ruhendes Medium, Konduktion).
Die Wärmeleitung betrifft die Wärmeabgabe innerhalb der Gewebe des Organismus.
– **Wärmestrahlung** (Wärmetransport über elektromagnetische Strahlung).
– **Wärmeabgabe** über Verdunstungsvorgänge, besonders beim Wärmetransport von der Körperschale zur Umwelt. Durch die Absonderung und anschließende Verdunstung von **Schweiß** kann eine beachtliche Wärmemenge abgegeben werden. Für die Praxis ist wichtig, daß es bei starkem Schwitzen zu erheblichen Kochsalz- und Wasserverlusten des Körpers kommt.

Die meisten Mechanismen des Wärmetransports sind durch das Nervensystem, besonders durch das vegetative Nervensystem, kontrollierbar. So kann, um die Wärmeabgabe zu vermindern, die Durchblutung der Haut durch eine Gefäßverengung (Hautblässe) eingeschränkt werden.

Alle Vorgänge, die die Körpertemperatur ein-„stellen" (Wärmebildung, Wärmeabgabe), heißen im Sinne der Temperaturregelung „Stellglieder" (vgl. Abb. 14-2).

14.3 Einstellung der Körpertemperatur

Laufend messen Thermorezeptoren an verschiedenen Stellen des Körpers die Temperatur. Das Meßergebnis wird dem Hypothalamus mitgeteilt. Dieser Hirnabschnitt stellt durch Veränderungen von Wärmebildung und Wärmetransport den Körperkern auf eine konstante Temperatur ein. Die dabei beteiligten Strukturen formen einen typischen Regelkreis.

Um die Körperkerntemperatur auf einen weitgehend konstanten Wert einzustellen, ist es zunächst notwendig, die Körpertemperatur laufend zu messen (vgl. Abb. 14-1, 14-2). Zum Temperaturmessen stehen im Organismus Temperaturfühler (**Thermorezeptoren**) zur Verfügung, die sich im Körperkern und in der Körperschale befinden. Sie lassen sich je nach Meßbereich in **Warm**- und **Kaltrezeptoren** gliedern (s. Kap. 5.2 „System der somatoviszeralen Sensibilität"). Die Thermorezeptoren stehen über Nervenfasern mit dem Rückenmark und dem Gehirn in Verbindung. Auf diesem Wege werden Empfindungen und Wahrnehmungen wie „kalt" oder „warm" ausgelöst. Gleichzeitig gelangen die Informationen zu den Wärmezentren des Hypothalamus.

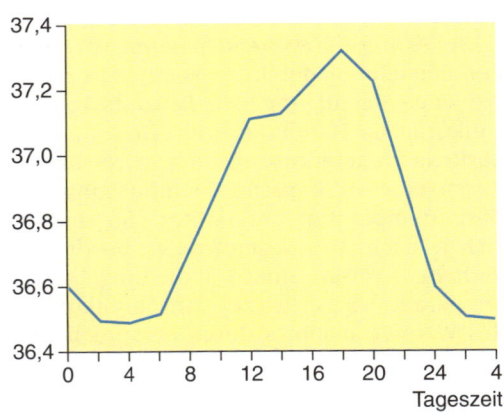

Abb. 14-3 Schwankungen der Körperkerntemperatur im Tagesverlauf.

> **Ü** Füllen Sie zwei Wassergläser, eines mit kaltem und eines mit sehr warmem Wasser. Stecken Sie nun einen Finger in jedes Glas, und Sie erfahren gleichzeitig die beiden verschiedenen Temperaturwahrnehmungen. **Ü**

Die Einstellung der Körpertemperatur geschieht mit Hilfe der Mechanismen der Wärmeproduktion, der Wärmeabgabe, der Temperaturmessung und unter Kontrolle des Hypothalamus. Dabei sind die verschiedenen Körperfunktionen so miteinander verbunden, daß sich ein typischer Regelkreis ergibt (vgl. Abb. 14-1, 14-2). Diese Regelschaltung wird bis in Einzelheiten bei modernen Wohnungsheizungen imitiert. Als Regelzentrale dient der **Hypothalamus**. Er empfängt durch die Thermorezeptoren Informationen über die aktuelle Temperatur in den verschiedenen Teilen des Körpers. Aufgrund dieser Meßergebnisse leitet der Hypothalamus Reaktionen ein. Da Wärmebildung und Wärmeabgabe durch das neuronale und hormonale System beeinflußbar sind, kann der Hypothalamus die Körpertemperatur auf einen konstanten Wert einstellen, indem er Bildung und Transport von Wärme verändert. Bei einer Senkung der Körperkerntemperatur wird die Wärmebildung (z.B. durch Stoffwechselsteigerung und Anhebung des Muskeltonus) erhöht und der Wärmetransport (z.B. durch eine Einschränkung der Hautdurchblutung) vermindert. Bei einem Anstieg der Körperkerntemperatur erfolgen die umgekehrten Maßnahmen.

Die als Regelkreis verschalteten Vorgänge zur Einstellung der Körpertemperatur laufen ohne Beteiligung von Bewußtsein und willkürlichen Handlungen ab. Diese unwillkürliche Temperaturregelung wird häufig durch eine willkürliche Beeinflussung der Körpertemperatur unterstützt. So ändern sich je nach „Wärmeempfinden" bestimmte Verhaltensweisen. Sinkt z.B. die Umgebungstemperatur ab, so wirken Einschränkungen des Wärmetransports durch entsprechende („warme") Kleidung und willkürliche Muskelbewegungen (Armeschlagen) einer Abkühlung entgegen.

Der Körper ist also durch die Mechanismen der unwillkürlichen und willkürlichen Temperaturregelung weitgehend von seiner Umgebungstemperatur unabhängig.

> **K** Versagt die Wärmeabgabe, kann es besonders bei hohen Umgebungstemperaturen zur Wärmestauung im Körper kommen (**Hitzschlag**). Wird zur Steigerung der Wärmeabgabe das gesamte Gefäßgebiet der Haut erweitert und sind gleichzeitig andere Gefäßsysteme des Körpers weit gestellt (z.B. die Gefäße der Baucheingeweide nach einer reichhaltigen Mahlzeit), so sinkt der arterielle Blutdruck ab (s. Kap. 9 „Kreislauf"). Dadurch kommt es zu einer kritischen Verminderung der Hirndurchblutung mit nachfolgender Ohnmacht (**Hitzekollaps**). Im Unterschied dazu wirkt beim Sonnenstich die Sonnenstrahlung direkt auf den Kopf ein, was u.a. zu einer Reizung der Hirnhäute führt. Kopfschmerzen, Übelkeit und Erbrechen können die Folge sein. **K**

14.4 Fieber, Hyperthermie und Hypothermie

> **Z** Beim Fieber ist durch die Einwirkung von „Giften", z.B. aus Bakterien, der Wert erhöht, auf den die Körperkerntemperatur eingestellt wird. Hyperthermie und Hypothermie entstehen durch eine Überforderung der Temperaturregelung des Körpers bei starker Wärmezufuhr bzw. bei großem Wärmeentzug. **Z**

Der Hypothalamus kontrolliert die Einstellung der Körpertemperatur (vgl. Abb. 14-1, 14-2). „Gifte" (sog. **Pyrogene**), z.B. aus Bakterien freigesetzt, wirken auf das temperaturregulierende Zentrum ein. Der Wert, auf den der Hypothalamus die Körpertemperatur einstellen soll (Sollwert), bleibt nicht bei 37 °C, sondern wird auf z.B. 40 °C angehoben (Sollwertverstellung).

Dieser Vorgang ist mit dem Einstellen eines Thermostaten auf eine höhere Temperatur vergleichbar. Unter diesen Bedingungen wirkt die normale Temperatur wie Kälte. Dementsprechend hebt der Körper seine Temperatur auf den neuen Sollwert an. Es entsteht **Fieber**, das häufig mit einer Steigerung der Abwehr einhergeht. Zur Temperatursteigerung wird z.B. die Wärmeabgabe durch Verengung der Hautgefäße herabgesetzt und die Wärmeproduktion durch Kältezittern (**Schüttelfrost**) gesteigert. Gleichzeitig entsteht das Gefühl von Kälte und Frieren.

P Bei der Pflege von Patienten in dieser Fieberphase kann der Anstieg der Körpertemperatur z.B. durch Zudecken und heiße Getränke unterstützt werden. Fiebersenkende Maßnahmen, z.B. Wadenwickel, empfehlen sich erst bei kritischen Anstiegen der Körpertemperatur. **P**

Schließlich ist die Körpertemperatur auf den Fieberwert eingeregelt. Beenden z.B. körpereigene Abwehr (s. Kap. 11 „Blut und Abwehrsystem") oder Medikamente die Freisetzung von Pyrogenen, kehrt der Sollwert auf seine normale Höhe zurück. Der Körper ist von der Fieberperiode ausgehend dem neuen (normalen) Sollwert gegenüber zu warm. Zur **Temperatursenkung** erweitern sich die Hautgefäße, und die Schweißproduktion steigt (Schweißausbruch; sog. „**Gesundschwitzen**"). Gleichzeitig entsteht ein Gefühl von Hitze.

K Eine von außen aufgezwungene (passive) Überwärmung des Körpers (**Hyperthermie**) setzt erst bei sehr hohen Außentemperaturen ein. In diesem Fall ist im Gegensatz zum Fieber der Sollwert der Kerntemperatur unverändert. Die Temperaturregelung des Körpers jedoch ist der Wärmezufuhr aus der Umwelt nicht gewachsen. Es besteht die Gefahr eines Hitzschlags oder Hitzekollapses. Bei einer Körpertemperatur von etwa 43 °C erfolgt der Hitzetod (Zerstörung der Körpereiweiße).
Eine von außen aufgezwungene (passive) Unterkühlung des Körpers (**Hypothermie**) setzt bei starkem Wärmeentzug ein. Wie bei der Hyperthermie ist der Sollwert unverändert, jedoch die Temperaturregelung überfordert. Bei einer Senkung der Körpertemperatur auf etwa 25 °C erlöschen die Reflexe im motorischen System. Außerdem werden Atmung und Herzfunktion kritisch beeinträchtigt (Atemstillstand, Kammerflimmern). Eine abgestufte und kontrollierte künstliche Hypothermie wird bei langdauernden chirurgischen Eingriffen angewandt. Unter diesen Bedingungen sind alle Körperfunktionen verlangsamt und der Sauerstoffbedarf von Herz und Gehirn vermindert. **K**

14.5 Akklimatisation

Z Der Körper kann sich über längere Zeiträume an Hitze und Kälte anpassen. Diese Akklimatisation beruht auf einer Umstellung der Wärmeabgabe bzw. der Kälteempfindung. **Z**

Die Umstellungen bei der sog. thermischen Akklimatisation des menschlichen Körpers vollziehen sich in einem Zeitraum von Wochen und Monaten.

Bei der Hitzeakklimatisation wird über eine gleichmäßige Absonderung die produzierte Schweißmenge gesteigert. Schweißausbrüche bleiben aus. Gleichzeitig sinkt die Salzkonzentration des Schweißes erheblich. Dadurch wird die Verdunstungsfähigkeit erhöht und der Kochsalzverlust vermindert.

Die Kälteakklimatisation ist weniger ausgeprägt. Bei längerem Aufenthalt in kalter Umgebung läßt die Kälteempfindung nach. Es tritt eine „Gewöhnung an die Kälte" ein.

Lernkontrolle

1. Wie und wo bildet der menschliche Körper Wärme?
2. Auf welche Art und Weise kann der Organismus Wärme abgeben?
3. Ein Patient bekommt aufgrund einer Infektion Fieber. Erläutern Sie an diesem Beispiel die Funktion der Körpertemperaturregulation (Regelkreis).

Fortpflanzung

15

An der Fortpflanzung sind männlicher und weiblicher Organismus mit einem jeweils spezifischen Organsystem beteiligt. In männlichen und weiblichen Keimdrüsen werden mittels hormoneller Regelung Keimzellen gebildet. Ein kindlicher Keim entsteht, wenn sich eine weibliche Keimzelle (Eizelle) mit einer männlichen Keimzelle (Spermium) vereinigt. Der Keim nistet sich in der Schleimhaut der Gebärmutter ein. In den ersten 8 Wochen (Embryonalperiode) entwickeln sich alle Organe. In der nachfolgenden Zeit (Fetalperiode) wachsen sie und erreichen bis zur Geburt ihre funktionelle Reife.

Abb. 15-0 Schwangerschaft im 8.–10. Monat. Bauch- und Beckenorgane sind zu den Seiten und nach oben verdrängt.

Fallbeispiel

Der Partner einer 24jährigen Frau verständigt nachts den Notarzt. Seine Frau leide unter einem plötzlich aufgetretenen, einseitigen und schneidenden Unterleibsschmerz sowie unter vaginalen Blutungen. Die Patientin gibt an, daß eine Krebsvorsorgeuntersuchung vor vier Monaten ohne auffälligen Befund durchgeführt worden sei. Die letzte Regelblutung liege ca. sechs Wochen zurück. Sie rechne aber nicht mit einer Schwangerschaft. Da die Patientin blaß und kaltschweißig ist, veranlaßt der Notarzt den sofortigen Transport in ein Krankenhaus.
Diagnose und Therapie s. S. 473

15 Fortpflanzung

Männliche Geschlechtsorgane 15.1

Ein menschlicher Keim entsteht, wenn sich eine weibliche Eizelle (Oozyte) und eine männliche Samenzelle (Samenfaden, Spermie) begegnen und vereinigen. Bildungsstätten sind für die Eizelle der Eierstock (Ovar) und für die Samenzellen der Hoden (Testis).

Daß sich Eizellen und Samenzellen begegnen, ermöglichen samenabführende Wege (Samenleiter) und samenübertragendes Organ beim Mann (Harnröhre, Glied) sowie die eileitenden Wege (Eileiter) und samenaufnehmenden Organe der Frau (Scheide).

Die Gebärmutter (Uterus) nimmt schließlich das befruchtete Ei auf und gewährleistet die Entwicklung des Keims.

15.1 Männliche Geschlechtsorgane

Z Die männlichen Keimzellen entstehen in den Samenkanälchen des Hodens. Über die ableitenden Geschlechtswege von Nebenhoden und Samenleiter gelangen die Keimzellen in den Teil der Harnröhre, der von der Vorsteherdrüse umgeben ist. Das Sekret der Anhangsdrüsen (Samenblase und Vorsteherdrüse) wird dem Samen beigemischt. Der weitere Weg des Samens verläuft durch das männliche Glied. **Z**

15.1.1 Entwicklung der Geschlechtsorgane

Die Geschlechtsdrüsen (Keimdrüsen, Gonaden) und Geschlechtswege von Mann und Frau entwickeln sich aus einer nicht geschlechtsspezifischen Anlage (Abb. 15-1). Die Keimdrüsenanlage mit den Urkeimzellen entsteht embryonal (4. bis 6. Schwangerschaftswoche) in der hinteren Bauchwand. Erst ab der 7. Schwangerschaftswoche bilden sich die für das männliche und weibliche Geschlecht typischen Merkmale aus. Beim Mann entstehen in der Keimdrüsenanlage (Gonadenanlage) Hodenstränge als Vorläufer der Samenkanälchen, und es differenzieren sich **Leydig-Zwischenzellen**, die bereits vor der Geburt männliches Sexualhormon (**Testosteron**) produzieren. Dieses Hormon ist für die Entwicklung der Geschlechtsorgane wichtig. Die Hodenanlage verbindet sich mit dem Gangsystem der Urniere. Die Urniere, ein Vorläuferorgan der Niere, ist bei der Entwicklung des Menschen nur für die Bildung der samenableitenden Wege von Bedeutung. So entstehen mit den Nebenhodengängen und dem Samenleiter (Ductus deferens) die samenleitenden Geschlechtswege.

In den beiden letzten Schwangerschaftsmonaten – evtl. auch im Laufe des 1. Lebensjahres – wandert der Hoden des Feten von der hinteren Bauchwand über die Leistengegend mit Durchtritt durch den Leistenkanal der Bauchwand in den Hodensack (Descensus testis). Für diese Lageänderung ist das untere Keimdrüsenband notwendig. Es reicht vom unteren Pol des Hodens bis zum Hodensack und gibt die Richtung des Descensus vor.

K Störungen der Hormonproduktion und/oder der Verkürzung des Keimdrüsenbandes können zu einer Fehllagerung des Hodens (Kryptorchismus) führen. Dabei erreicht der Hoden nicht den Hodensack, sondern bleibt in der Bauchhöhle liegen. Wegen der hohen Umgebungstemperatur kann dieser Hoden keine reifen Samenzellen produzieren.
Wenn sich eine während des Descensus ausgebildete kanalartige Verbindung zwischen Bauchhöhle und Hoden nicht zurückbildet, können in diesen Kanal Darmschlingen hineingepreßt werden. So entstehen angeborene Leistenbrüche. **K**

15.1.2 Geschlechtsdrüsen (Keimdrüsen)

Der Samen wird im paarig angelegten **Hoden** (Testis) gebildet, einem ovalen, seitlich abgeplatteten Organ, das von einer kräftigen bindegewebigen Kapsel umschlossen ist (Abb. 15-2). Das in Läppchen gegliederte Innere ist von den stark geschlängelten Samenkanälchen ausgefüllt, in denen unter Mitwirkung der Sertoli-Zellen die **Samenzellen** (Samenfäden, Spermien) entstehen (Abb. 15-3). In den Räumen zwischen den Kanälchen befindet sich lockeres Bindegewebe mit Zellnestern (Leydig-Zwischenzellen), die das männliche Geschlechtshormon (Testosteron) erzeugen. Die Samenzellen be-

15 Fortpflanzung

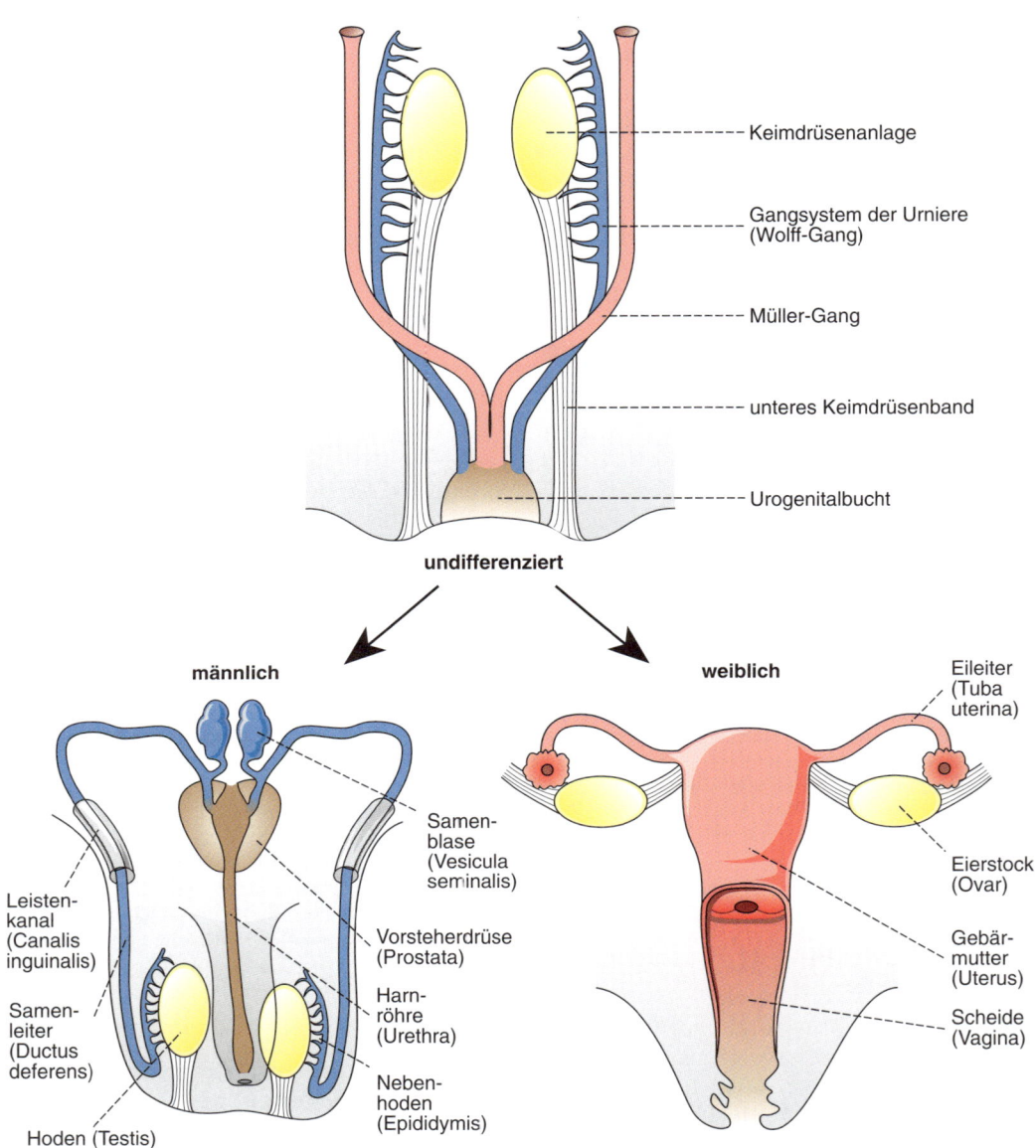

Abb. 15-1 Differenzierung männlicher und weiblicher Geschlechtsorgane vor der Geburt aus einer undifferenzierten (geschlechtsneutralen) Anlage.

sitzen einen elliptischen Kopf mit dem Zellkern, ein Mittelstück, das Mitochondrien für die Energieversorgung des Schwanzes enthält, und einen langen Schwanz, durch dessen schlängelnde Bewegung sie sich fortbewegen (Abb. 15-3).

Die **Samenkanälchen** münden mit ihren Ausführungsgängen in den Kopf des **Nebenhodens** (Epididymis), der direkt neben dem Hoden liegt. Er besteht aus einem vielfach gewundenen Gang und dient als Samenspeicher, der in den **Samenleiter** (Ductus deferens) übergeht. Dieser ist mit einer kräftigen Muskelwand ausgerüstet, mit der er die Samenflüssigkeit fortbewegt.

15 FORTPFLANZUNG

Männliche Geschlechtsorgane 15.1

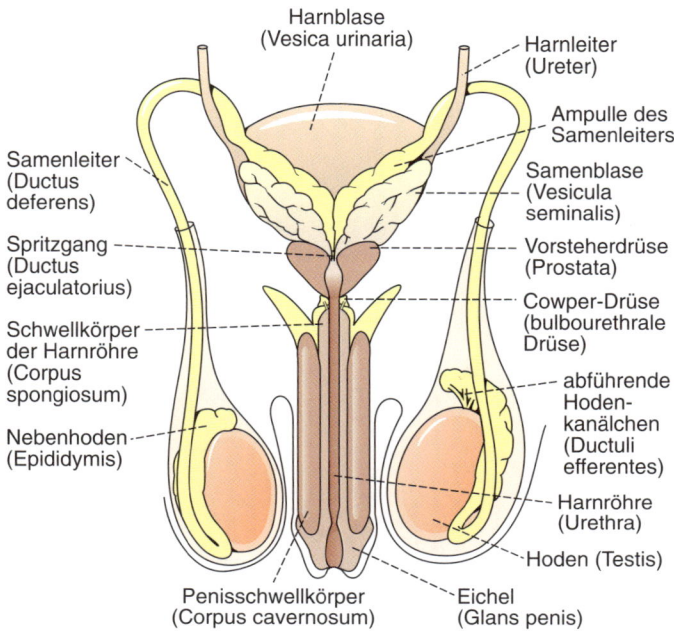

Abb. 15-2 Männliche Geschlechtsorgane in der Ansicht von hinten. Die in den Hoden gebildeten Spermien wandern über die abführenden Hodenkanälchen in den Nebenhoden, wo sie während eines 2–10tägigen Reifungsprozesses die Fähigkeit zur Fortbewegung erhalten und befruchtungsfähig werden. Über den Samenleiter gelangen sie in dessen erweiterten Abschnitt (Ampulla). Mit den Sekreten der Prostata und der Samenbläschen werden sie durch die Harnröhre ausgestoßen (ejakuliert).

15.1.3 Geschlechtswege und akzessorische Geschlechtsdrüsen

Der vom Nebenhoden kommende Samenleiter (Ductus deferens) verläuft mit Blutgefäßen und Nerven innerhalb des sog. Samenstranges beiderseits durch den Leistenkanal in den Bauchraum bzw. in die Beckenhöhle (Abb. 15-2). Er zieht zur hinteren Wand der Harnblase, wo er zu einer Ampulle erweitert ist. Dort vereinigt sich der Samenleiter mit dem Ausführungsgang zweier ebenfalls hinter der Harnblase gelegener Drüsen, den **Samenblasen** (Vesicula seminalis). Die samenableitenden Wege durchsetzen dann als **Spritzgänge** (Ductus ejaculatorius) schräg die Vorsteherdrüse (**Prostata**) und münden auf dem Samenhügel in den durch die Prostata ziehenden Teil der **Harnröhre**.

K Über diese Verbindung von Harnröhre und Samenleiter können z.B. bei Patienten mit Blasenkathetern Erreger in die Samenwege wandern und zu einer schmerzhaften Entzündung des Nebenhodens und Hodens führen. **K**

Die Prostata gleicht in Form und Größe einer Kastanie (Abb. 15-2). Sie umschließt die aus der Blase austretende Harnröhre. Dabei weist ihre Spitze abwärts. Sie sondert das alkalische **Prostatasekret** ab und ist mit glatten Muskelfasern durchsetzt, die das Sekret während des Samenergusses in die Harnröhre herausdrücken und dem Samen beimischen, der durch die Harnröhre im männlichen Glied (Penis) weitergeleitet wird.

Die schleimbildenden **Bulbourethraldrüsen** (Cowper-Drüsen) liegen hinter dem Harnröhrenschwellkörper im Bindegewebe des Beckenbodens. Ihre Ausführungsgänge münden in die Harnröhre (vgl. Abb. 15-2). Das Sekret befeuchtet in der Erektionsphase die Eichel des Gliedes.

Im Alter kommt es häufig zu einer gutartigen Gewebsvermehrung und Vergrößerung vor allem des zentralen Drüsenanteils der Prostata (Prostatahyperplasie, Prostataadenom). Die Folge ist ein allmählicher Verschluß des Blasenausgangs mit Beschwerden beim Was-

439

Abb. 15-3 Organstruktur des Hodens.
A: Hoden mit Läppchengliederung und gewunden verlaufenden Samenkanälchen sowie ableitenden Samenwegen.
B: Querschnitt durch ein Samenkanälchen.
C: Ausschnitt aus dem Epithel eines Samenkanälchens mit verschiedenen Stadien der Spermatogenese und der typischen Beziehung zu Sertoli-Zellen.

serlassen und Rückstau des Urins in die Harnblase. Bei über fünfzigjährigen Männern treten nicht selten Krebserkrankungen im Bereich der Prostata auf. Daher gehört die Untersuchung dieses Organs neben der Bestimmung des prostataspezifischen Antigens (PSA) zum Vorsorgeprogramm. Durch ihre Nachbarschaft zum Mastdarm ist die Drüse bei rektaler Untersuchung gut tastbar (Abb. 15-4). Für eine frühe Tastdiagnose des Prostatakarzinoms ist es günstig, daß diese Erkrankung in der Regel im Außenbereich der Drüse beginnt. In diesem Fall sind Beschwerden beim Wasserlassen zunächst nicht vorhanden.

15.1.4 Äußere Geschlechtsorgane

Der **Hodensack** (Scrotum) besteht aus einer dünnen, gerunzelten Haut ohne Unterhautfettgewebe. Die Haut enthält zahlreiche glatte Muskelzellen, die sich bei Kälte zusammenziehen und bei Wärme erschlaffen. Dadurch wirken sie temperaturregelnd. Glatte Muskulatur der Haut sowie Schlingen von quergestreifter Muskulatur (M. cremaster) um Hoden und Nebenhoden ermöglichen, daß der Hoden näher an den Körper herangezogen werden kann. Die **Temperatur** im Hodensack ist um etwa 2 bis 4 °C niedriger als in der Bauchhöhle. Diese niedrige Temperatur ist für die Reifung der Spermien notwendig. Enganliegende Kleidungsstücke können dazu führen, daß die Hodentemperatur ansteigt und damit die Spermienbildung gestört wird.

Das männliche **Glied** (Penis) ist durch die eingelagerte Harnröhre sowohl der Weg für die Ableitung des Harns als auch Organ der Begattung (vgl. Abb. 15-2). Dazu ist das Glied mit **Schwellkörpern** ausgestattet, die ein System dehnbarer Hohlräume zur Blutaufnahme enthalten. Diese füllen sich, indem sich die Arterien der Schwellkörper erweitern, während gleichzeitig der venöse Abfluß weitgehend gedrosselt wird. Dadurch vergrößert sich das Glied, wird steif und richtet sich auf (**Erektion**). In seinem Schaft befinden sich drei Schwellkörper, von denen die **zwei** paarigen **Penisschwellkörper** (Corpus cavernosum penis) auf der Innenseite der Schambeine beiderseits der Symphyse entspringen und befestigt sind. Sie werden durch eine derbe Bindegewebshülle zusammengefaßt. Der mittlere **Harnröhrenschwellkörper** (Corpus spongiosum) besitzt an seinem hinteren Ende eine Anschwellung, die Harnröhrenzwiebel (Bulbus penis), und vorne eine zweite Verdickung, die **Eichel** (Glans penis; vgl. Abb. 15-2). Durch die Harnröhrenzwiebel treten die beiden Ausführungsgänge der Cowper-Drüsen

Abb. 15-4 Rektale Untersuchung der Prostata (Darstellung ohne den sonst üblichen Schutzhandschuh).

(Glandula bulbourethralis) in die Harnröhre ein. Das Glied ist mit einer dünnen, verschiebbaren Haut überzogen, die vorne eine Falte bildet. Diese **Vorhaut** (Praeputium) bedeckt die Eichel und kann zurückgezogen werden. Nach unten ist sie mit Hilfe des Vorhautbändchens (Frenulum praeputii) befestigt. Ist die Vorhautöffnung so eng, daß die Vorhaut sich nicht zurückstreifen läßt, spricht man von Vorhautenge (Phimose), die operativ entfernt werden muß.

Die Erektion ist grundsätzlich ein reflektorischer Vorgang, der unter Beteiligung des vegetativen Nervensystems (Kreuz- und Lendenmark; s. Kap. 12 „Vegetatives Nervensystem") abläuft. Sie steht jedoch auch unter Kontrolle des Gehirns (bewußte Gefühle und Stimmungen). Ähnliches gilt für den **Samenerguß** (Ejakulation). Dabei kontrahiert sich die glatte Muskulatur von Nebenhoden, Samenleiter, Samenblase und Prostata. Die Samenflüssigkeit wird in die Harnröhre gedrückt und gleichzeitig mit dem Sekret von Samenblase und Prostata durchmischt. Ruckartige Kontraktionen der Beckenbodenmuskulatur stoßen das Ejakulat aus. Die Samenflüssigkeit eines **Ejakulats** (2 bis 6 ml) enthält etwa 40–100 Millionen Spermien pro ml.

15.2 Weibliche Geschlechtsorgane

> **Z** Die weiblichen Keimzellen entstehen im Eierstock. Im monatlichen Zyklus reift eine Eizelle heran. Sie wird vom Eierstock abgestoßen und von der trichterförmigen Öffnung des Eileiters aufgenommen. Der Eileiter mündet in die Gebärmutter und bildet mit ihr die Geschlechtswege, in denen die Befruchtung und Entwicklung des Keims stattfinden. **Z**

15.2.1 Entwicklung der Geschlechtsorgane

Aus der bei beiden Geschlechtern gemeinsamen Keimdrüsenanlage entwickeln sich beim weiblichen Embryo ab der 7. Schwangerschaftswoche die spezifischen Strukturen des Eierstocks (Ovar; vgl. Abb. 15-1). Dabei entstehen sog. Rindenstränge. Im Gegensatz zum Hoden kommt es bereits vor der Geburt zu einer Vermehrung der Keimzellen. Weibliche Geschlechtshormone werden in dieser Phase noch nicht gebildet.

Die ableitenden Geschlechtswege entstehen nicht aus Anteilen der Urniere, sondern aus dem sog. Müller-Gang. Aus ihm bilden sich die beiden Eileiter (Tuba uterina) sowie durch Verschmelzung des unteren Abschnitts Gebärmutter und Scheide (Uterovaginalkanal). Ebenso wie der Hoden wird auch der Eierstock nach unten verlagert und liegt dann seitlich im kleinen Becken.

15.2.2 Geschlechtsdrüsen (Keimdrüsen)

Die weiblichen Keimzellen, die Eizellen, bilden sich in den paarig angelegten, kleinen, elliptoid geformten **Eierstöcken** (Ovar; Abb. 15-5), die der seitlichen Wand des kleinen Beckens anliegen. Die Oberfläche des Ovars ist beim Kind glatt, bei der Frau höckerig. In seinem Rindenbereich entstehen innerhalb der Follikelbläschen die **Eizellen**. Sie entwickeln sich hier von ihrem unreifen Stadium im **Primärfollikel** bis zum reifen Stadium im vollständig ausgebildeten Tertiärfollikel (**Graaf-Follikel**; Abb. 15-6). Der Primärfollikel besteht aus der Eizelle und aus dem einschichtigen Follikelepithel, das die Eizelle umgibt. Daraus entsteht beim allmählichen Heranreifen und unter Bildung eines flüssigkeitsgefüllten Raumes schließlich ein Bläschen mit einem Durchmesser von 1–2 cm, der vor dem Platzen stehende Graaf-Follikel. Im Hohlraum dieses Bläschens liegt, der Wand eng angelagert, die Eizelle (Abb. 15-6). Sie ist bis 200 µm groß, nimmt aber vom Follikel nur einen ganz kleinen Raum ein.

Im **monatlichen Zyklus**, beginnend mit dem Einsetzen der Regelblutung, reift bei der geschlechtsreifen Frau ein solcher Graaf-Follikel im Eierstock heran. Wird der Follikel größer, reicht er dicht unter die Oberfläche des Eierstocks. Dadurch entsteht eine Vorwölbung der Organoberfläche, die etwa am 14. Tag des 28tägigen Zyklus zerreißt. Follikelflüssigkeit und Eizelle treten aus. Dieser Vorgang heißt **Eisprung** (Ovulation; Abb. 15-6). Beim Platzen des Follikels in der Mitte des Zyklus kann das Bauchfell

Abb. 15-5 Weibliche Geschlechtsorgane.
A: Uterus, Tube und Ovar mit versorgenden Blutgefäßen in der Ansicht von hinten.
B: Weibliche Geschlechtswege im Schnitt. Die Doppelpfeile deuten den funktionellen Verschluß des Eileiters an.

gereizt werden und der sog. Mittelschmerz entstehen.

Die Eierstöcke bilden auch die weiblichen Geschlechtshormone **Östrogen** und **Progesteron**.

15.2.3 Geschlechtswege

Der sich an den Eierstock anschließende **Eileiter** (Tuba uterina, Tube) ist ein Muskelschlauch von 14–20 cm Länge (Abb. 15-5). Er besitzt seitlich eine freie, in die Bauchhöhle mündende Öffnung. Hier ist die Tube trichterförmig erweitert und läuft in fransenartige Fortsätze aus (**Fimbrien**). Von diesen Fortsätzen liegt mindestens einer unmittelbar auf dem Eierstock. Vom Trichter zieht der sich verengende Schlauch zur Körpermitte, durchbohrt die seitliche Wand der Gebärmutter und mündet in deren Innenraum. Eine trichternahe Erweiterung, die Ampulle, zeigt eine Schleimhaut mit hohen Falten. Der Fimbrientrichter legt sich jeweils an der Stelle an den Eierstock an, an der sich ein sprungreifer Follikel bildet (Eiabnahmemechanismus). Das aus dem platzenden Follikel frei werdende Ei wird vom Fimbrientrichter aufgenommen und in die angrenzende Ampulle gesaugt. Die innere Epithelauskleidung des Eileiters besteht aus Flimmer- und Drüsenepithel. Der gebärmutterwärts gerichtete Schlag des Flimmerepithels und der dadurch erzeugte Sekretstrom transportieren dann das Ei langsam zur **Gebärmutter**.

Abb. 15-6 Ovar im Schnitt mit schematisierter Darstellung der Reifungsstadien der Follikel bis zum Follikelsprung und der Entwicklung des Gelbkörpers und Weißkörpers.

Die Befruchtung (Zusammentreffen der Eizelle mit den aufwärts wandernden Spermien) erfolgt in der Regel im Eileiter.

> **K** Wird das Ei ausnahmsweise nicht vom Fimbrientrichter aufgenommen, so kann sich eine **Bauchhöhlenschwangerschaft** entwickeln. **K**

Die Gebärmutter (Uterus) ist ein birnenförmiges, 7 bis 9 cm langes Organ (Abb. 15-5, 15-26) und liegt im kleinen Becken zwischen Harnblase und Mastdarm. Sie besteht aus dem Körper (Corpus) mit dem Gebärmuttergrund (Fundus uteri) und dem Hals (Cervix uteri), dessen unteres Ende sich als **Muttermund** in die Scheide vorstülpt und öffnet (Portio vaginalis). In der Gebärmutter befindet sich ein dreieckiger mit Schleimhaut ausgekleideter Spaltraum, der im Fundusteil am weitesten ist (Abb. 15-5).

Oben münden von beiden Seiten die Eileiter in den Innenraum der Gebärmutter ein. Unten geht das Gebärmutterlumen in einen Kanal (**Cervixkanal**) über, der den Halsteil der Gebärmutter bis zum äußeren Muttermund durchsetzt. Die Wand der Gebärmutter besteht von außen nach innen aus:
– dem Bauchfellüberzug (Perimetrium),
– einer dicken Muskelwand, die aus Geflechten glatter Muskelfasern besteht (Myometrium), und
– der inneren Schleimhautauskleidung der Gebärmutterhöhle (Endometrium).

Die Gebärmutter erfüllt für das befruchtete Ei die Bedingungen für seine Einbettung und Ernährung. In ihr kann sich der Keim entwickeln und heranwachsen.

15.2.4 Äußere Geschlechtsorgane

Die **Scheide** (Vagina) ist ein bindegewebigmuskulärer Schlauch, der schräg von unten nach oben hinter der Harnröhre aufwärts zieht (s. Abb.15-5, 15-26). An seinem inneren oberen Ende, dem Scheidengewölbe, umschließt er den Muttermund des Gebärmutterhalses. Das in der Scheide gebildete **Sekret** ist **sauer**, da Glykogen aus abgeschilferten Epithelzellen bakteriell zu Milchsäure abgebaut wird (ein wirksamer Schutz gegen Infektionen). Zusätzlich verhindert ein im Gebärmutterhals sitzender **Schleimpfropf** das Eindringen körperfremder Substanzen.

Am Eingang der Scheide liegt, auf beiden Seiten von den **kleinen Schamlippen** (Labia minora) umschlossen, der Vorhof der Scheide (Vestibulum vaginae). Die Grenze zur Scheide bildet bei Jungfrauen das dünne ringförmige **Jungfernhäutchen** (Hymen). Beide Schamlippen laufen bauchwärts in zwei kleine Falten aus, die sich in der Mitte an der Stelle des **Kitzlers** (Clitoris) treffen. Die Clitoris enthält echte **Schwellkörper,** die den Penisschwellkörpern entsprechen. Auch die kleinen Schamlippen enthalten Schwellkörper. Auf den kleinen Schamlippen münden die Ausführungsgänge der **Bartholin-Drüsen**, die den Scheideneingang anfeuchten. Sie entsprechen den Bulbourethraldrüsen des Mannes. Die **großen Schamlippen** sind zwei mit Fettgewebe gefüllte Hautfalten. Die äußeren Geschlechtsorgane heißen **Vulva**.

> **K** Gebärmutter (Uterus) und Adnexe (Eierstock und Eileiter) sind am besten mit Hilfe beider Hände zu tasten (Abb. 15-7). Dabei drückt der in die Scheide oder in den Mastdarm eingeführte Finger der einen Hand den Uterus nach oben vorne zur Bauchwand, die andere Hand tastet durch die Bauchdecke dagegen. So läßt sich der Uterus auf Größe, Form, Lage, Beweglichkeit und Gewebsveränderungen, z.B. Muskeltumoren (Myome), untersuchen. **K**

Abb. 15-7 Manuelle Untersuchung der Gebärmutter (Darstellung ohne den sonst üblichen Schutzhandschuh).
A: Vaginale Untersuchung.
B: Rektale Untersuchung.

15.2.5 Brustdrüse

Die weibliche Brust (Mamma) entwickelt sich verstärkt mit dem Beginn der Geschlechtsreife (Abb. 15-8). Die äußere Form der Brust wird durch die Ausbildung von Binde- und Fettgewebe bestimmt. Darunter liegt der eigentliche Drüsenkörper, der aus etwa **15 bis 20 Läppchen** besteht. Jedes Läppchen hat seinen eigenen Ausführungsgang, der auf der **Brustwarze** mündet. Diese kann durch eingelagerte glatte Muskulatur aufgerichtet und vorgestülpt werden. Ein stark pigmentierter **Warzenhof** umgibt die Brustwarze von allen Seiten.

Während der Schwangerschaft vergrößert sich die Brust durch Wachstum ihres Drüsenkörpers. Nach der Geburt „schießt" unter hormonalem Einfluß des in der Hypophyse gebildeten **Prolactins** die **Milch** in die Drüse ein. Die Sekretion beginnt zunächst mit Bildung einer stark eiweißhaltigen Flüssigkeit, der **Vormilch** (Kolostrum). Die danach gebildete Milch enthält größere Anteile an Fett, dazu Eiweiß und Kohlenhydrate sowie vom mütterlichen Immunsystem gebildete Antikörper (Abb. 15-9). Bei der Beförderung der Milch zu den Milchsäckchen unterhalb der Brustwarze spielt glatte Muskulatur eine wichtige Rolle. Sie kontrahiert sich unter Einwirkung des hypothalamischen Hormons **Oxytocin**.

15.3 Ablauf und Regelung der Bildung männlicher und weiblicher Keimzellen

> **Z**
> Die Keimzellreifung heißt beim Mann Spermatogenese, bei der Frau Oogenese. Gemeinsam ist beiden Vorgängen zunächst eine Vermehrungsperiode (Mitose) der Stammzellen (Spermatogonien, Oogonien), der dann eine Reifeteilung (Meiose) mit zwei Zellteilungen folgt. Bei der Reifeteilung wird der Chromosomensatz halbiert. Verschmelzen männliche und weibliche Keimzelle bei der Befruchtung miteinander, so bildet sich wieder ein vollständiger Chromosomensatz. Spermatogenese und Oogenese sowie die Produktion von Geschlechtshormonen in den Keimdrüsen werden durch Hormone der Hypophyse (Gonadotropine) geregelt.
> **Z**

15.3.1 Keimzellbildung bei Mann und Frau (Gametogenese)

Die Keimzellen entwickeln, vermehren und differenzieren sich beim Mann im **Hoden** (Testis) und bei der Frau im **Eierstock** (Ovar; Abb. 15-10). Diese Entwicklungsvorgänge unterscheiden sich jedoch wesentlich von der Mitose anderer Zellteilungen, bei der die Mutterzelle ihre Chromosomen (46, diploider Chromosomensatz) zunächst paarweise verdoppelt und dann so teilt, daß jede Tochterzelle wieder den vollen Satz von **46 Chromosomen** erhält (s. Kap. 3 „Zellen und Gewebe"). Würden bei der Verschmelzung von männlicher und weiblicher Keimzelle beide den vollen Chromosomensatz enthalten, so würde sich mit jeder neuen Generation die Chromosomenzahl verdoppeln. Dies wird dadurch verhindert, daß Samen-

Abb. 15-8 Sagittalschnitt der weiblichen Brust mit typischer Verteilung von inaktivem Drüsengewebe umgeben von Fettgewebe.

Labels: Drüsenläppchen, Fettgewebe, Milchgang (Ductus lactiferi), Talgdrüse des Warzenhofs, Milchsäckchen (Sinus lactifer), Brustwarze (Mamille), großer Brustmuskel (M. pectoralis major), Rippe (Costa), Zwischenrippenmuskulatur (M. intercostalis)

15.3 Ablauf und Regelung der Bildung männlicher und weiblicher Keimzellen

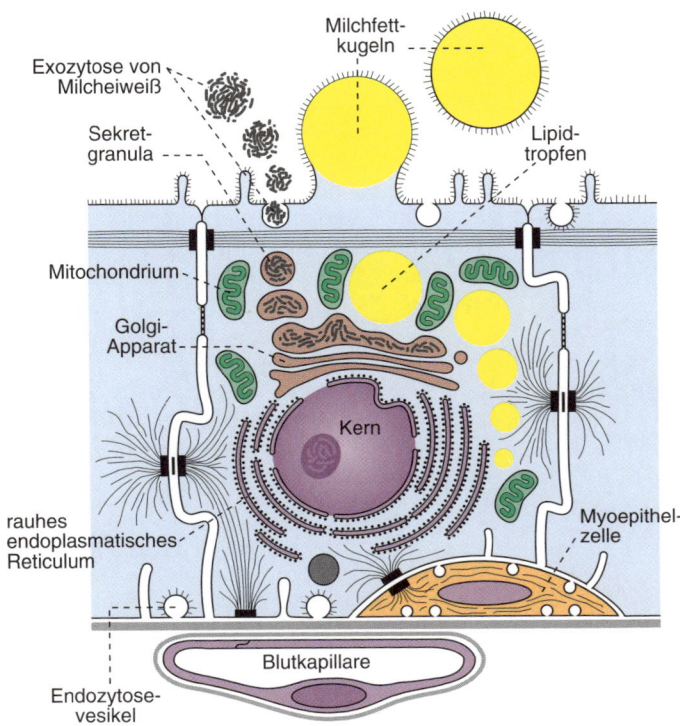

Abb. 15-9 Feinstruktur einer Drüsenzelle der Brust mit verschiedenen Arten der Sekretbildung und Abgabe.
In der Zelle gebildete Fette lagern sich zu größeren Kugeln zusammen und werden von der Zelle in das Lumen abgeschnürt.
Milcheiweiße werden im rauhen ER und Golgi-Apparat synthetisiert und durch Exozytose abgegeben.
Die Milch enthält außerdem Immunglobuline, die von Plasmazellen gebildet werden und von den Drüsenzellen aufgenommen und zum Lumen hin transportiert werden. So erhält der Säugling wichtige Antikörper zur Abwehr von Infektionen.

und Eizelle vor der Verschmelzung eine sog. **Reifeteilung** durchmachen. Dabei wird die Zahl der Chromosomen in den Keimzellen jeweils auf die Hälfte reduziert (haploider Chromosomensatz; Reduktionsteilung). Auf diese Weise treffen bei der Verschmelzung von Samenzelle und Eizelle nur die halben Chromosomensätze von jeder Keimzelle zusammen und ergänzen sich zu einem vollständigen Chromosomensatz. Vater und Mutter liefern also jeweils das halbe Erbgut für ihr Kind. Der Reifungsprozeß bei den Samenzellen (Spermatogenese) und bei den Eizellen (Oogenese) verläuft unterschiedlich:

- Die Samenzellen bilden sich im Epithel der Samenkanälchen (**Spermatogenese**; vgl. Abb. 15-3, 15-10). Dabei vermehren sich zunächst Spermatogonien durch mitotische Teilung und reifen dann zu Spermatozyten I. Ordnung heran. Durch zwei Reifeteilungen (Meiose) gehen aus dieser diploiden Zelle vier gleich große Spermatiden hervor, die jeweils nur den halben Chromosomensatz (haploid) besitzen. Sie erhalten dann ihren Schwanz und werden zu selbstbeweglichen Samenzellen (Spermien; vgl. Abb. 15-3, 15-10). Die Spermatogenese beginnt erst mit der Pubertät (12.–17. Lebensjahr). Von da an werden fortlaufend bis ins hohe Alter Spermien gebildet.
- Die Eizellen bilden sich im Rindenbereich des Eierstocks (**Oogenese**; vgl. Abb. 15-6, 15-10). Dabei steht ebenfalls die mitotische Teilung am Anfang. Die Oogonien vermehren sich jedoch nicht fortlaufend wie die Spermatogonien, sondern nur in der Zeit vor der Geburt. Beim Beginn der Pubertät enthält jedes Ovar etwa 300 000 Eizellen (Oozyten) im Ruhestadium vor der ersten Reifeteilung. Nur etwa 300 bis 400 davon kommen als reife Eizellen zum Follikelsprung. Die anderen gehen in verschiedenen Stadien der Entwicklung zugrunde (Follikelatresie). Die Eizelle im Primärfollikel reift in einem dicker werdenden Mantel aus Follikelepithelzellen (Sekundärfollikel; vgl. Abb. 15-6, 15-10). Dann entsteht unter schneller Vergrößerung im Innern ein mit Flüssigkeit gefüllter Hohlraum (Tertiärfollikel, Graaf-Follikel). Gleichzeitig läuft die erste Reifetei-

Abb. 15-10 Ablauf und Stadien der Bildung von Spermien (Spermatogenese) und Eizellen (Oogenese). Die Ziffern geben die Chromosomenzahl an, X und Y sind die Geschlechtschromosomen.

lung mit Reduktion des Chromosomensatzes ab (Reduktionsteilung). Die eine Chromosomenhälfte (haploid) verbleibt in der Eizelle, die andere wird als erstes Polkörperchen ausgestoßen und degeneriert. Die erste Reifeteilung endet unmittelbar vor dem Follikelsprung. Die zweite Reifeteilung vollzieht sich nach Eindringen eines Spermiums in die Eizelle. Es handelt sich um eine Sonderform der Mitose, bei der das Chromosomenmaterial (Kern) der einen Tochterzelle als zweites Polkörperchen nahezu ohne Plasma aus der Eizelle ausgestoßen wird. Damit verbleibt das Zytoplasma fast ganz bei der anderen Tochterzelle, der Eizelle (Abb. 15-10).

15 FORTPFLANZUNG

Ablauf und Regelung der Bildung männlicher und weiblicher Keimzellen **15.3**

Die Körperzellen von Mann und Frau haben einen unterschiedlichen Chromosomensatz (s. Kap. 3 „Zellen und Gewebe"). Zu den 22 Paaren von Autosomen kommt ein Paar **Geschlechtschromosomen**. Sie sind bei der **Frau** einander gleich und werden als **XX** bezeichnet. Beim **Mann** sind sie verschieden und heißen **XY**. Vereinigen sich bei der Befruchtung Ei und Samenzelle mit halbiertem Chromosomensatz, so entsteht entweder eine Zelle, die zwei X-Chromosomen enthält (weibliches Geschlecht), oder eine Zelle mit einem X- und einem Y-Chromosom (männliches Geschlecht).

15.3.2 Endokrine Regelung von männlichen und weiblichen Geschlechtsfunktionen

Hypothalamus und **Hypophyse** regeln die Spermatogenese und die Oogenese (Abb. 15-11). Das **follikelstimulierende Hormon**

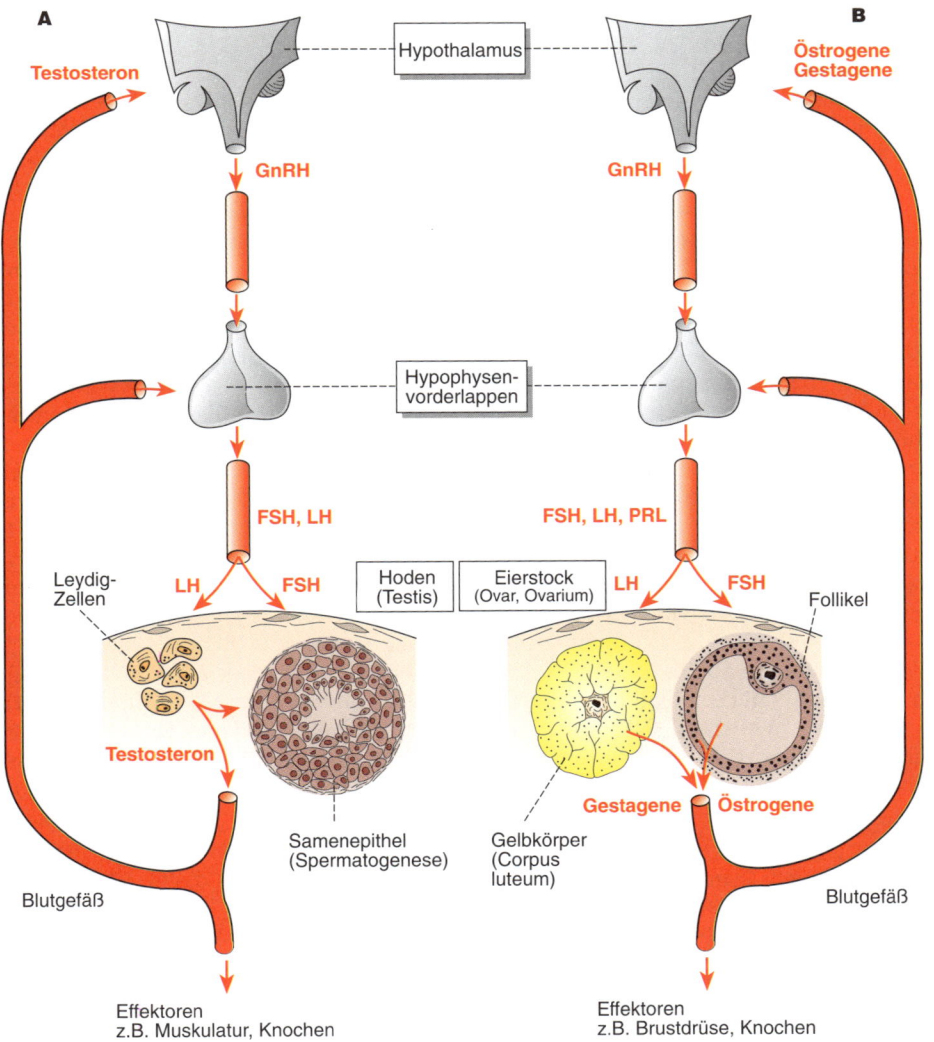

Abb. 15-11 Regelung der Ausschüttung von Sexualhormonen.
A: Regelung der Ausschüttung von Testosteron und Anregung der Spermatogenese.
B: Regelung der Ausschüttung von Östrogenen und Gestagenen sowie der Oogenese.

(FSH) des Hypophysenvorderlappens fördert direkt Keimzellbildung und -reifung. Es ist, wie auch die anderen hypophysären und hypothalamischen Hormone, bei beiden Geschlechtern gleich. Ein weiteres auf die Keimdrüsen wirkendes Hormon des Hypophysenvorderlappens ist das **luteinisierende Hormon** (LH). LH und FSH werden als Gonadotropine bezeichnet. Das **Gonadotropin-Releasing-Hormon** (GnRH) des Hypothalamus steigert ihre Produktion und Freisetzung.

Beim **Mann** verstärkt das LH die Testosteronbildung durch die Leydig-Zwischenzellen, die als Zellgruppen zwischen den Samenkanälchen liegen (vgl. Abb. 15-3). Die Produktion und Freisetzung von Testosteron durch den Hoden erfolgt durch einen Regelkreis mit Hypothalamus und Hypophyse (Abb. 15-11). Dabei werden durch einen Abfall von Testosteron im Blut das Gonadotropin-Releasing-Hormon und die Gonadotropine (LH, FSH) des Vorderlappens vermehrt ausgeschüttet. Testosteron wird außer im Hoden auch in der Zona reticularis der Nebennierenrinde sowie im Eierstock gebildet. Es beeinflußt entscheidend die Entwicklung von primären und sekundären Geschlechtsmerkmalen, die sexuelle Aktivität und hat darüber hinaus anabole Stoffwechselwirkungen (Aufbau von Knochen und Muskulatur).

Bei der **Frau** stimulieren FSH und LH gemeinsam die Produktion der beiden Hormone Östrogen und Progesteron durch das Ovar (Abb. 15-11, 15-12). Östrogen beeinflußt maßgeblich die Ausbildung der sekundären Geschlechtsmerkmale in der Pubertät. Dazu gehören Wachstum der Brust und die geschlechtsspezifische Verteilung von Unterhautfettgewebe.

> **G** Außerdem greift Östrogen in den Fettstoffwechsel ein und hat einen positiven Einfluß auf den Knochenstoffwechsel. Mit dem Abfall von Östrogen im **Klimakterium** (Wechseljahre) erhöht sich deshalb das Risiko von Arteriosklerose und von **Osteoporose**. Aus diesem Grunde wird für diese Lebensphase und die nachfolgende Postmenopause vielfach eine Substitution von Östrogen empfohlen. **G**

Beginnend mit der Pubertät (10. bis 15. Lebensjahr) reifen in den Eierstöcken die ersten Eizellen. Nach dem ersten Eisprung kommt es zur ersten Regelblutung, der Menarche. Danach stellt sich allmählich ein regelmäßiger Menstrualzyklus von ungefähr 28 Tagen ein. Der erste Tag der monatlichen **Regelblutung** (Menstruation) ist als erster Tag des Zyklus festgelegt. Der Zyklus entsteht durch ein kompliziertes Zusammenspiel verschiedener Hormone und Organe. Er besteht aus
- Follikelphase (1. bis 12. Tag)
- Ovulationsphase (13. bis 15. Tag)
- Lutealphase (16. bis 28. Tag).

Jede dieser Phasen ist durch charakteristische Hormonspiegel und Veränderungen verschiedener Organe (insbesondere in Ovar und Uterus) gekennzeichnet (Abb. 15-12).

- **Follikelphase**: Zu Beginn der Follikelphase kommt es zur Menstruation. Diese beruht auf einer Abstoßung (Desquamation) eines großen Teils der Gebärmutterschleimhaut (Endometrium). Sie tritt immer dann ein, wenn die aus dem Eierstock freigesetzte Eizelle nicht befruchtet wird. Zu dieser Zeit steigt die FSH-Ausschüttung der Hypophyse an (Abb. 15-12). Dies führt zu einer Beschleunigung von Follikelreifung und Oogenese im Ovar mit gleichzeitiger Erhöhung der Östrogenproduktion durch die Granulosazellen der Follikel. Dabei reift der Follikel, der am meisten FSH bindet und am meisten Östrogen produziert, zum sprungreifen Follikel (dominanter Follikel) heran. Unter Einfluß von Östrogen regeneriert das Endometrium des Uterus durch Proliferation (Wucherung) von Bindegewebe, Drüsenschläuchen und Gefäßen (Proliferationsphase; Abb. 15-12).

- **Ovulationsphase**: Die in der Follikelphase steigenden Östrogenspiegel unterdrücken die FSH-Freisetzung der Hypophyse und fördern andererseits den LH-Anstieg vor dem Eisprung (Abb. 15-12). In dieser Phase beginnt die Progesteronproduktion durch den Follikel.

- **Lutealphase**: Nach dem Eisprung wandelt sich der zurückbleibende Follikelrest unter Einfluß von LH zum Gelbkörper (Corpus luteum). Er setzt steigende Mengen von Progesteron frei (Abb. 15-6,

15 **FORTPFLANZUNG**

Ablauf und Regelung der Bildung männlicher und weiblicher Keimzellen **15.3**

Abb. 15-12 Schematische Darstellung des weiblichen Zyklus: Wirkungen der gonadotropen Hormone (FSH, LH) sowie des Prolactins auf Follikelreifung, Corpus-luteum-Bildung und Brustdrüse; Freisetzung der Sexualhormone (Östrogen, Progesteron); Veränderungen von Endometrium, Basaltemperatur und Körpergewicht.

15-12). Dieses Hormon verändert die Uterusschleimhaut. Die Drüsenschläuche verlängern sich und beginnen zu sezernieren (Sekretionsphase). Die Schleimhaut wird damit für die Einnistung einer befruchteten Eizelle vorbereitet. Progesteron führt in dieser Phase auch zu einem Anstieg der Körpertemperatur um etwa 0,5 °C (Basaltemperatur; s. Kap. 14 „Temperaturregelung") sowie durch Wassereinlagerungen zu einer Erhöhung des Körpergewichts (Abb. 15-12). Bleibt eine Befruchtung aus, so kommt es gegen Ende der Lutealphase zu einer Rückentwicklung des Corpus luteum. Die lumenseitige Schicht des Endometriums (Functionalis) wird abgestoßen (Menstrualblutung).

Durch anhaltende Erhöhung der Östrogen- und Progesteronkonzentration läßt sich die Freisetzung von GnRH des Hypothalamus und Gonadotropinen (LH, FSH) der Hypophyse hemmen und damit eine hormonale Kontrazeption (Empfängnisverhütung) bewirken. Unter diesen Bedingungen bleibt die Ovulation aus. Damit kann eine Konzeption verhindert werden (**Ovulationshemmer**). Dazu nimmt die Frau über einen meist 28tägigen Zyklus Östrogen und Progesteron ein. Anschließend wird die Hormonzufuhr unterbrochen, und es kommt zu einer Abstoßung der zuvor aufgebauten Uterusschleimhaut (Abbruchblutung).

Als **Menopause** bezeichnet man den Zeitpunkt der letzten spontanen Menstrualblutung. Er liegt meist zwischen dem 45. und 50. Lebensjahr.

15.4 Befruchtung und Keimentwicklung bis zur Implantation

> **Z** Bei der Befruchtung verschmelzen Eizelle und Spermium miteinander. Damit beginnt die Keimentwicklung, die sich in den ersten Tagen meist im Eileiter abspielt und in Zellteilungen über ein Maulbeerstadium zu einem Bläschenstadium führt. In dieser Entwicklungsphase (am Ende der 1. Woche nach der Befruchtung) nistet sich der Keim in die Gebärmutterschleimhaut ein. **Z**

15.4.1 Befruchtung

Die Befruchtung findet in der Regel in der Ampulle des Eileiters statt (Abb. 15-13). Die vom Fimbrientrichter des Eileiters bei der Ovulation aufgenommene Eizelle gelangt in diesen Eileiterabschnitt und wird zunächst nicht weitergeleitet. Spermien kommen beim Samenerguß in das hintere Scheidengewölbe. Sie bewegen sich durch den Cervixkanal in das Uteruslumen. Der **Schleimpfropf** im Cervixkanal ist nur während der Ovulation für Spermien **durchlässig**. In dieser Zeit verflüssigt er sich unter dem hohen Östrogenspiegel. Die Spermien wandern durch das Uteruslumen aufwärts und sodann in der Tube gegen den Sekretstrom bis zur Ampulle. Sie können sich in den weiblichen Geschlechtsorganen ein bis zwei Tage lang bewegen. Die Eizelle ist bis zu 24 Stunden befruchtungsfähig.

Vor der Befruchtung verändern sich Eizelle und Spermium. Spermien reifen während ihrer Wanderung und ändern ihre Membran (sog. Kapazitation), die sich teilweise löst und Enzyme (sog. Akrosomreaktion) freisetzt. Dadurch können die Spermien dann die Eihüllen (Zona pellucida, Zellmembran) durchdringen (Abb. 15-13). Das Eindringen von Kopf und Halsabschnitt des Spermiums in die Eizelle heißt **Imprägnation**. Gleichzeitig verhindert die nun „aktivierte" Eizelle das Eindringen weiterer Spermien und schließt ihre Reifeteilung ab, indem sie das zweite Polkörperchen abstößt. Im weiteren verdichten sich die Chromosomen der Vorkerne und ordnen sich in der Metaphasenplatte der Teilungsspindel an (s. Kap. 3 „Zellen und Gewebe"; Abb. 15-13). Die Eizelle ist nun befruchtet und besitzt einen vollständigen (diploiden) Chromosomensatz (Zygote).

15.4.2 Frühembryonale Entwicklung

Die Embryonalentwicklung beginnt mit der Teilung der Eizelle in zwei Tochterzellen, die **Blastomeren** (Abb. 15-13). Es folgen rasch weitere mitotische Teilungen bei kaum veränderter Gesamtgröße. Im Acht-Zellen-Stadium werden die ersten Zellbestandteile nach dem genetischen Muster des

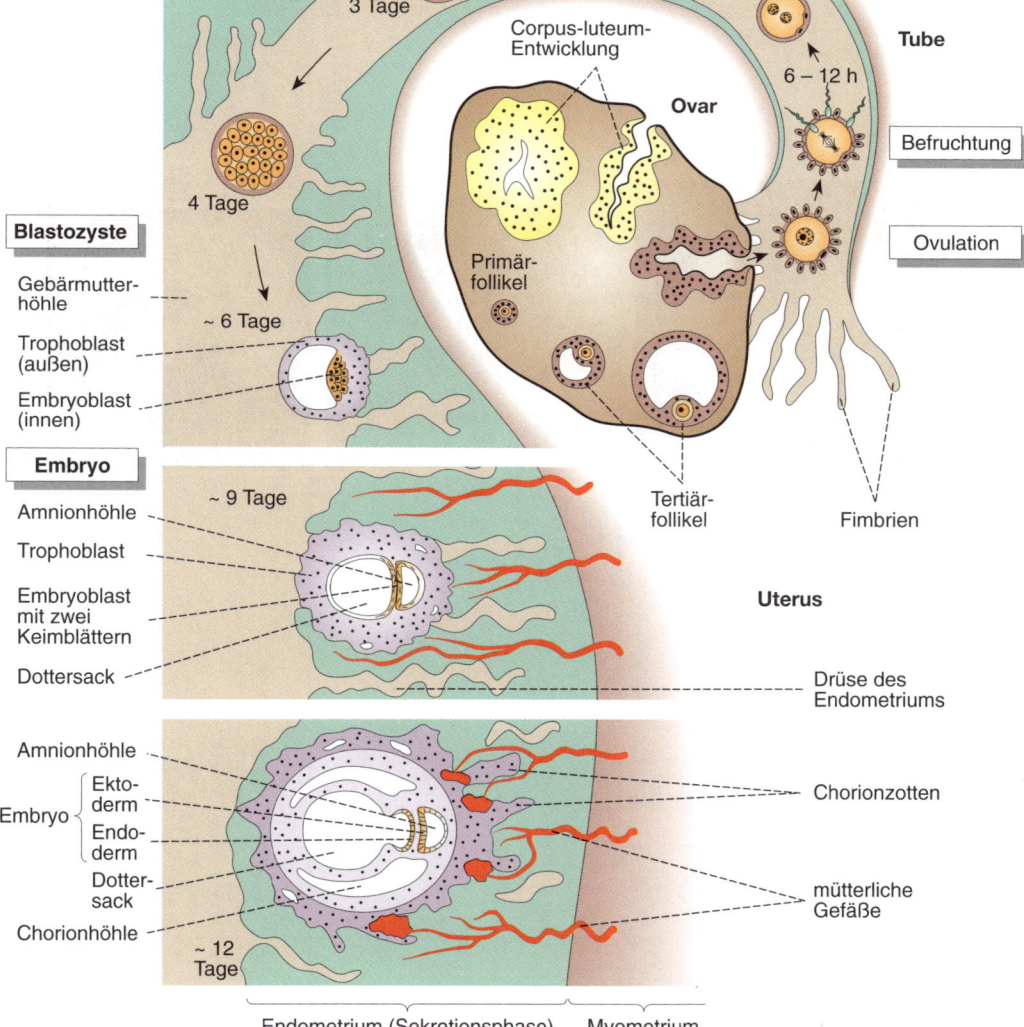

Abb. 15-13 Schematische Darstellung der Vorgänge in Ovar, Tube und Uterus, die unmittelbar vor und bei der Befruchtung sowie in der ersten Woche der Keimentwicklung bis zur Einnistung in die Uterusschleimhaut ablaufen.

neuen Organismus hergestellt. Nach drei Tagen ist der Keim eine kompakte, beerenartige Zellkugel, die als **Morula** bezeichnet wird (Maulbeerstadium). Dann trennen sich innere und äußere Blastomeren. Die inneren bilden den Embryo, die äußeren sorgen für seine Ernährung (Abb. 15-13). Da gleichzeitig im Innern ein Hohlraum entsteht, wird von einem Bläschenstadium gesprochen und der Keim nun **Blastozyste** genannt.

15 Fortpflanzung

Keim-alter	Größe	Stadium (n. Carnegie)	Entwicklungsschritte (nach Keith Moore)
1. Woche	(Scheitel-Steiß-Länge)	1 2 3 4	Befruchtung 2-Zellen-Stadium, Maulbeerstadium Blastozyste Einnistung in Gebärmutter-schleimhaut beginnt
2. Woche	bis 1 mm	5 6	Einnistung in die Gebärmutter-schleimhaut mit Bildung der Keimscheibe (Ektoderm, Endoderm) sowie Dottersack und Amnionhöhle beginnende Placentabildung
3./4. Woche	3. Wo 1,5 mm 4. Wo 4 mm	7 8 9 10 11 12	3. Keimblatt (Mesoderm) entsteht Bildung von Chorda dors. und Neuralrinne, (Anlage des Nervensystems) Somitenbildung (Ursegmente) Neuralrohr faltet sich ab Kreislauf funktionsfähig Gehirnanlage vorhanden Arm- und Beinknospen

Bildbeschriftungen: Blastozystenstadium; Einnistung in die Gebärmutterschleimhaut; Ultraschallbild von Keim mit Dottersack (durch Kreuze markierte Strukturen) in der 4. Woche; Keimanlage abgeschlossen durch kreisrundes Chorion (weiße Verdichtungszone); Blutzirkulation beginnt.

Abb. 15-14 Zeittafel der Entwicklungsschritte des menschlichen Keimes unter besonderer Berücksichtigung der Embryonalzeit (1. bis 8. Woche).

15 FORTPFLANZUNG

Entwicklung des Embryos sowie Ausbildung von Embryonalhüllen und Placenta 15.4

Hand- und Gesichtsentwicklung

Ultraschallbild eines Feten in der 14. Woche. Profilaufnahme von Kopf und Körper in normal großer Amnionhöhle

Finger entstanden

Ultraschallbild des kindlichen Gesichts im 3. Schwangerschaftsdrittel, 3dimensionale Sonographie-Technik

Daumenlutscher

Keim-alter	Größe	Stadium (n. Carnegie)	Entwicklungsschritte (nach Keith Moore)
5./6. Woche	5. Wo 8 mm	13	Sinnesorgane (Auge, Ohr …) entstehen primitive Mundhöhle
		14	Handplatten (Paddel) Gesichtswülste
		15	Hirnbläschen, Fußplatten Gesichtsbildung
	6. Wo 13 mm	16	Oberlippen- und Gaumenbildung Netzhautbildung
7./8. Woche		17	Finger entstehen
		18	Augenlider, Zehen entstehen Knochenbildung beginnt
	7. Wo 18 mm	19	Verlängerung und Aufrichtung des Rumpfes
		20	Arme in Ellenbogen abgewinkelt, Finger getrennt
		21	Genitale erkennbar, aber nicht differenziert
	8. Wo 30 mm	22	Anlage aller wichtigen äußeren und inneren Organe vorhanden erste spontane elektrische Aktivität, muskuläre Reaktion auf äußere Reize
↓	(Scheitel-Fersenlänge) Lunarmonat: 3 9 cm 4 16 cm 5 25 cm 6 30 cm 7 35 cm 8 40 cm 9 45 cm		Weitere Differenzierung und Wachstum – morphologische und funktion. Ausreifung der Organe: – Ausbildung der Körperformen 9. Wo: erste spontane Bewegungen (Rückenmarksreifung) 10. Wo: Gesicht zeigt menschl. Profil 12. Wo: Differenzierung des äußeren Genitales 4.–5. Mo: Saug- und Greifreflexe vorhanden, Atemzentrum wird funktionsfähig, Muskel-Sehnenreflexe auslösbar; Reifung des Großhirns beginnt 6. Mo: Sinnesleistungen (Hören, Schmecken, Sehen, Schmerzempfindung) nachweisbar
Geburt	10 50 cm		

Der innere Zellhaufen heißt Embryoblast, die äußere Zellhülle Trophoblast. Inzwischen ist der Keim im Uterus angelangt. Die Uterusschleimhaut ist 6 bis 7 Tage nach der Ovulation für die Einnistung (Implantation) des Keims vorbereitet (Sekretionsstadium der Uterusschleimhaut).

15.4.3 Implantation in die Uterusschleimhaut

Der Keim nistet sich (Implantation, Nidation) meist im oberen Drittel des Uterus (Fundus uteri; Abb. 15-13) ein. Die außen gelegenen Trophoblasten entwickeln eine Zottenhaut (Chorion). Durch enzymatische Auflösung von mütterlichen Zellen dringt der Keim tief in die Schleimhaut ein. Nach wenigen Tagen ist das Schleimhautepithel über dem eingenisteten Keim wieder geschlossen.

> **K** Bei einer **Eileiterschwangerschaft** (Einnistung in der Tube; Tubargravidität) kann es zu einem Zerreißen der Tube mit lebensgefährlichen Blutungen kommen. Auch eine Einnistung in der Nähe des Uterushalses gefährdet die Schwangerschaft (Placenta praevia). **K**

15.5 Entwicklung des Embryos sowie Ausbildung von Embryonalhüllen und Placenta

> **Z** Bei der Einnistung des Keimes in die Gebärmutterschleimhaut lassen sich bereits die Anlage für den Embryo und für die Embryonalhüllen deutlich voneinander unterscheiden. Der Embryo besteht zunächst aus zwei, dann aus drei Keimblättern, aus denen sich in rascher Folge bis zum Ende des 2. Schwangerschaftsmonats alle Organsysteme des Körpers entwickeln. In der Embryonalzeit entstehen auch die Embryonalhüllen Amnion und Chorion. Das Amnion umschließt die mit Fruchtwasser gefüllte Höhle, in der der Embryo schwimmt; das Chorion bildet gemeinsam mit der mütterlichen Schleimhaut die Placenta, die den sich entwickelnden Keim versorgt. **Z**

15.5.1 Entwicklung des Embryos

In der **2. Woche** der Keimentwicklung entstehen im Embryoblasten zwei Zellagen, das **äußere** (Ektoderm) und das **innere Keimblatt** (Endoderm; Abb. 15-13). Vom Ektoderm hebt sich das Amnion ab. Amnion und Ektoderm begrenzen die Amnionhöhle. Auf der Endodermseite liegt der Dottersack als weitere Höhle. So befindet sich die scheibenartige Embryonalanlage aus den zwei Keimblättern zwischen Amnionhöhle und Dottersack.

In der **3.** und **4. Woche** wächst die Keimscheibe und streckt sich zunächst zum Keimschild. Im äußeren Keimblatt erscheinen ein Primitivstreifen und eine Primitivgrube als äußere Zeichen für erhebliche Zellwanderung und Zellvermehrung. Zwischen Ektoderm und Endoderm bildet sich das **mittlere Keimblatt** (Mesoderm). Dabei entsteht ein primitives Achsenorgan (Chorda dorsalis), und die Entwicklung des Nervensystems aus dem Ektoderm beginnt, indem sich eine sog. Neuralrinne bildet (Abb. 15-14, 15-15). Diese wird zum Neuralrohr und als Anlage von Rückenmark und Gehirn unter das Ektoderm verlagert. Aus den drei Keimblättern gehen nun in rascher Folge alle weiteren Organanlagen hervor. Aus dem Ektoderm bilden sich auch die Oberhaut (Epidermis) sowie das Nervensystem und die Sinnesorgane.

Aus dem Endoderm entsteht das Epithel des Atmungstrakts und des Verdauungstrakts mit den Anhangsdrüsen wie Leber und Bauchspeicheldrüse. Aus dem Mesoderm entwickeln sich das gesamte Binde- und Stützgewebe einschließlich Knorpel und Knochen, die Blutzellen und Blutgefäße, aber auch die verschiedenen Arten von Muskulatur (Abb. 15-15).

In der **4. Woche** ändert sich die Gestalt des Embryos erheblich. Durch Abfaltung vom Dottersack entsteht aus dem Embryonalschild die Grundform des menschlichen Körpers mit einem in diesem Stadium überproportional großen Kopf und am Rumpf erscheinenden Arm- und Beinknospen. Am Ende der 4. Woche ist der Kreislauf funktionsfähig, und das Herz beginnt zu schlagen. Der Embryo hat nun eine Größe von knapp 0,5 cm.

Entwicklung des Embryos sowie Ausbildung von Embryonalhüllen und Placenta 15.5

Abb. 15-15 Seitenansicht von Skelett und inneren Organen eines etwa sechs Wochen alten Embryos. Beachte die schnelle und überproportionale Größenzunahme von Gehirn und Rückenmark mit Entwicklung von Auge, Hirn- und Rückenmarksnerven, die knorpeligen Anlagen des Skeletts sowie die Anlagen von Leber, Darm und Herz.

In der **5. bis 8. Woche** krümmt sich der Embryo mit seinem Nacken-Kopfbereich nach vorne (Abb. 15-15). Durch die Entwicklung des Großhirns ist der Vorderkopf besonders groß. Die Gliedmaßen wachsen aus dem Rumpf, wobei zuletzt Finger und Zehen entstehen (vgl. Abb. 15-19, 15-20). Aus Gesichtswülsten bilden sich Nase und Oberlippe sowie der Gaumen. Auge und Ohr entwickeln sich. Die Geschlechtsorgane sind noch nicht klar zu unterscheiden. Haut und Muskulatur werden durch Nerven mit dem Zentralnervensystem verbunden. Am Ende des 2. Monats sind alle wichtigen inneren und äußeren Organe vorhanden (Abb. 15-14, 15-15). Die Körpergröße beträgt nun 3 cm.

15.5.2 Embryonalhüllen und Placenta

Nach seiner Abfaltung vom Dottersack wird der Embryo ganz von der **Amnionhöhle** und dem **Amnion** umgeben (Abb. 15-16). Die dünne Wand des Amnions sezerniert die Amnionflüssigkeit, in der der Embryo schwimmt. Dieses **Fruchtwasser** schützt ihn und verhindert Verwachsungen zwischen Embryo und Amnion. Die Menge an Fruchtwasser beträgt am Ende der Schwangerschaft etwa 1000 ml.

Das Fruchtwasser wird alle drei Stunden einmal ausgetauscht. Vom 5. Monat an schluckt der Fetus Fruchtwasser (pro Tag ca. 400 ml) und scheidet gegen Ende der

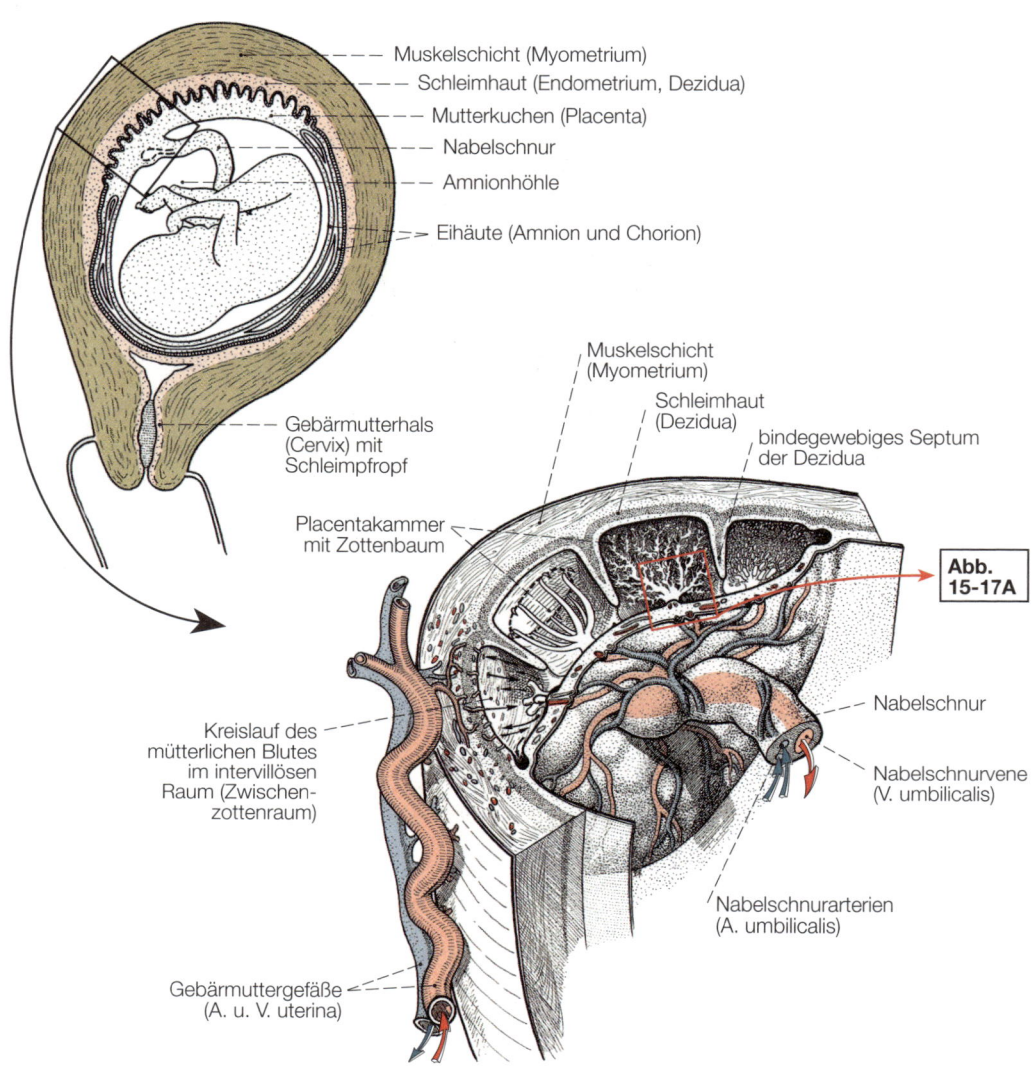

Abb. 15-16 Schematische Darstellung von Entwicklung, Lage und Bau von Amnionhöhle und Placenta.

Schwangerschaft einen allerdings schwach konzentrierten Urin in die Amnionhöhle aus. Zur pränatalen (vorgeburtlichen) Diagnostik können die Amnionhöhle punktiert (**Amniozentese**) und die Zellen der Amnionflüssigkeit untersucht werden.

Mit Ausdehnung der Amnionhöhle lagern sich Haftstiel, Rest des Dottersacks und primäre Harnblase (Allantois) aneinander. So entsteht die von Amnion umgebene **Nabelschnur**, die die **Ernährung** des Embryos sicherstellt. Außen ist das Amnion von einer weiteren Embryonalhülle, dem **Chorion** (Zottenhaut), umgeben, das sich aus der Trophoblastschale entwickelt hat. Die Zotten des Chorions (Placentazotte) werden nach der Einnistung in das Endometrium immer zahlreicher und kleiner (Abb. 15-16). Sie eröffnen Drüsen und Blutgefäße der mütterlichen Schleimhaut und gewährleisten als Zubringer zur Nabelschnur so die Ernährung des Embryos. Aus den Zotten des

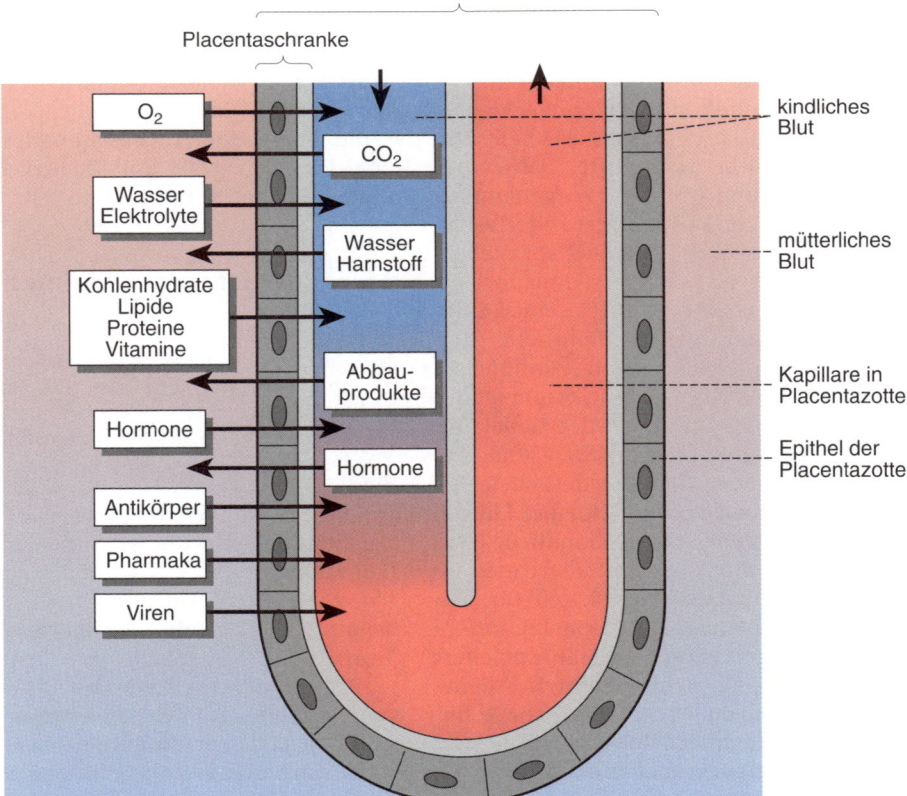

Abb. 15-17 Bau und Funktion der Placenta.
A: Schematische Darstellung von mütterlichem und kindlichem Blutkreislauf.
B: Austauschvorgänge zwischen mütterlichem und kindlichem Blut.

Chorions und der mütterlichen Schleimhaut (Decidua) baut sich dann die **Placenta (Mutterkuchen)** auf. Von der mütterlichen Seite steigen bindegewebige Septen auf und teilen als unvollständige Scheidewände die Placenta in zahlreiche Kammern (Lappen, Cotyledo; Abb. 15-16). Die Zotten des Chorions gehören zum kindlichen Teil der Placenta. Ihre Gesamtoberfläche beträgt bei der reifen Placenta 15 m². Sie hat einen Durchmesser von knapp 20 cm und wiegt 500 g.

Die Zotten enthalten kleine Verzweigungen der kindlichen Gefäße (Abb. 15-17). Sie tauchen in drei- bis viermal pro Minute erneuertes Blut ein, das aus Arterien der mütterlichen Schleimhaut (der sog. Decidua) stammt. Aus dem blutgefüllten Zwischenzottenraum (intervillöser Raum mit einem Fassungsvermögen von etwa 150 ml) entnehmen die Placentazotten die erforderlichen Nährstoffe. Eine direkte Verbindung zwischen kindlichem Kreislauf und mütterlichem Blut gibt es nicht. Der Stoffaustausch vollzieht sich durch eine dünne Membran mit Schrankenfunktion (**Placentaschranke**; Abb. 15-17). Aus dem mütterlichen Blut werden zahlreiche Nährstoffe, Sauerstoff, Ionen, Wasser und Hormone aufgenommen und Kohlendioxid sowie andere Stoffwechselendprodukte und Hormone abgegeben. Durch den teilweise aktiven Transport erhält der Fetus auch mütterliche **Antikörper** (γ-Globuline), z.B. gegen Diphtherie und Masern, nicht jedoch gegen Windpocken und Keuchhusten. Dieser Antikörperschutz hält bis einige Monate nach der Geburt an („Nestschutz"), bis das Immunsystem des Kindes selbst über die erforderlichen Abwehrmechanismen verfügt. Nur bei Lücken der Placentaschranke können kindliche Blutzellen in das mütterliche Blut übertreten.

Neben den Austauschvorgängen für den Stoffwechsel hat die Placenta noch andere Aufgaben. Sie produziert Eiweiße, speichert Vitamine (A, C, D), synthetisiert Hormone, vor allem Östrogen, Progesteron sowie humanes Choriongonadotropin (HCG) und humanes Placentalactogen (HPL).

Aus der Placenta geht die Nabelschnur hervor (Abb. 15-16). Sie wird 1,5 cm dick, bis zu einem Meter lang und enthält mit den Nabelschnurgefäßen wichtige Anteile des embryonalen Blutkreislaufs (Abb. 15-18).

Die Nabelvene (V. umbilicalis) führt sauerstoffreiches Blut aus den Zotten der Placenta zum kindlichen Körper. Dort gelangt es in die Leber bzw. die untere Hohlvene und weiter zum rechten Vorhof des Herzens. Vor der Geburt fließt das Blut durch eine Öffnung in der Scheidewand zwischen den Vorhöfen (**Foramen ovale**) in den linken Vorhof und von dort in die linke Kammer und in die Aorta. Das fetale Blut umgeht damit den Lungenkreislauf. Nur ein kleiner Teil gelangt über die rechte Kammer in die noch funktionslosen Lungen.

Ein weiterer Kurzschluß zur Umgehung des Lungenkreislaufs besteht zwischen Lungenarterie und Aorta (**Ductus arteriosus Botalli**). Die **Nabelarterien** (A. umbilicalis), die das sauerstoffarme Blut des Embryos wieder der Placenta zur Sauerstoffsättigung zuleiten, zweigen von den Beckenarterien (A. iliaca interna) ab und steigen an der vorderen Bauchwand zum Abgang der Nabelschnur auf. Nach der Geburt muß sich der Kreislauf durch die Funktionsübernahme der Lungen völlig umstellen. Die Kurzschlüsse zwischen rechtem und linkem Herzen, Foramen ovale und Ductus arteriosus Botalli, werden verschlossen.

15.6 Entwicklung des Feten

> Ab dem 3. Schwangerschaftsmonat bis zur Geburt wird der Keim als Fetus bezeichnet. Die vorhandenen Organanlagen wachsen und differenzieren sich zu funktionsfähigen Organen.

Die Schwangerschaft wird in Mondmonate (Lunarmonate) eingeteilt. Ein Lunarmonat hat 28 Tage (4 Wochen). Die Schwangerschaft dauert somit 10 Lunarmonate (280 Tage).

Für das durchschnittliche Längenwachstum des Feten gilt die **Haase-Regel**:
– In den ersten 5 Mondmonaten entspricht die Körperlänge in Zentimeter dem Quadrat der Monate (z.B. Ende des 3. Monats: $3 \times 3 = 9$ cm).
– Ab dem 6. Monat errechnet sich die Körperlänge durch Multiplikation des Schwangerschaftsmonats mit fünf (z.B.

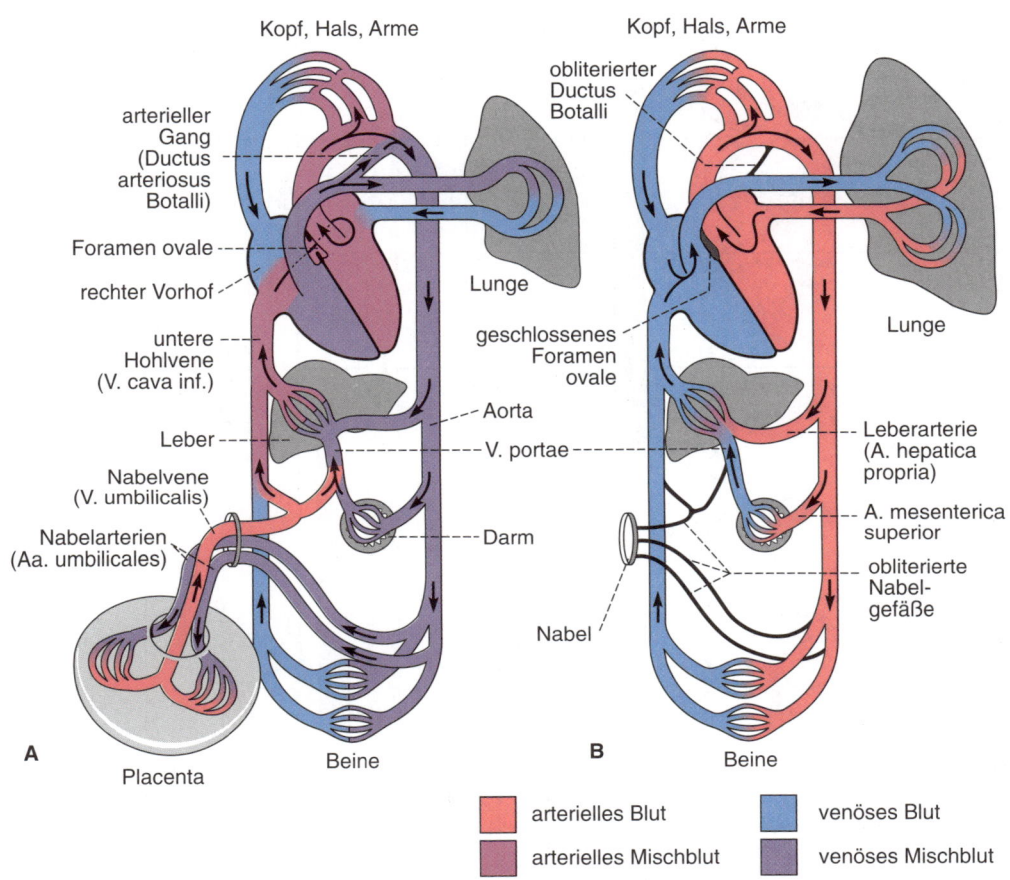

Abb. 15-18 Vereinfachte Darstellung des Blutkreislaufs vor (A) und nach der Geburt (B). Farben zeigen den unterschiedlichen Sauerstoffgehalt, Pfeile die Richtung des Blutstroms an.

Ende des 7. Monats: 7×5 = 35 cm; vgl. Abb. 15-14).

Im 3. Schwangerschaftsmonat sind alle Organe angelegt (Abb. 15-19). Sie wachsen und reifen zunehmend zu funktionsfähigen Organen aus. Der Fetus nimmt nun außerdem Reize aus seiner Umwelt wahr und reagiert auf sie. Erste Bewegungen in der 9. Woche weisen auf die Reifung des Rückenmarks hin. In der 12. Woche werden die äußeren Geschlechtsorgane erkennbar.

Im 4. Monat ist das Gesicht individuell geprägt (Abb. 15-21, 15-23). Ab dem 4. bis 5. Monat sind Saug- und Greifmotorik vorhanden, das Kind kann Finger und Zehen bewegen und am Daumen lutschen (vgl. Abb. 15-14). Die werdende Mutter kann die Bewegungen des Kindes in dieser Zeit bereits spüren. Die Amnionflüssigkeit, in der der Fetus schwimmt, erleichtert die Bewegungen und schützt ihn vor äußeren Einwirkungen. Sinnesleistungen wie Hören, Schmecken, Schmerzempfindung sind ab dem 5. Monat nachweisbar.

Zu den **Reifezeichen bei der Geburt** zählen die Scheitel-Fersen-Länge von 49 bis 51 cm (mindestens 48 cm) und ein Gewicht von 3200 g (weiblich) bzw. 3400 g (männlich). Die Nägel sollen die Fingerkuppen überragen, und das typische fetale Haarkleid (Lanugohaare) sollte verschwunden sein.

Abb. 15-19 Zeittafel der Organentwicklung bei Embryo und Fetus mit den gegenüber Schädigungsreizen besonders empfindlichen Perioden und möglichen Folgen.
rot: Periode der Organentstehung
gelb: Periode der Organreifung

K **Vorgeburtliche Schädigungen** des Keimes in der Embryonalperiode, Mißbildungen und Fehl- oder Totgeburten werden als **Embryopathie**, Schädigung in der Fetalperiode als **Fetopathie** bezeichnet. Die Schädigungsreize (Noxen) können unterschiedlicher Natur sein. Besonders bekannt und gefürchtet sind Virusinfektionen (Röteln-Virus und andere). Aber auch chemische Stoffe, eine Vielzahl von Arzneimitteln und Röntgenstrahlen sind keimschädigend.

Regelmäßiger, auch schon mäßiger Alkoholgenuß kann zu schweren Entwicklungsstörungen mit einer verminderten Intelligenz führen (Alkoholembryopathie). Alkohol ist deshalb in der Schwangerschaft nicht empfehlenswert. Nikotin bedingt eine Gefäßverengung, die zu einer Placentainsuffizienz führen kann. Kinder von Raucherinnen sind meistens untergewichtig.

Es ist auch möglich, daß sich Erkrankungen der Mutter (z.B. Diabetes mellitus) schädlich auswirken.

Für das Ausmaß der Embryopathie ist nicht nur ausschlaggebend, wie konzentriert der Schädigungsreiz ist und ob er ungehindert die Placentaschranke passiert, sondern vor allem, zu welchem Zeitpunkt er einwirkt. Grundsätzlich gilt: je weiter die Entwicklung fortgeschritten ist, desto geringer sind die Schädigungsfolgen. So führt eine Noxe in den ersten zwei Wochen häufig zum Absterben des Keims (Abort), in der weiteren Embryonalzeit beobachtet man dann häufiger schwere Fehlentwicklungen (Anomalien) an einzelnen oder mehreren Organen (Abb. 15-19). So kann eine Röteln-Virusinfektion in der 6. Schwangerschaftswoche zu Linsentrübung, eine Infektion in der 9. Woche zu Taubheit führen. Herzmißbildungen treten eventuell bei Erkrankung in der 5. bis 10. Woche auf. In der Fetalzeit nimmt dann der Schweregrad der Erkrankungen erheblich ab. Auch Veränderungen des Erbgutes des Kindes (genetische oder chromosomale Faktoren) können zu Mißbildungen führen:

- abnorme Zahl von Autosomen und Geschlechtschromosomen (Trisomie = zusätzliches Chromosom; Monosomie = 1 Chromosom fehlt): z.B. Trisomie 21: dabei unterbleibt die Trennung des Chromosoms 21 während der Meiose. Die daraus folgende Erkrankung wird als Down-Syndrom (Mongolismus) bezeichnet.
- Strukturveränderungen an Chromosomen: z.B. können kleinere Chromosomenstücke fehlen.
- Veränderungen eines einzelnen Gens: dabei können Stoffwechselanomalien durch Enzymdefekte entstehen. **K**

Die Diagnostik fetaler Erkrankungen bzw. Mißbildungen hat in den letzten Jahren große Fortschritte gemacht. Insbesondere wurde die **Ultraschalldiagnostik** so verfeinert, daß die Entwicklung des Keims genau registriert werden kann (Abb. 15-20, 15-21,

Abb. 15-20 Ultraschalluntersuchung eines Embryos der 6. Woche umgeben von Amnion- und Chorionhöhle.
A: Ultraschallbild.
B: Umrißzeichnung von A; + : Markierungspunkte zur Messung der Scheitel-Steiß-Länge im Ultraschallbild.

15 FORTPFLANZUNG

Abb. 15-21 Ultraschalluntersuchung eines Feten (Gesicht, Oberkörper) der 20. Woche.
A: Ultraschallbild.
B: Umrißzeichnung.

Abb. 15-22 Ultraschalluntersuchung eines Feten der 38. Woche.
A: Ultraschallbild von Kopf, Brust und Arm.
B: Umrißzeichnung von A.
C: Ausschnittsvergrößerung von A mit Darstellung des Fruchtwasserstromes zur Vitalitätskontrolle; blau: Einstrom in die Nase; rot : Ausstrom aus dem Mund; Doppler-Sonographie.
D: Umrißzeichnung von C.

Abb. 15-23 Ultraschallaufnahmetechnik des kindlichen Gesichts mit der sog. 3-D-Sonographie
oben links: Ansicht von vorne
oben rechts: Sagittalschnitt
unten links: Horizontalschnitt (durch Nase und Augen)
unten rechts: 3-D-Computerrekonstruktion der Ansicht von vorne.

15-22). Es ist möglich, die Organgrößen zu messen (Fetometrie) und Fehlbildungen, auch innerer Organe wie des Herzens oder des Gehirns, festzustellen. Dies ermöglicht in vielen Fällen eine pränatal beginnende Therapie oder eine vorzeitige Einleitung der Geburt.

Bei der pränatalen Diagnostik genetischer Erkrankungen ist die **Chorionzottenbiopsie** (Entnahme von Zottenmaterial unter Ultraschallkontrolle) mit anschließender Chromosomenanalyse Methode der Wahl. Diese Untersuchung kann bereits in der Embryonalzeit (7. bis 12. Schwangerschaftswoche) vorgenommen werden. Durch diese Methode ist auch zu klären, ob der Keim bei einer Rötelnerkrankung der Mutter Schaden erlitten hat. In späteren Entwicklungsstadien (ab Beginn der Fetalzeit) wählt man zur Diagnostik die **Amniozentese**.

15.7 Schwangerschaft und Geburt

Eine Schlüsselrolle bei der Ernährung und Entwicklung des Keims fällt der Placenta zu, die nicht nur für den Stoffaustausch zwischen Mutter und Kind sorgt, sondern auch durch Hormonproduktion entscheidend zum Erhalt der Schwangerschaft beiträgt. Die Geburt erfolgt in der Regel mit vorausgehendem kindlichen Kopf (Kopflage) und verläuft in mehreren Phasen unter krampfartigen Kontraktionen der Gebärmuttermuskulatur (Wehen).

15.7.1 Schwangerschaft

Mit Beginn der Schwangerschaft (Gravidität) gehen zur Ernährung und Entwicklung des Keims im Körper der Frau tiefgreifende Veränderungen vor. Entscheidend sind dabei die bereits geschilderten Vorgänge in der Gebärmutter mit Bildung der Placenta. Das zyklische Geschehen in Ovar und Uterus wird unterbrochen (Abb. 15-24). Der Keim bildet nach seiner Einnistung in den Chorionzotten der sich entwickelnden Placenta ein Schwangerschaftshormon, das humane **Choriongonadotropin** (HCG; Abb. 15-25). Dieses ist dem LH der Hypophyse sehr ähnlich. Es aktiviert in der Frühphase der Schwangerschaft die Funktion des **Gelbkörpers** (Corpus luteum) und steigert so die Bildung von Progesteron und Östrogen. Im 3. Monat stellt der Gelbkörper seine Funktion allmählich ein, und die Placenta übernimmt die Produktion beider Sexualhormone, die für den Erhalt der Schwangerschaft entscheidend sind.

Schwangerschaftstests beruhen in der Regel auf dem Nachweis von im Harn aus-

Abb. 15-24 Veränderungen von Gelbkörper im Ovar, Endometrium des Uterus, Hormonkonzentrationen im Blut und Basaltemperatur zu Beginn einer Schwangerschaft.

Abb. 15-25 Veränderungen von Hormonkonzentrationen im Verlaufe einer Schwangerschaft. HPL: humanes Placentalactogen; HCG: humanes Choriongonadotropin.

geschiedenem HCG. Mit einer immunologischen Methode, d.h. mit Hilfe von Antikörpern gegen das Hormon, wird das HCG nachgewiesen.

Ein weiteres wichtiges Hormon der Placenta ist das **humane Placentalactogen** (HPL), das dem Prolactin und dem Somatotropin der Hypophyse ähnelt (s. Kap. 13 „Endokrines System"). Es wirkt ausschließlich im mütterlichen Organismus (Abb. 15-25). Hier ist es mit Prolactin an der Differenzierung der Brustdrüse beteiligt und hat darüber hinaus verschiedene Stoffwechselwirkungen, die dem wachsenden Keim, vor allem seiner Versorgung mit Blutzucker, zugute kommen.

In den vielfältigen endokrinen Leistungen der Placenta zeigt sich eine enge Wechselbeziehung zwischen Mutter und Kind. Sie unterdrücken auch Abwehrreaktionen der Mutter gegen das „körperfremde" Kind. HCG und Progesteron haben eine immunsuppressive Wirkung.

Auch die Geburt wird durch die hormonalen Wechselbeziehungen zwischen Mutter und Kind eingeleitet. Nebennierenrindenhormone des Feten setzen offenbar Mechanismen in Gang, die zum Einsetzen der Uteruskontraktionen führen. Stärke und Dauer der **Wehen** sind abhängig von mütterlichem **Oxytocin**, einem Neurohormon des Zwischenhirns, das in der Hypophyse an die Blutbahn abgegeben wird.

Die Schwangerschaft dauert vom Tage der Befruchtung an gerechnet 263 bis 273 Tage. Die Zeit verlängert sich um ca. 15 Tage auf rund 40 Wochen oder 10 Mondmonate, wenn der 1. Tag der letzten Regel als Schwangerschaftsbeginn eingesetzt wird. Errechnet wird der voraussichtliche **Geburtstermin** meistens nach der **Naegele-Regel**. Danach werden vom 1. Tag der letzten Regel 3 Monate zurück- und 7 Tage dazugerechnet.

15.7.2 Geburt

Am Ende der Schwangerschaft nimmt der kindliche Körper eine charakteristische Stellung ein (Abb. 15-26, 15-27). Durch den nach vorne gebeugten Kopf und die an den Leib gezogenen und übereinandergeschlagenen Beine wird er zu einem eiförmigen Gebilde. Entweder ist im mütterlichen Körper der Kopf (**Kopflage** bei über 90%) oder der Steiß (**Steißlage**) nach unten gerichtet (Abb. 15-28). Der Geburtshelfer muß Lage und Stellung des Kindes feststellen und evtl. auch korrigieren, um eine komplikationslose Geburt vorzubereiten. Ein Geburtshindernis ist z.B. die **Querlage** des Kindes (Abb. 15-28). Ist eine manuelle Drehung des Ungeborenen nicht möglich, muß es durch einen Kaiserschnitt (Sectio caesarea) entbunden werden. Dabei werden Bauchhöhle und Gebärmutter mit einem Schnitt eröffnet (Schnittentbindung). Dies ist auch bei einem für das Kind zu engen Geburtskanal erforderlich. Die Geburt verläuft in drei Phasen (Abb. 15-27):

- **Eröffnungsphase:** Es kommt zu krampfartigen Kontraktionen der Gebärmuttermuskulatur, den Wehen. Diese treten in immer kürzeren Abständen und mit zunehmender Heftigkeit auf. Sie drücken das Kind in das Becken hinein und dehnen dabei den Halskanal der Gebärmutter. Der Gebärmutterhals wird eröffnet und von der Fruchtwasserblase ausgefüllt, die dem Kopf vorangeht. Unter fortgesetztem

Abb. 15-26 Medianschnitt des weiblichen Beckens bei Schwangerschaft mit räumlichen Veränderungen, wie sie für die 2. Schwangerschaftshälfte typisch sind.

Druck platzt diese Fruchtblase, und das Fruchtwasser fließt ab.
- **Austreibungsphase:** Preßwehen treiben das Kind durch den erweiterten Geburtskanal nach außen (Abb. 15-27). Die Geburt kann für die Frau durch eine eingeübte Atemtechnik, das Entspannen der Beckenbodenmuskulatur und Mitpressen (Bauchmuskulatur) wesentlich erleichtert werden.
- **Nachgeburtsphase:** Eihäute und Placenta bilden die Nachgeburt. Sie werden nach der Geburt des Kindes ausgestoßen (Abb. 15-27). Dabei entsteht im Uterus eine große Wundfläche. Eine Kontraktion der Uterusmuskulatur verhindert in der Regel stärkere Nachblutungen. Bleibt dieses Zusammenziehen aus (Uterusatonie), so muß es medikamentös herbeigeführt werden.

Mit der Pudendusanästhesie, einer Blockierung des Schamnervs (N. pudendus), kann die Schmerzempfindung im Bereich des äußeren Geburtskanals und der Dammregion ausgeschaltet werden (Abb. 15-27 B). Dies erschwert aber auch die aktive Mitarbeit der Frau bei der Geburt, weil die Empfindung der Preßwehen vermindert ist.

15 FORTPFLANZUNG

Schwangerschaft und Geburt 15.7

Abb. 15-27 Darstellung des Geburtsvorgangs (A) und Anästhesie der Dammregion (B).
A: 1 und 2: Eröffnungsphase. 3–5: Austreibungsphase. 6: Nachgeburtsphase.
B: Injektion zur Blockade der Erregungsleitung des N. pudendus (Pudendusanästhesie).

A B

Abb. 15-28 Steißlage (A) und Querlage (B) des Kindes zu Beginn des Geburtsvorgangs. Insbesondere die Querlage zwingt den Geburtshelfer zu rechtzeitigen Eingriffen wie Wendung des Kindes oder Schnittentbindung.

15.8 Entwicklung des Neugeborenen

> Die neue Umwelt führt beim Neugeborenen zu einer Reihe von Funktionsänderungen von Organen. So müssen vor allem Lunge und Darm Funktionen der Placenta übernehmen. Die Kreisläufe von rechtem und linkem Herzen werden getrennt. Bei Frühgeburten ergeben sich wegen der noch nicht ausgereiften Organe häufig Anpassungsschwierigkeiten.

Die Geburt stellt nicht nur für die Frau, sondern auch für das Kind eine große Belastung dar. Das Neugeborene muß sich sehr schnell auf eine völlig veränderte Umwelt und Versorgung einstellen. Gleichzeitig übernehmen verschiedene Organe andere Funktionsweisen bzw. neue Funktionen. Dies trifft besonders auf die Lungen zu, die sich mit den ersten Atemzügen (in der Regel mit Schreien verbunden) mit Luft füllen und entfalten. Veränderungen an Herz und Kreislauf folgen (Abb. 15-18). Der Lungenkreislauf ersetzt nun den Placentakreislauf. Die Nabelschnurgefäße schließen sich, die Nabelschnur wird unterbunden und durchtrennt. Veränderte Druckverhältnisse führen zu einem anderen Verlauf der Blutströme im Herzen. Die Kurzschlußverbindungen zwischen beiden Vorhöfen (Foramen ovale) und zwischen Pulmonalarterie und Aorta (Ductus arteriosus Botalli) werden geschlossen (vgl. Abb. 15-18). Damit trennen sich die Kreisläufe von rechtem und linkem Herzen sowie die von ihnen versorgten Arterien voneinander.

Das Neugeborene muß nun selbständig Nahrung aufnehmen, verdauen und die Nährstoffe im Darm resorbieren. Die Regelung der Körpertemperatur wird umgestellt. Je kleiner ein Körper ist, desto größer ist seine Oberfläche im Verhältnis zur Größe. Mit der Vergrößerung der Oberfläche nimmt der Wärmeverlust zu. Deshalb kühlen Frühgeborene bei niedriger Außentemperatur besonders schnell aus. Zwar reagiert auch das Neugeborene bei Kälte mit einer Verengung der Hautgefäße, die „Schale" ist aber noch so dünn, daß nur eine geringe Isolation eintritt. Der Säugling reagiert auf Kälte mit einer erheblichen Umsatzsteigerung, die auf seiner Fähigkeit zur zitterfreien Wärmebildung beruht (s. Kap. 14 „Temperaturregelung").

> Daher muß nach der Geburt für eine warme Umgebung des Neugeborenen gesorgt werden (vorgewärmte Tücher).

Unter einer Frühgeburt versteht man nach Empfehlung der Weltgesundheitsorganisation (WHO) jedes Neugeborene, das vor Ende der 37. Schwangerschaftswoche geboren wird, und zwar unabhängig vom Geburtsgewicht.

Der Entwicklungsgrad (Reife) ist abhängig vom Gestationsalter (Schwangerschaftsdauer), das aus vorhandenen Reifezeichen bestimmbar ist. Aus dem Verhältnis zwischen Gestationsalter und Geburtsgewicht ergeben sich folgende Einteilungen:
– eutroph (richtiges Gewicht für das entsprechende Alter)
– hypotroph (zu wenig Gewicht für das entsprechende Alter)
– hypertroph (zu viel Gewicht für das entsprechende Alter).

Da die Organe des Frühgeborenen noch nicht ausgereift sind, ergeben sich verschiedene Probleme bei der Anpassung an das Leben außerhalb der Gebärmutter. Komplikationen können vor allem durch eine gestörte Lungenentfaltung (Fehlen von „Surfactant"; s. Kap. 8 „Atmung"), Hirnblutungen, erhöhte Infektanfälligkeit sowie mangelnde Wärmeregulation auftreten.

15.9 Vererbung

> **Z** Chromosomen sind die Träger der Erbinformationen. Die Vererbung und Ausprägung von Merkmalen vollzieht sich nach bestimmten Gesetzmäßigkeiten. Eine Durchmischung und Neukombination des Erbmaterials während der Bildung der männlichen und weiblichen Keimzellen (Meiose) sowie bei Vereinigung von männlichem und weiblichem Erbmaterial bei der Befruchtung sind die Voraussetzung für Individualität in all ihrer Vielfalt. Andererseits kann es dabei zu ernsthaften Störungen kommen, die z.B. zur Ausprägung von Erbkrankheiten führen. **Z**

15.9.1 Grundbegriffe der Vererbung

In seiner Einzigartigkeit ist jeder Mensch geprägt durch die Kombination von Erbinformationen, die beide Eltern ihm mitgegeben haben. Alle diese Informationen sind in den 46 Chromosomen der befruchteten Eizelle gespeichert. 23 dieser Chromosomen stammen vom Vater, 23 von der Mutter (s. Kap. 15.3). Väterliche und mütterliche Chromosomen bilden jeweils Paare, die sich entsprechen (homologe Chromosomen). Nur beim männlichen Geschlecht finden sich zwei unpaare Chromosomen, ein größeres sog. X-Chromosom, das beim weiblichen Geschlecht doppelt vorkommt, und ein kleineres sog. Y-Chromosom. Diesen **Geschlechtschromosomen** (Gonosomen) stehen 22 Chromosomenpaare gegenüber, die beiden Geschlechtern gemeinsam sind und **Autosomen** heißen (s. Kap. 3). Die jeweils bei einem Paar von (homologen) Chromosomen einander gegenüberliegenden **Gene** werden als **Allele** bezeichnet. Sind diese Allele einander gleich, so spricht man in bezug auf dieses Erbmerkmal von reinerbig oder **homozygot,** sind die einander entsprechenden Allele hingegen voneinander verschieden, so wird dies als mischerbig oder **heterozygot** bezeichnet. Die Ausprägung der Merkmale bzw. die Vererbung auf die Nachkommen erfolgt nach bestimmten Gesetzmäßigkeiten: Nicht alle Allele (Genpaare) wirken nämlich in gleicher Weise prägend. So kann ein Gen stärker wirksam sein als das andere. Es wird dann als **dominant,** das schwächere als **rezessiv** bezeichnet. Dominante Gene setzen sich grundsätzlich gegenüber den rezessiven durch. Gleichwertige Allele führen zur Ausprägung beider Merkmale nebeneinander und heißen dann **kodominant.** Beispiele für die genannten Gesetzmäßigkeiten sind bei der Vererbung von Blutgruppen zu finden. Die entsprechenden Gene können in den drei Formen für die Blutgruppen A, B und 0 auftreten. Die Gene für die Blutgruppen A und B sind kodominant. Das Gen für die Blutgruppe 0 hingegen ist rezessiv, so daß beim Kind nur dann die Blutgruppe 0 auftritt, wenn zwei 0-Gene vorhanden sind (homozygote Allele).

15.9.2 Erbkrankheiten

> **K** Eine Reihe von Erbkrankheiten haben ihre Ursache in Störungen der **Meiose** (s. Kap. 15.3). Um diese besser zu verstehen, sollen die entscheidenden Vorgänge der Keimzellbildung (Spermien und Eizelle) kurz zusammengefaßt werden:
> – Ziel der Meiose (Reifeteilung) ist zunächst die Halbierung des Chromosomensatzes von diploid (46 Chromosomen) auf haploid (23 Chromosomen). Bei der normalen Mitose (vgl. Kap. 3) haben Mutter- und

Tochterzellen dagegen in der Regel einen diploiden Chromosomensatz.
- Unmittelbar vor Beginn der beiden Zellteilungen der Meiose verdoppelt sich zunächst wie bei jeder Mitose der Chromosomensatz. Die homologen Chromosomenpaare lagern sich dann besonders eng zusammen und verkleben miteinander. Dies ist eine Voraussetzung dafür, daß Chromosomenstücke ausgetauscht werden und damit eine Umverteilung **(Rekombination)** des genetischen Materials stattfinden kann. Diese Neukombinationen von Genen in den homologen Chromosomen erhöhen die genetische Vielfalt.
- Es folgen die zwei Zellteilungen der Meiose, zuerst die Reduktionsteilung mit Trennung der homologen Chromosomen und dem Ergebnis eines haploiden Chromosomensatzes und sodann eine Äquationsteilung, bei der wie bei einer Mitose die verdoppelten Chromosomen voneinander getrennt werden.

Die für die Meiose charakteristische Neukombination von Genen in den Chromosomen kann zu verschiedenen Fehlbildungen führen:
- Bei einer **numerischen Chromosomenaberration** findet sich eine ungleiche Verteilung von Chromosomen auf die Keimzellen. Fast alle Veränderungen der Chromosomenzahl, das Fehlen ebenso wie eine Überzahl von Chromosomen, führen zum Tod des Embryos. Mit dem Leben vereinbar sind nur numerische Aberrationen der Geschlechtschromosomen und eine Überzahl **(Trisomie)** dreier spezieller Autosomen. Besonders bekannt ist die Trisomie des Chromosoms 21 („Mongolismus" oder **Down-Syndrom**) mit individuell recht unterschiedlicher geistiger Behinderung und Fehlbildungen verschiedener anderer Organsysteme. Mit schwersten Fehlbildungen gehen Trisomien der Chromosomen 13 und 18 einher. Weitaus geringere Mißbildungen hat eine fehlerhafte Verteilung der Geschlechtschromosomen zur Folge. Beispiele sind das Ullrich-Turner-Syndrom bei Mädchen. Hier fehlt ein X-Chromosom und sind vor allem unzureichend ausgeprägte Geschlechtsmerkmale typisch.
Beim Klinefelter-Syndrom kommt zu den männlichen Geschlechtschromosomen XY ein zusätzliches X-Chromosom. Typisch ist vor allem eine Unterentwicklung der Hoden und ein verminderter Intelligenzquotient.
- Auch **strukturelle Chromosomenaberrationen,** z.B. aufgrund des Verlusts von Chromosomenstücken, können zu geistigen und körperlichen Fehlentwicklungen führen.
- Schließlich kann es zu Veränderungen einzelner Gene kommen. Solche **Genmutationen** können zur Synthese funktionell ungeeigneter Proteine führen und Stoffwechselerkrankungen zur Folge haben. Die **Mukoviszidose,** eine häufige Erbkrankheit, beruht auf einer solchen Genmutation.

Verschiedene Erbkrankheiten gehen auf Gene zurück, die auf dem X-Chromosom lokalisiert sind. Da der Mann nur ein X-Chromosom besitzt, kommt ein krankes Gen in jedem Fall zur Ausprägung. Dies wird z.B. bei der geschlechtsgebundenen Bluterkrankheit (Blutgerinnungsstörung wegen Fehlens von Faktor VIII, s. Kap. 11) beobachtet. Sie tritt beim Mann, aber nicht bei der Frau auf, da diese mit einem gesunden Gen auf dem zweiten X-Chromosom ausreichend Gerinnungsfaktoren produzieren kann.

K

Lernkontrolle

1. Erläutern Sie die endokrine und die exokrine Funktion des Hodens.
2. Beschreiben Sie die hormonelle Beeinflussung der Ovarien.
3. Skizzieren Sie den Weg einer gesprungenen Eizelle aus dem Ovar.
4. Wie gelangen Spermien zur befruchtungsfähigen Eizelle?
5. Was versteht man unter dem Begriff „Reduktionsteilung"?
6. Beschreiben Sie die zyklusabhängigen Veränderungen der Uterusschleimhaut.
7. Erläutern Sie Aufbau und Funktion der Placenta.
8. Welche Unterschiede bestehen zwischen dem Kreislauf eines Embryos und dem eines Neugeborenen?

Auflösung des Fallbeispiels

▲ **Verdachtsdiagnose: Eileiterschwangerschaft (tubare Gravidität/Extrauteringravidität)**

Ursache: Verantwortlich für einen unphysiologischen Einnistungsort der befruchteten Eizelle sind Hindernisse des Eileiters, die zu einer Störung des Eitransports in der Tube führen. Eine der häufigsten Ursachen ist eine vorausgegangene Eileiterentzündung. Darüber hinaus wird eine extrauterine Gravidität z.B. durch angeborene Anomalien der Eileiter, Endometriosen und Risikofaktoren wie Zustand nach Sterilisation und höheres Alter begünstigt.

Symptomatik: Wichtigstes Symptom der Extrauteringravidität ist der durch Auftreibung und Dehnung des Eileiters verursachte, plötzlich auftretende Unterleibsschmerz und das vorausgegangene Ausbleiben der Regelblutung. Dabei auftretende Blutungen in die Bauchhöhle führen zur schmerzhaften Bauchfellreizung sowie zum hämorrhagischen Schock.

Diagnose: Eine ausführliche Anamnese gibt meistens erste Hinweise. Bei der Tastuntersuchung ist der Adnexbereich auf der betroffenen Seite schmerzhaft. Oft verhindert die ausgeprägte Bauchabwehrspannung die Beurteilung. Die Ultraschalluntersuchung zeigt in vielen Fällen eine Raumforderung neben dem Uterus. Ein HCG-Schnelltest („Schwangerschaftstest") bestätigt das Vorliegen einer Schwangerschaft. Weitere diagnostische Maßnahmen (z.B. Laparoskopie) werden in Abhängigkeit von der Kreislaufsituation durchgeführt.

Therapie: Zeichen der akuten intraabdominellen Blutung oder des Schocks sind Indikationen für einen operativen Eingriff mit dem Ziel, die Blutung zu stillen. Zur Stabilisierung des Kreislaufs wird über einen venösen Zugang Flüssigkeitsvolumen substituiert. Bei der Operation ist die Erhaltung der Tube anzustreben, besonders bei Frauen mit Kinderwunsch.

A

ANHANG

D: Definition, E: Erläuterung, B: Beispiel

Glossar

R. Köhling

Adaptation: D Anpassung; die physische oder psychische, vorübergehende oder dauernde Anpassung eines Organismus, Organs, Gewebes oder einer Zelle an veränderte Bedingungen. B (a) Abnahme der Empfindungsintensität bei fortdauernder Reizeinwirkung gleichbleibender Stärke. Anzutreffen auf der Ebene des Sinnesrezeptors (periphere A.) oder nachgeschalteten Ebenen des Sinneskanals (zentrale A.). (b) Anpassung der Sauerstofftransportkapazität des Blutes an den Aufenthalt in großen Höhen durch Vermehrung der Erythrozytenkonzentration im Blut.

afferent: D auf ein Zentralorgan zutragend. B (a) aus der Peripherie in das Zentralnervensystem laufend. (b) einem Glomerulus Blut zuführendes Gefäß.

Agglutination: D „Verklumpung" antigentragender Partikel durch entsprechende Antikörper.

aktiver Transport: D transmembranale Passage von Stoffen unter Energieverbrauch durch Vermittlung eines Transportproteins. E Beim primär a.T. ist der Energieverbrauch unmittelbar an den transmembranalen Transport des betroffenen Stoffes gekoppelt. Beim sekundär a.T. schafft der Transport eines anderen Stoffes unter Energieverbrauch einen elektrochemischen Gradienten. Dieser Gradient wird für den Transport des betroffenen Stoffes ausgenutzt.

Anabolismus: D Aufbaustoffwechsel, Umwandlung von Nahrungsbestandteilen in körpereigene Stoffe.

Anämie: D Blutarmut, Verminderung der Zahl und/oder des Volumens oder Hämoglobingehaltes der Erythrozyten. E A. hat eine verminderte Sauerstofftransportkapazität des Blutes zur Folge.

Antigene: D jede Substanz, die vom Organismus als fremd erkannt wird und eine Immunantwort auszulösen vermag. E Die Fremderkennung wird durch Seitenketten von Molekülen (Determinanten) ermöglicht.

Auswärtsstrom: D Verschiebung positiver Ladung von intra- nach extrazellulär, i.d.R. durch transmembranale spannungs- oder ligandenoperierte Ionenkanäle an erregbaren Zellen. Entsprechend erscheint ein Strom von negativer Ladung von extra- nach intrazellulär als A. E Führt meist zur Vergrößerung des Membanpotentials. B A. von Kaliumionen nach Aktionspotential eines Neurons führt zur Repolarisation.

Äquivalent: D das Gleichwertige, das Entsprechende.

Catecholamine: D Gruppenbezeichnung für die aromatischen Amine Adrenalin, Noradrenalin und Dopamin und deren Derivate (Brenzcatechine).

Chemotaxis: D durch chemische Reize ausgelöste, gerichtete Bewegung von Zellen auf die Quelle zu oder Fortbewegen von der Quelle des chemischen Reizes (positive oder negative C.).

Clearance: D Entfernen einer bestimmten körperfremden oder -eigenen Substanz aus dem Blut als Leistung eines Ausscheidungsorgans oder aus dem Blut in ein anderes Gewebe. B Nierencl.: dasjenige Plasmavolumen, das pro Zeiteinheit durch die Nierenfunktion von einer harnfähigen Substanz befreit wird (Volumenklärrate).

Codierung: D Verschlüsselung von Information. B (a) Umwandlung der unterschiedlichen Reizeigenschaften wie Intensität, Änderungsgeschwindigkeit und Dauer in Folgen von Aktionspotentialen. (b) Verschlüsselung von Aminosäuresequenzen in Form von Nucleotidtripletts der Desoxyribonucleinsäureketten.

Compliance: D (a) Maß für die Nachgiebigkeit eines Gewebes unter Ruhebedingungen. Quotient aus Volumen (l) und Druck (Pa). (b) Bezeichnung für die Bereitschaft eines Patienten, den Anweisungen eines Arztes zu folgen.

Degeneration: D Vorgang der Entstehung struktureller Schäden oder Funktionseinbuße von Molekülen, Zellen, Organen und Organsystemen.

Dehydratation: D Zustand des Wassermangels des Intra- und/oder Extrazellulärraums eines Organismus. B D. kann als Folge einer verminderten Wasseraufnahme oder eines vermehrten Wasserverlustes auftreten.

Depolarisation: D Abweichung des Membranpotentials vom Ruhemembranpotential in positive Richtung und damit Verminderung der Potentialdifferenz zwischen Intra- und Extrazellulärraum als Folge einer natürlich oder künstlich herbeigeführten Ladungsumverteilung an der Membran.

Diffusion: D Stoffwanderung ohne Energieverbrauch, i.d.R. aufgrund eines Konzentrationsgradienten. E D. führt zu einer gleichmäßigen Verteilung von Molekülen und Ionen im Raum und zum Ausgleich eines Konzentrationsunterschiedes zwischen Kompartimenten des gegebenen Raumes.

Dioptrie: D Einheit der Brechkraft eines optischen Systems als Kehrwert der Brennweite. Einheit: 1/m.

Druck: Kraft, die auf eine Fläche einwirkt. Einheit: Pascal (Pa) = Newton (N)/m²

Dynamik: D Beschreibung des Zusammenhangs von Kraft und Beschleunigung; Analyse der Bewegungsabläufe.

efferent: von einem Zentralorgan wegtragend. B (a) vom Zentralnervensystem in die Peripherie laufend. (b) von einem Glomerulus Blut abführendes Gefäß.

Elektrolyt: D (a) Molekül, das in wäßriger Lösung in einen positiv geladenen Molekülanteil (Kation) und einen negativ geladenen Molekülanteil (Anion) zerfällt. (b) fester oder flüssiger Stoff, in dem Elektrizität durch Ionen getragen wird.

Emulgierung: D Durchmischung zweier nicht oder nur begrenzt ineinander löslicher Flüssigkeiten. E Bei der E. wird eine Flüssigkeit als disperse Phase (innere Phase) sehr fein und gleichmäßig in der anderen, der Emulsionsflüssigkeit (äußeren Phase) verteilt. B E. stellt die Voraussetzung der Fettverdauung dar. Hierbei werden Fette als Nahrungsbestandteile unter Vermittlung von bipolaren

D: Definition, E: Erläuterung, B: Beispiel

Molekülen (Emulgatoren, hier: Gallensäuren) als kleinste Fetttröpfchen (Mizellen) im Nahrungsbrei gelöst und so dem enzymatischen Abbau zugänglich gemacht.
endokrin: D in den Blutkreislauf Stoffe (i.e.S. Hormone) absondernd. B Hormondrüsen.
Endothel: D das einschichtige Plattenepithel, das die Herzräume, Blut- und Lymphgefäße auskleidet.
Endozytose: D Stoffaufnahme in die Zelle durch örtliche Einstülpung der Zellmembran um den aufzunehmenden Stoff und darauffolgender Abbau des Inhalts des Membranbläschens (Endosoms).
Energie: D Fähigkeit eines Körpers oder Systems, Arbeit zu leisten. Einheit: Joule (J).
Epithel: D das ein- oder mehrschichtige Deckgewebe, das die äußere Körperoberfläche bedeckt bzw. die Hohlorgane und Körperhöhlen auskleidet. E E.-Zellen sind durch ihren funktionell asymmetrischen Aufbau mit einer hohlraum- oder oberflächenzugewandten und einer an das Körperinnere anschließenden Seite gekennzeichnet (s.a. Polarität).
Exozytose: D Ausschleusen gespeicherter Stoffe oder von Restkörpern (unverdautem, den Phagolysosomen entstammendem Material) in Bläschenform aus der Zelle (s.a. Endozytose).
extrinsisch: D außerhalb eines Systems liegend oder seinen Ursprung nehmend.
Filtration: D Durchtritt von Flüssigkeit und eines Teils der darin gelösten Teilchen durch ein poröses Gebilde (z.B. eine Membran) aufgrund eines Druckgefälles. Dabei bestimmt die selektive Permeabilität (Permselektivität) der Membran, welche Teilchen durchtreten können und welche nicht. B F. findet bei der Bildung des Primärharns an der Bowmanschen Kapsel statt.
Frequenzband: D die Gesamtheit unterschiedlicher Frequenzen innerhalb zweier Frequenzgrenzen.
Gonaden: D Keimdrüsen (Hoden oder Eierstöcke).
Hämolyse: D Auflösung roter Blutkörperchen. B Ursachen für eine H. sind eine Immunreaktion oder eine thermische, mechanische, bakteriell- oder chemisch-toxische sowie osmotische Schädigung oder angeborene Zelldefekte.
Helix: D schraubenförmige Anordung der Polypeptid- oder Polynucleotidketten mit stabilisierenden intermolekularen Disulfid- oder Wasserstoffbrücken als Sekundärstruktur der Eiweißkörper oder Nucleinsäuren. B Die Desoxyribonucleinsäureketten liegen in helikaler Struktur vor.
Histokompatibilität: D Zustand der gegenseitigen Verträglichkeit zwischen einem Organismus und körperfremdem Gewebe oder Organen. E Hohe H. liegt vor bei völliger oder weitgehender Übereinstimmung der H.antigene (d.h. der genetisch vorgegebenen, membran- oder plasmaständigen Strukturen, die eine Immunreaktion auslösen können; s.a. Inkompatibilität).
Homunculus: D „Menschlein"; verzerrte Darstellung des menschlichen Körpers. B bildliche Veranschaulichung der motorischen bzw. somatosensiblen Repräsentation der einzelnen Körperabschnitte, projiziert auf die Oberfläche der Großhirnrinde im Frontalschnitt.
Hyperhydratation: D Zustand des Wasserüberschusses des Intra- und/oder Extrazellulärraums eines Organismus. B H. kann als Folge einer überhöhten Wasseraufnahme oder einer verminderten Wasserausscheidung auftreten.
Hyperpolarisation: D Abweichung des Membranpotentials vom Ruhemembranpotential in negative Richtung und damit Vergrößerung der Potentialdifferenz zwischen Intra- und Extrazellulärraum als Folge einer natürlich oder künstlich herbeigeführten Ladungsumverteilung an der Membran.
Hypertonie/Hypertension: D Erhöhung eines Drucks oder einer Spannung über die Norm. B die dauerhafte Erhöhung des diastolischen arteriellen Blutdruckes über den Wert von 95 mm Hg bzw. des systolischen Wertes über 160 mm Hg (1 mm Hg = 133,322 Pa).
Hypotonie/Hypotension: D Verminderung eines Druckes oder einer Spannung unter die Norm. B Abnahme des Muskeltonus, des Augeninnendruckes; die dauerhafte Verminderung des diastolischen arteriellen Blutdruckes unter den Wert von 60 mm Hg bzw. des systolischen Wertes unter 105 mm Hg (1 mm Hg = 133,322 Pa).
Information: D Grundgröße, die jedem physikalischen oder chemischen Vorgang zugeordnet werden kann. Negativer dualer Logarithmus der Wahrscheinlichkeit für den Eintritt eines Ereignisses. Einheit: bit. B In der deutschen Schriftsprache verfügt der Buchstabe E über den geringsten Informationsgehalt, da die Wahrscheinlichkeit seines Auftretens am höchsten ist; fehlt der Buchstabe E, sind Texte mühelos verständlich.
Inkompatibilität: D Unverträglichkeit, fehlende Übereinstimmung; i.e.S. Zustand der gegenseitigen Unverträglichkeit zwischen einem Organismus und einem körperfremden Gewebe oder Organ. E I. beruht auf fehlender Übereinstimmung der Histokompatibilitätsantigene (s. Histokompatibilität), so daß durch Immunreaktionen bedingte Abstoßungen ausgelöst werden.
Insuffizienz: D Zustand der Leistungseinschränkung eines Organs oder Organsystems. B Herz-I.: Verminderte Pumpleistung des Herzens und dadurch bedingter Blutrückstau mit Ödembildung, Kurzatmigkeit und allgemeiner Leistungsverminderung.
intrinsisch: D innerhalb eines Systems liegend oder seinen Ursprung nehmend.
Ion: D elektrisch geladenes Teilchen, das aus einem Atom oder Molekülen (z.B. Salzen in wäßriger Lösung) durch Entzug eines oder mehrerer Elektronen (positives I. = Kation) oder durch Elektronenzufuhr (negatives I. = Anion) entsteht.
Katabolismus: D Abbaustoffwechsel, Umwandlung von körpereigener Substanz und Nährstoffen unter Energiegewinnung.
Kinetik: D Beschreibung des für eine bestimmte Bewegung oder für einen bestimmten Prozeß charakteristischen Ablaufs.

Konditionierung: **D** Verknüpfung eines unbedingten Reizes mit einem bedingten, nicht im Reflexbogen wirksamen Reiz. **E** Der bedingte Reiz vermag nach erfolgter K. die Rolle des unbedingten Reizes zur Auslösung eines Reflexes zu übernehmen. **B** Gleichzeitige Vorgabe eines den Speichelfluß anregenden Reizes (Nahrungsgeruch) und eines Klingelzeichens. Nach mehrmaliger Kopplung der beiden Reize löst auch das Klingelzeichen allein Speichelfluß aus.

Konduktion: **D** Transport in ruhendem Medium. **B** Wärmeleitung, Übertragung von Wärme von Molekül zu Molekül v.a. in festen oder unbeweglichen Stoffen.

Konvektion: **D** Transport in beweglichem Medium. **B** Stoff- oder Energietransport durch Mitführung in Flüssigkeits- oder Gasströmung, z.B. im Luft- oder Blutstrom.

Konvergenz: **D** (a) Prinzip neuronaler Verschaltung, das die Bündelung des Datenflusses von mehreren vorgeschalteten Elementen auf ein nachgeschaltetes Element beschreibt; (b) die Bündelung von Lichtstrahlen als Effekt von Konvexlinsen und Konkavspiegeln.

Konzentration: **D** Mengenangabe eines gelösten Stoffes pro Volumen (l) oder Masse (g) des Lösungsmittels.

Konzentrierung: **D** Steigerung des Gehaltes an gelösten Stoffen in einer Flüssigkeit. **B** Harnkonzentrierung bei Wasserresorption in der Niere.

Korrelation: **D** Wechselbeziehung, Entsprechung, Übereinstimmung; Maß für den Zusammenhang zwischen den entsprechenden Werten zweier Variablen. **B** Generieren zwei Neurone Aktionspotentiale mit festem zeitlichem Abstand, so zeigt ihre Aktivität eine hohe K.

Menge: **D** Stoffmenge; Masse oder Anzahl der Teilchen oder Moleküle (Mol ≈ 6×10^{23} Teilchen) eines Stoffes.

Motilität: **D** Bewegungsvermögen, i.e.S. (a) die unwillkürlichen Bewegungsvorgänge verschiedener Organe (z.B. des Magens); (b) Beweglichkeit als Funktion der Skelettmuskulatur.

Nachpotential: **D** Membranpotentialverschiebung in hyper- oder depolarisierende Richtung, die einem Aktionspotential folgt. **E** Ein N. ist Folge einer transienten Permeabilitätserhöhung der Membran insbesondere für Kalium-, Calcium- und Chloridionen, die die Aktionspotentialdauer und -frequenz beeinflussen kann.

Osmose: **D** Diffusion einer Flüssigkeit durch eine semipermeable Membran. **E** O. gleicht die Konzentrationsunterschiede gelöster undiffusibler Teilchen auf beiden Seiten aus.

osmotischer Druck: **D** Druckdifferenz zwischen zwei Kompartimenten, die durch eine semipermeable Membran getrennt sind, die für das Lösungsmittel, aber nicht für gelöste Ionen durchlässig ist. Wird hervorgerufen durch den unterschiedlichen Gehalt an undiffusiblen Ionen. Im Unterschied zum onkotischen Druck wird hier nicht auf den Proteingehalt abgestellt. Einheit: Pascal (Pa = Newton[N]/m²).

Partialdruck: **D** anteiliger Druck eines Gases am Gesamtdruck eines Gasgemisches. Einheit: Pascal (Pa).

passiver Transport: **D** Stofftransport ohne Energieverbauch, i.e.S. transmembranaler oder -epithelialer Transport durch Diffusion, Osmose oder Konvektion.

Permeabilität: **D** Durchlässigkeit eines porösen Gebildes, insbesondere einer Membran, für Stoffe. **E** Für das Ausmaß der P. sind Poren- und Teilchengröße, Membrandicke und die Dichte und Verteilung elektrischer Ladungen der Membran und der durchtretenden Teilchen ausschlaggebend (s.a. Filtration).

pH-Wert: **D** negativer dekadischer Logarithmus der molaren Konzentration von Wasserstoffionen (Protonen) in einer Flüssigkeit.

Phagozytose: **D** aktive Aufnahme von Partikeln in das Innere einer Zelle. **E** Dient der Beseitigung und Zerstörung von Fremdkörpern oder der Nahrungszuführung durch einfache Aufnahme (Import), Umfließen oder Einstülpung.

Potential: **D** (a) Größe für die Energie eines Körpers in einem Kraftfeld; (b) an biologischen Strukturen auftretendes elektrisches Potential. Einheit: Volt [V]. **B** Membran-P., das bei asymmetrischer Verteilung von Ladungsträgern beiderseits der Membran als Resultat der unterschiedlichen Permeabilität der Membran für die verschiedenen Ionensorten einerseits sowie der Unterschiede dieser Ionen bezüglich ihres Transports andererseits entsteht (s.a. Potentialdifferenz).

Potentialdifferenz: **D** Unterschied zwischen den elektrischen Potentialen zweier Kompartimente. Wird als elektrische Spannung ausgedrückt.

Projektion: **D** (a) optische Wiedergabe einer Vorlage auf einem Bildschirm. (b) Lokalisierung einer Empfindung im Raum, auf dem und/oder im Körper. (c) Fortleitung nervöser Impulse über entsprechende P.-Bahnen zum zuständigen P.-Feld in der Hirnrinde.

Proliferation: **D** Vermehrung von Gewebe. **B** P. findet meist im Rahmen von Entzündung oder Wundheilung oder zyklischen Auf- und Abbauvorgängen (z.B. am Endometrium) statt.

Pyrogene: **D** (a) endogene P.: aus Leukozyten freigesetzte Substanzen, die unter Vermittlung von Prostaglandinen zu einer schnellen Fieberreaktion führen; (b) exogene P.: hitzebeständige, dialysierbare Oligo-, Poly- und Lipopolysaccharide oder Polypeptide aus apathogenen und pathogenen Bakterien, die bei Eindringen in die Blutbahn über Leukozytenaktivierung und Ausschüttung endogener P. einen Temperaturanstieg bewirken.

Refraktärität: **D** Zustand der vorübergehenden Unerregbarkeit nach erfolgter Erregung. **B** An Neuronen ist die R. bestimmt durch die Phase der Inaktivierung von Natriumkanälen und überdauernde Aktivierung von Kaliumkanälen nach Generierung eines Aktionspotentials.

Rezeption: **D** Aufnahme von Reizen.

Rezeptor: **D** Reiz- oder substanzaufnehmende Struktur. **B** (a) die für spezifische Reize (z.B. Licht,

D: Definition, E: Erläuterung, B: Beispiel

Vibration, Schall, H⁺-Ionen) empfindliche und entsprechend ihrer Funktion und Lokalisation einen besonderen Aufbau besitzende Struktur einer Zelle, eines Organs oder eines Systems; (b) meist membranständiger oder zytoplasmatisch gelegener Proteinkomplex, der bei Kopplung mit einem Botenstoff oder Liganden (Hormon, Transmitter) eine Leitfähigkeitserhöhung der Membran und damit eine Membranpotentialverschiebung oder die Veränderung zellulärer Stoffwechselprozesse vermittelt.

Rhythmik: D mehrmalige periodische Wiederholung eines Vorgangs.

Rückkopplung: Rückwirken des Produktes eines Prozesses auf den laufenden Prozeß. **B** (a) hemmende (negative) R. bei Regelung; (b) unterstützende (positive) R. bei kaskadenartiger Aktivierung von spannungsabhängigen Natriumkanälen beim Aktionspotential.

Signal: D physikalischer oder chemischer Träger von Information.

Somatotopie: D der Anordung der Körperoberfläche entsprechende räumliche Ordnung von sensorischen oder motorischen Funktionseinheiten (Modulen) der Großhirnrinde.

Substrat: D Substanz. (a) Grundsubstanz, in der ein bestimmter chemischer, physiologischer oder pathologischer Vorgang abläuft; (b) Verbindung, die von einem Enzym verändert wird.

Widerstand: D (a) die der Bewegung eines physikalischen Systems entgegenwirkende Kraft; (b) W., den ein stromführender Leiter bei angelegter Spannung dem Stromfluß entgegensetzt. Einheit: Ohm [W]. (c) als Gefäß- bzw. Bronchialwiderstand der der Blut- bzw. Atemgasströmung entgegenwirkende W. als Quotient aus Druckdifferenz (DP in Pa) und Volumenstrom (V in l/s).

Abbildungsnachweis

Die neu gezeichneten bzw. modifizierten Abbildungen sind mit den Kürzeln der Zeichner versehen:

Michael Budowick (**M. B.**)
Mary Anna Barratt-Dimes (**M. B.-D.**)
Jochen Buschmann (**J. B.**)
Jonathan Dimes (**J. D.**)
Jörg Mair (**J. M.**)
Dr. Annette Neumann (**A. N.**)
Henriette Rintelen (**H. R.**)

Die Namen der Fotografen bzw. die Quellen für die Kapitelaufmacher sind beim jeweiligen Kapitel genannt.

Kapitel 1
(Foto: Gerhard Bäuerle)

1-1	**H. R.**
1-2	**H. R.**

Kapitel 2
(Foto: MEV-Verlag, Augsburg)

2-1	**J. B.** und **H. R.**
2-2 bis 2-19	Anatomische Zeichnungen: **A. N.**
2-8 bis 2-19	CT-Bilder: PD Dr. Link, Institut für klinische Radiologie – Röntgendiagnostik, Universität Münster
2-8 A	**J. M.**
2-9 A	**J. M.**
2-10 A	**J. M.**
2-11 A	**J. M.**
2-12 A	**J. M.**
2-20	modifiziert **J. M.**: Sobotta, J.: Atlas der Anatomie des Menschen, Bd. 2, Urban & Schwarzenberg, München–Wien–Baltimore, 20. Aufl., 1993, Abb. 864 (künftig zit.; Sobotta, Anatomie)
2-21	modifiziert **J. M.**: Sobotta, Anatomie, Bd. 2, 20. Aufl., Abb. 934
2-22	modifiziert **J. M.**: Sobotta, Anatomie, Bd. 2, 20. Aufl., Abb. 1109
2-23	modifiziert **J. M.**: Sobotta, Anatomie, Bd. 2, 20. Aufl., Abb. 945
2-24	modifiziert **J. M.**: Sobotta, Anatomie, Bd. 2, 20. Aufl., Abb. 908
2-25	Prof. Dr. Dr. Schober, Klinik und Poliklinik für Nuklearmedizin, Univ. Münster und **J. M.**
2-26	Prof. Dr. Dr. Schober, Klinik und Poliklinik für Nuklearmedizin, Univ. Münster und **J. M.**

Kapitel 3
(Foto: Geert Staemmler)

3-0	**J. D.**
3-1	**H. R.**
3-2	modifiziert **M. B.**: Schütz, E., Rothschuh, K. E.: Bau und Funktionen des menschlichen Körpers. Urban & Schwarzenberg, München–Wien–Baltimore, 17. Aufl. 1982, S. 7, Abb. 1-3 (künftig zit.: Schütz, Rothschuh)
3-3	Sobotta, J.: Histologie. Urban & Schwarzenberg, München–Wien–Baltimore, 5. Aufl. 1997, Abb. 36 (künftig zit.: Sobotta, Histologie)
3-4	Sobotta, Histologie, Abb. 42
3-5	**H. R.**
3-6 A	modifiziert **H. R.**: Ostendorf, P. (Hrsg.): Hämatologie (= Band 8 Innere Medizin der Gegenwart). Urban & Schwarzenberg, München–Wien–Baltimore, 1. Aufl. 1990, Abb. 14-1 (künftig zit.: Ostendorf, Hämatologie)
3-6 B	modifiziert **H. R.**: Gray's Anatomy. Churchill Livingstone, Edinburgh–London–Melbourne–New York, 1989, S. 36
3-7	**H. R.**
3-8	modifiziert Sobotta, Histologie, Abb. 74
3-9	modifiziert **H. R.**: Schütz, Rothschuh, S. 11
3-10	**H. R.**

Kapitel 4
(Foto: Gerhard Bäuerle)

4-0	**A. N.**
4-1 A–D	**H. R.**
4-2 A–C	**H. R.**
4-3 A, B	modifiziert **H. R.**: Duus, P.: Neurologisch topische Diagnostik. Thieme, 5. Aufl. 1990, Abb. 1-3, 1-4
4-4	**M. B.-D.** und **J. D.**
4-5 A	**J. D.**
4-5 B, C	modifiziert **J. D.**: Deetjen, P., Speckmann, E. J. (Hrsg.): Physiologie. Urban & Schwarzenberg, München–Wien–Baltimore, 2. Aufl. 1994, Abb. 2-5 (künftig zit.: Deetjen, Speckmann, Physiologie)

Abbildungsnachweis

4-6 A, B	**M. B.-D.** und **J. D.**	4-29	modifiziert **M. B.-D.**: Deetjen, Speckmann, Physiologie, 2. Aufl., Abb. 5-6
4-7 A–E	modifiziert **M. B.-D.** und **J. D.**: Deetjen, Speckmann, Physiologie, 1. Aufl., Abb. 2-16		

Kapitel 5
(Foto: MEV-Verlag, Augsburg)

4-8 A	**J. D.**	5-0	**A. N.**
4-8 B	Deetjen, Speckmann, Physiologie, 1. Aufl., Abb. 2-8	5-1	modifiziert **H. R.**: Speckmann, E. J.: Einführung in die Neurophysiologie. Wissenschaftliche Buchgesellschaft, Darmstadt, 1986, Abb. 16 (künftig zit.: Speckmann, Neurophysiologie)
4-9 A	Sobotta, Anatomie, Bd. 1, 20. Aufl., Abb. 476		
4-9 B	Sobotta, Anatomie, Bd. 1, 20. Aufl., Abb. 486		
4-10	Sobotta, Anatomie, Bd. 1, 19. Aufl., Abb. 472		
4-11	Sobotta, Anatomie, Bd. 1, 19. Aufl., Abb. 477	5-2	modifiziert **H. R.**: Speckmann, Neurophysiologie, Abb. 17
4-12	Lippert, H.: Anatomie. Text und Atlas. Urban & Schwarzenberg, München–Wien–Baltimore, 5. Aufl. 1989, S. 455 (künftig zit.: Lippert, Anatomie)	5-3	modifiziert **H. R.**: Rohen, J. W., Lütjen-Drecoll, E.: Funktionelle Histologie. Schattauer, Stuttgart–New York, 1990, Abb. 324
		5-3 A	Sobotta, Histologie, Abb. 456
		5-4	**H. R.**
4-13	Sobotta, Anatomie, Bd. 1, 19. Aufl., Abb. 485	5-5	Benninghoff, Anatomie, Bd. 3, 14./15. Aufl., Abb. 6-9
4-14 A, B	Sobotta, Anatomie, Bd. 1, 19. Aufl., S. 298 und 317	5-6	**J. D.**
4-14 C	Lippert, Anatomie, S. 427	5-7	**J. D.**
4-15	Sobotta, Anatomie, Bd. 1, 20. Aufl., Abb. 544	5-8	**H. R.**
		5-9 A	Sobotta, Anatomie, Bd. 1, 20. Aufl., Abb. 637
4-16	Benninghoff, A.: Anatomie, Makroskopische und mikroskopische Anatomie des Menschen, Bd. 2. Urban & Schwarzenberg, München–Wien–Baltimore, 15. Aufl. 1993, Abb. 16.9-18 a und 18 b (künftig zit.: Benninghoff, Anatomie)	5-9 B	Benninghoff, Anatomie, Bd. 3, 13./14. Aufl., Abb. 23-41 a + b
		5-10 A, B	**H. R.**
		5-11 A, B	**H. R.**
		5-12 A, B	**J. D.**
		5-13	modifiziert **J. D.**: Deetjen, Speckmann, Physiologie, 1. Aufl., Abb. 3-29
4-17	Schütz, Rothschuh, S. 153		
4-18	modifiziert **J. D.**: Lippert, Anatomie, S. 449		
4-19	modifiziert **J. D.**: Lippert, Anatomie, S. 437	5-14	Deetjen, Speckmann, Physiologie, 2. Aufl., Abb. 3-27
		5-15	**M. B.-D.**
4-20	Sobotta, Anatomie, Bd. 1, 20. Aufl., Abb. 436	5-16 A	**J. D.**
		5-16 B	**H. R.**
4-21 A	Sobotta, Anatomie, Bd. 1, 20. Aufl., Abb. 573	5-17	**J. D.**
		5-17 A	**H. R.**
4-21 B	**H. R.**	5-18	modifiziert **H. R.**: Schütz, E./Casper, H./Speckmann, E. J.: Physiologie. Urban & Schwarzenberg, München–Wien–Baltimore, 3. Aufl. 1982, Abb. 26-1 (künftig zit.: Schütz, Physiologie)
4-22	Sobotta, Anatomie, Bd. 1, 20. Aufl., Abb. 468.		
4-23 A	Sobotta, Anatomie, Bd. 1, 20. Aufl., Abb. 472		
4-23 B	Sobotta, Anatomie, Bd. 1, 19. Aufl., Abb. 568		
4-24	**H. R.**	5-19	**H. R.**
4-25	modifiziert **H. R.**: Deetjen, Speckmann, Physiologie, 1. Aufl., Abb. 5.1-2	5-20 A–C	**H. R.**
		5-21	modifiziert **H. R.**: Schütz, Physiologie, Abb. 26-10
4-26	modifiziert **J. D.**: Deetjen, Speckmann, Physiologie, 3. Aufl., Abb. 4-26	5-22	**H. R.**
		5-23	**J. D.**
		5-24	modifiziert **H. R.**: Schütz, Physiologie, Abb. 26-2
4-27	modifiziert **M. B.-D.**: Deetjen, Speckmann, Physiologie, 2. Aufl., Abb. 5-4	5-25 A, B	Sobotta, Anatomie, Bd. 1, 19. Aufl., S. 179
4-28	modifiziert **M. B.-D.** und **J. D.**: Deetjen, Speckmann, Physiologie, 2. Aufl., Abb. 5-8	5-26 A–C	**H. R.**
		5-27	**H. R.**
		5-28	**J. D.**

481

Abbildungsnachweis

5-29 A–C	modifiziert **H. R.**: Deetjen, Speckmann, Physiologie, 2. Aufl., Abb. 3-71 b
5-30	Deetjen, Speckmann, Physiologie, 1. Aufl., Abb. 3-72
5-31	**J. D.**
5-32 A, B	Sobotta, Anatomie, Bd. 1, 20. Aufl., Abb. 151/152
5-33 A, B	**H. R.**
5-34	**H. R.**
5-35 A, B	**M. B.-D.**
5-36	**J. D.**
5-37	**J. D.**
5-38	modifiziert **M. B.-D.**: Deetjen, Speckmann, Physiologie, 2. Aufl., Abb. 5-12
5-39	modifiziert **M. B.-D.**: Deetjen, Speckmann, Physiologie, 1. Aufl., Abb. 5-11 a

Kapitel 6
(Foto: MEV-Verlag, Augsburg)

6-0	**A. N.**
6-1 A	Sobotta, Anatomie, Bd. 1, 20. Aufl., Abb. 290
6-1 B	Sobotta, Anatomie, Bd. 1, 20. Aufl., Abb. 12
6-2 A, B	Lippert, Anatomie, S. 123
6-2 C	Benninghoff, Anatomie, Bd. 1, 15. Aufl., Abb. 4.5-3
6-3	modifiziert **H. R.**: Junqueira, L., Carneiro, J.: Histologie. Springer, Berlin–Heidelberg–New York–London–Paris–Tokio, 2. Aufl. 1986, S. 205
6-4 A	Benninghoff, Anatomie, Bd. 1, 14. Aufl., Abb. 3.6-2
6-4 B	Benninghoff, Anatomie, Bd. 1, 14. Aufl., Abb. 3.6-5 a
6-4 C	Benninghoff, Anatomie, Bd. 1, 14. Aufl., Abb. 3.6-5 b
6-5 A–D	**J. D.**
6-6	modifiziert **J. D.**: Benninghoff, Anatomie, Bd. 1, 14. Aufl., Abb. 2.6-1 a
6-7 A–D	**J. D.**
6-8 A–C	**M. B.-D.** und **J. D.**
6-9 A, B	**M. B.-D.** und **J. D.**
6-10	**M. B.-D.**
6-11	Schütz, Rothschuh, Abb. 25-8
6-12 A	modifiziert **J. D.**: Sobotta, Anatomie, Bd. 1, 20. Aufl., Abb. 541
6-12 B	modifiziert **J. D.**: Sobotta, Anatomie, Bd. 1, 20. Aufl., Abb. 542
6-13	**H. R.**
6-14	Lippert, Anatomie, S. 189
6-15	Benninghoff, Anatomie, Bd. 1, 15. Aufl., Abb. 8.4-11
6-16 A	Benninghoff, Anatomie, Bd. 1, 15. Aufl., Abb. 8.4-12
6-16 B	Benninghoff, Anatomie, Bd. 1, 15. Aufl., Abb. 8.4-9
6-17	Sobotta, Anatomie, Bd. 1, 20. Aufl., Abb. 139
6-18 A	Lippert, Anatomie, S. 191, Abb. C u. D
6-18 B	modifiziert **J. D.**: Benninghoff, Anatomie, Bd. 1, 14. Aufl., Abb. 4.9-37
6-19	modifiziert **J. D.**: Benninghoff, Anatomie, Bd. 1, 15. Aufl., Abb. 8.4-44
6-20 A	Sobotta, Anatomie, Bd. 2, 20. Aufl., Abb. 686
6-20 B	Sobotta, Anatomie, Bd. 2, 20. Aufl., Abb. 685
6-20 C	Sobotta, Anatomie, Bd. 2, 20. Aufl., Abb. 687
6-21 A	Sobotta, Anatomie, Bd. 2, 20. Aufl., Abb. 687
6-21 B	Sobotta, Anatomie, Bd. 2, 20. Aufl., Abb. 701
6-21 C	Sobotta, Anatomie, Bd. 2, 20. Aufl., Abb. 705
6-21 D	Sobotta, Anatomie, Bd. 2, 20. Aufl., Abb. 711
6-21 E	Sobotta, Anatomie, Bd. 2, 20. Aufl., Abb. 716
6-22 A	Lippert, H.: Lehrbuch Anatomie. Urban & Schwarzenberg, München–Wien–Baltimore, 3. Aufl. 1993, Abb. 212 C (künftig zit.: Lippert, Lehrbuch)
6-22 B	Lippert, Lehrbuch, Abb. 217 A
6-22 C	Lippert, Lehrbuch, Abb. 212 C
6-23 A	Lippert, Lehrbuch, Abb. 215 A
6-23 B	Benninghoff, Anatomie, Bd. 1, 15. Aufl., Abb. 8.1-24 b
6-24	Benninghoff, Anatomie, Bd. 1, 15. Aufl., Abb. 8.3-23
6-25	Sobotta, Anatomie, Bd. 2, 20. Aufl., Abb. 756
6-26	Sobotta, Anatomie, Bd. 2, 20. Aufl., Abb. 689
6-27	modifiziert **J. D.**: Sobotta, Anatomie, Bd. 2, 20. Aufl., Abb. 783
6-28 A	Benninghoff, Anatomie, Bd. 1, 14. Aufl., Abb. 4.4-3
6-28 B	Benninghoff, Anatomie, Bd. 1, 15. Aufl., Abb. 8.1-81
6-29	Benninghoff, Anatomie, Bd. 1, 15. Aufl., Abb. 8.1-72
6-30	Benninghoff, Anatomie, Bd. 1, 15. Aufl., Abb. 8.3-27
6-31 A, B	Schütz, Rothschuh, Abb. 2-23 a und b
6-32 A	Benninghoff, Anatomie, Bd. 1, 15. Aufl., Abb. 8.3-58 b
6-32 B	Benninghoff, Anatomie, Bd. 1, 15. Aufl., Abb. 8.3-58 a
6-33	Sobotta, Anatomie, 20. Aufl., Bd. 1, Abb. 330
6-34	Sobotta, Anatomie, 19. Aufl., Bd. 1, Abb. 370
6-35 A–C	Benninghoff, Anatomie, Bd. 1, 14. Aufl., Abb. 4.8-10 a, b, c

Abbildungsnachweis

6-36	modifiziert **J. D.**: Benninghoff, Anatomie, Bd. 1, 15. Aufl., Abb. 8.3-50	6-55	modifiziert **J. D.**: Sobotta, Anatomie, Bd. 2, 19. Aufl., Abb. 516
6-37	**J. D.**	6-56	**J. D.**
6-38 A	Benninghoff, Anatomie, Bd. 1, 15. Aufl., Abb. 8-3-44.	6-57	**H. R.**
		6-58 A–E	**H. R.**
6-38 B, C	Benninghoff, Anatomie, Bd. 1, 15. Aufl., Abb. 8.3-54 a, b	6-59	**J. D.**
		6-60	**J. D.**
6-39	modifiziert **J. D.**: Benninghoff, Anatomie, Bd. 1, 15. Aufl., Abb. 8.3-69	6-61	**J. D.**
		6-62	**H. R.**
6-40	modifiziert **J. D.**: Benninghoff, Anatomie, Bd. 1, 15. Aufl., Abb. 8.3-75	6-63	Schütz, Physiologie, Abb 16-3
		6-64	Faller, A.: Körper des Menschen, Thieme, Stuttgart, 11. Aufl. 1988, S. 93, 94
6-41 A	Benninghoff, Anatomie, Bd. 1, 14. Aufl., Abb. 4.8-70 b		
6-41 B	Benninghoff, Anatomie, Bd. 1, 14. Aufl., Abb. 4.8-70 a	6-65	**H. R.**
6-42	Schütz, Rothschuh, Abb. 2.26		
6-43 A	Sobotta, Anatomie, Bd. 2, 20. Aufl., Abb. 1144	**Kapitel 7** (Foto: Gerhard Bäuerle)	
6-43 B	Sobotta, Anatomie, Bd. 2, 20. Aufl., Abb. 1143	7-0	**A. N.**
		7-1	**H. R.**
6-43 C	Sobotta, Anatomie, Bd. 2, 20. Aufl., Abb. 1145	7-2	Sobotta, Anatomie, Bd. 1, 19. Aufl., Abb. 250
6-43 D	Sobotta, Anatomie, Bd. 2, 20. Aufl., Abb. 1077	7-3	Benninghoff, Anatomie, Bd. 2, 13./14. Aufl., Abb. 2.2-33
6-44	Sobotta, Anatomie, Bd. 2, 20. Aufl., Abb. 1147	7-4 A, B	Sobotta, Anatomie, Bd. 1, 20. Aufl., Abb. 180, 181
6-45	modifiziert **J. D.**: Benninghoff, Anatomie, Bd.1, 15. Aufl., Abb. 8.2-23	7-4 C	Sobotta, Anatomie, Bd. 1, 20. Aufl., Abb. 167
6-46	Benninghoff, Anatomie, Bd. 1, 15. Aufl., Abb. 8.2-25	7-4 D	Sobotta, Anatomie, Bd. 1, 20. Aufl., Abb. 179
6-47	modifiziert **J. D.**: Benninghoff, Anatomie, Bd. 1, 15. Aufl., Abb. 8.2-34	7-5	Benninghoff, Anatomie, Bd. 1, 15. Aufl., Abb. 12.2-8
6-48 A, B	modifiziert **H. R.**: Sobotta, Anatomie, Bd. 2, 20. Aufl., Abb. 1306, 1307	7-6	Sobotta, Anatomie, Bd. 1, 20. Aufl., Abb. 275
6-49 A	Sobotta, Anatomie, Bd. 2, 20. Aufl., Abb. 1186	7-7	Sobotta, Anatomie, Bd. 1, 20. Aufl., Abb. 247
6-49 B	Sobotta, Anatomie, Bd. 2, 20. Aufl., Abb. 1195 a + b	7-8	**H. R.**
		7-9	Sobotta, Anatomie, Bd. 2, 20. Aufl., Abb. 915
6-49 C	Sobotta, Anatomie, Bd. 2, 20. Aufl., Abb. 1196	7-10 A	Sobotta, Anatomie, Bd. 2, 20. Aufl., Abb. 919 a
6-50 A	Sobotta, Anatomie, Bd. 2, 20. Aufl., Abb. 1203	7-10 B	Böcker, W. u. a.: Pathologie. Urban & Schwarzenberg, München–Wien–Baltimore, 1. Aufl. 1997, Abb. 28-5 (künftig zit.: Böcker, Pathologie)
6-50 B	Sobotta, Anatomie, Bd. 2, 20. Aufl., Abb. 1204		
6-51	Sobotta, Anatomie, Bd. 2, 20. Aufl., Abb. 1197	7-11	**J. D.**
6-52 A	modifiziert **J. D.**: Wiedemann, M., Braun, W., Rüter, A.: Leitfaden Unfallchirurgie. Urban & Schwarzenberg, München–Wien–Baltimore, 1992, S. 185 (künftig zit.: Wiedemann, Unfallchirurgie)	7-12	**H. R.**
		7-13	**J. D.**
		7-14	**J. D.**
		7-15	**J. D.**
		7-16 A	Benninghoff, Anatomie, Bd. 1, 15. Aufl., Abb. 12.9-10
6-52 B	modifiziert **J. D.**: Pernkopf, E.: Atlas der topographischen und angewandten Anatomie des Menschen, Bd. 2. Urban & Schwarzenberg, München–Wien–Baltimore, 3. Aufl. 1989, Abb. 384 (künftig zit.: Pernkopf, Atlas)	7-16 B	Sobotta, Histologie, Abb. 322 b
		7-17 A–D	Sobotta, Anatomie, Bd. 2, 19. Aufl., Abb. 252–255
		7-18 A–F	modifiziert **J. D.**: Deetjen, Speckmann, Physiologie, 2. Aufl., Abb. 11-1
		7-19 A–C	**H. R.**
6-53	modifiziert **J. D.**: Benninghoff Anatomie, Bd. 1, 15. Aufl., Abb. 8.2-83	7-20	**H. R.**
		7-21	**H. R.**
6-54	modifiziert **J. D.**: Benninghoff Anatomie, Bd. 1, 15. Aufl., Abb. 8.2-87	7-22	**H. R.**
		7-23	**H. R.**

Abbildungsnachweis

Kapitel 8
(Foto: Gerhard Bäuerle)

8-0	**A. N.**
8-1 a	Benninghoff, Anatomie, Bd. 1, 14. Aufl., Abb. 733 a
8-1 b	Benninghoff, Anatomie, Bd. 1, 15. Aufl., Abb. 9.3-3
8-2	Benninghoff, Anatomie, Bd. 1, 15. Aufl., Abb. 9.3-1
8-3 A–D	Lippert, Lehrbuch, Abb. 754 a; Abb. 752; Abb. 754 b; Abb. 755 b
8-3 E	Sobotta, Anatomie, Bd. 1, Abb. 241
8-4 A	Sobotta, Anatomie, Bd. 2, 20. Aufl., Abb. 850
8-4 B	Sobotta, Anatomie, Bd. 2, 20. Aufl., Abb. 856
8-5 A, B	Lippert, Lehrbuch, Abb. 321 b
8-6	**H. R.**
8-7 A	Benninghoff, Anatomie, Bd. 1, 15. Aufl., Abb. 9.4-26
8-7 B	modifiziert **H. R.**: Sobotta, Histologie, Abb. 344
8-8 A	Lippert, Lehrbuch, Abb. 334
8-8 B	modifiziert **H. R.**: Sobotta, Histologie, Abb. 353
8-9	**J. D.**
8-10	modifiziert **H. R.**: Schütz, Physiologie, 16. Aufl., Abb. 5-12
8-11	modifiziert **H. R.**: Schütz, Physiologie, 16. Aufl., Abb. 5-14
8-12	**J. D.**
8-13	**M. B.-D.**
8-14	**J. D.**
8-15	**M. B.-D.**

Kapitel 9
(Foto: Gerhard Bäuerle)

9-0	**A. N.**
9-1	Lippert, Lehrbuch, S. 36
9-2	**J. D.**
9-3	Sobotta, Anatomie, Bd. 2, 19. Aufl., Abb. 136
9-4	ergänzt **H. R.**: Sobotta, Anatomie, Bd. 2, 20. Aufl., Abb. 864
9-5	Sobotta, Anatomie, Bd. 2, 19. Aufl., Abb. 144
9-6	**M. B.-D.**
9-7	**M. B.-D.**
9-8	**H. R.**
9-9	**A. N.**
9-10	ergänzt **H. R.**: Wicke, L.: Röntgen-Anatomie. Normalbefunde. Urban & Schwarzenberg, München–Wien–Baltimore, 4. Aufl. 1992, Abb. 104
9-11	**J. M.**
9-12	**M. B.-D.**
9-13	**J. D.**
9-14	**M. B.-D.** und **J. D.**
9-15	**M. B.**, **M. B.-D.** und **J. D.**
9-16	**H. R.**
9-17	**M. B.-D.** und **J. D.**
9-18	**M. B.-D.**
9-19	**M. B.**
9-20	**M. B.**
9-21	**M. B.**
9-22	**A. N.**
9-23	**A. N.**
9-24	**M. B.**
9-25	**M. B.**
9-26	**M. B.**
9-27	**M. B.-D.** und **J. D.**
9-28	**M. B.-D.** und **J. D.**
9-29	**M. B.-D.** und **J. D.**
9-30	**M. B.-D.** und **J. D.**
9-31	**M. B.-D.**
9-32	**M. B.** und **J. D.**

Kapitel 10
(Foto: MEV-Verlag, Augsburg)

10-0	**A. N.**
10-1 A, B	Lippert, Lehrbuch, Abb. 481 a, b
10-2	Sobotta, Anatomie, Bd. 2, 19. Aufl., S. 207
10-3	Sobotta, Anatomie, Bd. 2, 20. Aufl., Abb. 1013
10-4 A	Sobotta, Anatomie, Bd. 2, 19. Aufl., Abb. 307
10-4 B	Lippert, Lehrbuch, Abb. 483 c
10-5	**H. R.**
10-6	Benninghoff, Anatomie, Bd. 2, 15. Aufl., Abb. 13.2-23
10-7 A, B	aus diesem Buch, Kapitel 2
10-7 B, D	**H. R.**
10-8 A, B	**H. R.**
10-9	**H. R.**
10-10	**H. R.**
10-11	**J. D.**
10-12	**H. R.**
10-13	**J. D.**

Kapitel 11
(Foto: : MEV-Verlag, Augsburg)

11-0	**A. N.**
11-1	modifiziert **M. B.-D.**: Deetjen, Speckmann, Physiologie, 1. Aufl., Abb. 7-2
11-2	modifiziert **M. B.-D.**: Deetjen, Speckmann, Physiologie, 1. Aufl., Abb. 7-4
11-3	Rauber/Kopsch, Anatomie des Menschen, Bd. II. Thieme, Stuttgart–New York, 1987, S. 85 (künftig zit.: Rauber, Anatomie)
11-4 A–D	Deetjen, Speckmann, Physiologie, 1. Aufl., Abb. 7-7
11-5	modifiziert **M. B.-D.**: Deetjen, Speckmann, Physiologie, 2. Aufl., Abb. 7-21
11-6	**H. R.**
11-7	modifiziert **M. B.-D.**: Deetjen, Speckmann, Physiologie, 2. Aufl., Abb. 7-10

Abbildungsnachweis

11-8	**H. R.**
11-9	**H. R.**
11-10	**H. R.**
11-11	**H. R.**
11-12	**H. R.**
11-13 A, B	Wheater, P. R., Burkitt, H. G., Daniels, V. G.: Funktionelle Histologie. Urban & Schwarzenberg, München–Wien–Baltimore, 2. Aufl. 1987, S. 169 (künftig zit.: Wheater, Histologie)
11-14 A	Sobotta, Anatomie, Bd. 2, 20. Aufl., Abb. 884
11-14 B	Rauber, Anatomie, Abb. 2.23
11-15 A	**H. R.**
11-15 B	Lippert, Lehrbuch, Abb. 744 b
11-16 A	**H. R.**
11-16 B	Sobotta, Histologie, Abb. 257, 13./14. Aufl., Abb. 7.3-1
11-17	**H. R.**
11-18	**H. R.**
11-19 A	Sobotta, Anatomie, Bd. 2, 20. Aufl., Abb. 963
11-19 B	modifiziert Rauber, Anatomie, Abb. 2.38
11-19 C	**H. R.**
11-20	modifiziert **M. B.-D.**: Deetjen, Speckmann, Physiologie, 2. Aufl., Abb. 7-12
11-21	modifiziert **M. B.-D.**: Deetjen, Speckmann, Physiologie, 1. Aufl., Abb. 7-14

Kapitel 12
(Foto: MEV-Verlag, Augsburg)

12-0	**A. N.**
12-1	**J. D.**
12-2	**H. R.**
12-3	Benninghoff, Anatomie, Bd. 1, 15. Aufl., Abb. 10.3-25
12-4	Benninghoff, Anatomie, Bd. 2, 13./14. Aufl., Abb. 16.20-8
12-5	Benninghoff, Anatomie, Bd. 2, 15. Aufl., Abb. 16.20-9
12-6	Gerhard Bäuerle
12-7	**H. R.**
12-8 A	**H. R.**
12-8 B	mod. Deetjen/Speckmann, Physiologie, Abb. 15-18
12-9 A	**H. R.**
12-9 B	Schütz, Physiologie, Abb. 18-3
12-10	**J. D.**
12-11	**H. R.**
12-12	**H. R.**
12-13	**J. D.**

Kapitel 13
(Foto: Gerhard Bäuerle)

13-0	**A. N.**
13-1	**J. D.**
13-2	**M. B.-D.**
13-3	**M. B.-D.**
13-4	**M. B.**
13-5	**M. B.-D.** und **M. B.**
13-6	**J. D.**
13-7 A	**H. R.**
13-7 B	Sobotta, Anatomie, Bd. 1, 20. Aufl., Abb. 245
13-8	**M. B.**
13-9	**J. M.**
13-10	**J. D.**
13-11	Lippert, Lehrbuch, Abb. 748 c
13-12	**J. D.**
13-13	**J. D.**
13-14 A–C	**M. B.**
13-15	**J. D.**
13-16	**M. B.**
13-17	**M. B.-D.**
13-18	**J. D.**

Kapitel 14
(Foto: MEV-Verlag, Augsburg)

14-0	**J. D.**
14-1	**M. B.-D.**
14-2	**J. D.**
14-3	modifiziert **M. B.-D.** und **J. D.**: Deetjen, Speckmann, Physiologie, 1. Aufl., Abb. 13-7

Kapitel 15
(Foto: MEV-Verlag, Augsburg)

15-0	**A. N.**
15-1	**H. R.**
15-2	Deetjen/Speckmann, Physiologie, 2. Aufl., Abb. 14-6
15-3 A	Weiss, Histology, Abb. 30-3
15-3 B	Lippert, Lehrbuch, Abb. 573 a
15-3 C	Weiss, Histology, Abb. 30-7
15-4	Benninghoff, Anatomie, Bd. 2, 15. Aufl., Abb. 13.3-38
15-5 A	Sobotta, Anatomie, Bd. 2, 20. Aufl., Abb. 1037
15-5 B	Benninghoff, Anatomie, Bd. 2, 13./14. Aufl., Abb. 4.5-7
15-6	**H. R.**
15-7 A, B	Lippert, Lehrbuch, Abb. 563 a
15-8	Wheater, Histologie, S. 305, Abb. 19-23
15-9	modifiziert **M. B.**: Sobotta, Histologie, Abb. 470
15-10	modifiziert **H. R.**: Moore, K.: Embryologie. Schattauer, Stuttgart–New York, 2. Aufl. 1985, S. 18 (künftig zit.: Moore, Embryologie)
15-11	**H. R.**
15-12	**H. R.**
15-13	modifiziert **H. R.**: Gray's, Anatomy, S. 128
15-14	Nilsson, L.: Ein Kind entsteht. Mosaik Verlag, München, 1990, Abb. 63, 67, 79, 85, 90, 134. Ultraschallbilder: Prof. Dr. W. Holzgreve, Basel (künftig zit.: Prof. Holzgreve)

Abbildungsnachweis

15-15	Blechschmidt, E.: Vom Ei zum Embryo. dva, Stuttgart, 1968, S. 69
15-16	Tuchmann-Duplessis, H.: Embryogenesis, Bd. I. Springer, Berlin–Heidelberg–New York–London–Paris–Tokyo, 1982, S. 71
15-17	**H. R.**
15-18	Deetjen/Speckmann, Physiologie, 2. Aufl., Abb. 14-12
15-19	Moore, Embryologie, 1985, S. 172
15-20 A	Prof. Holzgreve
15-20 B	**H. R.**
15-21 A	Prof. Holzgreve
15-21 B	**H. R.**
15-22 A	Prof. Holzgreve
15-22 B	**H. R.**
15-22 C	Prof. Holzgreve
15-22 D	**H. R.**
15-23	Prof. Holzgreve
15-24	**H. R.**
15-25	**H. R.**
15-26	Sobotta, Anatomie, Bd. 2, Abb. 1044
15-27 A	**A. N.**
15-27 B	Lippert, Lehrbuch, Abb. 597 b
15-28	**A. N.**

Anhang
(Foto: MEV-Verlag, Augsburg)

Verwendete Literatur:

– M. Claasen/V. Diehl/K. Kochsiek (Hrsg.): Innere Medizin, Urban & Schwarzenberg, München–Wien–Baltimore, 3. Auflage, 1994
– P. Deetjen/E.-J. Speckmann (Hrsg.): Physiologie, Urban & Schwarzenberg, München–Wien–Baltimore, 2. Auflage, 1994

Sachverzeichnis

A

AB0-System 360
- Blutgruppen 360–361
- Testseren 360–361

Abasie 228
Abatmung 292
Abbildung, tonotope 126
Abbruchblutung 452
Abduktion 154, 195, 203, 205, 212
- Arm 187, 199
- Daumen 194
- Hüftgelenk 218

Abduktor 189
Abführmittel, salinische 270
Ableitung
- bipolare 86–87
- unipolare 86

Abort 463
Abspreizung 154
- Arm 187

Abstoßbewegung 212
Abwehr 365–370
- s.a. Immunabwehr
- Bindegewebe 51
- Granulozyten, neutrophile 366
- humorale 367–370
- – B-Lymphozyten 368–369
- körpereigene, Körpertemperatur 433
- Milz 378
- Monozyten 366
- Phagozyten 366
- spezifische 365, 368–370
- – B-Lymphozyten 368
- unspezifische 365–367
- zelluläre, T-Lymphozyten 369

Abwehrzellen, spezielle 365
Acetylcholin 158, 311, 394, 403
- Parasympathikus 397
- Sympathikus 394

Acetylcholinrezeptor 233
Achillessehne 203, 213, 216–217
Achillessehnenreflex 223
Achse, optische 110
Achselarterie 190
Achselfalte, vordere 188
Achselhöhle 190
- Lymphknoten 377

Achsellymphknoten 375
Achselnerv 191
Achsenorgan 456
Acromion 179, 183–184, 188
ACTH (adrenocorticotropes Hormon) 420
Actinfilament 156–157, 159
Adamsapfel 278
Adaptation 97, 137
Adduktion 154, 203, 212
- Arm 187, 199
- Daumen 194
- Hüftgelenk 218

Adduktorengruppe 205–206, 208
Adduktorenkanal 206, 208
Adenin 44
Adergeflecht 19, 83–84
- dritter Ventrikel 72

Aderhaut 111, 113
Adermin 241–242

ADH (antidiuretisches Hormon) 348, 409
Adhärenz, Phagozyten 366
Adhäsion, Thrombozyten 380
Adiadochokinese 228
Aditus laryngis 251
Adiuretin s. ADH (antidiuretisches Hormon)
Adnexe 445
Adrenalin 311, 325, 327, 390, 394, 397, 409, 419
- Blutzuckerspiegel 424

adrenocorticotropes Hormon s. ACTH
Adventitia 252, 261, 321, 323
Äquatorialplatte 46–47
Affektbetonung 138
Afferenzen
- Eingeweide 396
- Haut 396

After 201, 262
Afterheber 201
Afterringmuskel
- äußerer 262
- innerer 262

Afterschließmuskel 201
- äußerer 268
- innerer 268

Agglutination, Erythrozyten 360–361
Aggregation
- Erythrozyten 359
- Thrombozyten 380

Agnosie 142
- auditorische 127
- visuelle 118

AIDS 371
Akklimatisation 433
- thermische 433

Akkommodation 112
Akkommodationskraft 112–113
Akkommodationslosigkeit 113
Akne 102
Akromegalie 412
Akromioklavikulargelenk 183
Aktinfilament 46
Aktionspotential 62–63, 66, 95–96, 98, 104, 157–160, 224–225, 232, 286, 309–310, 325
- Hörnervenfasern 125
- Nervenzelle 61

Aktionspotentialfrequenz 141, 221
Aktivierung
- alternative, Komplementsystem 366
- klassische, Komplementsystem 366

Aktivität
- epileptische, generalisierte 87
- – partielle 87
- Systeme, biologische 88

Aktivitätsmuster, Geschmacksfasern 136
Aktivitätsniveau 143
Aktivitätsrhythmus, Gehirn 89
Albumine 355
Aldosteron 346–348, 409
Alexie 127
Alkalisierung, Gewebereaktion 349
Alkoholembryopathie 463
Allantois 458
Allergene 370

Allergien/allergische Reaktionen 284, 370
- Asthma bronchiale 370
- IgE 357
- Reaktion, verzögerte 370
- Sofortreaktion 370
- Spätreaktion 370
- Typ-I-Reaktion 370
- Typ-II-Reaktion 370
- Typ-III-Reaktion 370
- Typ-IV-Reaktion 370

Alpha-Globuline 357
Alpha-Motoneuron 220–221, 224, 226–227, 229–230
Alpha-Wellen 86–87, 89
Altersschwerhörigkeit 121
Alterssichtigkeit 112
Alveolarendothelzellen 285
Alveolarepithelzellen 284
Alveolarknochen 246
Alveolarluft 289
Alveolarmakrophagen 285, 366
Alveolen 244, 284–285
Alveolus dentalis 247
Amatoxine 403
Amboß 122–123
Aminosäuren 44–45, 238–239, 262, 268
Ammoniak 102
Ammoniummechanismus, Wasserstoffionen 350
Amnesie
- anterograde 144
- retrograde 144

Amnion 456–457
Amnionflüssigkeit 457, 461
Amnionhöhle 453, 456–457, 459
- Darstellung, schematische 458
- Entwicklung 458

Amniozentese 458, 465
Amplitude
- Generatorpotential 96
- Rezeptorpotential 95

Ampulla recti 262
Ampulle
- Bogengang 130
- Eileiter 452

Amylase
- Pankreassaft 266
- Speichel 266

Amylopektin 266
Amylose 266
Amylum 238
Anämie 242, 355, 359, 384
- Eisenmangel 359, 384
- Erythrozyten 358
- Erythrozytopoesestörung 384
- Färbeindex 359
- hämolytische 384
- hyperchrome 359
- hypochrome 359
- immunhämolytische 370
- Niereninsuffizienz, chronische 352
- normochrome 359
- perniziöse 242
- Tumoren 384

Anaphase 47
Androgene 419
Aneurin 241
ANF (atrialer natriuretischer Faktor) 348
Anfall
- epileptischer 140, 242

Sachverzeichnis

Anfall
- fokaler 86
- generalisierter 86
- lokaler 86
Angina pectoris 305
Angiographie 28
Angiotensin 346
Anhangsorgane, Haut 428
Anheftungsstelle
- distale 156
- proximale 156
Anomalien
- Farbensehen 116
- Organentwicklung 463
Anopie, Farbensehen 116
Ansäuerung, Gewebereaktion 349
Ansatz 156
Ansatzraum 129
Anspannungsphase 314
Anspannungston 315
anterior 7
Anteversion
- Arm 199
- Hüftgelenk 218
anticholinerges Syndrom 403
antidiuretisches Hormon s. ADH
Antigen, prostataspezifisches (PSA) 441
Antigen-Antikörper-Komplex 362
Antigen-Antikörper-Reaktion 367
Antigene 360, 369
Anti-D-Immunglobulin, Rh-Inkompatibilität 361
Antikörper 360, 369
- B-Lymphozyten 368
- Expansion, klonale 369
- monoklonale 369
- mütterliche, Fetus 460
Antiperistaltik 268
Antiperniciosafaktor 241–242
Antithrombosestrümpfe 320
Antrum 263
- pyloricum 254
Anulus
- fibrosus 174–175
- inguinalis profundus 181
Anus 262
Anzieher
- großer 205, 218
- kleiner 205
- kurzer 218
- langer 205, 218
Anziehung 154
- Arm 187
Aorta 24, 260, 282, 301–305, 315, 317, 324
- abdominalis 336
- absteigende 22
- aufsteigende 22
Aortenbogen 9, 301, 316
Aortenklappe 303–305, 324
Apex cordis 301
Aphasie
- motorische 129, 232
- sensorische 127, 130
Aponeurose 156
Apoplex 81
Apoptose 44, 48
Appendix
- epiploica 262
- vermiformis 244, 254, 257, 262
- - Lymphfollikel 375
Appendizitis 262

Apraxie 232
Aquaeductus mesencephali 66, 68, 72
Aquädukt 66, 68, 72, 75, 83
Arachnoidea 78, 80
Arbeitsmuskulatur 220–222, 311
Arbeitsmyokard 308
Arcus
- aortae 301
- costalis 178–179
- dentalis mandibularis 245
- - maxillaris 245
- palatoglossus 245
- palatopharyngeus 245
- posterior atlantis 173
- vertebrae 80, 172
- zygomaticus 165
Arm 183
Armarterie 12, 190, 194, 317
Armbeuger 191–192, 199
Armeigenreflex 223
Armgeflecht 12, 14, 161–162, 188–190, 192, 195
Armgelenke 184
Armhebung 188
Armknochen 184
Armknospen 456
Arm-Kopf-Vene 319
- linke 373
- rechte 373
Armmanschette 328
Armplexus 223
Armskelett 183
Armstrecker, dreiköpfiger 14, 191, 199, 231
Arrhythmie 298, 311
Arteria(-ae)
- axillaris 190–191
- basilaris 16, 20, 81
- brachialis 12, 190, 193–194, 197, 317
- bronchiales 281
- carotis communis 9, 12, 21, 170, 291, 326
- - - dextra 316–317
- - - sinistra 316–317
- - interna 20, 80, 82
- centralis retinae 111, 115
- cerebri anterior 81
- - media 79, 81–82
- - posterior 81–82
- coronaria dextra 301–302
- - sinistra 301–302, 307
- dorsalis pedis 215–216
- facialis 12
- femoralis 12–13, 15, 181, 205, 208
- - dextra 317
- - sinistra 317
- fibularis 217
- gastrica dextra 257
- - sinistra 257
- gastro-omentalis dextra 257
- - sinistra 257
- hepatica 24
- - propria 254, 257, 259, 321
- iliaca communis dextra 317, 336
- - - sinistra 317, 336
- - externa 12, 26–27, 205–206, 316
- - interna 12, 316
- inferior anterior cerebelli 81
- intercostales 12, 14, 317
- interlobularis 260
- lienalis 24

Arteria(-ae)
- meningea media 78–79, 83
- mesenterica inferior 257, 316–317
- - superior 25, 257, 316–317
- obturatoria 205
- ovarica 443
- poplitea 15, 208, 216–217
- pulmonalis 281–282, 285, 303
- radialis 12, 191, 193–194, 196–197, 325, 328
- renalis 25, 317
- - dextra 316
- - sinistra 316
- spinalis 82
- - anterior 81
- splenica 257
- subclavia 170, 190, 316–317
- superior cerebelli 81
- temporalis superficialis 167
- thyroidea inferior 413
- - superior 413
- tibialis 216
- - anterior 13, 215
- - posterior 15, 216–217
- ulnaris 12, 193–194
- umbilicalis 460
- uterina 443
- vaginalis 443
- vertebralis 18, 21, 80–82, 173
arterielles Gefäßsystem 299
Arterien 299, 315–316, 322
- Augenhintergrund 116
- elastischer Typ 321, 323
- muskulärer Typ 321, 323
- oberflächliche 12–15
- Rückenmark 82
- tiefe 12–15
Arterienpuls 325
- Fußknöchel 216
- Handgelenk 197
Arterienring 81
Arterienwand 323
Arteriola
- afferens 337–339
- efferens 337–339
Arteriolen 315, 318, 321
Arteriolenwand 323
Arteriosklerose 217, 305, 324, 331
- Risikofaktoren 305
Arthritis 154
Arthrose 154, 204, 207, 238
Arthroskopie 207
Articulatio
- atlanto-occipitalis lateralis 173
- intervertebralis 173
- sacroiliaca 200
Artikulation 129
Ascorbinsäure 241–242
Aspiration 280
ASR s. Achillessehnenreflex
Assoziation, binokulare 118
Assoziationsareale, motorische 129
Assoziationsbahnen 75
Assoziationsfelder 142, 144, 231
- Hören 127
- motorische 232
- Sehen 117
- sensorische 232
Assoziationssystem
- motorisches 231
- sensorisches 141–142
Astasie 228
Asthma bronchiale, Allergien 370

Astigmatismus 114
Astrozyt 59, 61
Asymmetrie, Muskulatur, mimische 167
Asynergie, zerebelläre 228
Atelektase 285
Atemantrieb 291, 294
Atembeobachtung 294
Atemfrequenz 291
Atemgase 355
– Wechselwirkungen 293
Atemhilfsmuskeln/-muskulatur 169–170, 179, 189, 290
Atemkapazität 288
Atemluftbefeuchtung 276
Atemlufterwärmung 275–276
Atemluftreinigung 275–276
Atemmechanik 179, 285
Atemminutenvolumen 291
Atemmuskeln/-muskulatur 182, 286
Atemnot(syndrom) 281, 284, 290, 295, 298
Atemstillstand 288
Atemübungen 284–285
Atemvolumen 287–288
Atemzeitvolumen 286
– Hypothalamus 402
Atemzentrum 283, 285–286, 291, 294
Atemzugvolumen 288, 291
Atlanto-Axial-Gelenk 173
Atlanto-Okzipital-Gelenk 173
Atlas 18, 72, 173
Atlasquerband 173
Atlas-Schädel-Gelenk 154
Atmosphäre 289
Atmung 89–90, 273–295
– eingeschränkte 285
Atmungsapparat 275
Atmungsinsuffizienz, Erythrozyten 358
Atonie 230
ATP (Adenosintriphosphat) 45
atrialer natriuretischer Faktor s. ANF
Atrioventrikularklappe
– linke 303–305
– rechte 303–305
Atrioventrikularknoten s. AV-Knoten
Atrium
– dextrum 282, 301, 303
– sinistrum 282, 301–303, 324
Atrophie 52
Atropin 119, 311, 325, 397
auditorisches System 94, 121, 142, 232
Auerbach-Plexus 392–393
Aufhängeapparat, Linse 112
Auflösungsvermögen
– Auge 115
– räumliches, Mechanorezeptoren 103
Aufwachtemperatur, morgendliche 429
Augapfel 20, 109–111, 117
Augapfelscheide 110, 118
Augapfelwand, Schichten 110
Auge 108
Augenabziehnerv 69
Augenbewegungen 118
– Nervenzellen 120
Augenbewegungsnerv 69
Augenfarbe 112
Augenhintergrund 116

Augenhöhle 20, 110, 164
Augeninnendruck 111
Augenkammer 110
– hintere 111
– vordere 111–112
Augenlid 108
Augenlidheber 110
Augenmuskel(n) 17, 20, 110, 118, 120
– äußerer, gerader 110, 118
– innerer, gerader 110, 118
– oberer, gerader 109–110, 118
– – schräger 118
– unterer, gerader 110, 118
– – schräger 110, 118
Augenmuskelnerven, Kerne 118
Augenrollnerv 69
Augenspiegelung 116, 119
Augensymptome 233
Augenwinkel
– äußerer 109
– innerer 167
Auricula 122
Ausatmung 284–286
Ausatmungsbehinderung 284
Ausdauertraining 163
Ausfallserscheinungen, sensorische 107
Ausführungsgang
– Drüsenepithel 50
– Schweißdrüse 102
Auskultation 329
Aussackungen 258
Ausscheidung 244
Außenband 210–211
Außenlymphe 123
Außenrotation 205
– Arm 184, 199
– Hüftgelenk 218
– Kniegelenk 218
Austauschgefäße 315–316, 318
Austreibungsphase
– Geburt 468–469
– Herz 314
Austrittspunkt, Trigeminusäste 168
Auswärtsdreher 195, 199
Auswärtsschielen 118
Auswärtswender 193
Auswurf 295
Autoantikörper 233
Autoimmunkrankheit 233
Automatiezentrum 310
Automatisierung 226
Autosomen 449, 471
Avitaminose 241
AV-Knoten 309–311
Axerophthol 241
Axis 173
Axon 57–60, 65, 220
– markhaltiges 60
– markloses 60
Axonkollaterale 220–221

B

Bad 102
Bänderriß 154
Bahnen 75
– absteigende 76
– afferente 76
– aufsteigende 76
– efferente 74–76
– extrapyramidale 75
– – motorische 76

Bahnen
– gustatorisches System 136
– Mechanorezeption 106
– Motorik 160
– olfaktorisches System 139
– Rückenmark 76
– Schmerzrezeptoren 107
– Temperaturrezeptoren 107
– vestibuläres System 133
Bahnungsfunktion, Kerngebiete 230
Balken 16, 18, 67–68, 72–75, 82
Balkengefäße 379
Ballaststoffzufuhr 267
Ballonkatheter 305
Bandapparat, Fuß 203
Bandhaft 153
Bandscheibe 174–175
Bandscheibensyndrom 144
Bandscheibenvorfall 106, 175, 223
Barorezeptoren 325
– Aortenbogen 103
– Karotisgabelung 103
Bartholin-Drüsen 445
Basalganglien 19, 75, 82, 229–230
Basaliom 99
Basalmembran 50, 101
Basaltemperatur 429, 451
– Schwangerschaft 466
Basalzellen 99
Basedow-Hyperthyreose 425
Basen, stickstoffhaltige 44
Basensparmechanismus 349
Basilararterie 16, 20, 81
Basilarmembran 123–126
Basis cranii 249, 251
Bauchabwehrspannung, Eileiterschwangerschaft 473
Bauchaorta 12, 25, 316, 336
Bauchdeckenreflex, kutaner 226
Bauchfell 255–256, 261
Bauchfelldoppelblatt 254–257
Bauchfellschürze 255
Bauchhautreflex 226
Bauchhöhle, Boden 198
Bauchhöhlenschwangerschaft 444
Bauchmuskel(n) 25, 175, 178, 180
– äußerer, schräger 12, 176, 180–183
– gerader 179–182, 231
– innerer, schräger 180–181, 183
– querer 179–181
– seitlicher 179, 226
– vordere 26–27
Bauchmuskulatur s. Bauchmuskel(n)
Bauchorgane 8–11, 27
– Computertomographie 32
Bauchpresse 180, 265
Bauchspeicheldrüse 9, 24–25, 244, 256–257, 259, 263–264, 266–268
– Feinstruktur 422
– Nachbarschaftsverhältnisse 422
Bauchspeicheldrüsenausführungsgang 256
Bauchspeicheldrüsengang 258
Bauchspeicheldrüsengangmündung 258
Bauchspeicheldrüsenhormone 421–424
Bauchwand 26, 179–180
– hintere, Ganglien, vegetative 391
– – Nervengeflechte 391
Bauchwandmuskulatur s. Bauchmuskel(n)
Bauchfett 51

Sachverzeichnis

Bauhin-Klappe 258, 260
Beatmung, künstliche 288, 290
Becherzellen 283
Becken 204
– großes 199
– kleines 199
– – Ganglien, vegetative 392
– – Nervengeflechte 392
– knöchernes 198
– männliches 201
– weibliches 201
Beckenarterie(n) 316–317
– äußere 12, 26–27, 205–206
– innere 12
– linke 336
– rechte 336
Beckenausgangsebene 201
Beckenboden 200–201
Beckenbodengymnastik, Inkontinenz 351
Beckenbodenmuskulatur 341
Beckeneingang 199
Beckeneingangsebene 199–201
Beckengürtel 178, 183
Beckenhöhle 200
Beckenkamm 182, 208
Beckenknochen 26–27
Beckenneigung 200
Beckennerven 391–392
Beckenorgane
– männliche 27
– weibliche 26
Beckenring 174
Beckenvene(n) 319
– äußere 26–27, 206
Bedeutungserkennung 142
Befruchtung 452
– Darstellung, schematische 453
Beinarterie 317
Beineigenreflex 223
Beinknospen 456
Beinlänge, unterschiedliche 204
Beinskelett 202
Beinvene 319
Beinvenenthrombose 382
Beinwickel 320
Belegzellen 255
Beri-Beri-Krankheit 241
Berührungsempfindung 98, 102
Beschleunigung
– geradlinige 130
– negative 130
– positive 130
Beschleunigungsempfindung 94, 130
Beschleunigungsreiz 130
Beschleunigungsrezeptoren 132
Beschleunigungswahrnehmung 121
Beschreibung 143
Beta-Blockade 311
Beta-Globuline 357
Beta-Rezeptoren 311
Beta-Rezeptorenblocker 397
Beta-Wellen 86–87
Bettlägerigkeit 154, 162, 218
Beugekontraktur 198
Beugereflex 224
Beuger(gruppe)
– hintere, Unterschenkel 213
– Oberschenkel 208, 225
– vordere, Oberarm 191
Beugung 154, 194–195, 203, 205
– Ellenbogengelenk 191, 199
– ipsilaterale 225

Beugung
– Kniegelenk 218
Beweglichkeit 153
– Wirbelsäule 175
Bewegungen
– bewußte 226–227
– Gelenkbeteiligung 231
– Muskelbeteiligung 231
– unbewußte 224–225
Bewegungsachsen 155
Bewegungsapparat 163
– passiver 51
Bewegungsblockade 144
Bewegungsebene 154
Bewegungsfolge 225
Bewegungskontrolle 75
Bewegungsplanung 226
Bewegungsrichtung 155
Bewegungssegment 174
Bewegungssinn 103
Bewegungsstörungen 228
Bewegungsumfang 154
Bewegungsvorgänge, Zelle 46
Bewußtlosigkeit 144, 328
Bezugselektroden 86
Bicarbonat 292, 294, 349
– Resorption 349
Bicarbonatmechanismus, Wasserstoffionen 349
Biceps 193
Bicepskopf, langer 187
Bicepsmuskel, Ansatz 185
Bicepssehne 187, 192, 194
Bicepssehnenreflex 223
Bichat-Wangenfettpfropf 51
Bifurcatio tracheae 280
Bikuspidalklappe 305
Bildentstehung 112–113
bildgebende Verfahren 28–30
Bildpunkt 113
Bilirubin 236, 269
– direktes 269
– erhöhtes 270
– indirektes 269
– konjugiertes 269
– unkonjugiertes 269
Bilirubinstoffwechsel, Störungen 270
Bindegewebe 48–50, 101
– embryonales 51
– kollagenes 49
– lockeres 51
– Nervensystem, peripheres 60
– netzartiges 156
– parallelfaseriges 156
– retikuläres 51
– straffes 51
Bindegewebsfasern 51
– elastische 323
Bindegewebshülle 156–157
Bindegewebsscheide, Gefäße 322
Bindegewebsseptum 155
Bindegewebszellen 51–52
Bindehaut 109
Bindehautentzündung, Allergien 370
Bindehautsack 109–110
Bindehautverhornung 241
Binnenmuskulatur 249
Bioelektrizität, Nervenzelle 61
Biotin 241
Blase s. Harnblase
Blastenbildung 53

Blastomeren 452–453
– äußere 453
– innere 453
Blastozyste 453–454
Blattpapille 134
Blinddarm 8–10, 244, 254, 261–262
blinder Fleck 111, 116
Blindheit 118
Blut 299, 353–384
– Abwehrfunktion 355
– arterielles 289
– Eiweiße 355
– fetales, Lungenkreislauf 460
– nährstoffreiches 258
– Reparaturfunktion 355
– sauerstoffarmes 300, 303
– sauerstoffreiches 299–300, 303
– Transportfunktion 355
– venöses 289
– Wasseraustausch 342–343
Blutabbau, Milz 378
Blutarmut 242
Blutdruck 89–90, 300, 326
– arterieller 325
– – Hypothalamus 402
Blutdruckabfall 325, 328
Blutdruckdifferenz 299–300
Blutdruckerhöhung 325
Blutdruckmessung
– auskultatorische nach Riva-Rocci 328–329
– palpatorische 329
– unblutige 330
Blutdruckregelkreis 328
Blutdruckregulation 325
Blutdruckrezeptoren 328
Bluteindickung 359
Bluteiweißbildung 258
Bluteiweiß(körperchen)
– Aufgabe 355
– Druck, hydrostatischer 345
Blutentnahme, Armvenen 198
Bluterkrankheit 382, 472
Blutfarbstoff, roter 290
Blutfettspiegel 240
Blutfluß, Nieren 344
Blutgefäße 315
– Darm 256
– Dura mater 83
– Gehirn 80
– Großhirn 82
– Haut 100, 102
– Hüfte 205
– Kniebereich 208
– Knochen 150, 152
– Leber 258, 260
– Magen 255
– im Nervensystem 61
– Oberarm 194
– Periost 149
– Rückenmark 82
– Schultergürtel 190
– Sonographie 34
– Unterarm 196–197
– Unterschenkel 216
– Verdauungstrakt 257
– Zentralnervensystem 78
Blutgefäßsystem 299
Blutgefäßwand 321, 323
Blutgerinnung 242, 322, 380–383
– Ablauf 381
– Fibrinbildung 381
– Hemmung 382–383

Sachverzeichnis

A

Blutgerinnung
– Kaskade 381
– Thrombusbildung 381
Blutgerinnungsfaktoren 380–381
Blutgerinnungsstörungen 380–382
– Faktorenaktivierung 380
– Vitamin-K-Mangel 382
Blutgruppen 360–361
– AB0-System 360–361
– Bestimmung 360–361
– Rhesus-System 361
– Vererbung 471
Blutgruppeninkompatibilität 360
Blut-Hirnschranke 61
Bluthochdruck 240, 305–306, 330, 334, 351
Blutkörperchen 150, 354
– rote 290, 354, 358–362
– – Form und Bildung 358
– – Funktionen 359
– weiße 354, 362–364
– – Form und Bildung 362–363
– – Lebensdauer 362
– – Ursprung 365
Blutkreislauf 289
– embryonaler 460
– fetaler 461
– postpartaler 461
Blutleiter 82
– harte Hirnhaut 84
– kavernöser 79
– querer 79
– S-förmiger 79
– venöser, harte Hirnhaut 16, 18–19
Blutmauserung, Milz 378
Blutplättchen 378–380
Blutplasma 290, 293, 354–357
– Druck, osmotischer 357
– Elektrolyte 357
– Glucose 355
Blutrückstrom/-fluß 318, 320, 322
Blutsenkungsgeschwindigkeit (BSG) 359
– Cortisol 420
– Westergren-Test 360
Blutstau 218
Blutstillung 380
Blutstromrichtung 313, 318
– venöse 217
Blutübertragung
– Inkompatibilität 360
– Kreuzprobe 361
– Major-Test 361
– Minor-Test 361
Blutung
– subarachnoidale 81
– vaginale 436
Blutungsneigung 242
Blutungszeit 380
Blutzellen 51
Blutzuckerspiegel
– Adrenalin 424
– Cortisol 424
– Doppelbelastungstest nach Staub-Traugott 423
– Glucocorticoide 424
– Glukagon 423–424
– Insulin 421
– Reaktionen 423
– Regelung, hormonale 424
– Somatotropin 411, 424
– Thyroxin 424
– Trijodthyronin 424

B-Lymphozyten 366, 371–372
– s.a. Lymphozyten
– Abwehr, humorale 368–369
– – spezifische 368
– Antikörper 368
– bursaähnliche Organe 368
– Lymphknoten 376
Body-Mass-Index (BMI) 237
Bogengänge 122, 124
– häutige 123, 130–131
Bogengangsorgan 131–133
Bogenkonstruktion, Mittelfuß 203
Bohr-Effekt 290
Boten-RNS 44–45
Botulinustoxin, Neuron, präganglionäres 395
Bowman-Kapsel 337–338, 344
Brachioradialisreflex 223
Bradykardie 311, 386
Brechkraft 114
Brechreiz 265
Brechungseigenschaften 112
Brechzentrum 265
Brennweite 112–113
Brennwert 239
Bries 372
Broca-Assoziationsareal 129
Broca-Formel 237
Bronchialasthma 281
Bronchialbaum 280–281
Bronchialdrüsen 281
Bronchialmuskulatur
– Kontraktion 284
– Tetanie 418
Bronchialschleim 283
Bronchialschleimhaut 283
– Entzündung 295
Bronchialspasmen, Übererregbarkeit, neuronale 63
Bronchien 281
Bronchiolus/Bronchiolen 281, 283, 285
Bronchitis, chronische 284, 295
Bronchoskopie 281
Bronchus principalis 252, 282
Brucheinklemmung 180
Bruchpforte 180
Brücke 18, 66, 68–69, 72, 74–75, 106
Brückenkerne 75
Brust, Drüsenzelle, Feinstruktur 447
Brustaorta 9, 12, 23, 316–317
Brustatmung 170
Brustbein 22–23, 150, 178–179, 183, 189
Brustbein-Schlüsselbein-Gelenk 154, 183
Brustdrüse 446
Brustfell 373
Brusthöhlenvene, rechte, unpaare 319
Brustkorb 178–179, 182, 286
– Röntgendarstellung 31
Brustkyphose 171
Brustlymphknoten 377
Brustmuskel/-muskulatur 178
– großer 12, 182–183, 188, 199, 231
– kleiner 182, 189
Brustnerven 72
Brustorgane 8–11
Brustraum 182
Brustwandableitung
– bipolare 312
– unipolare 312

Brustwarze 446
Brustwirbel 22–23, 170–172, 174, 178
– erster 179
– zwölfter 24, 176, 178
BSG s. Blutsenkungsgeschwindigkeit
BSR s. Bicepssehnenreflex
Bulbourethraldrüsen 439
Bulbus 110–111
– oculi 20
– olfactorius 68–69, 137–139
Burdach-Strang 76
Bursa
– suprapatellaris 211
– synovialis 216
bursaähnliche Organe, B-Lymphozyten 368
Bypass(-Operation) 62, 305, 310, 331

C

Caecum 244, 254, 261
Calcaneus 200, 203, 213
Calciferol 241–242
Calcitonin 409, 412, 417–418
Calcium 243, 346
– Calcitonin 417
– Parathormon 418
Calciumantagonismus 313
Calciumcarbonat 52
Calciumionenausschüttung 159
Calciumionenkonzentration 313
– Nervenzelle 63
Calciumionenstrom 65
Calciumphosphat 52, 150
Calciumpumpe 158–159
Calices renales 337
Canaliculus lacrimalis 109
Canalis
– caroticus 81
– centralis 72–73
– inguinalis 438
– mandibulae 247
– nasolacrimalis 277
– radicis dentis 247
– sacralis 172, 204
– semicircularis osseus 130
Caninus 246
Capitulum humeri 184, 192
Capsula
– fibrosa renalis 335
– – splenica 379
– interna 19, 74–75
Caput 150
– costae 178
– femoris 200, 202
– fibulae 200, 215
– humeri 184
– mandibulae 165
– radii 184–185
Carbaminohämoglobin 293
Carboanhydrase 292–293
Cardia 251–252
Carotissinus 326
Carpus 183–185
Cartilago
– arytenoidea 128–129, 279
– cricoidea 128, 249, 279
– thyroidea 128, 249, 279
– trachealis 279
Caruncula lacrimalis 109
Catecholamine 394
Cauda equina 80, 162

491

Sachverzeichnis

Cavitas
– cranii 122
– epiduralis 78, 80
– glenoidalis 179
– nasi 109, 276
– oris 243–244, 276
– subarachnoidalis 80, 84
Cavum tympani 122
Cellulae
– ethmoidales 275–276
– mastoideae 123
Cementum 246–247
Centriolen 46
Centrum
– anospinale 268, 401
– ciliospinale 119, 401
– genitospinale 401
– vesicospinale 401
Cerebellum 16, 20, 69, 228
Cerebrocerebellum 228–229
Cerebrum 66
Cervicalnerven s. Zervikalnerven
Cervix uteri 443–444
Cervixkanal 444
Chalazion 109
Chemorezeptoren 291, 294, 394
Chemotaxis 367
– Phagozyten 366
Chemotherapie, zytotoxische 53
Chiasma opticum 68–69, 72, 117, 120
Cholezystokinin 263
Chondrozyten 51
Chorda dorsalis 454, 456
Chorea 229
Chorion 458
– Zotten 458, 460
Choriongonadotropin
– humanes (HCG) 460
– – – Schwangerschaft 466
Chorionhöhle 453
Chorionplatte 459
Chorionzotten 453
Chorionzottenbiopsie 465
Choroidea 111
Christiansen-Douglas-Haldane-Effekt 293
Chromatiden 47
Chromosomen 46, 446, 471
– Aufbau 44
– Gene 471
– homologe 471
Chromosomenaberration
– numerische 472
– strukturelle 472
Chromosomensatz 449
– diploider 446
– haploider, Eizelle 447
– – Samenzellen 447
Chromosomenschaden 99
Chylomikronen 267
Chymotrypsin 267–268
Chymotrypsinogen 267–268
Circulus arteriosus 81
Cisterna
– cerebellomedullaris 83
– chyli 378
Clavicula 12, 170, 178–179, 181, 183, 187, 301
Clearance, muköziliäre 282–283, 295
Clitoris 445
– Schwellkörper 445

Cobalamin 241–242
Coccygealnerven s. Kokzygealnerven
Cochlea 121, 124, 131
Colibakterien 268
Collum 150
– anatomicum 184
– chirurgicum 184
– dentis 247
– femoris 200–202
Colon
– ascendens 244, 254, 257, 259, 262
– descendens 244, 254, 257, 259, 262, 268
– sigmoideum 244, 254, 257, 262
– transversum 244, 254, 257, 262
Coma diabeticum 423
Commissura anterior 72
Commotio cerebri 144
Compacta 149–150, 152–153
Computertomographie (CT) 21–26, 28
– Bauchorgane 32
Concha(-ae)
– nasalis(-es) 251, 275–277
– – inferior 109, 138
– – media 138
Condylus
– humeri 185
– lateralis 200, 202, 206, 210–211
– medialis 200, 202, 206, 210–211
Conjugata vera 199, 201
Conjunctiva 109
Cor 260, 300
Corium 99–101
Cornea 110–111
Cornu
– anterius 73
– posterius 73
Corona
– dentis 247
– radiata 448
Corpus
– albicans 444
– callosum 16, 18, 67–68, 72–75, 82
– cavernosum 439
– – bulbi vestibuli 341
– – clitoridis 341
– – penis 341, 441
– geniculatum 127
– – laterale 117, 120
– – mediale 126
– luteum 444, 449, 451
– – Progesteron 450
– – Schwangerschaft 466
– mamillare 68
– mediale 127
– pineale 68, 72
– spongiosum 439, 441
– – urethrae 341
– sterni 178–179
– uteri 443–444
– ventriculare 252–254
– vertebrae 80, 172–174
Corpusculum renale 337
Cortex 108, 230
– cerebelli 73
– cerebri 73–74
– renalis 337
Cortexareale 142
Corticalis 149–150
Corticotropin 409, 420–421
Corticotropin-releasing-Hormon (CRH) 409, 420–421

Corti-Organ 123–125
Cortisol 409, 420
– Blutzuckerspiegel 424
– Immunreaktion 420
– Produktion und Ausschüttung 421
– Streß 420
– Tagesrhythmus 420
– Überproduktion 421
– Unterproduktion 421
– Wirkung, katabole 420
Costa 22, 301
Cotyledo 460
Cowper-Drüsen 439
– Ausführungsgänge 441
Creatinin 348
CRH (Corticotropin-releasing-Hormon) 409, 420–421
Crista
– ampullaris 130
– iliaca 176, 182–183, 198, 200, 206–207, 209
– intertrochanterica 202
Cumarinabkömmlinge 382
Cupula 130–132
Cupulabewegung 133
Curare 158–159
Curarin 396
Curvatura
– major 253
– minor 253
Cushing-Syndrom, Hypercortisolismus 421
Cutis 99
Cytosin 44
C-Zellen 417

D

Dämmerungssehen 116
Darm 260
Darmbein 198, 201, 204
Darmbeinkamm 176, 183, 200, 206–207, 209
Darmbein-Lendenmuskel 204–206, 218, 231
Darmbein-Rippenmuskel 177
Darmbeinschaufelkamm 198
Darmbeinstachel 198
– hinterer, oberer 200, 208
– vorderer, oberer 180, 182, 198, 200, 205–206, 209
Darmentleerung 268, 401
Darmgeschwür, Cortisol 420
Darmkontinenz 268
Darm-Leber-Kreislauf 269
Darmmotorik 263
Darmmuskel, querer 201
Darmnervensystem 388, 392–394
Darmsaft 255
Darmsekretion 263
Darmtonsille 262, 375
Darmwand, lymphatisches Gewebe 372–375
Darmwandfettanhängsel 262
Darmwandschichten 256
Darmzotten 255
Dauergedächtnis 143
Daumen 186
Daumenabzieher 195–196
Daumenballen 197
Daumenballenmuskeln 193, 197
Daumenbeuger, langer 195

Sachverzeichnis

Daumenendglied 185
Daumengrundgelenk 194
Daumengrundglied 185
Daumenmuskeln 196
Daumenstrecker 195–196, 231
DC-Potential 85
Decidua 459–460
Deckmembran 124–126
Defäkation 268
Deformierung, monophasische 313
Degeneration 52
– Bandscheibe 175
Dehnungsrezeptoren
– Harnblasenwand 103
– Lunge 103
– Vorhof, linker 347–348
Dehydratation, Hämatokrit 355
Dekubitus 102, 104, 239
Deltamuskel 12, 14, 176–177, 182, 187, 189–191, 199, 231
Delta-Wellen 86–87
Denaturierung 268
Dendrit 57–59
Dens
– axis 173
– caninus 247
– deciduus 247
– molaris 247
– permanens 247
– premolaris 247
Dentin 52, 244, 247
Depolarisation 62–63, 66, 85, 95, 158, 221
– Elektroenzephalogramm 84
– Noradrenalin 397
Depolarisationsblocker 396
Dermatom 72, 105–106
Dermis 99
Descensus testis 437
Desmodont 246
Desquamationsphase 451
Dextrane 357
D-Hormon 418
D-Hypervitaminose 242
Diabetes mellitus 155, 238, 348, 412, 423
– Embryopathie 463
Diameter
– obliqua 201
– sagittalis 201
– transversa 199, 201
Diaphragma 179, 181–182, 252, 286, 301–302, 317
– urogenitale 341
Diaphyse 149–150, 152, 186
Diarrhö 270
Diastole 300, 313, 324
Diathermie 88
Dichtegruppen 6, 28
Dickdarm 24–26, 244, 260
– absteigender 9, 11, 244, 254, 257, 259, 262
– aufsteigender 8–10, 244, 254, 257, 259, 262
– querliegender 8, 10–11, 244, 254, 257, 262
– Röntgenkontrastdarstellung 31
– S-förmiger 9, 11, 244, 254, 257, 262
Dickdarmbakterien 268
Dickdarmfunktion 267
Dickdarmmotorik 267

Dickdarmschleim 268
Dickdarmwand 261
Dickenwachstum, Knochen 151
Dicoumarol 382
Differentialblutbild 364
Differenzierung, Gewebe 52
Diffusion 45, 175, 285
– Knorpelernährung 51
– passive 266
– Sauerstoff 290
Diffusionsprozeß 288
Digiti 186
Diglyceride 266
Dioptrie 112
dioptrischer Apparat 112, 114
Dipeptid 238–239
Disaccharide 238–239
Discus 153–154, 168
– intervertebralis 174
Diskozyten 359
Distorsion 154
Diuretika 331
DNS-Molekül 45
– Verdoppelung 46–47
Döderlein-Bakterien 443
Dopamin 230
Doppelbelastungstest nach Staub-Traugott, Blutzuckerspiegel 423
Doppelhelix 44–45
Doppelkontrastdarstellung 28
– Dickdarm 31
Doppellipidschicht, Nervenzellmembran 62
Doppeltsehen 233
Dornfortsatz 80, 171–174
Dornmuskel 177
dorsal 7
Dorsalaponeurose 196
Dorsalextension 212–214
– Handgelenk 199
– Sprunggelenk 218
Dorsalflexion 194, 196, 213
Dottersack 453–454, 456–457
– Embryo 453
Down-Syndrom 463, 472
Drehbeschleunigung 130, 133
Dreher 173
Drehgelenk 154–155, 173
Drehsturz 206
Drehung 154, 203
– Arm 187
Dreieckbein 185–186
Dreieckmuskel 166
Drillingsnerv 69, 106–107
Drosselgrube 183
Drosselvene, innere 18, 21, 82
Druck 95
– diastolischer 330
– hydrostatischer 342–343, 345
– – Bluteiweißkörperchen 345
– kolloidosmotischer 357
– onkotischer 357
– osmotischer 342–343, 345, 347
– – Blutplasma 357
– – Elektrolyte 357
– – Erythrozyten 360
Druckbelastung 149–150
Druckelastizität, Knorpel 51
Druckempfindung 98, 102
Druckgeschwür 102
Druckpuls 325
Druckrezeptoren 101, 325

Druckschwankung 121
– Herz 300
– Pleuraspalt 287
Druckverlauf, Aorta 314
Druckverteilung 153
Druckwelle, Ausbreitung 126
Drüsen 53
– apokrine 50
– endokrine 50
– exokrine 48
– Gehörgang 122
– gemischte 250, 283
– Haut 48
– holokrine 50
– Magen-Darmtrakt 48
– merokrine 48
– muköse 250
– seröse 250
Drüsenepithel 48
– endokrin 49
– exokrin 50
Drüsensekretion 89
Drüsenzellen 50, 250
– Nebennierenmark 390
– schleimbildende 254
Ductuli efferentes 439–440
Ductus
– alveolaris 285
– arteriosus Botalli 460, 470
– choledochus 254, 258
– cochlearis 123–124
– cysticus 257
– deferens 181, 341, 437–440
– ejaculatorius 439
– hepaticus 257
– interlobularis 260
– nasolacrimalis 109, 275
– pancreaticus 256, 258
– papillaris 337
– parotideus 167, 248, 250
– submandibularis 248
– thoracicus 282, 319, 322, 375–376, 378
Dünndarm 8, 10–11, 25, 244, 255–256, 266–268
Dünndarmschleimhaut 255
Dünndarmschleimhautfalten 255
Dünndarmwand 255, 261
Dünndarmzotten 261
Duftdrüsen 102
Duftklassen 137
Duftstoffe 137
Duftstoffkonzentration 137
Dunkeladaptation 116
Duodenum 25, 244, 252–254, 256–257, 259–260
Dupuytren-Kontraktur 198
Dura mater 77–80, 249
Durazelt 78
Durchblutung 99
– Haut 102
– spezifische 329
Durchblutungsdruck 299
Durchblutungserhöhung 330
Durchblutungsstörungen 217
Durchbruchzeit, Zahn 246
Durchfall 242, 270
Durchmesser
– gerader 199, 201
– querer 199, 201
– schräger 201

SACHVERZEICHNIS

Durchströmungsgeräusch 330
Dysdiadochokinese 228
Dysmetrie 228

E

Echinozyten 359
Eckzahn 246
Edinger-Westphal-Kern 119
EDTA, Blutgerinnungshemmung 382
EEG s. Elektroenzephalogramm
Effektorzellen, Hormone 407
Eiabnahmemechanismus 443
Eichel 439, 441
Eierstock 200, 437–438, 442–443, 445–446
– Östrogen 443
– Progesteron 443
Eierstockarterie 443
Eigelenk 154–155, 194
Eigenreflex 221, 223
– Auslösung 223
Eigenreflexbogen 219–220, 395
Eigenrhythmus 310
Eileiter 200, 438, 443, 445
– Ampulle 452
– Fimbrien 443
– Fimbrientrichter 443
Eileiterentzündung 473
Eileiterschwangerschaft 456, 473
– Bauchabwehrspannung 473
– HCG-Schnelltest 473
Einatmung 284–286
Einatmungsbehinderung 284
Einbruch 151
Einfachzucker 238–239
Einfaltungen, halbmondförmige 258
Eingeweideafferenzen 396
Eingeweide-Eingeweide-Reflex 400–401
Eingeweidehöhlenwand 175
Eingeweide-Muskel-Reflex 400–401
Eingeweideorgane, Nervensystem 56
Eingeweideraum, Hals 170
Einheit, funktionelle, Nervenzelle 59
Einthoven-Ableitung 312
Einwärtsdreher 189
– runder 192–193, 195, 199
– viereckiger 192–193, 195, 199
Einwärtsschielen 118
Einzelzuckung 160
Eisen 243
Eisenmangel, Anämie 359, 384
Eisprung 442, 444, 450
Eiweißaufnahme 268
Eiweißbedarf, erhöhter 239
Eiweiße 238–239, 268
– Blut 355
– Komplementreaktion 366
Eiweißstoffwechsel 258
Eiweißverdauung 267
Eiweißzufuhr, tägliche 238
Eizelle 437, 442
– Bildung 448
– Chromosomensatz, haploider 447
– Reduktionsteilung 447
– Reifeteilung 447
Ejakulat 442
Ejakulation 442
EKG s. Elektrokardiogramm
Ektoderm 454, 456
– Embryo 453
Elastizitätsverlust, Arterien 324

Elektroden
– differente 86
– indifferente 86
Elektroenzephalogramm (EEG) 84, 87, 89–90
– Ableitung 86
– Entstehungsmechanismen 84–85
Elektrokardiogramm (EKG) 309–311
– Ableitungen 312
– Herzinfarkt 313
Elektrolytaufnahme 243
Elektrolyte 243
– Blutplasma 357
– Druck, osmotischer 357
– Transport 346–348
Elektromyogramm (EMG) 160, 233
Elektrophorese 355, 357
Elektrosmog 88
Elle 183–186, 192, 195
Ellenarterie 12, 193–194
Ellenbogen 184
Ellenbogenfortsatz 185
Ellenbogengelenk 154, 190, 192
Ellenbogengelenkkapsel 192
Ellenbogengelenkmuskeln 191
Ellenbogengelenkstrecker 193
Ellenfortsatzgrube 184
Ellenhaken 192
Ellennerv 12, 14, 190, 193–194, 196
Ellenrauhigkeit 184
Embolie/Embolus 81, 382
Embryo 453
– Dottersack 453
– Ektoderm 453
– Endoderm 453
– Entwicklung 452–456
– Ernährung 458
– Körpergröße 457
– Organe, innere 457
– Organentwicklung 462
– Skelett 457
– Ultraschalluntersuchung 463
Embryoblast 453, 456
Embryonalanlage, scheibenartige 456
Embryonalentwicklung 452–456
Embryonalhüllen 458
– Entwicklung 455, 457–460
Embryonalperiode, vorgeburtliche Schädigungen 463
Embryonalschild 456
Embryopathie 463
– Diabetes mellitus 463
– Röteln 463
EMG s. Elektromyogramm
Emmetropie 112, 114
Empfängnisverhütung 452
Empfindungsstörung 65, 106
Emulgierung 267
Enamelum 245, 247
Endformation, synapsenähnliche 157
Endgelenk, Zehe 212
Endharn 346
Endhirn 66
Endigung, synaptische 65
Endknöpfchen, synaptische 57–60
Endoderm 454, 456
– Embryo 453
Endokard 306, 308
Endokarditis 308
endokrine Funktionen, Thymus 372

endokrine Organe
– männliche 406
– weibliche 406
endokrine Regelung, Geschlechtsfunktionen 449–452
endokrine Teilsysteme 409, 411
endokrines System 405–425
– Aufbau, stufenweiser 408
– Rückkopplungen 408
– übergeordnetes 410
Endolymphe 123, 125, 132
Endolymphraum 124
Endometriose 473
Endometrium 444
– Proliferationsphase 450
– Sekretionsphase 451–453, 456
Endoneurium 60
endoplasmatisches Retikulum 46, 156–159
Endoskopie, Luftröhre 281
Endothelzellen, Gefäße 323
Endozytose 46
Endphalanx 184–186, 203
Endplatte
– motorische 159
– neuromuskuläre 60, 157–159, 219–220
Endplattenpotential (EPP) 158–160
Endstrombahn 318
Endstück 149
– kontraktiles 220–222
Energiebedarf 237
Energiebereitstellung 45
Energiegehalt
– Nährstoffe 239
– Nahrungsmittel 240
Energiespeicher 51
Energieträger 237
Engramm 143
enterohepatischer Kreislauf
– Bilirubin 269
– Gallensäuren 266
Enterokinase 267–268
Entgiftung 258
Entladungsfrequenz 130, 221
– Änderung 133
– Nervenfaser 97
Entladungsrate 104
– bioelektrische 89
Entladungsstille 221
Entmarkungskrankheit 65
Entsorgungsgefäße 316
Entspannungsphase, Herz 314
Entwicklung
– frühembryonale 452–456
– Neugeborene 470–471
Entzündung 322
– Lymphknoten 375
Enzymdefekt, angeborener 44
Epicondylus
– lateralis 184–185, 192, 196
– medialis 184–185, 192–193, 195
Epidermis 99–100, 456
Epidermiszellen 101
Epididymis 438–440
Epiduralanästhesie 84
Epiduralraum 78, 80
Epiglottis 129, 136, 249, 251, 279–280
Epikard 306
Epilepsie, Elektroenzephalogramm 86
Epineurium 60

Sachverzeichnis A

Epiphyse 186, 211, 411
– distale 149
– proximale 149
Epiphysenfuge 151–153
– Verletzung 151
Epithel 48–49
– einschichtiges 48
– – mit Flimmerhärchen 49
– – hochprismatisches, mit Flimmerhärchen 49
– Funktion 49
– hochprismatisches 50
– isoprismatisches 50
– Klassifikation 50
– kubisches 50
– Transportfunktion 49–50
Epithelzellen 48, 101
EPP s. Endplattenpotential
EPSP s. Potential, exzitatorisches postsynaptisches
Erbkrankheiten 471–472
Erbrechen 265
– schwallartiges 255
Erbsenbein 185–186
Erdbeschleunigung 130
Erektion 90, 441–442
Ergocalciferol 241
Erkennungsunvermögen 142
Ernährung 153, 238, 306
– Embryo 458
Ernährungsreflex 225
Eröffnungsphase, Geburt 467–469
Erregung
– kreisende 144
– Nervenzellmembran 63
Erregungsablauf, Herzmuskulatur 311
Erregungsausbreitung, Herzmuskulatur 311
Erregungsbegrenzung 140
Erregungsbildung
– Herzmuskulatur 309–310, 313
– Muskulatur, glatte 399
Erregungsdivergenz 225
Erregungsfluß, afferenter 141
Erregungsleitung 63, 65, 94, 105, 107, 313
– afferente 139
– efferente 140
– kontinuierliche 64
– Nervenfaser 64
– Nervenzelle 61
– saltatorische 64, 95
Erregungsleitungssystem 304, 308, 311
Erregungsmuster, neuronales 231
Erregungsübertragung 65, 158
– Muskel 159
– Nervenzelle 61
– Störung 233
– Synapse 65
Erregungsverarbeitung
– Großhirnrinde 108
– Nervensystem, vegetatives, peripheres 394–400
Erregungszyklus 158
Ersatzpfanne 204
Erschlaffungszustand, Muskel 222
Erwärmung, Entzündung 322
Erythropoetin 358
Erythrozyten 289–290, 292–293, 354, 358–363
– Agglutination 360–361

Erythrozyten
– Aggregation 359
– Anämie 358
– bikonkave 359
– Bildung 358
– Differenzierung 358
– Druck, osmotischer 360
– Entwicklungsstadien 363
– Form und Bildung 358
– Funktionen 359
– Geldrollenbildung 359
– ghosts 359–360
– Hämatokrit 355
– Hämoglobin 358
– Hämolyse 360
– IgG-Antikörper 360
– IgM-Antikörper 360
– Knochenmark, rotes 358
– Kohlendioxid 359
– Konzentration, verminderte 359
– Lebensdauer 358
– Sauerstoff 359
– Stechapfelform 360
– Zahl 358
Erythrozytopoesestörung, Anämie 384
Eßverhalten 238
Eßzentrum 238
Eustachische Röhre 121, 123
Euthyreose 425
Exophthalmus 406
– Hyperthyreose 416
Exozytose 46, 48, 366–367
Exsikkose 101, 250
Exspiration 180, 284, 286–287
Extension 154, 203
Extensoren
– Fingergelenk 195
– Handgelenk 195
extrapyramidales System 228
Extrasystole 311
Extrauteringravidität 473
Extrazellulärraum, Nervenzelle 60–61
Extremitätenableitung
– bipolare 311
– unipolare 312
extrinsic factor 241–242

F

Facialisparese 167
Facies
– lunata 201
– poplitea 200
Fadenpapille 134–135
Faeces 268–269
Färbeindex, Anämie 359
Fäulnis 268
Faktor-VIII-Mangel 382
Faktor-XIV-Mangel 382
Falx cerebri 79
Farbensehen 116
Fascia
– lata 204–205, 208
– thoracolumbalis 176
Fasciculus
– cuneatus 76
– gracilis 76
Faserknorpel 51, 174
Faserkreuzung 107
– Pyramidenbahn 227
– Sehbahn 119

Fasern
– elastische 101
– kollagene 101
– postganglionäre 388
– präganglionäre 387–388
– präsynaptische 65
Faserring 174–175
fast wave sleep 89
Faszie s. Muskelfaszie
Fehlbelastung, Wirbelsäule 177
Fehlentwicklungen 463
Fehlernährung 240
Fehlstellung, Knochenachsen 207
Felderhaut 101
Femur 178, 200, 202, 211
Femurkopf 203
Fenestra
– cochleae 123
– ovalis 123
– rotunda 123
– vestibuli 123
Fenster, rundes 122–123
Fernakkommodation 113
Fernpunkt 112
Fersenbein 200, 203, 212–213
Fetometrie 465
Fetopathie 463
Fettaufnahme 268
Fette 238–239, 267
Fettgewebe 49–51
– Bildung 51
– braunes 51
– subkutanes 100
– weißes 51
Fettkörper
– Auge 110
– Kniegelenk 211
Fettmark 149–150, 152
Fettsäuren 262, 266–267
– Cortisol 420
– gesättigte 238–239
– kurzkettige 238
– langkettige 238
– ungesättigte 238–239
Fettspeicher 101
Fettstoffwechsel
– Östrogen 450
– Somatotropin 411
Fettsucht 238
Fettzelle 238
Fetus
– Antikörper, mütterliche 460
– Entwicklung 460–465
– Greifmotorik 461
– Körperlänge 460
– Längenwachstum, Haase-Regel 460
– Organentwicklung 462
– Saugmotorik 461
– Ultraschalluntersuchung 463–465
Fibrinbildung, Blutgerinnung 381
Fibrinolyse 380, 382–383
Fibroblasten 51
Fibrozyten 51
Fibula 200, 202, 210–211, 213
Fieber 242, 432–433
Fila olfactoria 137, 139
Filamente 47
– kontraktile 158
Filtration
– Glomerulus 344
– Wasseraustausch 343
Fimbrientrichter, Eileiter 443
Finger 183, 186

495

SACHVERZEICHNIS

Fingerarterien 197
Fingerbeuger
– oberflächliche 195–196, 199
– tiefe 195–196, 199
Fingerendglied 185
Fingergelenk 194
Fingergelenkmuskulatur 194–195
Fingergrundgelenk 154
Fingergrundglied 185
Fingerknochen 184–185
– distale 186
– mittlere 186
– proximale 186
Fingermittelglied 185
Fingermuskeln, Sehnen 197
Fingerrückensehne 196
Fingerstrecker 195–196
– gemeinsame 197, 199
– Sehnenverbindungen 197
Fissura longitudinalis cerebri 67
Fixation 151
Flechsig-Strang 76
Flexion 154, 203
Flexoren
– Fingergelenk 195
– Handgelenk 195
Flexura duodenojejunalis 256
Fliegenpilz 403
Flimmerepithel 49–50, 281
Flimmerhaare 275, 282–283
Flimmerhärchen 50
Flügelmuskel 169
– äußerer 169
– innerer 169
Flüssigkeitsbedarf 242
Flüssigkeitsbilanz 242
Flüssigkeitsmangel 250
Flüssigkeitsmantel, Gehirn 81
Fluor-18 30
Follikel, Reifungsstadien 444
Follikelatresie 447
Follikelflüssigkeit 442
Follikelphase, Menstruationszyklus 450
Follikelreifung 451
Follikelsprung 444, 447
follikelstimulierendes Hormon s. FSH
Folsäure 241–242
Fontanellen 164, 166
Fonticulus
– anterior 166
– posterior 166
Foramen
– intervertebrale 174–175
– ischiadicum maius 204
– – majus 201
– jugulare 82
– magnum 79, 81
– mentale 247
– obturatum 199–200, 204–205
– occipitale 249
– ovale 460, 470
Formant 129
Fornix 68, 72
Fortpflanzung 435–473
Fossa
– infraspinata 183–184
– intercondylaris 200
– interpeduncularis 68
– olecrani 184–185
– poplitea 2011
– supraspinata 183–184

Fovea centralis 111, 115
Fraktur 151
Fremdreflex 224, 226, 400
Fremdreflexbogen 224–225, 395
Frenulum
– labii inferioris 245
– – superioris 245
– praeputii 442
Frequenz, Generatorpotential 96
Frequenzänderung, Aktionspotential 96
Frequenzbänder 87
– Elektroenzephalogramm 86
Frischgedächtnis 143
Frontalebene 7
Fruchtwasser 457–458
Fruchtzucker 238, 266
Frühgeburt 284, 470
Fruktose 238, 266–267
FSH (follikelstimulierendes Hormon) 449
– Menstruationszyklus 450
– Östrogen 450
– Progesteron 450
– Testosteron 450
Fühlgrenze 128
Füllungsphase
– erste 314
– zweite 314
Fundus
– uteri 443–444
– ventricularis 252–254, 257
Funiculus
– anterior 73
– lateralis 73
– posterior 73
– spermaticus 182
Funktion
– motorische, Hirnnerven 70
– sensorische, Hirnnerven 70
– vegetative, Hirnnerven 70
Funktionsdiagnostik, nuklearmedizinische 29
Funktionskreise, Haltemotorik 220
Funktionsveränderungen im Schlaf 89
Fußgelenke 212
Fußgelenkmuskeln 213–214
Fußmuskeln, kurze 215
Fußmuskulatur 216
Fußpulse 217
Fußquergewölbe 203
Fußrücken 215
Fußrückenarterie 215
Fußskelett 202–203
Fußsohlenmuskulatur 215
Fußwurzel 200, 203
Fußwurzelknochen 202
Fußwurzelknochengelenk 154

G

Gänsehaut 101, 431
Gärung 268
Galaktose 266
Galea aponeurotica 167
Galle 256, 258, 263, 267
Gallenausführungsgang 256–257
Gallenblase 8, 254, 257–258, 260, 264, 266–268
Gallenblasengang 257
Gallenfarbstoffe 236, 269
Gallenflüssigkeit 259

Gallengang/-gänge 24, 254, 258–260, 266–267
Gallengangmündung 258
Gallenkapillare 259
Gallenproduktion 263
Gallensäuren 267
Gallertkern 174–175
Gallertkuppel 130–133
Gametogenese 446
Gamma-Globuline 355
Gammakamera 29, 307
Gamma-Motoneuron 220–221, 224, 226–227, 229–230
Gammastrahlen 29, 108
Ganglien
– s.a. Ganglion
– Grenzstrang 387, 389
– Nervensystem, peripheres 57
– paravertebrale 387, 389
– prävertebrale 387, 389
– sensible 95
– sensorische 105
– vegetative 395
– – Bauchwand, hintere 391
– – Becken, kleines 392
– – Nervenzellen 392
Ganglienblocker 396
Ganglienzellen 52, 57, 115
Ganglion
– s.a. Ganglien
– ciliare 119–120, 388
– coeliacum 388–391
– mesentericum inferius 388, 390–391
– – superius 388, 390
– oticum 388
– spinale 80
– stellatum 388
– vestibulare 124, 131
gap junction 60
Gasaustausch 284–285
Gaster 244, 252, 258–259
gastric inhibitory peptide 263–265
Gastrin 263–264
Gastritis 255
Gastroenteritis 403
Gastroskopie 253
Gaumen 16–17, 277
– harter 138, 244, 249
– weicher 138, 244, 251
Gaumenbein 165, 275
Gaumenbogen 250
– hinterer 245
– vorderer 245
Gaumenmandel 244–245, 249–251, 372
Gaumenmuskeln 278
Gaumensegel 244–245, 250–251, 278
Gebärmutter 26, 200, 438, 443–445
– Muskeltumoren 445
– Untersuchung, manuelle 445
Gebärmutterarterie 443
Gebärmuttergrund 444
Gebärmutterhals 443–444
– Schleimpfropf 445
Gebärmutterhalteband 180
Gebärmutterkörper 443–444
Gebärmutterkuppe 443
Gebärmutterlumen 444
Gebärmuttersenkung, Inkontinenz 351

SACHVERZEICHNIS A

Gebiß 246
– bleibendes 247
Geburt 467–470
– Austreibungsphase 468–469
– Eröffnungsphase 469
– Nachblutungen 468
– Nachgeburtsphase 468–469
– Pudendusanästhesie 468–469
– Reifezeichen 461
– Uterusatonie 468
Geburtsgewicht, Gestationsalter 471
Geburtskanal 199
Geburtstermin, Berechnung, Naegele-Regel 467
Gedächtnis 143
– primäres 143
– sensorisches 143
Gedächtnisbildung 144
Gedächtnisformen 143
Gedächtnislücke 144
Gedächtnisort 144
Gedächtniszellen 369
Gefäße, große 22
Gefäßendothelzellen 323
Gefäß-Nervenbündel, Kniekehle 211
Gefäß-Nervenstraße
– Oberarm 194
– Unterarm 197
Gefäßquerschnitt 318
Gefäßstrang, Hals 170
Gefäßverengung 325
Gefühlsbetonung 138
Gegenstromverfahren 349
Gehen
– Spielbein 231
– Standbein 231
Gehirn 18, 56
– Aufbau, innerer 72
– Blutversorgung 80
– Gewicht 66
– Oberflächenstrukturen 66
– Positronenemissionstomogramm 36
Gehirnaktivität 86
Gehirnerschütterung 144
Gehirnreife 86
Gehirn-Rückenmarksflüssigkeit 83
– Zirkulation 84
Gehörgang 122, 168
– äußerer 121–122, 165
Gehörgangspülung 122
Gehörknöchelchen 121, 123, 125
Gehörorgan 121, 124, 131
Gekröse 255–256
Gekrösearterie
– obere 25, 257, 317
– untere 257, 317
Gekrösevene
– obere 259
– untere 259
gelber Fleck 111, 116
Gelbkörper 444, 449
– Progesteron 450
– Schwangerschaft 466
Gelbsucht 270
Gelenk 153
– Bein 200
– dreiachsiges 154
– echtes 153
– – Formen 154–155
– einachsiges 154
– straffes 154, 194
– zweiachsiges 154

Gelenkachse 154
Gelenkband 153
Gelenkbewegung 154
Gelenkerguß 154
Gelenkersatz 207
Gelenkfehlstellung 155
Gelenkfläche 149
Gelenkfunktion 154
Gelenkhöhle 153
Gelenkkapsel 153
– Überdehnung 154
Gelenkkapselschrumpfung 154
Gelenkknorpel 51, 149, 151, 153
Gelenkknorpelschaden 155
Gelenkknorren
– innerer 200
– seitlicher 200
Gelenkkopf 153–154
Gelenkpfanne 153–154
Gelenkrezeptor 103
Gelenkschmiere 153
Gelenkspalt 153
Gelenkspalttasche, Kniescheibe 211
Gene 44
– Chromosomen 471
Generatorpotential 95
Genmutationen 472
Gentherapie 44–45
– Krebs 44
Genträger 45
Genübertragung 44
Gerinnsel 81
Gerstenkorn 109
Geruchsempfindung, bewußte 138
Geruchsstoffe 95
Gesäßmuskel(n) 26–27
– großer 14–15, 204–205, 207–208, 218, 231
– kleiner 204–205, 218, 231
– mittlerer 204–205, 207–208, 218, 231
Gesäßnerv
– oberer 14, 208
– unterer 14, 208
Gesamtblutvolumen 355
Gesamtbrechkraft 112
Geschlechtschromosomen 449, 471
Geschlechtsdrüsen
– männliche 437–441
– weibliche 442–443
Geschlechtsfunktionen, endokrine Regelung 449–452
Geschlechtshormone 151
Geschlechtsmerkmale, sekundäre 450
Geschlechtsorgane
– männliche 437–442
– – äußere 441–442
– – Differenzierung 438
– – Entwicklung 437
– weibliche 442–446
– – äußere 444–445
– – Differenzierung 438
– – Entwicklung 442
Geschlechtswege
– männliche 439–441
– weibliche 443–444
Geschmacksbahn 137
Geschmacksempfindung 134, 136, 249
– bewußte 137
Geschmacksfasern 136

Geschmacksknospen 134–136, 244, 249
Geschmacksnerv 70, 135
Geschmacksporus 134–136
Geschmacksstiftchen 135–136
Geschmacksstoffe 95, 134, 136
Geschmackszellen 135
Gesichtsarterie 12
Gesichtsausdruck 166
Gesichtsfeld 117
Gesichtsfeldausfälle 117–118
Gesichtsmuskulatur 166
Gesichtsnerv 12, 69, 167
Gesichtsschädel 164, 275
Gesichtsstarre 230
Gestagene 449
Gestationsalter 471
– Geburtsgewicht 471
Gesundschwitzen 433
Gewebe 37–53
– Wasseraustausch 342–343
Gewebealkalisierung 294
Gewebereaktion
– Alkalisierung 349
– Ansäuerung 349
Gewebesäuerung 292, 294
Gewebsaktivatoren 383
Gewebsentzündung 322
Gewebsflüssigkeit 321–322
Gewebsschädigung 104
Gewebstod 47
Gewebsumwandlung 52
Gewebsuntergang 52
Gewebsveränderungen 52
Gewöhnung 137
– Abführmittel 270
GFR (glomeruläre Filtrationsrate) 345
GH (growth hormone) 411
GH-IF (growth hormone-inhibiting factor) 411
ghosts, Erythrozyten 359–360
Gicht 155
Gigantismus 411
Gingiva 245, 247
GIP s. gastric inhibitory peptide
Glandula
– bulbourethralis 442
– lacrimalis 109
– parathyroidea 412–413
– parotis 167, 248, 250
– sublingualis 248, 250
– submandibularis 248, 250
– thyroidea 249, 251, 413
Glans penis 439, 441
Glanzstreifen 308
– Herzmuskelfasern 52
Glaskörper 110, 112
Glaukom 111
Gleichgewichtserhaltung 176
Gleichgewichtssystem 134
Gliazellen 52, 57, 59, 61
Gliazelltumor, Positronenemissionstomogramm 36
Glied
– männliches 441
– Schwellkörper 441
Gliederstellung 103
Gliedmaße
– obere 183
– untere 198
Gliedmaßenmuskeln 175, 182–183
– oberflächliche 176

497

Sachverzeichnis

Gliedmaßenmuskeln
– Rücken 188
– tiefe 176
Globuline 355
Globus pallidus 75
glomeruläre Filtrationsrate (GFR) 345
Glomerulonephritis 346
– Hypertonie 351
Glomerulus 337–339
– Filtration 344
– Kapillarsystem 344
– Rasterelektronenmikroskopie 339
Glomeruluskapillare 338
Glomus caroticum 286, 291
Glucocorticoide 409, 419–420
– Blutzuckerspiegel 424
Glucose/Glukose 238, 266
– Blutplasma 355
– Harn 348
– Insulin 421
– Speicherform 423
– Transport 348
Glucosekonzentration, Cortisol 420
Glucoseresorption 265
Glucoseverwertung, Somatotropin 411
Glucosurie 348, 423
Glukagon 256, 409, 421–424
– Blutzuckerspiegel 424
Glukose s. Glucose
Glukosidase 266
Glukuronsäure 269
Glycerin 238–239, 266–267
Glykogen 238, 266–267
Glykogenaufbau 265
Glykogenbildung 258
Glykogenspeicherung 265
GnRH (Gonadotropin-Releasing-Hormon) 450
– Testosteron 450
Goldberger-Ableitung 312
Golgi-Apparat 46
Goll-Strang 76
Gonaden(anlage) 437
Gonadotropin-Releasing-Hormon (GnRH) 450
– Testosteron 450
Gonosomen 471
Gowers-Strang 76
Graaf-Follikel 442, 444, 447
Grätengrube
– obere 183–184
– untere 183–184
Granulatio arachnoidalis 84
Granulozyten 362, 365
– ältere 362
– azidophile 362
– basophile 362–364
– eosinophile 362–364
– jugendliche 362
– neutrophile 362–364, 366
– – Abwehr 366
– – Phagozytose 362
– – prozentuales Auftreten 364
– segmentkernige 362, 364
– stabkernige 362, 364
graue Substanz 72–73, 76, 219
Gravidität
– s. Schwangerschaft
– tubare s. Eileiterschwangerschaft
Greifmotorik, Fetus 461
Grenzlinie, ringförmige 199

Grenzstrang 388
– Ganglien 387, 389
– sympathischer 119, 170, 327, 387, 389–392
Grenzstrangganglion 80, 389
Griffelfortsatz 165, 184–185
Großhirn 56, 66, 68, 74, 106, 117
– Furchen 16
– Hemisphären 16–20, 66–68, 79
– Hinterhauptslappen 19–20
– Oberfläche 67
– Rinde 73
– Schläfenlappen 20
– Stirnlappen 19
– Windungen 16
Großhirnarterie
– hintere 82
– mittlere 79, 81–82
– vordere 81–82
Großhirnrinde 95, 97, 108, 133, 140
– Nervenzelle 58
Großhirnschenkel 66, 68, 75
Großhirnvene, mittlere, tiefe 82
Großzehe 203, 213
Großzehenbeuger 214
– langer 213–214, 218
Großzehenstrecker
– kurzer 215
– langer 214–215, 218
growth hormone (GH) 411
growth hormone-inhibiting factor (GH-IF) 411
grüner Star 111
Grundempfindung, Geruchssinn 137
Grundgelenk, Zehe 212
Grundgeschmacksempfindung 134
Grundhäutchen 50
Grundnährstoffe 238
Grundphalanx 184–186, 203
Grundqualität, Geschmack 134
Grundsubstanz 51, 150–151
Grundumsatz 237
Guanin 44
Gummistrumpf 218
gustatorisches System 94, 134, 142
Gyrus 67
– occipitoparietalis lateralis 68
– parahippocampalis 68
– postcentralis 67, 79, 108, 133
– praecentralis 67–68, 79, 108, 226

H

Haar 101
Haaraufrichter 100
Haarbalgdrüse 101
Haarkleid, fetales 461
Haarnadelgegenstromprinzip 349
Haarpapille 100–101
Haarschaft 100–101
Haartrichter 102
Haarwurzel 102
Haarwurzelscheide 100
Haarzellen
– äußere 125
– innere 125
Haarzwiebel 100–101
Haase-Regel 460
– Längenwachstum, Fetus 460
Hämatokrit 355
– Abnahme 356
– Änderungen 356
– Erythrozyten 355

Hämatokrit
– Plasmavolumen 355
– Zunahme 356
Hämatom, epidurales 83
Hämoglobin 243, 289–290, 292–293
– Erythrozyten 358
Hämoglobinabbau 269
Hämolyse 270, 359
– Erythrozyten 360
– osmotische 360
– Rh-Inkompatibilität 361
Hämophilie A/B 382, 472
Hämorrhoiden 262
Hämostase, primäre 382
hämostatischer Pfropf 380
Händezittern 228
Haften 153
Haftstrukturen 50
Hagelkorn 109
Hakenbein 185–186
Halbdornmuskel 176–177
Halbseitenblindheit 71
Halbseitenlähmung 81
Hallux 203
Halluzinationen 403
Hals 169
– anatomischer 184
– chirurgischer 184
Halsarterie 317, 326
Halseingeweide 170
Halsganglien 390
Halsgefäße, große 170
Halsgeflecht 161–162, 169, 182, 188
Hals-Kopfgefäße 8
Halslymphknoten
– oberflächliche 376
– tiefe 376
Halsmuskulatur
– oberflächliche 169
– tiefe 169
Halsnerven 72
Halsregion
– seitliche 169
– vordere 169
Hals-Schaft-Winkel 202
Halsvene 319
Halswirbel 170–173
– erster 18, 72, 173
– sechster 21
– siebter 174, 178
– zweiter 173
Halswirbelsäule 16
Halteband 91
– Beuger 197–198
– Peroneusgruppe 216
– Strecker, Hand 197
– Streckersehnen, Arm 196
– – Fuß 214–216
Haltefunktion 175
Haltemotorik 77, 219
– spinale 220
Haltereflex 221
Haltungsverfall 177
Hammer 122–123
Handbeuger
– ellenseitiger 199
– radialer 193, 195
– speichenseitiger 199
– ulnarer 193, 195
Handgelenk 185, 194
– proximales 154, 194
Handgelenkbeuger 190
Handgelenkmuskulatur 194–195

SACHVERZEICHNIS A

Handgelenkstrecker 190
Handgriff 179
– Brustbein 178
Handmuskeln
– kurze 197
– lange 197
Handskelett 185
Handstrecker
– ellenseitiger 199
– kurzer, radialer 195
– – speichenseitiger 199
– langer, radialer 195
– – speichenseitiger 199
– ulnarer 195–196
Handwurzel 183–184
Handwurzelknochen 185–186, 194
Handwurzelknochengelenk 154
Harn
– Blut 382
– Glucoseausscheidung 348
– Konzentrierung 349
– Volumen 351
harnableitenden Organe 339–342
Harnausscheidung
– fehlende 351
– übermäßige 351
– verminderte 351
harnbildende Organe 335–339
Harnblase 8, 10–11, 26–27, 200, 335, 340, 344, 439
– Entleerung 350–351, 401
– Füllung 350–351, 401
– Kontinenzphase 350
– Muskelschicht 341
– Schleimhaut 341
– Speicherfunktion 350
Harnblasendreieck 341
Harnblasenentleerung, Querschnittslähmung 351
Harnblasenfüllung, Querschnittslähmung 351
Harnblaseninnendruck 351
Harnblasenkatheter 439
– suprapubischer 340
Harndrang 350
Harnleiter 9, 200, 335–336, 340, 439
Harnorgane, Lage 334
Harnröhre 200–201, 340–342, 344, 438–439
Harnröhrenschließmuskel 344, 350
Harnröhrenschwellkörper 341, 439, 441
Harnsäure 102, 348
Harnstoff 102, 348
Harnvergiftung 352
Harnverhalten 340
Harnwege, ableitende 341
Harnwegssteine, Pyelonephritis 342
Hashimoto-Thyroiditis 425
Haube 75
Hauptbronchus 252, 280–281
– linker 22
– rechter 22
Hauptsignalfluß 140–141
Hauptzellen 255
Haustren 258, 261
Haut 48–49, 99
– Anhangsorgane 428
– Aufgaben 99
– Nervensystem 58
– sensorisches System 98
Hautafferenzen 396

Hautanhangsgebilde, sensorisches System 98
Hautanhangsorgane 101
Hautblutungen 38
Hautdrüsen 101–102
Haut-Eingeweide-Reflex 400–401
Hautfalte, asymmetrische, Oberschenkel 204
Hautfarbe 38, 99
Hautgefäße 102
– Hinterhaupt 14
– Nacken 14
Hautkrebs 99
Hautmuskel 166
– des Halses 182
Haut-Muskel-Reflex 400–401
Hautnerven 167, 197
– Gesäßregion 15
– Handrücken 14
– Hinterhaupt 14
– Nacken 14
– Oberarm 12
– Oberschenkel 13
– Unterarm 12, 14
– Unterschenkel 13
Hautrezeptor 224
Hautschichten 99, 101
Hautsegment 72, 105
Hautturgor 101
Hautvenen 197
– Handrücken 14
– Oberarm 12
– oberflächliche, Unterschenkel 217
– Unterarm 12, 14
HCG (humanes Choriongonadotropin) 460
– Schwangerschaft 466
HCG-Schnelltest, Eileiterschwangerschaft 473
Head-Zonen 394, 396
Hebung, Arm 187–188
Heilverfahren, physikalische 102
Helicotrema 123, 125
Hemisphären 66
– Großhirn 16–20, 66–68, 79
– Kleinhirn 68, 75, 79
Hemisphärenspalte 67
Hemmung, laterale 141
Hemmungsbahnen 230
Hemmungsfunktion, Kerngebiete 230
Hemmungssaum 141
Henle-Schleife 338
Hepar 244, 254, 256–259
Heparin, Granulozyten, basophile 362
Hepatitis 270
herumschweifender Nerv 69
Herz 8, 10–11, 23, 260, 299–300, 304, 316
– Entwicklung 456
– Innervation 390
– linkes 299, 302
– Magnetresonanztomographie (MRT) 34
– rechtes 299, 302
– Schlagfrequenz, β-Rezeptoren 397
– Sonographie 34
– Unerregbarkeit 62
Herzaktivität, bioelektrische 309
Herzaußenhaut 306
Herzbasis 22, 302, 315
Herzbeutel 300–302, 306, 373

Herzbinnenräume 302–303
Herzbinnenraumdilatation 308, 315
Herzfehlerkorrektur 310
Herzfrequenz 89–90, 313
Herzfunktion 309
Herzgeflecht 390
Herzgeräusche 308, 315
Herzinfarkt 238, 306, 313
Herzinnenhaut 306
Herzinsuffizienz 331
Herzjagen, Hyperthyreose 416
Herzkammer
– linke 23, 282, 301–303, 324
– rechte 23, 282, 302–303, 316
Herzkammerinnendruck 324
Herzkatheter 205, 305
Herzklappen 305–306
– künstliche 308
Herzklappenersatz 62, 310, 331
Herzklappeninsuffizienz 308, 331
Herzklappenstenose 308, 331
Herzklappenventilfunktion 313
Herzkontur 9
Herzkrankheit
– koronare 305
– Ödeme 348
Herzkranzarterie 305
– linke 301–302, 304
– rechte 301–302, 304
Herzkranzfurche 305
Herzkranzgefäße 302, 305, 317
Herzkranzvene 304
Herz-Kreislauferkrankungen 240
Herzlängsachse 300
Herzlage 313
Herzminutenvolumen 315, 325, 329
Herzmißbildungen, Röteln-Virusinfektion 463
Herzmuskeldurchblutung 305
Herzmuskelfasern 52, 308
– quergestreifte 49
Herzmuskelwand 306
Herzmuskulatur 302, 308
Herzperiode 309
Herzphasen 314
Herzrand, linker 302
Herzrhythmus 313
Herzscheidewand 299
Herzschlag 300
Herzschlagfrequenz 315
– erhöhte 311
– Hypothalamus 402
– Schilddrüsenhormone 415
– verminderte 311
Herzschlagvolumen 315
Herzschwäche 241
Herzspitze 300, 302
Herzspitzenstoß 300, 315
Herzstillstand 311
– künstlicher 62, 310
Herztöne 314–315
Herzvergrößerung 315
Herzversagen 403
Herzwand 302, 306
Herzwandhypertrophie 308, 315
Heuschnupfen 275
– Allergien 370
– IgE 357
Hexenschuß 144
Hiatus semilunaris 277
Hilum 22

Sachverzeichnis

Hilus
- Leber 257
- Lunge 282, 316
- Lymphknoten 375
- Milz 256
Hinken 204
Hinterhauptbein 166, 173
Hinterhauptfontanelle 164
Hinterhauptlappen 67, 82
- Großhirn 68
Hinterhauptloch 163
- großes 79, 81, 249
Hinterhirn 66
Hinterhorn 73, 76, 220
Hinterstrang 73, 76, 106
Hinterstrangkerne 106
Hinterwurzel 71, 80
Hippocampus 73, 144
Hirnanhangdrüse 16, 68–69, 72, 79, 81, 99
- s. Hypophyse
Hirnbasis 66, 68, 70
Hirndrucksteigerung, Pupillenstarre 119
Hirndurchblutung, Hitzekollaps 432
Hirnfunktion, Elektroenzephalogramm 84
Hirnfurchen 16, 67–68
Hirngefäße 79
- Erkrankungen 81
Hirngewölbe 68, 72
Hirnhälften 16, 18–19, 66
Hirnhaut 77
- harte 77–80, 84, 249
- weiche 78, 80
Hirnhautarterie(n) 83
- mittlere 78–79, 83
Hirnhautgefäße 78
Hirnkammer 83
Hirnleistung 66
Hirnnerv(en) 69–70, 74, 390–391
- I. s. Riechnerv
- II. Hirnnerv s. Sehnerv
- III. s. Augenbewegungsnerv
- IV. s. Augenrollnerv
- V. s. Drillingsnerv
- VI. s. Augenabziehnerv
- VII. s. Gesichtsnerv
- VIII. s. Vorhof-Schnecken-Nerv
- IX. s. Zungen-Rachen-Nerv
- X. s. herumschweifender Nerv
- XI. s. zusätzlicher Nerv
- XII. s. Unterzungennerv
- Austrittsstellen 70, 163
- Beeinträchtigung 71
- Eintrittsstelle 70
- Funktionen 69
- Paare 69
Hirnnervenkerne 76
Hirnrinde 74, 84, 136, 144, 230, 232
- Architektur 77
- Bewegungsplanung 226
- motorische 227
Hirnrindenareal, pyramidales 161
Hirnrindenfelder 142
Hirnrinden-Motoneuron-Verbindung 227
Hirn-Rückenmarksflüssigkeit 74
Hirnschädel 163
Hirnsichel 79
- große 78
Hirnsichelblutleiter, oberer 79

Hirnstamm 16, 18, 20, 56, 66, 68–69, 73–74, 76
Hirnventrikel 74, 83
- dritter 66
- seitliche 66
- vierter 66
Hirnventrikelpunktion 83
Hirnwasserraum 80
Hirnwindung(en) 18, 67
- präzentrale 161
His-Bündel 304, 310–311
Histamin, Granulozyten, basophile 362
Histokompatibilitätskomplex 369
Hitzeakklimatisation 433
Hitzekollaps 432
Hitzschlag 432
Hochdrucksystem 299, 329
Hoden 437, 439, 446
- Organstruktur 440
- Temperatur 441
Hodenanlage 437
Hodenkanälchen, abführende 439–440
Hodensack 439, 441
Höckerchen
- großes 184
- kleines 184
Höhenaufenthalt, Erythrozyten 358
Höhenpolyglobulie 359
Hörbahn 75, 127
Hören 94, 121
Hörfähigkeitsverlust 125
Hörfeld 127
- Großhirnrinde 126
Hörfläche 128
Hörinformation, Abbildung 126
Hörnerv 70, 124–125, 131
Hörorgan 124
- Innenohr 71
Hörschleife 126–127
Hörschwelle 128
Hörstörung, Elektroenzephalogramm 87
Hörstrahlung 126–127
Hörzellen 124, 126
Hohlhandbogen
- oberflächlicher 193, 197
- tiefer 197
Hohlhandsehnen 193
Hohlhandsehnenschrumpfung 198
Hohlhandsehnenspanner, langer 193, 195
Hohlvene
- obere 259–260, 282, 301–302, 315, 318–319, 322, 373
- untere 24–25, 181, 259–260, 282, 301, 303, 318–319
Homunculus 106–108, 227
Hordeolum 109
Horizontalebene 7
Horizontalzellen 115
Hormonausschüttung 265
Hormonbildung 256
Hormondrüsen 99, 407
Hormone
- Bauchspeicheldrüse 421–424
- Drüsenepithel 50
- effektorische 407–408, 411
- Effektorzellen 407
- Epiphyse 411
- Freisetzung 407–408
- glandotrope 407, 411

Hormone
- Hypophyse 410–411
- Hypophysenhinterlappen 411
- Hypothalamus 410–411
- Nebennierenmark 419–420
- Nebennierenrinde 418–421
- Reaktionsketten 407
- Rückkopplung 408
- Schilddrüse 412–417
- Schlüssel-Schloß-Reaktion 407
- Wärmebildung 430
- Wirkung 407–409
Hormonsteuerung 151
Hormonumstellung 151
Hornhaut 110–111
Hornhautaustrocknung 167
Hornhautkrümmung 114
Hornhauttrübung 110
Hornschicht 99–101
Hornschuppe 99
HPL (humanes Placentalactogen) 460
- Schwangerschaft 467
Hüftbein 174, 198
Hüftgelenk 154, 203–204
Hüftgelenkbänder 201
Hüftgelenkbeuger 204, 207
Hüftgelenkdysplasie 204
Hüftgelenkkapsel 201, 203–204
Hüftgelenkkopf 204
Hüftgelenkluxation 204
Hüftgelenkmuskeln 204
Hüftgelenkpfanne 199, 201, 203–204
Hüftgelenkstrecker 204, 207
Hüftlochmuskel
- äußerer 218
- innerer 218
Hüftmuskulatur/-muskeln 206–208
Hüftschmerz 144
Hüllschicht 252, 261
Hüllstrukturen, Nerv 60
Hüllzellen, Nervenfaser 57
humanes Placentalactogen (HPL) 460, 467
- Schwangerschaft 467
Humerus 149, 178, 183–184, 188–189, 192, 194
Hungergefühl 238
Hungerödem 343
- s.a. Ödeme
Husten 283, 295
hustenauslösende Zone 283
Hustenmuskel 188
Hustenreflex 225
Hustenstoß 282
Hydrocephalus 83
Hydroxylapatit 52
Hymen 443, 445
Hypercortisolismus 421
Hyperglykämie 423–424
- Insulin 423
Hyperhydratation, Hämatokrit 355
Hyperinsulinismus 423
Hyperkalzämie 418
- Parathormon 418
Hyperkinese 229
Hypermetabolismus 425
Hyperopie 114
Hyperplasie 52
Hyperpolarisation 62, 66, 397
Hyperthermie 432–433

SACHVERZEICHNIS A

Hyperthyreose 416, 425
– Radiojodtherapie 425
– Schilddrüsenautonomie 425
Hypertonie 330, 351
– arterielle 334, 352
– Glomerulonephritis 351
– Nierenfunktionsstörungen 351
– renoparenchymale 351
– renovaskuläre 351
Hypertrophie 52
Hyperventilation, Hypokalzämie 418
Hypervolämie 355–356
Hypocortisolismus 421
Hypoglykämie 423–424
– Insulin 423
Hypoinsulinismus 423
Hypokalzämie 418
– Tetanie 418
– Vitamin-D-Mangel 418
Hypophyse 16, 66, 68–69, 79, 81, 407–408, 410–411
– Infundibulum 410
– Oogenese 449
– Spermatogenese 449
Hypophysenhinterlappen 72, 410–411
– Hormone 411
Hypophysentumor, Hypercortisolismus 421
Hypophysenvorderlappen 72, 151, 410
Hypothalamus 66, 68, 72, 75, 402, 408, 410–411
– Körpertemperatur 429, 431–432
– Oogenese 449
– Osmorezeptoren 347–348
– Spermatogenese 449
Hypothalamus-Hypophysen-System 410
Hypothermie 432–433
Hypothyreose 416
Hypotonie 228–229, 330
Hypovitaminose 241
Hypovolämie 355–356

I

Idealgewicht 237
IgE 357
IgG 357
– Erythrozyten 360
IgM 357
– Erythrozyten 360
Ikterus 270
Ileum 244, 254, 256, 262
– Lymphfollikel 375
Immunabwehr 365–370
– s.a. Abwehr
– Haut 99
Immunglobuline 357
Immunisierung, passive 357
Immunreaktion
– Cortisol 420
– Haut 99
Immunthrombozytopenie 370
Immunthyroiditis 425
Implantation 456
Imprägnation 452
Impulsaktivität 222
Impulskopie 228
Impulsmuster 233
– motorische 228
Inaktivitätsatrophie 52
Incisivus 246

Incus 122
Infektanfälligkeit, Streß 421
Infektion
– enterale 271
– parenterale 271
Infektionskrankheit, Leukozyten 364
Informationsabgabe 61
Informationsaufnahme 57, 61
Informationsaustausch 56
Informationsfluß, Nachsprechen 232
Informationsspeicherung 143
Informationssystem, Zelle 46
Informationsübermittlung, Hörorgan 126
Informationsübertragung 44, 57, 65
Informationsverarbeitung 61, 66
– Gehirn 84
– Gliazelle 61
– Sehen 115
– unbewußte 219
Informationsverschlüsselung 105
– Rezeptor 95
Informationsweiterleitung 95
– Beschleunigung 133
– Geschmacksempfindung 136
– Kodierung 96
– olfaktorisches System 137
– Sehen 117
Infrarotstrahlen 108
Infraschall 121
Infundibulum 68
– Hypophyse 410
– tubae uterinae 443
Inhalationsallergene 284
Inhibine 408
Injektion
– intramuskuläre, Deltamuskel 189
– – Gesäßregion 209
– venöse, Armvenen 198
– ventrogluteale 209
Inkompatibilität, Blutübertragung 360
Inkontinenz 351
– Beckenbodengymnastik 351
– Gebärmuttersenkung 351
Innenband 210–211
Innenohr 121–123, 127, 133
Innenrotation
– Arm 184, 188, 199
– Hüftgelenk 205, 218
– Kniegelenk 218
Innenrotator 189
Innervation, reziproke 221
Innervationsgebiete, Hirnnerven 70
Insel (Großhirn) 68, 73–74
Inselzellhormone, Pancreas 421–424
Inspiration 180, 284, 286
Insula 73–74
Insulin 256, 409, 421–424
Insulinmangel 423
Insulinüberschuß 423
Insulinwirkung, Somatotropin 411
Intentionstremor 228
Interkostalarterien 317
Interkostalnerven 162, 180, 226
Interphase 46–47
intervillöser Raum, Placenta 459–460
Interzellularsubstanz 51
Intestinum
– crassum 244, 260
– tenue 244, 255

Intima 321, 323
intrinsic factor 242, 255
Intubation, endotracheale 288
Ionenkanal 61–62, 156
Ionenströme 64, 66
IPSP s. Potential, inhibitorisches postsynaptisches
Iris 109, 111
Ischias 144
Ischiasnerv 14–15, 208
Isotope, radioaktive 29
Isotopendarstellung, Schilddrüse 35
Isthmus faucium 250

J

Jejunum 244, 253–254, 256
jet-lag 89
Jochbein 164–165
Jochbeinmuskel 166–167
Jochbogen 165
Jod 243, 412
Jod-123 29
Joule 237
Jungfernhäutchen 445
juxtaglomerulärer Apparat 339
– Renin 346

K

Kälteakklimatisation 433
Kältezentrum 431
Kahnbein 185–186, 200, 203, 212–213
Kaiserschnitt 467
Kalium 243
Kaliumionenstrom 63
– Nervenzellmembran 62
– Ruhemembranpotential 61
Kaliumkonzentration 156
– extrazelluläre 62
– intrazelluläre 62
Kalkablagerung, Gefäßwand 242
Kalkarinafurche 68
Kalkkörnchen 131
Kalksalzmangel, Knochen 177
Kallusbildung 151
Kalotte 66, 163
Kaltrezeptoren 104, 431
Kammerdruck 313
Kammerfüllung 313
Kammermyokard 310
Kammerscheidewand 302–303
Kammerschenkel
– linker 310–311
– rechter 310–311
Kammerwasser 112
Kammuskel 205
Kapazitätssystem 329
Kapillardurchmesser 321
Kapillaren 316, 318
– arterieller Schenkel 343
– Haut 102
– Resorption 343
– venöser Schenkel 343
– Wasseraustausch 342
Kapillarnetz 315
– Lungenbläschen 284–285, 290
– Organe 299
Kapillarwand 323
Kapsel, innere 19, 74–75, 82
– Schädigung 81
Kapselbänder, Hüftgelenk 203
Kapselriß 154

501

Sachverzeichnis

Kapselwand, hintere, Kniegelenk 206
kardioplege Lösung 310
Kardioplegie 62
Karies 246
Karpaltunnel 90
Karpaltunnelsyndrom 90, 198
Karpopedalspasmen 63
kaudal 7
Kaudruck 169
Kaumuskeln/-muskulatur 168–169, 248, 250
Kaunerv 169
Kehldeckel 129, 136, 249, 251, 262, 279–280
Kehldeckelknorpel 278
Kehlkopf 10–11, 23, 128, 136, 170, 249, 278–279
Kehlkopfeingang 250–251, 263, 278, 280
Kehlkopfmuskeln, innere 128
Kehlkopfnerv
– oberer 390
– unterer 390, 413
Kehlkopfschlauch 278
Kehlkopfspiegelung 129, 279
Kehlkopftasche 129
Keilbein 163, 200, 203, 213, 275
Keilbeinflügel
– großer 164
– kleiner 164
Keilbeinhöhle 16, 138, 165, 249, 275, 277
Keim, menschlicher, Entwicklungsschritte 454
Keimblatt
– äußeres 456
– inneres 456
– mittleres 456
Keimdrüsen
– männliche 437–439
– weibliche 442–443
Keimdrüsenanlage 437–438
Keimdrüsenband, unteres 438
Keimschicht 99–100
Keimzellbildung
– bei der Frau 446–449
– beim Mann 446–449
Keimzellen 446
– männliche 437
– – Bildung 446–452
– weibliche, Bildung 446–452
Keratinozyten 101
Keratohyalinkörperchen 101
Kerckring-Falten 255, 258
Kern
– bleicher 75
– Nervensystem, zentrales 57
– roter 75
– schwarzer 74–75
Kerngebiete 73, 230
– Basalganglien 230
– Hörbahn 126
– parasympathische 326
– sympathische 325, 327
Kernmembran 45
Kernpore 45
Kernspin 29
Kernspintomographie 28
Kiefergelenk 165, 168
Kiefergelenkhöcker 168
Kiefergelenkkapsel 168
Kiefergelenkkopf 168

Kiefergelenkpfanne 168
Kieferhöhle 17, 165, 276
Kieferhöhlenzugang 277
Kieferöffner 169
Kieferöffnung 169
Kieferschließer 169
Killerzellen 369
Kinderlähmung 65, 223
Kinetosen 134
Kinnmuskel 166
Kinozilien 50, 275, 282
Kitzelempfindung 102
Kitzler 445
Kitzlerschwellkörper 341
Klangbildung 128
Klappenebene 304–305
Klappenschlußton 315
Kleinfingerballen 197
Kleinfingerballenmuskeln 197
Kleinhirn 16, 20, 56, 66, 69, 72, 75, 228–229
– Funktionsausfall 228
– Hemisphären 68, 75, 79
– Körperhaltung 228
Kleinhirnarterie
– obere 81
– untere, vordere 81
Kleinhirnmark 73
Kleinhirnrinde 73, 76
Kleinhirnschenkel 68
– hintere 76
– mittlere 75–76
– vordere 76
– vorderer 73
Kleinhirnwurm 68, 73, 75
Kleinhirnzelt 79
Klimakterium, Östrogen 450
Klinefelter-Syndrom 472
KMI s. Körper-Masse-Index
Kniebeuger 207
Kniegelenk 154, 202, 206, 210, 216
Kniegelenkarthrose 207
Kniegelenkgrube 200
Kniegelenkmuskeln 207, 212
Kniegelenkstrecker 207
Kniehöcker
– äußerer 117, 120
– innerer 126–127
Kniekehle 209, 217
Kniekehlenarterie 15, 208, 217
Kniekehlenfläche 200
Kniekehlenvene 208
Kniescheibe 200, 202, 206–207, 209–210, 215–216, 231
Kniescheibengelenkfläche 210
Kniescheibenrinne 202
Knieschiebe 211
Kniestrecker, vierköpfiger 202
Knochen 149
– Bein 200
– kurze 149
– platte 149
Knochenachse, Schnecke 123
Knochenachsenfehlstellung 207
Knochenaufbau 149
Knochenbälkchen 149–150
Knochenbildung 149, 152
Knochenbruchgefahr 151
Knochenentkalkung 242
Knochenentwicklung 151–152
Knochengefäße 150
Knochengewebe 49–50, 52

Knochengrundsubstanz 52
Knochenhaft 153
Knochenhaut 78, 149–150, 153
Knochenheilung 149
Knochenhohlräume, Warzenfortsatz 123
Knochenkern(e) 152, 186
– zentraler 151
Knochenlamellen 275
Knochenleiste, Femur 202
Knochenmanschette 151–152
Knochenmark 149
– gelbes 150
– rotes 150
– – Erythrozyten 358
Knochenrinde 150
Knochenrinne 194
Knochenstruktur 150
Knochensubstanz, kompakte 149
Knochenszintigramm 29
Knochenumbau 151
Knochenwachstum 151–152
Knochenzellen 52, 150
Knochenzylinder 150
Knöchel
– äußerer 202, 213, 215, 217
– innerer 202, 213, 217
Knollenblätterpilze 403
Knorpel 50
– elastischer 51
– hyaliner 51
Knorpelgewebe 51
Knorpelhaft 153
Knorpelplatte 151
Knorpelscheibe 168, 206
Knorpelschwund 155
Knorpelspange 281
Knorpelstadium 151–152
Knorpelzellen 51, 151
Knorren 202
– äußerer 184
– Humerus 185
– innerer 184
Kobalt 243
Kochsalzlösung, physiologische 357
Kodierung, Reize 95–96
Körnerschicht 101
– äußere 77
– innere 77
Körper, Temperaturfelder 429–430
Körperbau 6–36
Körperbewegung 52, 224
Körperebenen 7
Körperfaszie 99
Körperfett 238
Körpergewicht 237–238
Körperhaltung 148, 219
– aktuelle 228
– Kleinhirn 228
Körperhauptschlagader 301
Körperkern 430
– Temperatur 429
Körperkreislauf 299, 302, 316
Körperlänge, Fetus 460
Körper-Masse-Index 237–238
Körperoberfläche, Organprojektion 6
Körperschale 430
– Temperatur 429
Körperstellung im Raum 228
Körperstreckung 231

Körpertemperatur 88–89, 429–430
– Abwehr, körpereigene 433
– Einstellung 431–432
– Hyperthermie 433
– Hypothalamus 429, 431–432
– Hypothermie 433
– Pyrogene 432
– Regelung 429
– – unwillkürliche 430
– Schlaf-Wach-Rhythmus 429
– Schwankungen, typische 429
– Sollwert(verstellung) 432
Kohlendioxid 284–285, 290, 292–293, 349
– Erythrozyten 359
Kohlendioxidabgabe 291–292
Kohlendioxidbindungskurve 293
Kohlendioxiddruck 291, 293
Kohlendioxidtransport 293
Kohlendioxidvolumen 294
Kohlenhydrataufnahme 265
Kohlenhydrate 238–239, 266
– Aufnahme 266
– hochpolymere 266
Kohlenhydratstoffwechsel 258
Kohlensäure 294, 349
Kohlenstoffkette 239
Kokzygealnerven 72
Kollagenfasern 51–52
Kolloide, Plasmaersatzlösungen 357
Kolostrum 446
Komedo 102
Kommissur, vordere 72
Kommissurenbahnen 75
Komplementreaktion 365–367
– Eiweiße 366
– Polysaccharide 366
– Proteine 366
Komplementsystem 366
– Aktivierung, alternative 366
– – klassische 366
Kompressionssyndrom, Nerven, periphere 90
Kondensierung 46
Konditionierung 144
Konjunktivalsack 110
Konsonanten 129
Kontaktekzem 99, 370
Kontaktpotentiale
– exzitatorische 397
– inhibitorische 397
Kontraktion 52
– isometrische 159
– isotonische 159
– tetanische 160
– unkontrollierte 63
Kontraktionszustand, Muskel 222
Kontraktionszyklus 158
Kontraktur 154
Kontrastbildung 141
Kontrastmittel
– bariumhaltige 28
– jodhaltige 28
– röntgennegative 28
– röntgenpositive 28
Kontrastmitteluntersuchung 28
Kontrazeption, hormonale 452
Kontrolle, efferente 139–140
Konvergenz 120
– Pupillenreaktion 119
Konvergenzprinzip 140
Konzentrationsgefälle 45
Kopf 16, 163

Kopfarterie 81
– gemeinsame 9, 12, 21
– innere 20, 80, 82
Kopfbein 185–186
Kopffremdreflexe 226
Kopfganglien 391
Kopflage 467
Kopftieflage 318
kopfwärts 7
Kopfwender 21, 167, 169–170, 176, 182
Kopfwendung 173
Kopplung
– elektromechanische 159
– – Herz 313
Kornealreflex 226
Koronarangiographie 28, 205, 305, 307
Koronararterie(n) 302, 305, 316–317
– linke 304, 306–307
– rechte 304, 306
– Versorgungsgebiete 305
koronare Herzkrankheit 305
Koronargefäße 304
Koronargeflecht 390
Koronarkatheter 305–306
Koronarvenen 316
Kotfarbe 269
Kraftsinn 103
Krafttraining 163
Krampfadern 219
kranial 7
Kranzfurche 302, 304
Kranznaht 164, 166
Krause-Endkörperchen 101
Krebserkrankungen, Lymphflüssigkeit 375
Kreislauf 297–331
– embryonaler 302
– Erythrozyten 358
– kindlicher 460
Kreislaufkollaps 328
Kreislaufzentrum 324–328
Kreuzband 206
– hinteres 210
– vorderes 210
Kreuzbein 10, 26–27, 153, 171–172, 174, 178, 198, 204, 206, 209
Kreuzbein-Darmbeingelenk 154, 198, 200, 204
Kreuzbeingeflecht 161–162, 205, 212, 392
Kreuzbeinhöckerband 202
Kreuzbeinkanal 172, 174, 204
Kreuzbeinnerven 72
Kreuzbeinstachelband 202
Kreuzbeinwirbel 170, 174
Kreuzprobe, Blutübertragung 361
Kribbelparästhesien, Übererregbarkeit, neuronale 63
Kronenfortsatz, Elle 184, 192
Kronenfortsatzgrube 184
Kropf, Hypothyreose 416
Krümmung
– konkave 171
– konvexe 171
Krümmungsradius 112
Krummdarm 244, 254, 256, 262
– Lymphfollikel 375
Krypten 255
– Dickdarm 261
– Dünndarm 261
– Tonsillen 374

Kryptorchismus 437
Kugelgelenk 154–155, 190, 212
– dreiachsiges 203
Kupfer 243
Kurvatur
– große 252–254
– kleine 252–254
Kurzsichtigkeit 114
Kurzzeitgedächtnis 143–144
Kyphose 171–172

L

Labium(-a)
– inferius 245
– minora 445
– superius 245
Labyrinth 121, 123
– häutiges 123–124, 131
– knöchernes 123
Lachmuskel 166
Lactoflavin 241
Ladungsverschiebung, Nervenzellmembran 62
Lähmung 65, 144, 175, 227
– Nervus ischiadicus 209
Längenwachstum
– Fetus, Haase-Regel 460
– Knochen 151
Längsband
– hinteres 174
– vorderes 174
Längsbruch 151
Längsgewölbe 203, 215
Längsmuskelband 258
Längsmuskelschicht, Dünndarm 255
Längsmuskulatur
– Dickdarm 260
– Verdauungstrakt 261
Lagerung 154
Lambdanaht 164, 166
Lamina
– basilaris 125
– tecti 68, 72
Langerhans-Inseln 256
Langerhans-Zellen 99, 101
Langzeitgedächtnis 143–144
Lanugohaare 461
Larynx 128, 136, 249, 278
lateral 7
Laxanzien 270
L-Dopa 230
Lebensalter, Grundumsatz 237
Lebenserwartung, geschlechtsspezifische 240
Leber 8–11, 25, 244, 254, 256–259, 263–264, 266–268
Leberarterie 24, 254, 257, 259–260, 321
Leber-Gallengang 257
Lebergrenze, obere 8–9
Leberläppchen 259–260
Leberlappen 24, 257
Leberpforte 257, 260
Leberschlagaderstamm 252, 254
Lebervenen 260, 319
Leberzellbalken 259–260
Leberzelle 259
Leberzellschädigung 271
Leberzirrhose 260
Lederhaut 99–101, 109–111
Leerdarm 244, 253–254, 256
Leiste, erhabene 202

Sachverzeichnis

Leistenband 8, 180–182, 198, 201, 205–206, 217
Leistenbruch 180
– angeborener 437
Leistengegend, Schwachstelle 180
Leistenhaut 101
Leistenkanal 180, 438
Leistenlymphknoten 375
– oberflächliche 378
– tiefe 378
Leistenring
– äußerer 180, 182
– innerer 181
Leistungsfähigkeit, reduzierte 162–163, 298
Leistungstief 38
Leitmuskel 197
Lemniscus
– lateralis 126–127
– medialis 106–107
Lendenarterien 83
Lendengeflecht 12, 14, 161–162, 180, 182, 205, 212
Lenden-Kreuzbein-Geflecht 175
Lenden-Kreuzbein-Knick 201
Lendenlordose 171
Lendenmuskel, viereckiger 206
Lendennerven 72
Lendenwirbel 170–172, 174, 253
– erster 25
– fünfter 201
Lendenwirbelsäule 174, 206
Lens 111
Leptin 238
Leptinrezeptor 238
Lernen 143–144
Lernprozeß 144
Leukämie
– akute, myeloische 53
– akute myeloische 53
Leukozyten 354, 362–365
– Differenzierung 363
– Entwicklungsstadien 363
– Form und Bildung 362–363
– Infektionskrankheit 364
– Lebensdauer 362
– Margination 362
– Pool 363
– – marginierter 363
– – zirkulierender 363
– Speicherpool 363
– Typen 364
– Ursprung 365
– Zellfortsätze 362
Leukozytose 364
Leydig-Zwischenzellen 437, 440
– Testosteron 437, 450
LH (luteinisierendes Hormon) 450
– Menstruationszyklus 450
– Schwangerschaft 466
Liberine 408
Licht 95
– ultraviolettes 99
Lichtbad 102
Lichteinfall 120
– Pupillenverengung 119
Lichtreaktion 226
Lichtstrahlen 108
Lichtwellen, Längen 108
Lidheber 109
Lidspalte 109
Lidwinkel, äußerer 109
Lien 257–259, 377–378

Ligamentum 153
Ligamentum(-a)
– anulare radii 191–192
– collaterale fibulare 210–211
– – radii 192
– – tibiale 210–211
– – ulnare 192
– coraco-acromiale 187
– cricothyroideum 279
– cruciatum anterius 210
– – posterius 210
– deltoideum 213
– flavum 174
– iliofemorale 203
– inguinale 181–182, 201, 206
– interspinale 174
– ischiofemorale 203
– patellae 211, 215
– pubofemorale 203
– sacrospinale 202
– sacrotuberale 201–202
– teres uteri 180, 443
– transversum atlantis 173
– vocale 128
limbisches System 144
Linea
– alba 180, 182
– aspera 200, 202, 205
– terminalis 199, 201
Linearbeschleunigung 130, 132
Lingua 245, 248–249
Linie, erhabene 200
Linkstyp, Herzversorgung 305
Linse 111–113
Linsenkapsel 112
Linsenkern 73–75
Linsenmuskel 111, 120
Lipasen 267
Lipide 267
Lippe 243–244
Lippenmuskel, kreisförmiger 244
Liquor cerebrospinalis 74, 78, 83
Liquordruck 83
Liquorpunktion 83
Liquorvolumen 83
Liquorzirkulation 83
Liquorzusammensetzung 83
Lobus
– frontalis 67–69, 82
– inferior 280
– insularis 68
– medius 280
– occipitalis 67–68, 82
– parietalis 67–68
– superior 280
– temporalis 68–69
Loch, verschlossenes 200, 204
Lösungen
– intrazelluläre 62
– isoionische 357
– isoosmolale 357
– isotone 357
– kardioplege 62
Lösungswasser, Natrium 346, 348
longitudinales System 156–159
Lordose 171–172
Luft 289
Luftdruckausgleich, Ohrtrompete 123
Luftnotzeichen 169
Luftröhre 8, 10–11, 170, 249, 252, 280, 282
Luftröhrengabelung 280

Luftröhrenknorpel 279
Luftröhrenringband, elastisches 281
Luftröhrenverschluß 262
Luftschall 121
Luftstrom 276
Luftwege
– obere 275
– untere 278
Lumbago 144
Lumbalanästhesie 83, 174
Lumbalnerven 72
Lumbalpunktion 83, 174
– Lagerung 84
Lumen, sternförmiges 251
Lunarmonate, Schwangerschaft 460
Lunge 280, 284, 299
– Innervation 390
– Säure-Basen-Haushalt 350
Lungenarterien 281–282, 284–285, 299, 301–304, 315
– Hauptäste 22
Lungenbläschen 284
Lungenbläschengang 285
Lungenbläschenscheidewand 285
Lungendehnung 286
Lungendehnungsrezeptoren 287
Lungenentfaltung, gestörte 471
Lungenfell 284
Lungenflügel 8–11, 22–23, 170, 280, 301
Lungengeflecht 390
Lungenhilus 282
Lungenkreislauf 302
– Blut, fetales 460
Lungenlappen 281
Lungenmittellappen 280
Lungenoberlappen 280
Lungenpforte 316
Lungenschlagader 301
Lungensegment 280–281
Lungenspitze 170
Lungenunterlappen 280
Lungenvenen 281–282, 284–285, 302–303, 316
Lungenvolumen 286–287
Lutealphase, Menstruationszyklus 450
luteinisierendes Hormon s. LH
Luxation 154
Lymphabfluß, Ödeme 375
lymphatische Organe 370–378
– Bauelement 372
lymphatischer Rachenring 250–251, 372, 374
lymphatisches Gewebe, Darmwand 262, 372–375
Lymphe 322
Lymphflüssigkeit, Krebserkrankungen 375
Lymphfollikel 371
– Lymphknoten 375
– Primärfollikel 371
– sekundäre 372, 376
Lymphgefäße 315, 322, 370–378
– abführende 376
– Achselhöhle 377
– Bauch- und Brustraum 378
– Brustwand 377
– Hals 376
– Leistengegend 378
– zuführende 376
Lymphkapillaren 322
Lymphknötchen 379

Sachverzeichnis

Lymphknoten 375–377
– Achselhöhle 377
– Bauch- und Brustraum 378
– B-Lymphozyten 376
– Brustwand 377
– Entzündungen 375
– Hilus 375
– Kopf 376
– Leistengegend 378
– Lymphfollikel 375
– Mark 375
– parasternale 377
– pektorale 377
– Pforte 375
– Rinde 375
– Sinus 375
– T-Lymphozyten 376
Lymphknotenmetastase 375
Lymphödem 343
– s.a. Ödeme
lymphoepitheliale Organe 371
Lymphokine, T-Lymphozyten 369
lymphoretikuläre Organe 371
Lymphozyten 51, 362–365, 371
– s.a. B-Lymphozyten
– große 362
– kleine 362
Lyse 367
Lysosomen 46

M

Macula 111, 115–116
– sacculi 130
– utriculi 130
Magen 8, 11, 24, 244, 252, 258–259, 263, 266–268
Magenarterie 257
Magen-Darmkanal
– Motilität 264
– Motorik 264
Magendrüsen 254, 261
Mageneingang 251–252
Magenfundus 253
Magengeschwür
– chronisches 253
– Cortisol 420
Magengrund 252, 254, 257
Magenkörper 252–254
Magenkrümmung
– große 253–254
– kleine 253–254
– konkave 252
– konvexe 252
Magenmotorik 263
Magenmund 252
Magenpförtner 253
Magensaft 255
– saurer 265
Magensaftsekretion 137
Magenschlagaderstamm 252, 254
Magenschleimhaut 254
Magenschleimhautentzündung 255
Magenschleimhautfalten 258
Magenschleimhautgeschwür 255
Magenschleimschicht 255
Magensekretion 263
Magenulkus 253
Magenvenen 259
Magenvenen 259
Magenwand 261
Magnesiumphosphat 150

Magnetresonanztomographie (MRT) 19–20, 28–29
– Gehirn 18
– Herz 34
– Kniegelenk 211
– Kopf 16
Mahlbewegung 168
Mahlzahn 246
Major-Test, Blutübertragung 361
Makrophagen 51, 365–366
Makulaorgan 130–133
Malleolenfraktur 213
Malleolengabel 202, 212
Malleolus
– lateralis 200, 202, 213, 217
– medialis 200, 202, 213, 217
Malleus 122
Mamma 446
Mandeln, Entzündungen 375
Mandelpforte, weißliche 374
Mandibula 164–165, 168, 245, 249
Mangan 243
Mannose 266
Manschettendruck 328–329
Manubrium sterni 178–179
Margination, Leukozyten 362
Mark, verlängertes 18, 66, 68, 72, 74, 76, 106, 163, 265, 286, 325, 389
Markhöhle 149
Markpyramiden 335
Markraum 150–151
Markscheide 57–61, 64, 72
Markscheidenfärbung 77
Markscheidenzerfall 65
Massage 102
Mastdarm 9–11, 26–27, 200, 244, 254, 257, 262
Mastzellen 365
Maulbeerstadium 453–454
Maxilla 164–165, 245, 277
MCV (mean corpuscular volume) 359
Meatus
– acusticus externus 165, 168
– nasi inferior 109
Mechanorezeption 98
Mechanorezeptoren 76, 98, 102–103, 224, 394
– Bahnen 106
– Projektionsgebiete 106
Media 321, 323
medial 7, 97
Mediastinum 170, 315
– hinteres 251
Medikamente, Blut-Hirnschranke 61
Medulla
– cerebelli 73
– oblongata 18, 66, 68, 72, 74, 106–107, 133, 265, 283, 286, 325
– renalis 337
– spinalis 18, 69, 72, 80
Megakaryozyten, Thrombozyten 380
Mehrfachzucker 239
Meiose 47, 447, 471
– Störungen 471
Meißner-Plexus 392–393
Meißner-Tastkörperchen 101, 103
Melanin 99
Melanom 99
Melanosomen 99, 101
Melanotropin 409

Melanotropin-release-inhibiting-Hormon 409
Melanozyten 99, 101
melanozytenstimulierendes Hormon (MSH) 99
Melatonin 409, 411
Membran, postsynaptische 65
Membrana
– interossea 185, 203
– thyrohyoidea 279
– tympani 122
Membrankanal 65–66
Membranpotential 63–64, 85, 95–96, 159–160
– konstantes 61
– Registrierung 61
Membranpotentialentstehung 46
Membranrezeptoren 397
– Sympathikus 398
– Typen 397
Membranschwelle 62–64, 66, 158–159, 309–310
Membranspannung 61
Membranverdichtung, Nervenzelle 59
Meniskus 153–154, 206
– lateraler 210–211
– medialer 210–211
Meniskusverletzung 206
Meniskuszerreißung 206
Menopause 151, 452
Menstrualblutung 452
– spontane 452
Menstruation 450
Menstruationszyklus 451
– Follikelphase 450
– FSH 450
– LH 450
– Luteaphase 450
– Ovulationsphase 450
– regelmäßiger 450
Merkel-Tastscheibe 103
Merkel-Zelle 101
Mesencephalon 68
Mesenchym 51
Mesenterium 255–256
Mesoderm 454, 456
messenger-RNA 44
Metacarpus 183–184, 186
Metakarpalknochen 186
Metamyelozyten 364
Metaphase 46–47
Metaplasie 52
Metatarsus 200, 202–203
Migration 367
– Phagozyten 366
Mikrofilamente 46
Mikrogliazellen 366
Mikrophagen 362, 365–366
Mikrotubuli 46
– Axon 60
– Nervenfaser 57
Miktion 351
Miktionsreflex 350
– Querschnittslähmung 351
Milchbrustgang 282, 319, 375, 378
– Einmündung 375–376
Milchdrüse 50, 102
Milchgebiß 246–248
Milchgebißkennzeichnung 248
Milchproduktion, Prolactin 446
Milchsäckchen 446
Milchzucker 266

Sachverzeichnis

Milz 8–9, 11, 25, 257–259, 377–378
- Abwehr 378
- Aufbau 379
- Blutabbau 378
- Blutmauserung 378
- Kapselrisse 378
- Pulpa, rote 377, 379
- – weiße 377, 379
Milzarterie 24, 257, 379
Milzkapsel 379
Milzkreislauf 379
Milzpforte 256, 379
Milzreticulum 377
Milzschlagaderstamm 252, 254
Milzsinus 377, 379
Milzvene 24–25, 259, 379
Minderbeanspruchung, Knochen 151
Mineralocorticoide 346, 409, 419–420
Mineralsalze, Knochengewebe 52
Minor-Test, Blutübertragung 361
Miosis 118
Mischkost 239
Mißempfindungen 56
Mitesser 102
Mitlaute 129
Mitochondrien 46
Mitose 46–47, 99
Mitosegifte 53
Mitralklappe 303, 305, 324
Mittelarmnerv 12, 190, 193
Mittelfellraum 170, 315
Mittelfuß(knochen) 200, 202–203, 213
Mittelgelenk, Zehe 212
Mittelhand(knochen) 183–186
Mittelhirn 18, 20, 66, 68, 75, 106
Mittelohr 121–122
Mittelohrentzündung 123
Mittelphalanx 184–186, 203
Mittelschmerz 443
Mizellen 266–267
Mobilisation 320
Modiolus 123
Molar 246
Molekülsynthese 45
Molekularschicht 77
Momentangedächtnis 143
Mondbein 185–186
Mondmonate, Schwangerschaft 460
Mongolismus 463, 472
Monoglyceride 267
Monosaccharide 238–239, 262, 267
Monosomie 463
Monozyten 99, 362–365
- Abwehr 366
Morbus haemolyticus 361
Morphologie, Organe 6
Morula 453
Motilität, Magen-Darm-Kanal 264
Motoneurone 156–157, 219, 225, 395–396
- afferenter Teil 220
- efferenter Teil 220
- somatische 400
Motorik, Magen-Darm-Kanal 264
motorische Endplatten 395
motorische Einheit 156–158
motorisches System 147–233
mRNA 45
MSH (melanozytenstimulierendes Hormon) 99
Mucosa 252, 256, 261, 275

Müller-Gang 442
Mukoviszidose 472
multiforme Schicht 77
Multiple Sklerose 65
- Elektroenzephalogramm 87
Mundatmung 276
Mundboden 169, 244, 248
Mundbodenmuskulatur 169–170
Mundhöhle 164, 243–244, 265–268, 276
Mundhygiene 246
Mundpflege 250
Mundvorhof 244–245
Mundwinkelherabzieher 167
Mund-zu-Mund-Beatmung 288
Mund-zu-Nase-Beatmung 288
Muscularis 252, 256, 261
Musculus(-i)
- abductor pollicis 196
- – – longus 195
- adductor brevis 205, 218
- – longus 205, 218
- – magnus 205, 218
- arrector pili 100–101
- biceps brachii 187, 190–194, 199, 223
- – femoris 207–208, 212, 216–218, 231
- brachialis 191–192, 199
- brachioradialis 193, 195, 197, 223
- buccinator 167, 244
- ciliaris 111–112, 120
- corrugator supercilii 167
- cremaster 441
- cricothyroideus 279
- deltoideus 176–177, 182, 187, 189–191, 199, 231
- depressor anguli oris 166–167
- detrusor vesicae 340–341, 350
- digastricus 170
- dilatator pupillae 111, 118–119
- erector spinae 176, 231
- extensor carpi radialis brevis 195, 199
- – – – longus 195, 199
- – – ulnaris 195–196, 199
- – digiti minimi 195
- – digitorum 195
- – – communis 199
- – – longus 214–216, 218
- – hallucis longus 214–215, 218
- – indicis 195
- – pollicis brevis 195–196
- – – longus 195–196, 231
- externi interni 180
- flexor carpi radialis 193, 195, 199
- – – ulnaris 193, 195, 197, 199
- – digitorum longus 213–214, 218
- – – profundus 195, 199
- – – superficialis 195
- – hallucis longus 213–214, 218
- – pollicis longus 195
- gastrocnemius 213–218
- genioglossus 249
- geniohyoideus 249
- gluteus 205
- – maximus 14–15, 204–205, 207–208, 218, 231
- – medius 205, 207–209, 218, 231
- – minimus 205, 218, 231
- gracilis 205, 218
- iliocostalis 177
- iliopsoas 204–206, 218, 231

Musculus(-i)
- infraspinatus 176, 189, 191, 199
- intercostales 180–181
- intercostalis 179, 183
- interosseus 196–197
- latissimus dorsi 176, 182–183, 188, 190–191, 199, 231
- levator ani 201
- – palpebrae superioris 109–110
- – scapulae 188
- longissimus 177
- masseter 168–169, 248, 250
- mentalis 166–167
- mylohyoideus 170, 244, 248
- obliquus externus abdominis 176, 179–183
- – inferior 110, 118
- – internus abdominis 179–181, 183
- – superior 118
- obturator externus 218
- – internus 218
- occipitofrontalis (Venter frontalis) 167
- orbicularis oculi 109–110, 167, 226, 248
- – oris 166, 244
- palmaris longus 193, 195
- pectineus 205
- pectoralis maior 182–183, 188–189, 199, 231
- – minor 183, 189–190
- peroneus brevis 214–216, 218
- – longus 214–216, 218
- pronator quadratus 192–193, 195, 199
- – teres 192–193, 195, 199
- pterygoideus lateralis 169
- – medialis 169
- quadratus lumborum 206
- quadriceps femoris 13, 202, 206–207, 212, 218, 223, 231
- rectus abdominis 179–182, 231
- – femoris 218
- – inferior 110, 118
- – lateralis 110, 118
- – medialis 110, 118
- – superior 110, 118
- rhomboideus major 176, 188
- – minor 176, 188
- risorius 166
- sartorius 208, 212, 218
- scalenus 181
- – anterior 170
- – medius 170
- – posterior 170
- semimembranosus 208, 212, 217–218
- semispinalis 177
- – capitis 176
- semitendinosus 207–208, 212, 217–218
- serratus anterior 182–183, 188, 231
- soleus 213–214, 216–218
- sphincter ani 201
- – – externus 262
- – – internus 262
- – pupillae 111, 118–120, 226
- – pylori 255
- – urethrae 341, 344, 350
- spinalis 177
- splenius capitis 176–177
- stapedius 125

SACHVERZEICHNIS A

Musculus(-i)
- sternocleidomastoideus 21, 167, 169–170, 176, 182
- sternohyoideus 170
- sternothyroideus 170
- subclavius 189
- subscapularis 189–190, 199
- supinator 193, 195, 199
- supraspinatus 176, 189, 191, 199
- temporalis 168–169
- tensor fasciae latae 205–207
- – tympani 125
- teres major 176, 188–189, 191, 199
- – minor 189, 191, 199
- thyrohyoideus 170
- tibialis anterior 214–216, 218
- – posterior 213–214, 218
- transversus abdominis 180–181
- – perinei 201
- trapezius 169–170, 176, 188
- triceps brachii 190–192, 199, 223, 231
- – surae 214, 217, 223, 231
- vastus intermedius 212
- – lateralis 212
- – medialis 212
- vocalis 128
- zygomaticus 166–167
Musikantenknochen 194
Muskarin 403
Muskarinsyndrom 403
Muskel 155, 157
- großer, runder 176, 188, 199
- halbmembranöser 208, 212, 217–218
- halbsehniger 208, 212, 217–218
- kleiner, runder 199
- längster 177
- schlanker 205, 218
- spindelähnlicher 156
- trapezförmiger 188
Muskelaktivierung 159
Muskelatrophie 160
Muskeldehnung 221
- passive 222
Muskeldehnungsrezeptor 220
Muskelentzündung 223
Muskelfaserbündel 156–157
Muskelfasererschlaffung 159
Muskelfaser(n) 148, 155–156, 158–159, 219–220
- glatte 49
- quergestreifte 52
Muskelfaserverkürzung 159
Muskelfaszie 155–156
Muskelgewebe 48–49, 52
Muskelhautnerv 190
Muskelhülle 156
Muskelhypertrophie 160
Muskelkontraktion 221–222
Muskelkrampf 219
Muskellähmung 159
Muskel-Nerven-Verbindung, efferente 219
Muskelplatte 179
Muskelpumpe 217–218, 318
Muskelquerstreifung 52
Muskel-Rückenmark-Verbindung
- afferente 222
- efferente 222
Muskelschicht 252
- Darmwand 256

Muskelschlinge, Mittelfuß 214–215
Muskelschwäche 233
Muskelschwund 52
Muskelsegment 72
Muskelspannung 159
- erhöhte 65
Muskelspannungsrezeptor 220
Muskelspindel 103, 219–222
Muskeltätigkeit 294
Muskeltonus 89, 431
Muskeltonussteigerung 230
Muskeltonusverminderung 228–229
Muskeltraining 177
Muskeltumoren, Gebärmutter 445
Muskelverkrampfung 223
Muskelverkürzung, krankhafte 154
Muskelzellen, glatte 52, 323
Muskelzuckung 159
Muskulatur 12–15
- mimische 12, 109, 166–167, 244
Mustererkennung 143
Mutation 44
Mutterband, rundes 443
Mutterkuchen 460
Muttermund 444
- äußerer 444
- – Verschluß 443
- innerer, Verschluß 443
Myasthenia gravis 233
Mydriasis 118
Myelinscheide 57, 64
Myofibrille 156–157
Myofibrillen 52
Myokard 306, 308
Myokarddurchblutung 305
Myome 445
Myometrium 444
Myopie 114
Myosinfilament 46, 156–157, 159
Myotom 72
Myxödem, Hypothyreose 416

N

Nabel 182
Nabelarterien 460
Nabelschnur 458–460, 470
Nabelschnurgefäße 460
Nabelvene 460
Nachblutungen, Geburt 468
Nachgeburtsphase, Geburt 468–469
Nachhirn 66
Nachtblindheit 116, 241
Nägel 101–102
Naegele-Regel, Geburtstermin, Berechnung 467
Nährstoffaufnahme 255
Nährstoffe 238
Nährstoffgehalt, Nahrungsmittel 240
Nährstoffspeicher 51
Nagelbettentzündung 375
Nahakkommodation 113
Nahpunkt 112
Nahrungsabbau 255
Nahrungsaufnahme 244, 264
Nahrungsmittel
- Elektrolytgehalt 243
- Vitamine 241
Naht 153
Naschenmuschel(n) 276
Nase 275
Nasenatmung 276
- behinderte 275

Nasenbein 164–165, 275, 277
Nasenbluten 382
Nasenflügelatmung 290
Nasengänge 275
Nasengang, unterer, Mündung 109
Nasenheber 167
Nasenhöhle 16–17, 20, 109, 138, 164–165, 251, 275–276
Nasenhöhlenschleimhaut 275
Nasenhusten 278
Nasenloch 275
Nasenmuschel(n) 251, 275
- mittlere 138
- untere 109, 138
Nasennebenhöhlen 165, 275–276
Nasenscheidewand 17, 138, 249, 251, 275–276
Nasenschleim 275
Nasenschleimhautschwellung 276–277
Nasenseptum 275
Nativdiagnostik 28
Natrium 243
- Lösungswasser 346, 348
- Resorption 346
Natriumbicarbonat 349
Natriumcitrat, Blutgerinnungshemmung 382
Natriumionenkonzentration 63, 156
- Nervenzellmembran 62
Natriumoxalat, Blutgerinnungshemmung 382
Nebenhoden 438–440
- Kopf 438
- Temperatur 441
Nebenhodengänge 437
Nebennieren 9, 24, 317, 335
- Feinstruktur 419
- Nachbarschaftsverhältnisse 419
Nebennierengeflecht 391
Nebennierenmark 327, 419
- Drüsenzellen 390
Nebennierenrinde 346
- Zona fasciculata 419
- – glomerulosa 419
- – reticularis 419
Nebennierenrinden-Androgene 419–420
Nebennierenrindenhormone 407, 418–421
Nebenschilddrüse 412–413
- Feinstruktur 414
Nebenzellen 255
negatives T 313
Nehb-Ableitung 312
Nekrose 47, 52, 217
Nephritis, interstitielle, Schmerzmittel 346
Nephron 339
- Feinstruktur 338
Nerven
- oberflächliche 12–15
- periphere 60, 95
- tiefe 12–15
- Unterschenkel 216
Nervenbahnen
- motorische 160
- periphere 160
- zentrale 160
Nervendruckschädigung 90
Nervenendigung, freie 101, 103
Nervenentzündung 241

507

Sachverzeichnis

Nervenfaser 57–58, 77
– markhaltige 60
– marklose 60
Nervenfaserbündel 57, 60, 72, 75–76
Nervengeflecht
– Bauchwand, hintere 391
– Becken, kleines 392
– Haarwurzel 103
– vegetatives 392
Nervengewebe 48–49, 52
Nervenkern, parasympathischer 119
Nervenkompression, Gipsverband 216
Nervenleitgeschwindigkeit, Verminderung 65
Nervennaht 198
Nervenstrang 60
Nervensystem 53–91, 219
– autonomes 387
– Bauelemente 57
– Differenzierung 48
– motorisches 160, 387
– peripheres 60
– sensorisches 387
– somatisches 401
– unwillkürliches 387
– vegetatives 57, 119, 263, 385–403
– – Durchblutung 330
– – Herzfunktion 310
– – Nervenzelle 58
– – peripheres 387
– – – Erregungsverarbeitung 394–400
– – Strömungswiderstand 325
– – Wärmebildung 430
– – Wärmetransport 431
– – zentrales, Organisation 400–402
Nervenwurzel 162
– hintere 76
– vordere 76
Nervenwurzelkompression 175
Nervenwurzelreizsyndrom, lumbales 144
Nervenzelle 49, 56–59, 62, 65
– Grundfunktion 61
– refraktäre 63
– Versorgung 61
Nervenzelleib 57, 59
Nervenzellen 52
– Auge 111
– Ganglion, vegetatives 392
– multipolare, Auge 115
Nervenzellfortsatz 49, 56–57, 59, 77
Nervenzellkörper 57, 77
Nervenzellmembran 61–62, 64
Nervus(-i)
– abducens 69, 71, 118, 163
– accessorius 69, 71, 163, 169, 188
– auriculotemporalis 167
– axillaris 14, 189, 191
– cochlearis 124–125, 131
– cutaneus femoris posterior 15
– facialis 12, 69, 71, 136, 163, 167, 169, 226
– femoralis 12–13, 205–206, 208, 212, 223
– fibularis 2011
– glossopharyngeus 69, 71, 134, 136, 163, 286, 291, 326–327
– gluteus inferior 14, 205, 208
– – superior 14, 205, 208
– hypoglossus 69, 71, 163, 169
– intercostales 12, 14, 162, 180, 286

Nervus(-i)
– ischiadicus 14–15, 162, 202, 204, 208–209
– laryngeus recurrens 390, 413
– – superior 390
– lingualis 134
– mandibularis 168, 245
– maxillaris 168, 245
– medianus 12, 90, 190, 193–195, 197
– – Kompression 198
– musculocutaneus 190, 192, 194, 223
– obturatorius 205
– occipitalis major 167
– – minor 167
– oculomotorius 69, 71, 109, 112, 118–120, 163, 226
– olfactorius 71
– ophthalmicus 168, 245
– opticus 20, 69, 71, 79, 81, 110–111, 114, 117, 120, 226
– pelvici 391–392
– peroneus 212
– – communis 15, 208–209, 214–217
– – profundus 13, 214–216
– – superficialis 13, 214–216
– phrenicus 182, 286
– pudendus 392, 468
– radialis 12, 14, 190–197, 223
– saphenus 13, 206, 208
– spinales 71, 80
– suralis 15
– thoracicus longus 188
– thoracodorsalis 188
– tibialis 15, 208–209, 212, 214, 216–217, 223
– trigeminus 69, 71, 106–107, 134, 163, 169, 226, 244, 275
– – Augenast 245
– – Gesichtsäste 12
– – motorischer Anteil 169
– – Oberkieferast 245
– – Unterkieferast 245
– trochlearis 69, 71, 118, 163
– ulnaris 12, 14, 190–191, 193–197
– vagus 69, 71, 134, 136, 163, 170, 286, 325–327, 389–391
– vestibularis 124, 131, 133
– vestibulo-cochlearis 69, 71, 122, 124, 126–127, 133, 163
Nestschutz 460
Netzhaut 71, 111–116, 119–120
– Aufbau 115
Netzhautarterie, zentrale 111
Netzhauthälfte 117
Neugeborene
– Entwicklung 470–471
– eutrophe 471
– hypertrophe 471
– hypotrophe 471
– Reifezeichen 471
– Schädel 166
Neuralrinne 454, 456
Neuralrohr 456
Neurit 57–58
Neuron 57
– afferentes 392
– efferentes 392
– exzitatorisches 141
– inhibitorisches 141
– postganglionäres 327, 387, 389, 394–396

Neuron
– präganglionäres 327, 389, 395–396
– – Botulinustoxin 395
– sensorisches 219, 224–225, 395–396
Neuronenkette 141
Neutralnullstellung 154
Niacin 241–242
Niacinamid 241–242
Nidation 456
Niederdrucksystem 299, 329
Nieren 9–10, 25, 317, 319, 334–339
– Aufbau und Gliederung 337
– Blutfluß 344
– Feinbau 335–339
– Funktionseinheiten 344
– geschrumpfte 334
– Lage und Gliederung 335–339
– Markschicht 335
– Rindenschicht 335
– Säure-Basen-Haushalt 349–350
– Sonographie 352
Nierenarterie 25, 317, 335, 337
Nierenbecken 335–337, 344
– Röntgenbild 336
Nierenbeckenentzündung 342
Nierenfettkapsel 335
Nierenfunktionsstörungen, Hypertonie 351
Niereninsuffizienz
– chronische 352
– – Anämie 352
Nierenkanälchen 337, 339, 344
Nierenkapsel 335
Nierenkelch 335–337
Nierenkörperchen 337
– Entzündung 346
– Funktion 344–346
Nierenkrankheiten 351
– Ödeme 343
Nierenmark 337
Nierenpapillen 335–336, 339
Nierenpforte 335
Nierenpol
– oberer 335–336
– unterer 335–336
Nierenrinde 337
Nierensystem 333–352
Nierentubuli
– Funktion 346–349
– Resorption 346
– Sekretion 346
Nierenvene 25, 319, 335
Niesen 283
Niesreflex 225, 275, 277, 284
Nikotin 396
Nikotinsäure 241–242
Nikotinsäureamid 241–242
Nischenzellen 284
Nissl-Färbung 77
Nissl-Schollen 57
Nodus
– atrioventricularis 310
– sinuatrialis 310, 326–327
Non-REM-Schlaf 90
Noradrenalin 311, 325, 327, 390, 394, 397, 409, 419
– Depolarisation 397
Normalgewicht 237
Normalsichtigkeit 112, 114
Normoblasten 358
Nozizeption 98
Nozizeptoren 98, 104–105

Nucleus
– caudatus 73–74
– cuneatus 106
– dentatus 73
– gracilis 106
– lentiformis 73–74
– Nervensystem, zentrales 57
– niger 229–230
– pulposus 174–175
– ruber 75, 229
– suprachiasmaticus 89
– tractus solitarius 136
nuklearmedizinische Verfahren 28–30
Nullinie 309
Nutritionsreflex 225
Nystagmus 228

O

O-Beine 207
Oberarmarterie 193
Oberarm-Ellengelenk 190
Oberarmknochen 149, 178, 183–184, 192
Oberarmknorren
– lateraler 192, 196
– medialer 192–193, 195
Oberarmkopf 184, 192
Oberarmmuskel
– dreiköpfiger 192
– zweiköpfiger 187, 190–193, 199
Oberarmmuskel(n) 190–191
– dreiköpfiger 190–191
Oberarmrolle 192
Oberarmskelett 184
Oberarm-Speichen-Gelenk 190
Oberarm-Speichen-Muskel 193, 195–196
Oberbauchblutgefäße, Sonographie 33
Oberbauchorgane 24
Oberbauchsonographie 334
Oberfläche
– äußere 48
– innere 48
Oberflächenepithel 50
Oberflächenschmerz 105
Oberflächensensibilität 76, 98, 102
Oberflächenspannung 267
Obergrätenmuskel 176, 189, 191, 199
Oberhaut 99–100
Oberkiefer 164–165, 245, 277
Oberkieferhöhle 275
Oberkieferknochen 275
Oberkieferzähne 164
Oberkieferzahnreihe 245
Oberlid 109–110
Oberlippe 245
Oberlippenbändchen 245
Oberschenkelarterie 12–13, 15, 205
Oberschenkelhals 200–202
Oberschenkelhalsbruch 202
Oberschenkelknochen 149–150, 178, 200, 202, 211
Oberschenkelknorren 206
– lateraler 209, 211
– medialer 210–211
Oberschenkelkopf 199–200, 202
Oberschenkelmuskel(n) 206–208
– gerader 218
– vierköpfiger 13, 202, 206–207, 212, 218, 231

Oberschenkelmuskel(n)
– zweiköpfiger 207–208, 212, 216–218, 231
Oberschenkelnerv 12–13, 205–206
Oberschenkelschaft 201
Oberschenkelvene 12–13, 206
Obstipation 262, 270
Ödem(e) 219, 241, 331, 343
– s.a. Hungerödem
– s.a. Lymphödem
– s.a. Stauungsödem
– Herzkrankheiten 348
– Lymphabfluß 375
– Nierenkrankheiten 343
– sulziges, Hypothyreose 416
Oesophagus 244, 249, 251, 253
Ösophagusmund 251
Ösophagusvarizen 260
Ösophagusverschlußmechanismus 252
Östrogen 449, 451, 460
– Eierstock 443
– Fettstoffwechsel 450
– FSH 450
– luteinisierendes Hormon (LH) 450
– Schwangerschaft 466
Ohnmacht 328
– Hitzekollaps 432
Ohr 121
– äußeres 121–122
Ohrenschmalz 122
Ohrknorpel, elastischer 121
Ohrläppchen 121
Ohrmuschel 121–122
– Bewegungsmuskeln 167
Ohrpfropf 122
Ohrspeicheldrüse 167, 248, 250
– Ausführungsgang 167, 248
Ohrspiegelung 122
Ohrtrompete 121–123, 277
Ohrtrompetenmündung 249, 251
Okulomotoriuskern 120
– parasympathischer Teil 119
Olecranon 184–185, 192–193
olfaktorisches System 94, 137
Oligodendroglia 61
Oligodendrogliazelle 57
Oligopeptide 238, 268
Oligosaccharide 266
Oligozythämie 356
Oligurie 351
Olive 69
Omentum majus 255
Oogenese 447–448
– Hypophyse 449
– Hypothalamus 449
Oogonien 447–448
Oozyten 437, 447
– primäre 448
– Reifeteilung, erste 447–448
– – zweite 448
– sekundäre 448
Opposition 194
Organbewegungen, Ultraschalluntersuchung 29
Organdarstellung, Kontrastmitteluntersuchung 28
Organdurchblutung 324, 329
– Anpassung 330
Organellen, Nervenzelle 57
Organprojektion, Körperoberfläche 6
Organsysteme 6
– Lagebeziehung 6–27

Os(-sa)
– capitatum 185–186
– coccygis 171, 174, 201
– coxae 178, 198
– cuboideum 200, 203
– cuneiforme 200, 203, 213
– digitorum 184–185
– – manus 183
– – pedis 200, 202
– ethmoidale 164–165
– frontale 109, 163–166
– hamatum 185–186
– hyoideum 128, 181, 249, 278–279
– ilii 198, 201, 204
– ischii 198, 204
– lacrimale 164–165
– lunatum 185–186
– metacarpi 185–186
– metatarsali 203, 213
– nasale 164–165, 277
– naviculare 200, 203, 213
– occipitale 166
– palatinum 165
– parietale 163–166
– pisiforme 185–186
– pubis 198, 204, 206
– sacrale 171
– sacrum 174, 178, 198, 204, 206
– scaphoideum 185–186
– sphenoidale 163–164
– temporale 163–166
– trapezium 185–186
– trapezoideum 185–186
– triquetrum 185–186
– zygomaticum 164–165
Osmolarität, extrazelluläre 360
Osmorezeptoren, Hypothalamus 347–348
Osmose 46
Osteoblasten 151
– Vitamin D 418
Osteoklasten 151
– Vitamin D 418
Osteoporose 151, 177, 202
– Cortisol 420
– Hypercortisolismus 421
– Hypokalzämie 418
– Östrogen 450
Osteosynthese 151
Osteozyten 52, 151
Ostium cardiacum 252
Otolithen 130–131
Otolithenmembran 130–132
ovales Fenster 122–123
Ovar 437–438, 442–443, 446
Overshoot, Nervenzellmembran 62
Ovulation 442, 444, 450–451, 453
Ovulationshemmer 452
Ovulationsphase, Menstruationszyklus 450
Oxidation 45, 290
Oxytocin 409, 446
– Wehen 467

P

Pacemaker 311
Packung 102
Palatum 277
– durum 138, 249
– molle 138, 251
Pallidum 229–230
Palmaraponeurose 193, 198

Sachverzeichnis

Palmarflexion 194, 196
– Handgelenk 199
Palpation 329
Palpebra
– inferior 110
– superior 110
Pankreas 24–25, 244, 256–257, 259
– Inselzellhormone 421–424
Pankreasgang 258
Pankreassaft 256
Pankreassekret 265
Pantherpilz 403
Pantothensäure 241
Papilla(-ae)
– foliatae 134
– fungiformes 134
– vallatae 134, 249
Papillarmuskel 303
Papille
– Lederhaut 100–101
– pilzförmige 134
– umwallte 249
Papillengang 337
Parasympathikolytika 397
Parasympathikomimetika 397
– direkte 397
– indirekte 397
Parasympathikus 109, 119, 263–264, 328, 388, 390–392, 397–399, 403
– Acetylcholin 397
– Beckenteil 391
– Erregungen 400
– Erregungsverarbeitung 399
– Herzfunktion 311
– Herz-Lungen-Innervation 390
– Innervation 389
– Kopfteil 391
– Mageninnervation 389
– Organisation und Gliederung 388
– Strömungswiderstand 325
– Wirkungen 398–400
Parathormon 409
– Calcium 418
– Hyperkalzämie 418
– Vitamin D 418
Parathormon (PTH) 418
Parese 223
Parkinsonismus 230
Parodontium 246
Parodontose 246
Parotis 248, 250
Pars pylorica 252–254
partial thromboplastin time (PTT) 382
Partialanfall 86
Patella 200, 202, 206–207, 209–211, 215–216, 231
Patellarsehne 206, 210–211, 215
Patellarsehnenreflex 223
Paukenhöhle 121–123
Paukentreppe 123–124
PD-Rezeptoren 103
– Thermorezeptoren 104
PD-Übergang 97–98
Pedunculus cerebellaris anterior 73
Pellagra 242
Pelvis renalis 335, 337, 344
Penis 441
Penisschwellkörper 341, 439, 441
Pepsin 255, 267–268
Pepsinogen 255, 267–268
Peptidasen 267–268
Peptidhormone 407

Perfusion 299
Perfusionsdruck 299–300, 328
Perikard 300–302, 306, 373
Perikaryon 57–58, 219
Perilymphe 123, 125
Perilymphraum 124
Perimetrium 444
Perineurium 60
Periodik, zirkadiane 88
Periodontium 247
Periost 78, 149–151, 153
Periostfasern 149
Periostgefäße 149
Peristaltik 263
Peritoneum 255–256, 261
Permeabilität, selektive 62
Peroneusgruppe 213–216
Peroneuslähmung 216
Perspiratio insensibilis 242
Peyer-Platten 375
Pfannendach 203
Pfeilnaht 164, 166
Pferdeschweif 80, 162
Pflugscharbein 165
Pförtner 252–254, 256
Pfötchenstellung
– Tetanie 418
– Übererregbarkeit, neuronale 63
Pfortader 24–25, 254, 257, 259–260, 264, 320
Pfortaderhochdruck 262
Pfortaderkreislauf/-system 258, 320
Pfortaderstau 260
Phagozyten
– Abwehr 366
– Adhärenz 366
– Chemotaxis 366
– Migration 366
Phagozytensystem, mononukleäres 362
Phagozytose 46, 48, 365–367, 369
– Granulozyten, neutrophile 362
Phalanx 186
Phalloides-Syndrom 403
Pharynx 16, 21, 244–245, 250, 277
Phenylketonurie 44
Phimose 442
Phonation 128
phonetisches System 128
Phosphatmechanismus, Wasserstoffionen 349
Phospholipide 380
Photorezeptoren 114
pH-Wert 349–350
Physiognomie 166
Physostigmin 397
Pia mater 78
Pigment 99
– Auge 111–112
Pigmentbildung 101
Pigmentepithel 115
Pigmenthaut 111
Pigmentkörnchen 99, 101
Pillendrehen 230
Pilzvergiftung 403
Placenta 460
– Aufgaben 460
– Bau und Funktion 459
– Darstellung, schematische 458
– Entwicklung 455, 457–460
– intervillöser Raum 459–460
Placentabildung 454

Placentalactogen, humanes (HPL) 460
– Schwangerschaft 467
Placentaschranke 460
– Lücken 460
Placentaseptum 459
Placentazotte 458–459
Plättchen s. Thrombozyten
Plantaraponeurose 215
Plantarflexion 212–214
– Sprunggelenk 218
Plaques 246
Plasmaaktivatoren 383
Plasmaersatzflüssigkeiten 357
Plasmaersatzlösungen, Kolloide 357
Plasmaexpander 357
Plasmavolumen
– Hämatokrit 355
– Vermehrung 356
– Verminderung 356
Plasmazellen 51, 369
Plattenepithel 50
– einschichtiges 49
– mehrschichtiges 49
– – unverhorntes 48–49
– – verhorntes 48–49, 99, 101
Plattfuß 203
Platysma 182
Plazenta s. Placenta
Pleura 373
– parietalis 284
– visceralis 284
Pleuraerguß 285
Pleuraspalt 284, 287
Pleuritis 285
Plexus
– brachialis 12, 14, 161–162, 188–190, 192, 195
– cardiacus 390
– cervicalis 161–162, 182, 188
– choroideus 19, 72, 83–84
– coeliacus 391
– hypogastricus inferior 388, 392
– – superior 388, 391–392
– lumbalis 12, 14, 161–162, 205, 212
– lumballis 182
– myentericus (Auerbach) 392–393
– pulmonalis 390
– sacralis 161–162, 205, 212, 392
– submucosus (Meißner) 392–393
– suprarenalis 391
Plica(-ae)
– aryepiglottica 279
– gastricae 253
– semilunares 258
– vestibularis 129, 279
– vocalis 129, 249, 278–279
Pneumothorax 287
Podozyten 338
Polarisation 62
Poliomyelitis 223
Poliovirus, Virustransport, intraaxonaler 65
Polkörperchen 448
Polyglobulie 355, 359
Polypeptide 238–239, 267–268
Polysaccharide 238–239, 267
– Komplementreaktion 366
Polyurie 351
Polyzythämie 356, 359
Pons 66, 68–69, 72, 74
Portio vaginalis 444

Positronenemissionstomographie
(PET) 28–30
– Gehirn 36
posterior 7
postganglionäre Fasern 388
Postmenopause, Östrogen 450
Potential
– akustisch evoziertes (AEP)
87–88
– erregendes 66
– evoziertes 86
– exzitatorisches postsynaptisches
(EPSP) 66, 84, 96
– – synaptisches 221
– hemmendes 66
– inhibitorisches synaptisches 221
– inhibitorisches postsynaptisches
66
– somatosensorisch evoziertes (SEP)
87–88
– visuell evoziertes (VEP) 87–88
Potentialänderung, elektrische 84
Potentialdifferenz, elektrische 61
Potentialfeld 85
Potentialkurve 86
Potentialschwankung 309, 311
PQ-Strecke 309
PQ-Zeit 309
präganglionäre Fasern 387–388
Prämolar 246
Praeputium 442
Presbyopie 112
Pressorezeptoren 325–327
– Aortenbogen 103
– Karotisgabelung 103
Preßwehen 468
– Pudendusanästhesie 468
P-Rezeptor 105
Primärfollikel 442, 444, 447
– Lymphfollikel 371
Primärgerüche 137
Primärharn 337, 345–346
Processus
– articularis 172
– – inferior 173
– – superior 173
– condylaris mandibulae 165, 168
– coracoideus 183–184
– coronoideus mandibulae 165, 168
– – ulnae 184, 192
– costalis 172
– mastoideus 164–165
– spinosus 172–174
– styloideus 165
– – radii 184–185
– – ulnae 184–185
– transversus 172–173
– – atlantis 173
– xiphoideus 178–179
Produktionsleukozytose 364
Progesteron 451, 460
– Corpus luteum 450
– Eierstock 443
– FSH 450
– Gelbkörper 450
– luteinisierendes Hormon (LH)
450
– Schwangerschaft 466
Projektionsareal, primäres 232
Projektionsbahnen
– afferente 75
– efferente 75
– sensorische 230

Projektionsfelder
– primäre 117, 142
– – Hören 127
– – sensorische 144
Projektionsgebiete 106
Projektionskerne, olfaktorisches
System 138–139
Prolactin 411
– Milchproduktion 446
– Schwangerschaft 467
Proliferationsphase 451
– Endometrium 450
Promontorium 199, 201
Pronation 191–193, 195, 212,
214
– Ellenbogengelenk 199
– Sprunggelenk 218
Prophase 46–47
Prostata 341, 438–439
– Untersuchung, rektale 441
Prostataadenom 439
Prostatahyperplasie 439
Prostatakarzinom 441
Prostataschwellung,
Pyelonephritis 342
Prostatasekret 439
Proteine 45, 238
– Komplementreaktion 366
– Produktion 44–45
Prothrombin 381
– Vitamin K 382
Provitamin 240
PSA (prostataspezifisches Antigen)
441
Pseudoleukozytose 364
PSR s. Patellarsehnenreflex
PTH (Parathormon) 418
Ptosis 109
PTT (partial thromboplastin time)
382
Pudendusanästhesie
– Geburt 468–469
– Preßwehen 468
P-Übergang 97
Pufferung 294
Pulmo 280
Pulmonalarterie 301
Pulmonalklappe 303–305
Pulpa 244
– rote, Milz 377, 379
– weiße, Milz 377, 379
Pulpahöhle 244, 247
Pulsader 328
Pupille 109, 111
Pupillenerweiterung 118
Pupillenreflex 226
Pupillenstarre
– absolute 119–120
– reflektorische 119–120
Pupillenstellung 112
Pupillenverengung 118
– Nervenzellen 120
Pupillenweite 118, 401
– Einstellung, Bahnenverlauf
120
Purkinje-Fasern 308, 310–311
Putamen 75
Pyelonephritis 342
Pyknose 47
Pylorus 253–254, 256
Pylorusstenose 255
pyramidales System 226
Pyramide 69

Pyramidenbahn 18, 74–75, 161, 226–227, 230
– Fasern 74
– Kreuzung 74
Pyramidenneuron 84–85
Pyramidenschicht
– äußere 77
– innere 77
Pyramidenseitenstrangbahn 76
Pyramidenvorderstrangbahn 76
Pyramis medullae oblongatae 69
Pyridoxin 241–242
Pyrogene, Körpertemperatur 432
P-Zacke 309, 311

Q

QRS-Gruppe 309
QRST-Komplex 313
Quadratschädel 242
Quadricepsreflex 223
Querbruch 151
Querfortsatz 171–173
Querkolon 24–25
Querlage 467, 470
Querschnittebene 7
Querschnittslähmung 269
– Blasenentleerung 351
– Blasenfüllung 351
– Miktionsreflex 351
Querstreifung 157
– Skelettmuskelfaser 156
Quick-Test 382
Q-Zackenvergrößerung 313

R

Rabenschnabelfortsatz 183–184,
189, 192
Rachen 9–11, 16, 21, 122, 244, 249–250, 277
Rachenabschnitte 250
Rachendach 251
Rachenenge 250
Rachenmandel 249–251, 277,
372
Rachenmandelwucherung 277
Rachenring, lymphatischer
250–251, 372, 374
Rachitis
– Hypokalzämie 418
– Prophylaxe 242
Radgelenk 154–155, 191
Radialabduktion 194, 196
– Handgelenk 199
Radialispuls 325
Radiatio
– acustica 126–127
– optica 117
Radiojodtherapie, Hyperthyreose
425
Radionuklide 29
Radiowellen 108
Radius 183–186, 192
Radius-Periost-Reflex 223
Radix
– anterior 80
– dentis 247
– dorsalis 80
– linguae 251
Ramus
– circumflexus 305, 307
– communicans 80
– – albus 387, 389
– – griseus 389

SACHVERZEICHNIS

Ramus
– interventricularis anterior 301, 305, 307
Ranvier-Schnürring 60, 64
rapid eye movement (REM) 89–90
Rasterelektronenmikroskop-darstellung, Flimmerepithel 283
Raucherbein 217
Raumschwelle
– simultane 103
– sukzessive 103
Raumstruktur, Polypeptid 238
Rautengrube 75
Rautenmuskel
– großer 176
– kleiner 176
Reaktion
– bedingte 144
– konsensuelle, Lichtreaktion 119
– unbedingte 144
Rechtstyp, Herzversorgung 305
Rectum 244, 254, 257, 262, 268
Reduktionsteilung 47, 448
– Eizelle 447
Referenzelektroden 86
Reflexabschwächung 144, 223, 226
Reflexantwort 223, 226
Reflexauslösung 223, 226
Reflexbogen 283, 394–395
– afferenter 394
– efferenter 394
– motorischer 394
– vegetativer 394
Reflexcharakter, Bewegungsmotorik 224
Reflex(e) 221, 401
– bedingter 144
– – Darmentleerung 268
– exterozeptiver 224
– kuti-motorische 400–401
– kuti-viszerale 400–401
– Miktionsreflex 350
– periphere 400
– propriozeptiver 221
– trigemino-fazialer 226
– unbedingter 144
– viszero-motorische 400–401
– viszero-viszerale 400–401
Reflexerregbarkeit 89
Reflexgrundmuster 225
Reflexschutz, Auge 111
Reflexsteigerung 223
Reflexverlust 223
Reflexverstärkung 226
Reflexzentrum 223, 226
Reflux, vesikoureteraler 340
Refraktionsanomalien 114
Regelblutung 442, 450
Regenbogenhaut 109, 111
Regeneration 46, 48, 50–51, 136
– Haut 99
– physiologische 52
– reparative 52
Regio olfactoria 138–139, 277
Region, prätektale 120
Reifeteilung 447, 471
– Eizelle 447
Reifezeichen
– Geburt 461
– Neugeborene 471
Reinigung, Epithel 49
Reisekrankheiten 134
Reissner-Membran 123–124

Reithosenanästhesie 94
Reizabbildung 143
Reize 95, 130, 134, 224
– Hören 121
– mechanische 104
– neutrale 144
– unbedingte 144
Reizintensität 95–97
Reizkombination 144
Reizpaarung 144
Reizspeicherung 143
Reizung, Muskel 159
Reizverschlüsselung 96
Rekombination 472
Rektaltemperatur 429
Rektum 26–27
Rektusscheide 180, 189
release-inhibiting factors 408
Release-inhibiting-Hormone 408, 411
releasing factors 408
Releasing-Hormone 408, 411
REM-Schlaf 90
Ren 335–339
Renin 347
– juxtaglomerulärer Apparat 346
Renin-Aldosteron-Mechanismus 346
Renshaw-Zelle 221
Replikation 44
Repolarisation 62
Reposition 151, 194
Reservevolumen
– exspiratorisches 288
– inspiratorisches 288
Residualvolumen 288
Resonanz 129
Resonanzverhalten, gewebeabhängiges, Magnetresonanztomographie 29
Resorption 48–49, 235–256, 258–271
– Bicarbonat 349
– Eiweiße 268
– Fette 267
– Kapillaren 343
– Kohlenhydrate 266
– Natrium 346
– Nierentubuli 344, 346
– Wasser 270, 343
Resorptionsepithel 48–49
Retikulärformation 142
Retikulozyten 358
Retikulumzellen 51
Retina 111–112, 114, 120
Retinaculum
– extensorum 196–197, 214–215
– flexorum 91, 197–198
Retinol 241
Retroversion
– Arm 199
– Hüftgelenk 218
Rezeptoren 46, 65, 95, 134, 140, 224
– Corti-Organ 125
– Haut 58
– Hören 125
– Lage 98
– lichtempfindliche 111–112
– somatischer Bereich 98
– viszerale 389
– viszeraler Bereich 98
α-Rezeptoren 397

β-Rezeptoren, Herz, Schlagfrequenz 397
β-Rezeptorenblocker 397
Rezeptor-Faser-Einheit 95
– Übergangsfunktionen 97
Rezeptormembran 137
Rezeptorpotential 95
Rezeptoraktivität 132
Rezeptortypen 98
Rhesus-Prophylaxe 362
Rhesus-System 360
– Blutgruppen 361
Rh-Inkompatibilität 361
– Anti-D-Immunglobulin 361
– Hämolyse 361
Rh-negativ/-positiv 361
Riboflavin 241
Ribosom 45
Richtungsbezeichnungen, Körperebenen 7
Richtwerte, Energiebedarf 237
Riechbahn 71, 139
Riechen 94, 276
Riechepithel 71, 137
Riechfäden 71, 137, 139
Riechfunktion 276–277
Riechhaare 137
Riechhirn 68
Riechkolben 68–69, 71, 137–139
Riechnerv 70–71, 138
Riechschleimhaut 57–58, 137–139, 275, 277
– Nervenzelle 58
Riechstrang 139
Riechzellen 139
Riemenmuskel des Kopfes 176–177
Riesenrötling 403
Riesenwuchs 411
Rima glottidis 129, 279
Rindenareale 226
Rindenfelder 77
Rindenstränge 442
Ringband, Speiche 192
Ringfalten 258
Ringknorpel 128, 249, 278–279
Ringknorpel-Schildknorpel-Muskel 279
Ringmuskel/-muskulatur
– Auge 109–110, 167, 248
– Dickdarm 267
– Dünndarm 255
– Mund 166
– Verdauungstrakt 261
Rippe(n) 22–23, 25, 178–179, 206, 301
– echte 178
– erste 179, 181
– falsche 178
– sechste 179
– zwölfte 178, 206
Rippenbogen 178–179
Rippenfell 284
Rippengelenk 178
Rippenhals 178
Rippenhöckerchen 178
Rippenknorpel 178
Rippenkopf 178
Rippenpaar 178
Rippenwinkel 178
Rißpilze 403
RNS (Ribonukleinsäure) 44
RNS-Polymerase 45

SACHVERZEICHNIS

Röhrenknochen 149–150, 152, 184, 202
Röntgenaufnahme, konventionelle 28
Röntgendarstellung
– Brustkorb 31
– Hand 151, 186
– – Kind 186
– Herz 302, 307
– Magen 252
– Zwölffingerdarm 253
Röntgendiagnostik 28
Röntgenstrahlen 28, 108
Röntgenverordnung 30
Röteln, Embryopathie 463
Röteln-Virusinfektion
– Herzmißbildungen 463
– Taubheit 463
Rötung, Entzündung 322
Rohrzucker 266
Rolle 184
Rollenverhalten 240
Rollhügel
– großer 200–202, 209
– kleiner 200, 202
Rosenkranzrippenknorpel 242
Rotation 154, 203
– Arm 187
Rotationsbeschleunigung 130, 132
rote Pulpa, Milz 377, 379
Rot-Grün-Blindheit 116
Rot-Grün-Schwäche 116
RPR s. Radius-Periost-Reflex
RR s. Blutdruckmessung, auskultatorische nach Riva-Rocci
Rückenbeschwerden 177
Rückeneigenmuskeln 175, 177
Rücken-Lenden-Faszie 176
Rückenmark 16, 18, 21–25, 56, 66, 69, 72, 76, 80, 106, 162, 175, 219–220, 224–225, 230, 327, 389
– Aufbau, innerer 72
– Blutversorgung 80
– Gliederung, segmentale 71
– Kerngebiete 401
– Oberflächenstrukturen 66
– Seitenhörner 387
Rückenmarkkanal 16
Rückenmarkkompression 175
Rückenmarksarterie(n) 82
– vordere 81
Rückenmarksbahnen 76
Rückenmarkshaut 77, 175
– Blutversorgung 80
– harte 80, 249
Rückenmarksnerven 69, 71, 106–107, 177
Rückenmarkssegment 71–72, 105–106, 223
Rückenmuskel(n) 175–176, 188, 231
– breiter 14, 176, 182–183, 188, 190–191, 199, 231
– lange 177
Rückenschule 177
Rückenstrecker 181
– lateraler Strang 176
– medialer Strang 176
Rückkopplung, Brustkorbdehnung 287
Rückmeldekreise 229
Rückstellkräfte, elastische 287
Rückzieher 169
Ruheaktivität 325

Ruhemembranpotential 62–63, 309
– Nervenzelle 61
Ruhetonus 160, 325
Ruheumsatz 237
Rumpf 170
Rumpfaufrichter 175
Rumpfbeuger 175
Rumpfbeugung 180, 231
Rumpfeigenmuskeln 176, 181–183
Rumpffremdreflexe 226
Rumpfmuskulatur 175
Rumpfskelett 178
Rumpfwandmuskulatur 182
– vordere, tiefe 183
rundes Fenster 122–123
Rundmuskel
– großer 189, 191
– kleiner 189, 191

S

Sacculus 123–124, 130–131
Saccus lacrimalis 109
Säbelbeine 242
Sägemuskel, vorderer 182–183, 188, 231
Säure-Basen-Haushalt
– Atmung 294
– Lunge 350
– Nieren 349–350
Säureschutzmantel 102
Sagittalebene 7
Sagittalnaht 164
Sakralnerven 72
Sakroiliakalgelenk 204
Salze 242–243
Salzhaushalt, Störungen 270
Salzsäure 255, 266, 268
Samenbläschen/-blase 438–439
Samenerguß 442
Samenfaden 437
Samenflüssigkeit 438, 442
Samenhügel 439
Samenkanälchen 438, 440
– Querschnitt 440
Samenleiter 181, 341, 437–440
– Ampulla 439
Samenstrang 180, 182
Samenwege, ableitende 440
Samenzellen 437
– Chromosomensatz, haploider 447
Sammelgefäße 315–316, 318
Sammelglas 114
Sammelrohr 337–339, 344
Sarkoplasma 52
Sattelgelenk 194
Sattheitszentrum 238
Sauerstoff 284–285
– Erythrozyten 359
Sauerstoffaufnahme 290
Sauerstoffbedarf 291
Sauerstoffbindungskurve 290–291
Sauerstoffdruck 286, 288–291
Sauerstoffgehalt 289
Sauerstoffsättigung 289, 291
Sauerstofftransport 289
Saugmotorik, Fetus 461
Scala
– tympani 123–124
– vestibuli 123–124
Scapula 178, 183–184, 187
Schädel 66, 164–165, 168
– knöcherner 163
– Neugeborenes 166

Schädelbasis 66, 163, 249, 251
Schädeldach 66, 163
– Kind 164
Schädelgrube 163
Schädelhöhle 79, 122
Schädelkalotte 78, 163
Schädelknochen 16, 78
Schädelnaht 164
Schädelverletzungen 83
Schärfe, flächenhafte 119
Schaft 149–150, 152
Schalenkern 75
Schall 121
Schallaufnahme 125
Schalldichte, gewebeabhängige 29
Schalldruck 121, 128
Schalldruckpegel 128
Schalleitung 125
Schallkopf 29
Schallquelle 121
Schallschwingung, Übertragung 123
Schallübertragung, Dämpfung 125
Schallwellen 95, 121
– hochfrequente 29
Schallwellenmuster 232–233
Schallwellenwahrnehmung 121, 125
Schambein 198, 201, 204, 206
Schambeinfuge 153, 198, 200–201, 204
Schambeinwinkel 198
Schamlippen
– große 445
– kleine 445
Schamnerv 392
Scharniergelenk 154–155, 168, 190, 194, 206, 212
Scheide 201, 438, 443–444
Scheidenarterie 443
Scheideneingang, Verschluß 443
Scheidensekret 445
Scheidewand, durchscheinende 72
Scheitelbein 163–166
Scheitel-Fersen-Länge 461
Scheitellappen 67
– Großhirn 68
Scheitel-Steiß-Länge 454, 463
Schenkelbein 202
Schenkelbinde 208
– große 204
Schenkelbindenspanner 205–207
Schenkelbruch 180
Schenkelgefäße 181
– große 180
Scheuklappenphänomen 118
Schichtarbeit 89
Schichtbildung, Großhirnrinde 77
Schielen 118
Schienbein 200, 202, 210–211, 213, 215
Schienbeinarterie 15
– hintere 217
– vordere 13, 215, 217
Schienbeinkante, vordere 202
Schienbeinknöchel 200
Schienbeinkopf 210
Schienbeinmuskel 214
– hinterer 213–214, 218
– vorderer 214–216, 218
Schienbeinnerv 15, 208, 217
Schienbeinpfanne 206, 210
Schienbeinrauhigkeit 210
Schienbeinteller 202, 206

513

Sachverzeichnis

Schienbein-Wadenbein-Band, hinteres 213
Schilddrüse 8, 10–11, 21, 170, 249, 251, 413
– Feinstruktur 414
– Hormone 412–417
– Isthmus 413
– Nachbarschaftsverhältnisse 413
– Seitenlappen 413
– Szintigraphie 35, 416–417
– Vergrößerung 415
Schilddrüsenarterie
– obere 413
– untere 413
Schilddrüsenautoantikörper 425
Schilddrüsenautonomie, Hyperthyreose 425
Schilddrüsenfollikel 415
Schilddrüsenhormone 151
– Produktion und Ausschüttung 416
– Rückkopplung, negative 415
– Ruhekonzentration 415
– Temperaturregelung 415
– Testmethoden 415
– Transporteiweißkörper 412
– Überproduktion 416
– Unterproduktion 416
– Wärmeproduktion 415, 430
– Wirkung, katabole 415
Schilddrüsenszintigramm 29
Schilddrüsenvenen 413
Schildknorpel 8, 21, 128, 249, 278–279
Schildknorpel-Ringknorpel-Band 279
Schläfenbein 18, 121, 163–166
Schläfenbeinpyramide 163, 168
Schläfenfläche 168
Schläfengefäße, oberflächliche 167
Schläfenlappen 67, 69, 137, 163
– Großhirn 68
Schläfenmuskel 168–169
Schläfennerv 167
Schläfenwindung
– mittlere 68
– obere 68, 127
– – Hörfeld 126
– untere 68
Schlaf 89
– EEG-Wellen 86
– orthodoxer 89
– paradoxer 89–90
Schlaflabor 90
Schlafprofil 89
Schlafspindel 89–90
Schlafstadien 89–90
Schlafstörungen 89
Schlaftiefe 89
Schlafverlauf 89–90
Schlaf-Wach-Rhythmus 88–89
– Körpertemperatur 429
Schlaganfall 71, 81, 227, 306
– Gesichtsfeldausfälle 118
– Sensibilitätsausfall 108
Schleife, mediale 106
Schleimbeutel 154, 192, 216
– Deltamuskel 187
Schleimhaut 49, 99, 252, 255–256, 261, 278
Schleimhautdrüsen 256
Schleimhautfalten, Magen 253
Schleimhautschwellung 284
Schleimhautzotten 260

Schleimpfropf, Gebärmutterhals 445
Schleimtransport 50
Schließmuskel
– Darmausgang 268
– Harnröhre 201
Schlottergelenk 207
Schluckakt 169, 263, 280
– unwillkürlicher 262
– willkürlicher 262
Schluckkoordinationsstörungen 278
Schluckreflex 225
Schluckstörungen 71
Schlüsselbein 12, 170, 178–179, 181, 183, 187–189, 301
Schlüsselbeinvene
– linke 375
– rechte 377
Schlüssel-Schloß-Prinzip, Translation 44
Schlüssel-Schloß-Reaktion, Hormone 407
Schlund 250
Schlundmuskulatur 262
Schlundschnürer 251, 278
Schmecken 94, 134
Schmerz 247
Schmerzauslösung 104
Schmerzcharakter 105
Schmerzempfindlichkeit 104
Schmerzempfindung 76, 94, 98, 104–105
Schmerzleitung, Unterbrechung 84
Schmerzmittel, Nephritis, interstitielle 346
Schmerzrezeptoren 101, 107, 224, 394
Schmerzschwelle 128
Schmerzsinn 98
Schmetterlingsfigur, Rückenmark 76
Schnecke 121–122, 124, 127, 131
– häutige 124, 131
Schneckenflüssigkeit 123
Schneckengang 122–124
Schneckenkanal 123
Schneckenspitze 123, 126
Schneidermuskel 208, 212, 218
Schneidezahn 246
Schnelligkeitstraining 163
Schnittbilddiagnostik 28
– Magnetresonanztomographie 29
Schnittbildserie 29
Schock
– anaphylaktischer 370
– hämorrhagischer, Eileiterschwangerschaft 473
– hypoglykämischer 423
Schollenmuskel 214, 216–217
Schonhaltung 144
Schrecken, permanenter, Hyperthyreose 416
Schreckpupille 119
Schreiben 226
Schreitreflex 225
Schrittmacherfunktion 310–311
Schubladenphänomen 207
Schüttelbewegung 230
Schüttelfrost 433
Schulterblatt 178, 183–184, 187–189
Schulterblattdrehung 188
Schulterblattgräte 183–184, 188
Schulterblattmuskel(n) 190–191
– unterer 199

Schultergelenk 154, 186–188
– Bewegungen 199
Schultergelenkhöhle 187
Schultergelenkkapsel 187
Schultergelenkkopf 187
Schultergelenkmuskulatur 189
Schultergelenkpfanne 179, 183
Schultergürtel 178, 183, 186, 188
Schultergürtelmuskulatur 169
Schultergürtelskelett 183
Schulterhöhe 179, 183–184
Schulterhöhe-Schlüsselbein-Gelenk 183
Schuppennaht 164
Schutzepithel 48–49
Schutzfunktion
– Epithelien 49
– Haut 48, 99
– Nägel 102
Schutzimpfungen 369
– aktive 369
– passive 369
Schutzreflex 225, 265
Schwangerschaft 436, 465–467
– Basaltemperatur 466
– Becken, weibliches 468
– Corpus luteum 466
– Endometrium, Veränderungen 466
– Gelbkörper 466
– – Veränderungen 466
– HCG 466
– HPL 467
– LH 466
– Lunarmonate 460
– Mondmonate 460
– Östrogen 466
– Progesteron 466
– Prolactin 467
– Somatotropin 467
Schwangerschaftsdauer 471
Schwanken 228
Schwann-Zelle 60–61
Schwarz-Weiß-Sehen 116
Schweifkern 73–74
Schweiß 102, 431
Schweißdrüse 100–102
– Wimpern 109
Schweißdrüsenabszeß 102
Schweißsekretion, Schilddrüsenhormone 415
Schwellenreize 116
Schwellenschalldruck 128
Schwellkörper
– Clitoris 445
– Harnröhre 439
Schwellung, Entzündung 322
Schwerhörigkeit, frequenzspezifische 125
Schwermetallsalzausscheidung 269
Schwertfortsatz 178–179
Schwindel 228
Schwingung
– mechanische 121
– Trommelfell 125
Schwingungsamplitude 121, 129
Schwingungsfrequenz 121
Schwingungsmaximum 125
Schwitzen 431
Sclera 109–111
Scrotum 439, 441
Sectio caesarea 467
Seelenblindheit 118
Seelentaubheit 127

SACHVERZEICHNIS A

Segelklappen 304–305
Segmentkernige 364
Sehachseneinstellung 118
Sehbahn 71, 75, 117
Sehempfindung 117
Sehen 94, 108
Sehfeld, Hirnrinde 117
Sehloch 109, 111
Sehlocherweiterer 111
Sehlochschließer 111, 120
Sehnen 156–157, 220
– Hand 197
Sehnenfäden 305
Sehnengewebe 51
Sehnenhaube 167
Sehnenorgan 103, 219–221
Sehnenplatte 156, 179
Sehnenscheide 154, 197
– Bicepssehne 187
– gemeinsame, Beuger 197
– Hand 197
Sehnenscheidenentzündung 154
Sehnenschlitz 196
Sehnenspiegel 176
Sehnenverbindung, Fingerstrecker 197
Sehnerv 20, 69–71, 79, 81, 110–111, 114–115, 117, 120
Sehnervenhülle 110
Sehnervenkreuzung 68–69, 71–72, 117, 120
Sehnervenpapille 111, 116
Sehrezeptoren 114
Sehrinde 77
Sehstrahlung 117
Sehstrang 117
Sehzentrum, primäres 117
Seitenband
– äußeres 213
– inneres 213
– Kniegelenk 206
– laterales 192
Seitenbandzerrung 213
Seitendifferenz, Reflexe 223, 226
Seitenfurche 67, 79
– Großhirn 68
Seitenhorn, Rückenmark 387, 389
Seitenstrang 73, 76
Seitenventrikel 18–19, 66, 73–74, 82, 84
Seitwärtsheber 189
Seitwärtsverkrümmung 171
Sekretabgabe 50
– Drüsenepithel 50
Sekretin 263
Sekretion 48–49, 244
– Nierentubuli 344, 346
Sekretionsepithel 48–49
Sekretionsphase, Endometrium 451–453, 456
Sekretionsreflex 138
– Magen-Darm-Kanal 225
Sekretstrombewegung 49
Sekundärfollikel 372, 376, 444, 447
– Lymphfollikel 372
– Tonsillen 374
Selbstlaute 129
Selbstreinigung, Lunge 282
Selbstverdauung 255
Semilunarklappen 305
Senkfuß 203
Sensibilität, somatoviszerale 94, 98, 108, 431

sensorisches System 93–145
– Aufbau 95
Septum 299, 302
– interalveolare 285
– nasi 249, 251, 275–276
– pellucidum 72
Sertoli-Zellen 440
Sesambein 185
Sexualfunktionen, reflektorische 401
Siebbein 164–165, 275
Siebbeinzellen 20, 165, 275–276
Siegelringform 51
Signale, elektrische 84
– Nervensystem 56
Signalleitung, elektrische 57
Signalübertragung 60
– elektrische 61
Silberimprägnation, Golgi 77
Single-Photon-Emissions-computertomographie 305
– Herz 307
Sinnesfunktion, Haut 98
Sinneshaare/-härchen 57, 130–131
Sinneskanal 140–141, 143
Sinnesmodalität 105
Sinnesrezeptoren 56
Sinneszellen 58, 130–132, 135, 137, 139
– Auge 115
– Hörorgan 124–125
– – Schädigung 125
Sinus
– cavernosus 79
– durae matris 82
– frontalis 78, 138, 275–277
– maxillaris 275–276
– renalis 335, 337
– sagittalis superior 16, 18, 79
– sigmoideus 79
– sphenoidalis 138, 249, 275, 277
– transversus 79
Sinusknoten 309–311, 325–327
Sinusoide 259
Situationsanpassung, Motorik 228
Sitzbein 204
Sitzbeinhöcker 178, 198, 200, 204
Sitzbeinstachel 199–200
Sitzhaltung 231
Skelett 12–15
Skelettalter 151
Skelettmuskel 155–157
– Nervensystem 56
Skelettmuskelfasern 52
– quergestreifte 49
Skelettmuskelkrankheit 233
Skoliose 171, 176, 204
Skorbut 267
slow wave sleep 89
Sog 284, 318
Sollgröße, Blutdruck 325
Sollwertverstellung
– Körpertemperatur 432
– Temperaturregelung 430
Soma 57–58
Somatoliberin 409
Somatostatin 409, 411
Somatotopie 107–108, 226–227
somatotropes Hormon (STH) 411
Somatotropin 151, 409, 411
– Blutzuckerspiegel 424
– Produktion und Ausschüttung 412
– Schwangerschaft 467

Somatotropin
– Überproduktion 411
– Unterproduktion 412
Somatotropin-release-inhibiting-Hormon 409
somatotropin-releasing factor (SRF) 411
Somatotropin-releasing-Hormon 409
somatoviszerales System 142
Sonnenbrand 99
Sonnengeflecht 391
Sonographie 28–29
– Nieren 352
– Oberbauchblutgefäße 33
Spalt, synaptischer 60
Spaltraum, subarachnoidaler 78
Spastik 223
SPECT s. Single-Photon-Emissions-computertomographie
Speiche 183–186, 192, 195
Speichel 250, 265
Speicheldrüsen 244, 266–268
– große 248
Speicheldrüsenausführungsgang 250
Speicheldrüsenendstück 250
Speichelfluß 167
Speichelmangel 250
Speichelsekretion 137
Speichenarterie 12, 193–194, 196
Speichen-Ellengelenk 154, 190–191
Speichenköpfchen 184–185
Speichennerv 12, 14, 190–191, 193–194, 196
Speichenrauhigkeit 184
Speichenteller 191
Speicherdauer 143
Speicherfett 51
Speicherpool, Leukozyten 363
Speiseröhre 9, 11, 22–23, 170, 244, 249, 251–253, 262–263, 266–268
Speiseröhreneingang 250–251
Speiseröhrenengstellen 251–252
Speiseröhrenwand 251–252, 261
Speitäubling 403
Spermatiden 440, 448
– Differenzierung 440
Spermatogenese 447–448
– Hypophyse 449
– Hypothalamus 449
Spermatogonien 440, 447
– Reifeteilung, erste 448
– – zweite 448
Spermatozyte, primäre 440, 448
Spermien 437, 448
– Bildung 448
Sphärozyten 359
Sphincter urethrae 201
Spielbein 231
spikes and waves 87
Spina
– iliaca 198, 208
– – anterior superior 182, 198, 200, 205–206, 209
– – posterior superior 200, 208
– ischiadica 199–200
– scapulae 183–184
Spinalganglien 57
Spinalganglien/-ganglion 76, 80, 106–107, 219, 389, 395
– Nervenzelle 58
Spinalnerven 71–72, 80, 106–107, 387, 389, 395

515

Sachverzeichnis

Spinalnervenwurzel 144
Spindelapparat 47
Spindelzellkarzinom 99
Spinnwebenhaut 77–78, 80
– Zotte 84
Spinocerebellum 228–229
Spiral-CT 28
Spiralganglion, Hörnerv 124
Spitzenpotential 86
Spitze-Welle-Komplexe 86–87
Splen 257–259, 377–378
Splitterbruch 151
Spongiosa 149–150, 152–153
Spongiosaarchitektur 149
Spontandepolarisation 310
Sprachlautformung 129
Sprachverständnisstörung 127
Sprechapparat 232–233
Sprechen 128
Sprechmuskulatur 129
Sprechvorgang 232–233
Sprechzentrum
– motorisches 129, 232
– sensorisches 232
Spreizfuß 203
Spreizhose 204
Spreizverband 204
Spritzgänge 439
Sprungbein 200, 203, 212–213
Sprunggelenk
– oberes 202, 212–213
– unteres 212–213
Sprunggelenkkapsel 212
Spüldrüsen 135
Spur 143
Spurenelemente 242–243
SRF (somatotropin-releasing factor) 411
Stabilisationsblocker 396
Stabkernige 364
ST-Abschnitt 309
Stachelzellkarzinom 99
Stäbchen 114–115
Stärke 238, 266, 357
Stammfettsucht, Cushing-Syndrom 421
Stammganglien 230
Standbein 231
Stapes 122
Statine 408
Staub-Traugott-Doppelbelastungstest 423
Stauungsödem 343
– s.a. Ödeme
Steifheit 163
Steigbügel 122–123
Steigbügelspanner 125
Steißbein 171, 174, 201
Steißbeinnerven 72
Steißbeinwirbel 170
Steißlage 467, 470
steißwärts 7
Stelle des schärfsten Sehens 111, 115
Stellknorpel 128–129, 278–279
Stellknorpel-Kehldeckel-Falte 279
Stellungssinn 103
Sterben, Elektroenzephalogramm 87
Sterkobilin 269
Sternoklavikulargelenk 183
Sternum 22, 178–179
Steroidhormone 407
STH (somatotropes Hormon) 411

Stimmbänder 128–129, 278–279
– echte 278
– falsche 278
Stimmbandmuskeln 128
Stimmbandschwingungen 129
Stimmbandstellung 279
Stimmbildung 278
Stimmfalte 129
Stimmlippe 129, 249, 279
Stimmritze 21, 128–129, 278–279
Stippchen (Mandelpröpfe) 374
Stirnbein 109, 163–166, 275
Stirnfontanelle 164
Stirnhöcker 166
Stirnhöhle 16, 78, 138, 165, 275–277
Stirnhöhlenzugang 277
Stirnlappen 17, 67, 69, 82, 137
– Großhirn 68
Stirnmuskel 167
Stoffabgabe 49
Stoffaufnahme 49
Stoffaustausch, Kapillaren 321
Stofftransport, Nervenfaser 65
Stoffwechsel 45, 50
Stoffwechselprodukte, Durchblutungsregulation 330
Stoffwechselsystem, Zelle 46
Stoffwechselzunahme 237
Strabismus
– convergens 118
– divergens 118
Strahlenabsorption, gewebeabhängige 28
Strahlendichte 28
Strahlengang 113
Strahlenschaden, Haut 99
Strahlenschutzverordnung 30
Strahlenundurchlässigkeit 28
Strangzellen, Hinterhorn 107
Stratum corneum 99
Strecker 225
– Fuß 231
– Oberschenkel 208
– Unterarm 231
– Unterschenkel 231
Streckergrupper, Unterschenkel 213
Streckkrämpfe
– Tetanie 418
– Überregbarkeit, neuronale 63
Streckreflex 221
Streckung 154, 194–195, 203, 205
– Ellenbogengelenk 199
– Kniegelenk 218
– kontralaterale 225
Streptokinase 383
Streß
– Cortisol 420
– Infektanfälligkeit 421
Striatum 229–230
Strömungsrichtung 299
Strömungswiderstand 325
Strompuls 325
Struma 415
– Hyperthyreose 416
– Hypothyreose 416
ST-Streckenhebung 313
Stützfunktion 50
Stützgewebe 48–50
Stützmotorik 77, 219
Stützzellen 124, 135, 137, 139
Stufenbettlagerung 144

Stuhl 268–269
– Blut 382
Stuhldrang 268
Subarachnoidalraum 18, 78, 80–81, 83–84, 162
Subcutis 99–101
Submucosa 252, 256, 261
Suboccipitalpunktion 83
Substantia
– alba 73
– grisea 73
– nigra 74–75
Substanztransport, Nervenfaser 57
Sulcus 67
– calcarinus 68
– centralis 67–68
– lateralis 67–68, 79
– parieto-occipitalis 68
– temporalis 67
Summenaktionspotential, Verkleinerung 233
Supination 191–193, 195, 212, 214
– Ellenbogengelenk 199
– Sprunggelenk 218
Supinator 214
Surfactant 284, 471
Sutur(a) 153
– coronoidea 166
– lambdoidea 166
– sagittalis 166
Sylvius-Spalte 68
Sympathikolytika 397
Sympathikomimetika 397
Sympathikus 80, 109, 263–264, 328, 387–390, 394–397
– Acetylcholin 394
– Erregungen 399–400
– Erregungsverarbeitung 399
– Grenzstrang 387, 389–392
– Herzfunktion 311
– Herz-Lungen-Innervation 390
– Innervation 389
– Mageninnervation 389
– Membranrezeptoren 398
– Organisation und Gliederung 388
– Strömungswiderstand 325
– Wirkungen 398–400
Sympathikusaktivierung 327
Sympathikusgrenzstrang 170
Sympathikuslähmung 109
Symphyse 198–201, 204
Synapse 57, 60, 85, 95–96, 117, 157, 220, 387
– axo-axonale 57
– axo-dendritische 57
– axo-somatische 57
– chemische 60
– erregende/exzitatorische 59–60, 84, 220–221
– Erregungsübertragung 65
– hemmende/inhibitorische 59–60, 221
– Neubildung 60
– neuro-neuronale 60
Synapsenspalt 59
Syndrom
– akinetisch-hypertonisches 230
– hyperkinetisch-atonisches 230
Synovia 153–154
Synovialmembran 153

SACHVERZEICHNIS A

T

Systole 300, 313, 324
Szintigraphie 28–29
– Schilddrüse 35, 416–417
Tachykardie 298, 311, 354
Taenia 258, 260
Tag-Nacht-Folge 88
Talgabflußstörung 102
Talgdrüse 50, 100–102, 109
Talus 200, 203, 213
Tarsus 109–110, 200, 202–203
Taschenfalten 129, 278–279
Taschenklappen 304–305
Taschenklappenöffnung 314
Taschenklappenschluß 314
Tastempfindung 94, 102
Tastsinn 98
Taubheit, Röteln-Virusinfektion 463
Taubstummheit 128
TC (Thyrocalcitonin) 412, 417
Technetium-99 29, 307
Tegmentum 75
Teilsystem, afferentes 139
Telophase 47
Temperatur
– Körperkern 429
– Körperschale 429
Temperaturempfindung 76, 94, 98
Temperaturfelder, Körper 429–430
Temperaturregelung 102, 242, 427–433
– Schilddrüsenhormone 415
– Sollwertverstellung 430
– Stellglieder 430–431
Temperaturrezeptoren 101, 107
Temperatursenkung 433
Temperatursinn 98
Tentorium cerebelli 79
Tertiärfollikel 442, 444, 447, 453
Testis 437, 439, 446
Testosteron 437
– FSH 450
– GnRH 450
– Leydig-Zwischenzellen 437, 450
– LH 450
Tetanie 63, 223
– Hypokalzämie 418
– normokalzämische 418
Tetanustoxin, Transport, intraaxonaler 65
Tetrajodthyronin (T4) 412
Thalamus 66, 72, 75, 107, 133, 142
Thalamuskerne 75, 106–107, 136
– sensorische 108
T-Helferzellen 369
Thermogenese, zitterfreie 431
Thermorezeption 98
Thermorezeptoren 98, 104, 224, 394, 431
– äußere 430
– innere 430
Theta-Wellen 86–87
Thiamin 241
Thorakalnerven 72
Thorax 178, 286
Thoraxkompression, rhythmische 288
Thoraxöffnung
– obere 178
– untere 178
Thoraxübersichtsaufnahme 28
Thrombin 381

Thrombokinase 381
Thrombolyse, Thrombus 383
Thrombopenie 380, 382
Thromboplastin 381
Thromboplastinzeit 382
Thrombose 81, 359, 382
Thromboseprophylaxe 218, 320
Thrombozyten 354, 363, 378–380
– Adhäsion 380
– Aggregation 380
– Entwicklungsstadien 363
– Lebensdauer 380
– Megakaryozyten 380
Thrombus 380
– gemischter 381
– roter 381
– Thrombolyse 383
– weißer 380
Thrombusbildung, Blutgerinnung 381
Thymin 44
Thymus 372–373
– endokrine Funktionen 372
– T-Lymphozyten 372
Thymusfettkörper 372
Thymusinvolution 372
Thymusmark 373
Thymusreste 372
Thymusrinde 373
Thyreostatika 425
Thyrocalcitonin (TC) 412, 417
Thyroglobulin 415
thyroideastimulierendes Hormon (TSH) 415
Thyrotropin 415
Thyrotropin-releasing-Hormon (TRH) 409, 415
Thyroxin 409, 412
– Blutzuckerspiegel 424
Tibia 200, 202, 210–211, 213, 215
Tiefenschärfe 119
Tiefenschmerz 105
Tiefensensibilität 76, 98, 103
Tigerritterling 403
tissue plasminogen activator (tPA) 383
T-Lymphozyten 366, 371
– Abwehr, zelluläre 369
– Bedeutung 369
– Lymphknoten 376
– Lymphokine 369
– Thymus 372
– Vorgänge, zelluläre 371
Tochterzellen 47
Tocopherol 241–242
Ton 121
Tonfrequenz 128
– Abbildung 125
Tonhöhe 278
Tonintensität 128
Tonsilla
– lingualis 134, 250
– palatina 245, 249–250
– pharyngealis 249–251, 277
Tonsillen 372–375
– Krypten 374
– Sekundärfollikel 374
Tonsillitis 375
Tonstärke 129
Topographie, Organe 6
Totalkapazität 288
Totalreflexion, Ultraschall 29

Toxintransport, intraaxonaler 65
tPA (tissue plasminogen activator) 383
Trachea 249, 252, 280, 282
Tractus 72
– corticospinalis anterior 76
– – lateralis 76
– Nervensystem, zentrales 60
– olfactorius 71, 137, 139
– olivospinalis 76
– opticus 117
– reticulospinalis 76
– spinocerebellaris anterior 76
– – posterior 76
– spinothalamicus anterior 76
– – lateralis 76
– tectospinalis 76
– vestibulospinalis 76, 133
Tränenbein 164–165
Tränendrüsen 49, 109
Tränenflüssigkeit 109
Tränennasengang 109, 275
Tränennasengangmündung 277
Tränenpunkt 109
Tränenröhrchen 109
Tränensack 109
Tränensekretionsreflex 225
Tränenwärzchen 109
Tränenwege 109
Träume 90
Training, motorisches 162
Transaminasen 236, 271
Transkription 44–45
Translation 44–45
Translationsbeschleunigung 130
Transmitter 60, 65, 158, 311, 397
Transmitterfreisetzung 65
Transmittermangel 230
Transmitter-Rezeptor-Verbindung 65
Transmittervesikel 59
Transmittervorstufe 230
Transport 52
– aktiver 45, 265
– axonaler 57
– intraaxonaler, anterograder 65
– – retrograder 65
– Kohlendioxid 293
– mukoziliärer 283
– Sauerstoff 293
Transporteiweißkörper, Schilddrüsenhormone 412
Transportkapazität im Blut
– Kohlendioxid 293
– Sauerstoff 290
Transportsystem, Zelle 46
Transportvesikel 46
transversales System 156–158
Trapezmuskel 14, 169–170, 176
Traubenzucker 238, 266
Tremor 228, 406
Trendelenburg-Lage 318
Treppenmuskel 170, 181
TRH (Thyrotropin-releasing-Hormon) 409, 415
TRH-Test 425
Tricepssehnenreflex 223
Triceps-surae-Reflex 223
Trichterlinge, giftige 403
Trigeminusast
– dritter 168
– erster 168
– zweiter 168

517

Sachverzeichnis

Trigeminusdruckpunkte 168
Trigeminusganglion 107
Triglyceride 267
Trigonum vesicae 340–341
Trijodthyronin (T3) 409, 412
– Blutzuckerspiegel 424
Trikuspidalklappe 303–305
Triplett 44–45
Trisomie 18 bzw. 21 463, 472
tRNA 45
Trochanter
– major 200–202, 209
– minor 200, 202, 205
Trochlea humeri 184–185, 192
Tröpfcheninfektion 277
Trommelfell 121–123, 125
Trommelfellspanner 125
Trommelschlegelfinger 274
Trophoblast 453, 456
Truncus
– brachiocephalicus 316
– coeliacus 252, 254, 257–258
– fasciculi atrioventricularis 304, 310
– pulmonalis 284, 301–302
– sympatheticus 390
Trypsin 267–268
Trypsinogen 267–268
TSH (thyroideastimulierendes Hormon) 415
TSR s. Tricepssehnenreflex
T-Suppressorzellen 369
Tuba
– auditiva 121–123, 249, 251, 277
– uterina 438, 443
Tube 443
Tuber
– frontale 166
– ischiadicum 178, 198, 200
Tuberculum
– costae 178
– intercondylare 202
– majus 184
– pubicum 180
Tuberositas
– radii 184–185, 192
– tibiae 200, 202, 210
– ulnae 184
Tubulus(-i) 337, 339
– contortus 338
– gewundener, distaler 338
– – proximaler 338
– renales 337, 344
– – colligentes 337
– Resorption 344
– Sekretion 344
– seminiferi 440
Tubulussystem, Funktion 347
Türkensattel 81
Tumoren, Anämie 384
Tunica
– albuginea 440
– vaginalis 440
Tunneleiweißkörper 61–62
tussigene Zone 283
Typ-I-Reaktion, Allergien 370
Typ-II-Reaktion, Allergien 370
Typ-III-Reaktion, Allergien 370
Typ-IV-Reaktion, Allergien 370
Tyrosin 412
T-Zacke 309

T-Zellen, zytotoxische 369
T-Zellrezeptoren 369

U

Üben 143
Übergang
– proportional-differential-quotientenempfindlicher 97
– proportionaler 97
Übergangsepithel 49
Übergewicht 238, 240, 306
Überleitungszeit 309
Überregbarkeit, neuronale 63
Überträgerstoffe/-substanzen 60, 158, 311, 325
– Nervensystem 56
Uhrglasnägel 274
Ulcus ventriculi 255
Ullrich-Turner-Syndrom 472
Ulna 183–186, 192
Ulnarabduktion 194, 196
– Handgelenk 199
Ultraschall 28–29, 121
Ultraschalluntersuchung
– Embryo 463
– Fetus 463–465
Ultraschallwellen 28–29
Ultraviolettstrahlen 108
Umbilicus 182
Umpolarisation, Nervenzellmembran 62
Umschaltung, synaptische 96–97
Umwelteinflüsse 95
Unerregbarkeit, Nervenzelle 63
Unterarmbeuger 194
Unterarmmuskulatur 193
– Ursprung 185
Unterarmskelett 185
Unterarmstrecker 191, 194
Unterdruck 287
Untergrätenmuskel 176, 189, 191, 199
Unterhaut 99–101
Unterhautfettgewebe 101
Unterkiefer 17, 164–165, 168, 245, 249–250
– Gelenkkopf 165
– Muskelfortsatz 165
Unterkieferdrüse 248, 250
Unterkieferdrüsenausführungsgang 248
Unterkieferzahnreihe 245
Unterkiefer-Zungenbein-Muskel 244, 249
Unterkiefer-Zungen-Muskel 249
Unterleibsschmerz, schneidender 436
Unterlid 109–110
Unterlippe 245
Unterlippenbändchen 245
Unterschenkel, Muskelgruppe, laterale 213
Unterschenkelgips 216
Unterschenkelmuskulatur 216
Unterschenkelskelett 202
Unterschleimhaut 252, 255–256, 261
Unterschlüsselbeinmuskel 189
Unterschlüsselbeinvene 319
Unterschulterblattmuskel 189–190
Unterzungendrüse 248, 250
Unterzungennerv 69
Urämie 352
Ureter 335–336, 439

Urethra 201, 340–342, 344, 438–439
Urin, Rückstau 441
Urkeimzellen 437
Urniere 437, 442
Urobilinogen 269
Urogenitalbucht 438
Urokinase 383
Ursprung 156
Uterovaginalkanal 442
Uterus 26, 438, 443–445, 456
Uterusatonie, Geburt 468
Utriculus 123–124, 130–131
Uvula 244–245, 251

V

Vagina 201, 438, 443–444
– bulbi 118
Vagusaktivierung, Atropin 326
Valva
– atrioventricularis dextra 303–304
– – sinistra 303–304
– ileocaecalis 258, 260, 268
– mitralis 303–304
– semilunaris aortae 303
– – arteriae pulmonalis 303
– tricuspidalis 303–304
Varikosis 219
Varizenblutung 260
Vater-Pacini-Körperchen 101, 103
Vater-Papille 256, 258
Vektoren 45
– Gentherapie 45
Velum palatinum 245, 278
Vena(-ae)
– axillaris 197
– azygos 319
– basilica 197
– brachialis 197
– brachiocephalica dextra 316, 319, 373
– – sinistra 316, 319, 373
– bronchiales 281
– cardiaca magna 304
– cava inferior 24–25, 181, 259–260, 282, 301–303, 318–319
– – superior 259–260, 282, 301–303, 315–316, 318–319, 373
– centralis 260
– cephalica 197
– femoralis 12–13, 181, 206, 208, 217, 319
– hepaticae 260, 319
– iliaca communis dextra 316, 319
– – – sinistra 316, 319
– – externa 26–27, 206, 316
– – interna 316
– interlobularis 260
– jugularis interna 18, 21, 170, 319
– lienalis 24–25
– media profunda cerebri 82
– mediana cubiti 198
– mesenterica inferior 259
– – superior 259
– perforantes 217
– poplitea 208, 217
– portae 24–25, 254, 259, 316, 320
– pulmonalis 282, 285, 301–303
– renales 25, 316, 319, 335
– saphena 13
– – magna 13, 206, 217
– – parva 15, 217
– splenica 259
– subclavia 170, 190

SACHVERZEICHNIS A

Vena(-ae), subclavia
– – dextra 319–320, 377
– – sinistra 319
– temporalis superficialis 167
– umbilicalis 460
Veneklappen 322
Venen 299, 315–316, 318, 322
– Augenhintergrund 116
– Gehirn 82
– oberflächliche 12–15
– tiefe 12–15
– – Unterschenkel 217
Venengeflecht
– Epiduralraum 78, 83
– Wirbelsäule 83
Venenkatheter, zentraler 318, 320
Venenklappe 197
Venenklappen 217, 320
Venennetz, Fuß 217
Venenwand 323
venöses Gefäßsystem 299
Venolen 315, 318, 321
Venolenwand 323
Ventilebene 305
Ventilebenenverlagerung 318
Ventilfunktion 305
– Herzklappen 313
ventral 7
Ventriculus 244, 252, 258–259
– dexter 282, 301–302
– laryngis 129
– lateralis 73–74, 82
– quartus 68, 72, 74–75, 84
– sinister 282, 301–302, 324
– tertius 68, 73–75, 84
Ventrikel
– dritter 68, 73–75, 84
– vierter 68, 72, 74–75, 84
Ventrikelseptum 303
Verbalisierung 143
Verbrauchskoagulopathie 382
Verbrennung 430
Verdauung 255, 262
– chemische 252
– enzymatische 244
Verdauungssystem 235–256, 258–271
Verdauungstrakt 243–244, 299
Verdunstungsvorgänge 431
Vererbung 471
– Blutgruppen 471
– dominante 471
– Grundbegriffe 471
– heterozygote 471
– homozygote 471
– kodominante 471
– rezessive 471
Vergessen 143
Vergurtung 180
Verknöcherung 151–152, 186
– enchondrale 151
– perichondrale 151
Vermis cerebelli 68, 73
Verrenkung 154
Verschaltung
– wechselseitige 225
– – Fremdreflexbogen 225
verschlossenes Loch 200
Verschlucken 280
Verschlußikterus 270
Versorgungsgefäße 316
Versorgungskanäle 150
Versorgungstypen 305

Verstauchung 154
Verstopfung 270
Vertebra(-ae)
– cervicales 170
– coccygeae 170
– lumbales 170
– prominens 174, 178
– sacrales 170
– thoracicae 170
Verteilergefäße 315–316
Verteilungssystem, Zelle 46
Vesica
– biliaris 254, 257, 260
– urinaria 340, 344, 439
Vesicula seminalis 438–439
Vesikel 65, 158
vestibuläres System 94, 130, 142
Vestibularapparat 121, 124, 131, 133, 229
Vestibulariskerne 133
Vestibulocerebellum 133, 228–229
– Funktionsausfall 228
Vestibulum 123
– oris 244–245
Vibrationsempfindung 102
Vieleckbein
– großes 185–186
– kleines 185–186
Vielfachzucker 238
Viereckmuskel
– Oberlippe 166
– Unterlippe 166
Vierhügelplatte 68, 72, 75, 126–127
Virentransport, intraaxonaler 65
Virus-A-Hepatitis 271
visuelles System 94, 108, 119, 142
Vitalkapazität 288
Vitamin A 241
Vitamin-A-Mangel 117
Vitamin B 241
Vitamin B_6 242
Vitamin B_{12} 240, 242
Vitamin C 241
Vitamin D 240–241, 417–418
– Parathormon 418
Vitamin-D-Mangel, Hypokalzämie 418
Vitamin E 241
Vitamin H 241
Vitamin K 241
– Prothrombin 382
Vitamin-K-Mangel, Blutgerinnungsstörungen 382
Vitamin K_1 240
Vitamin(e) 240
– antianämisches 241–242
– antihämorrhagisches 241–242
– antirachitisches 241
– antiskorbutisches 241–242
– fettlösliche 241
– wasserlösliche 240
Vokale 129
Vollmondgesicht, Cushing-Syndrom 421
Volumenänderung, Aorta 324
Vomer 165
Vorderhorn 73, 76, 219
Vorderseitenstrang 107
Vorderstrang 73, 76
Vorderwurzel 71, 80, 219
vorgeburtliche Schädigungen, Embryonalperiode 463
Vorhaut 442

Vorhautbändchen 442
Vorhautenge 442
Vorhof
– Innenohr 123
– linker 23, 282, 301–303, 324
– – Dehnungsrezeptoren 347–348
– rechter 22–23, 282, 300–301, 303, 316, 318, 320
– Schwellkörper 341
Vorhofarrhythmien 315
Vorhof-Kammer-Klappen 313
Vorhof-Kammer-Öffnung 305
Vorhofkontraktion 314–315
Vorhofmyokard 310
Vorhofnerv 124, 131
Vorhofsäckchen 122–124, 131
Vorhofscheidewand 302
Vorhof-Schnecken-Nerv 69
Vorhoftreppe 123–124
Vormilch 446
Vorsorgeuntersuchung beim Säugling, Hüftgelenk 204
Vorsteherdrüse 341, 438–439
Vorwärtszieher 169
Vulva 445

W

Wachstum, Knochen 151
Wachstumsfuge 151–152, 186
Wachstumshormon 407, 411
Wachstumsrate, Haar 101
Wachstumsverzögerung 151, 241
Wachstumszone, Haar 101
Wachzustand, inaktiver, EEG-Wellen 86
Wadenbein 200, 202, 210–211, 213
Wadenbeinarterie 217
Wadenbeinknöchel 200
Wadenbeinköpfchen 200, 215–216
Wadenbeinmuskel
– kurzer 214–216, 218
– langer 214–216, 218
Wadenbeinnerv
– gemeinsamer 15, 208, 215
– oberflächlicher 13, 215
– tiefer 13, 215
Wadenmuskel(n) 213
– dreiköpfiger 217, 231
– zweiköpfiger 15, 214–218
Wadenwickel 433
Wärmeabgabe 429–431
Wärmeausgleich 99
Wärmebildung 88, 429–431
– Fettgewebe, braunes 51
– Hormone 430
– Nervensystem, vegetatives 430
– Schilddrüsenhormone 430
– zitterfreie 470
Wärmeleitung 431
Wärmeproduktion, Schilddrüsenhormone 415
Wärmeregulation 102
Wärmeschutz 51
Wärmestauung 432
Wärmestrahlen/-strahlung 108, 431
Wärmeströmung 431
Wärmetransport 430–431
– Nervensystem, vegetatives 431
Wahrnehmung, bewußte 141
Wallgraben 249
Wallpapille 134–135
Wandelastizität, Aorta 324
Wanderwelle 125

519

Sachverzeichnis

Wange 244
Wangenmuskel 167, 244
Wangenschleimhaut 243
Warmrezeptoren 104, 431
Warzenfortsatz 18, 164–165, 169
Warzenhof 446
Warzenkörper 68
Wasser 242
– Transport 348–349
Wasseraustausch
– Blut 342–343
– Filtration 343
– Gewebe 342–343
– Kapillaren 342
– Resorption 343
Wasserbilanz 243
Wasserdampf 242
Wassergehalt 242
Wasserhaushalt 333–352
Wasserkopf 83
Wasserresorption 268, 270
– fakultative 348
– obligate 348
Wasserspeicher 51
Wasserstoffionen 292, 349
– Ammoniummechanismus 350
– Bicarbonatmechanismus 349
– Phosphatmechanismus 349
Wasserstoffionenkonzentration 294
Watschelgang 204
Wechseldruckbelastung 175
Wehen 467
– Oxytocin 467
weiße Pulpa, Milz 377, 379
weiße Linie 180, 182
weiße Substanz 72–73
– Kleinhirn 76
Weißkörper 444
Weitsichtigkeit 114
Welle(n)
– elektromagnetische 108
– peristaltische 255
– scharfe 87
Werlhof-Syndrom 370
Wernicke-Areal 127
Westergren-Test, Blutsenkungsgeschwindigkeit 360
Wichtung 29
Wickel 102
Widerstandsgefäße 325
Widerstandssystem 329
Willkürimpuls 226
Willkürmotorik 224, 226
Wilson-Ableitung 312
Wimpern 109
Windkesselfunktion 324
Winkelbeschleunigung 130
Wirbel 170–172
– Dornfortsatz 171
– Querfortsatz 171
Wirbelarterien 18, 21, 80–82, 173
Wirbelbogen 80, 172–173
Wirbelgelenkfortsatz 172–173
Wirbelgrundform 171–172
Wirbelkanal 66, 78, 162, 175
Wirbelkörper 80, 171–174
Wirbelloch 172–173
Wirbelrippenring 178
Wirbelsäule 170–172, 174
Wirbelsäulenbeweglichkeit 175
Wirbelsäulenkrümmung 170–172
Wirbelsäulenstrecker 175
Wirkung, spezifisch-dynamische 237

Wolff-Gang 438
Wortgestalt 232
Würfelbein 200, 203
Würgereflex 265
Wurmfortsatz 9, 244, 254, 257, 262
– Lymphfollikel 375
Wurzelhaut 244, 246
Wurzelhautfasern 247
Wurzelkanal 244, 247

X

X-Beine 207
X-Chromosom 449, 471

Y

Y-Chromosom 449, 471

Z

Zäpfchen 244–245, 251, 265
Zahn 52, 243–244
– Halswirbel, zweiter 173
Zahnalveole 247
Zahnaufbau 247
Zahnbein 150, 244, 247
Zahnfach 244, 246
Zahnfleisch 245–247
Zahnfleischbluten 382
Zahnfortsatz 165
Zahnhals 244, 247
Zahnhalteapparat 246
Zahnhartsubstanz 52
Zahnkennzeichnung 246
Zahnkern 73
Zahnkrone 244–245, 247
Zahnlockerung 242
Zahnmark 244
Zahnreihe 243
– untere 165
Zahnschmelz 52, 245
Zahnschmerzschwelle 88–89
Zahnwurzel 244, 246–247
Zahnzement 246
Zapfen 114–115
Zehe 200, 202–203
Zehenbeuger, langer 213–214, 218
Zehenendglied 213
Zehengelenke 212
Zehengelenkmuskeln 213–214
Zehengrundglied 213
Zehenstrecker 231
– kleiner 215
– kurzer 215
– langer 214–216, 218
– Sehnen 216
Zeitgebersignale 89
Zelleib 58
Zellen 37–53
– amakrine 115
– bipolare 115
– exokrine, Bauchspeicheldrüse 256
– knochenabbauende 151
– knochenbildende 151
– parafollikuläre 417
– pigmentbildende 99
Zellerneuerung 48
Zellersatz 52
Zellfunktionen 45
Zellgrenzen, Herzmuskelfasern 308
Zellgrößenvermehrung 52
Zellkern, Muskelfaser 157
Zellkernauflösung 48
Zellkernschrumpfung 47
Zellmembran 157–158

Zellmembrankontakte 50
Zellpole 47
Zellschwellung 47
Zellstoffwechsel, Vitamine 241
Zellteilung 46–47
Zelltod, programmierter 47–48
– Fehlsteuerung 48
Zellulose 268
Zellverband 48
Zellverbindungen 60
Zellvolumen
– Vermehrung 356
– Verminderung 356
Zellzahlvermehrung 52
Zement 52, 247
Zentralarterie 115
Zentralfurche 67–68
Zentralkanal 72–73, 76
Zentralkörperchen 46
Zentralnervensystem 66, 77, 95
Zentralvene 259–260
– Retina 116
Zentralwindung
– hintere 67–68, 79, 108, 133, 136–137
– vordere 67–68, 79, 108, 129, 226–227, 231–233
Zerrung 154
Zerstreuungsglas 114
Zervikalnerven 72
Zielmotorik 76–77, 219, 224
Ziliarganglion 120
Ziliarkörper 111–112
Ziliarmuskel 111, 113
Zilien 130
– Auge 109
Zirbeldrüse 68, 72
Zitterthermogenese 431
Zona
– fasciculata, Nebennierenrinde 419
– glomerulosa 346, 419
– pellucida 452
– reticularis 419
Zone, hustenauslösende 283
Zonulafasern 111–113
Zottenhaut 458
Zuckerkrankheit 217, 348
Zugangswege, venöse 320
Zugbelastung 149–150
Zunge 16–17, 135, 243–245, 248–249
Zungenaußenmuskeln 249
Zungenbändchen 250
Zungenbein 128, 181, 249, 278–279
Zungenbeinmuskeln
– obere 169–170, 181
– untere 169–170, 181
Zungendrüse 248
Zungenfeld 136
Zungengrund 134, 136, 249, 251
Zungenmandel 135, 250–251, 372
Zungenmuskulatur 249
Zungen-Rachen-Nerv 69
Zungenrücken 134–136, 248
Zungenschleimhaut 249
Zungenspitze 134, 248
zusätzlicher Nerv 69
ZVK s. Venenkatheter, zentraler
Zweifachzucker 238–239
Zwerchfell 24, 179, 181–182, 252, 286, 301–302, 317
Zwerchfelldurchtritt, Speiseröhre 252

Zwerchfellkuppel 182, 252–253, 257
– rechte 8–9
Zwerchfellnerv 182, 286
Zwergwuchs
– hypophysärer 412
– proportionierter 412
Zwischenbogenband 174
Zwischendornfortsatzband 174
Zwischenhirn 18–19, 66, 68, 75, 106
Zwischenknochenmuskeln 196–197
Zwischenneuron 224–225, 395–396
– exzitatorisches 225
– inhibitorisches 220–221, 225

Zwischenrippenarterie 83
Zwischenrippengefäße 12, 14
Zwischenrippenmuskeln 181, 286
– äußere 179
– innere 179–180, 183
Zwischenrippennerven 12, 14, 162, 180, 286
Zwischenspeicherung 143
Zwischenwirbelgelenk 173–174
Zwischenwirbelloch 71, 174–175
Zwischenwirbelsäule 144

Zwischenwirbelscheibe 51, 144, 153, 170, 174–175
Zwischenzehenmuskeln 215
Zwölffingerdarm 9, 25, 244, 252–254, 256–257, 259–260, 263–264, 267–268
– Ringfalten 258
Zygote 452
Zyklus, monatlicher 442
Zylinderepithel 50
Zylinderglas 114
Zytolyse 366–367
Zytoskelett 46